MSE
MATHEMATICS
SCIENCE
ENGINEERING

기본을 튼튼히 다질 수
한빛아카데미의 이공계 기본 교재 시리즈

대학수학+ Plus

UNIVERSITY MATHEMATICS

이재원 지음

한빛아카데미
Hanbit Academy, Inc.

지은이 **이재원** ljaewon@kumoh.ac.kr

성균관대학교 수학과를 졸업하였고, 동 대학교 대학원에서 이학석사, 이학박사를 취득하였다. 미국 아이오와대학교에서 객원 교수를 지냈으며, 1996년부터 현재까지 국립 금오공과대학교 응용수학과에 재직 중이다. 현재는 한국수학교육학회, 대한수학회, 영남수학회에서 회원으로 활동하고 있다. 다음의 도서를 포함하여 수학/통계 관련 교재의 집필과 번역 활동을 활발히 하고 있다.

[저서]

- 『알기 쉬운 미분적분학(개정판)』 (북스힐, 2010)
- 『확률과 보험통계(개정판)』 (경문사, 2012)
- 『이자론 중심으로 배우는 금융수학 : 보험계리사 시험 대비』 (한빛아카데미, 2014)
- 『(실생활 소재로 쉽게 설명한) 경영경제통계학』 (북스힐, 2015)
- 『생생한 사례로 배우는 확률과 통계』 (한빛아카데미, 2016)
- 『쉽게 배우는 생활 속의 통계학』 (북스힐, 2018)
- 『공학인증을 위한 확률과 통계(제4판)』 (북스힐, 2019)
- 『문제 풀며 정리하는 확률과 통계』 (북스힐, 2019)
- 『기초수학(2판)』 (한빛아카데미, 2020)
- 『EXCEL을 활용한 확률과 통계』 (북스힐, 2021)
- 『공학도라면 반드시 알아야 할 최소한의 수학(8판)』 (한빛아카데미, 2022)
- 『확률과 통계 입문(2판)』 (한빛아카데미, 2023)
- 『경영경제수학 첫걸음』 (한빛아카데미, 2023)

대학수학 Plus

초판발행 2013년 10월 14일
5쇄발행 2024년 1월 19일

지은이 이재원 / **펴낸이** 전태호
펴낸곳 한빛아카데미(주) / **주소** 서울시 서대문구 연희로2길 62 한빛아카데미(주) 2층
전화 02-336-7112 / **팩스** 02-336-7199
등록 2013년 1월 14일 제2017-000063호 / **ISBN** 978-89-98756-63-5 93560

총괄 김현용 / **책임편집** 김은정 / **기획** 박현진 / **편집** 김평화 / **진행** 임선진
디자인 여동일 / **전산편집** 라미경 / **제작** 박성우, 김정우
영업 김태진, 김성삼, 이정훈, 임현기, 이성훈, 김주성 / **마케팅** 길진철, 김호철, 심지연
이 책에 대한 의견이나 오탈자 및 잘못된 내용에 대한 수정 정보는 아래 이메일로 알려주십시오.
잘못된 책은 구입하신 서점에서 교환해 드립니다. 책값은 뒤표지에 표시되어 있습니다.
홈페이지 www.hanbit.co.kr / 이메일 question@hanbit.co.kr

MSE

MATHEMATICS
SCIENCE
ENGINEERING

기본을 튼튼히 다질 수 있는
한빛아카데미의 이공계 기본 교재 시리즈

MSE 시리즈로 전공의 초석을 다지자!

기본을 튼튼히 다질 수 있는 학습 구성

명쾌한 해답이 있는 콘텐츠

무엇을 왜 배우는지, 어떻게 풀고, 어디에 쓰는지를 알려줍니다.

핵심이 보이는 원리와 개념

명확한 정의와 논리적 전개로 핵심을 짚어줍니다.

개념을 다지는 예제

친절하고 상세한 풀이 과정을 보여줍니다.

응용력을 길러주는 연습문제

수준별/유형별 연습문제를 담았습니다.

지은이 머리말

수학은 어떻게 공부해야 할까?

수많은 공학계열의 학생들이 저자에게 우스갯소리 또는 푸념 섞인 말투로 하는 말이 있다. 고등학교를 졸업하면 그 많던 수학과목과도 작별하는 줄 알았는데, 대학교에 들어와 보니 대학수학(또는 미분적분학)을 필수로 배워야만 하고, 전공에 들어가서도 공학수학을 비롯한 전공과목 대부분이 수학이더라는 것이다. 맞는 말이다. 수학을 떠난 공학은 상상조차 할 수 없는 일이다.

그러면 공학계열의 학생들을 비롯한 대부분의 학생들은 왜 수학을 어려워할까? 한마디로 공부하는 습관이 잘못되었기 때문이다. 필자는 필자가 집필한 교재를 사용하는 학생들로부터 전화 또는 이메일을 심심찮게 받는다. 그 내용은 연습문제를 풀려고 하는데 풀이가 없으니, 풀이를 보내줄 수 없느냐는 것이다. 이렇듯 대부분의 학생들이 풀이를 옆에 놓고 눈으로 문제를 푸는 것이 몸에 배어있다. 그러나 눈으로 보는 그 순간에는 풀이가 충분히 이해되지만, 시간이 지남에 따라 머릿속에서 연기처럼 사라진다. 그러다 보니 비슷한 유형의 문제를 접할 때도 어떻게 풀어야 하는지 기억이 나지 않고 역시 수학은 어렵고 짜증 난다는 생각에 풀이만 찾게 되는 악순환이 반복되는 것이다.

그러면 수학을 제대로 공부하려면 어떻게 해야 할까? 우선 기본적인 개념을 명확하게 이해하고, 이를 그림을 그리거나 낙서하듯 펜을 움직임으로써 머릿속에 체계적으로 기억시켜야 한다. 이때 절대로 눈으로만 생각하거나, 눈으로만 그림을 그려서는 안 된다.

그리고 어떤 문제를 풀 때는 문제의 의도를 파악하는 '이해 단계'와 어떻게 풀이를 전개해야 할지 생각하는 '서술 단계', 그리고 어떻게 하면 결론을 간략하면서도 보기 좋게 나타낼지 정하는 '표현 단계'를 순차적으로 거치기를 권한다. 이러한 방법을 습관적으로 사용하면 제시된 문제에 대한 수학적 사고력을 키우고 문제 해결력을 향상시킬 수 있다. 한 예로, 컴퓨터공학을 전공한 프로그래머와 수학을 전공한 프로그래머에게는 분명한 차이가 있다고 CEO들은 말한다. 같은 효과를 보이는 프로그램 하나를 작성하는 데 컴퓨터공학도가 작성한 프로그램 용량이 수학도가 작성한 것보다 두세 배 이상 크다는 것이다. 더불어, 수학도가 논리적 사고력이 더 좋다고 한다. 그러므로 위의 세 단계를 거쳐 공부함으로써 자신의 생각을 표현하는 습관을 키울 것을 권한다.

수학을 왜 공부해야 할까?

앞에서도 언급했듯이 수학을 떠난 공학이란 있을 수 없다. 이 책에서는 수학이 전공에서 어떻게 쓰이는지 학생들이 쉽게 이해할 수 있도록 각 장의 끝에 〈전공 맛보기〉를 제공한다. 그리하여 학생들이 "전공에서 수학이 이렇게 쓰이는구나!"하고 깨달을 수 있게 하였다.

전공에서는 문제를 해결하기 위한 도구로 수학을 이용하는데, 대부분 '이러한 문제는 이러한 식을 이용한다.'는 공식화된 틀 속에서 해결하려고 한다. 그러나 모든 공학적인 문제들이 몇 가지 주어진 틀 속에서만 나타나지는 않는다. 예를 들어, 직렬로 연결된 전기회로를 배웠다면, 이들이 결합된 *RLC* 전기회로 또는 이들이 병렬로 연결된 경우 등 다양한 형태의 회로가 나올 수 있다. 이러한 모든 경우의 회로를 해석하려면 모든 경우에 대한 틀을 만들어야 하고, 이를 모두 숙지하고 있어야 하는데, 이는 사실상 불가능한 일이다. 이러한 문제점을 해결하는 유일한 방법이 수학을 공부하는 것이다. 수학을 공부하여 논리적 사고력과 문제 해결력을 키우면 다양한 형태의 응용 문제를 해결할 수 있다.

이 책의 학습법

이 책의 목표는 기초가 부족한 학생을 위한다는 것이 첫 번째이고, 그 학생들의 수학적 능력을 끌어올리는 것이 두 번째이다. 이 책은 이러한 기본 방향과 함께 미분적분학에서 필수적인 내용으로 구성하였다. 그리고 한정된 분량 안에서 공학수학을 비롯한 전공의 수학적 내용도 다소 포함하고 있다. 따라서 '기초 공학수학'으로 이 책을 사용할 수도 있을 것으로 생각하며, 전공 분야에 따라 선택적으로 학습한다면 이 책의 내용을 충분히 소화할 수 있을 것으로 기대한다.

필자는 그동안의 경험을 바탕으로 공학도들에게 수학적 원리에 입각한 논리적 사고를 유형에 따라 분리하여, 되도록 이해하기 쉽게 내용을 서술하고자 노력하였다. 그리하여 이 책에서는 학생들이 이해를 돕기 위해 많은 그림을 제시하고 있다. 또한 학생들의 수학적 사고력을 함양시키기 위하여 연습문제 풀이는 지양하고, 스스로 풀이한 결과가 맞는지 맞춰볼 수 있도록 홀수 번 풀이를 '온라인 자료'로 제공한다. 만일 문제 풀이에 어려움을 겪는다면, 담당 교수님 또는 저자의 이메일로 질문하기 바란다.

※ 온라인 자료 : http://www.hanbit.co.kr/exam/4063

미리보기

누구를 위한 책인가

미분적분학을 공부하는 데 있어 어려움을 겪는, 기초가 부족한 학생들을 위한 책이다. 따라서 기초 개념을 충실하게 다루되 공학적 사고에 맞춰 내용을 전개하였다. 또한 공학도의 수학적 능력을 기초부터 응용까지 그 능력을 극대화할 수 있도록 구성하였다. 특히 통신 및 제어공학을 비롯한 전자공학과 기계공학, 그리고 컴퓨터공학을 전공하는 학생들에게 많은 도움이 될 것이다.

이 책을 시작하려면

눈으로 문제를 해결하는 방법을 지양하고, 펜을 사용하여 그림을 그리듯이 세 단계(이해 단계, 서술 단계, 표현 단계)를 순차적으로 거치기를 권한다.

이 책의 구성요소

도입글

해당 장의 내용을 왜 배워야 하는지, 다른 장과 어떤 관계가 있는지 보여준다.

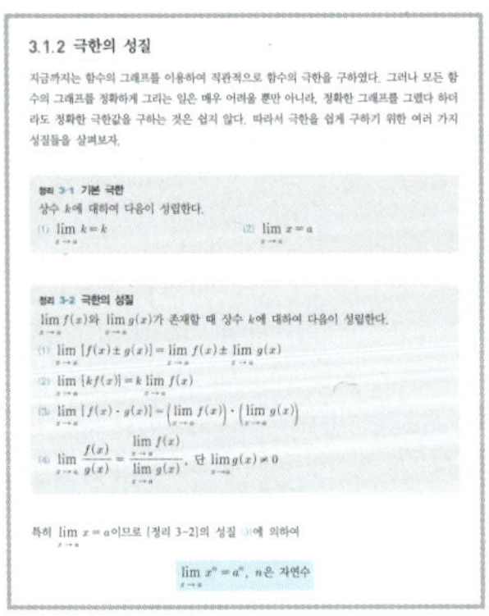

정리

중요한 핵심 개념과 수식을 정리하여 보여준다.

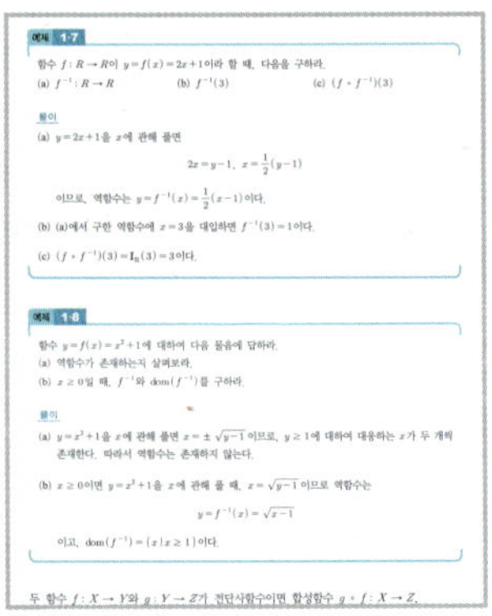

예제

본문에서 다룬 개념들을 응용한 문제를 풀이와 함께 담았다.

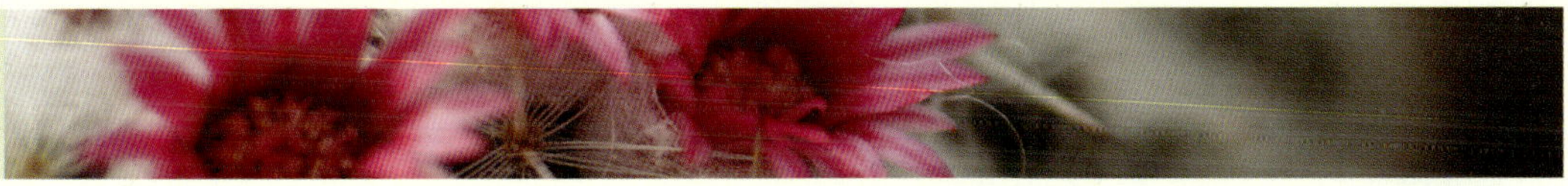

이 책의 구성

❶ 함수(1장)

함수를 정의하고 함수 사이의 연산법칙을 소개한다. 또한 여러 함수의 종류를 살펴보고, 그 함수들의 특성을 살펴본다.

❷ 초월함수(2장)

대표적인 초월함수인 지수함수, 삼각함수, 쌍곡선함수와 이들의 역함수인 로그함수, 역삼각함수, 역쌍곡선함수를 소개한다.

❸ 미분(3장)

함수의 극한에 대한 개념과 연속성을 정의한다. 또한 도함수를 정의하고, 함수의 도함수를 구하는 미분법을 소개한다.

❹ 적분(4장)

부정적분과 정적분을 정의하고, 여러 가지 함수에 대한 적분법을 유형별로 살펴본다.

❺ 극좌표(5장)

극좌표를 정의하고 직교좌표계와의 관계를 소개한다. 또한 극방정식과 직교방정식 사이의 관계를 살펴보고, 극방정식의 그래프를 그리는 방법을 자세히 소개한다.

❻ 무한급수(6장)

수열과 급수를 정의하고, 그들의 극한을 구하는 방법을 살펴본다. 그리고 테일러 급수와 푸리에 급수를 살펴본다.

❼ 편미분(7장)

다변수함수와 편도함수를 정의하고, 편도함수를 구하는 편미분법을 소개한다.

❽ 중적분(8장)

이중적분과 삼중적분을 소개하고, 극좌표계에서의 중적분을 구하는 방법을 살펴본다. 또한 원기둥좌표와 구면좌표를 소개한다.

❾ 행렬과 행렬식(9장)

위치벡터와 벡터의 내적 및 외적을 정의하고, 행렬의 개념과 행렬의 성질을 살펴본다. 그리고 행렬식의 개념을 소개한다.

❿ 미분방정식의 기초(10장)

미분방정식을 정의하고, 유형에 따른 1계 및 2계 미분방정식의 해법 및 응용을 소개한다. 그리고 라플라스 변환을 살펴본다.

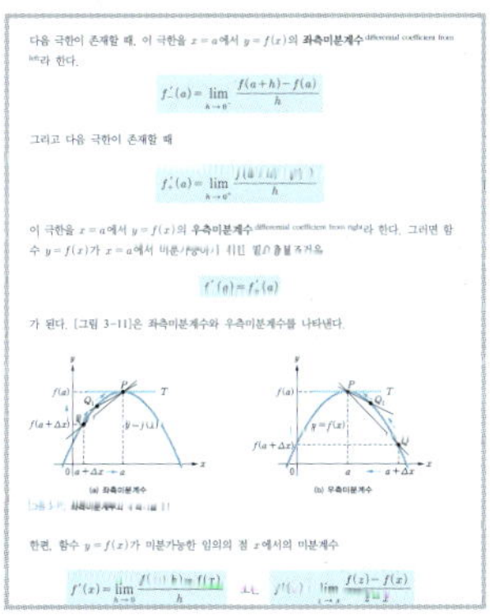

핵심 용어/중요 수식

본문의 내용 중 핵심이 되는 용어와 수식은 각각 키워드와 음영으로 나타내 쉽게 볼 수 있다.

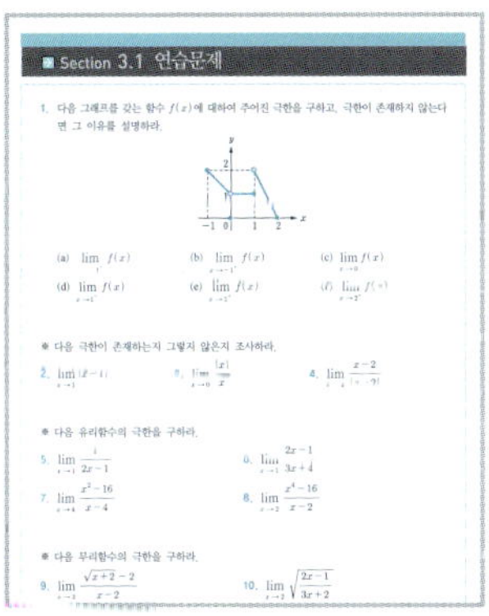

절별 연습문제

해당 절이 끝날 때마다 본문에서 다룬 주요 내용을 다시 한 번 정리하고, 문제를 통해 배운 내용을 확인한다.

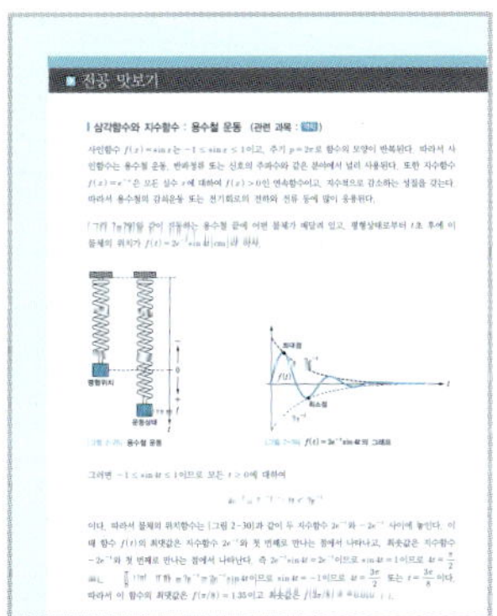

전공 맛보기

본문에서 배운 수학적 내용이 전공에서 어떻게 쓰이는지 보여준다.

학습 로드맵

이 책은 전체 10장으로 구성되어 있으며, 다음과 같이 세 가지 유형의 학습 로드맵을 제시할 수 있다. 6.5절 푸리에 급수와 10.4절 라플라스 변환은 선택적으로 학습할 수 있다.

제1유형

1학기

- 1장 | 함수
- 2장 | 초월함수
- 3장 | 미분
- 4장 | 적분

2학기

- 5장 | 극좌표
- 6장 | 무한급수 (6.5 푸리에 급수 생략)
- 7장 | 편미분
- 8장 | 중적분

전공별 선택!

컴퓨터공학

- 9장 | 행렬과 행렬식

기계, 전자공학

- 10장 | 미분방정식의 기초 (10.4 라플라스 변환 생략)

제2유형

1학기

- 1장 | 함수
- 2장 | 초월함수
- 3장 | 미분
- 4장 | 적분
- 5장 | 극좌표

2학기

- 6장 | 무한급수 (6.5 푸리에 급수 생략)
- 7장 | 편미분
- 8장 | 중적분
- 9장 | 행렬과 행렬식
- 10장 | 미분방정식의 기초 (10.4 라플라스 변환 생략)

제3유형

1학기

- 1장 | 함수
- 2장 | 초월함수
- 3장 | 미분
- 4장 | 적분
- 5장 | 극좌표

2학기

- 6장 | 무한급수
- 7장 | 편미분
- 8장 | 중적분
- 9장 | 행렬과 행렬식
- 10장 | 미분방정식의 기초

강의 계획

표준 스케줄 표(두 학기 강의)

1학기

주	해당 장	주제
1	1장	함수의 정의와 연산, 함수의 종류
2	1장	함수의 이동과 변환, 함수의 주기성
3	2장	지수함수, 로그함수
4	2장	삼각함수, 역삼각함수, 쌍곡선함수와 역쌍곡선함수
5	3장	함수의 극한과 연속성
6	3장	도함수와 미분법
7	3장	함수의 극대와 극소, 도함수의 응용
8		중간고사
9	4장	부정적분과 정적분
10	4장	적분법
11	4장	이상적분
12	4장	적분의 응용
13	5장	극좌표계
14	5장	극방정식과 그래프
15	5장	극방정식의 응용
16		기말고사

2학기

주	해당 장	주제
1	6장	수열, 무한급수
2	6장	거듭제곱급수, 테일러 급수
3	6장	푸리에 급수
4	7장	다변수함수, 이변수함수의 극한과 연속성
5	7장	편도함수, 이변수함수의 극값과 전미분
6	8장	이중적분, 삼중적분, 극좌표에서의 중적분
7	8장	원기둥좌표와 구면좌표에서의 삼중적분, 중적분의 응용
8		중간고사
9	9장	위치벡터, 행렬의 정의와 연산
10	9장	역행렬과 연립방정식
11	9장	행렬식
12	10장	1계 미분방정식
13	10장	2계 미분방정식
14	10장	미분방정식의 응용
15	10장	라플라스 변환
16		기말고사

강의 보조 자료 및 참고 문헌

강의 보조 자료

한빛아카데미 홈페이지에서 '교수회원'으로 가입하신 분은 인증 후 교수용 강의 보조 자료를 제공받을 수 있습니다. 한빛아카데미 홈페이지 상단의 〈교수전용공간〉 메뉴를 클릭하세요.

http://www.hanbit.co.kr/academy

연습문제 해답

본 도서는 대학 강의용 교재로 개발되었으므로 전체 연습문제 풀이는 제공하지 않습니다. 단, 홀수 번 정답 및 풀이는 아래의 경로에서 내려 받을 수 있습니다.

한빛아카데미 홈페이지 접속 → [도서명] 검색 → 도서 상세 페이지의 [부록/예제소스]

온라인 강의

한국교육학술정보원(http://www.kocw.net)에서 '미분적분학 1'을 검색하면 이 책에 대한 간략한 저자 강의를 동영상으로 볼 수 있습니다.

참고 문헌

1. Edward M. Purcell, 『Electricity and Magnetism, 2E』, McGraw-Hill Book Company, 1985
2. George B. Thomas, Jr., 『Thomas's Calculus, 11E』, Pearson Education, Inc, 2006
3. Howard Anton, Robert C. Busby, 『Contemporary Linear Algebra』, John Wiley & Sons, Inc, 2003
4. James Stewart, 『Calculus, 6E』, Thomson Brooks/Cole, 2009
5. M. J. Roberts, 『Signals and Systems』, McGraw-Hill, 2003
6. Norman S. Nise, 『Control Systems Engineering, 5E』, John Wiley & Sons, Inc. 2008
7. Ron Larson, Bruce H. Edwards, 『Brief Calculus, An Applied Approach, 6E』, Hough-ton Mifflin Company, 2003
8. Ron Larson, Robert Hostetler, Bruce H. Edwards, 『Essential Calculus』, Houghton Mifflin Company, 2008
9. Simon Haykin, Michael Moher, 『Introduction to Analog & Digital Communications, 2E』, John Wiley & Sons, 2007
10. 이재원, 박성욱, 『기초수학』, 한빛미디어, 2012
11. 이재원, 김종헌, 박성욱, 『공업수학, 2E』, 경문사, 2003

목차

지은이 소개 • 2

지은이 머리말 • 4

미리보기 • 6

학습 로드맵 • 8

강의 계획 • 9

강의 보조 자료 및 참고 문헌 • 10

Chapter 01 함수

1.1 함수의 정의와 연산 • 15

1.2 함수의 종류 • 24

1.3 함수의 이동과 변환 • 34

전공 맛보기 • 48

Chapter 02 초월함수

2.1 지수함수 • 53

2.2 로그함수 • 60

2.3 삼각함수 • 65

2.4 역삼각함수 • 84

2.5 쌍곡선함수와 역쌍곡선함수 • 91

전공 맛보기 • 100

Chapter 03 미분

3.1 함수의 극한과 연속성 • 105

3.2 도함수와 미분법 • 127

3.3 함수의 극대와 극소 • 152

3.4 도함수의 응용 • 162

전공 맛보기 • 172

Chapter 04 적분

4.1 부정적분과 정적분 • 177

4.2 적분법 • 195

4.3 이상적분 • 220

4.4 적분의 응용 • 227

전공 맛보기 • 248

Chapter 05 극좌표

5.1 극좌표계 • 253

5.2 극방정식과 그래프 • 257

5.3 극방정식의 응용 • 269

전공 맛보기 • 282

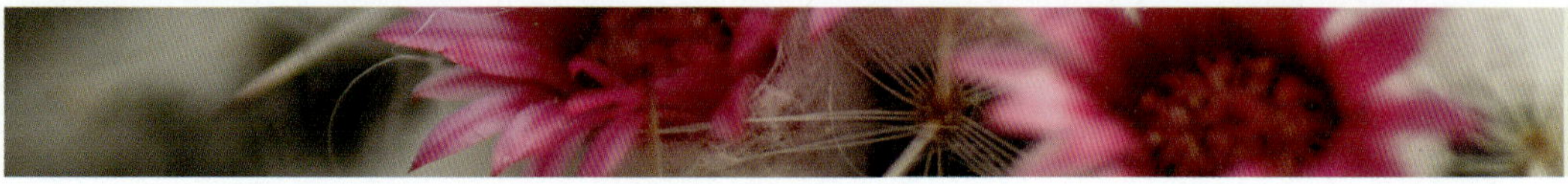

Chapter 06 무한급수

6.1 수열 • 287
6.2 무한급수 • 301
6.3 거듭제곱급수 • 319
6.4 테일러 급수 • 328
6.5 푸리에 급수 • 337
전공 맛보기 • 346

Chapter 07 편미분

7.1 다변수함수 • 351
7.2 이변수함수의 극한과 연속성 • 356
7.3 편도함수 • 363
7.4 이변수함수의 극값과 전미분 • 374
전공 맛보기 • 382

Chapter 08 중적분

8.1 이중적분 • 387
8.2 삼중적분 • 399
8.3 극좌표에서의 중적분 • 406
8.4 원기둥좌표와 구면좌표에서의 삼중적분 • 413
전공 맛보기 • 420

Chapter 09 행렬과 행렬식

9.1 위치벡터 • 425
9.2 행렬의 정의와 연산 • 441
9.3 역행렬과 연립방정식 • 451
9.4 행렬식 • 462
전공 맛보기 • 472

Chapter 10 미분방정식의 기초

10.1 1계 미분방정식 • 477
10.2 2계 미분방정식 • 488
10.3 미분방정식의 응용 • 495
10.4 라플라스 변환 • 513
전공 맛보기 • 524

찾아보기 • 526

Chapter

01

함수

Functions

함수의 정의와 연산 _1.1
함수의 종류 _1.2
함수의 이동과 변환 _1.3

전공 맛보기

학습목표

- 함수의 개념과 함수의 여러 가지 연산을 이해할 수 있다.
- 다양한 종류의 함수를 이해할 수 있다.
- 함수의 평행이동과 확대 및 축소를 이해할 수 있다.
- 주기함수를 이해하고, 주기적으로 변하는 공학적 문제를 해결할 수 있다.
- 절별 연습문제를 통해 학습 내용을 제대로 이해했는지 확인할 수 있다.

미분적분을 다룰 때 가장 기본이 되는 개념이 함수이다. 따라서 이 장에서는 함수의 개념과 연산, 그리고 여러 가지 종류의 함수를 살펴본다. 그리고 시간 또는 주파수를 주로 다루는 통신 공학에 매우 유용한 함수의 이동과 변환 및 주기성을 소개한다. 이러한 함수는 실생활에서 다양한 현상에 대한 수학적 모델로 사용될 뿐만 아니라 실험 결과를 구조적으로 표현하는 도구로 사용된다.

1.1 함수의 정의와 연산

반지름이 r인 원의 넓이를 S라 하면 $S=\pi r^2$이다. 그리고 반지름이 음수인 원은 존재하지 않으므로 반지름의 길이는 $r \geq 0$이고, 이 경우에 원의 넓이는 $S \geq 0$이다. 이때 반지름의 길이가 $r=1$이면 $S=\pi$이다. 이와 같이 반지름의 길이가 특정한 $r=r_0$이면, 원의 넓이는 $S=\pi r_0^2$으로 결정된다. [그림 1-1]과 같이 $r=r_0$이 입력되면, 그 결과로 $S=\pi r_0^2$이 출력되는 기능을 하는 도구를 함수라 하며, 이 절에서는 이러한 함수의 개념에 대하여 살펴본다.

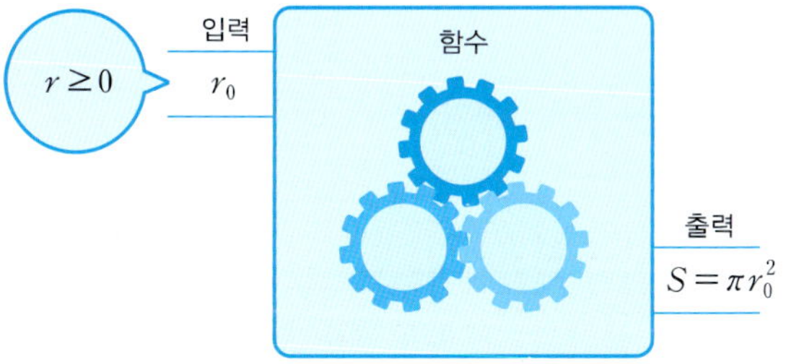

[그림 1-1] 함수의 의미

1.1.1 함수의 정의와 그래프

이제 함수의 개념을 논리적으로 정의해보자. 공집합이 아닌 두 집합 X와 Y에 대하여, 집합 X 안의 각 원소 x가 집합 Y 안의 오로지 한 원소 y에 대응하는 대응규칙 f를 집합 X에서 집합 Y로의 **함수** function 또는 **사상** mapping이라 하고, 다음과 같이 나타낸다.

$$f: X \to Y, \ \ y=f(x)$$

이때 변수 x가 주어지면 함수 f에 의하여 변수 y가 결정되므로, 변수 x를 **독립변수** independent variable, y를 **종속변수** dependent variable라고 한다. 한편, 종속변수 $y=f(x)$를 f에 의한 x의 **상** image 또는 f의 x에서의 **함숫값** value이라 한다. 또한 함수 f에 의하여 종속변수 y가 존재하게 하는 x들의 집합을 함수 f의 **정의역** domain이라 하고, 집합 Y를 함수 f의 **공역** codomain이라 한다. 특히 정의역 안의 모든 원소 x에 대한 함숫값의 집합

$$f(X)=\{y \mid y=f(x), \ x \in X\}$$

를 함수 f의 **치역** range이라 하며, 함수 f의 정의역은 $\mathrm{dom}(f)$, 치역은 $\mathrm{ran}(f)$로 나타낸다. 따라서 정의역과 치역을 집합으로 나타내면 각각 다음과 같다.

$$\mathrm{dom}(f) = \{x \mid \exists\, y = (x),\ x \in X\}$$ [1]

$$\mathrm{ran}(f) = \{y \in Y \mid y = f(x),\ \forall x \in \mathrm{dom}(f)\}$$ [2]

일반적으로 치역과 공역 사이에는 $\mathrm{ran}(f) \subseteq Y$가 성립하며, 함수 f의 정의역과 치역, 그리고 공역을 그림으로 나타내면 [그림 1-2]와 같다.

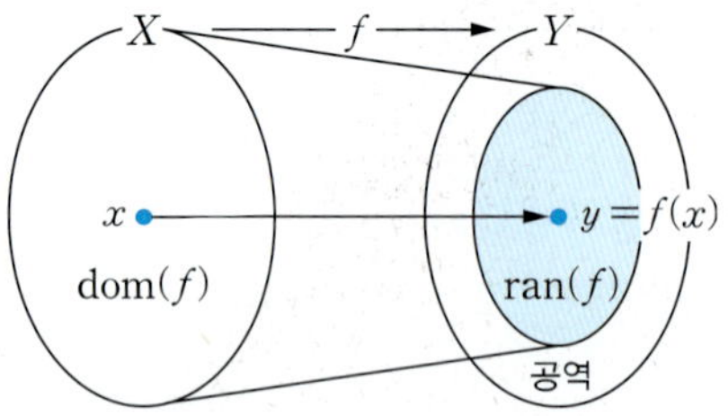

[그림 1-2] **정의역, 치역, 공역**

예제 1-1

다음 함수 $f: R \to R,\ y = f(x)$의 정의역과 치역을 구하라. 단, R은 실수 전체의 집합이다.

(a) $y = 2x+1$ (b) $y = x^2 - 1$ (c) $y = \sqrt{x-2}$ (d) $y = \dfrac{1}{\sqrt{x-2}}$

풀이

(a) 실수는 곱셈과 덧셈에 대하여 닫혀있으므로, 임의의 실수 x에 대하여 $2x+1$도 실수이다. 따라서 함수 f의 정의역과 치역은 $\mathrm{dom}(f) = \mathrm{ran}(f) = R$이다.

(b) 임의의 실수를 제곱하면 음이 아닌 실수, 즉 임의의 실수 x에 대하여 $x^2 \geq 0$이므로 $x^2 - 1 \geq -1$이다. 따라서 함수 f의 정의역과 치역은 각각 다음과 같다.

$$\mathrm{dom}(f) = R,\quad \mathrm{ran}(f) = \{y \mid y \geq -1\}$$

(c) $x \geq 0$에 대하여 제곱근 $\sqrt{x}$가 존재하고, 이때 $\sqrt{x} \geq 0$이므로, 함수 f의 정의역과 치역을 구하면 각각 다음과 같다.

$$\mathrm{dom}(f) = \{x \mid \exists \sqrt{x-2},\ x \in R\} = \{x \mid x-2 \geq 0,\ x \in R\} = \{x \mid x \geq 2\}$$

$$\mathrm{ran}(f) = \{y \in R \mid y = \sqrt{x-2},\ \forall x \geq 2\} = \{y \in R \mid y \geq 0\}$$

(d) (c)에서 살펴본 바와 같이 $\sqrt{x-2}$가 존재하기 위한 x의 범위는 $x \geq 2$이다. 그런데 분수가 존재하려면 분모가 0이 되지 않아야 하므로 $\sqrt{x-2} > 0$이다. 따라서 함수 f의 정의역은 $\mathrm{dom}(f) = \{x \mid x > 2\}$이다. 또한 $x > 2$인 임의의 실수 x에 대하여 $y = \dfrac{1}{\sqrt{x-2}} > 0$이므로 함수 f의 치역은 $\mathrm{ran}(f) = \{y \mid y > 0\}$이다.

1 기호 ∃는 '존재한다'는 의미의 영문 'Exist'의 첫 문자 E를 뒤집은 수학 기호이다.
2 기호 ∀는 '모든 ~에 대하여'라는 의미의 영문 'for All'의 A를 뒤집은 수학 기호이다.

함수의 그래프

두 개의 수직선을 한 정점에서 수직으로 만나게 하면, 평면 위의 임의의 점 P는 좌표를 이용하여 나타낼 수 있다. [그림 1-3]과 같이 수평축 위에서 정점으로부터 a만큼 떨어지고, 수직축 위에서 정점으로부터 b만큼 떨어진 평면 위의 점을 순서쌍 (a, b)로 나타낸다. 그러면 평면 위의 임의의 점 P는 좌표를 이용하여 $P(a, b)$로 나타낼 수 있다. 이와 같이 두 수직선을 한 정점에서 수직으로 교차하도록 만들어진 좌표계를 **직교좌표계** orthogonal coordinate system라 한다. 이때 수평과 수직으로 놓여 있는 직선을 **좌표축** coordinate axis이라 하며, 두 좌표축이 만나는 정점은 O로 나타내고 **원점** origin이라 한다. 이때 일반적으로 수평축을 x축, 수직축을 y축이라 한다.

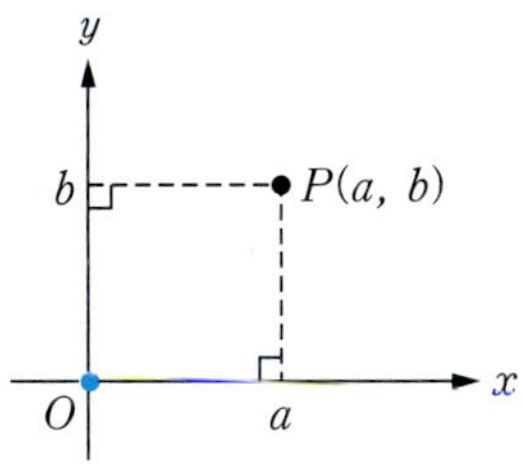

[그림 1-3] **직교좌표계**

이러한 좌표를 이용하여 함수 $f: X \to Y$, $y = f(x)$에 대한 자취를 평면 위에 나타낼 수 있는데, 이 자취를 함수 f의 그래프라 한다. 이를 위해 정의역 안의 원소 x를 첫 번째 성분, 원소 x에 대응하는 함숫값 $f(x)$ 또는 y를 두 번째 성분으로 가지는 순서쌍 $(x, f(x))$ 또는 (x, y)를 좌표평면 위에 나타낸다. 그러면 함수 f의 자취를 평면 위에 나타낼 수 있으며, 평면 위의 점들 전체의 집합은 다음과 같이 나타난다.

$$G_f = \{(x, f(x)) \mid x \in \mathrm{dom}(f)\} = \{(x, y) \mid y = f(x),\ x \in \mathrm{dom}(f)\}$$

이때 이러한 점들 전체의 집합을 함수 $y = f(x)$의 **그래프** graph라 한다. 실생활이나 공학 등에서 사용하는 함수는 대부분 R에서 R로의 함수이므로, 이제부터는 특별한 언급이 없는 한 함수 $f: R \to R$을 다룬다.

예제 1-2

함수 $f: R \to R$와 $g: R \to R$가 다음과 같을 때, 함수 f와 g의 그래프를 집합으로 표시하고, 좌표평면 위에 나타내라.

(a) $f(x) = 2x + 1$ (b) $g(x) = -x^2 + 4$

풀이

(a) $y=2x+1$의 그래프를 집합으로 표시하면 다음과 같다.

$$G_f=\{(x,\ y)\mid y=2x+1,\ \forall x\in R\}$$

이때 x가 -1, $-\dfrac{1}{2}$, 0, 1, 2이면, 이에 대응하는 y는 각각 -1, 0, 1, 3, 5이므로 x와 y에 대한 순서쌍은 다음과 같다.

$$(-1,\ -1),\ \left(-\frac{1}{2},\ 0\right),\ (0,\ 1),\ (1,\ 3),\ (2,\ 5)$$

이 순서쌍을 좌표평면 위에 나타내고 연결하면 그림 (a)와 같은 직선을 얻는다.

(b) $g(x)=-x^2+4$의 그래프를 집합으로 표시하면 다음과 같다.

$$G_g=\{(x,\ y)\mid y=-x^2+4,\ \forall x\in R\}$$

이때 x가 -2, -1, 0, 1, 2이면, 이에 대응하는 y는 각각 0, 3, 4, 3, 0이므로 x와 y에 대한 순서쌍은 $(-2,\ 0)$, $(-1,\ 3)$, $(0,\ 4)$, $(1,\ 3)$, $(2,\ 0)$이다. 이 순서쌍을 좌표평면 위에 나타내고 연결하면 그림 (b)와 같은 포물선을 얻는다.

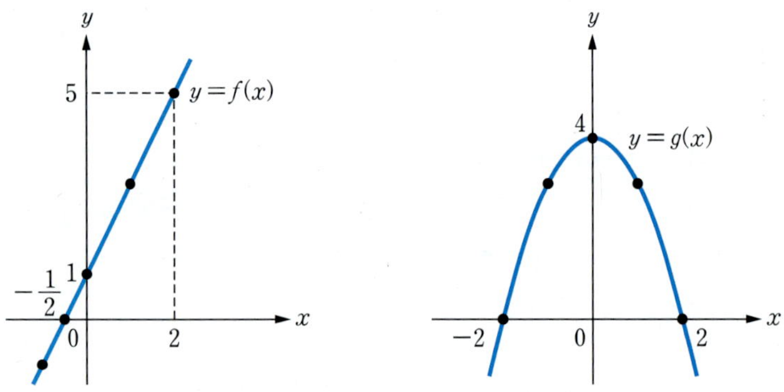

(a) (b)

1.1.2 함수의 연산

두 함수 f와 g에 대하여

❶ $D=\mathrm{dom}(f)=\mathrm{dom}(g)$

❷ D 안의 모든 x에 대하여 $f(x)=g(x)$

일 때, 두 함수를 **상등**equal이라 하고, $f=g$로 나타낸다.

예제 1-3

세 함수 $f: R \to R$, $g: R \to R$, $h: R^+ \to R$이 다음과 같을 때, 이 함수들 중에서 서로 같은 함수를 골라라. 단, R^+는 음이 아닌 모든 실수의 집합이다.

$$f(x) = (\sqrt{x})^2, \quad g(x) = x, \quad h(x) = x$$

풀이

함수 $f(x)$가 정의되려면 제곱근이 정의되어야 한다. 따라서 정의역을 구하면 다음과 같고, 이 정의역 안의 모든 x에 대하여 $f(x) = x$이다.

$$\text{dom}(f) = \{x \mid \exists \sqrt{x},\ x \in R\} = \{x \mid x \geq 0\}$$

이때 $g(x) = x$이고 $\text{dom}(g) = R$이므로 $x \geq 0$인 모든 x에 대하여 $f(x) = g(x)$이지만, 두 함수의 정의역이 서로 다르므로 $f \neq g$이다. 한편, 함수 h의 정의역은 $\text{dom}(h) = \{x \mid x \geq 0\}$이므로 $\text{dom}(g) \neq \text{dom}(h)$이다. 따라서 $g \neq h$이다. 그러나 $\text{dom}(f) = \text{dom}(h)$이고, 이 정의역 안의 모든 x에 대하여 $f(x) = h(x) = x$이므로 $f = h$이다.

함수 f와 g에 대하여 함수의 사칙연산은 [표 1-1]과 같이 정의한다. 그러면 함수의 사칙연산은 덧셈과 곱셈에 대하여 교환법칙, 결합법칙, 분배법칙이 성립하는 것을 확인할 수 있다.

[표 1-1] **함수의 사칙연산과 정의역**

함수의 사칙연산	정의역
$(f+g)(x) = f(x) + g(x)$	$\text{dom}(f+g) = \text{dom}(f) \cap \text{dom}(g)$
$(f-g)(x) = f(x) - g(x)$	$\text{dom}(f-g) = \text{dom}(f) \cap \text{dom}(g)$
$(f \cdot g)(x) = f(x) \cdot g(x)$	$\text{dom}(f \cdot g) = \text{dom}(f) \cap \text{dom}(g)$
$\left(\frac{f}{g}\right)(x) = \frac{f(x)}{g(x)}$	$\text{dom}\left(\frac{f}{g}\right) = \text{dom}(f) \cap \text{dom}(g) - \{x \mid g(x) = 0\}$

예제 1-4

두 함수 $f(x) = 2x + 3$, $g(x) = x - 1$에 대하여 $(f+g)(x)$, $(f-g)(x)$, $(f \cdot g)(x)$, $\left(\frac{f}{g}\right)(x)$와 각각의 정의역을 구하라.

풀이

두 함수 $f(x) = 2x + 3$, $g(x) = x - 1$의 사칙연산을 구하면

$$(f+g)(x) = (2x+3) + (x-1) = 3x + 2$$

$$(f-g)(x)=(2x+3)-(x-1)=x+4$$
$$(f\cdot g)(x)=(2x+3)\cdot(x-1)=2x^2+x-3$$
$$\left(\frac{f}{g}\right)(x)=\frac{2x+3}{x-1}$$

이고, $\mathrm{dom}(f)=R$, $\mathrm{dom}(g)=R$이므로 각 함수의 정의역은 다음과 같다.

$$\mathrm{dom}(f+g)=\mathrm{dom}(f-g)=\mathrm{dom}(f\cdot g)=\mathrm{dom}(f)\cap\mathrm{dom}(g)=R$$
$$\mathrm{dom}\left(\frac{f}{g}\right)=\mathrm{dom}(f)\cap\mathrm{dom}(g)-\{x\mid g(x)=0\}=R-\{1\}$$

1.1.3 합성함수

우리가 즐겨 먹는 빵을 만드는 과정을 생각해보자. 우선 밀가루를 반죽기에 넣어 반죽을 만들고, 이 반죽을 오븐에 넣어서 구우면 완제품인 빵이 만들어진다. 같은 방법으로 [그림 1-4]와 같이 정의역 X 안의 원소 x를 대응규칙 f에 의하여 집합 Y 안의 원소 $y=f(x)$와 대응시키고, 다시 이 원소를 대응규칙 g에 의하여 집합 Z 안의 원소 $z=g(y)$와 대응시키는 과정을 생각할 수 있다. 그러면 변수 y의 도움으로 집합 X 안의 각 원소 x는 집합 Z 안의 한 원소 z와 대응하는 새로운 대응규칙을 얻는다.

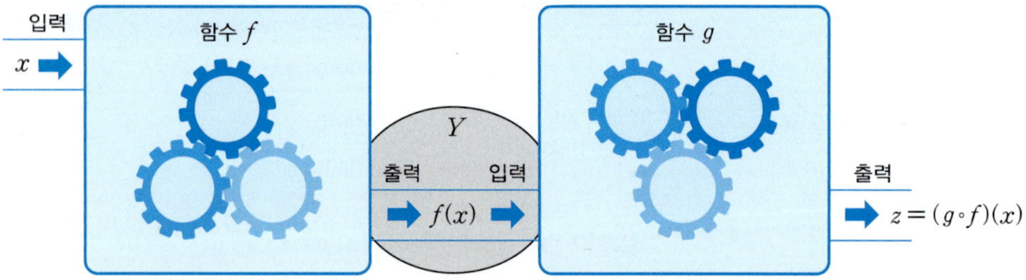

[그림 1-4] **합성함수의 기능**

두 함수 $f: X\to Y$와 $g: Y\to Z$에 대하여 [그림 1-5]와 같이 $x\in X$가 집합 Y의 원소를 매개로 $z\in Z$와 대응하는 함수를 f와 g의 **합성함수** composite function라 하고, 다음과 같이 나타낸다.

$$g\circ f: X\to Z,\ z=(g\circ f)(x)=g(f(x))$$

이때 합성함수 $g\circ f: X\to Z$의 정의역과 치역은 각각 다음과 같다.

$$\mathrm{dom}(g\circ f)=\{x\in X\mid \exists z=g(f(x))\in Z\}$$
$$\mathrm{ran}(g\circ f)=\{z\in Z\mid z=g(f(x)),\ \forall x\in\mathrm{dom}(g\circ f)\}$$

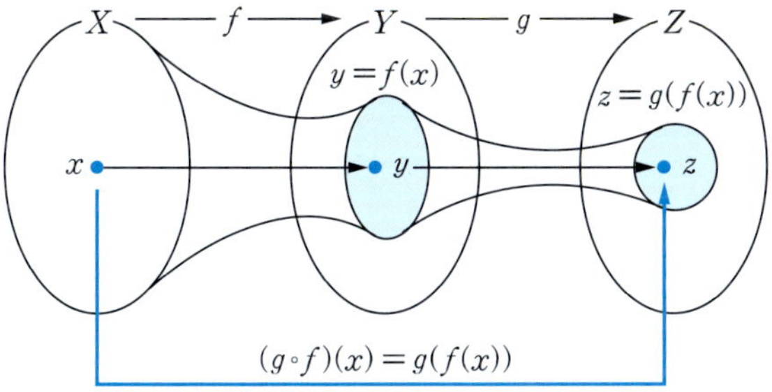

[그림 1-5] **합성함수 $g \circ f$**

예제 1-5

함수 $f(x) = x+1$, $g(x) = \sqrt{x-2}$, $h(x) = \dfrac{1}{x^2}$에 대하여 다음 합성함수를 구하고, 각각의 정의역을 구하라.

(a) $(f \circ g)(x)$ (b) $(g \circ f)(x)$

(c) $((g \circ f) \circ h)(x)$ (d) $(g \circ (f \circ h))(x)$

풀이

(a) $(f \circ g)(x) = f(g(x)) = g(x)+1 = \sqrt{x-2}+1$이고, $\mathrm{dom}(g \circ f) = \{x \mid x \geq 2\}$이다.

(b) $(g \circ f)(x) = g(f(x)) = \sqrt{f(x)-2} = \sqrt{(x+1)-2} = \sqrt{x-1}$ 이고, $\mathrm{dom}(g \circ f)$ $= \{x \mid x \geq 1\}$이다.

(c) $(g \circ f)(x) = \sqrt{x-1}$ 이므로

$$((g \circ f) \circ h)(x) = \sqrt{h(x)-1} = \sqrt{\frac{1}{x^2}-1} = \sqrt{\frac{-x^2+1}{x^2}}$$

이고, $\mathrm{dom}((g \circ f) \circ h) = \{x \mid -1 \leq x \leq 1,\ x \neq 0\}$이다.

(d) $(f \circ h)(x) = f(h(x)) = h(x)+1 = \dfrac{1}{x^2}+1 = \dfrac{x^2+1}{x^2}$ 이므로

$$(g \circ (f \circ h))(x) = \sqrt{\frac{x^2+1}{x^2}-2} = \sqrt{\frac{1-x^2}{x^2}}$$

이고, $\mathrm{dom}((g \circ f) \circ h) = \{x \mid -1 \leq x \leq 1,\ x \neq 0\}$이다.

[예제 1-5]와 같이 일반적으로 두 함수의 합성에 대하여 교환법칙은 성립하지 않지만, 결합법칙은 성립한다. 즉 $g \circ f \neq f \circ g$이지만, $(g \circ f) \circ h = g \circ (f \circ h)$이다.

Section 1.1 연습문제

※ 다음 함수의 정의역과 치역을 구하라.

1. $y=-x^2-1$

2. $y=\dfrac{1}{x-1}$

3. $y=\sqrt{3-2x}$

4. $y=\sqrt{x^2-1}$

5. $y=\dfrac{1}{\sqrt{4-x^2}}$

6. $y=1-\sqrt{4-\sqrt{x}}$

7. $y=1-\sqrt{x^2-1}$

8. $y=\dfrac{1}{1-\sqrt{x+1}}$

※ 다음 두 함수 f와 g에 대하여 $f+g$, $f-g$, $2f-g$, $f\cdot g$와 $\dfrac{f}{g}$, $\dfrac{g}{f}$를 구하고, 각각의 정의역을 구하라.

9. $f(x)=2x-3$, $g(x)=\sqrt{x+1}$

10. $f(x)=|x|$, $g(x)=\sqrt{x^2-1}$

11. $f(x)=\dfrac{1}{x-3}$, $g(x)=x^2-1$

12. $f(x)=x^2+1$, $g(x)=\sqrt{|x|}$

13. 두 함수 $f(x)=\dfrac{1}{x-1}$, $g(x)=\dfrac{1}{|x|}$에 대하여 합성함수 $f\circ g$와 $g\circ f$를 구하고, 각각의 정의역을 구하라.

※ 다음 대응관계가 함수인지 아닌지 결정하라.

14.

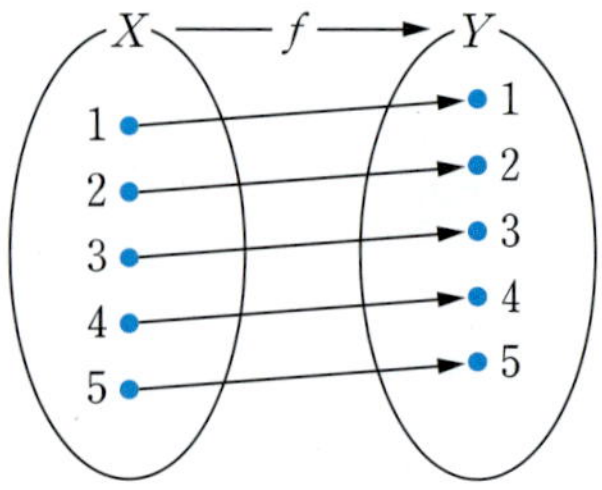

15.

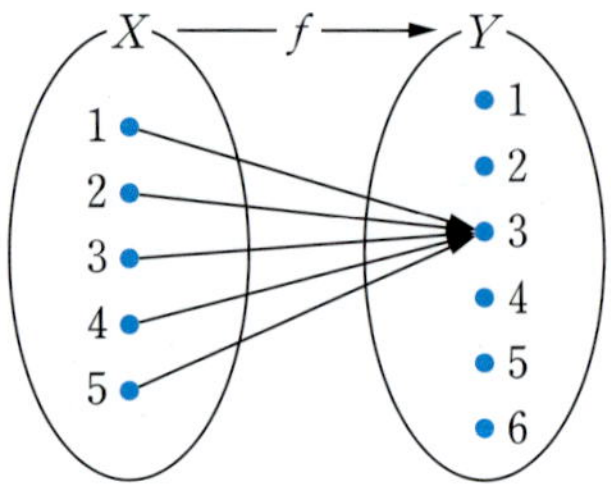

16.

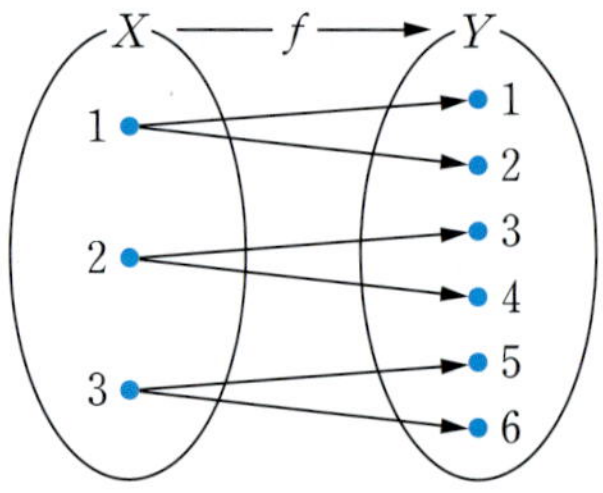

17.

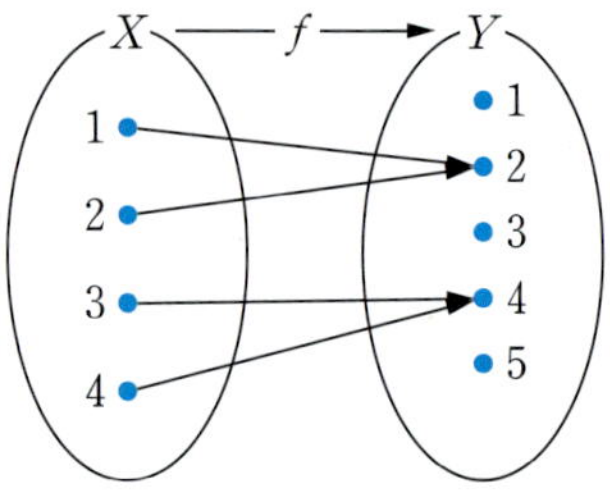

※ 다음 그래프가 함수인지 아닌지 결정하라.

18.

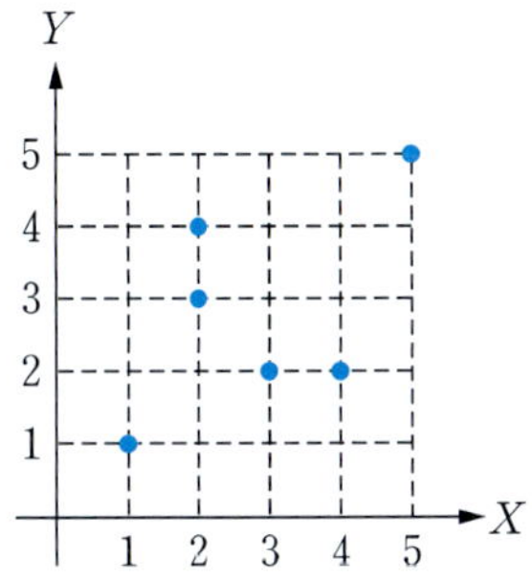

19.

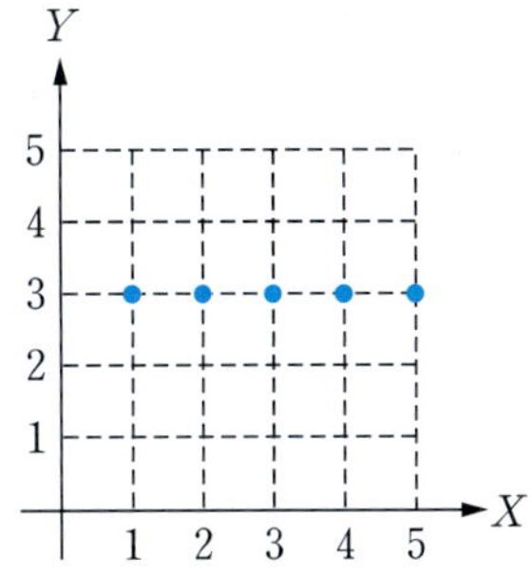

20.

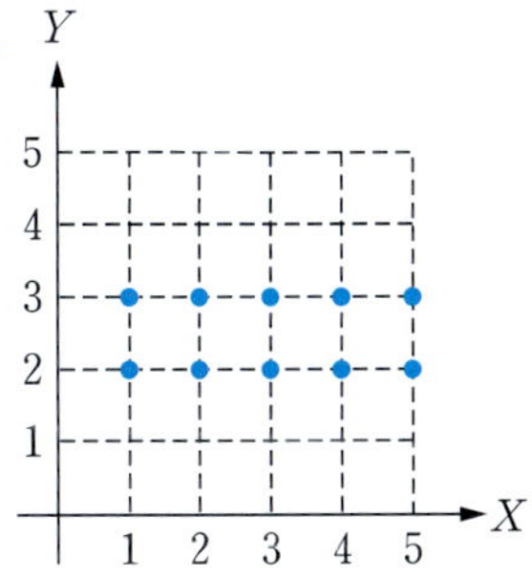

21.

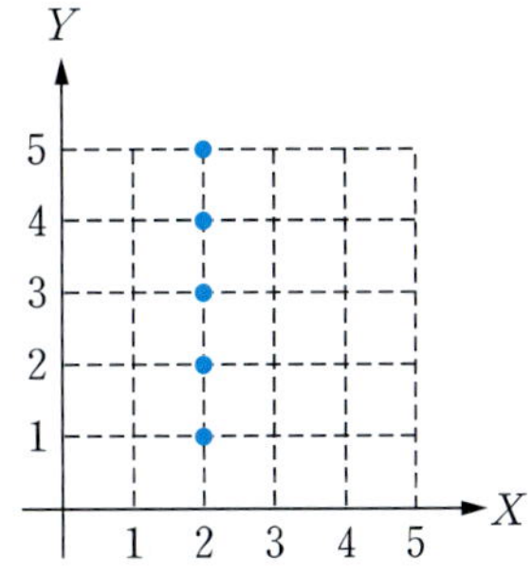

22. 다음 함수들 중에서 서로 같은 함수를 고르고, 각 함수의 그래프를 그려라.

$$f(x)=x+2,\quad g(x)=\frac{x^2-4}{x-2},\quad h(x)=\begin{cases}\dfrac{x^2-4}{x-2}, & x\neq 2\\ 4, & x=2\end{cases}$$

※ 다음 방정식의 그래프를 그리고, y가 x의 함수인지 결정하라.

23. $|y|=x$

24. $x^2+y^2=4$

25. $|x|+|y|=1$

26. $|x+y|=1$

※ 다음 그래프를 갖는 함수식을 구하라.

27.

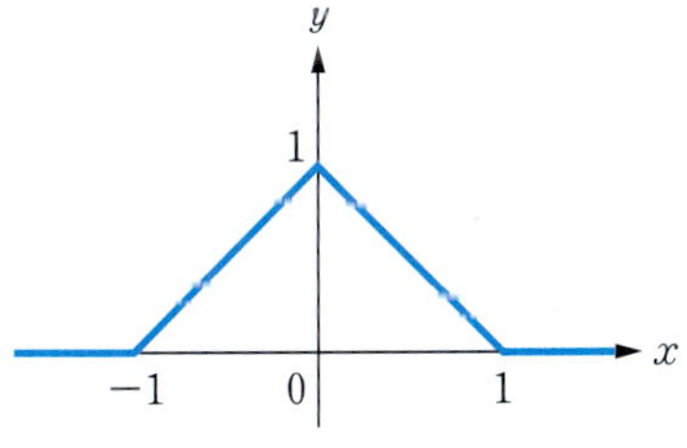

28.

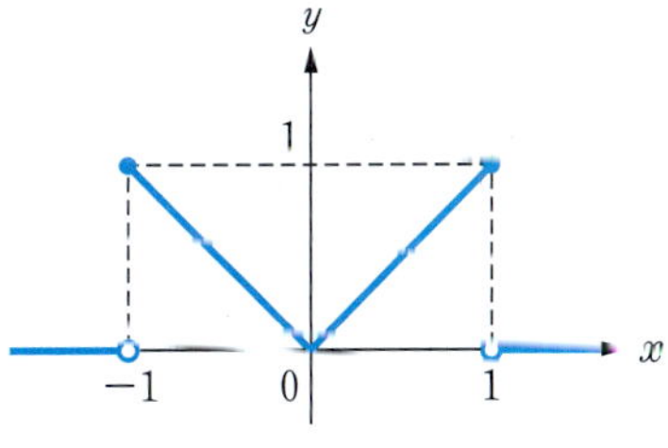

※ 다음과 같이 정의되는 $R \to R$인 함수에 대하여 정의역을 구하고, 서로 같은 함수를 골라라.

29. $f(x) = x$

30. $g(x) = \sqrt{x^2}$

31. $h(x) = (\sqrt{x})^2$

32. $k(x) = \sqrt[3]{x^3}$

※ 세 함수 $f(x) = \frac{1}{x}$, $g(x) = |x-1|$, $h(x) = \sqrt{x^2-1}$ 에 대하여 다음 합성함수를 구하라.

33. $(f \circ (g \circ h))(x)$

34. $(f \circ (h \circ g))(x)$

35. $(g \circ (f \circ h))(x)$

36. $(g \circ (h \circ f))(x)$

37. $(h \circ (f \circ g))(x)$

38. $(h \circ (g \circ f))(x)$

39. 다음 빈칸을 채워라.

	$f(x)$	$g(x)$	$(f \circ g)(x)$	$(g \circ f)(x)$
(a)	$\sqrt{x}$	$\lvert x-1 \rvert$		
(b)	$\frac{x}{x+1}$		$\frac{x-1}{x}$	
(c)		$\sqrt{x}$		$\sqrt{x^2-2}$

1.2 함수의 종류

앞에서 정의한 함수들 중에는 구조적으로 특별한 특성을 갖는 함수들이 있는데, 이 절에서는 어떤 형태의 함수들이 구조적으로 어떤 특별한 특성을 갖는가를 살펴본다.

1.2.1 항등함수와 상수함수

[그림 1-6(a)]와 같이 공집합이 아닌 임의의 집합 X에 대하여 X 안의 각 원소를 자기 자신으로 대응시키는 함수 $f(x) = x$를 **항등함수** identity function라 하고, $I_X(x) = x$로 나타낸다. 또한 [그림 1-6(b)]와 같이 집합 X의 모든 원소 x가 집합 Y의 오로지 한 원소 a와 대응을 이루는 함수, 즉 모든 $x \in X$에 대하여 $y = f(x) = a$를 **상수함수** constant function라 한다.

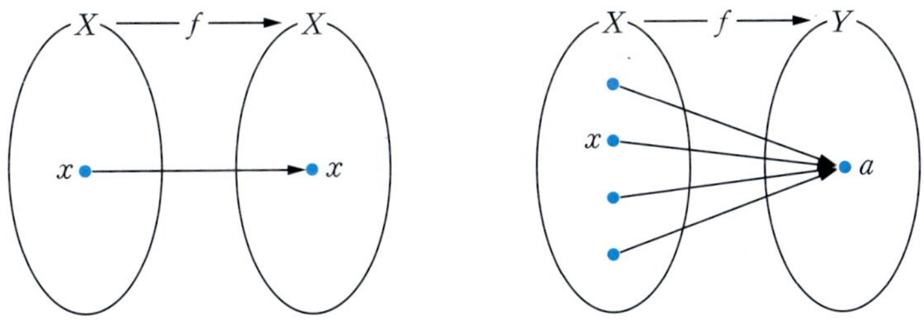

(a) 항등함수 (b) 상수함수

[그림 1-6] **항등함수와 상수함수**

1.2.2 단사함수, 전사함수, 전단사함수

함수 $f: X \to Y$에 대하여 [그림 1-7(a)]와 같이 정의역 X 안의 임의의 서로 다른 두 원소 x_1, x_2에 대한 함숫값 $f(x_1)$, $f(x_2)$가 서로 다른 성질을 갖는 함수, 즉

$$x_1 \neq x_2 \Rightarrow f(x_1) \neq f(x_2) \quad \text{또는} \quad f(x_1) = f(x_2) \Rightarrow x_1 = x_2$$

를 만족하는 함수를 X에서 Y로의 **단사함수** injective function 또는 **일대일함수** one-to-one function 라 한다. 따라서 함수 $f: X \to Y$가 단사함수라면, 함수 f의 치역 $\mathrm{ran}(f)$에 속하지 않는 공역 Y의 원소가 존재할 수 있다.

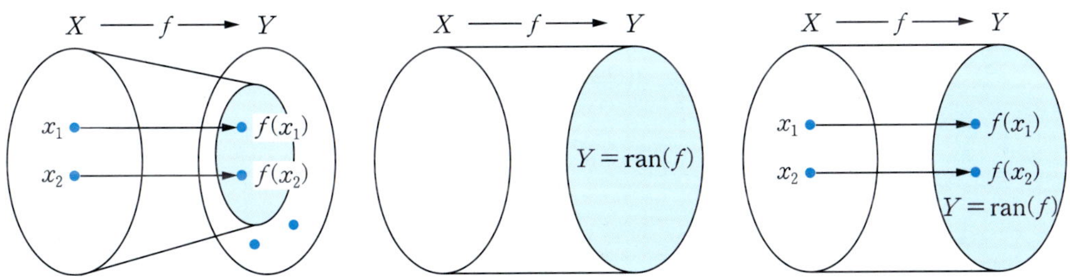

(a) 단사함수 (b) 전사함수 (c) 전단사함수

[그림 1-7] **단사함수, 전사함수, 전단사함수**

[그림 1-7(b)]와 같이 함수 $f: X \to Y$의 공역과 치역이 일치하는 함수, 즉

$$Y = \mathrm{ran}(f)$$

인 함수를 X에서 Y로의 **전사함수** surjective function 또는 **위로의 함수** onto function이라 한다. 그러므로 함수 $f: X \to Y$가 전사함수일 필요충분조건은 임의의 $y \in Y$에 대하여 $y = f(x)$를 만족하는 x가 정의역 안에 적어도 하나 존재하는 것이다.

또한 함수 $f: X \to Y$가 단사함수이면서 동시에 전사함수인 경우, 즉 [그림 1-7(c)]와 같이

❶ $x_1 \neq x_2 \Rightarrow f(x_1) \neq f(x_2)$

❷ $Y = \mathrm{ran}(f)$

를 만족할 때, 이 함수를 **전단사함수** bijective function 또는 **일대일 대응함수** one-to-one correspondence function라 한다. 따라서 함수 $f: X \to Y$가 전단사함수이고 정의역 X와 공역 Y가 유한집합이면, 두 집합 X와 Y는 원소의 수가 동일하다.

예제 1-6

다음과 같이 정의되는 함수를 단사함수, 전사함수, 전단사함수로 구분하라.

(a) $f: R \to R^+,\ y = f(x) = x^2$

(b) $f: R^+ \to R,\ y = f(x) = x^2$

(c) $f: R^+ \to R^+,\ y = f(x) = x^2$

풀이

(a) 그림 (a)와 같이 임의의 양수 y에 대하여 $y = x^2$을 만족하는 x는 $-\sqrt{y}$와 $\sqrt{y}$가 존재하므로, 주어진 정의역과 공역에 대하여 전사함수이다.

(b) 그림 (b)와 같이 임의의 양수 y에 대하여 $y = x^2$을 만족하는 양수 x는 $\sqrt{y}$이지만, 음수 y에 대하여 $y = x^2$을 만족하는 실수는 존재하지 않으므로 주어진 함수는 전사함수가 아니다. 그러나 서로 다른 양의 실수 $x_1 \neq x_2$에 대하여 $x_1^2 \neq x_2^2$이므로 주어진 함수는 단사함수이다.

(c) 그림 (c)와 같이 임의의 양수 y에 대하여 $y = x^2$을 만족하는 양수 x는 $\sqrt{y}$이고, 서로 다른 양수 $x_1 \neq x_2$에 대하여 $x_1^2 \neq x_2^2$이므로 주어진 함수는 전단사함수이다.

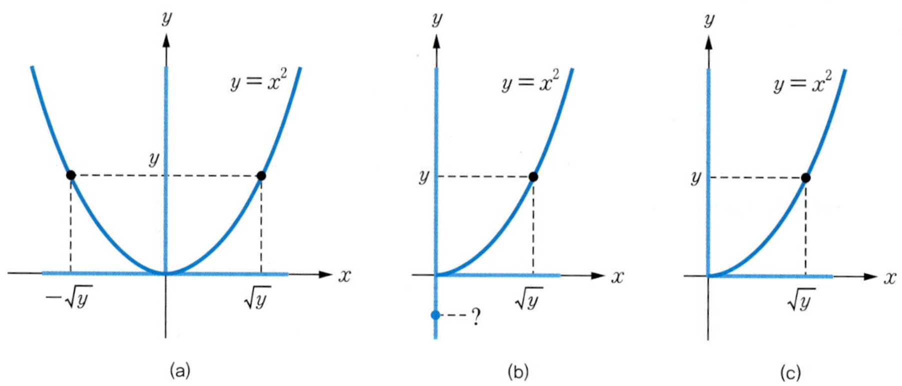

1.2.3 역함수

함수 $f: X \to Y$가 전단사함수이면 정의역 X와 공역 Y 안의 원소들이 일대일 대응을 이룬다. 이때 [그림 1-8]과 같이 집합 Y 안의 각 원소 y에 대하여 함수 $y=f(x)$에 의한 X 안의 유일한 원소 x로 대응시키는 함수 $g: Y \to X$가 존재한다. 따라서 모든 $x \in X$에 대하여 $y=f(x)$라 할 때, $g: Y \to X$는 $x=g(y)$이다.

이와 같이 전단사함수 $y=f(x)$의 치역을 정의역으로 하고, $y=f(x)$의 대응관계를 역대응하는 함수 $g: Y \to X$, $x=g(y)$를 $f: X \to Y$의 **역함수** inverse function라고 하고, $g=f^{-1}$로 나타낸다. 그러므로 전단사함수 $y=f(x)$의 역함수는 $x=f^{-1}(y)$이며, 일반적으로 독립변수를 x, 종속변수를 y로 나타내므로 $y=f(x)$의 역함수는 $y=f^{-1}(x)$이다.

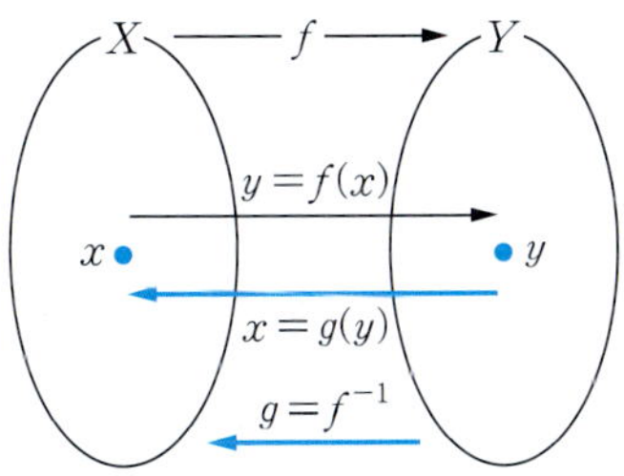

[그림 1-8] 역함수

[그림 1-8]에서 알 수 있듯이 $y=f(x)$와 역함수 $x=f^{-1}(y)$의 합성관계를 나타내면 다음과 같다.

$$(f^{-1} \circ f)(x) = f^{-1}(f(x)) = f^{-1}(y) = x$$
$$(f \circ f^{-1})(y) = f(f^{-1}(y)) = f(x) = y$$

따라서 $f^{-1} \circ f: X \to X$와 $f \circ f^{-1}: Y \to Y$는 각각 집합 X와 집합 Y에서 정의되는 항등함수 $f^{-1} \circ f = \mathrm{I}_X$, $f \circ f^{-1} = \mathrm{I}_Y$이다. 이때 함수 $y=f(x)$의 역함수를 구하기 위해서는 다음과 같은 방법을 사용한다.

❶ x에 관한 방정식 $y-f(x)=0$으로 변형하고 x를 변수 y에 관해 푼다.

❷ 독립변수 x와 종속변수 y를 교환하여 역함수 $y=f^{-1}(x)$를 얻는다.

예제 1-7

함수 $f: R \to R$이 $y=f(x)=2x+1$이라 할 때, 다음을 구하라.

(a) $f^{-1}: R \to R$ (b) $f^{-1}(3)$ (c) $(f \circ f^{-1})(3)$

풀이

(a) $y=2x+1$을 x에 관해 풀면

$$2x = y-1, \quad x = \frac{1}{2}(y-1)$$

이므로 역함수는 $y=f^{-1}(x)=\frac{1}{2}(x-1)$이다.

(b) (a)에서 구한 역함수에 $x=3$을 대입하면 $f^{-1}(3)=1$이다.

(c) $(f \circ f^{-1})(3) = \mathbf{I}_{\mathrm{R}}(3) = 3$이다.

예제 1-8

함수 $y=f(x)=x^2+1$에 대하여 다음 물음에 답하라.

(a) 역함수가 존재하는지 살펴보라.

(b) $x \geq 0$일 때, f^{-1}와 $\mathrm{dom}(f^{-1})$를 구하라.

풀이

(a) $y=x^2+1$을 x에 관해 풀면 $x=\pm\sqrt{y-1}$이므로 $y \geq 1$에 대하여 대응하는 x가 두 개씩 존재한다. 따라서 역함수는 존재하지 않는다.

(b) $x \geq 0$이면 $y=x^2+1$을 x에 관해 풀 때, $x=\sqrt{y-1}$이므로 역함수는

$$y=f^{-1}(x)=\sqrt{x-1}$$

이고, $\mathrm{dom}(f^{-1}) = \{x \mid x \geq 1\}$이다.

한편, 두 함수 $f: X \to Y$와 $g: Y \to Z$가 전단사함수이면 합성함수 $g \circ f: X \to Z$, $z=(g \circ f)(x)$도 전단사함수이다. 따라서 역함수 $x=(g \circ f)^{-1}(z)$를 갖는다. [그림 1-9]와 같이 두 함수 g와 f의 역함수 g^{-1}와 f^{-1}의 합성함수 $f^{-1} \circ g^{-1}: Z \to X$를 생각하면, $x=(f^{-1} \circ g^{-1})(z)$이므로 다음이 성립한다.

$$(g \circ f)^{-1} = f^{-1} \circ g^{-1}$$

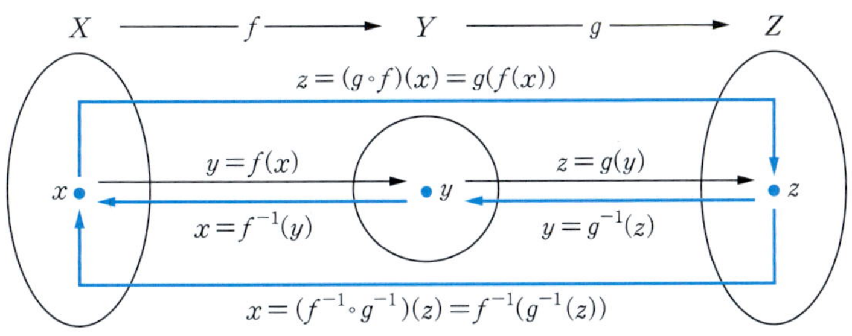

[그림 1-9] **합성함수의 역함수**

예제 1-9

두 함수 $y=f(x)=2x+4$, $z=g(y)=\sqrt{y-1}$ 에 대하여 다음을 구하라.

(a) $(g \circ f)(x)$ (b) $(g \circ f)^{-1}(z)$ (c) $(f^{-1} \circ g^{-1})(z)$

풀이

(a) $z=(g \circ f)(x)=g(f(x))=\sqrt{f(x)-1}=\sqrt{(2x+4)-1}=\sqrt{2x+3}$ 이다.

(b) $x=(g \circ f)^{-1}(z)$를 구하기 위해 x에 관한 방정식 $z=\sqrt{2x+3}$ 을 풀면 되므로 다음과 같이 구해진다.

$$x=(g \circ f)^{-1}(z)=\frac{1}{2}(z^2-3)$$

(c) $x=(f^{-1} \circ g^{-1})(z)=f^{-1}(g^{-1}(z))$이므로 $z=\sqrt{y-1}$ 을 y에 관해 풀면 $y=g^{-1}(z)$ $=z^2+1$이다. 또한 $x=f^{-1}(y)$를 구하기 위하여 $y=2x+4$를 x에 관해 풀면 $x=f^{-1}(y)$ $=\frac{1}{2}(y-4)$이므로 다음과 같이 구해진다.

$$x=f^{-1}(g^{-1}(z))=\frac{1}{2}(g^{-1}(z)-4)=\frac{1}{2}((z^2+1)-4)=\frac{1}{2}(z^2-3)$$

1.2.4 증가함수와 감소함수

함수 $f: R \to R$와 임의의 서로 다른 x_1, x_2에 대하여 $x_1 < x_2$라 할 때

- $f(x_1) < f(x_2)$이면 $f(x)$는 **증가함수** increasing function이다.
- $f(x_1) > f(x_2)$이면 $f(x)$는 **감소함수** decreasing function이다.
- $f(x_1) \le f(x_2)$이면 $f(x)$는 **단조증가함수** monotone increasing function이다.
- $f(x_1) \ge f(x_2)$이면 $f(x)$는 **단조감소함수** monotone decreasing function이다.

예를 들어, 함수 $f(x) = x^3 + x$를 생각해보자. 임의의 실수 $x_1 < x_2$에 대하여 $x_1^3 < x_2^3$이므로 다음과 같이 된다.

$$f(x_1) = x_1^3 + x_1 < f(x_2) = x_2^3 + x_2$$

따라서 $f(x) = x^3 + x$는 [그림 1-10(a)]와 같이 증가함수이다. 이와 같은 방법으로 함수 $g(x) = -x^3 - x$를 살펴보면 [그림 1-10(b)]와 같이 감소함수이다.

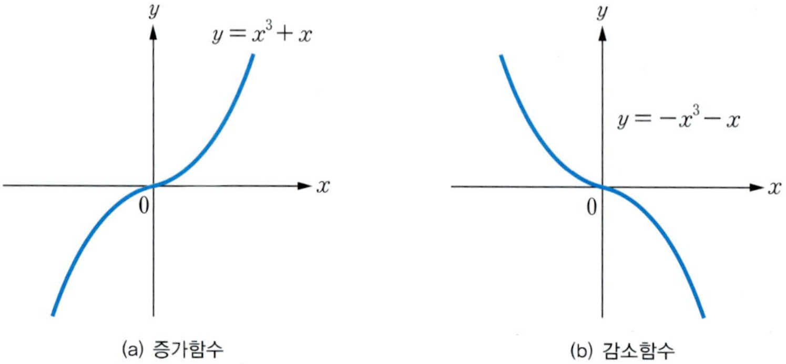

[그림 1-10] **증가함수와 감소함수**

한편, 함수 $f(x) = [x]$를 '실수 x를 넘지 않는 가장 큰 정수'로 정의하자. 예를 들어, $[1.2]$는 실수 1.2를 넘지 않는 가장 큰 정수이므로 $[1.2] = 1$이다. 이 함수는 임의의 자연수 n에 대하여 $n \le x < n+1$이면 x를 넘지 않는 가장 큰 정수는 n이므로 $[x] = n$이고, 이 함수의 그래프는 [그림 1-11(a)]와 같다. 이 함수를 **가우스 함수** Gauss function 또는 **최대정수함수** greatest integer function라 하며, 단조증가함수이다. 반면에, 함수 $f(x) = -[x]$는 [그림 1-11(b)]와 같이 단조감소함수이다.

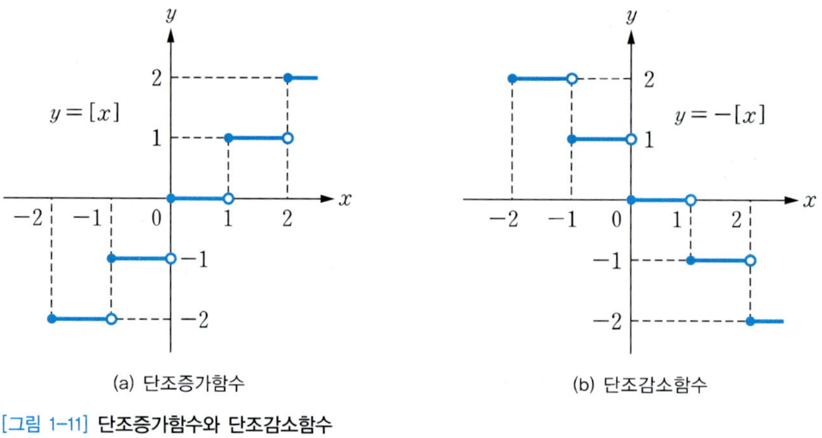

[그림 1-11] **단조증가함수와 단조감소함수**

정리 1-1 증가함수와 감소함수의 성질

함수 $y=f(x)$의 공역과 치역이 동일할 때, $y=f(x)$가 정의역 안의 모든 x에 대하여 증가(또는 감소)하는 함수이면 $y=f(x)$는 전단사함수이다.

그러므로 $y=f(x)$가 정의역 안의 모든 x에 대하여 증가(또는 감소)하는 함수이면, 역함수 $x=f^{-1}(y)$가 존재하고, 이 역함수도 역시 증가(또는 감소)한다.

예제 1-10

함수 $y=\sqrt{x+1}$이 증가함수임을 보이고, 그 역함수를 구하라.

풀이

$y=\sqrt{x+1}$의 정의역은 $x \geq -1$이고, $-1 \leq x_1 < x_2$이면 $0 \leq x_1+1 < x_2+1$이므로

$$f(x_1)=\sqrt{x_1+1} < \sqrt{x_2+1}=f(x_2)$$

이다. 따라서 $y=f(x)$는 증가함수이다. 이때 $y=f(x)$의 치역은 $y \geq 0$이다. 이 식을 x에 관해 풀면 다음과 같다.

$$y=\sqrt{x+1}, \quad x=y^2-1$$

변수를 서로 교환하면 $y=x^2-1$이므로 구하고자 하는 역함수는

$$y=f^{-1}(x)=x^2-1$$

이고, 정의역은 $x \geq 0$이다. 따라서 $y=f(x)$와 $y=f^{-1}(x)$의 그래프를 그리면 다음과 같다.

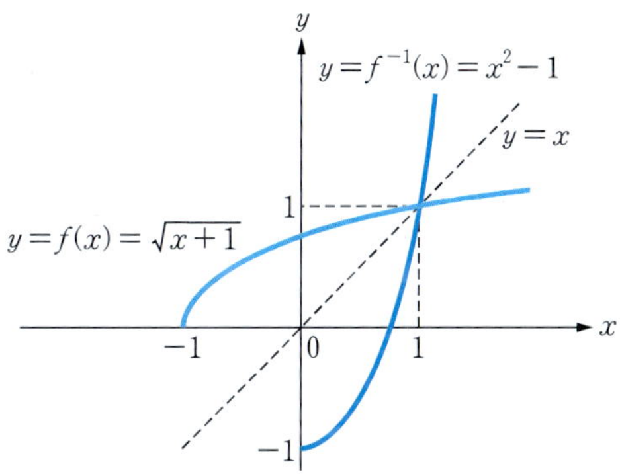

1.2.5 음함수

함수 $y=f(x)$는 독립변수 x와 종속변수 y가 명확하게 구분되어, 변수 y는 변수 x에 의하여 결정됨을 쉽게 알 수 있다. 그러나 $x^2+y^2=1$과 같은 원의 방정식은 독립변수와 종속변수가 쉽게 구분되지 않는다. 이때 $y \geq 0$에서 y를 x의 함수로 생각한다면, $y=\sqrt{1-x^2}$의 형태로 표현할 수 있다. 이와 같이 방정식 $f(x, y)=0$에 대하여 y를 x의 함수로 생각했을 때, y를 x의 **음함수** implicit function라고 한다.

예제 1-11

직선의 방정식 $ax+by+c=0(c\neq 0)$에 대하여 y를 x의 함수로 생각하고 $y=f(x)$를 구하라. 또한, 계수 a, b에 따른 직선의 모양을 결정하라. 단, a, b는 동시에 0이 아니다.

풀이

$c\neq 0$이므로 $ax+by+c=0$으로부터 $ax+by=-c$이다.

❶ $a=0$이면 $b\neq 0$이므로 $y=-\dfrac{c}{b}$이다. 따라서 x축과 평행인 직선이다.

❷ $b=0$이면 $a\neq 0$이므로 $x=-\dfrac{c}{a}$이다. 따라서 y축과 평행인 직선이다.

❸ $a\neq 0$, $b\neq 0$이면 $y=-\dfrac{a}{b}x-\dfrac{c}{b}$이다. 따라서 y절편이 $-\dfrac{c}{b}$, 기울기가 $-\dfrac{a}{b}$인 직선이다.

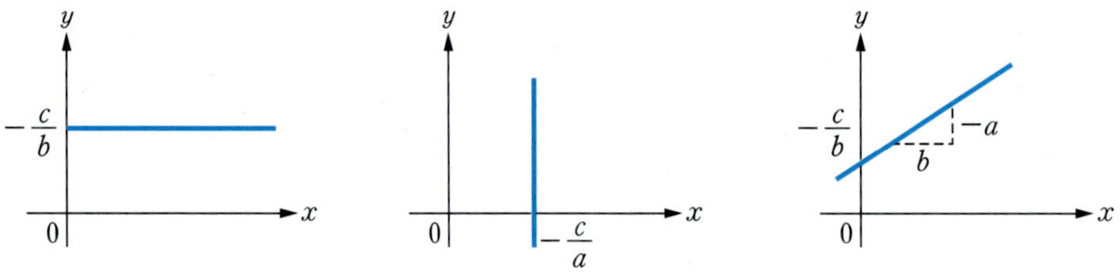

❶ $a=0$, $b\neq 0$인 경우 ❷ $a\neq 0$, $b=0$인 경우 ❸ $a\neq 0$, $b\neq 0$인 경우

1.2.6 대수적 함수

상수와 변수 x를 유한 번 반복하여 곱한 항들을 더한 함수

$$f(x)=a_0x^n+a_1x^{n-1}+\cdots+a_{n-1}x+a_n$$

을 **다항함수** polynomial function라 하고,

$$f(x)=\frac{a_0x^n+a_1x^{n-1}+\cdots+a_{n-1}x+a_n}{b_0x^m+b_1x^{m-1}+\cdots+b_{m-1}x+b_n}$$

과 같이 다항함수를 다항함수로 나눈 함수를 **유리함수** rational function라 한다. 또한 $y=\sqrt{x+1}$와 같이 n제곱근이 포함된 함수를 **무리함수** irrational function라 한다. 특히 다항함수, 유리함수, 무리함수를 유한 번 사용하여 얻는 함수를 모두 **대수적 함수** algebraic function라 하고, 대수적 함수가 아닌 함수를 **초월함수** transcendental function라 한다. 초월함수에는 지수함수, 로그함수, 삼각함수, 역삼각함수와 지수함수로부터 유도되는 쌍곡선함수, 그의 역함수인 역쌍곡선함수 등이 있다. 이러한 초월함수들에 대해서는 2장에서 다룰 것이다.

Section 1.2 연습문제

※ 다음 주어진 범위 A에서 정의되는 함수 $f(x)$가 전사함수인지 전단사함수인지를 결정하라.

1. $A: -2 \le x \le 2,\ f(x) = x^3 - 2x + 1$

2. $A: 2 \le x \le 8,\ f(x) = \sqrt{2x-3}$

3. $A: 1 < x \le 2,\ f(x) = \dfrac{1}{x-1} + 1$

4. $A: -2 \le x \le 2,\ f(x) = x^2 - 1$

※ 다음 함수 f의 역함수 f^{-1}를 구하고, 정의역을 구하라.

5. $f(x) = \sqrt{3x-1}$

6. $f(x) = \dfrac{1}{x+1} - 2$

7. $f(x) = \sqrt{x^3 - 1}$

8. $f(x) = \sqrt[3]{2+x}$

※ 주어진 함수 f와 실수 a에 대하여 $f^{-1}(a)$를 구하라.

9. $a = 1,\ f(x) = x^3 - 2$

10. $a = -2,\ f(x) = 2x^5 + x^3 + 1$

11. $a = 6,\ f(x) = x^3 - \dfrac{4}{x}$

12. $a = 2,\ f(x) = \sqrt{x-4}$

※ 두 함수 $f(x) = 2x+1,\ g(x) = \sqrt{x-4}$에 대하여 다음 합성함수를 구하라.

13. $(f^{-1} \circ g^{-1})(x)$

14. $(g^{-1} \circ f^{-1})(x)$

15. $(f \circ g)^{-1}(x)$

16. $(g \circ f)^{-1}(x)$

※ 다음 함수가 주어진 구간에서 증가함수인지 감소함수인지 결정하고, 역함수를 구하라.

17. $f(x) = \sqrt{x^3 - 2},\ 2 < x < \infty$

18. $f(x) = |x-2|,\ -\infty < x \le -2$

※ 다음 방정식을 주어진 y의 범위에서 y를 x의 함수로 나타내라.

19. $x^2 + y^2 = 4,\ y > 0$

20. $x^2 - y^2 = 4,\ y < 0$

21. $x + xy + y = 1,\ y > -1$

22. $x^2 - xy - 2 = 0,\ x \ne 0$

23. [정리 1-1]을 증명하라.

힌트 증가(감소)함수의 정의를 이용하여 단사함수임을 보인다.

24. **응용** 섭씨온도(°C)와 화씨온도(°F)의 관계는 $C=\frac{5}{9}(F-32)$, $F>-459.6$이다.

(a) $f(x)=x$를 만족하는 x를 함수 $f(x)$의 **고정점**fixed point이라고 한다. 섭씨온도와 화씨온도가 같아지는 화씨온도를 구하라.

(b) C의 역함수를 구하고, $0\,°\mathrm{C}$에 대한 화씨온도를 구하라.

25. **응용** 어떤 핸드폰의 가격 p만 원은 예상 판매량 x천 개에 대하여 다음과 같다.

$$p(x)=\frac{15}{1+0.005x}$$

(a) $x=100,\ 1300,\ 2800$일 때의 가격 p를 구하라.

(b) 가격함수 $p(x)$의 그래프를 그리고 $x=100,\ 1300,\ 2800$에 대한 가격을 그래프 위에 나타내라.

(c) 판매량을 가격에 대한 함수로 변환하라.

(d) 몇 개 이상의 핸드폰이 팔려야 가격이 60,000원 이하로 떨어지는지 구하라.

1.3 함수의 이동과 변환

이 절에서는 함수 $y=f(x)$의 그래프를 이동한 함수와 x축 방향 또는 y축 방향으로 늘이거나 줄인 함수의 형태에 대하여 살펴본다. 이와 같은 함수의 변환은 시간 또는 주파수를 주로 다루는 통신공학에서 많이 사용한다.

1.3.1 함수의 평행이동

함수 $f(x)=x^2$의 그래프를 x축을 따라 오른쪽으로 1만큼 수평이동한 그래프와 왼쪽으로 1만큼 수평이동한 그래프는 [그림 1-12]와 같다. 그림에서 보는 바와 같이 $p>0$에 대하여 $y=f(x)$를 오른쪽으로 p만큼 평행이동한 함수는 $y=f(x-p)$이고, 왼쪽으로 p만큼 평행이동한 함수는 $y=f(x+p)$이다.

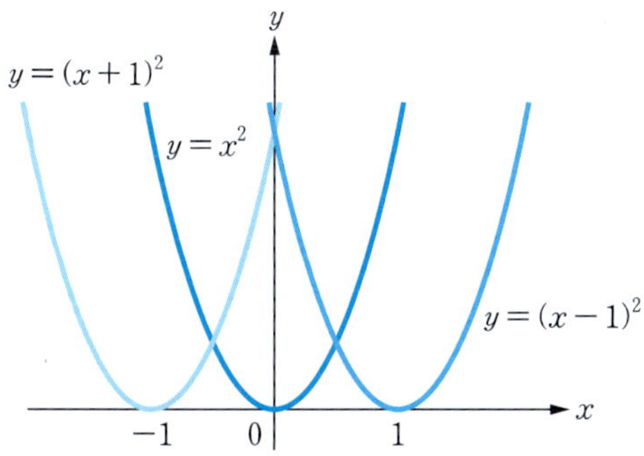

[그림 1-12] $f(x)=x^2$의 수평이동

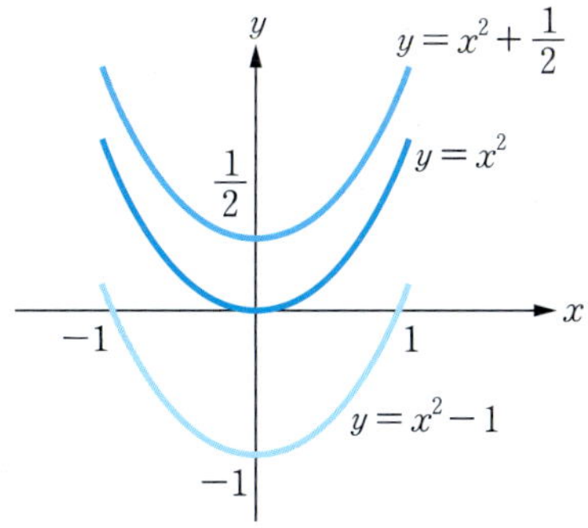

[그림 1-13] $f(x)=x^2$의 수직이동

함수 $f(x)=x^2$의 그래프를 y축을 따라 위쪽으로 $\frac{1}{2}$만큼 수직이동한 그래프와 아래쪽으로 1만큼 수직이동한 그래프는 [그림 1-13]과 같다. 그러므로 $q>0$에 대하여 $y=f(x)$를 위쪽으로 q만큼 수직이동한 함수는 $y=f(x)+q$이고, 아래쪽으로 q만큼 평행이동한 함수는 $y=f(x)-q$가 된다. 이를 정리하면 [표 1-2]와 같다.

[표 1-2] 함수의 평행이동

종류	함수 형태	평행이동에 대한 설명
수평이동	$y=f(x+p)$	$p>0$이면 $y=f(x)$를 왼쪽(음의 방향)으로 p만큼 수평이동
		$p<0$이면 $y=f(x)$를 오른쪽(양의 방향)으로 $\lvert p\rvert$만큼 수평이동
수직이동	$y=f(x)+q$	$q>0$이면 $y=f(x)$를 위쪽(양의 방향)으로 q만큼 수직이동
		$q<0$이면 $y=f(x)$를 아래쪽(음의 방향)으로 $\lvert q\rvert$만큼 수직이동

[그림 1-14]처럼 $f(x)=x^2$을 오른쪽으로 1만큼 수평이동하고, 위쪽으로 $\frac{1}{2}$만큼 수직이동한 함수는 $g(x)=f(x-1)+\frac{1}{2}=(x-1)^2+\frac{1}{2}$이다. 그리고 이 함수를 왼쪽으로 1만큼 수평이동하고, 아래쪽으로 1만큼 수직이동한 함수는 $h(x)=f(x+1)-1=(x+1)^2-1$이다.

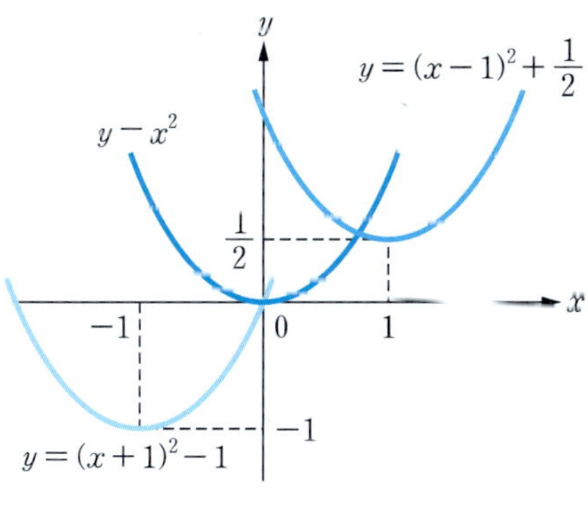

[그림 1-14] $f(x)=x^2$의 수평 · 수직이동

이와 같이 함수 $y=f(x)$를 수평방향으로 p만큼, 수직방향으로 q만큼 평행이동한 함수를 정리하면 [표 1-3]과 같다.

[표 1-3] **함수의 수평 · 수직이동**

함수 형태	조건	수평 · 수직이동에 대한 설명
$y=f(x+p)+q$	$p>0,\ q>0$	$y=f(x)$를 왼쪽으로 p만큼 수평이동, 위쪽으로 q만큼 수직이동
	$p<0,\ q>0$	$y=f(x)$를 오른쪽으로 $\lvert p\rvert$만큼 수평이동, 위쪽으로 q만큼 수직이동
	$p>0,\ q<0$	$y=f(x)$를 왼쪽으로 p만큼 수평이동, 아래쪽으로 $\lvert q\rvert$만큼 수직이동
	$p<0,\ q<0$	$y=f(x)$를 오른쪽으로 $\lvert p\rvert$만큼 수평이동, 아래쪽으로 $\lvert q\rvert$만큼 수직이동

예제 1-12

함수 $y=\sqrt{2x}$에 대하여 다음과 같이 평행이동한 함수의 정의역과 치역을 구하라.

(a) x축을 따라 양의 방향으로 2만큼 평행이동한 함수

(b) y축을 따라 음의 방향으로 1만큼 평행이동한 함수

(c) x축을 따라 양의 방향으로 2만큼, y축을 따라 음의 방향으로 1만큼 이동한 함수

풀이

(a) x축을 따라 양의 방향으로 2만큼 평행이동한 함수는 $y=f(x-2)=\sqrt{2(x-2)}$이므로 정의역은 $\mathrm{dom}(f)=\{x\mid x\geq 2\}$이고, 치역은 $\mathrm{ran}(f)=\{y\mid y\geq 0\}$이다.

(b) y축을 따라 음의 방향으로 1만큼 평행이동한 함수는 $y=f(x)-1=\sqrt{2x}-1$이므로 정의역은 $\mathrm{dom}(f)=\{x\mid x\geq 0\}$이고, 치역은 $\mathrm{ran}(f)=\{y\mid y\geq -1\}$이다.

(c) x축을 따라 양의 방향으로 2만큼, y축을 따라 음의 방향으로 1만큼 평행이동한 함수는 $y=f(x-2)-1=\sqrt{2(x-2)}-1$이므로 정의역은 $\mathrm{dom}(f)=\{x\mid x\geq 2\}$이고, 치역은 $\mathrm{ran}(f)=\{y\mid y\geq -1\}$이다.

그러면 $g(x)=x+p$와 $h(x)=x+q$라 할 때, 임의의 함수 $f(x)$의 수평 · 수직이동은 [표 1-4]와 같이 이 함수들의 합성으로 생각할 수 있다.

[표 1-4] **함수의 평행이동과 합성**

종류	함수의 합성 형태
수평이동	$(f\circ g)(x)=f(g(x))=f(x+p)$
수직이동	$(g\circ f)(x)=g(f(x))=f(x)+p$
수평과 수직이동	$(h\circ(f\circ g)(x)=h(f(g(x))=f(g(x))+q=f(x+p)+q$

1.3.2 함수의 확대와 축소

이제 함수의 확대와 축소를 알아보기 위하여 함수 $f(x)=\sqrt{x}$를 살펴보자. [그림 1-15(a)]와 같이 $g(x)=2f(x)=2\sqrt{x}$는 $f(x)$를 y축 방향으로 2배 늘린 함수이고, $h(x)=\frac{1}{2}f(x)=\frac{1}{2}\sqrt{x}$는 $f(x)$를 y축 방향으로 $\frac{1}{2}$배 줄인 함수이다.

또한 [그림 1-15(b)]와 같이 $g(x)=f(2x)=\sqrt{2x}$는 $f(x)$를 x축 방향으로 $\frac{1}{2}$배로 줄인 함수이고, $h(x)=f\left(\frac{x}{2}\right)=\sqrt{\frac{x}{2}}$는 $f(x)$를 x축 방향으로 2배 늘린 함수이다.

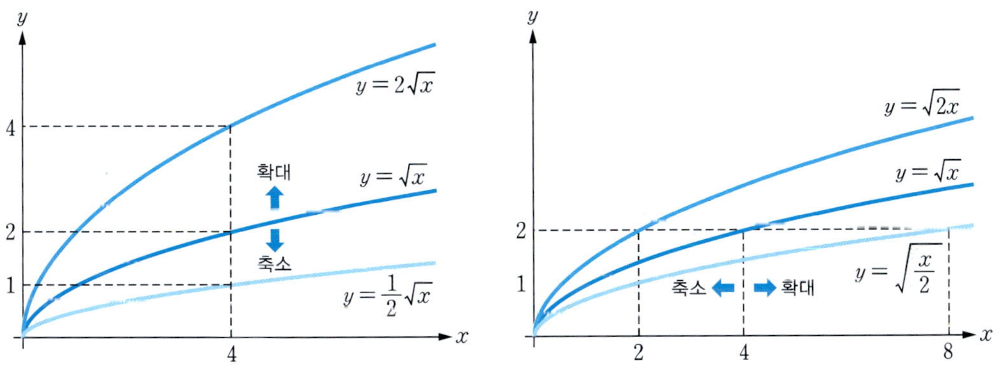

(a) y축 방향 (b) x축 방향

[그림 1-15] $f(x)=\sqrt{x}$ 의 확대와 축소

따라서 $p>1$에 대해 함수 $y=f(x)$를 수평방향과 수직방향으로 확대하거나 축소한 함수는 [표 1-5]와 같다.

[표 1-5] 함수의 확대와 축소

함수의 변환 형태	그래프의 확대와 축소
$y=pf(x)$	수직방향으로 p배 확대
$y=\frac{1}{p}f(x)$	수직방향으로 p배 축소
$y=f(px)$	수평방향으로 p배 축소
$y=f\left(\frac{x}{p}\right)$	수평방향으로 p배 확대

예제 1-13

함수 $y=x^2+x-1$에 대하여 다음 함수를 구하라.

(a) x축 방향으로 2배 늘린 함수　　　(b) y축 방향으로 $\frac{1}{4}$배 줄인 함수

풀이

(a) x축 방향으로 2배 늘린 함수는 $y=f\left(\frac{x}{2}\right)=\left(\frac{x}{2}\right)^2+\frac{x}{2}-1=\frac{1}{4}(x^2+2x-4)$이다.

(b) y축 방향으로 $\frac{1}{4}$배 줄인 함수는 $y=\frac{1}{4}f(x)=\frac{1}{4}(x^2+x-1)$이다.

그러므로 함수 $y=f(x)$의 수평·수직이동과 확대·축소에 의한 변환을 종합하여 나타내면 [그림 1-16]과 같다.

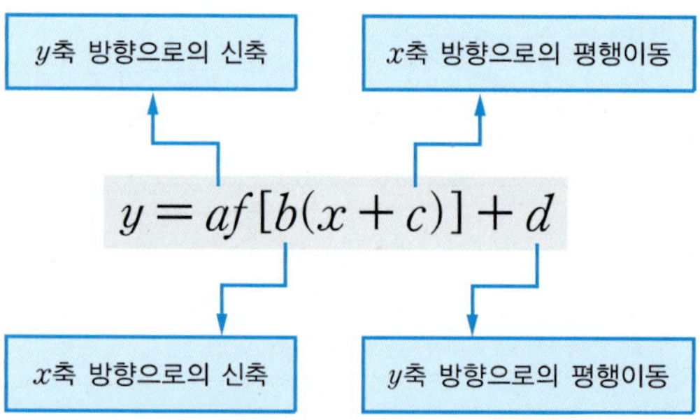

[그림 1-16] $y=f(x)$의 변환

예제 1-14

함수 $y=x^2-\sqrt{x-1}$에 대하여 x축을 따라 양의 방향으로 1만큼, y축을 따라 음의 방향으로 1만큼 이동한 함수를 y축 방향에서 2배 늘린 함수를 구하라.

풀이

x축을 따라 양의 방향으로 1만큼, y축을 따라 음의 방향으로 1만큼 이동한 함수를 먼저 구하면

$$y=f(x-1)-1=(x-1)^2-\sqrt{(x-1)-1}-1=x^2-2x-\sqrt{x-2}$$

이고, 이 함수를 y축 방향에서 2배 늘린 함수는 다음과 같다.

$$y=2f(x)=2\left(x^2-2x-\sqrt{x-2}\right)=2x^2-4x-2\sqrt{x-2}$$

1.3.3 함수의 대칭

좌표평면 위의 두 점 $(4, 2)$와 $(-4, 2)$는 각각 y축으로부터 수직거리가 4인 점이고, 두 점은 각각 x축으로부터 수직거리가 2인 점이다. 이와 같이 y축으로부터 수직거리가 동일한 두 점을 y축에 관해 **대칭**symmetric이라 하고, x축으로부터 수직거리가 동일한 두 점은 x축에 관해 대칭이라 한다. 그러면 [그림 1-17]에서 알 수 있듯이 함수 $y=\sqrt{x}$의 그래프 위의 점 $(x, \sqrt{x})$를 y축에 관해 대칭이동하면 점 $(-x, \sqrt{-(-x)})$이고, x축에 관해 대칭이동하면 점 $(x, -\sqrt{x})$이다. 따라서 함수 $y=f(x)$를 y축에 관해 대칭이동한 함수는 $y=f(-x)$이고, x축에 관해 대칭이동한 함수는 $y=-f(x)$이다.

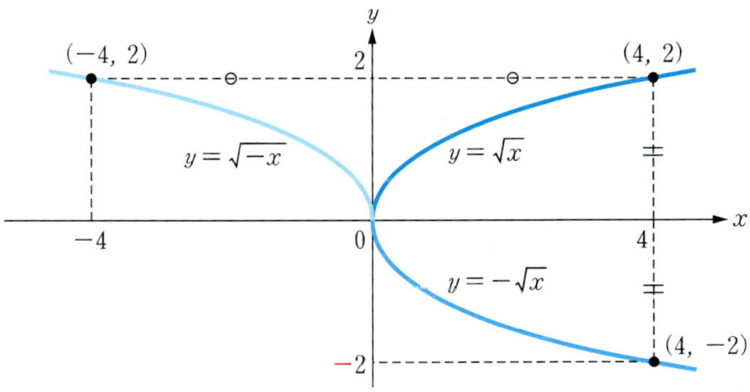

[그림 1-17] $y=\sqrt{x}$의 대칭

[그림 1-17]에서 함수 $f(x)=\sqrt{-x}$를 y축에 관해 대칭이동하고 다시 x축에 관해 대칭이동한 함수를 $g(x)$라 하면

$$g(x)=-\sqrt{x}=-\sqrt{-(-x)}=-f(-x)$$

임을 알 수 있다. 이때 두 함수 $f(x)$와 $g(x)$는 원점 O를 중심으로 $180°$ 회전하면 일치한다. 이와 같은 두 함수 $f(x)$와 $g(x)$는 원점에 관해 대칭이라 한다. 즉 함수 $f(x)$를 원점에 관해 대칭이동하면 $g(x)=-f(-x)$이고, 이와 같은 대칭이동을 종합하면 [표 1-6]과 같다.

[표 1-6] 함수의 대칭이동

함수 형태	종류	함수의 변환 형태	대칭의 특성
$y=f(x)$	y축 대칭	$y=f(-x)$	y축을 중심으로 거리 동일
	x축 대칭	$y=-f(x)$	x축을 중심으로 거리 동일
	원점 대칭	$y=-f(-x)$	원점을 중심으로 거리 동일

예제 1-15

함수 $y = x^3 + x^2 - x + 2$에 대하여 다음 함수를 구하라.

(a) x축에 관해 대칭인 함수

(b) y축에 관해 대칭인 함수

(c) 원점에 관해 대칭인 함수

풀이

(a) x축에 관해 대칭인 함수는 다음과 같다.

$$y = -f(x) = -(x^3 + x^2 - x + 2) = -x^3 - x^2 + x - 2$$

(b) y축에 관해 대칭인 함수는 다음과 같다.

$$y = f(-x) = (-x)^3 + (-x)^2 - (-x) + 2 = -x^3 + x^2 + x + 2$$

(c) 원점에 관해 대칭인 함수는 다음과 같다.

$$y = -f(-x) = -[(-x)^3 + (-x)^2 - (-x) + 2] = x^3 - x^2 - x - 2$$

우함수와 기함수

정의역 안의 모든 x에 대하여 $f(-x) = f(x)$를 만족하는 함수를 **우함수** even function라고 하고, $f(-x) = -f(x)$를 만족하는 함수를 **기함수** odd function라고 한다. 우함수는 [그림 1-18(a)]와 같이 y축에 대하여 대칭이고, 기함수는 [그림 1-18(b)]와 같이 원점에 대하여 대칭이다. 특히 어떤 상수 a에 대하여 $f(a-x) = f(a+x)$인 성질을 갖는 함수는 $x = a$에 대하여 좌우 대칭이다.

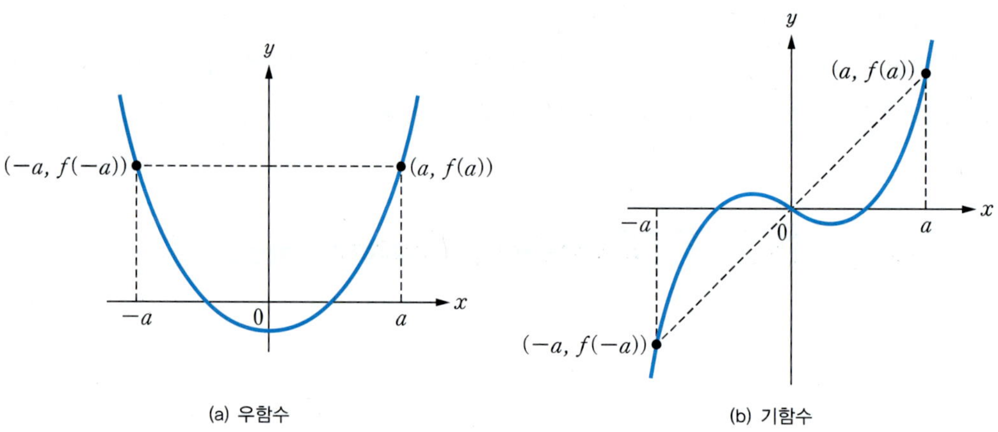

[그림 1-18] **우함수와 기함수**

또한 $x \geq 0$에 대하여 두 함수 $f(x)=x^2$과 $g(x)=\sqrt{x}$ 는 서로 역함수 관계를 갖는다. 이때 함수 $f(x)$와 $g(x)$의 그래프를 비교하면 [그림 1-19]와 같다. 함수 $y=f(x)$의 그래프 위의 임의의 점을 $P(a, b)$라 하면, $b=f(a)$이므로 $a=f^{-1}(b)$이다. 따라서 점 $P'(b, a)$는 역함수 f^{-1}의 그래프 위에 있어야 하고, 그 역도 성립한다. 그러면 점 $P(a, b)$와 $P'(b, a)$는 직선 $y=x$를 중심으로 수직거리가 동일한 위치에 있으며, 이 경우에 점 P와 P'은 직선 $y=x$에 관해 대칭이라 한다. 그러므로 [그림 1-19]와 같이 함수 f와 역함수 f^{-1}의 그래프는 직선 $y=x$에 관해 대칭이다.

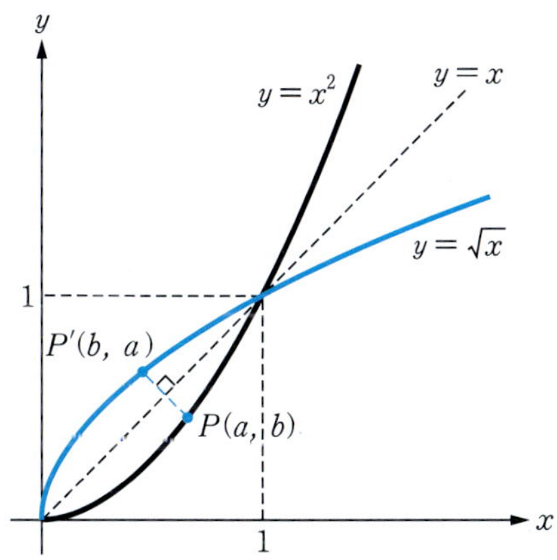

[그림 1-19] **함수 f와 역함수 f^{-1}**

그러면 임의의 실수 $a>0$에 대하여 폐구간 $[-a, a]$에서 정의되는 함수 $f(x)$는 다음과 같이 우함수와 기함수의 합으로 표현할 수 있다.

$$f(x)=\underbrace{\frac{f(x)+f(-x)}{2}}_{\text{우함수}}+\underbrace{\frac{f(x)-f(-x)}{2}}_{\text{기함수}}$$

예제 1-16

함수 $f(x)=x^3-2x^2+3x-1$을 우함수와 기함수의 합으로 표현하라.

풀이

$f(-x)=-x^3-2x^2-3x-1$이므로

$$f(x)+f(-x)=(x^3-2x^2+3x-1)+(-x^3-2x^2-3x-1)=-4x^2-2$$
$$f(x)-f(-x)=(x^3-2x^2+3x-1)-(-x^3-2x^2-3x-1)=2x^3+6x$$

이다. 그러므로

$$\frac{f(x)+f(-x)}{2}=-2x^2-1, \quad \frac{f(x)-f(-x)}{2}=2x^3+3x$$

이다. 따라서 우함수 $-2x^2-1$과 기함수 $2x^3+3x$에 대하여 다음을 구할 수 있다.

$$f(x)=(-2x^2-1)+(x^3+3x)$$

예제 1-17

함수 $y=\sqrt{2x-1}+2$의 역함수를 구하고, 두 함수의 그래프를 그려라.

풀이

$y=\sqrt{2x-1}+2$에 대하여 x를 y에 관해 구하면

$$x=\frac{1}{2}(y^2-4y+5)$$

이다. 따라서 역함수는 $y=f^{-1}(x)=\frac{1}{2}(x^2-4x+5)$이다. 이때 함수 $y=f(x)$와 역함수 $y=f^{-1}(x)$의 그래프를 그리면 다음과 같고, $y=x$ 대칭임을 확인할 수 있다.

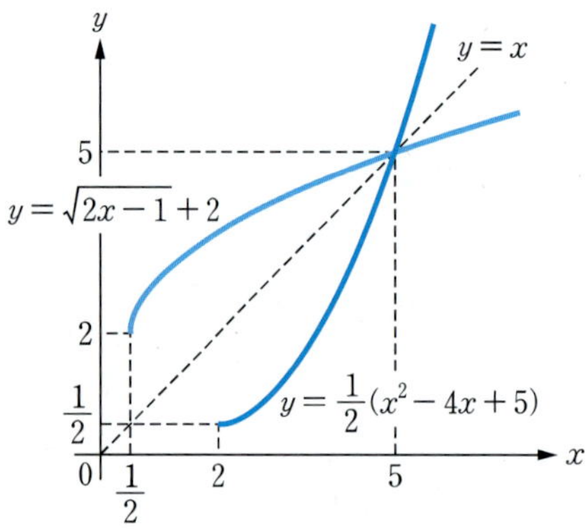

1.3.4 함수의 주기성

독립변수 x의 일정한 구간에 대한 함수 $y=f(x)$의 그래프가 [그림 1-20]과 같이 반복되는 성질을 갖는 함수를 생각해보자.

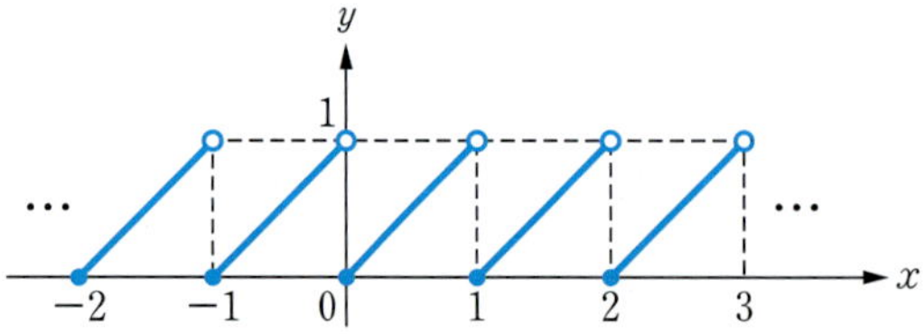

[그림 1-20] 반복되는 그래프

[그림 1-20]의 그래프를 갖는 함수를 다음과 같이 구간을 나누어 살펴보자.

- $0 \le x < 1$이면 원점을 지나고 기울기가 1인 직선이므로 $f(x) = x$이다.
- $-1 \le x < 0$이면 $x = -1$을 지나고 기울기가 1인 직선이므로 $f(x) = x + 1$이다.
- $1 \le x < 2$이면 $x = 1$을 지나고 기울기가 1인 직선이므로 $f(x) = x - 1$이다.

그러면 $0 \le x < 1$에서 정의되는 함수 $f(x) = x$를 x축을 따라 오른쪽으로 1만큼 평행이동한 함수 $f(x-1)$은 $1 \le x < 2$에서 $f(x)$와 일치하고, x축을 따라 왼쪽으로 1만큼 평행이동한 함수 $f(x+1)$은 $-1 \le x < 0$에서 $f(x)$와 일치한다.

일반적으로 이 함수의 그래프는 임의의 정수 k에 대하여 $k \le x < k+1$이면 $f(x) = x - k = f(x-k)$, $k = 0, \pm 1, \pm 2, \cdots$인 것을 알 수 있다. 이와 같이 함수 $y = f(x)$의 그래프가 일정한 간격으로 반복될 때, 이 함수를 **주기함수** periodic function라 하고, 다음과 같이 나타낸다.

$$f(x) = f(x+p)$$

이때 반복되는 가장 작은 간격 p를 $f(x)$의 **주기** period라고 한다.

예제 1-18

함수 $f(x)$의 그래프가 다음과 같을 때, 함수 $f(x)$와 주기를 구하고, $f(-99)$를 구하라.

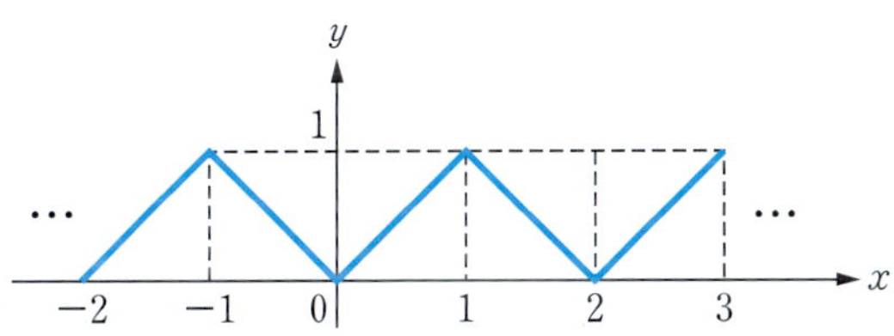

풀이

함수 $f(x)$의 그래프는 $-1 \le x \le 1$의 형태가 반복되므로 주기는 2이다. 또한 $-1 \le x \le 1$에서는 $f(x) = |x|$이고, 다른 곳에서는 $f(x) = f(x+2)$로 정의되므로 구하고자 하는 함수는 다음과 같다.

$$f(x) = \begin{cases} |x| & , -1 \le x < 1 \\ f(x+2) & , \text{다른 곳에서} \end{cases}$$

또한 $f(-99) = f(-1 + 2 \cdot (-49)) = f(-1) = |-1| = 1$이다.

Section 1.3 연습문제

※ 다음 명제가 참인지 거짓인지를 결정하고, 거짓이면 반례를 보여라.

1. f가 함수이면 $f(x+y)=f(x)+f(y)$이다.

2. f가 함수이면 $f(2x)=2f(x)$이다.

3. f가 $x=2$에 대하여 대칭이면 $f(2-x)=f(2+x)$이다.

4. f가 $x=2$에 대하여 대칭이면 $f(x-2)=f(x+2)$이다.

※ 다음 함수가 우함수인지 기함수인지, 아니면 어느 것도 아닌지 결정하라.

5. $f(x)=x^5-x^3+x$

6. $f(x)=3-x^4$

7. $f(x)=x^2+x-1$

8. $f(x)=x|x|$

9. $f(x)=\dfrac{x^2}{3-x}$

10. $f(x)=\dfrac{x}{x^2-1}$

11. 함수 f는 우함수이고, g는 기함수라고 할 때, 다음 함수가 우함수인지 기함수인지 결정하라.

(a) $f+g$ (b) $f\cdot g$ (c) $\dfrac{f}{g}$ (d) $\dfrac{g}{f}$

(e) $f\cdot f$ (f) $g\cdot g$ (g) $f\circ g$ (h) $g\circ f$

(i) $f\circ f$ (j) $g\circ g$

※ 다음 함수에 대하여 주어진 방향으로 평행이동한 함수를 구하라.

12. $f(x)=2x-1$, 위로 2만큼, 왼쪽으로 1만큼 이동한 함수 $g(x)$

13. $f(x)=-x^2+1$, 아래로 1만큼, 오른쪽으로 1만큼 이동한 함수 $g(x)$

14. $f(x)=\sqrt{x+3}$, 위로 -2만큼, 오른쪽으로 2만큼 이동한 함수 $g(x)$

15. $f(x)=\dfrac{1}{x}$, 아래로 2만큼, 왼쪽으로 1만큼 이동한 함수 $g(x)$

16. $f(x)=|x|$, 아래로 -1만큼, 오른쪽으로 -1만큼 이동한 함수 $g(x)$

※ 다음 함수를 x축, y축 그리고 원점에 대하여 대칭이동한 함수를 구하라.

17. $f(x)=\dfrac{1}{x-1}$

18. $f(x)=\dfrac{1}{x}+2$

19. $f(x)=\dfrac{1}{x^2}-x+2$

20. $f(x)=\sqrt{2x+1}$

※ 다음 함수의 그래프를 수평 또는 수직방향으로 주어진 배수만큼 늘리거나 줄인 함수를 구하라.

21. $y=x^2-2$, 수평방향으로 2배

22. $y=\sqrt{x-1}$, 수직방향으로 2배

23. $y=1-\sqrt{x^2-1}$, 수평방향으로 $\dfrac{1}{2}$배

24. $y=\dfrac{x}{x^3-1}$, 수평방향으로 $\dfrac{1}{2}$배

25. $0\le x\le 2$에서 함수 $f(x)$의 그래프가 다음과 같다.

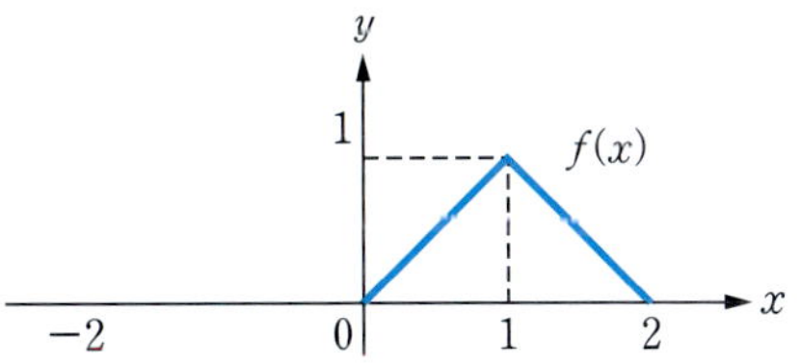

(a) $0\le x\le 2$에서 함수 $f(x)$를 구하라.

(b) 이 함수가 우함수일 때, $-2\le x\le 2$에서 함수 $f(x)$의 그래프를 완성하고 $f(x)$를 구하라.

(c) (b)와 같은 경우에 $y=f(x-2)$를 구하고, $0\le x\le 2$에서 그래프를 그려라.

(d) 이 함수가 기함수일 때, $-2\le x\le 2$에서 함수 $f(x)$의 그래프를 완성하고 $f(x)$를 구하라.

(e) (d)와 같은 경우에 $y=f(x-4)$를 구하고, $0\le x\le 4$에서 그래프를 그려라.

※ $-1\le x\le 1$에서 함수 $f(x)=|x|$의 그래프를 이용하여 다음 함수의 그래프를 그려라.

26. $f(x)=|x-2|$

27. $f(x)=|x|-1$

28. $f(x)=|x-2|-1$

29. $f(x)=-|x-2|$

30. $f(x)=|-x+2|$

31. $f(x)=|-x+2|+1$

※ 다음 그래프는 주기가 2인 주기함수이다. 이 주기함수 $f(x)$를 구하고 $f(2013)$을 구하라.

32.

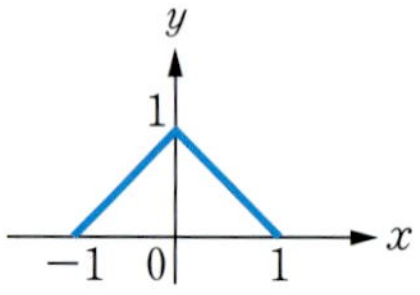

33.

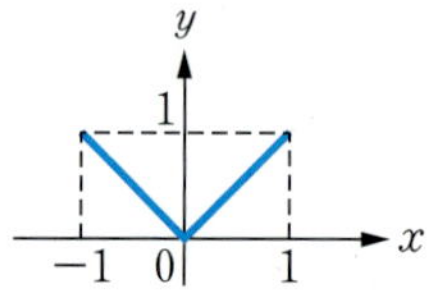

34.

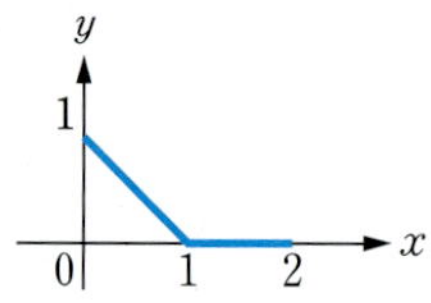

35.

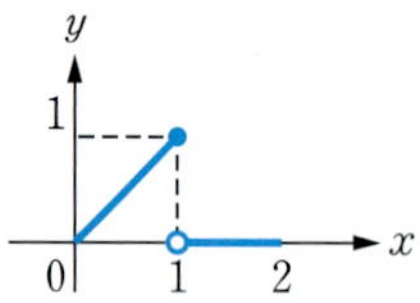

36.

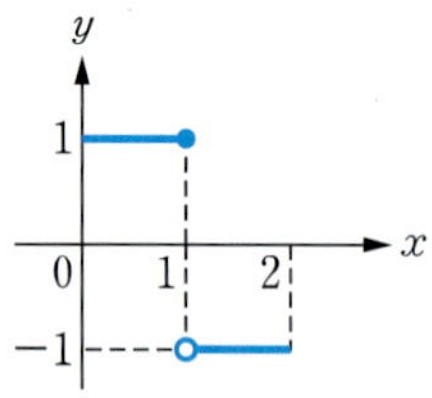

37.

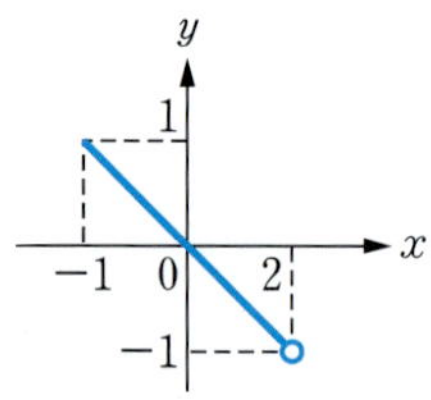

※ 다음 주기함수 $f(x)$의 그래프를 그리고, 이 함수의 주기와 $f(2014)$를 구하라.

38. $f(x)=x,\ 0\le x<1$

39. $f(x)=\begin{cases}1 &, -1\le x<0\\ -1 &, 0\le x<1\end{cases}$

40. $f(x)=-x^2+1,\ -1\le x\le 1$

41. $f(x)=\begin{cases}(x+1)^2 &, -1\le x<0\\ -(x-1)^2 &, 0\le x<1\end{cases}$

42. $f(x)=\begin{cases}1 &, -1<x\le 1\\ -1 &, 1<x\le 3\end{cases}$

43. $f(x)=\begin{cases}0 &, 0\le x<1\\ x-1 &, 1\le x<2\\ -x+3 &, 2\le x<3\end{cases}$

44. **응용** 스위치가 순간적으로 켜질 때, 전기회로에서 전압 또는 전류가 갑자기 높이지는 것을 나타내는 **헤비사이드 함수** heaviside function $H(t)$와 전류가 서서히 증가하는 것을 나타내는 **램프함수** ramp function $R(t)$는 각각 다음과 같이 정의된다.

$$H(t)=\begin{cases}0, & t<0\\ 1, & t\ge 0\end{cases},\quad R(t)=ktH(t)$$

(a) 헤비사이드 함수와 $k=1$인 램프함수의 그래프를 그려라.
(b) $t=0$[초]에서 스위치가 켜지는 순간에 120[V]의 전압이 순간적으로 전기회로에 흐르게 될 때, $H(t)$를 이용하여 이 전기회로의 전압 $V(t)$를 나타내라.
(c) $t=2$[초]에서 스위치가 켜지는 순간에 240[V]의 전압이 순간적으로 전기회로에 흐르게 될 때, $H(t)$를 이용하여 이 전기회로의 전압 $V(t)$를 나타내라.
(d) $t=0$[초]에서 스위치가 켜지는 순간부터 $t=60$[초]까지 전압이 120[V]로 서서히 증가할 때, $H(t)$를 이용하여 이 전기회로의 전압 $V(t)$를 나타내라.

(e) $t=7$[초]에서 스위치가 켜지는 순간부터 25초 동안 전압이 100[V]로 서서히 증가할 때, $H(t)$를 이용하여 이 전기회로의 전압 $V(t)$를 나타내라.

45. 응용 헤비사이드 함수를 이용하여 $x<1$이면 0이고 $x \geq 1$이면 함수 $f(x)$가 되는 함수 $g(x)$, 즉 $g(x)=\begin{cases} 0 & , x<1 \\ f(x), & x \geq 1 \end{cases}$를 간단히 나타내라.

46. 응용 헤비사이드 함수를 이용하여 다음 함수를 간단히 나타내라. 단, 각 절점의 시작점은 그래프에 포함되지만 끝점은 포함되지 않는다.

(a)

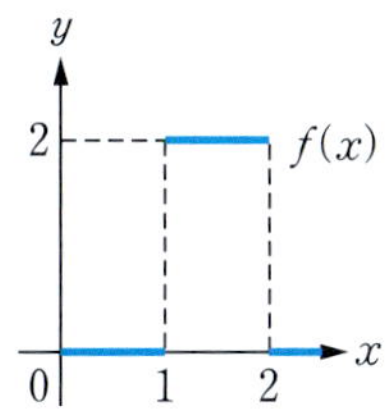

(b)

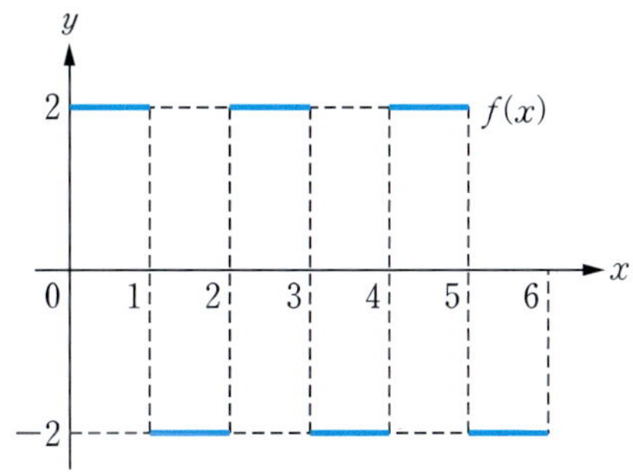

47. 응용 다음 그림과 같은 RC 회로에서 축전지의 초기 전하와 초기 전류는 0이라 한다. $t=3$[초]일 때 스위치가 자동적으로 켜진 후, 3초 동안 머물다 다시 꺼지도록 설계되었다고 하자. 스위치가 켜졌을 때, 출력 전압이 100[V]라고 한다. 출력 전압을 헤비사이드 함수를 이용하여 구하라.

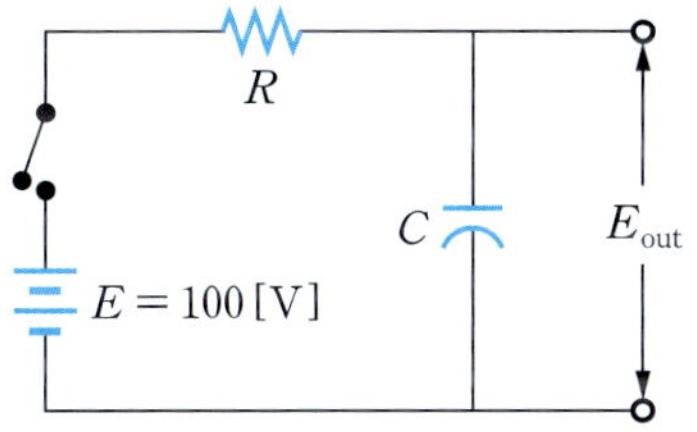

48. 응용 그래프가 총알의 탄두와 같은 형태인 **탄두함수** bullet−nose function는 다음과 같이 정의된다.

$$f(x)=\frac{|x|}{\sqrt{k^2-x^2}}, \quad k>0$$

(a) 이 함수가 우함수임을 보여라.
(b) 상수 k가 증가하면 함수의 그래프가 어떻게 될지 추측하라.

전공 맛보기

함수 : 시스템의 파형 (관련 과목 : 제어공학)

1.2.1절에서 살펴본 상수함수를 비롯하여 일차함수와 이차함수 등은 제어공학에서 시스템의 파형으로 적용되는데, 이를 나타내면 다음과 같다.

[표 1-7] 시스템의 파형과 함수

파형	함수	그래프	용도
임펄스 $\delta(t)$[3]	$\delta(t)=\begin{cases}\infty, & t=0\\ 0, & \text{다른 곳에서}\end{cases}$	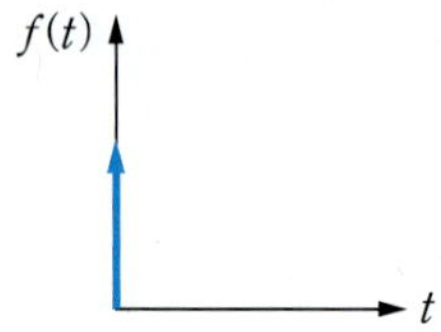	과도응답모형
스텝 $u(t)$	$u(t)=\begin{cases}1, & t\geq 0\\ 0, & \text{다른 곳에서}\end{cases}$	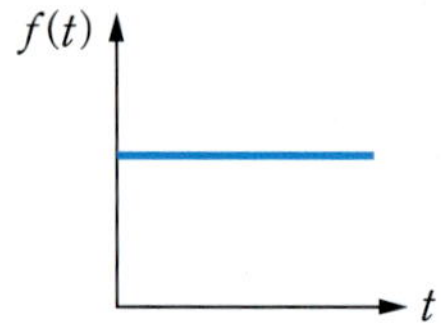	과도응답모형 정상상태오차
램프 $tu(t)$	$tu(t)=\begin{cases}t, & t\geq 0\\ 0, & \text{다른 곳에서}\end{cases}$	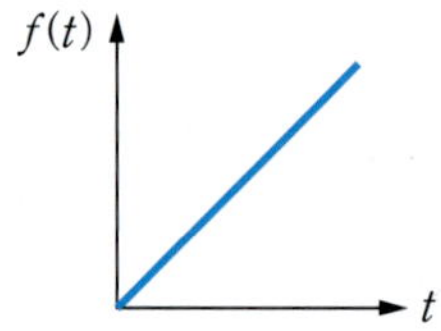	정상상태오차
포물선 $\frac{1}{2}t^2u(t)$	$\frac{1}{2}t^2u(t)=\begin{cases}\frac{1}{2}t^2, & t\geq 0\\ 0, & \text{다른 곳에서}\end{cases}$	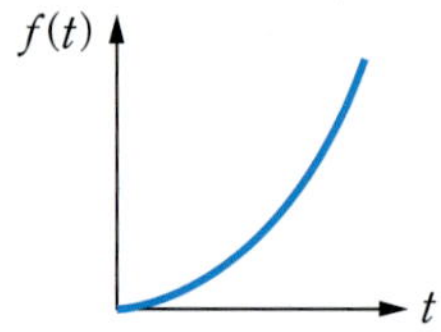	정상상태오차
사인파 $\sin\omega t$[4]	$\sin\omega t,\ t\geq 0$	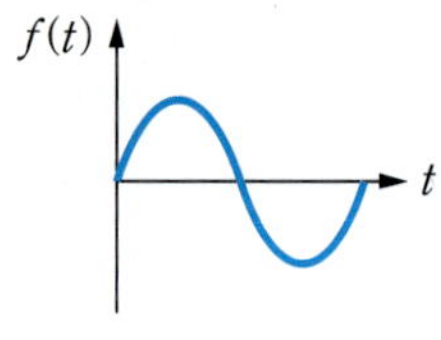	과도응답모형 정상상태오차

상수함수, 일차함수, 이차함수와 같은 기본함수는 제어공학뿐만 아니라 여러 응용 분야에서 널리 사용한다. 따라서 이러한 함수들의 특성은 잘 알아둘 필요가 있다.

3 임펄스 함수는 10.4.3절에서 디락의 δ-함수로 다시 살펴볼 것이다.
4 사인파 함수는 2.3절에서 살펴볼 것이다.

❙ 함수 : 신호 (관련 과목 : 통신공학)

통신공학에서 사용되는 신호는 특수한 형태의 함수를 이용하여 설명된다. 기본적인 신호를 나타내는 함수와 신호로서의 함수에 대한 설명은 다음과 같이 정리할 수 있다.

[표 1-8] 신호와 함수

신호	함수	그래프	설명
부호함수	$\mathrm{sgn}(t)=\begin{cases}1\ , & t>0\\ 0\ , & t=0\\ -1\ , & t<0\end{cases}$	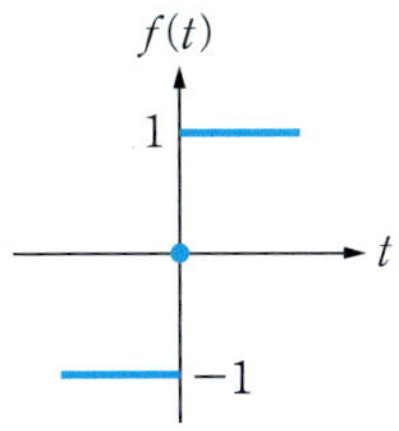	신호의 크기는 1이고 부호를 결정한다.
사각형함수	$\mathrm{rect}(t)=\begin{cases}1\ , & \lvert t\rvert<1\\ \frac{1}{2}\ , & \lvert t\rvert=1\\ 0\ , & \lvert t\rvert>1\end{cases}$	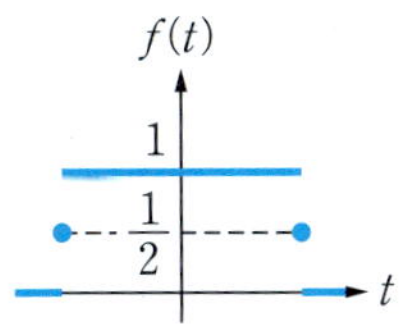	가장 보편적인 신호로, 복잡한 신호를 설명하기 위해 사용한다.
단위넓이 함수	$\delta_a(t)=\begin{cases}\frac{1}{a}\ , & \lvert t\rvert\le a/2\\ 0\ , & \lvert t\rvert>a/2\end{cases}$	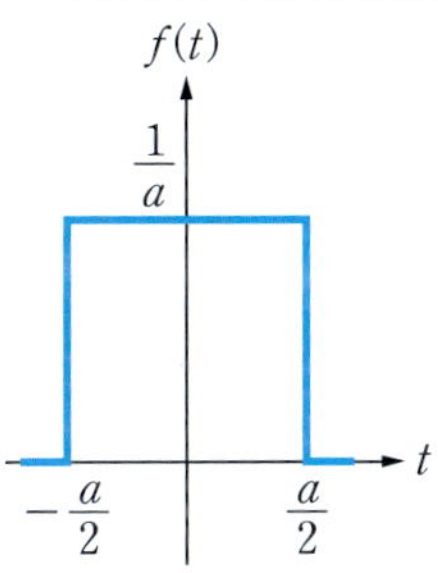	$\frac{a}{2}\le t\le\frac{a}{2}$에서 넓이가 1인 함수로 a에 의존한다. 이때 $\lim_{a\to 0}\delta_a(t)=\delta(t)$를 단위임펄스함수라 한다.
삼각형함수	$\mathrm{tri}\,(t)=\begin{cases}1-\lvert t\rvert, & \lvert t\rvert<1\\ 0\ , & \lvert t\rvert\ge 1\end{cases}$	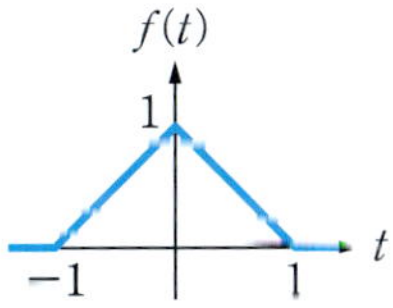	넓이와 높이가 모두 1인 삼각형으로, 회선연산자에 의해 단위사각형함수와 밀접한 연관이 있다.
sinc 함수	$\mathrm{sinc}\,t=\dfrac{\sin\pi t}{\pi t}$	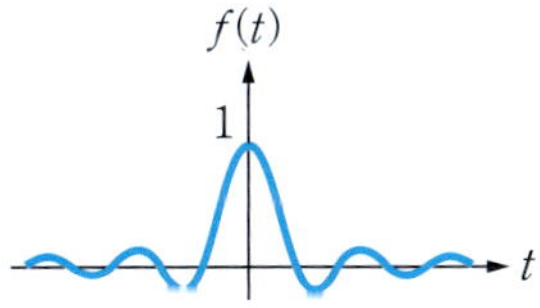	단위사각형함수의 푸리에 변환을 나타내며 넓이가 1이다.

Chapter 01

함수의 변환 : 신호의 세기 (관련 과목 : 통신공학)

1.3절에서 살펴본 함수의 변환은 통신공학에서 매우 중요하게 쓰인다. 통신공학에서는 신호의 세기를 **스케일링 진폭** amplitude scaling이라 하는데, 이는 [그림 1-16]의 a를 의미한다. 즉 함수 $f(t)$에 대하여 확대 및 축소 변환 $|a|f(t)$를 생각할 때, $|a|$가 스케일링 진폭이 된다. 이때 음수인 스케일링 진폭은 시간을 나타내는 t축을 중심으로 대칭이동한 함수이다. 그리고 수평이동한 $f(t-a)$는 모든 시각 t에서 a시간 이전을 의미하며, 이를 **시간변동** time shifting 또는 **시간변조** time translation라 한다. 예를 들어, 다음과 같은 사각형함수는 $t=\pm 1/2$을 경계로 스텝함수의 표를 만들면 스텝함수 $u(t)$로 표현할 수 있다.

$$f(t)=\begin{cases}1, & |t|\le 1/2\\ 0, & |t|>1/2\end{cases}$$

[표 1-9] 사각형함수에 대한 스텝함수의 표

스텝함수 \ 시간	$t<-1/2$	$-1/2\le t\le 1/2$	$t>1/2$
$u(t+(1/2))$	0	1	1
$u(t-(1/2))$	0	0	1
$u(t+(1/2))-u(t-(1/2))$	0	1	0

따라서 $f(t)=u(t+(1/2))-u(t-(1/2))$인 것을 알 수 있다. 즉 사각형함수는 시간변조가 되고, 서로 부호가 반대인 두 스텝함수의 합으로 표현할 수 있다. [그림 1-21]은 사각형함수 $f(t)$에 대한 평행이동과 변환을 나타낸다.

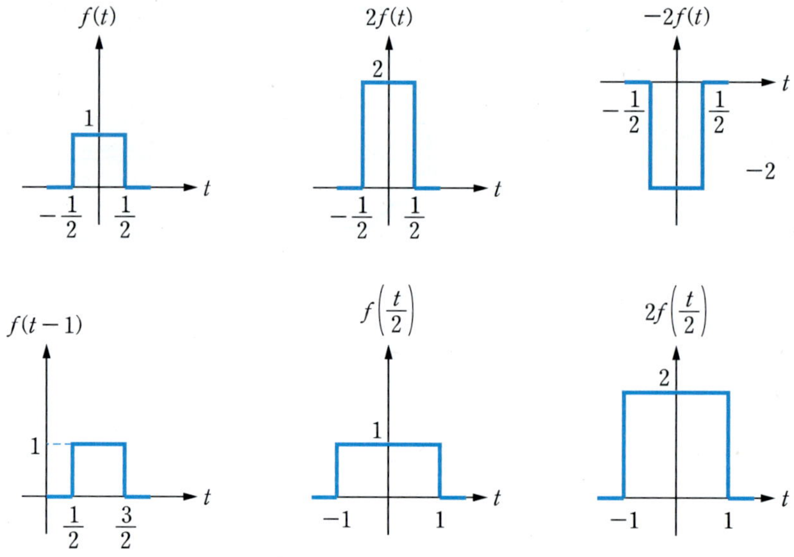

[그림 1-21] 사각형함수의 변환

Chapter

02

초월함수

Transcendental Functions

지수함수 _2.1
로그함수 _2.2
삼각함수 _2.3
역삼각함수 _2.4
쌍곡선함수와 역쌍곡선함수 _2.5

전공 맛보기

학습목표

- 지수와 로그의 의미를 이해할 수 있다.
- 지수함수와 로그함수의 특성을 이해할 수 있다.
- 삼각비를 이해하고, 삼각함수의 여러 가지 특성을 다양한 문제에 적용할 수 있다.
- 역삼각함수의 특성을 이해할 수 있다.
- 지수함수로부터 쌍곡선함수를 유도하고, 쌍곡선함수의 성질을 이해할 수 있다.
- 역쌍곡선함수의 여러 가지 특성을 이해할 수 있다.
- 절별 연습문제를 통해 학습 내용을 제대로 이해했는지 확인할 수 있다.

수학을 비롯한 많은 응용분야에서 가장 중요한 함수는 지수함수와 로그함수 및 삼각함수와 쌍곡선함수, 그리고 이 함수들의 역함수이다. 방사능 물질의 붕괴속도 또는 지수적으로 성장하는 현상을 수학적으로 모델화할 때 지수함수와 로그함수를 사용한다. 또한 역학에서 퍼텐셜에너지나 통신공학의 주파수를 비롯한 신호처리, 진동, 파동 또는 조화운동과 같이 주기적으로 변하는 현상을 설명할 때 삼각함수를 사용한다. 그리고 토목공학에서 교량의 아치를 설명할 때 쌍곡선함수를 많이 사용한다. 이 장에서는 이와 같은 초월함수들의 개념과 특성을 자세히 살펴보고자 한다.

2.1 지수함수

지수함수는 자연과학이나 공학을 비롯하여 사회과학 등에서 매우 중요하게 다루는 함수 중 하나이다. 예를 들어, 방사능 물질의 붕괴속도와 RL 전기회로의 전류 또는 어느 지역에 살고 있는 인구의 증가 모형 등을 수학적으로 가장 적합하게 표현하는 방법이 지수함수이다. 이 절에서는 먼저 지수에 대하여 살펴보고, 지수함수의 정의와 이 함수의 다양한 특성에 대하여 살펴본다.

2.1.1 지수

임의의 실수 a를 n번 거듭하여 곱한 결과를 a의 n **거듭제곱** power이라 하고, a^n으로 나타낸다.

$$a^n = \overbrace{a \cdots a}^{n}$$

이때 n을 a의 **지수** exponent, a를 **밑** base이라 한다. 지수 n은 a를 거듭하여 곱한 횟수이므로 자연수이다. 그리고 지수가 0 또는 음의 정수일 때는 다음과 같이 정의한다.

$$a^0 = 1,\ a^{-n} = \frac{1}{a^n},\ n\text{은 자연수}$$

또한 $a^n = b$를 만족하는 실수 b를 a의 n **제곱근** square root이라 하고, $\sqrt[n]{a}\left(=a^{1/n}\right)$로 나타낸다. 따라서 임의의 정수 p와 $q(q>0)$에 대하여 유리수를 $x=\dfrac{p}{q}$라 할 때, 유리수 지수는 다음과 같다.

$$a^x = a^{\frac{p}{q}} = \sqrt[q]{a^p} = \left(\sqrt[q]{a}\right)^p$$

한편, 무리수 지수를 정의하기 위해 $2^{\sqrt{2}}$을 생각해보자. 먼저 $\sqrt{2}$를 소수로 나타내면

$$\sqrt{2} = 1.414213562373\cdots$$

이므로, 다음과 같이 유리수 지수를 갖는 수의 나열을 생각해 볼 수 있다.

$$
\begin{array}{rcl}
1 < \sqrt{2} < 2 & \Rightarrow & 2 = 2^1 < 2^{\sqrt{2}} < 2^2 = 4 \\
1.4 < \sqrt{2} < 1.5 & \Rightarrow & 2.639016\cdots = 2^{1.4} < 2^{\sqrt{2}} < 2^{1.5} = 2.828427\cdots \\
1.41 < \sqrt{2} < 1.42 & \Rightarrow & 2.657372\cdots = 2^{1.41} < 2^{\sqrt{2}} < 2^{1.42} = 2.675855\cdots \\
1.414 < \sqrt{2} < 1.415 & \Rightarrow & 2.664750\cdots = 2^{1.414} < 2^{\sqrt{2}} < 2^{1.415} = 2.666597\cdots \\
1.4142 < \sqrt{2} < 1.4143 & \Rightarrow & 2.665119\cdots = 2^{1.4142} < 2^{\sqrt{2}} < 2^{1.4143} = 2.665304\cdots \\
1.41421 < \sqrt{2} < 1.41422 & \Rightarrow & 2.665138\cdots = 2^{1.41421} < 2^{\sqrt{2}} < 2^{1.41422} = 2.665156\cdots \\
1.414213 < \sqrt{2} < 1.414214 & \Rightarrow & 2.665143\cdots = 2^{1.414213} < 2^{\sqrt{2}} < 2^{1.414214} = 2.665145\cdots \\
1.4142135 < \sqrt{2} < 1.4142136 & \Rightarrow & 2.665144\cdots = 2^{1.4142135} < 2^{\sqrt{2}} < 2^{1.4142136} = 2.665144\cdots \\
\vdots & & \vdots
\end{array}
$$

그러면 소수점 이하 여섯 자리에서 근삿값으로 $2^{\sqrt{2}} \fallingdotseq 2.665144$이다. 같은 방법으로 양의 실수 $a(a \neq 1)$에 대하여 무리수 r을 지수로 갖는 a^r을 정의하면, 임의의 실수 x에 대하여 a^x을 정의할 수 있고, 임의의 실수 x와 y에 대하여 다음과 같은 **지수법칙**law of exponents이 성립한다.

정리 2-1 지수법칙

임의의 양의 실수 a, b와 실수 x, y에 대하여 다음이 성립한다.

(1) $a^x a^y = a^{x+y}$

(2) $a^x \div a^y = a^{x-y}$

(3) $(ab)^x = a^x b^x$

(4) $\left(\dfrac{a}{b}\right)^x = \dfrac{a^x}{b^x} = a^x \cdot b^{-x}$

(5) $(a^x)^y = a^{xy}$

이때 다음을 유의하기 바란다.

$$
\begin{array}{l}
-a^x = -(a^x),\ -a^x \neq (-a)^x \\
ca^x = c(a^x),\ ca^x \neq (ca)^x \\
a^{x^y} = a^{(x^y)},\ a^{x^y} \neq (a^x)^y
\end{array}
$$

예제 2-1

다음을 간단히 하라.

(a) $3^2 \cdot 3^3$　(b) $(3^2)^3$　(c) $\dfrac{2^3}{2^4}$　(d) $\left(\dfrac{1}{2}\right)^{-3}$

풀이

(a) $3^2 \cdot 3^3 = 3^{2+3} = 3^5 = 243$

(b) $(3^2)^3 = 3^{2\cdot 3} = 3^6 = 729$

(c) $\dfrac{2^3}{2^4} = 2^{3-4} = 2^{-1} = \dfrac{1}{2}$

(d) $\left(\dfrac{1}{2}\right)^{-3} = (2^{-1})^{-3} = 2^{(-1)\cdot(-3)} = 2^3 = 8$

예제 2-2

$x = -3, -2, -1, 0, 1, 2, 3$에 대하여 다음 순서쌍을 좌표평면 위에 나타내고, 각 점을 연결하라.

(a) $(x,\ 2^x)$ (b) $\left(x,\ \left(\dfrac{1}{2}\right)^x\right)$

풀이

(a) $2^{-x} = \dfrac{1}{2^x}$ 이므로 주어진 x에 대한 순서쌍을 구하면 다음과 같다.

$$\left(-3,\ \frac{1}{8}\right),\ \left(-2,\ \frac{1}{4}\right),\ \left(-1,\ \frac{1}{2}\right),\ (0,\ 1),\ (1,\ 2),\ (2,\ 4),\ (3,\ 8)$$

따라서 이 순서쌍들을 좌표평면 위에 나타내고 선으로 연결하면 그림 (a)와 같다.

(b) 같은 방법으로 주어진 x에 대한 순서쌍을 구하면 다음과 같다.

$$(-3,\ 8),\ (-2,\ 4),\ (-1,\ 2),\ (0,\ 1),\ \left(1,\ \frac{1}{2}\right),\ \left(2,\ \frac{1}{4}\right),\ \left(3,\ \frac{1}{8}\right)$$

따라서 이 순서쌍들을 좌표평면 위에 나타내고 선으로 연결하면 그림 (b)와 같다.

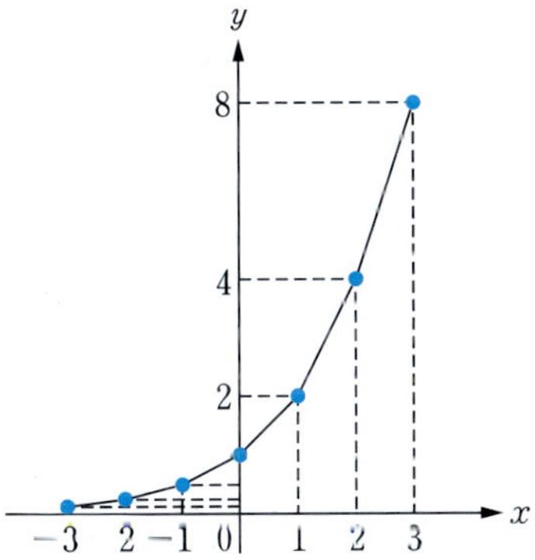

(a)

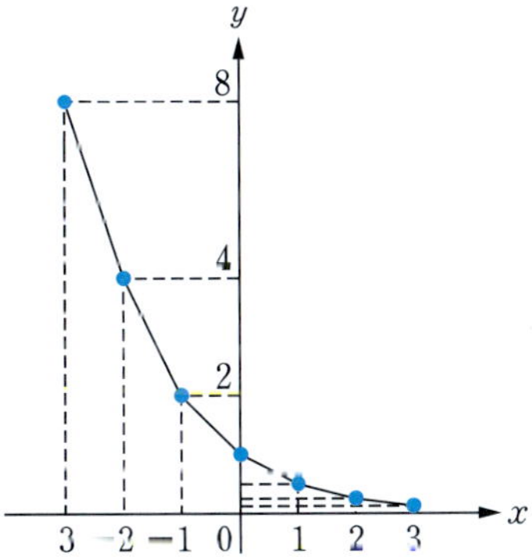

(b)

2.1.2 지수함수

임의의 실수 $a > 0(a \neq 1)$에 대하여 정의역이 실수 전체의 집합이고, 치역이 양의 실수 전체의 집합인 함수

$$f(x) = a^x$$

을 밑이 a인 **지수함수** exponential function라고 한다. 이때 $a = 1$이면 임의의 실수 x에 대하여 $f(x) = 1^x = 1$이므로 $f(x)$는 지수함수가 아닌 상수함수이다. 그러므로 보통 지수함수는 밑으로 $a \neq 1$인 양수를 사용한다. [예제 2-2]에서 살펴본 바와 같이 밑 a가 $a > 1$ 또는 $0 < a < 1$에 따라 [그림 2-1]과 같이 지수함수 $f(x) = a^x$의 그래프 모양이 달라진다.

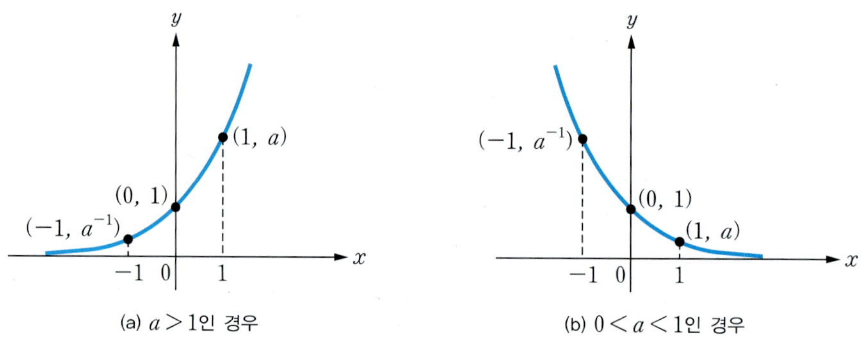

[그림 2-1] $y = a^x$ 의 그래프

따라서 밑 a에 따른 지수함수 $f(x) = a^x$의 특성을 [표 2-1]과 같이 얻을 수 있다.

[표 2-1] 지수함수의 특성

구분	$a>1$인 경우	$0<a<1$인 경우
정의역	$-\infty < x < \infty$	$-\infty < x < \infty$
치역	$0 < y < \infty$	$0 < y < \infty$
y절편	$y = 1$	$y = 1$
함수의 종류	증가함수, 전단사함수	감소함수, 전단사함수
그래프의 모양	x가 커질수록 $f(x)$는 한없이 증가하고, x가 음수이고 절댓값이 커질수록 $f(x)$는 0으로 가까워진다.	x가 커질수록 $f(x)$는 0에 가까워지고, x가 음수이고 절댓값이 커질수록 $f(x)$는 한없이 증가한다.

또한 [그림 2-2(a)]와 같이 $a > 1$이면 a가 커질수록 그래프의 모양은 가파르게 증가한다. 그리고 $0 < a < 1$이면 a가 커질수록 [그림 2-2(b)]와 같이 완만하게 감소한다.

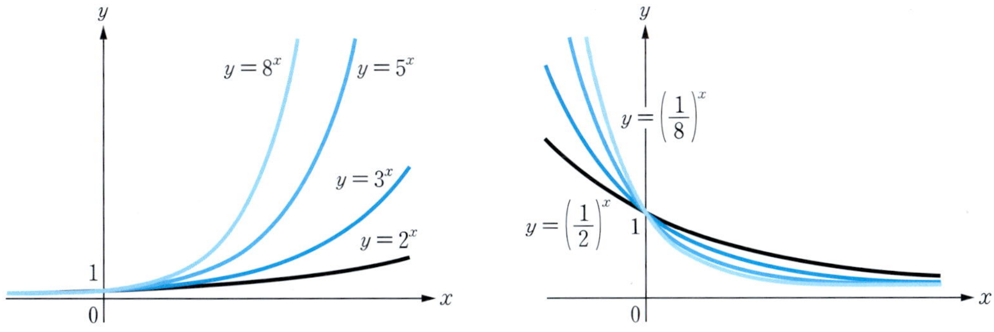

(a) $a>1$인 경우 (b) $0<a<1$인 경우

[그림 2-2] a에 따른 $y=a^x$ 의 그래프

한편, 무리수 e는 다음과 같이 정의한다(6.1.4절 참고).

$$\lim_{n\to\infty}\left(1+\frac{1}{n}\right)^n = e$$

그러면 무리수 e의 근삿값은 $e \approx 2.7182818$이고, [표 2-1]에서 $a=e$라고 하면

$$f(x)=e^x$$

과 같이 밑이 e인 지수함수를 생각할 수 있다. 이러한 지수함수를 **자연지수함수**natural exponential function라 하며, $e>1$이므로 [표 2-1]의 $a>1$인 지수함수의 성질을 갖는다. 즉 자연지수함수 $f(x)=e^x$의 정의역은 $(-\infty, \infty)$, 치역은 $(0, \infty)$이고, 전단사함수이다. 또한 x가 커질수록 $f(x)$는 한없이 증가하고 x가 음수이고 절댓값이 커질수록 $f(x)$는 0에 가까워진다. 따라서 자연지수함수 $y=e^x$의 그래프는 [그림 2-3]과 같다.

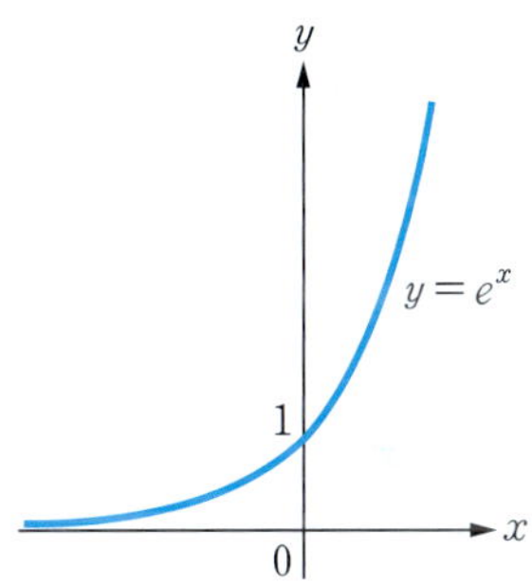

[그림 2-3] $y=e^x$ 의 그래프

예제 2-3

최초 원금 P를 복리 i로 투자할 때, n년 후의 원리금 합계는 $A(n)=P(1+i)^n$이다. 투사원금 1,000만 원을 연이율 4.5%인 복리로 투자할 때, 5년 후의 원리금과 총이자 수입 I를 구하라.

풀이

5년 후의 원리금은 $A(5)=1000(1+0.045)^5=1246.18$(만 원)이다. 그리고 총이자 수입은 $I=A(5)-A(0)=1246.18-1000=246.18$(만 원)이다.

예제 2-4

실험에 의하면 반감기가 r년인 어떤 방사성 물질의 초기 질량이 m [g]일 때, t시간 후에 이 물질의 질량은 $y=m\left(\frac{1}{2}\right)^{t/r}$, $t \geq 0$이라 한다. $r=50$일 때, 100년 후에 남아있는 이 물질의 양이 초기 질량의 몇 %인지 구하라.

풀이

100년 후에 남아있는 물질의 양을 y_{100}이라 하면 $y_{100}=m\left(\frac{1}{2}\right)^{100/50}=\frac{m}{4}$이다. 따라서 초기 질량의 25%가 남는다.

1840년경에 벨기에의 수학자이자 생물학자인 베르헐스트P.F. Verhulst는 인구 증가율에 대한 수학적 모델을 연구한 결과, $x=0$인 시점의 인구를 P_0, 평균출생률과 평균사망률을 각각 a와 b라 할 때 x년 후의 인구가 다음과 같이 표현되는 것을 발견하였다.

$$P(x)=\frac{aP_0}{bP_0+(a-bP_0)e^{-ax}}$$

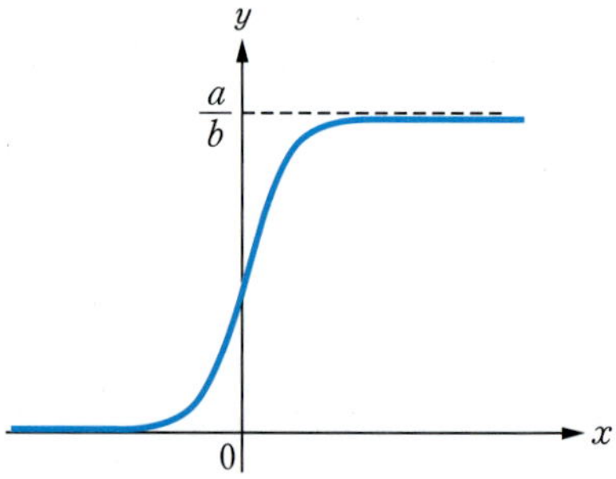

[그림 2-4] 로지스틱 곡선

이 함수를 **로지스틱 함수** logistic function라 한다. 자연 상태에서 인구는 자연지수함수와 같이 기하급수적으로 증가하나, 로지스틱 함수는 음식물이나 기후 등과 같은 외적 요인을 받아 인구 증가율이 일정한 수준에서 둔화되는 것을 나타낸다. 이때 로지스틱 함수의 그래프는 [그림 2-4]와 같이 S자 모양을 나타내며, 이 그래프를 **로지스틱 곡선** logistic curve이라 한다. 로지스틱 함수는 여러 가지 형태의 성장모델에 적용된다.

예제 2-5

세균배양이 다음과 같은 로지스틱 성장모델로 나타난다고 한다.

$$y=\frac{1.2}{1+0.2e^{-0.5t}},\quad t \geq 0$$

여기서 y는 세균의 배양 무게[g], t는 배양 시간[h]을 나타낸다. $t=0$, 10, 100일 때, 세균의 배양 무게를 구하라.

풀이

t에 따라 세균의 배양 무게를 각각 구하면 $f(0)=\frac{1.2}{1+0.2e^{-0.5\cdot 0}}=1$, $f(10)=\frac{1.2}{1+0.2e^{-0.5\cdot 10}}$

$= \dfrac{1.2}{1+0.2e^{-5}} \fallingdotseq 1.1984$, $f(100) = \dfrac{1.2}{1+0.2e^{-0.5\cdot 100}} = \dfrac{1.2}{1+0.2e^{-50}} \fallingdotseq 1.2$이다.

Section 2.1 연습문제

※ 다음 식의 값을 구하라.

1. $2^{1/4}\cdot 4^{5/4}$

2. $4^{1/5}\cdot 4^{-2/5}$

3. $(125^{1/2}\cdot 5^{1/2})^{1/2}$

4. $\left(\dfrac{5^3}{5^{-2}}\right)^{1/5}$

※ 다음 방정식을 풀어라.

5. $\dfrac{8^x}{2} = 4^{x+1}$

6. $4^x - 2^x - 12 = 0$

7. $e^{x-3} = e$

8. $e^{2x} - e^{1/x} = 0$

※ 다음 함수의 정의역을 구하라.

9. $f(x) = \dfrac{1}{2-4^x}$

10. $f(x) = \dfrac{e^x}{1+e^x}$

11. $f(x) = \sqrt{9-3^{-x}}$

12. $f(x) = \dfrac{1}{1-e^{2x}}$

13. $x>0$에 대하여 $x^{(x^x)} = (x^x)^x$을 만족하는 x를 구하라.

※ 함수 $f(x)=e^x$과 1.3절의 변환을 이용하여 다음 함수를 어떻게 얻을 수 있는지 보여라.

14. $g(x) = e^{-x}$

15. $g(x) = -e^x + 1$

16. $g(x) = -e^{-x}$

17. $g(x) = e^{|x|}$

18. $g(x) = e^{-x+1}$

19. $g(x) = e^x - 1$

20. $g(x) = 2e^x$

21. $g(x) = e^{x/2}$

22. $g(x) = 2e^{2x}$

23. $g(x) = \dfrac{e^{-x-1}-2}{2}$

24. 실수 $a>1$에 대하여 $f(x)=a^x$이 $f(1)+f(-1)=4$를 만족할 때, 다음을 구하라.

(a) $f(2)+f(-2)$

(b) $f(3)+f(-3)$

25. 양의 실수 $a(a \neq 1)$에 대하여 다음 함수는 a에 관계없이 어떤 점을 지난다. 다음 함수가 a에 관계없이 지나는 점의 좌표를 구하라.

(a) $y = a^{x+3} - 1$　　　　　(b) $y = a^{x-1} + 3$

26. 응용 반감기가 100년인 방사능 물질의 초기 질량이 20[g]일 때, t년 후에 이 물질의 질량은 다음과 같다고 한다.

$$y = 20\left(\frac{1}{2}\right)^{t/100}, \quad t \geq 0$$

(a) 50년 후에 남아있는 물질의 양을 구하라.

(b) 남은 질량이 5[g]이 될 때까지 붕괴되는 소요시간을 구하라.

27. 응용 어느 도시의 인구는 2000년을 기준으로 t년 후의 인구가 $P(t) = 20e^{0.01t}$, $t \geq 0$으로 나타난다고 한다. 단, 인구수의 단위는 만 명이다.

(a) 이 도시의 인구가 2000년보다 두 배 늘어나기 위해 소요되는 시간을 구하라. 단, $e^{0.7} = 2$로 계산한다.

(b) 2030년도의 인구를 예측하라. 단, $e^{0.3} = 1.35$로 계산한다.

2.2 로그함수

로그함수는 지수함수의 역함수로 지수함수와 더불어 자연과학이나 공학을 비롯하여 사회과학 등에서 매우 중요하게 다루는 함수 중 하나이다. 이 절에서는 먼저 로그에 대해 살펴본 후, 로그함수의 정의와 다양한 특성에 대하여 살펴본다.

2.2.1 로그

지수 $2^3 = 8$이므로 방정식 $2^x = 8$을 만족하는 x는 3이다. 이와 같이 실수 $a > 0$, $a \neq 1$에 대하여 지수함수 $a^x = y$일 때, 지수 x를 밑이 a인 **로그** logarithm y라 하고 $x = \log_a y$로 나타낸다. 이때 y를 밑이 a인 로그의 **진수** antilogarithm 라 한다. 특히 $a = e$인 로그를 **자연로그** natural logarithm 라 하고, 간단히 $x = \ln y$로 나타낸다. 그러므로 앞에서 언급한 $2^3 = 8$에 대하여 지수 3은 밑이 2이고 진수가 8인 로그 $3 = \log_2 8$로 표현할 수 있다. 그러면 특정한 값에 대하여 [표 2-2]와 같이 비교할 수 있다.

[표 2-2] 로그 형식과 지수 형식의 비교

로그 형식	지수 형식	자연로그 형식	자연지수 형식
$\log_a 1 = 0$	$a^0 = 1$	$\ln 1 = 0$	$e^0 = 1$
$\log_a a = 1$	$a^1 = a$	$\ln e = 1$	$e^1 = e$
$\log_a a^{-1} = -1$	$a^{-1} = \frac{1}{a}$	$\ln e^{-1} = -1$	$e^{-1} = \frac{1}{e}$

예제 2-6

다음 식에서 로그 형식은 지수 형식으로 고치고, 지수 형식은 로그 형식으로 고쳐라.

(a) $x = \log_4 2$ (b) $x = \log_{\frac{1}{3}} 3^2$ (c) $x = 2^{10}$ (d) $x = e^4$

풀이

(a) $2 = 4^x$ (b) $3^2 = \left(\frac{1}{3}\right)^x$ (c) $10 = \log_2 x$ (d) $4 = \ln x$

로그의 성질을 알아보기 위하여 $a^x = u$, $a^y = v$라고 하면 지수 x와 y는 각각 $x = \log_a u$, $y = \log_a v$이다. 또한 지수법칙에 의하여 $a^x a^y = a^{x+y} = uv$이므로 $x + y = \log_a uv$이다. 따라서 다음 식이 성립한다.

$$\log_a uv = x + y = \log_a u + \log_a v$$

그러면 다음과 같이 로그의 성질을 나타내는 **로그법칙** law of logarithm을 얻을 수 있다.

정리 2-2 로그법칙

임의의 양수 $a(a \neq 1)$와 양의 실수 x, y에 대하여 다음이 성립한다.

(1) $\log_a xy = \log_a x + \log_a y$ $\qquad \ln xy = \ln x + \ln y$

(2) $\log_a \frac{y}{x} = \log_a y - \log_a x$ $\qquad \ln \frac{y}{x} = \ln y - \ln x$

(3) $\log_a x^m = m \log_a x$ $\qquad \ln x^m = m \ln x$

(4) $\log_a a^m = m$ $\qquad \ln e^m = m$

(5) $\log_a x = \frac{\log_c x}{\log_c a}$ 단, $c \neq 1$인 양수 $\qquad \log_a x = \frac{\ln x}{\ln a}$

(6) $\log_a b = \frac{1}{\log_b a}$ 단, $b \neq 1$인 양수

(7) $\log_{a^m} x^n = \frac{n}{m} \log_a x$

(8) $a^{\log_c x} = x^{\log_c a}$ 단, $c \neq 1$인 양수 $\qquad a^{\ln x} = x^{\ln a}$

2.2.2 로그함수

실수 $a > 0$, $a \neq 1$에 대하여 지수함수 $x = a^y$은 증가함수 또는 감소함수이므로 전단사함수이고, 따라서 역함수 f^{-1}를 갖는다. 즉

$$x = a^y \leftrightarrow y = f^{-1}(x)$$

를 만족하는 함수 f^{-1}가 존재하고, 이 함수를 밑 a인 **로그함수** logarithmic function라 한다. 이때 이 역함수를 $f^{-1} = \log_a$로 나타낸다. 그러므로 $x > 0$이면 다음 관계가 성립한다.

$$x = a^y \leftrightarrow y = \log_a x$$

특히 $a = 10$인 로그함수를 **상용로그함수** common logarithmic function라 하고

$$\log_{10} x = \log x$$

로 표현한다. 또한 자연지수함수 $x = e^y$의 역함수 $y = \log_e x$를 **자연로그함수** natural logarithmic function라 하고, 다음과 같이 표현한다.

$$\log_e x = \ln x$$

따라서 자연지수함수와 자연로그함수 사이에는 다음 관계가 성립한다.

$$x = e^y \leftrightarrow y = \ln x$$

즉 지수방정식과 로그방정식은 서로 동치이다. 한편, 역함수인 두 함수는 직선 $y = x$에 대하여 대칭이므로 지수함수 $y = a^x$과 로그함수 $y = \log_a x$는 [그림 2-5]와 같다. 특히 $e > 1$이므로 자연로그함수의 그래프는 [그림 2-5(a)]와 같다. [그림 2-5]에서 살펴본 바와 같이 로그함수의 특성을 정리하면 [표 2-3]과 같다.

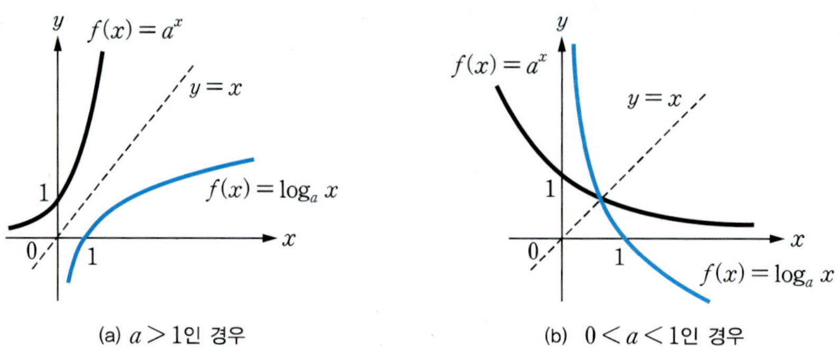

[그림 2-5] **지수함수와 로그함수의 관계**

[표 2-3] **로그함수의 특성**

구분	$a>1$인 경우	$0<a<1$인 경우
정의역	$0<x<\infty$	$0<x<\infty$
치역	$-\infty<y<\infty$	$-\infty<y<\infty$
x절편	$x=1$	$x=1$
함수의 종류	증가함수, 전단사함수	감소함수, 전단사함수
그래프의 모양	$x>1$가 커질수록 $f(x)$는 한없이 증가하고, 양수 x가 0에 가까워질수록 $f(x)$는 음수이고 절댓값이 한없이 증가한다.	$x>1$가 커질수록 $f(x)$는 음수이고 절댓값이 한없이 증가하고, 양수 x가 0에 가까워질수록 $f(x)$는 한없이 증가한다.

특히 $f(x)=\log_a x$와 $f^{-1}(x)=a^x$은 서로 역함수이므로

$$(f\circ f^{-1})(x)=\log_a a^x=x,\ -\infty<x<\infty$$
$$(f^{-1}\circ f)(x)=a^{\log_a x}=x,\ x>0$$

가 성립한다. 또한 자연로그함수 $f(x)=\ln x$와 자연지수함수 $f^{-1}(x)=e^x$은 역함수관계이므로 다음이 성립한다.

$$(f\circ f^{-1})(x)=\ln e^x=x,\ -\infty<x<\infty$$
$$(f^{-1}\circ f)(x)=e^{\ln x}=x,\ x>0$$

예제 2-7

실수 $a>0(a\neq 1)$에 대하여 다음 로그함수의 정의역을 구하라.

(a) $y=\log_a(2x-1)$ (b) $y=\log_a(3+2x-x^2)$

풀이

(a) $2x-1>0$이므로 정의역은 $x>\frac{1}{2}$이다.

(b) $3+2x-x^2=-(x-3)(x+1)>0$이므로 정의역은 $-1<x<3$이다.

예제 2-8

실수 $a>0(a\neq 1)$일 때 로그법칙에 의하여 $\log_a x^2=2\log_a x$가 성립한다. 그러면 $f(x)=\log_a x^2$, $g(x)=2\log_a x$일 때, $f=g$인지 살펴보라.

풀이

$f=g$이려면 두 함수의 정의역이 일치하고, 정의역 안의 각 원소에 대하여 함숫값이 같아야 한다. $x>0$에 대하여 두 함숫값 $f(x)$와 $g(x)$는 일치한다. 그러나 $f(x)$의 정의역은 $x\neq 0$인 모든 실수이지만, $g(x)$의 정의역은 $x>0$인 모든 실수이므로 정의역이 일치하지 않는다. 따라서 $f\neq g$이다.

Section 2.2 연습문제

※ 다음 식의 값을 구하라.

1. $\log_2 4+\log_4 64$
2. $\log_{16} 36+\log_4 \dfrac{16}{9}$
3. $\ln\left(\ln e^{e^3}\right)$
4. $e^{\ln 5-\ln 125}$

※ 다음 식을 간단히 하라.

5. $\log_2(a+b)-\log_4(a-b)$
6. $\log_2 x-\log_4(x-2)$
7. $\ln(x^2-2x)-\ln(x-2)+\ln x$
8. $\ln e^{x+y}-\ln e^{x-y}$

※ 다음 방정식을 풀어라.

9. $e^{-0.01x}=4$
10. $2^{\log_2 3}-2^{\log_2 5}=2^{\log_2 2x}$
11. $\ln(x+2)=\ln 3-\ln x$
12. $\ln(x^2-1)=\ln(x+5)$

※ 다음 식을 자연로그를 이용하여 나타내라.

13. $\dfrac{\log_3 x}{\log_5 x}$
14. $\dfrac{\log_3 x^2}{\log_9 x}$
15. $\dfrac{\log_x 2}{\log_{x^2} 4}$
16. $\dfrac{\log_{\sqrt{5}} x}{\log_{\sqrt{10}} x}$

※ 다음 함수의 역함수를 구하고, 그 정의역을 구하라.

17. $y=e^{x-1}+2$
18. $y=e^{-x}-1$
19. $y=e^x+e^{-x}\ (x>0)$
20. $y=\dfrac{2^x+2^{-x}}{2}\ (x>0)$

※ 다음 함수의 역함수를 $f^{-1}(x)$라 할 때, $f^{-1}(4)$을 구하라.

21. $f(x)=2^{2x+1}+2$
22. $f(x)=\dfrac{2^x-1}{2^x+1}$

23. 함수 $f(x)=\log_2\left(1+\frac{1}{x+1}\right)$일 때, $f(1)+f(2)+f(3)+\cdots+f(2046)$을 구하라.

24. 함수 $f(x)=\log_2(x^3+1)$의 역함수를 $f^{-1}(x)$라 할 때, $(f^{-1}\circ f^{-1}\circ f^{-1})(1)$을 구하라.

25. 응용 어느 도시의 인구는 2000년을 기준으로 t년 후의 인구가 $P(t)=20e^{0.01t}$, $t\geq 0$으로 나타난다고 한다. 이 도시의 인구가 30만 명으로 늘어나기 위하여 소요되는 시간을 구하라. 단, 인구수의 단위는 만 명이고, $\ln 1.5=0.4$이다.

2.3 삼각함수

고대 바빌로니아, 이집트, 중국 등에서 토지의 측량, 점성술, 천문학과 같은 실용적인 용도로 삼각법을 이용한 기록을 볼 수 있다. 그러나 삼각법의 창시자는 그리스의 천문학자 히파르쿠스Hipparchus이다. 그 후 17세기에 들어서면서 뉴턴Newton, I.이나 베르누이Bernoulli, J.와 같은 수학자들이 일반각에 의한 삼각비의 개념을 확장하였다. 그리고 $\sin x$, $\cos x$ 등을 x의 함수, 즉 삼각함수로 이해하게 되면서 오늘날 공학의 전 분야가 급속히 발전하였다. 이 절에서는 삼각비를 정의하고, 일반각에 대한 삼각비로서의 삼각함수의 여러 가지 특성을 살펴본다.

2.3.1 호도법

[그림 2-6(a)]와 같이 양의 x축을 기준으로 선분 OP가 시계 반대방향으로 회전한 각 θ를 **양의 각** positive angle이라 하고, + 부호로 나타낸다. 그리고 [그림 2-6(b)]와 같이 선분 OP가 시계방향으로 회전한 각 θ를 **음의 각** negative angle이라 하고, − 부호로 나타낸다. 이때 선분 OP의 길이를 각 θ에 대한 **동경** radius vector이라 하고, 양의 x축을 **시초선** initial ray 또는 **기선** polar axis이라 한다. 그리고 시초선과 동경이 이루는 사잇각 θ를 **편각** argument이라 한다.

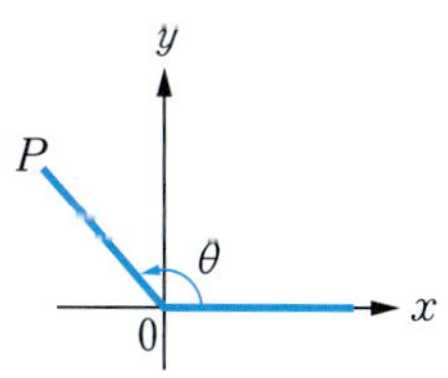

(a) 양의 각($\theta\geq 0$)

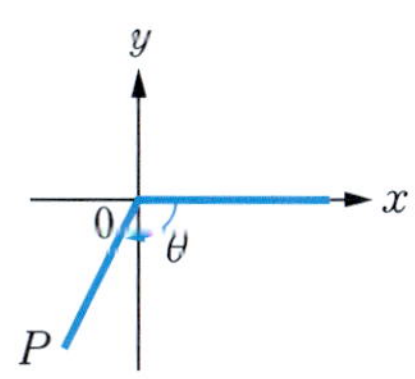

(b) 음의 각($\theta<0$)

[그림 2-6] 각의 표시

그러면 동경 OP가 시계 반대방향으로 1회전할 때마다 편각은 $360°$씩 증가하며, 1회전하여 생긴 동경은 최초의 동경과 일치한다. 또한 동경 OP가 시계방향으로 1회전할 때마다 편각은 $360°$씩 감소하고, 1회전하여 생긴 동경은 최초의 동경과 일치한다. 그러므로 동경 OP가 n회전하여 생긴 각 α는 다음과 같이 표현할 수 있다.

$$\alpha = 360° \times n + \theta,\ n\text{은 정수}$$

이때 각 α를 편각 θ에 대한 **일반각** general angle이라 하고, 이와 같은 각의 크기를 표현하는 방법을 **60분법** logistic system이라 한다. 반면에, 라디안을 이용하여 각의 크기를 표현하는 방법을 **호도법** circular measure이라 한다. 이때 1**라디안** radian은 [그림 2-7]과 같이 반지름의 길이가 r인 원의 시초선에서 양의 방향으로 반지름의 길이와 동일한 호의 길이 $\overset{\frown}{AB} = r$을 갖는 중심각 $\angle AOB$의 크기이다.

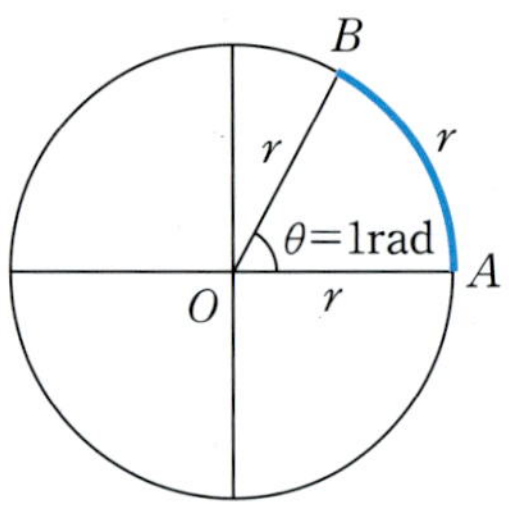

[그림 2-7] 1라디안의 정의

그러면 호의 길이는 중심각에 비례하므로, 비례식 $1\,\text{rad} : 360° = r : 2\pi r$를 통해

$$1\,\text{rad} = \frac{180°}{\pi} \approx 57.2958°, \quad 180° = \pi\,\text{rad}$$

임을 알 수 있다. 이와 같이 호도법으로 표현된 $\angle AOB = \theta$의 크기는 반지름의 길이에 무관하게 일정하다. 따라서 호도법을 이용하여 편각 θ에 대한 일반각 α를 표현하면 다음과 같다.

$$\alpha = \theta + 2n\pi,\ n\text{은 정수}$$

호도법을 이용하면 부채꼴의 호의 길이와 넓이를 쉽게 구할 수 있다. [그림 2-8]과 같이 반지름의 길이가 r인 원에서 중심각이 θ인 부채꼴 AOB의 호의 길이를 l, 부채꼴의 넓이를 S라 하자. 그러면 중심각과 호의 길이, 중심각과 넓이 사이에 다음과 같은 비례식이 성립한다.

$$l : 2\pi r = \theta : 2\pi, \quad S : \pi r^2 = \theta : 2\pi$$

따라서 반지름의 길이가 r인 원에서 중심각이 θ인 부채꼴의 호의 길이 l과 넓이 S는 다음과 같이 얻는다.

$$l = r\theta, \quad S = \frac{1}{2}r^2\theta = \frac{1}{2}rl$$

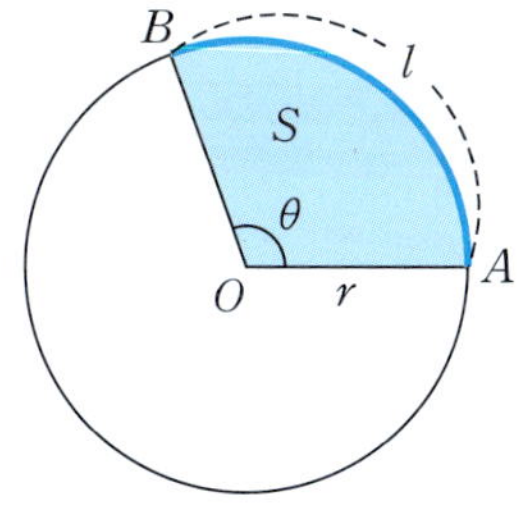

[그림 2-8] **부채꼴**

예제 2-9

길이가 55[cm]인 와이퍼를 작동했더니 와이퍼의 끝이 움직인 거리는 100[cm]이었다. 와이퍼의 고무막대의 길이가 45[cm]일 때, 와이퍼가 움직이면서 닦은 유리창의 넓이를 구하라.

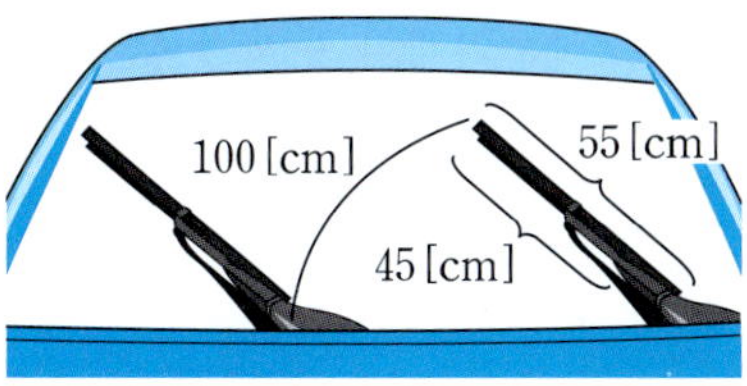

풀이

와이퍼가 움직인 사잇각을 θ라 하면, 와이퍼가 움직인 거리는 $55\theta = 100$이므로 $\theta = \dfrac{100}{55}$이다. 그리고 고무막대를 제외한 와이퍼의 길이가 10[cm]이므로 고무막대에 의하여 닦인 부분의 넓이는 다음과 같다.

$$S = \frac{1}{2}(55)^2\frac{100}{55} - \frac{1}{2}(10)^2\frac{100}{55} = \frac{29250}{11}\,[\mathrm{cm}^2]$$

2.3.2 삼각비

이제 [그림 2-9]와 같이 반지름의 길이가 r인 원주 위의 점을 $P(x, y)$라 하자. 동경 OP와 양의 x축이 이루는 예각인 편각을 θ, 점 P에서 x축에 내려 그은 수선의 발을 A라 하자.

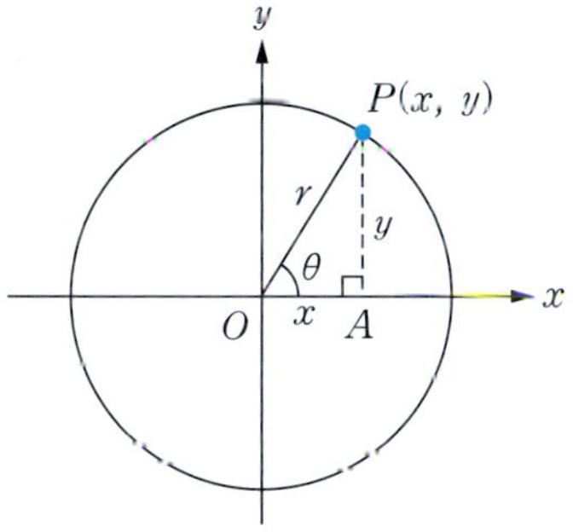

[그림 2-9] **삼각비**

이때 직각삼각형 AOP의 세 변에 대한 여섯 가지 비례값을 각 θ에 대한 **삼각비** trigonometric ratio라 하며, 삼각비의 정의는 [표 2-4]와 같다.

[표 2-4] 삼각비의 정의

삼각비	정의	삼각비	정의
사인sine	$\sin\theta = \dfrac{y}{r},\ r = \sqrt{x^2+y^2}$	시컨트secant	$\sec\theta = \dfrac{r}{x} = \dfrac{1}{\cos\theta}\ (x \neq 0)$
코사인cosine	$\cos\theta = \dfrac{x}{r}$	코시컨트cosecant	$\operatorname{cosec}\theta = \dfrac{r}{y} = \dfrac{1}{\sin\theta}\ (y \neq 0)$
탄젠트tangent	$\tan\theta = \dfrac{y}{x} = \dfrac{\sin\theta}{\cos\theta}\ (x \neq 0)$	코탄젠트cotangent	$\cot\theta = \dfrac{x}{y} = \dfrac{1}{\tan\theta}\ (y \neq 0)$

이때 각 사분면에서 부호가 양수인 삼각비만 나타내면 [그림 2-10]과 같다.

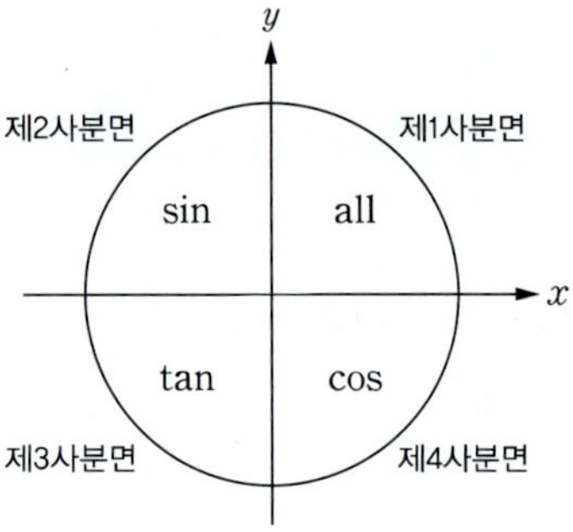

[그림 2-10] 각 사분면에서 부호가 양수인 삼각비

그리고 각 사분면에서 특수각에 대한 삼각비의 값을 구하면 [표 2-5]와 같다.

[표 2-5] 특수각에 대한 라디안과 삼각비

60분법	라디안	$\sin\theta$	$\cos\theta$	$\tan\theta$
0°	0	0	1	0
30°	$\dfrac{\pi}{6}$	$\dfrac{1}{2}$	$\dfrac{\sqrt{3}}{2}$	$\dfrac{\sqrt{3}}{3}$
45°	$\dfrac{\pi}{4}$	$\dfrac{\sqrt{2}}{2}$	$\dfrac{\sqrt{2}}{2}$	1
60°	$\dfrac{\pi}{3}$	$\dfrac{\sqrt{3}}{2}$	$\dfrac{1}{2}$	$\sqrt{3}$
90°	$\dfrac{\pi}{2}$	1	0	-
120°	$\dfrac{2\pi}{3}$	$\dfrac{\sqrt{3}}{2}$	$-\dfrac{1}{2}$	$-\sqrt{3}$
135°	$\dfrac{3\pi}{4}$	$\dfrac{\sqrt{2}}{2}$	$-\dfrac{\sqrt{2}}{2}$	-1
150°	$\dfrac{5\pi}{6}$	$\dfrac{1}{2}$	$-\dfrac{\sqrt{3}}{2}$	$-\dfrac{\sqrt{3}}{3}$
180°	$\pi\ (-\pi)$	0	-1	0

예제 2-10

θ가 제2사분면의 각이고 $\tan\theta = -\frac{3}{4}$일 때, 나머지 삼각비의 값을 구하라.

풀이

θ가 제2사분면의 각이고 $\tan\theta = \frac{y}{x} = \frac{3}{-4}$이므로 $x=-4$, $y=3$이다. 따라서 빗변의 길이는 $r=\sqrt{(-4)^2+3^2}=5$이므로 나머지 삼각비를 구하면 다음과 같다.

$$\sin\theta = \frac{3}{5},\ \cos\theta = -\frac{4}{5},\ \sec\theta = -\frac{5}{4},\ \operatorname{cosec}\theta = \frac{5}{3},\ \cot\theta = -\frac{4}{3}$$

2.3.3 삼각비의 성질

편각 θ의 일반각 $\alpha = \theta + 2n\pi$ (n은 정수)에 대하여 θ에 대한 동경과 $\theta + 2n\pi$에 대한 동경이 일치하므로 다음이 성립한다.

정리 2-3 일반각에 대한 삼각비

(1) $\sin(\theta + 2n\pi) = \sin\theta$ (2) $\cos(\theta + 2n\pi) = \cos\theta$

(3) $\tan(\theta + 2n\pi) = \tan\theta$

[그림 2-11]과 같이 단위원에서 점 $P(x, y)$를 x축을 중심으로 대칭이동하면 점 $P'(x, -y)$이고, 동경 OP'과 x축이 이루는 편각은 $-\theta$이다. 따라서 $-\theta$에 대한 삼각비를 나타내면 다음과 같다.

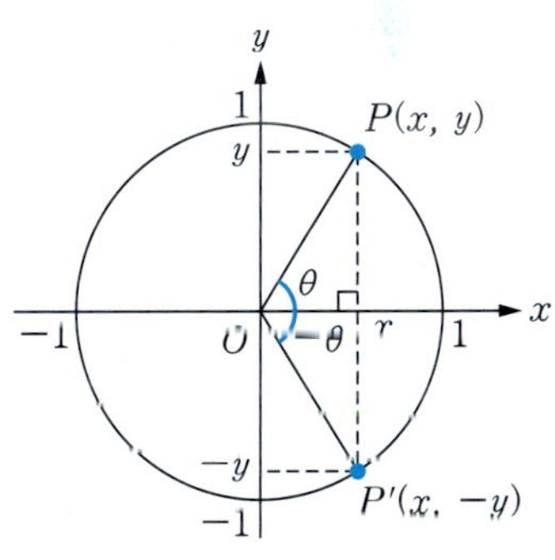

[그림 2-11] $-\theta$의 삼각비

$$\cos(-\theta) = \frac{x}{1} = x = \cos\theta$$

$$\sin(-\theta) = \frac{-y}{1} = -y = -\sin\theta$$

$$\tan(-\theta) = \frac{-y}{x} = -\frac{y}{x} = -\tan\theta$$

그러므로 $-\theta$에 대한 삼각비를 편각 θ의 삼각비를 이용하여 나타내면 다음과 같다.

정리 2-4 음의 각에 대한 삼각비

(1) $\sin(-\theta) = -\sin\theta$ (2) $\cos(-\theta) = \cos\theta$

(3) $\tan(-\theta) = -\tan\theta$

동일한 방법에 의하여 다음 정리들이 성립한다.

정리 2-5 $\pi \pm \theta$에 대한 삼각비

(1) $\sin(\pi+\theta) = -\sin\theta$ (2) $\cos(\pi+\theta) = -\cos\theta$

(3) $\tan(\pi+\theta) = \tan\theta$ (4) $\sin(\pi-\theta) = \sin\theta$

(5) $\cos(\pi-\theta) = -\cos\theta$ (6) $\tan(\pi-\theta) = -\tan\theta$

정리 2-6 $\frac{\pi}{2} \pm \theta$에 대한 삼각비

(1) $\sin\left(\frac{\pi}{2}+\theta\right) = \cos\theta$ (2) $\cos\left(\frac{\pi}{2}+\theta\right) = -\sin\theta$

(3) $\tan\left(\frac{\pi}{2}+\theta\right) = -\cot\theta$ (4) $\sin\left(\frac{\pi}{2}-\theta\right) = \cos\theta$

(5) $\cos\left(\frac{\pi}{2}-\theta\right) = \sin\theta$ (6) $\tan\left(\frac{\pi}{2}-\theta\right) = \cot\theta$

예제 2-11

다음 삼각비의 값을 구하라.

(a) $\sin\left(\frac{13\pi}{4}\right)$ (b) $\cos\left(-\frac{7\pi}{3}\right)$ (c) $\tan\left(\frac{16\pi}{6}\right)$

풀이

(a) $\sin\left(\frac{13\pi}{4}\right) = \sin\left(3\pi + \frac{\pi}{4}\right) = \sin\left(\pi + \frac{\pi}{4}\right) = -\sin\frac{\pi}{4} = -\frac{1}{\sqrt{2}}$

(b) $\cos\left(-\frac{7\pi}{3}\right) = \cos\left(-2\pi - \frac{\pi}{3}\right) = \cos\left(-\frac{\pi}{3}\right) = \cos\frac{\pi}{3} = \frac{1}{2}$

(c) $\tan\left(\frac{16\pi}{6}\right) = \tan\left(2\pi + \frac{2\pi}{3}\right) = \tan\frac{2\pi}{3} = \tan\left(\frac{\pi}{2} + \frac{\pi}{6}\right) = -\cot\frac{\pi}{6} = -\sqrt{3}$

한편, [그림 2-12]와 같이 반지름 1인 단위원 위에 있는 점 $P(x, y)$를 생각해보자. 그러면 점 P에 대한 편각 θ에 대하여

$$\sin\theta = \frac{y}{1} = y, \quad \cos\theta = \frac{x}{1} = x$$

이고, 피타고라스 정리에 의하여 $x^2 + y^2 = 1$이므로 $\cos^2\theta + \sin^2\theta = 1$이 성립한다.

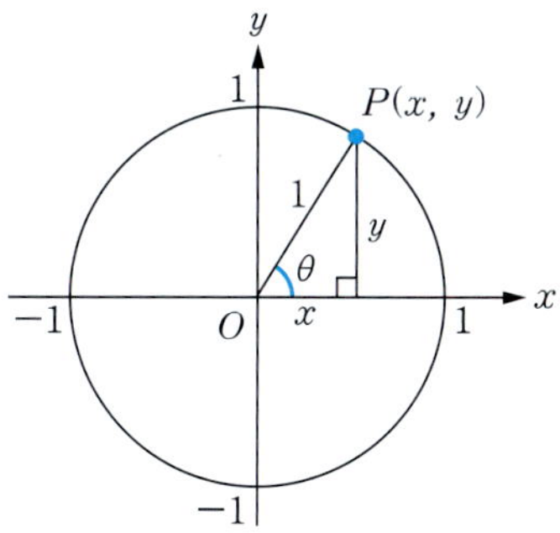

[그림 2-12] **단위원과 삼각비**

또한 $\cos^2\theta + \sin^2\theta = 1$의 양변을 각각 $\sin^2\theta$와 $\cos^2\theta$로 나누면 다음 항등식을 얻는다.

정리 2-7 삼각비의 항등식

(1) $\cos^2\theta + \sin^2\theta = 1$

(2) $1 + \tan^2\theta = \sec^2\theta$

(3) $1 + \cot^2\theta = \operatorname{cosec}^2\theta$

예제 2-12

$\frac{\pi}{2} < \theta < \pi$에서 $\sin\theta = \frac{2}{3}$일 때, $\tan\theta - \cos\theta$를 구하라.

풀이

$\frac{\pi}{2} < \theta < \pi$에서 $\cos\theta < 0$이고 $\cos^2\theta = 1 - \sin^2\theta = 1 - \left(\frac{2}{3}\right)^2 = \frac{5}{9}$이므로

$$\cos\theta = -\sqrt{\frac{5}{9}} = -\frac{\sqrt{5}}{3}, \quad \tan\theta = \frac{\sin\theta}{\cos\theta} = -\frac{2/3}{\sqrt{5}/3} = -\frac{2}{\sqrt{5}}$$

이다. 따라서 구하고자 하는 식의 값은 다음과 같다.

$$\tan\theta - \cos\theta = -\frac{2}{\sqrt{5}} - \left(-\frac{\sqrt{5}}{3}\right) = -\frac{\sqrt{5}}{15}$$

그리고 두 각의 합 또는 차에 대한 삼각비를 각각의 삼각비를 이용하여 나타내는 **덧셈정리** addition theorem of trigonometric ratio는 다음과 같다.

정리 2-8 덧셈정리

(1) $\sin(\alpha+\beta)=\sin\alpha\cos\beta+\cos\alpha\sin\beta$

(2) $\sin(\alpha-\beta)=\sin\alpha\cos\beta-\cos\alpha\sin\beta$

(3) $\cos(\alpha+\beta)=\cos\alpha\cos\beta-\sin\alpha\sin\beta$

(4) $\cos(\alpha-\beta)=\cos\alpha\cos\beta+\sin\alpha\sin\beta$

(5) $\tan(\alpha+\beta)=\dfrac{\tan\alpha+\tan\beta}{1-\tan\alpha\tan\beta}$

(6) $\tan(\alpha-\beta)=\dfrac{\tan\alpha-\tan\beta}{1+\tan\alpha\tan\beta}$

[정리 2-8]의 (1), (3), (5)에서 $\alpha=\beta$라 하면 다음과 같은 **배각공식**double-angle formula을 얻을 수 있다.

정리 2-9 배각공식

(1) $\sin 2\alpha=2\sin\alpha\cos\alpha$

(2) $\cos 2\alpha=\cos^2\alpha-\sin^2\alpha=1-2\sin^2\alpha=2\cos^2\alpha-1$

(3) $\tan 2\alpha=\dfrac{2\tan\alpha}{1-\tan^2\alpha}$

또한 [정리 2-9]의 (2)를 정리하면 다음과 같은 **반각공식**half-angle formula을 얻는다.

정리 2-10 반각공식

(1) $\sin^2\alpha=\dfrac{1-\cos 2\alpha}{2}$　　(2) $\cos^2\alpha=\dfrac{1+\cos 2\alpha}{2}$

(3) $\tan^2\alpha=\dfrac{1-\cos 2\alpha}{1+\cos 2\alpha}$

예제 2-13

$\alpha=45°$, $\beta=30°$를 이용하여 다음 삼각비의 값을 구하라.

(a) $\sin 75°$　(b) $\cos 75°$　(c) $\sin 15°$　(d) $\cos 15°$

풀이

(a) 우선 $45°$와 $30°$에 대하여 사인, 코사인 값을 구하면

$$\sin 45° = \frac{\sqrt{2}}{2}, \quad \cos 45° = \frac{\sqrt{2}}{2}, \quad \sin 30° = \frac{1}{2}, \quad \cos 30° = \frac{\sqrt{3}}{2}$$

이다. 따라서 구하고자 하는 삼각비의 값은 다음과 같다.

$$\sin 75° = \sin(45° + 30°) = \sin 45° \cos 30° + \cos 45° \sin 30° = \frac{\sqrt{2}}{2} \cdot \frac{\sqrt{3}}{2} + \frac{\sqrt{2}}{2} \cdot \frac{1}{2} = \frac{\sqrt{6}+\sqrt{2}}{4}$$

(b) $\cos 75° = \cos(45° + 30°) = \cos 45° \cos 30° - \sin 45° \sin 30° = \frac{\sqrt{2}}{2} \cdot \frac{\sqrt{3}}{2} - \frac{\sqrt{2}}{2} \cdot \frac{1}{2} = \frac{\sqrt{6}-\sqrt{2}}{4}$

(c) $\sin 15° = \sin(45° - 30°) = \sin 45° \cos 30° - \cos 45° \sin 30° = \frac{\sqrt{2}}{2} \cdot \frac{\sqrt{3}}{2} - \frac{\sqrt{2}}{2} \cdot \frac{1}{2} = \frac{\sqrt{6}-\sqrt{2}}{4}$

(d) $\cos 15° = \cos(45° - 30°) = \cos 45° \cos 30° + \sin 45° \sin 30° = \frac{\sqrt{2}}{2} \cdot \frac{\sqrt{3}}{2} + \frac{\sqrt{2}}{2} \cdot \frac{1}{2} = \frac{\sqrt{6}+\sqrt{2}}{4}$

예제 2-14

반각공식을 이용하여 $\cos 15°$, $\sin 15°$를 구하라.

풀이

15°는 30°의 $\frac{1}{2}$이므로

$$\cos^2 15° = \frac{1+\cos 30°}{2} = \frac{1+\frac{\sqrt{3}}{2}}{2} = \frac{2+\sqrt{3}}{4}$$

$$\sin^2 15° = \frac{1-\cos 30°}{2} = \frac{1-\frac{\sqrt{3}}{2}}{2} = \frac{2-\sqrt{3}}{4}$$

이다. 그리고 15°는 제1사분면 안의 각이므로 $\cos 15° > 0$, $\sin 15° > 0$이다. 따라서

$$\cos 15° = \sqrt{\frac{2+\sqrt{3}}{4}} = \frac{\sqrt{2+\sqrt{3}}}{2} = \frac{1}{2}\sqrt{\frac{1}{2}(4+2\sqrt{3})} = \frac{1+\sqrt{3}}{2\sqrt{2}} = \frac{\sqrt{2}+\sqrt{6}}{4}$$

$$\sin 15° = \sqrt{\frac{2-\sqrt{3}}{4}} = \frac{\sqrt{2-\sqrt{3}}}{2} = \frac{1}{2}\sqrt{\frac{1}{2}(4-2\sqrt{3})} = \frac{\sqrt{3}-1}{2\sqrt{2}} = \frac{\sqrt{6}-\sqrt{2}}{4}$$

이다. 이때 [예제 2-13]과 [예제 2-14]에서 구한 $\cos 15°$, $\sin 15°$가 동일한 값임을 알 수 있다.

예제 2-15

$0 \le \theta < \pi$에서 $\sin x = \sin 2x$를 만족하는 x를 구하라.

풀이

배각공식에 의하여 $\sin 2x = 2\sin x \cos x$이므로

$$\sin x = \sin 2x,\ \ \sin x = 2\sin x \cos x,\ \ \sin x(1-2\cos x) = 0$$

이다. 따라서 $\sin x = 0$ 또는 $\cos x = \dfrac{1}{2}$이다. $0 \le \theta < \pi$에서 $\sin x = 0$을 만족하는 x는 $x = 0$이고, $\cos x = \dfrac{1}{2}$을 만족하는 x는 $x = \dfrac{\pi}{3}$이다. 그러므로 방정식을 만족하는 x는 $x = 0,\ \dfrac{\pi}{3}$이다.

[정리 2-8]의 덧셈정리에서 (1)과 (2)를 연립하면

$$\begin{array}{rl} & \sin(\alpha+\beta) = \sin\alpha\cos\beta + \cancel{\cos\alpha\sin\beta} \\ +) & \sin(\alpha-\beta) = \sin\alpha\cos\beta - \cancel{\cos\alpha\sin\beta} \\ \hline & \sin(\alpha+\beta) + \sin(\alpha-\beta) = 2\sin\alpha\cos\beta \end{array}$$

이므로, 다음과 같이 사인과 코사인의 곱을 두 사인 값의 합으로 표현할 수 있다.

$$\sin\alpha\cos\beta = \frac{1}{2}[\sin(\alpha+\beta) + \sin(\alpha-\beta)]$$

이와 같은 방법으로 삼각비의 곱을 두 삼각비의 합으로 바꾸는 다음 공식을 얻을 수 있다.

정리 2-11 삼각비의 곱을 합 또는 차로 고치는 공식

(1) $\sin\alpha\cos\beta = \dfrac{1}{2}[\sin(\alpha+\beta) + \sin(\alpha-\beta)]$

(2) $\cos\alpha\sin\beta = \dfrac{1}{2}[\sin(\alpha+\beta) - \sin(\alpha-\beta)]$

(3) $\cos\alpha\cos\beta = \dfrac{1}{2}[\cos(\alpha+\beta) + \cos(\alpha-\beta)]$

(4) $\sin\alpha\sin\beta = -\dfrac{1}{2}[\cos(\alpha+\beta) - \cos(\alpha-\beta)]$

[정리 2-11]에서 $\alpha+\beta = A,\ \alpha-\beta = B$라 하면

$$\alpha = \frac{A+B}{2},\ \ \beta = \frac{A-B}{2}$$

이다. 따라서 다음과 같은 삼각비의 합을 삼각비의 곱으로 바꾸는 공식을 얻을 수 있다.

정리 2-12 삼각비의 합 또는 차를 곱으로 고치는 공식

(1) $\sin A + \sin B = 2\sin\frac{A+B}{2}\cos\frac{A-B}{2}$ (신프신은 두신코)[1]

(2) $\sin A - \sin B = 2\cos\frac{A+B}{2}\sin\frac{A-B}{2}$ (신마신은 두코신)

(3) $\cos A + \cos B = 2\cos\frac{A+B}{2}\cos\frac{A-B}{2}$ (코프코는 두코코)

(4) $\cos A - \cos B = -2\sin\frac{A+B}{2}\sin\frac{A-B}{2}$ (코마코는 마두신신)

예제 2-16

다음을 합은 곱의 형태로, 곱은 합의 형태로 변경하라.

(a) $\sin 2\theta + \sin 4\theta$ (b) $\cos 3\theta + \cos\theta$

(c) $\cos 3\theta - \cos 5\theta$ (d) $\cos\theta\sin 2\theta\cos 3\theta$

풀이

(a) $\sin 2\theta + \sin 4\theta = 2\sin\frac{2\theta+4\theta}{2}\cos\frac{2\theta-4\theta}{2} = 2\sin 3\theta\cos(-\theta) = 2\sin 3\theta\cos\theta$

(b) $\cos 3\theta + \cos\theta = 2\cos\frac{3\theta+\theta}{2}\cos\frac{3\theta-\theta}{2} = 2\cos 2\theta\cos\theta$

(c) $\cos 3\theta - \cos 5\theta = -2\sin\frac{3\theta+5\theta}{2}\sin\frac{3\theta-5\theta}{2} = -2\sin 4\theta\sin(-\theta) = 2\sin 4\theta\sin\theta$

(d) 먼저 $\cos\theta\sin 2\theta$를 합으로 변형하면

$$\begin{aligned}\cos\theta\sin 2\theta &= \frac{1}{2}[\sin(\theta+2\theta) - \sin(\theta-2\theta)] \\ &= \frac{1}{2}[\sin 3\theta - \sin(-\theta)] = \frac{1}{2}(\sin 3\theta + \sin\theta)\end{aligned}$$

이므로

$$\begin{aligned}\cos\theta\sin 2\theta\cos 3\theta &= \frac{1}{2}(\sin 3\theta + \sin\theta)\cos 3\theta \\ &= \frac{1}{2}(\sin 3\theta\cos 3\theta + \sin\theta\cos 3\theta)\end{aligned}$$

1 [정리 2-12]는 sin(신)+(프) sin(신)=(은) 2(두) sin(신) co(코)와 같이 읽으면 쉽게 외울 수 있다.

이다. 한편

$$\sin 3\theta \cos 3\theta = \frac{1}{2}\sin(2(3\theta)) = \frac{1}{2}\sin 6\theta$$

$$\begin{aligned}\sin\theta\cos 3\theta &= \frac{1}{2}[\sin(\theta+3\theta)+\sin(\theta-3\theta)] \\ &= \frac{1}{2}[\sin 4\theta + \sin(-2\theta)] = \frac{1}{2}(\sin 4\theta - \sin 2\theta)\end{aligned}$$

이므로, 곱을 합의 형태로 고치면 다음과 같다.

$$\cos\theta\sin 2\theta\cos 3\theta = \frac{1}{4}(\sin 6\theta + \sin 4\theta - \sin 2\theta)$$

마지막으로, [그림 2-13]과 같이 좌표평면 위의 한 점 $P(a,\ b)$에서 x축에 수선을 내려 그어 x축과 만난 점을 A, $\angle AOP = \alpha$라 하자. 그러면 선분 $OP = \sqrt{a^2+b^2}$ 이므로

$$\begin{aligned}a\sin\theta + b\cos\theta &= \sqrt{a^2+b^2}\left(\frac{a}{\sqrt{a^2+b^2}}\sin\theta + \frac{b}{\sqrt{a^2+b^2}}\cos\theta\right) \\ &= \sqrt{a^2+b^2}\,(\cos\alpha\sin\theta + \sin\alpha\cos\theta) \\ &= \sqrt{a^2+b^2}\,\sin(\theta+\alpha)\end{aligned}$$

가 성립한다. 이때 α는 $\tan\alpha = \dfrac{b}{a}$를 만족한다.

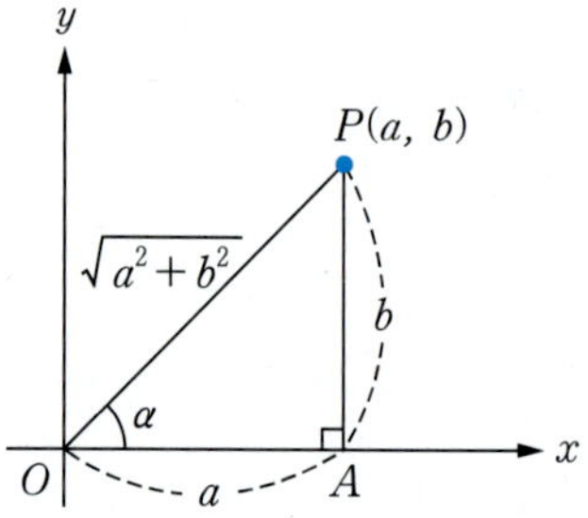

[그림 2-13] **사인과 코사인의 합성**

그러면 사인과 코사인의 합을 사인 또는 코사인을 이용하여 다음과 같이 표현할 수 있다.

$$a\sin\theta + b\cos\theta = \sqrt{a^2+b^2}\,\sin(\theta+\alpha),\ \tan\alpha = \frac{b}{a}$$

$$a\sin\theta + b\cos\theta = \sqrt{a^2+b^2}\,\cos(\theta-\beta),\ \tan\beta = \frac{a}{b}$$

예제 2-17

$\sin\theta + \sqrt{3}\cos\theta$를 $r\sin(\theta+\alpha)$와 $r\cos(\theta+\alpha)$의 형태로 합성하라.

풀이

$a=1$, $b=\sqrt{3}$ 이므로 $\tan\alpha = \frac{\sqrt{3}}{1}$, $\tan\beta = \frac{1}{\sqrt{3}}$을 만족하는 $\alpha = \frac{\pi}{3}$, $\beta = \frac{\pi}{6}$에 대하여 다음과 같이 구한다.

$$\sin\theta + \sqrt{3}\cos\theta = \sqrt{1^2+(\sqrt{3})^2}\sin\left(\theta + \frac{\pi}{3}\right) = 2\sin\left(\theta + \frac{\pi}{3}\right)$$

$$\sin\theta + \sqrt{3}\cos\theta = \sqrt{1^2+(\sqrt{3})^2}\cos\left(\theta - \frac{\pi}{6}\right) = 2\cos\left(\theta - \frac{\pi}{6}\right)$$

2.3.4 삼각함수

호도법으로 주어진 각의 크기 x에 삼각비의 값을 대응시키는 함수를 **삼각함수** trigonometric function라 하며, 이 절에서는 삼각함수의 성질을 살펴본다. **사인함수** sine function $f(x) = \sin x$의 그래프는 [그림 2-14]와 같이 모든 실수에서 정의되며, 치역은

$$-1 \le \sin x \le 1$$

이다. 그리고 [정리 2-3]과 [정리 2-4]에 의하여

$$\sin(\theta + 2n\pi) = \sin\theta, \ \sin(-\theta) = -\sin\theta$$

이므로 사인함수는 $0 \le x \le 2\pi$에 대한 그래프가 반복되는 2π 주기함수이고 원점에 대하여 대칭이다. 또한

$$\sin n\pi = 0, \ n\text{은 정수}$$

이므로 임의의 정수 n에 대하여 x절편 $x = n\pi$를 갖는다.

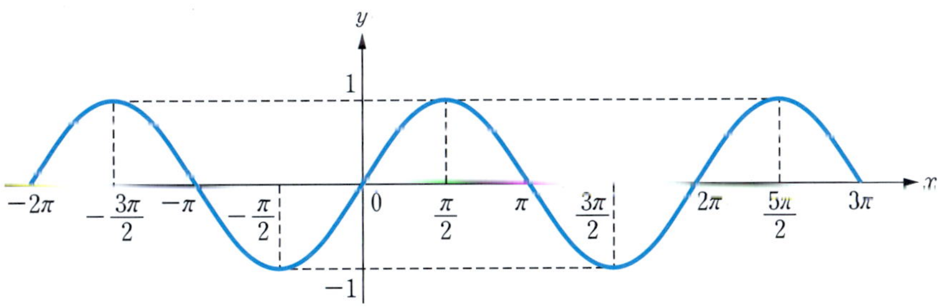

[그림 2-14] $f(x) = \sin x$의 그래프

코사인함수 cosine function $f(x)=\cos x$의 그래프는 [그림 2-15]와 같이 모든 실수에서 정의되며, 치역은

$$-1 \le \cos x \le 1$$

이다. 그리고 [정리 2-3]과 [정리 2-4]에 의하여

$$\cos(\theta+2n\pi)=\cos\theta,\ \cos(-\theta)=\cos\theta$$

이므로 코사인함수는 $0 \le x \le 2\pi$에 대한 그래프가 반복되는 2π 주기함수이고 y축에 대하여 대칭이다. 또한

$$\cos\left(n\pi+\frac{\pi}{2}\right)=0,\ n\text{은 정수}$$

이므로 임의의 정수 n에 대하여 x절편 $x=n\pi+\frac{\pi}{2}$를 갖는다.

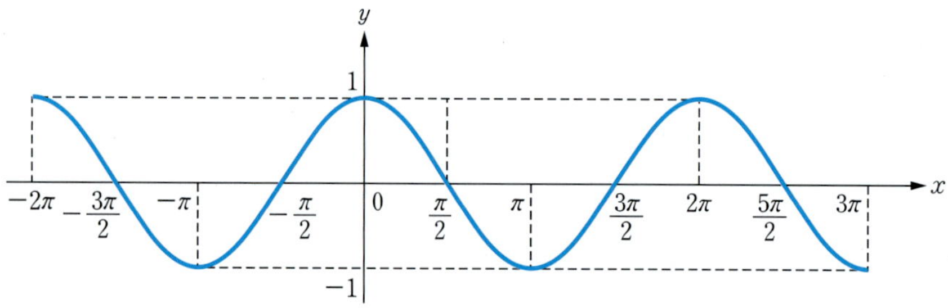

[그림 2-15] $f(x)=\cos x$의 그래프

특히 [정리 2-6]에 의하여 다음이 성립하므로 $\cos x$는 $\sin x$를 x축을 따라 $\frac{\pi}{2}$만큼 왼쪽으로 이동한 함수이다.

$$\cos x=\sin\left(x+\frac{\pi}{2}\right)$$

또한 $\tan x=\dfrac{\sin x}{\cos x}$이므로 **탄젠트함수** tangent function $f(x)=\tan x$는 [그림 2-16]과 같이 $\cos x \ne 0$인 모든 실수, 즉 $x \ne \frac{\pi}{2}+n\pi$인 모든 실수에서 정의되며 치역은 $(-\infty,\ \infty)$이다. 또한 [정리 2-5]와 [정리 2-4]에 의하여

$$\tan(\pi+\theta)=\tan\theta,\ \tan(-\theta)=-\tan\theta$$

이므로, 탄젠트함수는 $-\frac{\pi}{2}<x<\frac{\pi}{2}$에 대한 그래프가 반복되는 π 주기함수이고 원점에 대하여 대칭이다. 또한 $\sin x=0$이면 $\tan x=0$이므로

$$\tan n\pi=0,\ n\text{은 정수}$$

이다. 따라서 임의의 정수 n에 대하여 x절편 $x = n\pi$를 갖는다. **코탄젠트함수** cotangent function $f(x) = \cot x$, **시컨트함수** secant function $f(x) = \sec x$, **코시컨트함수** cosecant function $f(x) = \operatorname{cosec} x$의 그래프는 각각 [그림 2-17], [그림 2-18], [그림 2-19]와 같다.

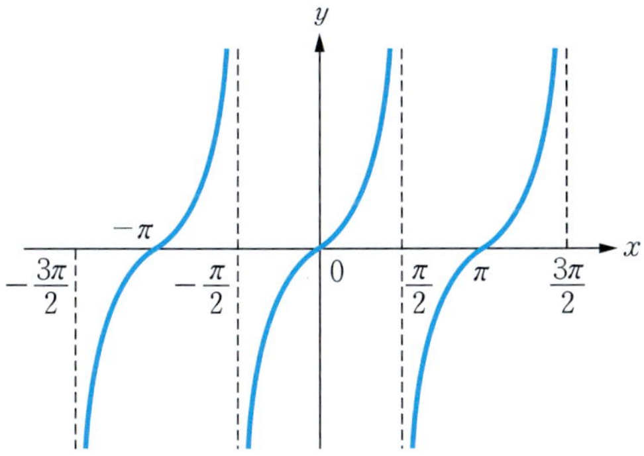

[그림 2-16] $f(x) = \tan x$의 그래프

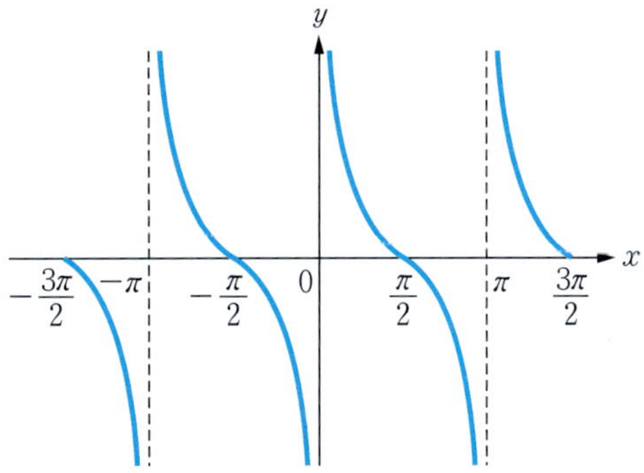

[그림 2-17] $f(x) = \cot x$의 그래프

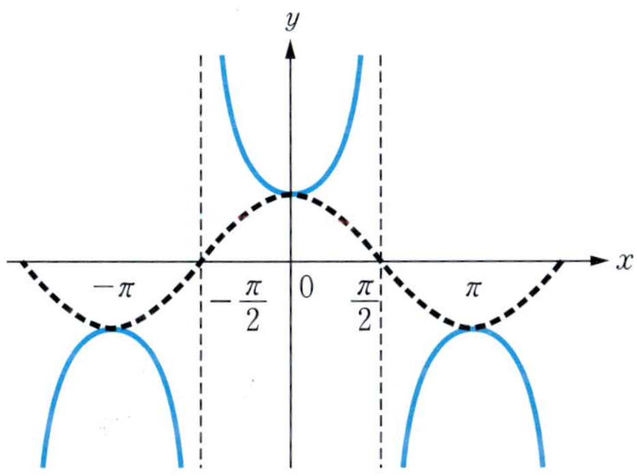

[그림 2-18] $y = \sec x$의 그래프

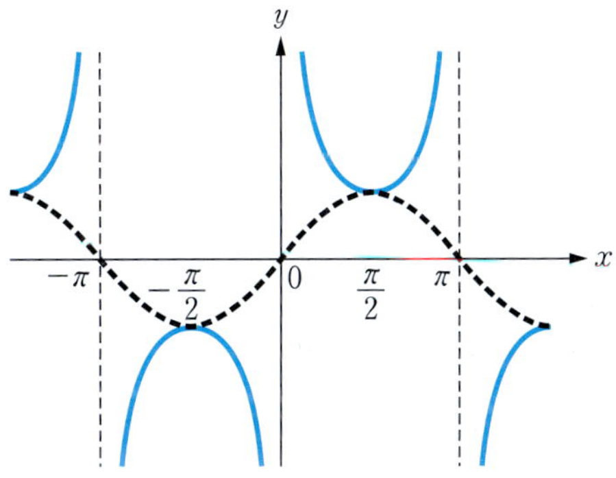

[그림 2-19] $y = \operatorname{cosec} x$의 그래프

이와 같은 삼각함수에 대한 특성을 정리하면 [표 2-6]과 같다.

[표 2-6] **삼각함수의 특성**

구분	$y = \sin x$	$y = \cos x$	$y = \tan x$
정의역	$-\infty < x < \infty$	$-\infty < x < \infty$	$-\infty < x < \infty$, $x \neq \frac{\pi}{2} + n\pi$
치역	$[-1, 1]$	$[-1, 1]$	$(-\infty, \infty)$
x절편	$x = n\pi$	$x = n\pi + \frac{\pi}{2}$	$x = n\pi$
주기	2π	2π	π
대칭성	원점 대칭(기함수)	y축 대칭(우함수)	원점 대칭(기함수)

구분	$y=\operatorname{cosec}x$	$y=\sec x$	$y=\cot x$
정의역	$-\infty < x < \infty$, $x \neq n\pi$	$-\infty < x < \infty$, $x \neq n\pi + \dfrac{\pi}{2}$	$-\infty < x < \infty$, $x \neq n\pi$
치역	$(-\infty, -1] \cup [1, \infty)$	$(-\infty, -1] \cup [1, \infty)$	$(-\infty, \infty)$
x 절편	없음	없음	$x = n\pi + \dfrac{\pi}{2}$
주기	2π	2π	π
대칭성	원점 대칭(기함수)	y축 대칭(우함수)	원점 대칭(기함수)

한편, 삼각함수를 수평방향으로 k배 만큼 늘리거나 줄인 함수는 [그림 2-20]과 같다. 이때 $y=\sin kx$와 $y=\cos kx$의 주기는 $p=\dfrac{2\pi}{k}$이고, $y=\tan kx$의 주기는 $p=\dfrac{\pi}{k}$이다. 그리고 $y=\sin(kx+b)$, $y=\cos(kx+b)$, $y=\tan(kx+b)$는 각각 $y=\sin kx$, $y=\cos kx$, $y=\tan kx$를 x축을 따라 $-b$만큼 평행이동한 함수이다. 그러므로 이 함수들의 주기는 $y=\sin kx$, $y=\cos kx$, $y=\tan kx$의 주기와 동일하다.

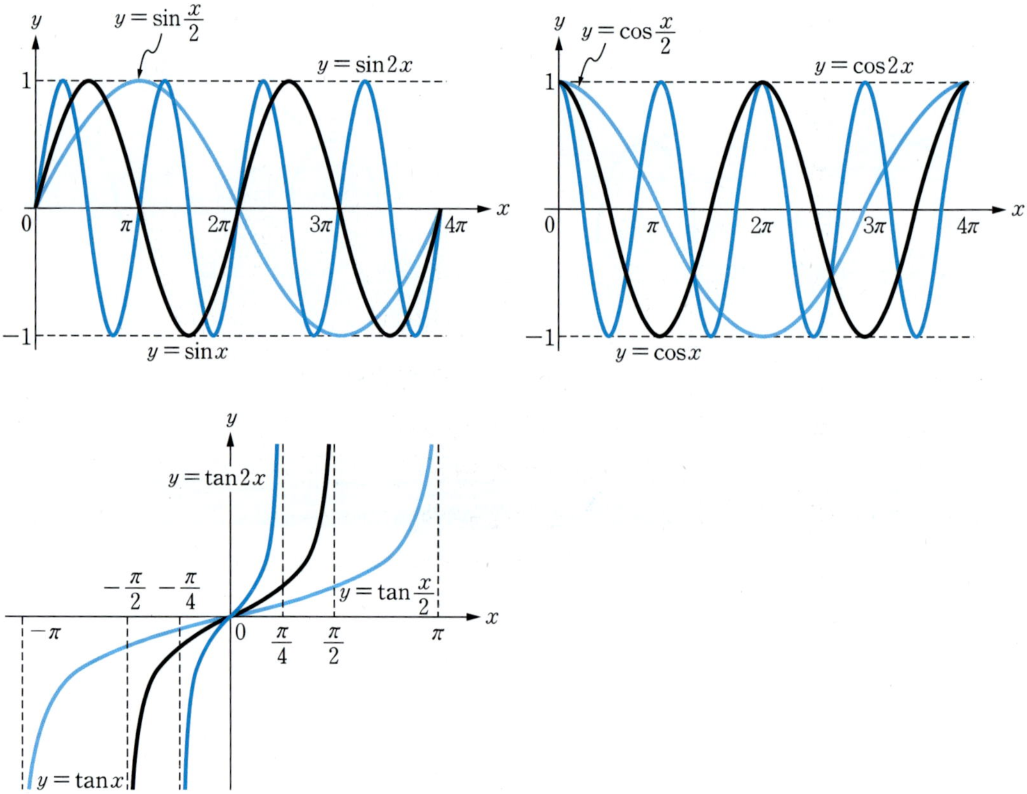

[그림 2-20] **수평방향으로의 확대와 축소**

양수 k에 대하여 $y=k\sin x$는 y축을 따라 k배 축소하거나 확대한 함수이다. 물론 $k<0$인 경우에 $y=k\sin x$는 $y=|k|\sin x$의 그래프를 x축에 관하여 대칭이동한 그래프가 된다. 그러므로 임의의 실수 $k(k\neq 0)$에 대하여 $y=k\sin x$의 치역은 다음과 같다.

$$-|k| \leq k\sin x \leq |k|$$

이러한 사실은 $y=k\cos x$에 대해서도 적용된다. 이때 $|k|$를 $y=k\sin x$와 $y=k\cos x$의 **진폭** amplitude이라 한다. [그림 2-21]은 $y=\sin x$와 $y=2\sin x$, $y=-2\sin x$, $y=\frac{1}{2}\sin x$의 진폭을 비교한 그래프이다.

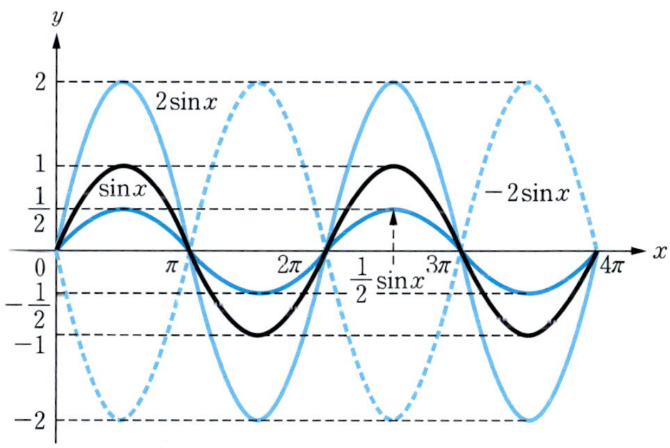

[그림 2-21] 사인함수의 진폭 비교

예제 2-18

다음 함수의 주기와 진폭을 구하고, 최댓값과 최솟값을 구하라.

(a) $y=\frac{1}{2}\sin\left(3x-\frac{\pi}{3}\right)$ (b) $y=1+\cos\left(2x-\frac{\pi}{4}\right)$

풀이

(a) 주기는 $\frac{2\pi}{3}$, 진폭은 $\frac{1}{2}$, 최댓값은 $\frac{1}{2}$, 최솟값은 $-\frac{1}{2}$이다.

(b) 주기는 π, 진폭은 1, 최댓값은 2, 최솟값은 0이다.

Section 2.3 연습문제

※ 60분법으로 나타낸 다음 중심각을 호도법으로 나타내라.

1. $25°$ **2.** $205°$ **3.** $-250°$ **4.** $300°$

※ 호도법으로 나타낸 다음 중심각을 60분법으로 나타내라.

5. $\frac{\pi}{12}$ **6.** $-\frac{13\pi}{3}$ **7.** $\frac{4\pi}{15}$ **8.** 4

9. 중심각이 θ이고 반지름의 길이가 r인 부채꼴에 대하여 다음 빈칸을 채워라.

	중심각 θ	반지름의 길이 r	호의 길이 l	부채꼴의 넓이 S
(a)	$\frac{\pi}{3}$	6		
(b)		3		12
(c)	$\frac{\pi}{12}$		12	
(d)		2	4	

10. 제1사분면의 각 θ에 대하여 $\sin\theta - \cos\theta = \frac{2}{3}$일 때, 다음을 구하라.

(a) $\sin\theta + \cos\theta$ (b) $\sin^3\theta - \cos^3\theta$ (c) $\sin^3\theta + \cos^3\theta$

※ 편각 θ에 대한 삼각비 하나가 다음과 같을 때 나머지 삼각비의 값을 구하라.

11. $\sin\theta = \frac{1}{3}$, $0 \le \theta \le \frac{\pi}{2}$

12. $\cos\theta = \frac{5}{13}$, $-\frac{\pi}{2} \le \theta \le 0$

13. $\tan\theta = -3$, $\frac{\pi}{2} < \theta < \pi$

14. $\cot\theta = 2$, $\pi < \theta < \frac{3\pi}{2}$

15. 다음 삼각함수표를 이용하여 삼각비의 값을 소수점 이하 네 자리에서 구하라.

θ	$\sin\theta$	$\cos\theta$	$\tan\theta$
5°	0.0872	0.9962	0.0875
10°	0.1736	0.9848	0.1763

(a) $\sin 20°$ (b) $\cos 20°$ (c) $\sin 40°$

(d) $\sin 85°$ (e) $\cos 100°$ (f) $\tan 175°$

16. 반각공식을 이용하여 $\cos 22.5°$, $\sin 22.5°$를 구하라.

※ 다음 함수의 주기, 진폭 그리고 최댓값과 최솟값을 구하라.

17. $y=2\sin(4x+1)$

18. $y=-\sqrt{2}\cos\left(\dfrac{x}{\pi}+\dfrac{\pi}{3}\right)$

19. $y=-\sqrt{5}\sin\dfrac{\pi}{2}(x-1)$

20. $y=3\cos\dfrac{1}{12\pi}(x-\pi)$

21. $y=\sin x-\sqrt{2}\cos x$

22. $y=\dfrac{1}{\sqrt{3}}\sin x+\cos x$

※ 사인함수 $f(x)=A\sin\left(\dfrac{2\pi}{B}(x-C)\right)+D$라 할 때, 다음 함수에 대하여 상수 A, B, C, D를 구하라.

23. $y=1+\sin(2\pi fx)$

24. $y=-\sin\left(\dfrac{x}{2\pi}-1\right)$

25. $y=\dfrac{1}{\pi}\left[1-\sin\left(2\pi x+\dfrac{T}{2}\right)\right]$

26. $y=1+\dfrac{L}{2\pi}\sin\dfrac{2\pi x}{L}$

27. 응용 임의의 $\triangle ABC$에 대하여 $\angle B=\theta$, 각 변의 길이가 각각 $\overline{BC}=a$, $\overline{AC}=b$, $\overline{AB}=c$라 하면, 다음 **코사인 제2법칙**the second law of cosine이 성립한다.

$$b^2=a^2+c^2-2ab\cos\theta$$

이 법칙을 이용하여 $\angle B=100°$, $\overline{BC}=15$[m], $\overline{AB}=20$[m]일 때, 호수의 길이 $\overline{AC}$를 구하라. 단, $\cos 100° \fallingdotseq -0.174$이다.

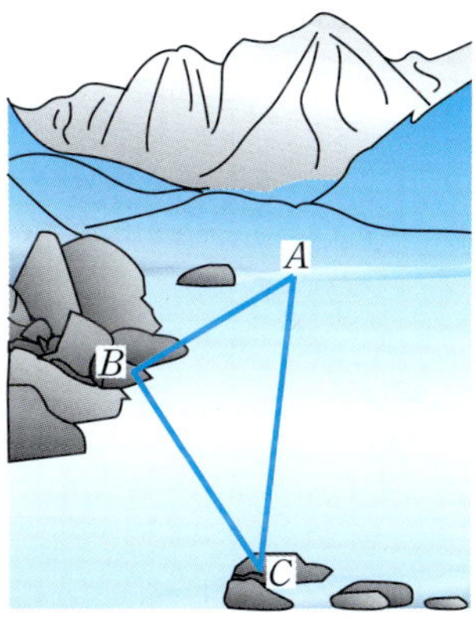

28. 응용 어느 신라고분에서 오른쪽 그림과 같은 원판 모양의 깨어진 기와가 출토되었다. 이 기와에 세 점 A, B, C를 선택하여 삼각형을 그린 결과, 세 변의 길이가 각각 $\overline{AC}=15$, $\overline{AB}=20$, $\overline{BC}=30$이었다. 코사인 제2법칙과 **사인법칙**the sine law

$$2R=\frac{b}{\sin B}$$

를 이용하여 반지름의 길이 R을 구하라. 여기서 단위는 [cm]이다.

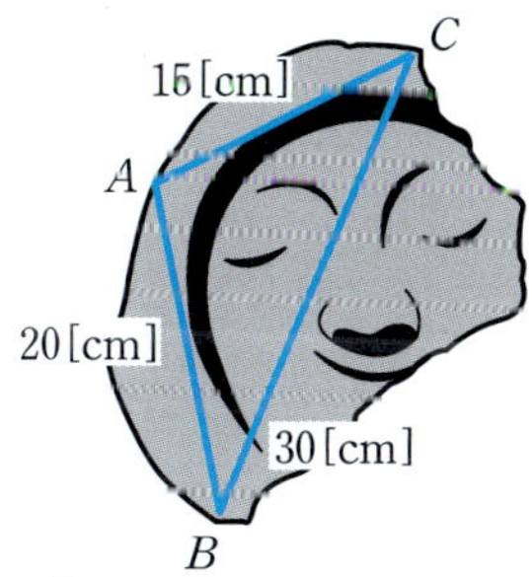

2.4 역삼각함수

2.3절의 삼각함수는 주어진 정의역에서 일대일 대응함수가 아니므로 역함수를 갖지 않는다. 그러나 이 삼각함수들을 일대일 대응함수가 되도록 정의역을 제한하면 역함수를 갖는다. 이와 같이 삼각함수가 역함수를 갖도록 제한된 영역을 삼각함수의 **주치** principal value 라 하며, 이 주치 범위에서만 삼각함수의 역함수를 다룬다.

2.4.1 역사인함수

사인함수 $y=\sin x$는 일대일 대응함수는 아니지만, 정의역을 $-\frac{\pi}{2} \le x \le \frac{\pi}{2}$로 제한하면 일대일 대응함수가 된다. 그러므로 이 범위에서는 $y=\sin x$의 역함수 $x=f^{-1}(y)$가 존재하며, 이 역함수를 $y=f^{-1}(x)$라 하면 [그림 2-22]와 같이 두 함수는 직선 $y=x$에 대하여 대칭이다.

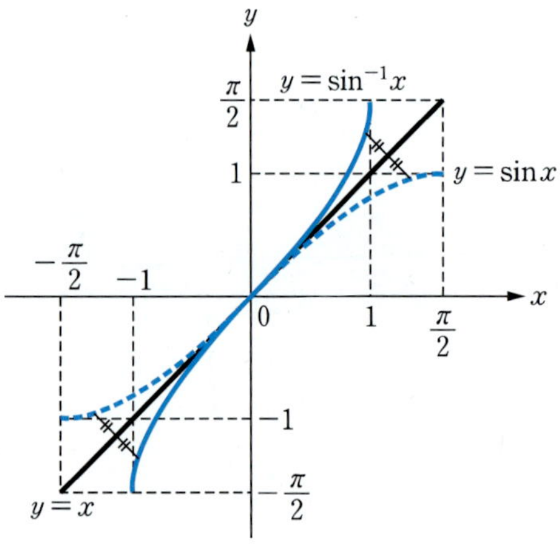

[그림 2-22] $y=\sin x$와 $y=\sin^{-1}x$의 그래프

이때 $y=\sin x$의 역함수 $x=f^{-1}(y)$를 **역사인함수** arc-sine function 라 하고, 다음과 같이 나타낸다.

$$x=\sin^{-1}y, \text{ 주치 : } -\frac{\pi}{2} \le x \le \frac{\pi}{2}$$

따라서 $\sin^{-1}y$는 $-1 \le y \le 1$에서 사인 값이 y가 되는 $-\frac{\pi}{2}$와 $\frac{\pi}{2}$ 사이의 라디안을 나타내며, 역사인함수 $x=\sin^{-1}y$의 주치 $-\frac{\pi}{2} \le x \le \frac{\pi}{2}$에서 다음이 성립한다.

$$y=\sin x \Leftrightarrow x=\sin^{-1}y$$

특히 $y=\sin x$와 $x=\sin^{-1}y$를 합성하면 다음을 얻는다.

$$\sin(\sin^{-1}y)=y,\ -1\le y\le 1$$
$$\sin^{-1}(\sin x)=x,\ -\frac{\pi}{2}\le x\le\frac{\pi}{2}$$

예제 2-19

다음 식의 값을 구하라.

(a) $\sin^{-1}\left(\frac{1}{\sqrt{2}}\right)$　　(b) $\tan\left[\sin^{-1}\left(\frac{1}{\sqrt{3}}\right)\right]$　　(c) $\sin^{-1}\left(\sin\frac{4\pi}{3}\right)$

풀이

(a) $\sin^{-1}\left(\frac{1}{\sqrt{2}}\right)=x$라 하면 $-\frac{\pi}{2}\le x\le\frac{\pi}{2}$에서 $\sin x=\frac{1}{\sqrt{2}}$이므로 $x=\frac{\pi}{4}$이다.

(b) $\sin^{-1}\left(\frac{1}{\sqrt{3}}\right)=x$라 하면 주치 $-\frac{\pi}{2}\le x\le\frac{\pi}{2}$에서 $\sin x=\frac{1}{\sqrt{3}}$이므로 오른쪽 그림과 같은 직각삼각형으로 나타낼 수 있다. 따라서 $\tan x$를 구하면 다음과 같다.

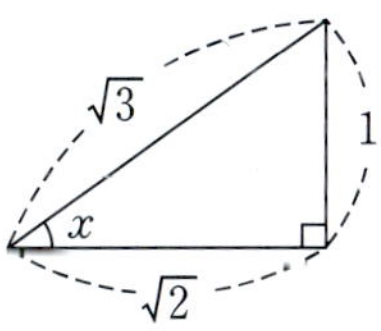

$$\tan\left[\sin^{-1}\left(\frac{1}{\sqrt{3}}\right)\right]=\tan x=\frac{1}{\sqrt{2}}$$

(c) $\frac{4\pi}{3}$는 $-\frac{\pi}{2}$와 $\frac{\pi}{2}$ 사이에 있지 않으나 $\sin\frac{4\pi}{3}=-\frac{\sqrt{3}}{2}$이므로 다음과 같이 구한다.

$$\sin^{-1}\left(\sin\frac{4\pi}{3}\right)=\sin^{-1}\left(-\frac{\sqrt{3}}{2}\right)=-\frac{\pi}{3}$$

2.4.2 역코사인함수

코사인함수 $y=\cos x$의 정의역을 $0\le x\le\pi$로 제한하면 일대일 대응함수이므로 이 범위에서 $y=\cos x$는 역함수 $x=f^{-1}(y)$를 갖는다. 그리고 이 역함수를 $y=f^{-1}(x)$라 하면 [그림 2-23]과 같이 두 함수는 직선 $y=x$에 대하여 대칭이다.

이때 $y=\cos x$의 역함수 $x=f^{-1}(y)$를 **역코사인함수** arc-cosine function라 하고, 다음과 같이 나타낸다.

$$x=\cos^{-1}y,\ \text{주치}: 0\le x\le\pi$$

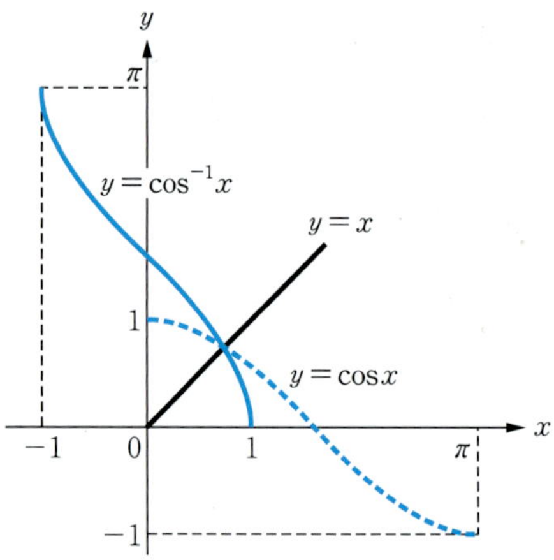

[그림 2-23] $y = \cos x$와 $y = \cos^{-1} x$의 그래프

따라서 $\cos^{-1} y$는 $-1 \leq y \leq 1$에서 코사인 값이 y가 되는 0와 π 사이의 라디안을 나타내며, 역코사인함수 $x = \cos^{-1} y$의 주치 $0 \leq x \leq \pi$에서 다음이 성립한다.

$$y = \cos x \iff x = \cos^{-1} y$$

특히 $y = \cos x$와 $x = \cos^{-1} y$를 합성하면 다음을 얻는다.

$$\cos(\cos^{-1} y) = y, \quad -1 \leq y \leq 1$$
$$\cos^{-1}(\cos x) = x, \quad 0 \leq x \leq \pi$$

예제 2-20

다음 식의 값을 구하라.

(a) $\cos^{-1}\left(\dfrac{\sqrt{3}}{2}\right)$ (b) $\sin\left[\cos^{-1}\left(\dfrac{1}{3}\right)\right]$ (c) $\cos^{-1}\left(\cos\dfrac{3\pi}{4}\right)$

풀이

(a) $\cos^{-1}\left(\dfrac{\sqrt{3}}{2}\right) = x$라 하면 $0 \leq x \leq \pi$에서 $\cos x = \dfrac{\sqrt{3}}{2}$이므로 $x = \dfrac{\pi}{6}$이다.

(b) $\cos^{-1}\left(\dfrac{1}{3}\right) = x$라 하면 $0 \leq x \leq \pi$에서 $\cos x = \dfrac{1}{3}$이므로 오른쪽 그림과 같은 직각삼각형으로 나타낼 수 있다. 따라서 $\sin x$를 구하면 다음과 같다.

$$\sin\left[\cos^{-1}\left(\frac{1}{3}\right)\right] = \sin x = \frac{2\sqrt{2}}{3}$$

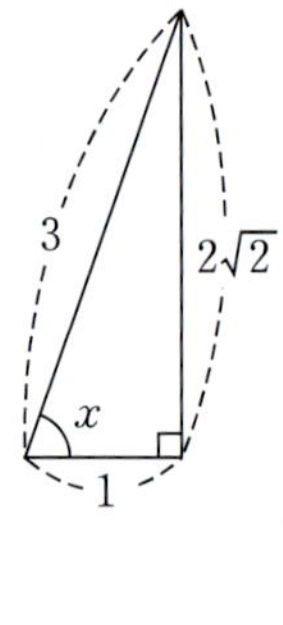

(c) $\dfrac{3\pi}{4}$는 0과 π사이에 있으므로 $\cos^{-1}\left(\cos\dfrac{3\pi}{4}\right) = \dfrac{3\pi}{4}$이다.

2.4.3 역탄젠트함수

탄젠트함수 $y = \tan x$는 $x = \frac{\pi}{2} + n\pi$(n은 정수)를 제외한 모든 실수에서 일대일 대응함수가 아니지만, 정의역을 $-\frac{\pi}{2} < x < \frac{\pi}{2}$로 제한하면 $y = \tan x$는 일대일 대응함수이므로 역함수 $x = f^{-1}(y)$를 갖는다. 그리고 이 역함수를 $y = f^{-1}(x)$라 하면 [그림 2-24]와 같이 두 함수 $y = \tan x$와 $y = f^{-1}(x)$는 직선 $y = x$에 대하여 대칭이 된다.

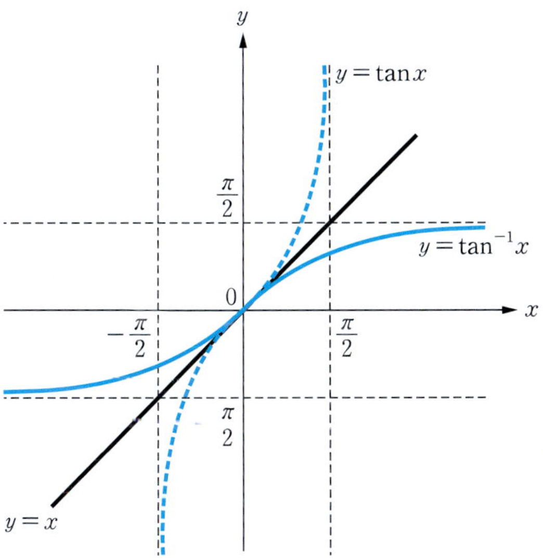

[그림 2-24] $y = \tan x$와 $y = \tan^{-1} x$의 그래프

이때 $y = \tan x$의 역함수 $x = f^{-1}(y)$를 **역탄젠트함수** arc-tangent function라 하고, 다음과 같이 나타낸다.

$$x = \tan^{-1} y, \text{ 주치 : } -\frac{\pi}{2} < x < \frac{\pi}{2}$$

그러므로 $\tan^{-1} y$는 임의의 실수 y에 대하여 탄젠트 값이 y가 되는 $-\frac{\pi}{2}$와 $\frac{\pi}{2}$ 사이의 라디안을 나타내며, 역탄젠트함수 $x = \tan^{-1} y$의 주치 $-\frac{\pi}{2} < x < \frac{\pi}{2}$에서 다음이 성립한다.

$$y = \tan x \Longleftrightarrow x = \tan^{-1} y$$

특히 $y = \tan x$와 $x = \tan^{-1} y$를 합성하면 다음을 얻는다.

$$\tan(\tan^{-1} y) = y, \quad -\infty < y < \infty$$

$$\tan^{-1}(\tan x) = x, \quad -\frac{\pi}{2} < x < \frac{\pi}{2}$$

예제 2-21

다음 식의 값을 구하라.

(a) $\tan^{-1}\left(-\dfrac{1}{\sqrt{3}}\right)$　　(b) $\sin\left[\tan^{-1}\left(\dfrac{5}{12}\right)\right]$　　(c) $\tan^{-1}\left(\tan\dfrac{3\pi}{4}\right)$

풀이

(a) $\tan^{-1}\left(-\dfrac{1}{\sqrt{3}}\right)=x$라 하면 $-\dfrac{\pi}{2}<x<\dfrac{\pi}{2}$에서 $\tan x=-\dfrac{1}{\sqrt{3}}$이므로 $x=-\dfrac{\pi}{6}$이다.

(b) $\tan^{-1}\left(\dfrac{5}{12}\right)=x$라 하면 $-\dfrac{\pi}{2}<x<\dfrac{\pi}{2}$에서 $\tan x=\dfrac{5}{12}$이므로 아래 그림과 같은 직각삼각형으로 나타낼 수 있다. 따라서 $\sin x$를 구하면 다음과 같다.

$$\sin\left[\tan^{-1}\left(\frac{5}{12}\right)\right]=\sin x=\frac{5}{13}$$

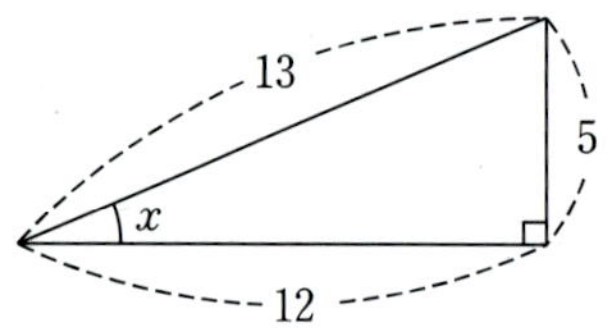

(c) $\dfrac{3\pi}{4}$는 $-\dfrac{\pi}{2}$와 $\dfrac{\pi}{2}$ 사이에 있지 않으나 $\tan\dfrac{3\pi}{4}=-1$이므로 다음과 같이 구한다.

$$\tan^{-1}\left(\tan\frac{3\pi}{4}\right)=\tan^{-1}(-1)=-\frac{\pi}{4}$$

같은 방법으로 제한된 영역에서 나머지 삼각함수의 역함수인 **역시컨트함수** arc-secant function, **역코시컨트함수** arc-cosecant function, **역코탄젠트함수** arc-cotangent function의 그래프를 그리면 [그림 2-25]와 같으며, 역삼각함수의 특성을 정리하면 [표 2-7]과 같다.

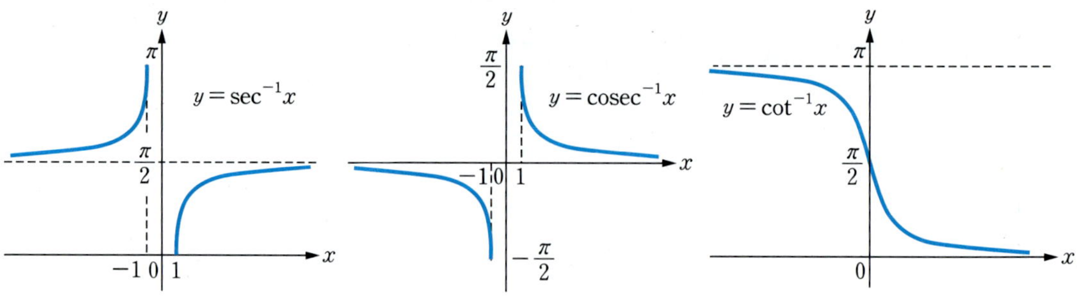

[그림 2-25] $y=\sec^{-1}x$, $y=\operatorname{cosec}^{-1}x$, $y=\cot^{-1}x$의 그래프

[표 2-7] 역삼각함수의 특성

역삼각함수	삼각함수	정의역	치역(주치)
$x=\sin^{-1}y$	$y=\sin x$	$-1\le y\le 1$	$-\frac{\pi}{2}\le x\le \frac{\pi}{2}$
$x=\cos^{-1}y$	$y=\cos x$	$-1\le y\le 1$	$0\le x\le \pi$
$x=\tan^{-1}y$	$y=\tan x$	$-\infty< y<\infty$	$-\frac{\pi}{2}< x< \frac{\pi}{2}$
$x=\sec^{-1}y$	$y=\sec x$	$y\le -1,\ y\ge 1$	$0\le x\le \pi,\ x\ne \frac{\pi}{2}$
$x=\mathrm{cosec}^{-1}y$	$y=\mathrm{cosec}\,x$	$y\le -1,\ y\ge 1$	$-\frac{\pi}{2}\le x\le \frac{\pi}{2},\ x\ne 0$
$x=\cot^{-1}y$	$y=\cot x$	$-\infty< y<\infty$	$0< x< \pi$

예제 2-22

$x>0$에서 다음 항등식이 성립함을 보여라.

(a) $\cos^{-1}x+\sin^{-1}x=\frac{\pi}{2}$　　(b) $\tan^{-1}x+\tan^{-1}\frac{1}{x}=\frac{\pi}{2}$

풀이

(a) $\cos^{-1}x=\alpha$, $\sin^{-1}x=\beta$라 하면 $\cos\alpha=x$, $\sin\beta=x$이고 α와 β는 제1사분면의 각이므로

$$\sin\alpha=\sqrt{1-\cos^2\alpha}=\sqrt{1-x^2},\quad \cos\beta=\sqrt{1-\sin^2\beta}=\sqrt{1-x^2}$$

이다. 이제 삼각비의 덧셈정리를 이용하여 $\cos(\alpha+\beta)$를 나타내면 다음과 같다.

$$\cos(\alpha+\beta)=\cos\alpha\cos\beta-\sin\alpha\sin\beta=x\cdot\sqrt{1-x^2}-\sqrt{1-x^2}\cdot x=0$$

이때 $0\le\alpha+\beta\le\pi$이므로 $\cos(\alpha+\beta)=0$을 만족하는 $\alpha+\beta$는 $\alpha+\beta=\frac{\pi}{2}$이다. 따라서 $\alpha+\beta=\cos^{-1}x+\sin^{-1}x=\frac{\pi}{2}$이다.

(b) $\tan^{-1}x=\alpha$, $\tan^{-1}\frac{1}{x}=\beta$라 하면 $\tan\alpha=x$, $\tan\beta=\frac{1}{x}$이고 α, β는 제1사분면의 각이므로

$$\sin\alpha=\frac{x}{\sqrt{x^2+1}},\quad \cos\alpha=\frac{1}{\sqrt{x^2+1}},\quad \sin\beta=\frac{1}{\sqrt{x^2+1}},\quad \cos\beta=\frac{x}{\sqrt{x^2+1}}$$

이다. 이때

$$\begin{aligned}\sin(\alpha+\beta)&=\sin\alpha\cos\beta+\cos\alpha\sin\beta\\&=\frac{x}{\sqrt{x^2+1}}\cdot\frac{x}{\sqrt{x^2+1}}+\frac{1}{\sqrt{x^2+1}}\cdot\frac{1}{\sqrt{x^2+1}}=1\end{aligned}$$

이므로 $\alpha+\beta=\tan^{-1}x+\tan^{-1}\frac{1}{x}=\frac{\pi}{2}$이다.

Section 2.4 연습문제

※ 다음 값이 존재하는지 조사하고, 존재하면 그 값을 구하라.

1. $\sin^{-1}\sqrt{2}$

2. $\cos^{-1}\left(-\dfrac{\sqrt{2}}{2}\right)$

3. $\cot^{-1}(\sqrt{3})$

4. $\tan^{-1}\sqrt{3}$

※ 다음 값을 구하라.

5. $\sin\left[\sin^{-1}\left(\dfrac{2}{5}\right)\right]$

6. $\cos\left(\cos^{-1}\dfrac{2}{3}\right)$

7. $\tan\left[\tan^{-1}\left(-\dfrac{1}{6}\right)\right]$

8. $\sin^{-1}\left[\sin\left(-\dfrac{4\pi}{3}\right)\right]$

9. $\cos^{-1}\left[\cos\left(-\dfrac{2\pi}{3}\right)\right]$

10. $\tan^{-1}\left[\tan\left(-\dfrac{5\pi}{4}\right)\right]$

※ 다음 값을 구하라.

11. $\cos\left[\tan^{-1}\left(-\dfrac{3}{4}\right)-\sin^{-1}\dfrac{4}{5}\right]$

12. $\tan\left(\tan^{-1}\dfrac{1}{2}+\tan^{-1}\dfrac{2}{3}\right)$

13. $\cos\left(\sin^{-1}\dfrac{1}{2}+\cos^{-1}\dfrac{1}{2}\right)$

14. $\sin\left(\tan^{-1}(-2)-\tan^{-1}3\right)$

※ 다음 식의 값을 구하라.

15. $\cos^{-1}\dfrac{2}{3}+\cos^{-1}\dfrac{1}{4}$

16. $\sin^{-1}\dfrac{1}{2}+\sin^{-1}\left(-\dfrac{3}{4}\right)$

17. $\sin^{-1}\dfrac{3}{5}-\cos^{-1}\dfrac{4}{5}$

18. $\sin^{-1}\dfrac{1}{\sqrt{2}}-\sin^{-1}\dfrac{1}{\sqrt{3}}$

19. $\tan^{-1}(-1)+\tan^{-1}\dfrac{1}{5}$

20. $\tan^{-1}2-\tan^{-1}(-3)$

21. $\tan^{-1}\dfrac{3}{5}+\sin^{-1}\dfrac{4}{5}$

22. $\tan^{-1}2-\cos^{-1}\left(-\dfrac{3}{5}\right)$

※ 다음 함수의 정의역을 구하라.

23. $\cos^{-1}(2x-1)$

24. $\sin^{-1}(x^2-3)$

25. $\ln\left[\cos^{-1}\sqrt{x}\,\right]$

26. $\sqrt{\pi - \sin^{-1}x}$

※ 다음 항등식이 성립함을 보여라.

27. $\operatorname{cosec}^{-1}x = \sin^{-1}\dfrac{1}{x}, \quad |x| \geq 1$

28. $\tan^{-1}x + \cot^{-1}x = \dfrac{\pi}{2}$

※ 다음 식을 대수적 함수로 나타내라.

29. $\cos\left(\tan^{-1}\dfrac{x}{2}\right)$

30. $\sin(\sec^{-1}2x)$

31. $\sec\left(\tan^{-1}\dfrac{1}{x}\right)$

32. $\cot(\cos^{-1}x)$

33. $\tan(\sec^{-1}3x)$

34. $\operatorname{cosec}\left(\tan^{-1}\dfrac{1}{x}\right)$

※ 다음 방정식을 풀어라.

35. $\sin^{-1}(3x-\pi) = \dfrac{\pi}{4}$

36. $\cos^{-1}(4x+1) = \dfrac{\pi}{2}$

37. $\sin^{-1}x = \cos^{-1}\sqrt{2x}$

38. $\cos^{-1}\dfrac{x}{2} = \sec^{-1}x$

2.5 쌍곡선함수와 역쌍곡선함수

이 절에서는 자연지수함수 $y = e^x$과 $y = e^{-x}$으로부터 유도되는 특수한 함수인 쌍곡선함수와 쌍곡선함수의 역함수인 역쌍곡선함수에 대하여 살펴본다. 쌍곡선함수는 삼각함수와 동일하거나 매우 비슷한 성질을 갖는다. 쌍곡선함수는 두 전신주에 매달려 있는 전선의 늘어진 모양 또는 교량의 아치 모양을 설명하는 데 매우 중요한 수학적 도구로 사용된다. 특히 삼각함수는 원 $x^2 + y^2 = 1$과 관련이 있으나, 이 함수들은 쌍곡선 $x^2 - y^2 = 1$과 관련된다. 이러한 이유에서 이 함수들을 쌍곡선함수라 한다.

2.5.1 쌍곡선함수

1.3절에서 임의의 함수 $f(x)$가 다음과 같이 우함수와 기함수의 합으로 표현할 수 있음을 살펴보았다.

$$f(x)=\underbrace{\frac{f(x)+f(-x)}{2}}_{\text{우함수}}+\underbrace{\frac{f(x)-f(-x)}{2}}_{\text{기함수}}$$

따라서 자연지수함수 $y=e^x$도 다음과 같이 우함수와 기함수의 합으로 표현할 수 있다.

$$e^x=\frac{e^x+e^{-x}}{2}+\frac{e^x-e^{-x}}{2}$$

이때 $y=e^x$의 우함수 부분 부분을 **쌍곡선코사인함수** hyperbolic cosine function, 기함수 부분을 **쌍곡선사인함수** hyperbolic sine function라 하고, 다음과 같이 표현한다.

$$\cosh x=\frac{e^x+e^{-x}}{2},\quad \sinh x=\frac{e^x-e^{-x}}{2}$$

그러면 $y=\cosh x$는 우함수이므로 y축에 대하여 대칭이고, $y=\sinh x$는 기함수이므로 원점에 대하여 대칭이다. 두 쌍곡선함수의 그래프는 [그림 2-26]과 같으며, 정의역은 모든 실수이지만, 다음과 같이 $y=\cosh x$의 치역은 $[1,\infty)$이고 $y=\sinh x$의 치역은 모든 실수이다.

$$\cosh x\geq 1,\quad -\infty<\sinh x<\infty$$

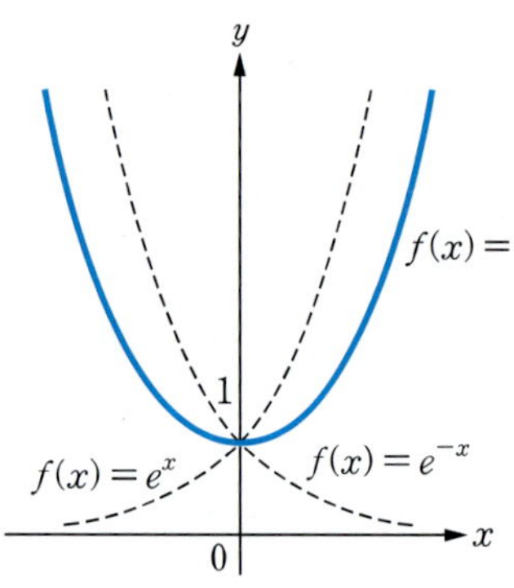

(a) $y=\cosh x$

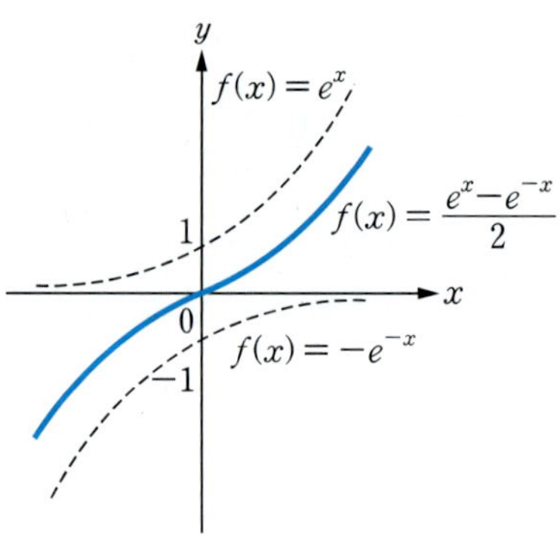

(b) $y=\sinh x$

[그림 2-26] 쌍곡선코사인함수와 쌍곡선사인함수의 그래프

또한 $y=\cosh x$와 $y=\sinh x$에 의하여 생성되는 **쌍곡선탄젠트함수** hyperbolic tangent function, **쌍곡선시컨트함수** hyperbolic secant function, **쌍곡선코시컨트함수** hyperbolic cosecant function, **쌍곡선코탄젠트함수** hyperbolic cotangent function의 특성은 [표 2-8]과 같으며, 이 함수들의 그래프는 [그림 2-27]과 같다.

[표 2-8] 쌍곡선함수의 특성

쌍곡선함수	정의역	치역	대칭성
$\tanh x = \dfrac{\sinh x}{\cosh x} = \dfrac{e^x - e^{-x}}{e^x + e^{-x}}$	$-\infty < x < \infty$	$(-1, 1)$	원점 대칭 (기함수)
$\operatorname{sech} x = \dfrac{1}{\cosh x} = \dfrac{2}{e^x + e^{-x}}$	$-\infty < x < \infty$	$(0, 1]$	y축 대칭 (우함수)
$\operatorname{cosech} x = \dfrac{1}{\sinh x} = \dfrac{2}{e^x - e^{-x}}$	$-\infty < x < \infty$, $x \neq 0$	$(-\infty, 0) \cup (0, \infty)$	원점 대칭 (기함수)
$\coth x = \dfrac{\cosh x}{\sinh x} = \dfrac{e^x + e^{-x}}{e^x - e^{-x}}$	$-\infty < x < \infty$, $x \neq 0$	$(-\infty, -1) \cup (1, \infty)$	원점 대칭 (기함수)

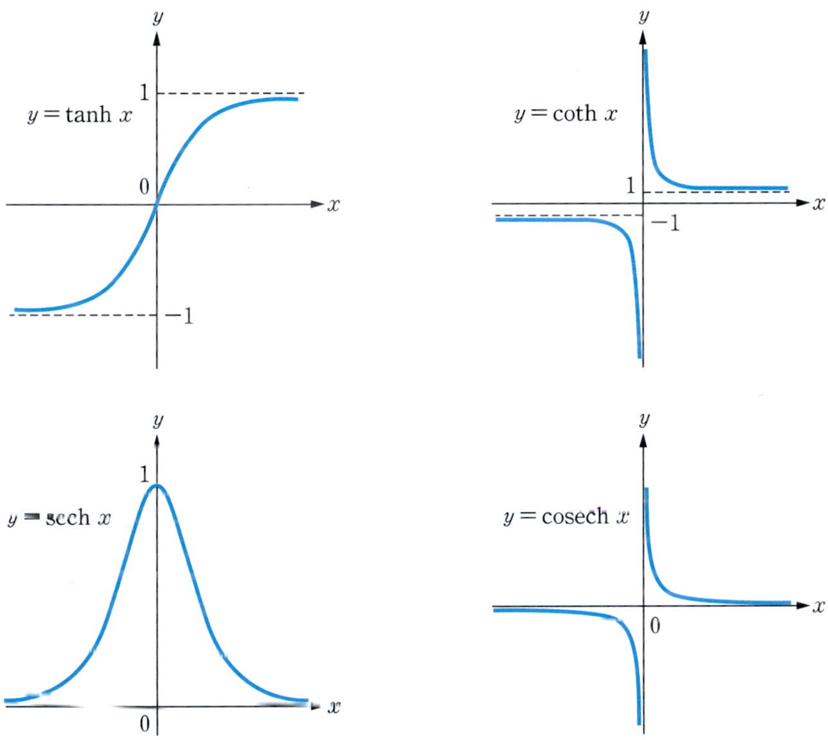

[그림 2-27] 나머지 쌍곡선함수의 그래프

그러면 $y=\cosh x$와 $y=\sinh x$의 정의로부터 e^{x}과 e^{-x}을 다음과 같이 두 함수의 합과 차로 나타낼 수 있다.

$$e^{x}=\cosh x+\sinh x$$
$$e^{-x}=\cosh x-\sinh x$$

쌍곡선함수는 삼각함수에서 성립하는 여러 가지 성질과 동일하거나 매우 흡사한 성질을 갖는다. 특히 쌍곡선함수에 대하여 다음과 같은 항등식이 성립한다.

정리 2-13 쌍곡선함수의 항등식

(1) $\cosh^2 x-\sinh^2 x=1$ (2) $1-\tanh^2 x=\operatorname{sech}^2 x$

(3) $\coth^2 x-1=\operatorname{cosech}^2 x$

증명

(1) $\cosh^2 x-\sinh^2 x=\left(\dfrac{e^{x}+e^{-x}}{2}\right)^2-\left(\dfrac{e^{x}-e^{-x}}{2}\right)^2=1$

(2) $1-\tanh^2 x=1-\left(\dfrac{\sinh x}{\cosh x}\right)^2=\dfrac{\cosh^2 x-\sinh^2 x}{\cosh^2 x}=\dfrac{1}{\cosh^2 x}=\operatorname{sech}^2 x$

(3) $\coth^2 x-1=\left(\dfrac{\cosh x}{\sinh x}\right)^2-1=\dfrac{\cosh^2 x-\sinh^2 x}{\sinh^2 x}=\dfrac{1}{\sinh^2 x}=\operatorname{cosech}^2 x$ ■

예제 2-23

$\sinh x=\dfrac{1}{3}$일 때, 나머지 쌍곡선함수의 함숫값을 구하라.

풀이

$\cosh^2 x=1+\sinh^2 x=1+\left(\dfrac{1}{3}\right)^2=\dfrac{10}{9}$이므로 $\cosh x=\dfrac{\sqrt{10}}{3}$이고 다른 쌍곡선함수의 함숫값은 다음과 같다.

$$\tanh x=\frac{\sinh x}{\cosh x}=\frac{1/3}{\sqrt{10}/3}=\frac{1}{\sqrt{10}}$$

$$\coth x=\frac{1}{\tanh x}=\sqrt{10},\quad \operatorname{sech} x=\frac{3}{\sqrt{10}},\quad \operatorname{cosech} x=3$$

2.5.2 역쌍곡선함수

[그림 2-26(b)]에서 살펴본 바와 같이 $y=\sinh x$는 모든 실수 범위에서 증가함수이므로 역함수 $x=f^{-1}(y)$가 존재한다. 이 역함수를 **역쌍곡선사인함수** inverse hyperbolic sine function라 하며 $f^{-1}=\sinh^{-1}$로 나타낸다. 즉 $y=\sinh x$의 역함수를 다음과 같이 정의한다.

$$y=\sinh x \iff x=\sinh^{-1} y$$

한편, $y=\cosh x$는 [그림 2-26(a)]에서 살펴본 바와 같이 일대일 대응함수가 아니므로 역함수를 갖지 않는다. 그러나 이 함수의 정의역을 $x \geq 0$으로 제한하면 증가함수이므로 역함수 $x=f^{-1}(y)$가 존재한다. 이 역함수를 **역쌍곡코선사인함수** inverse hyperbolic cosine function라 하며 $f^{-1}=\cosh^{-1}$로 나타낸다. 즉 $y=\cosh x$의 역함수는 다음과 같이 정의한다.

$$y=\cosh x,\ x \geq 0 \iff x=\cosh^{-1} y$$

다른 쌍곡선함수들도 정의역을 제한함으로써 [표 2-9]와 같이 정의한다.

[표 2-9] 역쌍곡선함수와 정의역

역쌍곡선함수	정의역		쌍곡선함수
$y=\sinh^{-1} x$	$-\infty < x < \infty$	$\iff$	$x=\sinh y$
$y=\cosh^{-1} x$	$x \geq 1$	$\iff$	$x=\cosh y$
$y=\tanh^{-1} x$	$-1 < x < 1$	$\iff$	$x=\tanh y$
$y=\operatorname{sech}^{-1} x$	$0 < x \leq 1$	$\iff$	$x=\operatorname{sech} y$
$y=\coth^{-1} x$	$\|x\| > 1$	$\iff$	$x=\coth y$
$y=\operatorname{cosech}^{-1} x$	$x \neq 0$	$\iff$	$x=\operatorname{cosech} y$

그러면 역쌍곡선함수와 쌍곡선함수는 $y=x$에 대하여 대칭이므로 역쌍곡선함수의 그래프는 [그림 2-28]과 같다.

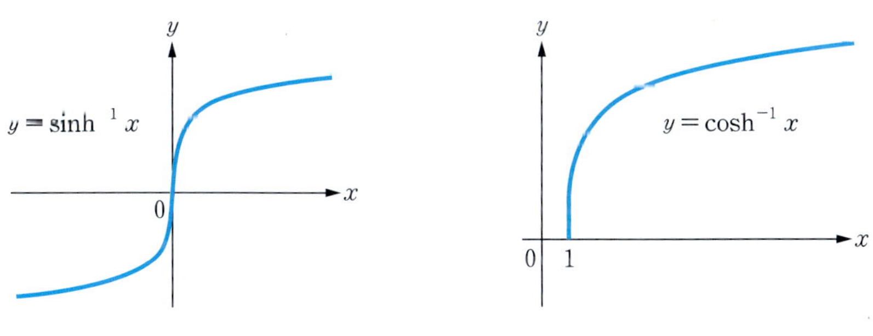

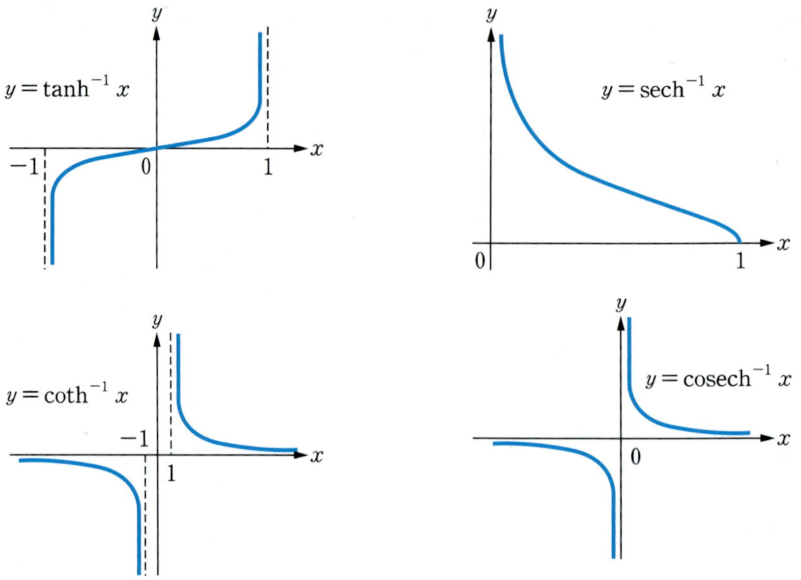

[그림 2-28] **역쌍곡선함수의 그래프**

역쌍곡선함수는 자연로그를 이용하여 표현할 수 있으며, 그 표현 방법을 살펴보기 위해 다음 예제를 살펴보자.

예제 2-24

$y=\sinh x$의 역함수 $x=f^{-1}(y)$를 구하라.

풀이

$y=\dfrac{e^x-e^{-x}}{2}$이라 하면 $e^x-e^{-x}=2y$이다. 이때 양변에 e^x을 곱하면

$$e^{2x}-2ye^x-1=0$$
$$(e^x)^2-2y(e^x)-1=0$$

을 얻는다. 이때 $X=e^x$이라 하면 X에 관한 이차방정식 $X^2-2yX-1=0$이 된다. 그러면 근의 공식에 의하여

$$X=-(-y)\pm\sqrt{y^2-1\cdot(-1)}=y\pm\sqrt{y^2+1}$$

이고, 모든 실수 x에 대하여 $X=e^x>0$이므로 $X=y+\sqrt{y^2+1}$이다. 이를 종합하여 구하면 $e^x=y+\sqrt{y^2+1}$, 즉 $x=f^{-1}(y)=\ln\left(y+\sqrt{y^2+1}\right)$이다.

[예제 2-24]와 같이 역쌍곡선함수를 자연로그를 이용하여 표현하면 [표 2-10]과 같다.

[표 2-10] **역쌍곡선함수의 로그 표기법**

역쌍곡선함수의 로그 표기법	정의역
$\sinh^{-1}x = \ln\left(x+\sqrt{x^2+1}\right)$	$-\infty < x < \infty$
$\cosh^{-1}x = \ln\left(x+\sqrt{x^2-1}\right)$	$x \geq 1$
$\tanh^{-1}x = \dfrac{1}{2}\ln\left(\dfrac{1+x}{1-x}\right)$	$-1 < x < 1$
$\coth^{-1}x = \dfrac{1}{2}\ln\left(\dfrac{x+1}{x-1}\right)$	$\lvert x\rvert > 1$
$\operatorname{sech}^{-1}x = \ln\left(\dfrac{1+\sqrt{1-x^2}}{x}\right)$	$0 < x \leq 1$
$\operatorname{cosech}^{-1}x = \ln\left(\dfrac{1}{x}+\dfrac{\sqrt{1+x^2}}{\lvert x\rvert}\right)$	$x \neq 0$

예제 2-25

로그를 이용하여 다음 식의 값을 나타내라.

(a) $\sinh^{-1}\dfrac{1}{2}$ (b) $\cosh^{-1}5$

풀이

(a) $\sinh^{-1}x = \ln\left(x+\sqrt{x^2+1}\right)$이므로 $\sinh^{-1}\dfrac{1}{2} = \ln\left(\dfrac{1}{2}+\sqrt{\dfrac{1}{4}+1}\right) = \ln\dfrac{1+\sqrt{5}}{2}$이다.

(b) $\cosh^{-1}x = \ln\left(x+\sqrt{x^2-1}\right)$이므로 $\cosh^{-1}5 = \ln\left(5+\sqrt{24}\right) = \ln\left(5+2\sqrt{6}\right)$이다.

Section 2.5 연습문제

※ $x>0$에서 다음에 주어진 쌍곡선함숫값을 제외한 나머지 쌍곡선함숫값을 구하라.

1. $\sinh x = -\dfrac{2}{3}$

2. $\cosh x = \dfrac{7}{5}$

3. $\tanh x = \dfrac{1}{2}$

4. $\coth x = 2$

※ 다음 식을 대수적 함수를 이용하여 표현하라.

5. $4\sinh(-\ln x)$

6. $\cosh(2\ln x)$

7. $(\sinh(\ln x)+\cosh(\ln x))^2$

8. $\ln(\cosh x+\sinh x)+\ln(\cosh x-\sinh x)$

※ 다음 쌍곡선함수의 덧셈공식이 성립하는 것을 보여라.

9. $\sinh(x+y)=\sinh x\cosh y+\cosh x\sinh y$

10. $\cosh(x+y)=\cosh x\cosh y+\sinh x\sinh y$

11. $\tanh(x+y)=\dfrac{\tanh x+\tanh y}{1+\tanh x\tanh y}$

12. $\sinh(x-y)=\sinh x\cosh y-\cosh x\sinh y$

13. $\cosh(x-y)=\cosh x\cosh y-\sinh x\sinh y$

14. $\tanh(x-y)=\dfrac{\tanh x-\tanh y}{1-\tanh x\tanh y}$

※ 다음 쌍곡선함수의 배각공식이 성립하는 것을 보여라.

15. $\sinh 2x=2\sinh x\cosh x$

16. $\cosh 2x=\cosh^2 x+\sinh^2 x$

17. $\tanh 2x=\dfrac{2\tanh x}{1+\tanh^2 x}$

※ 다음 쌍곡선함수의 반각공식이 성립하는 것을 보여라.

18. $\sinh^2 x=\dfrac{\cosh 2x-1}{2}$

19. $\cosh^2 x=\dfrac{\cosh 2x+1}{2}$

20. $\tanh^2 x=\dfrac{\cosh 2x-1}{\cosh 2x+1}$

※ 다음 쌍곡선함수의 곱을 합으로 고치는 공식이 성립하는 것을 보여라.

21. $\sinh x\cosh y=\dfrac{1}{2}[\sinh(x+y)+\sinh(x-y)]$

22. $\cosh x\sinh y=\dfrac{1}{2}[\sinh(x+y)-\sinh(x-y)]$

23. $\cosh x\cosh y=\dfrac{1}{2}[\cosh(x+y)+\cosh(x-y)]$

24. $\sinh x\sinh y=\dfrac{1}{2}[\cosh(x+y)-\cosh(x-y)]$

※ 다음 쌍곡선함수의 합을 곱으로 고치는 공식이 성립하는 것을 보여라.

25. $\sinh x + \sinh y = 2\sinh\dfrac{x+y}{2}\cosh\dfrac{x-y}{2}$

26. $\sinh x - \sinh y = 2\cosh\dfrac{x+y}{2}\sinh\dfrac{x-y}{2}$

27. $\cosh x + \cosh y = 2\cosh\dfrac{x+y}{2}\cosh\dfrac{x-y}{2}$

28. $\cosh x - \cosh y = 2\sinh\dfrac{x+y}{2}\sinh\dfrac{x-y}{2}$

29. $\sinh x = \dfrac{2}{3}$, $\sinh y = \dfrac{2}{5}$일 때, 다음을 구하라.

(a) $\sinh(x+y)$ (b) $\cosh(x+y)$

30. 임의의 실수 n에 대하여 $(\cosh x + \sinh x)^n = \cosh nx + \sin nx$임을 보여라.

※ 다음 식의 값을 로그를 이용하여 나타내라.

31. $\sinh^{-1}(2x)$

32. $\sinh^{-1}4$

33. $\cosh^{-1}\dfrac{x}{2}$

34. $\cosh^{-1}4$

35. 응용 부두로부터 10[m] 밖에 떨어져 있는 보트를 부두에 정박하기 위하여 어떤 사람이 보트에 묶여있는 10[m]의 로프를 잡고 부두를 걷는다. 부두로부터 2[m] 떨어진 곳까지 보트를 움직이려면 얼마를 걸어야 하는지 구하라. 단, 보트는 다음 함수로 표현되는 **추적선** tractrix을 따라 움직인다.

$$y = a\,\mathrm{sech}^{-1}\frac{x}{a} - \sqrt{a^2 - x^2}, \quad a\text{는 로프의 길이}$$

삼각함수와 지수함수 : 용수철의 운동 (관련 과목 : 역학)

사인함수 $f(x)=\sin x$는 $-1 \le \sin x \le 1$이고, 주기 $p=2\pi$로 함수의 모양이 반복된다. 따라서 사인함수는 용수철의 운동, 반파정류 또는 신호의 주파수와 같은 분야에서 널리 사용된다. 또한 지수함수 $f(x)=e^{-x}$은 모든 실수 x에 대하여 $f(x)>0$인 연속함수이고, 지수적으로 감소하는 성질을 갖는다. 따라서 용수철의 감쇠운동 또는 전기회로의 전하와 전류 등에 많이 응용된다.

[그림 2-29]와 같이 진동하는 용수철 끝에 어떤 물체가 매달려 있고, 평형상태로부터 t초 후에 이 물체의 위치가 $f(t)=2e^{-t}\sin 4t\,[\mathrm{cm}]$라 하자.

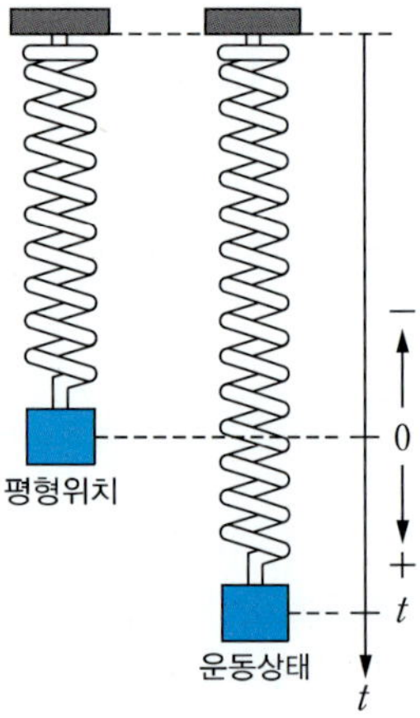

[그림 2-29] 용수철의 운동

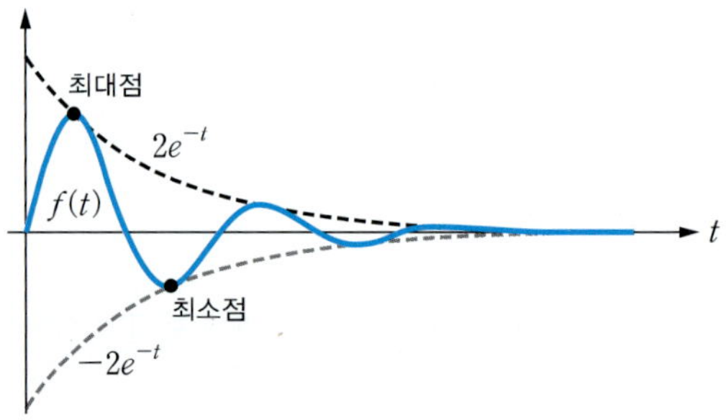

[그림 2-30] $f(t)=2e^{-t}\sin 4t$의 그래프

그러면 $-1 \le \sin 4t \le 1$이므로 모든 $t \ge 0$에 대하여

$$-2e^{-t} \le 2e^{-t}\sin 4t \le 2e^{-t}$$

이다. 따라서 물체의 위치함수는 [그림 2-30]과 같이 두 지수함수 $2e^{-t}$와 $-2e^{-t}$ 사이에 놓인다. 이때 함수 $f(t)$의 최댓값은 지수함수 $2e^{-t}$와 첫 번째로 만나는 점에서 나타나고, 최솟값은 지수함수 $-2e^{-t}$와 첫 번째로 만나는 점에서 나타난다. 즉 $2e^{-t}\sin 4t=2e^{-t}$이므로 $\sin 4t=1$이므로 $4t=\frac{\pi}{2}$ 또는 $t=\frac{\pi}{8}$이다. 또한 $-2e^{-t}=2e^{-t}\sin 4t$이므로 $\sin 4t=-1$이므로 $4t=\frac{3\pi}{2}$ 또는 $t=\frac{3\pi}{8}$이다. 따라서 이 함수의 최댓값은 $f(\pi/8)\approx 1.35$이고 최솟값은 $f(3\pi/8)\approx -0.616$이다.

삼각함수 : 사각형펄스 (관련 과목 : 통신공학)

단위사각형함수 rect(t)를 다음과 같이 정의하자.

$$\text{rect}(t) = \begin{cases} 1, & |t| \le 1/2 \\ 0, & |t| > 1/2 \end{cases}$$

그러면 [그림 2-31]과 같은 시간 T 동안 진폭이 A인 사각형펄스는 다음 함수로 나타난다.

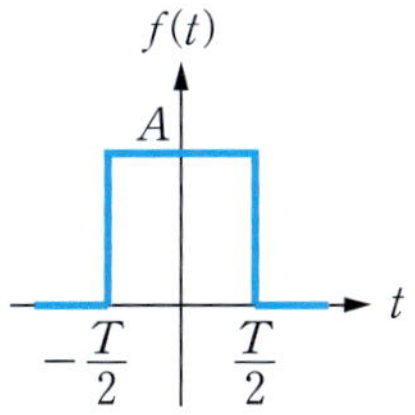

[그림 2-31] 사각형펄스

$$f(t) = A\,\text{rect}\left(\frac{t}{T}\right)$$

그러면 사각형펄스 $f(t)$의 푸리에 변환[2]은 다음과 같다.

$$G(f) = \int_{-\infty}^{\infty} f(t)\,e^{-i\omega t}\,dt = \int_{-T/2}^{T/2} A e^{-i\omega t}\,dt,\quad \omega = 2\pi f$$

한편, **오일러의 공식**Euler's formula에 의하여

$$e^{it} = \cos t + i\sin t,\quad i = \sqrt{-1}$$

이다. 또한 코사인함수는 우함수이고 사인함수는 기함수이므로 $G(f)$는 다음과 같다.[3]

$$\begin{aligned} G(f) &= \int_{-T/2}^{T/2} A e^{-i\omega t}\,dt \\ &= A\int_{-T/2}^{T/2} (\cos(-\omega t) + i\sin(-\omega t))\,dt \\ &= A\int_{-T/2}^{T/2} (\cos\omega t - i\sin\omega t)\,dt \\ &= A\left[\frac{\sin\omega t}{\omega} - i\frac{\cos\omega t}{\omega}\right]_{-T/2}^{T/2} = \frac{2A}{\omega}\sin\frac{\omega T}{2} = AT\left(\frac{\sin(\pi f T)}{\pi f T}\right) \end{aligned}$$

그러면 사각형펄스 $f(t)$의 푸리에 변환은 1장의 〈전공 맛보기〉에서 정의한 sinc 함수이고, 그래프는 1을 AT로 바꾼 것과 같다. 따라서 사각형 펄스에 대한 푸리에 변환은 sinc 함수이고, 역으로 sinc 함수의 역변환은 사각형 펄스임을 보여준다. 이는 신호의 시간 영역과 주파수 영역은 서로 역변환의 관계가 있음 보인다. 따라서 sinc 함수는 통신공학에서 매우 중요한 역할을 한다.

2 함수 $f(t)$에 대한 **푸리에 변환**Fourier Transformation은 $G(f) = \int_{-\infty}^{\infty} f(t)\,e^{-i\omega t}\,dt,\ \omega = 2\pi f$로 정의된다.

3 적분은 4장에서 다룰 것이며, 여기서는 적분 계산이 목적이 아니고 통신공학에서 사인함수가 어떻게 사용되는지 살펴보는 것이 목적이므로 주어진 적분을 가볍게 생각하기 바란다.

Chapter

03

미분

Differentiation

함수의 극한과 연속성 _3.1

도함수와 미분법 _3.2

함수의 극대와 극소 _3.3

도함수의 응용 _3.4

전공 맛보기

학습목표

- 함수의 극한과 연속성을 이해할 수 있다.
- 도함수의 개념을 이해하고, 미분법을 이용하여 여러 가지 함수의 도함수를 구할 수 있다.
- 도함수를 이용하여 함수의 극댓값과 극솟값을 구할 수 있다.
- 미분의 개념을 이해하고, 근삿값을 구할 수 있다.
- 절별 연습문제를 통해 학습 내용을 제대로 이해했는지 확인할 수 있다.

도함수는 속도, 밀도, 온도변화율과 힘을 비롯하여 모든 공학에서 가장 기본적으로 다루고 있으며, 사회과학과 경제 · 경영학에서도 기본적으로 공부해야 한다. 이 장에서는 미적분학에서 가장 기본이 되는 극한의 개념을 정의하고, 여러 가지 성질과 초월함수의 극한 문제를 구한다. 또한 함수의 연속성을 정의하고 연속함수의 특성에 대하여 살펴본다. 그리고 평균변화율과 순간변화율의 의미를 비교하고, 도함수의 정의와 여러 가지 미분법을 통해 다양한 초월함수의 도함수를 구한다. 마지막으로, 도함수를 이용하여 극값을 구하고 속도와 가속도, 최적화 문제와 최대 · 최소 문제를 해결하는 방법을 살펴본다.

3.1 함수의 극한과 연속성

집으로부터 직선거리에 있는 어느 카페에서 친구와 만나기로 약속하고 집에서 출발한다고 하자. 그러면 약속 장소에 가까이 갈수록 나와 카페 사이의 거리는 점점 줄어든다. 이때 약속 장소인 카페를 정해진 정점 a, 약속 장소로 향하는 나의 위치를 x, 나와 카페 사이의 거리를 $f(x)$라 하면 x가 a에 가까이 갈수록 $f(x)$는 0에 가까워지는 것을 알 수 있다. 이 절에서는 이와 같이 x가 정점 a에 가까이 갈 때 함수 $f(x)$의 자취에 대하여 살펴본다.

3.1.1 극한의 정의

함수 $f(x)=\dfrac{x^2-1}{x-1}$은 $x=1$에서는 정의되지 않지만, $x \neq 1$이 아닌 개구간 $(0.5, 1.5)$ 안에서는 함숫값이 존재한다. 또한 [그림 3-1]과 같이 이 개구간에서 x가 정점 1에 가까이 가면 함수 $f(x)$의 그래프 위의 점 (x, y)는 점 $(1, 2)$에 가까워진다. 따라서 [표 3-1]과 같이 함숫값 $f(x)$는 2에 가까워진다.

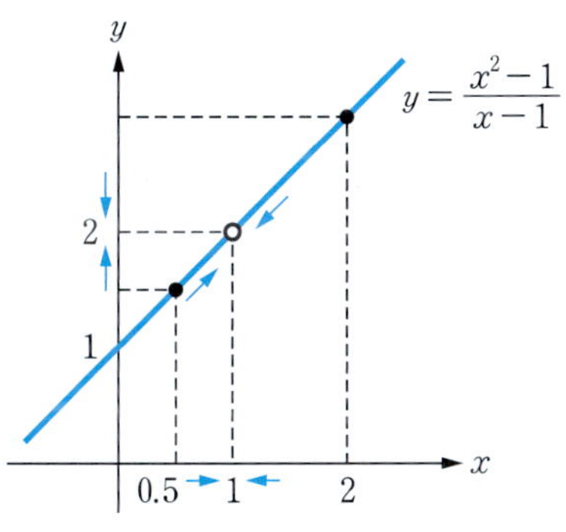

[그림 3-1] $x \to 1$에 대한 그래프의 변화

[표 3-1] 함숫값의 변화

$x<1$	$f(x)$	$x>1$	$f(x)$
0.5	1.5	1.5	2.5
0.9	1.9	1.1	2.1
0.99	1.99	1.01	2.01
0.999	1.999	1.001	2.001
0.9999	1.9999	1.0001	2.0001
↓	↓	↓	↓
1	2	1	2

이와 같이 정점 a를 포함하는 임의의 개구간 안에서 a가 아닌 x가 정점 a에 한없이 가까워질수록 함숫값 $f(x)$가 어떤 유한하고 유일한 값 L에 가까워진다면, "x가 a에 가까워질수록 $f(x)$는 L로 **수렴한다** converge."고 한다. 이 경우를 다음과 같이 나타내고, L을 x가 a에 가까워짐에 따른 $f(x)$의 **극한** limit이라고 한다.

$$\lim_{x \to a} f(x) = L$$

이때 함수 $f(x)$는 $x=a$에서 정의되지 않아도 무방하므로 $\lim_{x \to a} f(x) = L$이면 다음 네 가지 경우로 나누어 생각할 수 있다.

❶ $f(x)$가 $x=a$에서 정의되는 경우
❷ $f(x)$가 $x=a$에서 정의되지 않는 경우
❸ 극한값 L에 대하여 $L=f(a)$인 경우
❹ 극한값 L에 대하여 $L \neq f(a)$인 경우

예제 3-1

다음 함수의 그래프를 이용하여 $\lim_{x \to 1} f(x)$를 구하라.

(a) $f(x)=x+1$ (b) $f(x)=\begin{cases} \dfrac{x^2-1}{x-1}, & x \neq 1 \\ 2, & x=1 \end{cases}$ (c) $f(x)=\begin{cases} \dfrac{x^2-1}{x-1}, & x \neq 1 \\ 1, & x=1 \end{cases}$

풀이

(a), (b), (c)의 세 함수는 $x=1$을 포함하는 모든 실수에서 정의되고, 그래프는 각각 다음과 같다.

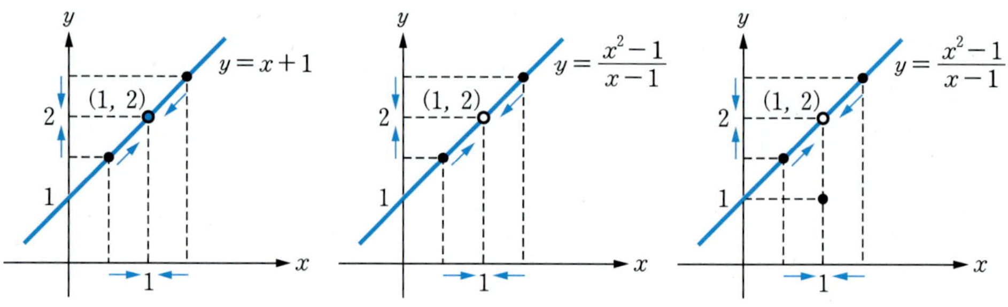

(a) (b) (c)

따라서 $x \to 1$에 대한 각 함수들의 극한은 다음과 같다.

(a) $\lim_{x \to 1} f(x) = 2$ (b) $\lim_{x \to 1} f(x) = 2$ (c) $\lim_{x \to 1} f(x) = 2$

[예제 3-1]에서 함수의 그래프에 표시된 화살표와 같이 $x=1$을 기준으로 x가 1의 왼쪽에서 가까워지는 경우와 1의 오른쪽에서 가까워지는 경우를 생각할 수 있다. 이와 같이 x가 a의 왼쪽에서 가까워질 때(즉 $x<a$이면서 $x \to a$일 때) $f(x)$가 L에 가까워지면

$$\lim_{x \to a^-} f(x) = L$$

과 같이 나타내고, L을 x가 a의 왼쪽에서 가까워짐에 따른 $f(x)$의 **좌극한** left hand limit이라 한다. 그리고 x가 a의 오른쪽에서 가까워질 때(즉 $x > a$이면서 $x \to a$일 때) $f(x)$가 L에 가까워지면

$$\lim_{x \to a^+} f(x) = L$$

과 같이 나타내고, L을 x가 a의 오른쪽에서 가까워짐에 따른 $f(x)$의 **우극한** right hand limit이라 한다. 예를 들어, 다음과 같은 함수 $f(x)$는 [그림 3-2]에서 보는 바와 같이 $\lim_{x \to 0^-} f(x) = -1$이고 $\lim_{x \to 0^+} f(x) = 1$이다.

$$f(x) = \begin{cases} -1, & x < 0 \\ 1, & x \geq 0 \end{cases}$$

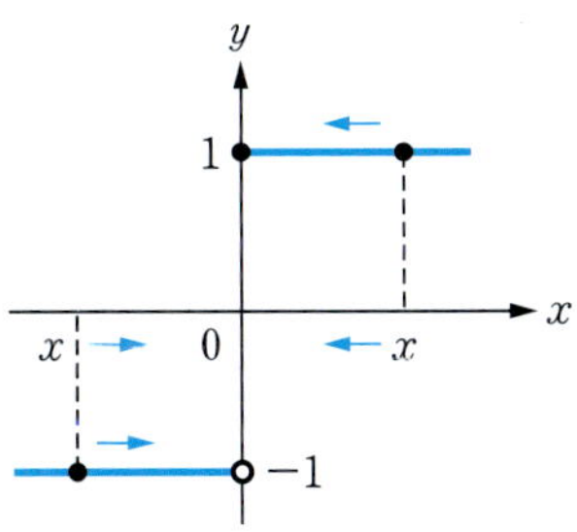

[그림 3-2] $x = 0$에서의 좌극한과 우극한

이와 같이 $\lim_{x \to a^-} f(x) = L_1$, $\lim_{x \to a^+} f(x) = L_2$일 때, $L_1 \neq L_2$이면 x가 a에 가까워짐에 따라 함숫값 $f(x)$가 유일한 값에 가까워지지 않는다. 따라서 이 경우에는 극한이 존재하지 않는다고 한다. 그러므로 x가 a에 가까워질 때, 함수 $f(x)$가 극한 L을 갖기 위한 필요충분조건은 다음과 같다.

$$\lim_{x \to a} f(x) = L \Leftrightarrow \lim_{x \to a^-} f(x) = \lim_{x \to a^+} f(x) = L$$

즉 좌극한과 우극한이 모두 L과 같아야 한다.

예제 3-2

다음 그래프를 갖는 함수 $f(x)$에 대하여 주어진 극한을 구하라.

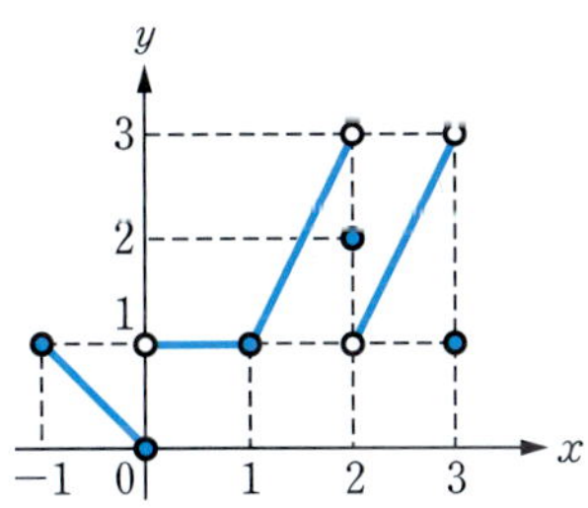

(a) $\lim_{x \to -1^-} f(x)$ (b) $\lim_{x \to -1^+} f(x)$ (c) $\lim_{x \to 0^-} f(x)$ (d) $\lim_{x \to 0^+} f(x)$

(e) $\lim_{x \to 1} f(x)$ (f) $\lim_{x \to 2} f(x)$ (g) $\lim_{x \to 3^-} f(x)$ (h) $\lim_{x \to 3^+} f(x)$

풀이

(a) $x < -1$에서 $f(x)$가 정의되지 않으므로 $\lim_{x \to -1^-} f(x)$는 존재하지 않는다.

(b) $\lim_{x \to -1^+} f(x) = 1$

(c) $\lim_{x \to 0^-} f(x) = 0$

(d) $\lim_{x \to 0^+} f(x) = 1$

(e) $\lim_{x \to 1^-} f(x) = 1$, $\lim_{x \to 1^+} f(x) = 1$이므로 $\lim_{x \to 1} f(x) = 1$이다.

(f) $\lim_{x \to 2^-} f(x) = 3$, $\lim_{x \to 2^+} f(x) = 1$이므로 $\lim_{x \to 2} f(x)$는 존재하지 않는다.

(g) $\lim_{x \to 3^-} f(x) = 3$

(h) $x > 3$에서 $f(x)$가 정의되지 않으므로 $\lim_{x \to 3^+} f(x)$는 존재하지 않는다.

예제 3-3

함수 $f(x) = |x|$에 대하여 $x = 0$에서 극한을 구하라.

풀이

$x < 0$이면 $|x| = -x$이고, $x > 0$이면 $|x| = x$이므로

$$\lim_{x \to 0^-} f(x) = \lim_{x \to 0^-} (-x) = 0, \quad \lim_{x \to 0^+} f(x) = \lim_{x \to 0^+} x = 0$$

이다. 따라서 좌극한과 우극한이 동일하므로 $\lim_{x \to 0} f(x) = 0$이다.

한편, 2장에서 $0 < a < 1$인 경우 지수함수 a^x은 x가 커질수록 0에 가까워지고, 로그함수 $\log_a x$는 양수 x가 0에 가까워질수록 한없이 증가하는 사실을 살펴보았다. 이와 같이 x가 커질수록 함수 $f(x)$가 어떤 일정한 실수 L에 가까워진다면, "무한대에서 함수 $f(x)$는 극한 L을 갖는다."라고 한다. 이와 같은 방법으로 음수 x가 작아질수록 함수 $f(x)$가 어떤 일정한 실수 L에 가까워진다면, "음의 무한대에서 함수 $f(x)$는 극한 L을 갖는다."라고 하고, 이들을 각각 다음과 같이 나타낸다.

$$\lim_{x \to \infty} f(x) = L \quad \text{또는} \quad \lim_{x \to -\infty} f(x) = L$$

그리고 x가 a에 가까워질수록 $f(x)$가 한없이 증가하면, "x가 a에 가까워지면 $f(x)$의 극한은 **무한대** infinity이다." 또는 "x가 a에 가까워지면 $f(x)$는 무한대로 **발산한다** diverge."라고 한다. 또한 $f(x)$가 음수이고 절댓값이 한없이 증가하면, "x가 a에 가까워질수록 $f(x)$는 음의 무한대로 발산한다."라고 하고, 이들을 각각 다음과 같이 나타낸다.

$$\lim_{x \to a} f(x) = \infty \quad \text{또는} \quad \lim_{x \to a} f(x) = -\infty$$

특히 무한대 또는 음의 무한대에서 함수 $f(x)$가 극한 L을 갖는 경우에는 직선 $y = L$을 $f(x)$의 **수평점근선** horizontal asymptotic line이라 하고, $x \to a$일 때 $f(x)$가 무한대 또는 음의 무한대로 발산하는 경우에는 직선 $x = a$를 $f(x)$의 **수직점근선** vertical asymptotic line이라 한다.

예제 3-4

다음 함수의 음의 무한대와 양의 무한대에서 극한을 구하라.

(a) $y = \dfrac{x+1}{x-1}$ (b) $y = e^x$

풀이

(a) x가 음의 무한대나 양의 무한대로 멀어질수록 $\dfrac{1}{x}$은 점점 더 0에 가까워진다. 즉 $\displaystyle\lim_{x \to -\infty} \frac{1}{x} = \lim_{x \to \infty} \frac{1}{x} = 0$이므로 구하고자 하는 극한은 다음과 같다.

$$\lim_{x \to -\infty} \frac{x+1}{x-1} = \lim_{x \to -\infty} \frac{1+(1/x)}{1-(1/x)} = 1$$

$$\lim_{x \to \infty} \frac{x+1}{x-1} = \lim_{x \to \infty} \frac{1+(1/x)}{1-(1/x)} = 1$$

(b) 자연지수함수의 특성에 의하여 $\displaystyle\lim_{x \to -\infty} e^x = 0$, $\displaystyle\lim_{x \to \infty} e^x = \infty$이다.

예제 3-5

$-\infty < x < \infty$에서 함수 $y = \dfrac{1}{x^2}$의 수평점근선과 수직점근선을 구하라.

풀이

$x = 0$에서 정의되지 않으며, $\displaystyle\lim_{x \to 0} \frac{1}{x^2} = \infty$이므로 수직점근선은 $x = 0$이다. 또한 $\displaystyle\lim_{x \to \pm\infty} \frac{1}{x^2} = 0$이므로 수평점근선은 $y = 0$이다.

3.1.2 극한의 성질

지금까지는 함수의 그래프를 이용하여 직관적으로 함수의 극한을 구하였다. 그러나 모든 함수의 그래프를 정확하게 그리는 일은 매우 어려울 뿐만 아니라, 정확한 그래프를 그렸다 하더라도 정확한 극한값을 구하는 것은 쉽지 않다. 따라서 극한을 쉽게 구하기 위한 여러 가지 성질들을 살펴보자.

정리 3-1 기본 극한

상수 k에 대하여 다음이 성립한다.

(1) $\lim_{x \to a} k = k$ (2) $\lim_{x \to a} x = a$

정리 3-2 극한의 성질

$\lim_{x \to a} f(x)$와 $\lim_{x \to a} g(x)$가 존재할 때 상수 k에 대하여 다음이 성립한다.

(1) $\lim_{x \to a} [f(x) \pm g(x)] = \lim_{x \to a} f(x) \pm \lim_{x \to a} g(x)$

(2) $\lim_{x \to a} [kf(x)] = k \lim_{x \to a} f(x)$

(3) $\lim_{x \to a} [f(x) \cdot g(x)] = \left(\lim_{x \to a} f(x)\right) \cdot \left(\lim_{x \to a} g(x)\right)$

(4) $\lim_{x \to a} \dfrac{f(x)}{g(x)} = \dfrac{\lim_{x \to a} f(x)}{\lim_{x \to a} g(x)}$, 단 $\lim_{x \to a} g(x) \neq 0$

특히 $\lim_{x \to a} x = a$이므로 [정리 3-2]의 성질 (3)에 의하여

$$\lim_{x \to a} x^n = a^n,\ n\text{은 자연수}$$

가 성립한다. 또한 성질 (1)과 (2)에 의하여 $f(x) = c_n x^n + c_{n-1}x^{n-1} + \cdots + c_1 x + c_0$에 대하여 다음이 성립한다.

$$\lim_{x \to a} f(x) = f(a)$$

더욱이 성질 (4)에 의하여 유리함수 $\dfrac{f(x)}{g(x)}$에 대하여

$$\lim_{x \to a} \frac{f(x)}{g(x)} = \frac{f(a)}{g(a)}, \text{ 단 } g(a) \neq 0$$

이 성립하고, 성질 (3)에 의하여 $\lim_{x \to a} f(x)$가 존재하면

$$\lim_{x \to a} [f(x)]^n = \left(\lim_{x \to a} f(x)\right)^n, \ n\text{은 자연수}$$

가 성립한다. 한편, n이 홀수이면 모든 실수 a에 대하여, 그리고 n이 짝수이면 실수 $a > 0$에 대하여 n제곱근의 극한이 성립한다.

$$\lim_{x \to a} \sqrt[n]{x} = \sqrt[n]{a}$$

예제 3-6

$\lim_{x \to 1} f(x) = 3$, $\lim_{x \to 1} g(x) = -2$일 때, 다음 극한을 구하라.

(a) $\lim_{x \to 1} [f(x) + g(x)]$

(b) $\lim_{x \to 1} [f(x) - 2g(x)]$

(c) $\lim_{x \to 1} f(x) \cdot g(x)$

(d) $\lim_{x \to 1} \frac{f(x)}{g(x)}$

풀이

(a) $\lim_{x \to 1} [f(x) + g(x)] = \lim_{x \to 1} f(x) + \lim_{x \to 1} g(x) = 3 + (-2) = 1$

(b) $\lim_{x \to 1} [f(x) - 2g(x)] = \lim_{x \to 1} f(x) + \lim_{x \to 1} [-2g(x)] = \lim_{x \to 1} f(x) + (-2) \lim_{x \to 1} g(x)$

$= 3 + (-2) \cdot (-2) = 7$

(c) $\lim_{x \to 1} f(x) \cdot g(x) = \left(\lim_{x \to 1} f(x)\right) \cdot \left(\lim_{x \to 1} g(x)\right) = 3 \cdot (-2) = -6$

(d) $\lim_{x \to 1} \frac{f(x)}{g(x)} = \frac{\lim_{x \to 1} f(x)}{\lim_{x \to 1} g(x)} = \frac{3}{-2} = -\frac{3}{2}$

예제 3-7

$x = 1$에서 다음 함수의 극한과 함숫값을 비교하라.

(a) $f(x) = x^3 - 2x^2 + x + 2$

(b) $f(x) = \frac{2x^3 - x - 1}{x^2 - 1}$

(c) $y = \sqrt{\frac{x - 1}{x^2 - 1}}$

풀이

(a) $f(1)=2$이므로 $\lim_{x \to 1} f(x)=2$이다. 따라서 $f(1)=\lim_{x \to 1} f(x)=2$이다.

(b) $x=1$에서 $f(x)$가 정의되지 않는다. 그러나 $x \neq 1$이면

$$f(x)=\frac{(2x^2+2x+1)(x-1)}{(x+1)(x-1)}=\frac{2x^2+2x+1}{x+1}$$

이므로

$$\lim_{x \to 1}\frac{2x^2+2x+1}{x+1}=\frac{\lim_{x \to 1}(2x^2+2x+1)}{\lim_{x \to 1}(x+1)}=\frac{5}{2}$$

이다. 따라서 극한값은 $\frac{5}{2}$이지만 $f(1)$은 존재하지 않는다.

(c) $\lim_{x \to 1}(x^2-1)=0$이지만, $x \neq 1$이면

$$\frac{x-1}{x^2-1}=\frac{x-1}{(x-1)(x+1)}=\frac{1}{x+1}$$

이므로

$$\lim_{x \to 1}\sqrt{\frac{x-1}{x^2-1}}=\lim_{x \to 1}\sqrt{\frac{1}{x+1}}=\sqrt{\lim_{x \to 1}\frac{1}{x+1}}=\sqrt{\frac{1}{2}}=\frac{1}{\sqrt{2}}$$

이다. 따라서 극한값은 $\frac{1}{\sqrt{2}}$이지만 $f(1)$은 존재하지 않는다.

$x=a$를 포함하는 적당한 개구간(a는 제외 가능함) 안의 모든 x에 대하여, $f(x) \leq g(x)$이면

$$\lim_{x \to a} f(x) \leq \lim_{x \to a} g(x)$$

가 성립한다. 그리고 이 사실을 이용하면 다음과 같은 **압축정리**sandwich theorem를 얻는다.

정리 3-3 압축정리

$x=a$를 포함하는 적당한 개구간(a는 제외 가능함) 안의 모든 x에 대하여

(1) $f(x) \leq h(x) \leq g(x)$

(2) $\lim_{x \to a} f(x)=\lim_{x \to a} g(x)=L$

이면 $\lim_{x \to a} h(x)=L$이 성립한다.

예제 3-8

임의의 실수 x에 대하여 $-|x| \le \sin x \le |x|$와 $1-\cos x \le |x|$가 성립한다. 이 사실을 이용하여 다음이 성립함을 보여라.

(a) $\lim_{x \to 0} \sin x = 0$　　　　(b) $\lim_{x \to 0} (1-\cos x) = 0$

풀이

(a) [예제 3-3]에 의하여 $\lim_{x \to 0} |x| = 0$이므로 $\lim_{x \to 0} (-|x|) = 0$이고, $-|x| \le \sin x \le |x|$이다. 따라서 압축정리에 의하여 $\lim_{x \to 0} \sin x = 0$이다.

(b) 코사인의 정의에 의하여 $x=0$ 부근에서 $\cos x \le 1$이므로 $0 \le 1-\cos x$이다. 이때 주어진 조건에 의하여 $0 \le 1-\cos x \le |x|$이고, $\lim_{x \to 0} 0 = \lim_{x \to 0} |x| = 0$이다. 따라서 압축정리에 의하여 $\lim_{x \to 0} (1-\cos x) = 0$이다.

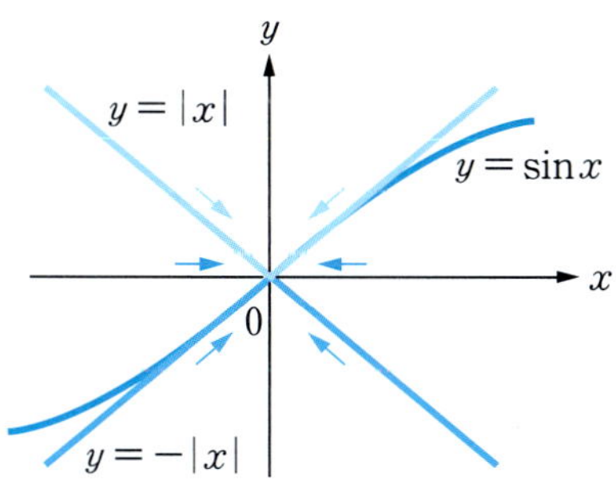

(a)

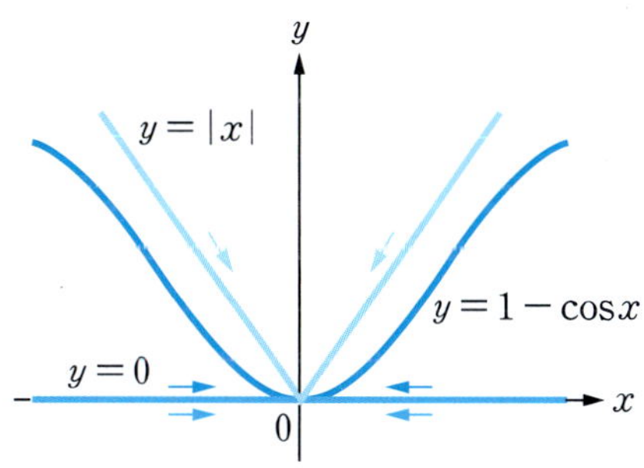

(b)

정리 3-4 합성함수의 극한

두 함수 f와 g에 대하여 $\lim_{x \to a} f(x) = b$이고 $\lim_{x \to b} g(x) = g(b)$이면 다음이 성립한다.

$$\lim_{x \to a} g(f(x)) = g(b)$$

예제 3-9

$\lim_{x \to 1} (x^2 + 2x - 1)^4$의 극한을 구하라.

풀이

$f(x) = x^2 + 2x - 1$, $g(x) = x^4$이라 하면 $\lim_{x \to 1} f(x) = \lim_{x \to 1} (x^2 + 2x - 1) = f(1) = 2$이다. 또한

$\lim_{x \to 2} g(x) = \lim_{x \to 2} x^4 = g(2) = 16$이다. 따라서 구하고자 하는 극한은 다음과 같다.

$$\lim_{x \to 1} (x^2 + 2x - 1)^4 = \lim_{x \to 1} g(f(x)) = g(2) = 16$$

3.1.3 지수함수와 로그함수의 극한

앞에서 살펴본 바와 같이 지수함수와 로그함수에 대한 극한을 요약하면 [표 3-2]와 같다.

[표 3-2] 기본적인 지수함수와 로그함수의 극한

지수함수		로그함수	
$0 < a < 1$인 경우	$a > 1$인 경우	$0 < a < 1$인 경우	$a > 1$인 경우
$\lim_{x \to -\infty} a^x = \infty$	$\lim_{x \to -\infty} a^x = 0$	$\lim_{x \to 0^+} \log_a x = \infty$	$\lim_{x \to 0^+} \log_a x = -\infty$
	$\lim_{x \to -\infty} e^x = 0$		$\lim_{x \to 0^+} \ln x = -\infty$
$\lim_{x \to \infty} a^x = 0$	$\lim_{x \to \infty} a^x = \infty$	$\lim_{x \to \infty} \log_a x = -\infty$	$\lim_{x \to \infty} \log_a x = \infty$
	$\lim_{x \to \infty} e^x = \infty$		$\lim_{x \to \infty} \ln x = \infty$

또한 $\lim_{n \to \infty} \left(1 + \frac{1}{n}\right)^n = e$이므로 함수 $f(x) = \left(1 + \frac{1}{x}\right)^x$에 대하여 x가 자연수 n에 따라 무한대로 한없이 커지면 함수 $f(x)$는 다음과 같이 무리수 e로 수렴한다.

$$\lim_{x \to \infty} \left(1 + \frac{1}{x}\right)^x = \lim_{n \to \infty} \left(1 + \frac{1}{n}\right)^n = e$$

이 식에서 $t = \frac{1}{x}$이라 하면 $x \to \infty$일 때 $t \to 0^+$이므로

$$\lim_{x \to 0^+} (1 + x)^{\frac{1}{x}} = e$$

를 얻는다. 이러한 성질을 이용하면 자연로그함수에 대하여

$$\lim_{x \to \infty} \ln \left(1 + \frac{1}{x}\right)^x = \ln e = 1, \quad \lim_{x \to 0^+} \ln (1 + x)^{\frac{1}{x}} = \ln e = 1$$

이 성립한다. 그리고 $x=a$를 포함하는 적당한 개구간에서 $f(x)>0$이고 $\lim_{x\to a} f(x)=L$이 존재한다고 하자. 이때 $L>0$이면 [정리 3-4]에 의하여 다음이 성립한다.

$$\lim_{x\to a} \ln[f(x)] = \ln L$$

극한 $\lim_{h\to 0}\frac{a^h-1}{h}$을 구하기 위하여 $a^h-1=t$라 하면 $a^h=t+1$이므로 $h=\log_a(t+1)$이다. 이때 $h\to 0$이면 $t\to 0$이므로

$$\begin{aligned}\lim_{h\to 0}\frac{a^h-1}{h} &= \lim_{t\to 0}\frac{t}{\log_a(t+1)} = \lim_{t\to 0}\frac{1}{\frac{1}{t}\log_a(t+1)}\\ &= \lim_{t\to 0}\frac{1}{\log_a(t+1)^{1/t}} = \frac{1}{\log_a e} = \ln a\end{aligned}$$

이다. 여기서 $a=e$라 하면

$$\lim_{h\to 0}\frac{e^h-1}{h} = \ln e = 1$$

이 된다. 따라서 지수함수에 관한 다음 극한을 얻을 수 있다.

$$\lim_{h\to 0}\frac{a^h-1}{h} = \ln a, \quad \lim_{h\to 0}\frac{e^h-1}{h} = 1$$

예제 3-10

다음 극한을 구하라.

(a) $\lim_{x\to\infty}\frac{e^x}{e^x+1}$

(b) $\lim_{x\to 0^+} e^{-1/x}$

(c) $\lim_{x\to\infty}\ln\left(1+\frac{1}{2x}\right)^x$

(d) $\lim_{x\to\infty}[\ln(2x+1)-\ln(x-2)]$

풀이

(a) 분모와 분자를 각각 e^x으로 나누면

$$\lim_{x\to\infty}\frac{e^x}{e^x+1} = \lim_{x\to\infty}\frac{1}{1+e^{-x}}$$

이고, $\lim_{x\to\infty} e^{-x} = \lim_{x\to\infty}\frac{1}{e^x}=0$이다. 따라서 구하고자 하는 극한은 다음과 같다.

$$\lim_{x\to\infty}\frac{e^x}{e^x+1}=\lim_{x\to\infty}\frac{1}{1+e^{-x}}=\frac{1}{1+0}=1$$

(b) $\frac{1}{x}=t$라 하면 $x\to 0^+$일 때 $t\to\infty$이므로 주어진 극한은 다음과 같다.

$$\lim_{x\to 0^+}e^{-1/x}=\lim_{t\to\infty}e^{-t}=0$$

(c) 임의의 양수 a에 대하여 $\lim_{x\to a}\sqrt{x}=\sqrt{a}$이므로 [정리 3-4]에 의하여 다음과 같다.

$$\lim_{x\to\infty}\ln\left(1+\frac{1}{2x}\right)^x=\ln\left[\lim_{x\to\infty}\left(1+\frac{1}{2x}\right)^x\right]$$

$$=\ln\left[\lim_{x\to\infty}\left\{\left(1+\frac{1}{2x}\right)^{2x}\right\}^{1/2}\right]=\ln e^{\frac{1}{2}}=\frac{1}{2}$$

(d) 임의의 양수 a에 대하여 $\lim_{x\to a}\ln x=\ln a$이므로 [정리 3-4]에 의하여 다음과 같다.

$$\lim_{x\to\infty}[\ln(2x+1)-\ln(x-2)]=\lim_{x\to\infty}\ln\left(\frac{2x+1}{x-2}\right)$$

$$=\ln\left(\lim_{x\to\infty}\frac{2x+1}{x-2}\right)$$

$$=\ln\left(\lim_{x\to\infty}\frac{2+(1/x)}{1-(2/x)}\right)=\ln 2$$

3.1.4 삼각함수의 극한

보통 삼각함수는 각 함수들이 정의되는 $x=a$에 대하여 [표 3-3]과 같은 극한을 갖는다.

[표 3-3] 기본적인 삼각함수의 극한

$\lim_{x\to a}\sin x=\sin a$	$\lim_{x\to a}\cos x=\cos a$	$\lim_{x\to a}\tan x=\tan a$
$\lim_{x\to a}\operatorname{cosec}x=\operatorname{cosec}a$	$\lim_{x\to a}\sec x=\sec a$	$\lim_{x\to a}\cot x=\cot a$

함수 $y=\frac{\sin x}{x}$는 [그림 3-3]과 같이 $x=0$에서 정의되지 않지만, 이 함수에 대한 무한대와 음의 무한대에서의 극한은 0이 되는 것을 쉽게 유추할 수 있다.

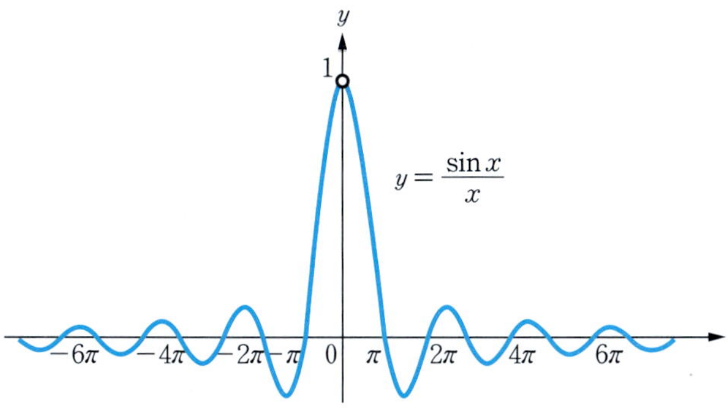

[그림 3-3] $y=\frac{\sin x}{x}$의 그래프

한편, $x=0$에서 함수 $y=\frac{\sin x}{x}$의 극한은 [정리 3-5]와 같다.

정리 3-5 $y=\frac{\sin x}{x}$의 극한

$\lim_{x\to 0}\frac{\sin x}{x}=1$ 단, x의 단위는 라디안

증명

주어진 극한의 우극한이 1, 즉 $\lim_{x\to 0^+}\frac{\sin x}{x}=1$임을 보이기 위하여 $0<x<\frac{\pi}{2}$라 하자. 그리고 [그림 3-4]와 같이 좌표평면 위에 반지름이 1인 원을 그리고, 수평축과 만나는 점을 A라 하자. 그리고 $\angle AOB=x$인 원주 위의 점을 B, 점 A에서 수선을 그어 선분 OB의 연장선과 만나는 점을 C라 하자.

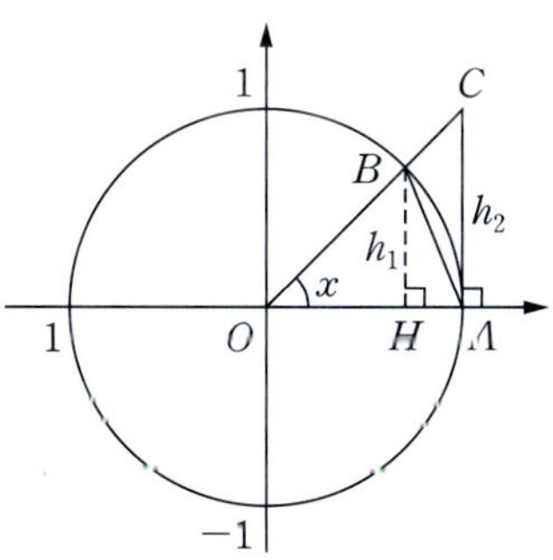

[그림 3-4] 삼각형 AOB, 부채꼴 AOB와 직각삼각형 AOC의 관계

그러면 삼각형 AOB, 부채꼴 AOB, 직각삼각형 AOC에 대하여

삼각형 AOB의 넓이 ≤ 부채꼴 AOB의 넓이 ≤ 식삼삼각형 AOC의 넓이

인 것을 알 수 있다. 이때 삼각형 AOB의 높이는 $h_1=\sin x$이고, 직각삼각형 AOC의 높

이는 $h_2 = \tan x$이므로 다음이 성립한다.

$$\frac{1}{2}\sin x \le \frac{1}{2}x \le \frac{1}{2}\tan x \text{ 또는 } \sin x \le x \le \frac{\sin x}{\cos x}$$

한편, $0 < x < \frac{\pi}{2}$이면 $\sin x > 0$이므로 양변을 $\sin x$로 나누면

$$1 \le \frac{x}{\sin x} \le \frac{1}{\cos x}$$

이다. 따라서 이 부등식의 각 항에 역수를 취하면

$$\cos x \le \frac{\sin x}{x} \le 1$$

이고, $\lim_{x \to 0^+} \cos x = 0$이므로 $\lim_{x \to 0^+} \frac{\sin x}{x} = 1$이다.

이제 $x = 0$에서의 좌극한을 구하기 위하여 사인함수의 성질을 이용하자. 두 함수 $f(x) = \sin x$와 $g(x) = x$는 기함수이므로 $h(x) = \frac{f(x)}{g(x)} = \frac{\sin x}{x}$는 우함수이고, $h(-x) = h(x)$이므로 다음이 성립한다.

$$\lim_{x \to 0^-} \frac{\sin x}{x} = \lim_{x \to 0^+} \frac{\sin x}{x} = 1$$

따라서 $x = 0$에서 우극한과 좌극한이 동일하므로 $\lim_{x \to 0} \frac{\sin x}{x} = 1$이다. ■

예제 3-11

다음 극한을 구하라.

(a) $\lim_{x \to 0} \frac{\cos x - 1}{x}$ (b) $\lim_{x \to 0} \frac{\tan x}{x}$ (c) $\lim_{x \to 0} \frac{\sin 3x}{x}$

풀이

(a) $$\lim_{x \to 0} \frac{\cos x - 1}{x} = \lim_{x \to 0} \frac{\cos x - 1}{x} \cdot \frac{\cos x + 1}{\cos x + 1} = \lim_{x \to 0} \frac{\cos^2 x - 1}{x(\cos x + 1)}$$

$$= \lim_{x \to 0} \frac{-\sin^2 x}{x(\cos x + 1)} = -\lim_{x \to 0} \frac{\sin x}{x} \cdot \frac{\sin x}{\cos x + 1}$$

$$= -\lim_{x \to 0} \frac{\sin x}{x} \cdot \lim_{x \to 0} \frac{\sin x}{\cos x + 1}$$

$$= (-1) \cdot 0 = 0$$

(b) $\lim_{x \to 0} \frac{\tan x}{x} = \lim_{x \to 0} \frac{\sin x}{\cos x} \cdot \frac{1}{x} = \lim_{x \to 0} \frac{1}{\cos x} \cdot \frac{\sin x}{x}$

$$= \left(\lim_{x \to 0} \frac{1}{\cos x} \right) \cdot \left(\lim_{x \to 0} \frac{\sin x}{x} \right) = \frac{1}{1} \cdot 1 = 1$$

(c) $\lim_{x \to 0} \frac{\sin 3x}{x} = \lim_{x \to 0} \frac{3\sin 3x}{3x} = 3\lim_{x \to 0} \frac{\sin 3x}{3x}$ 이고 $x \to 0$ 이면 $t = 3x \to 0$ 이다. 따라서 다음을 얻는다.

$$\lim_{x \to 0} \frac{\sin 3x}{x} = 3\lim_{t \to 0} \frac{\sin t}{t} = 3 \cdot 1 = 3$$

3.1.5 함수의 연속성

일정한 시간이 지난 후의 박테리아 증식을 예측하기 위하여, 실험실에서 박테리아 증식을 일주일간 관찰한다. 그리고 이 결과를 이용하여 10일 후의 박테리아의 수를 예측한다고 하자. 일주일간 박테리아 증식의 관찰을 통해 얻은 데이터를 함숫값으로 생각하고, [그림 3-5]와 같이 좌표평면 위에 점으로 표시한다. 그리고 이 점들을 나타낼 수 있는 최적의 곡선을 끊어짐이 없이 연결하여 $f(x) = 4x^2 - x + 16$을 얻었다고 하자. 그러면 이 예측함수를 이용하여 10일 후의 박테리아 수가 $f(10) = 406$(마리)가 되는 것을 알 수 있다. 이 절에서는 이와 같이 끊어짐이 없는 함수의 개념을 살펴본다.

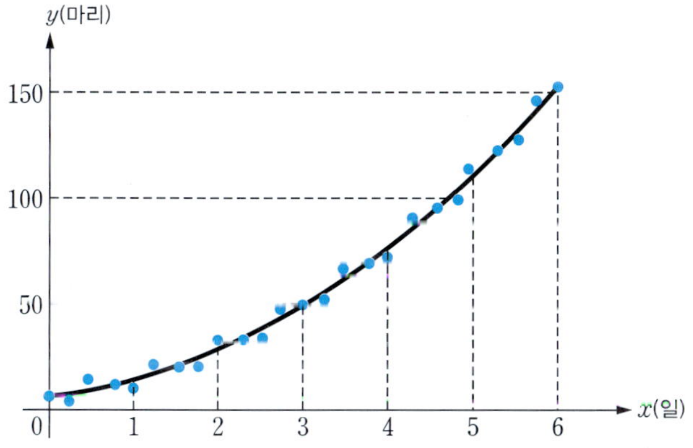

[그림 3-5] 시간대별 박테리아 수

함수 $y=f(x)$가 다음 세 가지 조건을 만족할 때, 함수 $y=f(x)$는 $x=a$에서 **연속** continuous 이라 한다. 따라서 함수 $f(x)$가 $x=a$에서 연속이라 함은 [그림 3-6]과 같이 이 함수의 그래프가 $x=a$에서 끊어지지 않음을 의미한다.

❶ $f(a)$가 존재한다.

❷ $\lim\limits_{x \to a} f(x)$가 존재한다.

❸ $\lim\limits_{x \to a} f(x) = f(a)$이다.

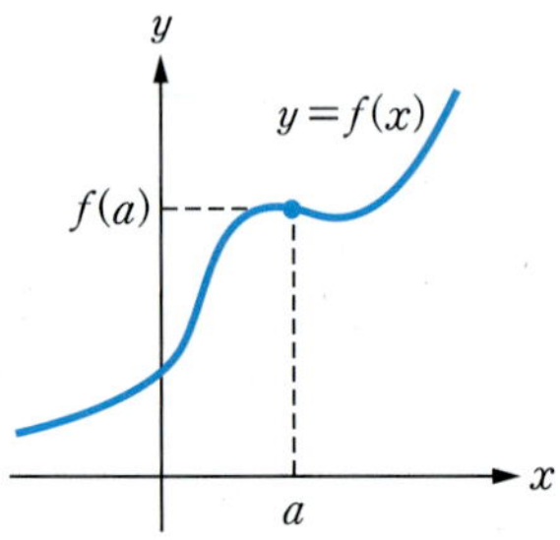

[그림 3-6] $x=a$에서 연속인 경우

그리고 함수의 그래프가 $x=a$에서 끊어진 경우, 즉 연속이 아닌 경우에 함수 $f(x)$는 $x=a$에서 **불연속**discontinuous이라 한다. 그러면 함수 $f(x)$가 $x=a$에서 불연속이 되는 경우는 위의 세 가지 조건 중 어느 하나를 만족하지 않은 경우로, 다음과 같이 정리할 수 있다.

❶ $f(a)$가 존재하지 않는다.

❷ $\lim\limits_{x \to a} f(x)$가 존재하지 않는다.

❸ $f(a)$와 $\lim\limits_{x \to a} f(x)$가 존재하지만 $\lim\limits_{x \to a} f(x) \neq f(a)$이다.

함수 $f(x)$가 $x=a$에서 불연속이 되는 조건 ❶의 경우는 [그림 3-7(a)], ❷의 경우는 [그림 3-7(b)], ❸의 경우는 [그림 3-17(c)]와 같다.

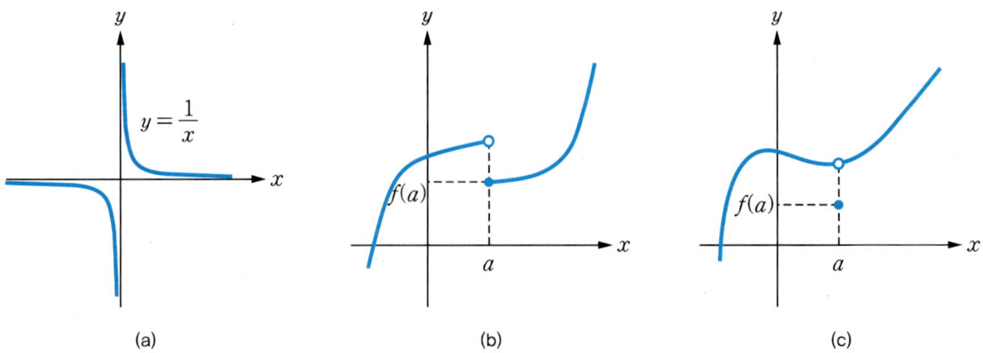

[그림 3-7] $x=a$에서 불연속인 경우

예제 3-12

다음 함수에서 불연속인 점을 구하라.

(a) $f(x)=\dfrac{x^2-1}{x-1}$　　　(b) $f(x)=[x]$　　　(c) $f(x)=\begin{cases}\dfrac{x^2-1}{x-1}, & x\neq 1\\ 1, & x=1\end{cases}$

풀이

(a) $f(x)$는 $x=1$에서 정의되지 않으므로 $f(x)$는 $x=1$에서 불연속이다.

(b) $f(x)$는 모든 정수인 점에서 좌극한과 우극한이 서로 다르므로 모든 정수에서 불연속이다.

(c) $\lim\limits_{x\to 1} f(x)=\lim\limits_{x\to 1}\dfrac{x^2-1}{x-1}=\lim\limits_{x\to 1}(x+1)=2$이고 $f(1)=1$이지만 $f(1)\neq\lim\limits_{x\to 1} f(x)$이므로 $f(x)$는 $x=1$에서 불연속이다.

함수 $y=f(x)$가 어떤 개구간 I 안의 모든 점에서 연속이면 $f(x)$는 개구간 I에서 연속이라 한다. 특히 $f(x)$가 개구간 $(a,\ b)$에서 연속이고 양 끝 점에서

$$\lim_{x\to a^+} f(x)=f(a)$$: **우측연속** continuity from the right

$$\lim_{x\to b^-} f(x)=f(b)$$: **좌측연속** continuity from the left

이면, 함수 $f(x)$는 폐구간 $[a,\ b]$에서 연속이다. 그리고 정의역 안의 모든 점에서 연속인 함수를 **연속함수** continuous function라 한다. 그러면 앞에서 살펴본 바와 같이 대수적 함수, 지수함수, 로그함수, 그리고 삼각함수와 쌍곡선함수는 각각의 정의역에서 연속함수이다. 특히 다항함수, 지수함수, 사인함수, 코사인함수는 모든 실수 범위에서 연속함수이다.

예제 3-13

함수 $y=\sqrt{4-x^2}$이 연속되는 점들의 집합을 구하라.

풀이

함수 $y=\sqrt{4-x^2}$의 정의역은 $-2\leq x\leq 2$이다. 그러므로 $-2<a<2$이면

$$\lim_{x\to a}\sqrt{4-x^2}=\sqrt{\lim_{x\to a}(4-x^2)}=\sqrt{4-a^2}=f(a)$$

이므로 주어진 함수는 개구간 $(-2,\ 2)$에서 연속이다. 또한

$$\lim_{x\to -2^+}\sqrt{4-x^2}=0=f(-2),\quad \lim_{x\to 2^-}\sqrt{4-x^2}=0=f(2)$$

이므로 $x=-2$에서 우측 연속이고 $x=2$에서 좌측 연속이다. 따라서 주어진 함수는 폐구간 $[-2,\ 2]$에서 연속이다.

한편, [정리 3-2] 극한의 성질을 연속성에 적용하면 다음과 같은 성질을 얻을 수 있다.

정리 3-6 연속성의 성질

$f(x)$와 $g(x)$가 $x=a$에서 연속이면 다음 함수들도 $x=a$에서 연속이다.

(1) $f(x)\pm g(x)$

(2) $kf(x)$, k는 상수

(3) $f(x)\cdot g(x)$

(4) $\dfrac{f(x)}{g(x)}$, 단 $g(a)\neq 0$

예제 3-14

함수 $f(x)=\dfrac{x^2-x+1}{\cos x}$가 연속인 점들의 집합을 구하라.

풀이

x^2-x+1은 다항함수이므로 모든 실수에서 연속이고 $\cos x$도 모든 실수에서 연속이다. 그러므로 $f(x)$는 $\cos x\neq 0$인 모든 실수에서 연속이다. 한편, $x=n\pi+\dfrac{\pi}{2}$(n은 정수)에서 $\cos x=0$이므로 $f(x)$는 $x\neq n\pi+\dfrac{\pi}{2}$($n$은 정수)인 모든 실수에서 연속이다.

정리 3-7 합성함수의 연속성

함수 g가 $x=a$에서 연속이고, 함수 f가 $g(a)$에서 연속이면 합성함수 $(f\circ g)(x)=f(g(x))$는 $x=a$에서 연속이다.

예제 3-15

함수 $f(x)=\sqrt{x^2-1}$가 연속인 점들의 집합을 구하라.

풀이

$g(t)=\sqrt{t}$, $h(x)=x^2-1$이라 하면 $f(x)=g(h(x))$이다. 그리고 $g(t)$는 $t\geq 0$에서 연속이므로 $h(x)\geq 0$을 만족하는 x의 범위에서 $f(x)$는 연속이다. 그러므로 함수 $f(x)$는 $x^2-1\geq 0$을 만족하는 $(-\infty,\ -1]\cup[1,\ \infty)$에서 연속이다.

특히 폐구간에서 연속인 함수는 다음과 같은 **최대·최소정리** mini-max theorem와 **중간값 정리** intermediate value theorem를 만족하는데, 이는 수학을 비롯한 많은 응용에서 유용하게 쓰인다.

정리 3-8 폐구간에서 연속인 함수의 성질

(1) **최대·최소정리**

함수 $f(x)$가 폐구간 $[a, b]$에서 연속이면 폐구간 $[a, b]$에서 함수 $f(x)$의 최댓값과 최솟값이 반드시 존재한다.

(2) **중간값 정리**

함수 $f(x)$가 폐구간 $[a, b]$에서 연속이고 $f(a) \neq f(b)$이면, $f(a)$와 $f(b)$ 사이의 임의의 실수 K에 대하여 $f(c) = K$를 만족하는 c가 개구간 (a, b) 안에 적어도 하나 존재한다.

중간값 정리의 특별한 경우로, $f(x)$가 폐구간 $[a, b]$에서 연속이고 $f(a)$와 $f(b)$가 서로 다른 부호를 갖는다면 $f(c) = 0$을 만족하는 c가 개구간 (a, b) 안에 적어도 하나 존재한다. 따라서 [그림 3-8]과 같이 중간값 정리는 $f(x)$가 연속이고 $f(x)$의 부호가 바뀌는 x의 범위에서 방정식 $f(x) = 0$의 실근이 존재함을 보여준다. 그러나 $f(x)$가 폐구간 $[a, b]$에서 불연속인 점을 갖거나 폐구간이 아닌 구간에서 연속이면 [정리 3-8]은 성립하지 않는다.

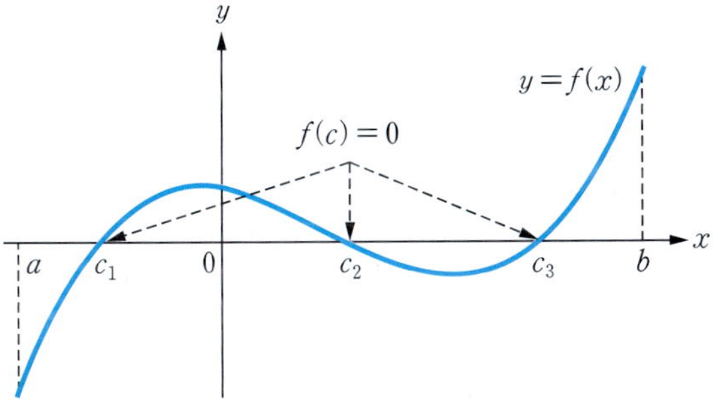

[그림 3-8] 중간값 정리와 해의 존재성

예제 3-16

폐구간 $[-1, 2]$에서 방정식 $x^3 - 2x^2 + 1 = 0$의 실근이 적어도 하나 존재함을 보여라.

풀이

$f(x) = x^3 - 2x^2 + 1$이라 하면 $f(x)$는 모든 실수 범위에서 연속이므로 폐구간 $[-1, 2]$에서 연속이다. 또한 $f(-1) = -2 < 0$, $f(2) = 1 > 0$이므로 중간값 정리에 의하여 개구간 $(-1, 2)$에서 $f(c) = 0$을 만족하는 실수 c가 적어도 하나 존재한다. 즉 적어도 하나의 $-1 < c < 2$에 대하여 $f(c) = 0$이 성립한다. 실제로 이 방정식은 폐구간 $[-1, 2]$에서 세 실근 $x = 1$, $x = \dfrac{1 \pm \sqrt{5}}{2}$을 갖는다.

Section 3.1 연습문제

1. 다음 그래프를 갖는 함수 $f(x)$에 대하여 주어진 극한을 구하고, 극한이 존재하지 않는다면 그 이유를 설명하라.

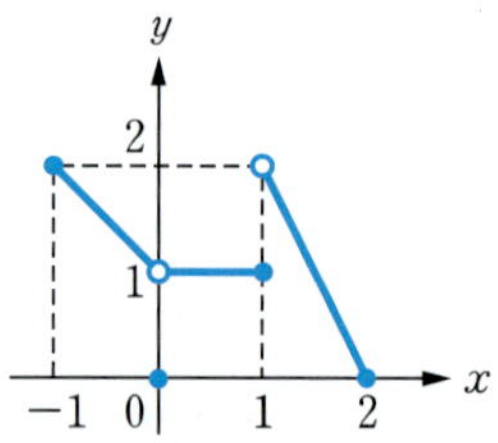

(a) $\lim_{x \to -1^-} f(x)$ (b) $\lim_{x \to -1^+} f(x)$ (c) $\lim_{x \to 0} f(x)$

(d) $\lim_{x \to 1^-} f(x)$ (e) $\lim_{x \to 1^+} f(x)$ (f) $\lim_{x \to 2^+} f(x)$

※ 다음 극한이 존재하는지 그렇지 않은지 조사하라.

2. $\lim_{x \to 1} |x-1|$ **3.** $\lim_{x \to 0} \frac{|x|}{x}$ **4.** $\lim_{x \to 2} \frac{x-2}{|x-2|}$

※ 다음 유리함수의 극한을 구하라.

5. $\lim_{x \to 1} \frac{1}{2x-1}$ **6.** $\lim_{x \to 1} \frac{2x-1}{3x+4}$

7. $\lim_{x \to 4} \frac{x^2-16}{x-4}$ **8.** $\lim_{x \to 2} \frac{x^4-16}{x-2}$

※ 다음 무리함수의 극한을 구하라.

9. $\lim_{x \to 2} \frac{\sqrt{x+2}-2}{x-2}$ **10.** $\lim_{x \to 2} \sqrt{\frac{2x-1}{3x+2}}$

11. $\lim_{x \to 8} \frac{\sqrt[3]{x^2}-4}{x-8}$ **12.** $\lim_{x \to 3} \sqrt[3]{\frac{x^3-27}{x-3}}$

※ 실수 전체의 집합에서 정의되는 다음 함수 $f(x)$에 대하여 $\lim_{x \to 0} f(x)$를 구하라.

13. $f(x) = \begin{cases} 1, & x\text{는 유리수} \\ 0, & x\text{는 무리수} \end{cases}$ **14.** $f(x) = \begin{cases} x, & x\text{는 유리수} \\ 0, & x\text{는 무리수} \end{cases}$

※ 다음 지수함수의 극한을 구하라.

15. $\lim_{x \to 1} e^{(1-x)/(x^2-1)}$

16. $\lim_{x \to 1^-} e^{1/(1-x)}$

17. $\lim_{x \to 1^-} e^{1/(1-x)}$

18. $\lim_{x \to -\infty} e^x \cos x$

※ 다음 로그함수의 극한을 구하라.

19. $\lim_{x \to 2} \ln \dfrac{x-2}{x^2-4}$

20. $\lim_{x \to \infty} \dfrac{\ln(1+2x)}{x}$

21. $\lim_{x \to \pi/2^+} \ln|\cos x|$

22. $\lim_{x \to 0} \dfrac{\ln(x+2)-\ln 2}{x}$

※ 다음 역삼각함수의 극한을 구하라.

23. $\lim_{x \to 1} \sin^{-1}\left(\dfrac{1-x}{1-x^2}\right)^2$

24. $\lim_{x \to e} \cos^{-1}(\ln\sqrt{x})$

25. $\lim_{x \to 0} \tan^{-1}\left(\dfrac{\sin x}{x}\right)$

26. $\lim_{x \to 0} \cos^{-1}(\tan^{-1} x)$

※ 다음 극한을 구하라.

27. $\lim_{x \to 0^-} (1-x)^{1/x}$

28. $\lim_{x \to -\infty} \left(1-\dfrac{1}{x}\right)^x$

29. $\lim_{x \to 0} \dfrac{2^x-1}{3x}$

30. $\lim_{x \to 0} \dfrac{e^{2x}-1}{3x}$

※ 다음 극한을 구하라.

31. $\lim_{x \to 0} \dfrac{3x}{\sin 2x}$

32. $\lim_{x \to 0} \dfrac{\cos 3x - 1}{x}$

33. $\lim_{x \to 0^+} \dfrac{\operatorname{cosec} 3x}{2x}$

34. $\lim_{x \to 0} \dfrac{1-\cos x}{\sin x}$

※ $[x]$가 실수 x를 넘지 않는 최대정수라 할 때, 주어진 범위에서 함수 $f(x)$의 그래프를 그리고, 주어진 극한을 구하라.

35. $f(x) = [2-|x|]$, $-3 \le x \le 3$, $\lim_{x \to 0} f(x)$, $\lim_{x \to 2} f(x)$

36. $f(x) = [\cos x]$, $-\dfrac{3\pi}{2} \le x \le \dfrac{3\pi}{2}$, $\lim_{x \to 0} f(x)$, $\lim_{x \to \pi/2} f(x)$

37. $f(x) = [-x] + [x]$, $-2 \le x \le 2$, $\lim_{x \to 0} f(x)$, $\lim_{x \to 1/2} f(x)$

※ 함수 $y=\dfrac{x+1}{x}$의 그래프를 그리고, 다음 극한을 구하라.

38. $\lim_{x \to \infty} \dfrac{x+1}{x}$

39. $\lim_{x \to -\infty} \dfrac{x+1}{x}$

40. $\lim_{x \to 0^-} \dfrac{x+1}{x}$

41. $\lim_{x \to 0^+} \dfrac{x+1}{x}$

※ $x=0$에서 다음 극한을 구하라.

42. $y=\sin\dfrac{1}{x}$

43. $y=\dfrac{1}{x}\sin\dfrac{1}{x}$

44. $y=x\sin\dfrac{1}{x}$

45. $y=x^2\sin\dfrac{1}{x}$

※ 양의 무한대와 음의 무한대에서 다음 극한을 구하라.

46. $y=\sin\dfrac{1}{x}$

47. $y=\dfrac{1}{x}\sin\dfrac{1}{x}$

48. $y=x\sin\dfrac{1}{x}$

49. $y=x\sin x$

※ 다음 함수 $f(x)$는 $x=0$에서 불연속이다. 이 함수가 $x=0$에서 연속이 되도록 함숫값 $f(0)$을 정의하라.

50. $f(x)=\dfrac{\sin 2x}{x}$

51. $f(x)=\dfrac{\tan 3x}{2x}$

52. 응용 온도가 일정하면 기체의 부피 V는 압력 P에 반비례한다는 보일의 법칙에 대하여 $V\to 0^+$과 $V\to\infty$일 때, P의 극한을 구하라.

53. 응용 1892년 H. A. 로렌츠가 주장한 **로렌츠 수축** Lorentz contraction은 운동방향에 대해 물체의 길이가 $\sqrt{1-v^2/c^2}$ 배로 수축하는 효과가 있다는 이론이다. 여기서 c는 진공에서의 광속으로 3×10^8[m/s], v는 물체의 속도이다. 정지상태에서 길이가 l_0인 물체가 속도 v로 움직일 때, 이 물체의 길이는 $l=l_0\sqrt{1-v^2/c^2}$ 이 된다.

(a) v가 증가하면 l은 어떻게 되는가?

(b) $\lim_{v\to c^-} l$을 구하라.

(c) $v=c$인 점에서 우극한을 생각할 수 없는 이유를 말하라.

3.2 도함수와 미분법

이 절에서는 고속도로를 달리는 자동차가 어느 특정 지점을 통과하는 순간의 속도에 대한 수학적 모형(순간변화율)을 비롯하여 그래프 위의 특정한 점에서 접선(미분계수)의 방정식을 구하는 방법 등에 대하여 살펴본다. 그리고 대수적 함수와 초월함수의 미분법에 대하여 알아본다.

3.2.1 도함수의 정의

함수 $y=f(x)$의 그래프 위에 있는 점 $P(a,\ f(a))$가 [그림 3-9]와 같이 점 $Q(b,\ f(b))$로 변할 때, x의 변화량 $\Delta x=b-a$를 x의 **증분** increments이라 하고 y의 변화량 $\Delta y=f(b)-f(a)$를 y의 증분이라 한다. 그리고 두 점 P와 Q를 잇는 직선의 기울기

$$\frac{\Delta y}{\Delta x}=\frac{f(b)-f(a)}{b-a}$$

를 폐구간 $[a,\ b]$에서 함수 $y=f(x)$의 **평균변화율** average rate of change이라 한다.

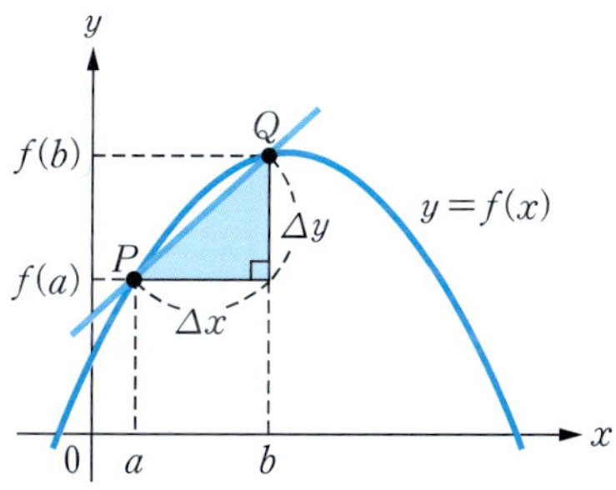

[그림 3-9] **평균변화율**

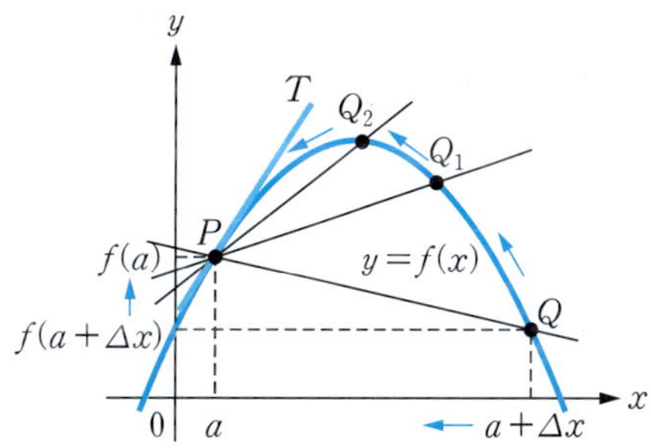

[그림 3-10] **순간변화율**

한편, [그림 3-10]과 같이 $a+\Delta x \to a$, 즉 $\Delta x \to 0$이면 그래프 위의 점 Q는 곡선을 따라서 $Q \to Q_1 \to Q_2 \to P$로 접근한다. 그러면 두 점 P와 Q를 지나는 할선은 점 P에서의 접선 PT에 한없이 가까워지므로 직선 PQ의 기울기 $\dfrac{\Delta y}{\Delta x}$는 접선 PT의 기울기에 가까워진다. 그러므로 다음 극한값이 존재한다면, 이 극한값은 점 P에서의 접선의 기울기이다.

$$\lim_{\Delta x \to 0}\frac{\Delta y}{\Delta x}=\lim_{\Delta x \to 0}\frac{f(a+\Delta x)-f(a)}{\Delta x}$$

즉 곡선 위의 점 P에서 접선의 기울기는 다음과 같이 정의하고, $f'(a)$로 나타낸다.

$$f'(a)=\lim_{\Delta x \to 0}\frac{\Delta y}{\Delta x}=\lim_{\Delta x \to 0}\frac{f(a+\Delta x)-f(a)}{\Delta x}$$

또는

$$f'(a)=\lim_{h \to 0}\frac{f(a+h)-f(a)}{h}=\lim_{b \to a}\frac{f(b)-f(a)}{b-a}$$

이와 같이 극한값 $f'(a)$가 존재할 때, 함수 $f(x)$는 $x=a$에서 **미분가능하다** differential 고 하고, $f'(a)$를 $x=a$에서 함수 $f(x)$의 **순간변화율** instantaneous rate of change 또는 **미분계수** differential coefficient 라 한다. 또한 개구간 I 안의 모든 점에서 함수 $f(x)$가 미분가능하면 간단히 $f(x)$는 개구간 I에서 미분가능하다고 말한다. $x=a$에서 함수 $f(x)$가 미분가능하면 점 P에서 접선의 기울기가 $f'(a)$이므로 접선의 방정식은 다음과 같다.

$$y=f'(a)(x-a)+f(a)$$

예제 3-17

함수 $f(x)=\sqrt{x}$ 에 대하여 다음 물음에 답하라.

(a) 폐구간 $[1, 4]$에서 평균변화율을 구하라.

(b) $x=1$에서 미분계수를 구하라.

(c) 곡선 위의 점 $P(1, 1)$에서 접선의 방정식을 구하라.

풀이

(a) 평균변화율의 정의에 의하여 다음과 같이 구할 수 있다.

$$\frac{\Delta y}{\Delta x}=\frac{f(4)-f(1)}{4-1}=\frac{2-1}{3}=\frac{1}{3}$$

(b) 미분계수의 정의에 의하여 다음과 같이 구할 수 있다.

$$\begin{aligned} f'(1)&=\lim_{h \to 0}\frac{f(1+h)-f(1)}{h}=\lim_{h \to 0}\frac{\sqrt{1+h}-1}{h} \\ &=\lim_{h \to 0}\frac{1}{\sqrt{1+h}+1}=\frac{1}{2} \end{aligned}$$

(c) $f'(1)=\frac{1}{2}$ 이므로 점 P에서 접선의 방정식은 다음과 같다.

$$y=f'(1)(x-1)+f(1)=\frac{1}{2}(x-1)+1=\frac{1}{2}(x+1)$$

예제 3-18

함수 $f(x)=|x|$에 대하여 $x=0$에서 미분가능한지 조사하라.

풀이

$x=0$에서 다음 극한을 생각한다.

$$\lim_{h\to 0}\frac{f(0+h)-f(0)}{h}=\lim_{h\to 0}\frac{|h|}{h}$$

이 극한은 존재하지 않으므로(3.1절의 [연습문제 3]) 함수 $f(x)=|x|$는 $x=0$에서 미분가능하지 않다.

한편, 함수 $f(x)$에 대한 $x=a$에서의 미분가능성과 연속성 사이에는 다음과 같은 성질이 성립한다.

정리 3-9 미분가능성과 연속성

함수 $f(x)$가 $x=a$에서 미분가능하면 함수 $f(x)$는 $x=a$에서 연속이다. 그러나 역은 성립하지 않는다.

증명

$x=a$에서 미분가능한 함수 $y=f(x)$가 $x=a$에서 연속인 것을 확인하려면 $\lim_{x\to a}[f(x)-f(a)]=0$이 성립함을 보이면 된다. 우선 함수 $y=f(x)$가 $x=a$에서 미분가능하므로

$$f'(a)=\lim_{x\to a}\frac{f(x)-f(a)}{x-a}$$

가 존재한다. 그러므로

$$\begin{aligned}\lim_{x\to a}[f(x)-f(a)]&=\lim_{x\to a}\frac{f(x)-f(a)}{x-a}\cdot(x-a)\\&=\lim_{x\to a}\frac{f(x)-f(a)}{x-a}\cdot\lim_{x\to a}(x-a)=f'(a)\cdot 0=0\end{aligned}$$

이다. 따라서 $f(x)$는 $x=a$에서 연속이다. 또한 [예제 3-19]에서 함수 $f(x)=|x|$는 $x=0$에서 미분가능하지 않지만, [예제 3-3]에 의하여 $\lim_{x\to 0}|x|=0=|0|$이므로 $x=0$에서 연속이다. 따라서 역은 성립하지 않는다. ■

다음 극한이 존재할 때, 이 극한을 $x=a$에서 $y=f(x)$의 **좌측미분계수** differential coefficient from left라 한다.

$$f'_{-}(a)=\lim_{h\to 0^-}\frac{f(a+h)-f(a)}{h}$$

그리고 다음 극한이 존재할 때

$$f'_{+}(a)=\lim_{h\to 0^+}\frac{f(a+h)-f(a)}{h}$$

이 극한을 $x=a$에서 $y=f(x)$의 **우측미분계수** differential coefficient from right라 한다. 그러면 함수 $y=f(x)$가 $x=a$에서 미분가능하기 위한 필요충분조건은

$$f'_{-}(a)=f'_{+}(a)$$

가 된다. [그림 3-11]은 좌측미분계수와 우측미분계수를 나타낸다.

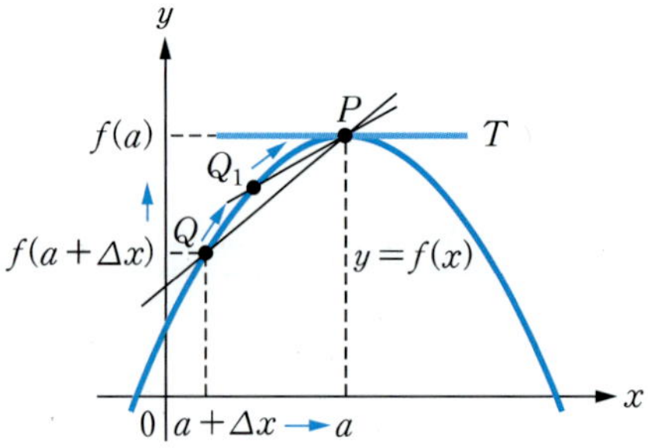

(a) 좌측미분계수

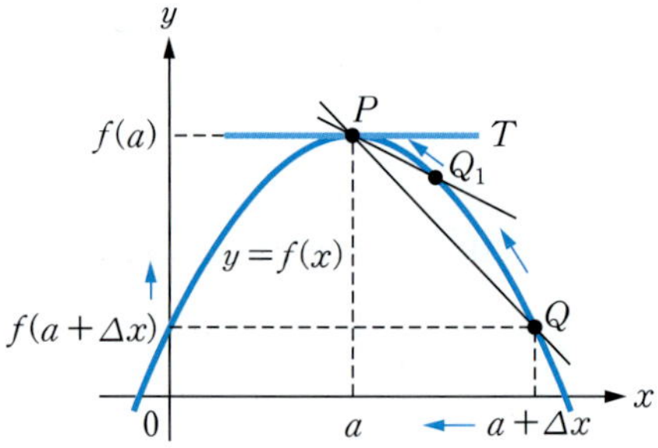

(b) 우측미분계수

[그림 3-11] **좌측미분계수와 우측미분계수**

한편, 함수 $y=f(x)$가 미분가능한 임의의 점 x에서의 미분계수

$$f'(x)=\lim_{h\to 0}\frac{f(x+h)-f(x)}{h} \quad \text{또는} \quad f'(x)=\lim_{z\to x}\frac{f(z)-f(x)}{z-x}$$

를 함수 $f(x)$의 **도함수** derivative라 하고

$$y',\ f'(x),\ \frac{dy}{dx},\ \frac{df}{dx},\ \frac{d}{dx}f(x),\ Df(x)$$

등으로 나타낸다. 따라서 점 $x=a$에서의 미분계수 $f'(a)$는 도함수 $f'(x)$에 $x=a$를 대입

하여 얻을 수 있으며, 도함수 $f'(x)$는 함수 $y=f(x)$의 미분가능한 모든 점에서 접선의 기울기를 나타내는 함수이다. 그리고 함수 $y=f(x)$에 대한 도함수 $f'(x)$를 구하는 과정을 **미분한다** differentiate라고 하고, 도함수를 구하는 방법을 **미분법** differentiation이라 한다.

예제 3-19

함수 $f(x)=\sqrt{x}$ 에 대하여 다음 물음에 답하라.

(a) 도함수 $f'(x)$를 구하라.

(b) 도함수를 이용하여 $x=1$에서의 미분계수를 구하라.

(c) $f(x)$와 $f'(x)$의 정의역을 비교하라.

풀이

(a) $$f'(x)=\lim_{h\to 0}\frac{f(x+h)-f(x)}{h}=\lim_{h\to 0}\frac{\sqrt{x+h}-\sqrt{x}}{h}$$
$$=\lim_{h\to 0}\frac{\left(\sqrt{x+h}-\sqrt{x}\right)\left(\sqrt{x+h}+\sqrt{x}\right)}{h\left(\sqrt{x+h}+\sqrt{x}\right)}=\lim_{h\to 0}\frac{(x+h)-x}{h\left(\sqrt{x+h}+\sqrt{x}\right)}$$
$$=\lim_{h\to 0}\frac{h}{h\left(\sqrt{x+h}+\sqrt{x}\right)}=\lim_{h\to 0}\frac{1}{\sqrt{x+h}+\sqrt{x}}=\frac{1}{2\sqrt{x}}$$

(b) $$f'(1)=\frac{1}{2\sqrt{1}}=\frac{1}{2}$$

(c) $\mathrm{dom}(f)=[0,\ \infty)$이고 $\mathrm{dom}(f')=(0,\ \infty)$이므로 $\mathrm{dom}(f')\subset\mathrm{dom}(f)$이다.

이 예제로부터 일반적으로 $\mathrm{dom}(f')\subset\mathrm{dom}(f)$임을 알 수 있다.

3.2.2 미분법

이 절에서는 미분가능한 함수들의 사칙연산과 합성함수의 도함수를 구하는 방법을 비롯하여 역함수와 음함수, 그리고 매개변수 방정식으로 주어지는 함수에 대한 도함수를 쉽게 구하는 방법을 살펴본다.

정리 3-10 거듭제곱함수의 미분법

상수 c와 자연수 n에 대하여 다음이 성립한다.

(1) $\dfrac{dc}{dx}=0$

(2) $\dfrac{dx^n}{dx}=nx^{n-1}$

예제 3-20

함수 $f(x)=\pi$와 $g(x)=x^3$의 도함수를 각각 구하라.

풀이

$f'(x)=\dfrac{d}{dx}(\pi)=0$, $g'(x)=\dfrac{d}{dx}(x^3)=3x^2$이다.

정리 3-11 기본 미분법

두 함수 $f(x)$와 $g(x)$가 미분가능하면 다음이 성립한다.

(1) $\dfrac{d}{dx}[kf(x)]=kf'(x)$, k는 상수

(2) $\dfrac{d}{dx}[f(x)\pm g(x)]=f'(x)\pm g'(x)$

(3) $\dfrac{d}{dx}[f(x)g(x)]=f'(x)g(x)+f(x)g'(x)$

(4) $\dfrac{d}{dx}\left[\dfrac{f(x)}{g(x)}\right]=\dfrac{f'(x)g(x)-f(x)g'(x)}{[g(x)]^2}$ 단, $g(x)\neq 0$

예제 3-21

다음 함수의 도함수를 구하라.

(a) $f(x)=(2x^2-1)(x^3+x-2)$ (b) $g(x)=\dfrac{x^2-1}{x^3+1}$

풀이

(a) $u=2x^2-1$, $v=x^3+x-2$라 하면 $u'=2(2x)=4x$, $v'=(3x^2)+1=3x^2+1$이므로

$$\begin{aligned} f'(x) &= u'v+uv'=(4x)(x^3+x-2)+(2x^2-1)(3x^2+1) \\ &= 10x^4+3x^2-8x-1 \end{aligned}$$

이다.

(b) $u=x^2-1$, $v=x^3+1$이라 하면 $u'=2x$, $v'=3x^2$이므로 다음과 같이 구할 수 있다.

$$\begin{aligned} g'(x) &= \frac{u'v-uv'}{v^2}=\frac{(2x)(x^3+1)-(x^2-1)(3x^2)}{(x^3+1)^2} \\ &= \frac{x(-x^3+3x+2)}{(x^3+1)^2}=-\frac{x(x-2)}{(x^2-x+1)^2} \end{aligned}$$

일반적으로 세 개 이상의 미분가능한 함수의 합 또는 곱에 대한 도함수는 다음과 같다.

$$[f(x)+g(x)+h(x)]' = f'(x)+g'(x)+h'(x)$$

$$[f(x)g(x)h(x)]' = f'(x)g(x)h(x)+f(x)g'(x)h(x)+f(x)g(x)h'(x)$$

[정리 3-11]의 (4)를 이용하면 다음과 같이 지수가 음의 정수인 함수의 도함수를 얻는다.

정리 3-12 지수가 음의 정수인 함수의 미분법

$x \neq 0$일 때, 음의 정수 n에 대하여 다음이 성립한다.

$$\frac{d}{dx}(x^n) = nx^{n-1}$$

또한 임의의 상수함수 $y=c$는 $x \neq 0$에 대하여 $y=c(x^0)$으로 표현할 수 있다. 이때 [정리 3-10]에 의하여 $y'=0$이므로 $y=c(x^0)$에 대하여 $y'=c(0 \cdot x^{0-1})=0$으로 생각할 수 있다. 따라서 [정리 3-10]과 [정리 3-12]로부터 임의의 정수를 지수로 갖는 함수에 대한 도함수는 다음과 같음을 알 수 있다.

$$\frac{d}{dx}(x^n) = nx^{n-1}, \ n\text{은 정수}$$

예제 3-22

다음 함수 $f(x)$의 도함수를 구하라.

(a) $\frac{1}{x}$ (b) $\frac{1}{x^2}$ (c) $\frac{1}{x^4}$ (d) $\frac{1}{x^6}$

풀이

(a) $\frac{1}{x} = x^{-1}$이므로 $\frac{d}{dx}\left(\frac{1}{x}\right) = \frac{d}{dx}(x^{-1}) = (-1)x^{-2} = -\frac{1}{x^2}$이다.

(b) $\frac{1}{x^2} = x^{-2}$이므로 $\frac{d}{dx}\left(\frac{1}{x^2}\right) = \frac{d}{dx}(x^{-2}) = (-2)x^{-3} = -\frac{2}{x^3}$이다.

(c) $\frac{1}{x^4} = x^{-4}$이므로 $\frac{d}{dx}\left(\frac{1}{x^4}\right) = \frac{d}{dx}(x^{-4}) = (-4)x^{-5} = -\frac{4}{x^5}$이다.

(d) $\frac{1}{x^6} = x^{-6}$이므로 $\frac{d}{dx}\left(\frac{1}{x^6}\right) = \frac{d}{dx}(x^{-6}) = (-6)x^{-7} = -\frac{6}{x^7}$이다.

합성함수의 미분법

지금까지 살펴본 미분법으로 $y=(x+1)^{100}$의 도함수를 구한다고 하자. 그러면 우변의 함수를 전개하여 도함수를 구한 다음, 다시 인수분해 등을 이용하여 간단히 표현해야 하는 번거로움이 있다. 또한 함수 $y=\sqrt{x^2-x}$과 같이 앞에서 살펴본 방법으로는 도함수를 구하지 못하는 경우도 있다. 따라서 이와 같은 함수에 대한 도함수를 손쉽게 얻기 위한 방법이 필요하며, 이때 [정리 3-13]과 같은 합성함수의 미분법, 즉 **연쇄법칙** chain rule을 이용하면 간단히 해결할 수 있다.

정리 3-13 합성함수의 미분법(연쇄법칙)

함수 $f(u)$가 $u=g(x)$에서 미분가능하고, $g(x)$가 x에 대하여 미분가능하면, 합성함수 $y=f(g(x))$도 x에 대하여 미분가능하고 다음이 성립한다.

$$\frac{dy}{dx}=\frac{dy}{du}\cdot\frac{du}{dx}=f'(g(x))\,g'(x)$$

따라서 합성함수 $f(g(x))$의 도함수는 외부함수 f의 도함수와 내부함수 g의 도함수의 곱이다. 또한 세 개 이상의 미분가능한 함수가 합성되는 경우에도 같은 방법으로 도함수를 구할 수 있다. 예를 들어, 함수 $y=f(u)$, $u=g(v)$, $v=h(x)$가 미분가능하면 합성함수 $y=f\,[\,g(h(x))]$도 미분가능하고, 그 결과는 다음과 같다.

$$\frac{dy}{dx}=\frac{dy}{du}\cdot\frac{du}{dv}\cdot\frac{dv}{dx}$$

이것은 $\dfrac{dy}{dx}$가 그 자체로서 하나의 수학적 기호이지만 dy를 dx로 나눈 것과 동일한 성질임을 보이며, 이에 대하여 3.4.3절에서 자세히 설명할 것이다.

예제 3-23

함수 $f(x)=\sqrt{x^2-x}$의 도함수를 구하라.

풀이

$y=\sqrt{u}$, $u=x^2-x$라 하면 $\dfrac{dy}{du}=\dfrac{1}{2\sqrt{u}}$, $\dfrac{du}{dx}=2x-1$이다. 따라서 구하고자 하는 도함수는 다음과 같다.

$$\frac{dy}{dx}=\frac{dy}{du}\cdot\frac{du}{dx}=\frac{1}{2\sqrt{u}}\cdot(2x-1)=\frac{2x-1}{2\sqrt{x^2-x}}$$

역함수의 미분법

일차함수 $y=2x+1$은 모든 실수에서 미분가능하고 증가하는 함수이므로 역함수는 $x=\frac{1}{2}(y-1)$이고, 이 역함수도 y에 대하여 미분가능하다. 이때 y의 함수인 x를 y로 미분하면 도함수는 $\frac{dx}{dy}=\frac{1}{2}$이다. 이와 같이 역함수를 쉽게 구할 수 있는 경우에는 그 역함수를 직접 구하여 역함수의 도함수를 얻을 수 있다.

그러나 삼차함수 $y=x^3+x$는 모든 실수에서 미분가능하고 증가함수이므로 이 함수의 역함수는 반드시 존재하지만, 그 역함수가 어떤 형태인지 알기가 쉽지 않다. 그러므로 이 역함수의 도함수를 구한다는 것은 사실상 불가능한 일이다. 그러면 미분가능한 함수 $y=f(x)$에 대하여 이 함수가 역함수를 갖는다고 할 때, 그 역함수의 도함수를 쉽게 구하는 방법으로 다음과 같은 역함수의 미분법을 생각할 수 있다.

정리 3-14 역함수의 미분법

미분가능한 함수 $y=f(x)$가 미분가능하고 $f'(x)\neq 0$이라 하면 역함수 $x=f^{-1}(y)$는 미분가능하고 다음이 성립한다.

$$\frac{dx}{dy}=\frac{1}{dy/dx}=\frac{1}{f'(x)}$$

[정리 3-14]로부터 $b=f(a)$일 때, 함수 $y=f(x)$의 역함수 $x=f^{-1}(y)$에 대하여 다음이 성립한다.

$$(f^{-1})'(b)=\frac{1}{f'(a)}=\frac{1}{f'[f^{-1}(b)]},\quad f'(a)\neq 0$$

예제 3-24

$f(x)=x^2$, $x\geq 0$에 대하여 다음 물음에 답하라.

(a) 역함수 $x=f^{-1}(y)$를 구하고, 역함수의 도함수를 구하라.

(b) [정리 3-14]를 이용하여 역함수의 도함수 $\frac{dx}{dy}$를 구하라.

(c) (a)에서 구한 역함수의 도함수를 이용하여 $(f^{-1})'(9)$을 구하라.

(d) $(f^{-1})'(b)=\frac{1}{f'[f^{-1}(b)]}$을 이용하여 $(f^{-1})'(9)$를 구하라.

풀이

(a) $x \geq 0$에서 $y = x^2$이라 하면 $x = f^{-1}(y) = \sqrt{y}$, $y \geq 0$이다. 따라서 역함수의 도함수는 다음과 같다.

$$\frac{dx}{dy} = \frac{d}{dy}\sqrt{y} = \frac{1}{2\sqrt{y}}$$

(b) $f'(x) = 2x$이므로 역함수의 도함수는 다음과 같다.

$$(f^{-1})'(y) = \frac{dx}{dy} = \frac{1}{dy/dx} = \frac{1}{2x}$$

(c) (a)에서 구한 도함수로부터 $(f^{-1})'(9)$는 다음과 같다.

$$(f^{-1})'(9) = \frac{1}{2\sqrt{9}} = \frac{1}{6}$$

(d) $f(3) = 9$이므로 $(f^{-1})'(9) = \dfrac{1}{f'[f^{-1}(9)]} = \dfrac{1}{f'(3)} = \dfrac{1}{6}$이다.

음함수의 미분법

우리가 다루는 대부분의 함수는 $y = f(x)$와 같이 독립변수와 종속변수가 구분된다. 그러나 원의 방정식 $x^2 + y^2 = 1$은 독립변수와 종속변수가 구분되지 않는다. 이와 같이 독립변수와 종속변수가 구분되지 않는 방정식 $f(x, y) = 0$에 대하여 y를 x의 함수로 생각할 때, y는 x의 음함수로 정의된다고 한다. 예를 들어, 방정식 $x^2 + y^2 = 1$에서 y를 x의 함수라 하면

$$y_1 = \sqrt{1 - x^2} \quad \text{또는} \quad y_2 = -\sqrt{1 - x^2}$$

이다. 따라서 이 두 함수의 도함수는 다음과 같다.

$$\frac{dy_1}{dx} = -\frac{x}{y}, \quad \frac{dy_2}{dx} = -\frac{x}{y}$$

그러나 일반적으로 $f(x, y) = 0$일 때 y를 x의 함수로 표현하는 것은 쉽지 않다. $f(x, y) = 0$일 때, y를 x의 음함수로 간주하면 y의 도함수는 연쇄법칙을 이용하여 다음과 같이 구한다.

❶ y를 x의 함수로 간주하고 양변을 x에 관하여 미분한다. 이때 연쇄법칙을 사용한다.

❷ $\dfrac{dy}{dx}$항을 방정식의 한쪽 변으로 모은다.

❸ $\dfrac{dy}{dx}$에 관하여 방정식을 푼다.

예제 3-25

방정식 $y^2-x=0$에서 y를 x의 함수라 할 때, $x=1$에서 접선의 방정식을 구하라.

풀이

방정식 $y^2=x$에서 y를 x의 함수로 간주하고 양변을 x에 관하여 미분하면

$$\frac{d}{dx}(y^2)=\frac{d}{dx}(x),\quad \frac{d}{dy}(y^2)\frac{dy}{dx}=2y\frac{dy}{dx}=1$$

이다. 그러므로 $\frac{dy}{dx}=\frac{1}{2y}$이고 $x=1$이면 $y=\pm 1$이다. 따라서 곡선 위의 점 $P(1,\ 1)$과 점 $Q(1,\ -1)$에서 접선의 기울기를 구하면 각각 다음과 같다.

$$\left.\frac{dy}{dx}\right|_{y=1}=\left.\frac{1}{2y}\right|_{y=1}=\frac{1}{2},\quad \left.\frac{dy}{dx}\right|_{y=-1}=\left.\frac{1}{2y}\right|_{y=-1}=-\frac{1}{2}$$

따라서 접선의 방정식은 각각 다음과 같다.

$$y-1=\frac{1}{2}(x-1),\quad y=\frac{1}{2}(x+1)$$

$$y-(-1)=\frac{1}{2}(x+1),\quad y=-\frac{1}{2}(x+1)$$

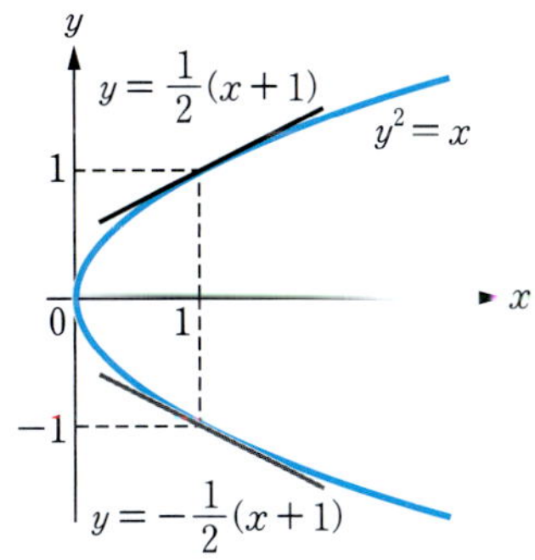

음함수의 미분법을 이용하면 유리수 r을 지수로 갖는 함수의 도함수를 구할 수 있다. 이를 위하여 $r=\frac{n}{m}$(n, m은 서로소인 정수이고 $m\neq 0$)이라 하면, $y=x^{\frac{n}{m}}$이므로 $y^m=x^n$이다. 이때 y를 x의 함수로 생각하고 다음과 같이 양변을 x에 관하여 미분한다.

$$\frac{d}{dx}(y^m)=\frac{d}{dx}(x^n),\quad \frac{d}{dy}(y^m)\frac{dy}{dx}=nx^{n-1},\quad my^{m-1}\cdot\frac{dy}{dx}=nx^{n-1}$$

그러면 $\frac{dy}{dx}=\frac{n}{m}\frac{x^{n-1}}{y^{m-1}}$이고, $y=x^{\frac{n}{m}}$이므로

$$\frac{dy}{dx}=\frac{n}{m}\frac{x^{n-1}}{\left(x^{\frac{n}{m}}\right)^{m-1}}=\frac{n}{m}\frac{x^{n-1}}{x^{\frac{n(m-1)}{m}}}=\frac{n}{m}x^{\frac{n}{m}-1}=rx^{r-1}$$

이다. 따라서 다음과 같이 지수가 유리수인 함수의 도함수는 지수가 정수인 함수의 도함수와 동일한 형태인 것을 알 수 있다.

$$\frac{dy}{dx} = rx^{r-1}$$

일반적으로 지수가 실수인 함수의 도함수도 다음과 같이 같은 방법으로 구한다.

$$\frac{d}{dx}(x^{\alpha}) = \alpha x^{\alpha-1},\ \alpha\text{는 실수}$$

매개변수 방정식의 미분법

변수 t에 관한 두 함수 $x = 2t^2 - t$, $y = 3t - 1$을 생각해보자. 그러면 $t = \frac{y+1}{3}$이고, 이를 x에 대입하여 변수 t를 소거하면 두 변수 x와 y 사이의 관계식은 다음과 같다.

$$x = \frac{1}{9}(2y^2 + y - 1)$$

$t = -2$에서 $t = 2$로 변수 t가 움직이면 점 (x, y)는 [그림 3-12]와 같이 점 $(10, -7)$에서 시작하여 포물선을 따라 화살표 방향으로 움직이고 점 $(6, 5)$에서 멈춘다.

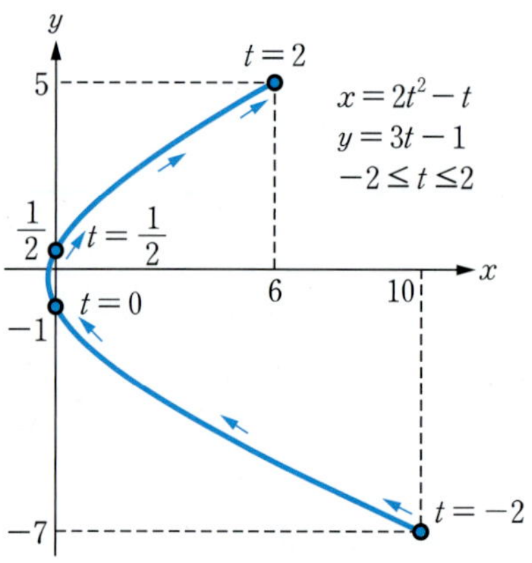

[그림 3-12] 매개변수 방정식 $x = 2t^2 - 1$, $y = 3t - 1$의 곡선

이와 같이 $x = f(t)$, $y = g(t)$인 방정식을 **매개변수** parameter t에 관한 **매개변수 방정식** parametric equations이라 한다. 이때 매개변수 t를 소거한 식에서 변수 y를 x의 함수로 간주하고, 도함수 $\frac{dy}{dx}$를 구할 수 있다. 연쇄법칙에 의하여

$$\frac{dy}{dt} = \frac{dy}{dx} \cdot \frac{dx}{dt}$$

이므로 $\frac{dx}{dt} \neq 0$이면 다음이 성립한다.

$$\frac{dy}{dx} = \frac{dy/dt}{dx/dt}$$

그러므로 미분가능한 두 매개변수 방정식에서 변수 y를 x의 함수로 간주하면 도함수는 다음 정리와 같이 구할 수 있다.

정리 3-15 매개변수 방정식의 미분법

매개변수 방정식 $x = f(t)$, $y = g(t)$가 각각 미분가능하고 $f'(t) \neq 0$이면 다음이 성립한다.

$$\frac{dy}{dx} = \frac{dy/dt}{dx/dt} = \frac{g'(t)}{f'(t)}$$

예제 3-26

$x = t + t^2$, $y = t - t^3$일 때, $\dfrac{dy}{dx}$를 구하라.

풀이

$\dfrac{dx}{dt} = 1 + 2t$, $\dfrac{dy}{dt} = 1 - 3t^2$이므로 다음과 같이 구할 수 있다.

$$\frac{dy}{dx} = \frac{dy/dt}{dx/dt} = \frac{1-3t^2}{1+2t}$$

한편, 함수 $y = f(x)$의 도함수 $f'(x)$가 다시 미분가능하면 $f'(x)$의 도함수를 얻을 수 있는데, 이는 $y = f(x)$를 연속적으로 두 번 반복하여 미분한 결과이다. 이를 **2계 도함수** second derivative라고 하고, 다음과 같이 나타낸다.

$$y'', \ f''(x), \ \frac{d^2y}{dx^2}, \ \frac{d^2f}{dx^2}, \ \frac{d^2}{dx^2}f(x), \ D^2f(x)$$

또한 2계 도함수 $f''(x)$가 미분가능하다면 $f''(x)$의 도함수를 $f(x)$의 **3계 도함수** third derivative라고 하고, 다음과 같이 나타낸다.

$$y''', \ f'''(x), \ \frac{d^3y}{dx^3}, \ \frac{d^3f}{dx^3}, \ \frac{d^3}{dx^3}f(x), \ D^3f(x)$$

일반적으로 함수 $y = f(x)$를 연속적으로 n번 미분하여 얻은 함수를 $f(x)$의 **n계 도함수** n-th derivative라 하고, $n \geq 4$인 경우에는 일반적으로

$$y^{(n)},\ f^{(n)}(x),\ \frac{d^n y}{dx^n},\ \frac{d^n f}{dx^n},\ \frac{d^n}{dx^n}f(x),\ D^n f(x)$$

로 나타낸다. 그리고 2계 이상의 도함수를 모두 **고계 도함수** higher derivative라 한다.

예제 3-27

$y=x^m$(m은 자연수)의 n계 도함수를 구하라.

풀이

$y'=mx^{m-1}$, $y''=m(m-1)x^{m-2}$, $y'''=m(m-1)(m-2)x^{m-3}$, $\cdots$이므로

$$\begin{aligned} y^{(m)} &= m(m-1)(m-2)\cdots 3\cdot 2\cdot 1\cdot x^{m-m} \\ &= m(m-1)(m-2)\cdots 3\cdot 2\cdot 1 \\ &= m! \end{aligned}$$

이다. 따라서 임의의 자연수 m에 대하여 $f(x)=x^m$의 n계 도함수는 다음과 같다.

$$y^{(n)}=\begin{cases} m(m-1)\cdots(m-n+1)x^{m-n}, & n<m \\ m!, & n=m \\ 0, & n>m \end{cases}$$

3.2.3 지수함수와 로그함수의 미분법

지수함수의 미분법

3.1.3절에서 다음 극한을 살펴보았다.

$$\lim_{h\to 0}\frac{a^h-1}{h}=\ln a,\quad \lim_{h\to 0}\frac{e^h-1}{h}=1$$

이 극한을 이용하여 지수함수 $f(x)=a^x$의 도함수를 구하면 다음과 같다.

$$\begin{aligned} f'(x) &= \lim_{h\to 0}\frac{f(x+h)-f(x)}{h}=\lim_{h\to 0}\frac{a^{x+h}-a^x}{h} \\ &= \lim_{h\to 0}\frac{a^x(a^h-1)}{h}=a^x\lim_{h\to 0}\frac{a^h-1}{h}=a^x\ln a \end{aligned}$$

특히 $a=e$이면 $\ln e=1$이므로 지수함수의 도함수를 정리하면 다음과 같다.

정리 3-16 지수함수의 미분법

(1) $(a^x)' = a^x \ln a$ (2) $(e^x)' = e^x$

예제 3-28

다음 함수의 도함수를 구하라.

(a) $y=3^x$ (b) $y=x^e e^x$

풀이

(a) $\dfrac{dy}{dx} = \dfrac{d}{dx}(3^x) = (\ln 3)3^x$

(b) $\dfrac{dy}{dx} = (e^x)\dfrac{d}{dx}(x^e) + (x^e)\dfrac{d}{dx}(e^x) = (e^x)(ex^{e-1}) + x^e(e^x) = e^x x^{e-1}(x+e)$

로그함수의 미분법

로그함수 $y=\log_a x$는 지수함수 $x=a^y$의 역함수이고

$$\frac{dx}{dy} = a^y \ln a = x \ln a$$

이므로 역함수의 도함수를 이용하면 $y=\log_a x$의 도함수는

$$\frac{dy}{dx} = \frac{1}{\frac{dx}{dy}} = \frac{1}{x\ln a}$$

이다. 특히 자연로그함수 $y=\ln x$의 도함수는 $a=e$이므로

$$\frac{dy}{dx} = \frac{1}{x}$$

이다. 따라서 로그함수의 도함수를 정리하면 다음과 같다.

정리 3-17 로그함수의 미분법

(1) $(\log_a x)' = \dfrac{1}{x\ln a}$ (2) $(\ln x)' = \dfrac{1}{x}$

연쇄법칙을 이용하면 미분가능한 함수 $f(x)$에 대하여 합성함수 $\ln f(x)$의 도함수가 다음과 같음을 쉽게 알 수 있다.

$$\frac{d}{dx}[\ln f(x)] = \frac{f'(x)}{f(x)}$$

예제 3-29

다음 함수의 도함수를 구하라.

(a) $y = \log_3(2x)$ (b) $y = \ln\frac{1+x}{1-x}$

풀이

(a) $u = 2x$, $y = \log_3 u$라면 $\frac{du}{dx} = 2$, $\frac{dy}{du} = \frac{1}{u\ln 3}$이므로 다음을 얻는다.

$$\frac{dy}{dx} = \frac{dy}{du}\cdot\frac{du}{dx} = \frac{1}{u\ln 3}\cdot 2 = \frac{1}{x\ln 3}$$

(b) $y = \ln\frac{1+x}{1-x} = \ln(1+x) - \ln(1-x)$이고

$$\frac{d}{dx}\ln(1+x) = \frac{(1+x)'}{1+x} = \frac{1}{1+x}$$

$$\frac{d}{dx}\ln(1-x) = \frac{(1-x)'}{1-x} = -\frac{1}{1-x}$$

이다. 따라서 구하고자 하는 도함수는 다음과 같다.

$$\frac{dy}{dx} = \frac{d}{dx}\ln(1+x) - \frac{d}{dx}\ln(1-x) = \frac{1}{1+x} + \frac{1}{1-x} = \frac{2}{1-x^2}$$

3.2.4 삼각함수와 역삼각함수의 미분법

삼각함수의 미분법

3.1.4절에서 다음 삼각함수의 극한을 살펴보았다.

$$\lim_{x\to 0}\frac{\sin x}{x} = 1,\ \lim_{x\to 0}\frac{\cos x - 1}{x} = 0$$

이 성질을 이용하여 $\sin x$와 $\cos x$의 도함수를 구해보자. 이때 $\sin x$와 $\cos x$는 모든 실수에서 연속이므로 다음이 성립한다.

$$\lim_{h \to 0} \sin(x+h) = \sin x, \quad \lim_{h \to 0} \cos(x+h) = \cos x$$

이제 $f(x) = \sin x$라 하고 $f'(x)$를 구하면 다음과 같다.

$$\begin{aligned} f'(x) &= \lim_{h \to 0} \frac{f(x+h) - f(x)}{h} = \lim_{h \to 0} \frac{\sin(x+h) - \sin x}{h} \\ &= \lim_{h \to 0} \frac{2\sin\dfrac{(x+h)-x}{2} \cos\dfrac{(x+h)+x}{2}}{h} \\ &= \lim_{h \to 0} \frac{\sin\dfrac{h}{2}}{\dfrac{h}{2}} \cdot \lim_{h \to 0} \cos\left(x + \frac{h}{2}\right) = 1 \cdot \cos x = \cos x \end{aligned}$$

동일한 방법으로 $\dfrac{d}{dx}\cos x = -\sin x$를 얻을 수 있다. 그러면 나머지 삼각함수의 도함수는 [정리 3-11]에 의하여 얻을 수 있으며, 그 결과는 다음과 같다.

정리 3-18 삼각함수의 미분법

(1) $(\sin x)' = \cos x$　　(2) $(\cos x)' = -\sin x$

(3) $(\tan x)' = \sec^2 x$　　(4) $(\cot x)' = -\operatorname{cosec}^2 x$

(5) $(\sec x)' = \sec x \tan x$　　(6) $(\operatorname{cosec} x)' = -\operatorname{cosec} x \cot x$

예제 3-30

다음 함수의 도함수를 구하라.

(a) $y = \sin x + \cos x$　　(b) $y = x^2 e^x \tan x$

풀이

(a) $$\begin{aligned} \frac{dy}{dx} &= \frac{d}{dx}(\sin x + \cos x) = \frac{d}{dx}(\sin x) + \frac{d}{dx}(\cos x) \\ &= \cos x + (-\sin x) = \cos x - \sin x \end{aligned}$$

(b) $$\begin{aligned} \frac{dy}{dx} &= (x^2)' e^x \tan x + x^2 (e^x)' \tan x + x^2 e^x (\tan x)' \\ &= x e^x (2\tan x + x \tan x + x \sec^2 x) \end{aligned}$$

역삼각함수의 미분법

이제 역삼각함수의 미분법에 대하여 살펴보자. 역사인함수 $y=\sin^{-1}x$ 의 도함수를 구하기 위하여 역함수 $x=\sin y$, $-\frac{\pi}{2}\le y\le\frac{\pi}{2}$ 를 생각한다. 그러면 $\frac{dx}{dy}=\cos y$ 이므로

$$\frac{dy}{dx}=\frac{1}{\frac{dx}{dy}}=\frac{1}{\cos y},\quad -\frac{\pi}{2}<y<\frac{\pi}{2}$$

이다. 이때 주치 $-\frac{\pi}{2}<y<\frac{\pi}{2}$ 에서 $\cos y>0$ 이고 $\sin^2 y+\cos^2 y=1$ 이므로

$$\cos y=\sqrt{1-\sin^2 y}=\sqrt{1-x^2}$$

을 얻는다. 따라서 $y=\sin^{-1}x$ 에 대한 도함수는 다음과 같다.

$$\frac{d}{dx}\sin^{-1}x=\frac{1}{\cos y}=\frac{1}{\sqrt{1-x^2}},\quad -1<x<1$$

동일한 방법으로 역삼각함수의 도함수를 구하면 다음과 같다.

정리 3-19 역삼각함수의 미분법

(1) $\frac{d}{dx}\sin^{-1}x=\frac{1}{\sqrt{1-x^2}},\ |x|<1$

(2) $\frac{d}{dx}\cos^{-1}x=-\frac{1}{\sqrt{1-x^2}},\ |x|<1$

(3) $\frac{d}{dx}\tan^{-1}x=\frac{1}{1+x^2},\ -\infty<x<\infty$

(4) $\frac{d}{dx}\sec^{-1}x=\frac{1}{|x|\sqrt{x^2-1}},\ |x|>1$

(5) $\frac{d}{dx}\mathrm{cosec}^{-1}x=-\frac{1}{|x|\sqrt{x^2-1}},\ |x|>1$

(6) $\frac{d}{dx}\cot^{-1}x=-\frac{1}{1+x^2},\ -\infty<x<\infty$

예제 3-31

다음 함수의 도함수를 구하라.

(a) $y = \sin^{-1}\left(\dfrac{x-1}{x+1}\right)$ (b) $y = \cos^{-1}\left(e^{-\sin x}\right)$

풀이

(a) $u = \dfrac{x-1}{x+1}$ 라 하면

$$\frac{du}{dx} = \frac{2}{(x+1)^2},\quad \frac{dy}{du} = \frac{1}{\sqrt{1-u^2}} = \frac{1}{\sqrt{1-\left(\dfrac{x-1}{x+1}\right)^2}} = \frac{x+1}{2\sqrt{x}}$$

이다. 따라서 구하고자 하는 도함수는 다음과 같다.

$$\frac{dy}{dx} = \frac{dy}{du}\cdot\frac{du}{dx} = \frac{x+1}{2\sqrt{x}}\cdot\frac{2}{(x+1)^2} = \frac{1}{(x+1)\sqrt{x}}$$

(b) $v = -\sin x,\ u = e^v$ 이라 하면 $y = \cos^{-1}u$ 이고

$$\frac{dv}{dx} = -\cos x,\quad \frac{du}{dv} = c^v,\quad \frac{dy}{du} = -\frac{1}{\sqrt{1-u^2}}$$

이다. 따라서 구하고자 하는 도함수는 다음과 같다.

$$\frac{dy}{dx} = \frac{dy}{du}\cdot\frac{du}{dv}\cdot\frac{dv}{dx} = -\frac{1}{\sqrt{1-u^2}}\cdot e^v\cdot(-\cos x) = \frac{e^{-\sin x}\cos x}{\sqrt{1-e^{-2\sin x}}}$$

3.2.5 쌍곡선함수와 역쌍곡선함수의 미분법

쌍곡선함수의 미분법

쌍곡선함수와 역쌍곡선함수의 도함수에 대하여 살펴보자. 함수 $y = \sinh x$ 의 도함수를 구하기 위하여 쌍곡사인함수의 정의를 이용하면 다음과 같이 도함수를 구할 수 있다.

$$\begin{aligned}\frac{d}{dx}\sinh x &= \frac{d}{dx}\left(\frac{e^x - e^{-x}}{2}\right) = \frac{1}{2}\frac{d}{dx}(e^x - e^{-x})\\ &= \frac{1}{2}(e^x - (-e^{-x})) = \frac{1}{2}(e^x + e^{-x}) = \cosh x\end{aligned}$$

동일한 방법으로 나머지 쌍곡선함수의 도함수를 구하면 다음과 같다.

정리 3-20 쌍곡선함수의 미분법

(1) $(\sinh x)' = \cosh x$　　(2) $(\cosh x)' = \sinh x$

(3) $(\tanh x)' = \operatorname{sech}^2 x$　　(4) $(\coth x)' = -\operatorname{cosech}^2 x$

(5) $(\operatorname{sech} x)' = -\operatorname{sech} x \tanh x$　　(6) $(\operatorname{cosech} x)' = -\operatorname{cosech} x \coth x$

예제 3-32

다음 함수의 도함수를 구하라.

(a) $y = \sinh(\sin^{-1}x)$　　(b) $y = \tanh\sqrt{1+x^2}$

풀이

(a) $u = \sin^{-1}x$, $y = \sinh u$ 라면 $\dfrac{du}{dx} = \dfrac{1}{\sqrt{1-x^2}}$, $\dfrac{dy}{du} = \cosh u$ 이므로 다음을 얻는다.

$$\frac{dy}{dx} = \frac{dy}{du}\cdot\frac{du}{dx} = \frac{\cosh(\sin^{-1}x)}{\sqrt{1-x^2}}$$

(b) $u = \sqrt{1+x^2}$, $y = \tanh u$ 라면 $\dfrac{du}{dx} = \dfrac{x}{\sqrt{1+x^2}}$, $\dfrac{dy}{du} = \operatorname{sech}^2 u$ 이므로 다음을 얻는다.

$$\frac{dy}{dx} = \frac{dy}{du}\cdot\frac{du}{dx} = \operatorname{sech}^2 u\cdot\frac{x}{\sqrt{1+x^2}} = \frac{x\operatorname{sech}^2\sqrt{1+x^2}}{\sqrt{1+x^2}}$$

역쌍곡함수의 미분법

역쌍곡사인함수 $y = \sinh^{-1}x$ 의 역함수는 $x = \sinh y$ 이고, 이를 이용하면 $\dfrac{dx}{dy} = \cosh y$ 이다. 그러면 [정리 2-13]의 쌍곡선함수의 항등식에 의하여 $\cosh^2 x = 1 + \sinh^2 x$ 이므로 $\cosh x = \sqrt{1+\sinh^2 x}$ 이다. 따라서 $y = \sinh^{-1}x$ 의 도함수는 다음과 같다.

$$\frac{dy}{dx} = \frac{1}{dx/dy} = \frac{1}{\cosh y} = \frac{1}{\sqrt{1+\sinh^2 y}} = \frac{1}{\sqrt{1+x^2}}$$

역시 동일한 방법으로 역쌍곡선함수의 도함수를 구하면 다음과 같다.

정리 3-21 쌍곡선함수의 미분법

(1) $\dfrac{d}{dx}\sinh^{-1}x = \dfrac{1}{\sqrt{x^2+1}}, \ -\infty < x < \infty$

(2) $\dfrac{d}{dx}\cosh^{-1}x = \dfrac{1}{\sqrt{x^2-1}}, \ x > 1$

(3) $\dfrac{d}{dx}\tanh^{-1}x = \dfrac{1}{1-x^2}, \ -1 < x < 1$

(4) $\dfrac{d}{dx}\text{sech}^{-1}x = -\dfrac{1}{x\sqrt{1-x^2}}, \ 0 < x < 1$

(5) $\dfrac{d}{dx}\text{cosech}^{-1}x = -\dfrac{1}{x\sqrt{1+x^2}}, \ |x| > 1$

(6) $\dfrac{d}{dx}\coth^{-1}x = -\dfrac{1}{x^2-1}, \ |x| > 1$

예제 3-33

다음 함수의 도함수를 구하라.

(a) $y = \sinh^{-1}\dfrac{1}{3^x}$

(b) $y = \tanh^{-1}(\ln x)$

풀이

(a) $u = \dfrac{1}{3^x} = \left(\dfrac{1}{3}\right)^x$, $y = \sinh^{-1}u$ 라면 $\dfrac{du}{dx} = \dfrac{1}{3^x}\ln\dfrac{1}{3} = -\dfrac{\ln 3}{3^x}$, $\dfrac{dy}{du} = \dfrac{1}{\sqrt{u^2+1}}$ 이다.

따라서 구하고자 하는 도함수는 다음과 같다.

$$\frac{dy}{dx} = \frac{dy}{du}\cdot\frac{du}{dx} = \frac{1}{\sqrt{u^2+1}}\cdot\left(-\frac{\ln 3}{3^x}\right)$$

$$= -\frac{\ln 3}{3^x}\frac{1}{\sqrt{(1/3^{2x})+1}} = -\frac{\ln 3}{\sqrt{1+9^x}}$$

(b) $u = \ln x$, $y = \tanh^{-1}u$ 라면 $\dfrac{du}{dx} = \dfrac{1}{x}$, $\dfrac{dy}{du} = \dfrac{1}{1-u^2}$ 이다. 따라서 구하고자 하는 도함수는 다음과 같다.

$$\frac{dy}{dx} = \frac{dy}{du}\cdot\frac{du}{dx} = \frac{1}{x}\cdot\frac{1}{1-u^2} = \frac{1}{x\left[1-(\ln x)^2\right]}$$

Section 3.2 연습문제

1. 함수 $f(x)=\dfrac{1}{x}$에 대하여 다음 물음에 답하라.

(a) 도함수의 정의에 의하여 $f'(x)$를 구하라.

(b) 기울기가 -1인 접선의 방정식을 구하라.

2. $f(1)=1$, $f'(1)=-1$을 만족하는 미분가능한 함수 $f(x)$에 대하여 $g(x)=x^2f(x)$이라 할 때, 다음 물음에 답하라.

(a) $g(x)$의 도함수를 구하라.

(b) $g'(1)$을 구하라.

3. 다음 함수가 $x=0$에서 미분가능한 것을 보이고, $f'(0)$을 구하라.

$$f(x)=\begin{cases} x^2\sin\dfrac{1}{x}, & x\neq 0 \\ 0, & x=0 \end{cases}$$

4. 접선에 수직인 직선을 **법선**normal line이라 한다. 함수 $f(x)=\ln x$의 그래프 위의 점 $(e,\ 1)$에서 법선의 방정식을 구하라.

※ 다음 함수의 도함수를 구하라.

5. $y=x^2+2x-2$

6. $y=\dfrac{2x+1}{3x-1}$

7. $y=(1-x)(1+x^2)^{-1}$

8. $y=\dfrac{2x}{x^2-1}$

9. $y=\sqrt{1-2x-x^2}$

10. $y=\sqrt{x^2-1}$

11. $y=\sqrt{\dfrac{x}{x^2-1}}$

12. $y=\sqrt[3]{\dfrac{2}{x^2}-4x^{-1}}$

※ 다음 함수의 도함수를 구하라.

13. $y=2^x+e^{2x}$

14. $y=(x^2+x+1)e^x$

15. $y=3^{\sin x}+\sin^3 x$

16. $y=e^{\cos x^2}\sin x$

※ 다음 함수의 도함수를 구하라.

17. $y = x + \ln x$

18. $y = x\ln(\ln x)$

19. $y = \ln(x + \sqrt{1+x})$

20. $y = \dfrac{\ln x}{x + \ln x}$

21. $y = \ln(\sin\ln x)$

22. $y = \dfrac{\log_2 x}{1 + \log_4 x}$

23. $y = \log_2 \dfrac{x^2-1}{x}$

24. $y = e^{2x}\ln 2x$

※ 다음 함수의 도함수를 구하라.

25. $y = x^x$

26. $y = x^{\sin x}$

27. $y = x^{\ln x}$

28. $y = (\ln x)^{\ln x}$

※ 다음 함수의 도함수를 구하라.

29. $y = \sin(1 + \ln x)$

30. $y = \cos\left(\dfrac{x}{\sin x}\right)$

31. $y = x\sin x + \cos x$

32. $y = \tan(e^{-x})$

33. $y = \cos^{-1}\sqrt{x-1}$

34. $y = \tan^{-1}\sqrt{\ln x}$

35. $y = \sin^{-1}(x^2-1)$

36. $y = x\tan^{-1}x - \ln\sqrt{1+x^2}$

※ 다음 함수의 도함수를 구하라.

37. $y = \sinh(x^2+1)$

38. $y = \tanh(\ln x)$

39. $y = \ln\left(\cosh\sqrt{x^2+1}\right)$

40. $y = (x^2-1)\operatorname{sech}(\ln x)$

41. $y = \cosh^{-1}(\sec x)$

42. $y = \sinh^{-1}(\sin x + \cos x)$

43. $y = \coth^{-1}\sqrt{x^2+1}$

44. $y = x\tanh^{-1}x + \ln\sqrt{1-x^2}$

※ 다음 방정식에서 y를 x의 함수라 할 때, $\dfrac{dy}{dx}$를 구하라.

45. $x^3y^2 - x^2 - 1 = 0$

46. $\dfrac{x^2}{4} + \dfrac{y^2}{9} = 1$

47. $x^2 - xy + y^2 = 0$

48. $\dfrac{x}{y} + \dfrac{y}{x} = 4$ (단, $xy \neq 0$)

※ 다음 매개변수 방정식에서 $\dfrac{dy}{dx}$를 구하라.

49. $x=t-1,\ y=t^3+t^2-1$

50. $x=t-\dfrac{1}{t},\ y=t+\dfrac{1}{t}$

51. $x=\dfrac{1+t^2}{t^2},\ y=\dfrac{1-t}{t^2}$

52. $x=\sqrt{t^3-1},\ y=\sqrt{1+t^2}$

53. $y=\sin x$의 n계 도함수를 구하여 사인함수로 나타내라.

54. 함수 $y=\ln(1+x)$에 대하여 다음을 구하라.

(a) 처음 4계 도함수를 구하라.

(b) (a)에서 구한 결과를 이용하여 n계 도함수를 유추하라.

55. [정리 3-10]의 (2)를 증명하라.

힌트 z^n-x^n을 인수분해하고 $z\to x$를 취한다.

56. [정리 3-11]을 증명하라.

힌트 $kf(x)$, $f(x)\pm g(x)$ 그리고 $f(x)\cdot g(x)$를 $h(x)$로 놓고 정의를 이용한다.

57. [정리 3-12]를 증명하라.

힌트 양의 정수 k에 대해 $n=-k$로 놓고 [정리 3-11]의 (4)를 이용한다.

58. 미분가능한 함수 $f(x)$가 모든 실수 x, y에 대하여 $f(x+y)=f(x)+f(y)$를 만족하고 $f'(0)=1$일 때, $f'(x)$를 구하라.

59. **응용** **데카르트의 잎사귀**folium of Descartes라고 하는 [그림 3-13]을 식으로 나타내면 $x^3+y^3=6xy$이다. y를 x에 관한 음함수로 정의할 때, 다음을 구하라.

(a) y'을 구하라.

(b) 곡선 위의 점 $(3,\ 3)$에서 접선의 방정식을 구하라.

(c) 수평 접선을 갖는 점의 좌표를 구하라.

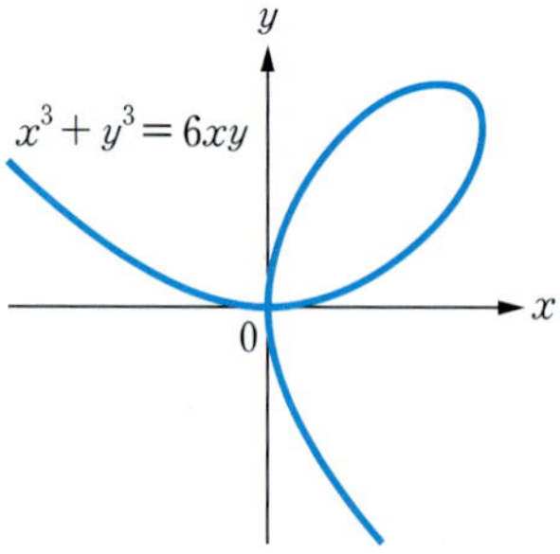

[그림 3-13] **데카르트의 잎사귀**

60. 응용 [그림 3-14]와 같이 두 사인파형의 주파수 비와 위상각의 차에 의한 **리사주 곡선** Lissajous figure을 오실로스코프에서 종종 볼 수 있다. 두 곡선은 $0 \le t \le 2\pi$에서 각각 다음과 같은 매개변수 방정식으로 표현된다. 이때 접선이 x축과 수평인 점의 좌표와 $x=0$에서 접선의 방정식을 구하라.

(a) $x=\sin t,\ y=\sin 2t$　　　(b) $x=\sin 2t,\ y=\sin 3t$

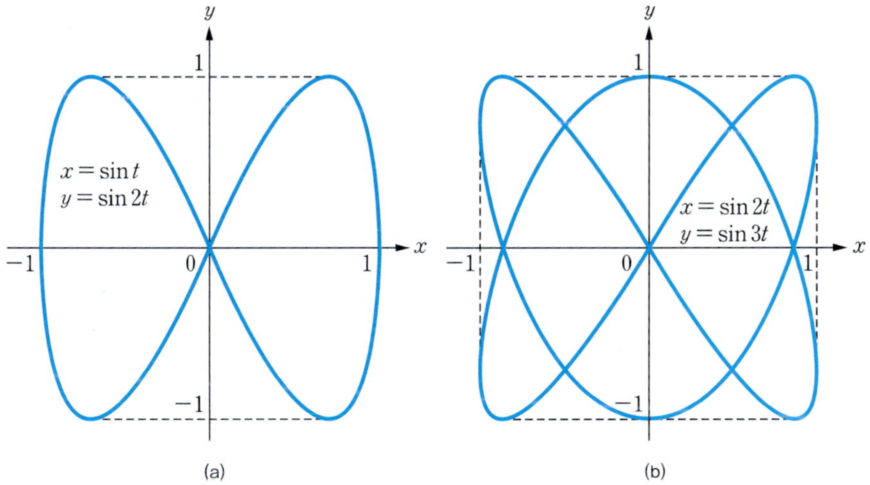

[그림 3-14] **리사주 곡선**

61. 응용 $-\frac{\pi}{2} < \theta < \frac{\pi}{2}$ 이고 $\cosh x \cdot \cos\theta = 1$이면 $\theta = \cos^{-1}(\operatorname{sech} x)$를 x의 **구데르만** C.Gudermann**의 각**이라 하고, $\theta = \operatorname{gd} x$로 나타낸다. 이때 다음이 성립함을 보여라.

(a) $\sinh x = \tan\theta$, $\cosh x = \sec\theta$, $\tanh x = \sin\theta$이다.

(b) $\operatorname{gd} x$의 역함수를 $\operatorname{gd}^{-1} x$로 표시하면 $\operatorname{gd}^{-1} x = \ln(\sec x + \tan x)$이다.

62. 응용 미국 캘리포니아주 세인트루이스에 있는 게이트웨이 아치는 다음 함수로 나타난다. 여기서 단위는 [m]이다.

$$y = 211.49 - (20.96)\cosh(0.033x),\quad -91.2 \le x \le 91.2$$

(a) 중심에서 이 아치의 높이를 구하라.

(b) 높이가 100[m]인 곳의 x좌표를 구하라. 단, $\ln(10.5435) = 2.35551$이다.

(c) (b)에서 구한 점에서 이 아치의 기울기를 소수점 이하 2자리에서 구하라. 단, $\sinh(2.3555) = 5.22428$이다.

3.3 함수의 극대와 극소

이 절에서는 함수 $f(x)$에 대한 그래프의 증감과 볼록성에 대한 개념을 살펴보고, 함수의 극값을 구하는 방법을 알아본다. 그리고 이러한 개념들을 이용하여 함수의 그래프를 정확히 그리는 방법에 대하여 살펴본다.

3.3.1 함수의 증감과 극대 · 극소

함수 $f(x)$가 [그림 3-15]와 같이 함수 $x=a$에서 정의되고 충분히 작은 양수 h에 대하여

❶ $f(a-h)<f(a)<f(a+h)$이면 $x=a$에서 **증가 상태** increasing state이다.
❷ $f(a-h)>f(a)>f(a+h)$이면 $x=a$에서 **감소 상태** decreasing state이다.

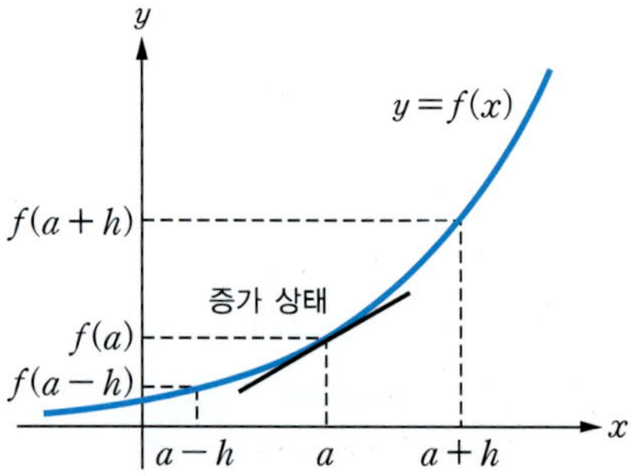

(a) $x=a$에서 증가 상태

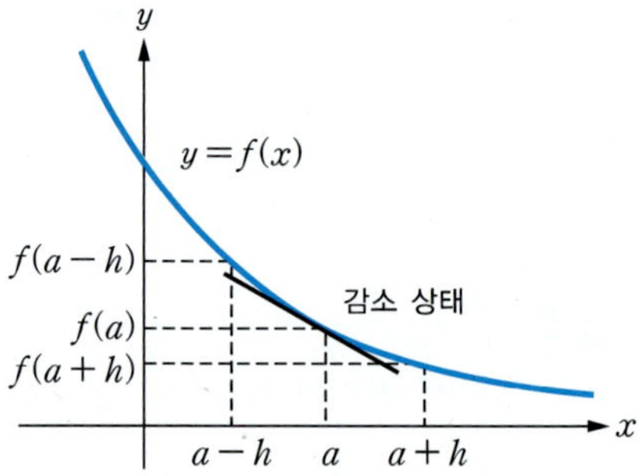

(a) $x=a$에서 감소 상태

[그림 3-15] **함수의 증가 상태와 감소 상태**

그러면 [그림 3-15]로부터 한 점 $x=a$에서 함수 $f(x)$의 증감 상태와 접선의 기울기를 나타내는 도함수 사이에 다음이 성립하는 것을 알 수 있다.

> **정리 3-22 증감 판정법**
> 함수 $f(x)$가 $x=a$에서 미분가능할 때
>
> (1) $f'(a)>0$이면 $f(x)$는 $x=a$에서 증가 상태이다.
> (2) $f'(a)<0$이면 $f(x)$는 $x=a$에서 감소 상태이다.

특히 [정리 3-22]로부터 함수 $f(x)$가 개구간 $(a,\ b)$에서 미분가능하고 폐구간 $[a,\ b]$에서 연속이라 할 때, 다음 결과를 얻는다.

❶ $(a,\ b)$ 안의 모든 x에 대하여 $f'(x) > 0$이면 함수 $f(x)$는 $[a,\ b]$에서 증가한다.
❷ $(a,\ b)$ 안의 모든 x에 대하여 $f'(x) < 0$이면 함수 $f(x)$는 $[a,\ b]$에서 감소한다.

[그림 3-16]을 보면 $x = a$의 좌우에서 함수 $f(x)$가 증가 상태에서 감소 상태로 바뀌고 있으며, 이때 $x = a$의 부근에서 $f(x) \le f(a)$이다. 또한 $x = b$의 좌우에서 함수 $f(x)$가 감소 상태에서 증가 상태로 바뀌고 있으며, $x = b$의 부근에서 $f(x) \le f(a)$이다.

이와 같이 $x = a$의 부근에서 $f(x) \le f(a)$이면 $f(a)$를 **극댓값** relative maximum value이라 하고, $x = a$의 부근에서 $f(x) \ge f(a)$이면, $f(a)$를 **극솟값** relative minimum value이라 한다. 그리고 극댓값과 극솟값을 통칭하여 **극값** extreme value이라 한다.

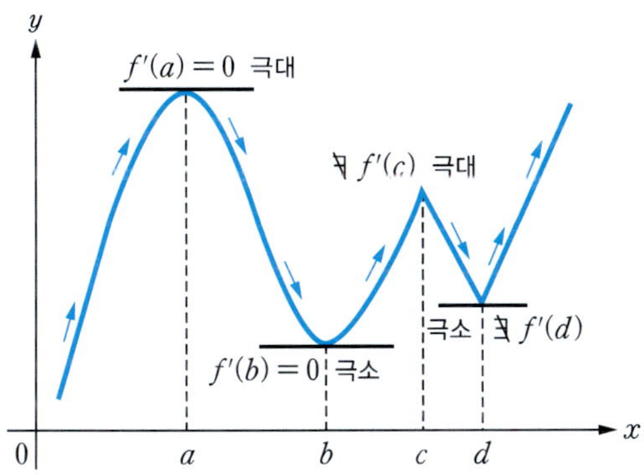

[그림 3-16] **함수의 극대와 극소**

한편, [그림 3-16]의 $x = c$와 $x = d$에서 함수 $f(x)$는 첨점을 가지므로 미분가능하지 않지만, 이들 점의 부근에서 함수의 증감이 변하는 것을 알 수 있다. 따라서 $f(c)$는 극댓값이고 $f(d)$는 극솟값이다. 그러므로 극값을 갖는 점에 대하여 다음 정리가 성립한다.

정리 3-23 임계점 판정법
함수 $f(x)$가 정의역 안의 한 점 $x = a$에서 극값을 갖는다면, $f'(a) = 0$이거나 $f'(a)$가 존재하지 않는다.

이와 같이 함수 $f(x)$가 정의역 안에서 $f'(a)=0$이거나 $f'(a)$가 존재하지 않을 때, 점 $x=a$를 함수 $f(x)$의 **임계점**critical point이라 한다. 따라서 함수 $f(x)$가 극값을 가질 수 있는 정의역 안의 점은 임계점뿐이다. 그러나 역으로 $x=a$가 함수 $f(x)$의 임계점이라 해서 항상 극값을 갖는 것은 아니다. 예를 들어, $f(x)=x^3$은 $f'(0)=0$이므로 $x=0$은 임계점이지만, $x=0$의 좌우에서 함수의 증감 상태가 변하지 않으므로 극값을 갖지 않는다. 또한 $f(x)=\sqrt[3]{x}$는 $f'(0)$이 존재하지 않으므로 $x=0$은 임계점이지만 $x=0$의 좌우에서 함수가 증가하므로 극값을 갖지 않는다.

정리 3-24 1계 도함수 극값 판정법

연속함수 $f(x)$가 임계점 $x=a$를 포함하는 어떤 구간에서 미분가능하다고 하자.
(이때 $f'(a)$가 존재하지 않아도 무방하다.)

(1) a의 좌우에서 $f'(x)$가 양의 부호에서 음의 부호로 변하면 $f(a)$는 극댓값이다.
(2) a의 좌우에서 $f'(x)$가 음의 부호에서 양의 부호로 변하면 $f(a)$는 극솟값이다.
(3) a의 좌우에서 $f'(x)$의 부호가 변하지 않으면 $f(a)$는 극값이 아니다.

예제 3-34

함수 $f(x)=x^3-2x+1$의 극값을 조사하라.

풀이

(a) $f'(x)=3x^2-2$이므로 $f'(x)=0$이면 $3x^2-2=0$으로부터 임계점은 $x=\pm\sqrt{\frac{2}{3}}$ 이다. 이제 임계점을 중심으로 함수의 증감표를 작성하면 다음과 같다.

x	$\cdots$	$-\sqrt{\frac{2}{3}}$	$\cdots$	$\sqrt{\frac{2}{3}}$	$\cdots$
$f'(x)$	$+$	0	$-$	0	$+$
$f(x)$	↗	극대 $1+\frac{4}{9}\sqrt{6}$	↘	극소 $1-\frac{4}{9}\sqrt{6}$	↗

따라서 $x=-\sqrt{\frac{2}{3}}$ 에서 극댓값이 $1+\frac{4}{9}\sqrt{6}$ 이고, $x=\sqrt{\frac{2}{3}}$ 에서 극솟값이 $1-\frac{4}{9}\sqrt{6}$ 이다.

3.3.2 함수의 볼록성과 극대 · 극소

함수 $y=f(x)$가 [그림 3-17(a)]와 같이 어떤 개구간 (a, b)에서 미분가능하고 $f'(x)$가 증가할 때, 함수 f의 그래프는 개구간 (a, b)에서 **아래로 볼록**convex downward 또는 **위로 오목**concave upward이라 한다. 그리고 [그림 3-17(b)]와 같이 이 구간에서 $f'(x)$가 감소할 때, **위로 볼록**convex upward 또는 **아래로 오목**concave downward이라 한다.

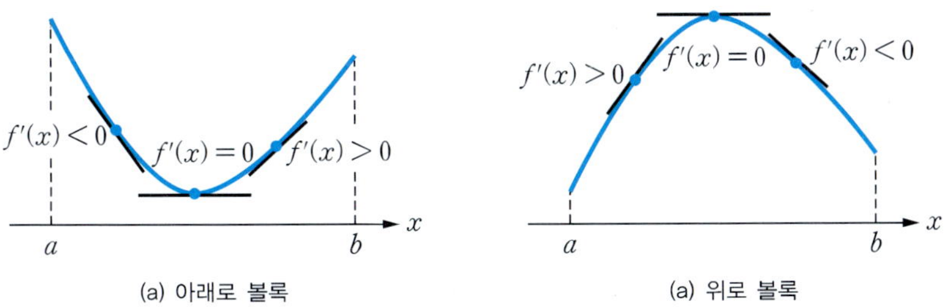

[그림 3-17] 곡선의 볼록성

이때 그래프의 볼록성이 바뀌는 점을 **변곡점**inflection point이라고 한다. 즉 개구간 (a, b) 안의 어떤 점 c에 대하여 구간 (a, c)에서 아래로 볼록이고 구간 (c, b)에서 위로 볼록이면, 함수 $f(x)$는 $x=c$에서 변곡점 $(c, f(c))$를 갖는다. 그러면 그래프의 볼록성과 함수 $f(x)$의 2계 도함수 사이에는 다음 성질이 성립한다.

정리 3-25 볼록성 판정법

어떤 개구간 I에서 함수 $f(x)$의 2계 도함수 $f''(x)$가 존재할 때, 다음이 성립한다.

(1) I에서 $f''(x)>0$이면 $f(x)$의 그래프는 구간 I에서 아래로 볼록이다.
(2) I에서 $f''(x)<0$이면 $f(x)$의 그래프는 구간 I에서 위로 볼록이다.
(3) $x=a$에서 변곡점을 갖는다면 $f''(a)=0$이거나 $f''(a)$가 존재하지 않는다.

예를 들어, [그림 3-18]을 보면 $f(x)=x^3$은 $x<0$에서 위로 볼록이고, $x>0$에서 아래로 볼록이다. 따라서 $x=0$에서 변곡점을 가지며 $f''(0)=0$이다. 반면에, $f(x)=x^{1/3}$은 $x<0$에서 아래로 볼록이고 $x>0$에서 위로 볼록이다. 그러므로 $x=0$에서 변곡점을 가지나 $f''(0)$이 존재하지 않는다. 특히 변곡점에서 접선은 그래프를 가로지르는 것을 알 수 있다.

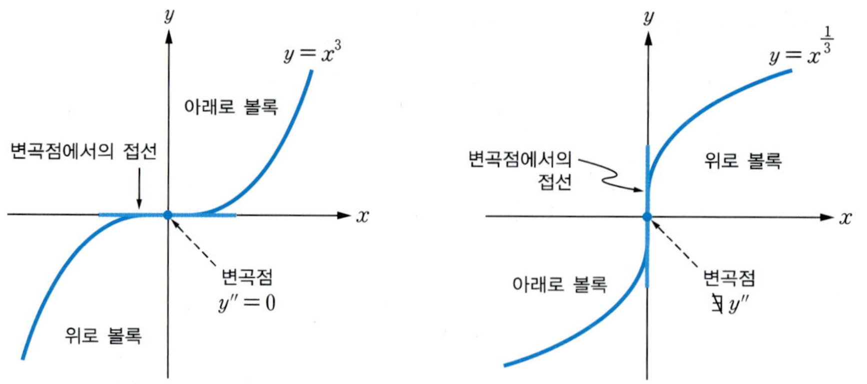

[그림 3-18] **변곡점과 접선**

또한 함수 $y = f(x)$의 임계점 $x = a$에 대하여 a를 포함하는 작은 구간에서 $f''(x) < 0$이면, 이 작은 구간에서 함수의 그래프는 위로 볼록이므로 $f(a)$는 극댓값이어야 한다. 같은 논리로 a를 포함하는 작은 구간에서 $f''(x) > 0$이면 $f(a)$는 극솟값이어야 한다. 따라서 다음과 같이 $y = f(x)$의 2계 도함수를 이용하여 극값을 판정할 수 있다.

정리 3-26 2계 도함수 극값 판정법

함수 $y = f(x)$에 대하여 $f'(a) = 0$이고 a를 포함하는 적당한 개구간에서 $f''(x)$가 존재한다고 하자.

(1) $f''(a) < 0$이면 $x = a$에서 $f(x)$는 극댓값 $f(a)$를 갖는다.
(2) $f''(a) > 0$이면 $x = a$에서 $f(x)$는 극솟값 $f(a)$를 갖는다.
(3) $f''(a) = 0$이면 극값을 판정할 수 없다.

특히 $f''(a) = 0$이면 극값을 판정할 수 없으므로 1계 도함수를 이용하여 극값을 판정한다. 한편, 함수 $f(x)$가 폐구간 $[a,\ b]$에서 연속이면 [정리 3-8]에 의하여 이 폐구간에서 최댓값과 최솟값을 갖는다. 이때 최댓값 M과 최솟값 m은 각각 다음과 같다.

$$M = \max\{f(a),\ f(b),\ \text{극댓값}\}$$
$$m = \min\{f(a),\ f(b),\ \text{극솟값}\}$$

예제 3-35

함수 $f(x) = e^{-x}\sin x$에 대하여 다음을 구하라. 단, $0 \le x \le 2\pi$이다.

(a) 임계점 (b) 변곡점 (c) 볼록성
(d) 극값 (e) 최댓값, 최솟값 (f) 그래프

풀이

(a) $f'(x) = e^{-x}(\cos x - \sin x)$이고, $e^{-x} > 0$이므로 임계점은 다음과 같다.

$$f'(x) = 0, \ \cos x - \sin x = 0, \ \tan x = 0, \ x = \frac{\pi}{4}, \ \frac{5\pi}{4}$$

(b) $f''(x) = -2e^{-x}\cos x$이므로

$$f''(x) = 0, \ \cos x = 0, \ x = \frac{\pi}{2}, \ \frac{3\pi}{2}$$

이다. 따라서 변곡점은 다음과 같다.

$$\left(\frac{\pi}{2}, \ e^{-\pi/2}\right), \ \left(\frac{3\pi}{2}, \ -e^{-3\pi/2}\right)$$

(c) $0 < x < \frac{\pi}{2}$이면 $f''(x) < 0$이고, $\frac{\pi}{2} < x < \frac{3\pi}{2}$이면 $f''(x) > 0$이다. 또한 $\frac{3\pi}{2} < x < 2\pi$이면 $f''(x) < 0$이므로 그래프가 아래로 볼록인 구간은 $\frac{\pi}{2} < x < \frac{3\pi}{2}$, 위로 볼록인 구간은 $0 < x < \frac{\pi}{2}$와 $\frac{3\pi}{2} < x < 2\pi$이다.

(d) $f''\left(\frac{\pi}{4}\right) = -\sqrt{2}e^{-\pi/4} < 0$, $f''\left(\frac{5\pi}{4}\right) = \sqrt{2}e^{-5\pi/4} > 0$이므로 $x = \frac{\pi}{4}$에서 극댓값 $f\left(\frac{\pi}{4}\right) = \frac{e^{-\pi/4}}{\sqrt{2}}$이고, $x = \frac{5\pi}{4}$에서 극솟값 $f\left(\frac{5\pi}{4}\right) = -\frac{e^{-5\pi/4}}{\sqrt{2}}$을 갖는다.

(e) $M = \frac{e^{-\pi/4}}{\sqrt{2}}$, $m = -\frac{e^{-5\pi/4}}{\sqrt{2}}$이고, $f(0) = 0$, $f(2\pi) = 0$이므로 최댓값은 $\frac{e^{-\pi/4}}{\sqrt{2}}$이고 최솟값은 $-\frac{e^{-5\pi/4}}{\sqrt{2}}$이다.

(f) 앞에서 구한 값들을 이용하여 함수의 그래프를 그리면 다음과 같다.

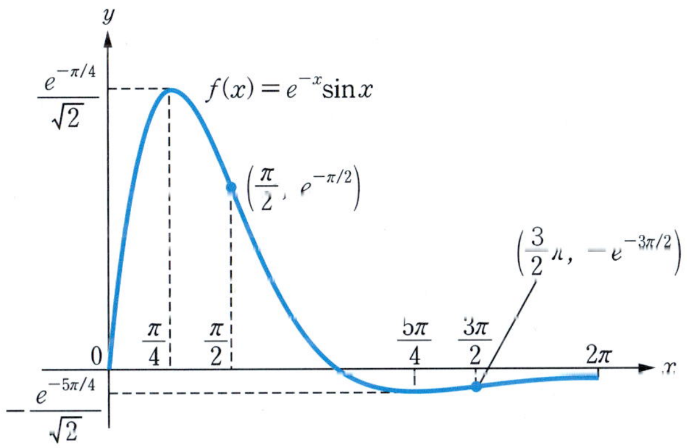

3.3.3 함수의 그래프

지금까지 살펴본 함수의 극한, 점근선, 함수의 증감, 임계점과 변곡점, 그리고 함수의 극값과 볼록성 등을 이용하면 함수 $y=f(x)$의 그래프를 쉽고 정확하게 그릴 수 있다. 함수의 그래프를 그리는 순서는 다음과 같다.

1. 정의역을 조사한다.
2. 절편을 확인한다.
3. 대칭성을 조사한다.
4. 임계점을 구한다.
5. 임계점을 중심으로 함수의 증가·감소 범위를 구한다.
6. 1계 도함수 또는 2계 도함수 극값 판정법을 이용하여 극값을 구한다.
7. 변곡점을 구하고, 볼록성을 조사한다.
8. 수직·수평점근선과 경사점근선을 구한다.

경사점근선을 구할 때, $\lim_{x \to \pm\infty} g(x)=0$이 되는 함수 $g(x)$에 대하여 $f(x)=ax+b+g(x)$로 표현할 수 있으면 $y=ax+b$가 경사점근선이 된다.

예제 3-36

함수 $f(x)=\dfrac{x^2-2x+2}{x+1}$의 그래프를 그려라.

풀이

함수 $y=f(x)=x-3+\dfrac{5}{x+1}$의 정의역은 $x \neq -1$인 모든 실수이다. $f(0)=2$이므로 y절편은 2이고, 모든 실수에 대하여 $x^2-2x+2>0$이므로 x절편은 없다. 또한

$$f'(x)=1-\frac{5}{(x+1)^2}, \quad f''(x)=\frac{10}{(x+1)^3}$$

이므로 $f'(x)=0$인 임계점은 $x=-1-\sqrt{5}$, $x=-1+\sqrt{5}$이고, $f''(x)=0$인 변곡점은 없다. 이제 $f'(x)$와 $f''(x)$의 부호와 함수 f의 증가·감소와 극점, 볼록성을 나타내면 다음 표와 같다.

x	$\cdots$	$-1-\sqrt{5}$	$\cdots$	-1	$\cdots$	$-1+\sqrt{5}$	$\cdots$
$f'(x)$	$+$	0	$-$		$-$	0	$+$
$f''(x)$	$-$		$-$		$+$		$+$
$f(x)$	↗	극대	↘		↘	극소	↗
	⌒	$-2(2+\sqrt{5})$	⌒		∪	$-2(2-\sqrt{5})$	∪

이때 $\lim_{x \to -1^-} \frac{x^2-2x+2}{x+1} = -\infty$, $\lim_{x \to -1^+} \frac{x^2-2x+2}{x+1} = \infty$이므로 수지점근선은 $x=-1$이고, $\lim_{x \to \infty} \frac{5}{x+1} = 0$, $\lim_{x \to -\infty} \frac{5}{x+1} = 0$이므로 경사 점근선은 $y=x-3$이다. 이와 같은 사실을 종합하여 그래프를 그리면 다음과 같다.

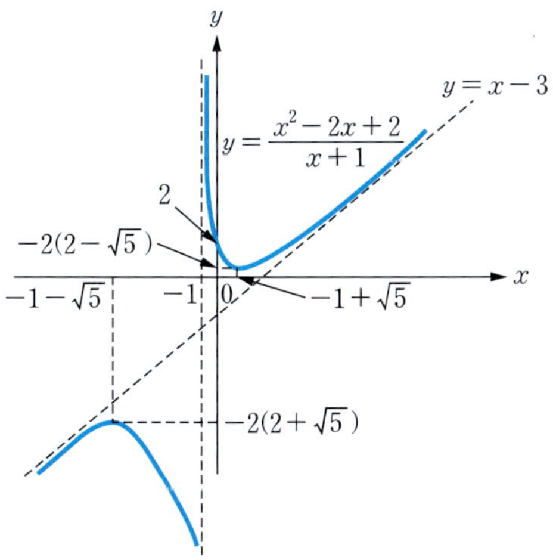

Section 3.3 연습문제

※ 주어진 구간에서 다음 함수의 증가·감소하는 구간을 구하라.

1. $f(x) = x^2 - 2x - 3$, $-1 < x < 3$
2. $f(x) = 1 - |x-1|$, $-2 < x < 2$
3. $f(x) = x + \frac{1}{x}$, $-2 < x < 2$
4. $f(x) = \frac{x^2+3x+1}{x^2}$, $-2 < x < 2$
5. $f(x) = \sin x + \cos x$, $-\pi < x < \pi$
6. $f(x) = x - 2\sin x$, $-\pi < x < \pi$
7. $f(x) = x - \ln x$, $0 < x < e$
8. $f(x) = (x-2)e^{2x}$, $-1 < x < 2$

※ 주어진 구간에서 다음 함수의 볼록성을 조사하라

9. $f(x) = x^3 - 3x^2 - 2x + 3$, $-2 < x < 4$
10. $f(x) = x\sqrt{9-x^2}$, $-3 < x < 3$
11. $f(x) = x + \frac{1}{x}$, $-2 < x < 2$
12. $f(x) = \frac{x+2}{x^2}$, $-2 < x < 2$
13. $f(x) = x - \cos x$, $-\pi < x < \pi$
14. $f(x) = x + \sin x$, $-\pi < x < \pi$
15. $f(x) = x^2 - \ln x$, $0 < x < 3$
16. $f(x) = x^2 e^{-x}$, $-1 < x < 3e$

17. 함수 $f(x)=(x^2-kx+1)e^{-2x}$가 모든 실수에서 감소하기 위한 상수 k의 범위를 구하라.

18. 1계 도함수 극값 판정법을 이용하여 [연습문제 1~8]에 주어진 함수의 극값을 구하라.

19. 2계 도함수 극값 판정법을 이용하여 [연습문제 9~16]에 주어진 함수의 극값을 구하라.

20. 응용 길이 10[m]인 보^{beam}가 하중을 받아 휜 정도를 D라 하면 $D=x^4-40x^3+300x^2$이다. 이 보를 최대로 휘게 되는 위치를 구하라. 여기서 x는 보의 한쪽으로부터의 거리이다.

21. 응용 밑면은 정사각형이고 겉넓이가 300[cm^2]인 뚜껑이 없는 직육면체를 만들고자 한다. 이때 이 직육면체의 최대 부피를 구하라.

22. 응용 점 (1, 1)에서 곡선 $x=y^2-1$까지 선분을 이을 때, 이 선분의 길이가 가장 짧은 곡선 위의 점을 구하라.

23. 응용 5[m]와 10[m] 높이의 두 막대가 20[m]의 간격을 두고 서있다고 하자. 그리고 두 막대는 하나의 말뚝에 두 철선으로 묶여서 지탱하고 있다. 이때 두 막대를 지탱해주는 철선의 길이가 가장 짧은 말뚝의 위치를 구하고, 두 철선의 길이를 구하라.

24. 응용 시각 t에서 직선운동을 하는 입자의 위치가 $x(t)=-6t+3t^2$이라 한다.

(a) $0\leq t\leq 1.5$에서 입자의 변위와 평균속도를 구하라.
(b) 입자가 처음 움직이기 시작한 위치에 올 때까지 걸리는 시간을 구하라.
(c) 속도가 0이 되는 시간을 구하라.
(d) $t=1.5$를 통과할 때, 이 입자의 속도와 속력을 구하라.

25. 응용 물을 받기가 힘든 지역의 논에 물을 대기 위하여, 다른 지역에서 다음 그림과 같은 물줄기를 끌어오려고 한다. 이때 물줄기의 길이는 100[m]이고 측면의 변의 길이는 각각 50[cm]이다. 이 물줄기의 부피를 최대로 하는 각 θ를 구하라.

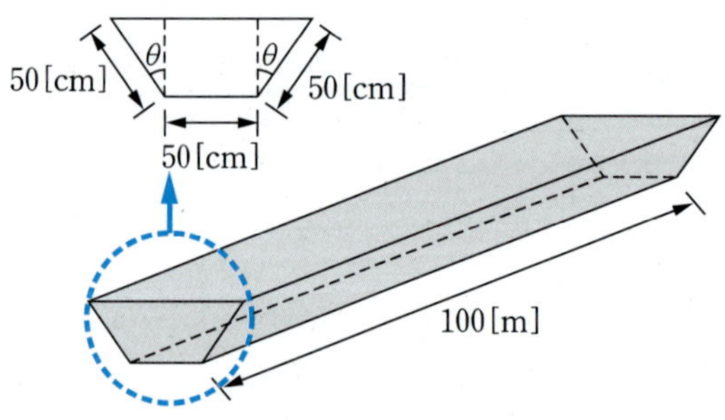

26. 응용 출발선 위로 1[m] 높이의 스탠드에 아나운서가 앉아 있고, 두 명의 쇼트트랙 선수가 트랙을 따라 달리고 있다고 하자. 이때 선두에 있는 선수가 다른 선수에 비하여 3배 빠르게 달리고 있을 때, 아나운서가 두 선수를 바라다보는 최대의 사잇각 θ를 구하라.

27. 응용 직선 궤도 위를 일정한 가속도 $-3[m/s^2]$으로 달리는 전동차가 제동을 걸기 시작하여 완전히 멈출 때까지 걸린 시간과 움직인 거리를 구하라. 단, 150[m/s]의 속도에서 제동을 걸기 시작하였다.

28. 응용 고속도로 위의 휴게소 안내판을 100[m/s]의 속도로 달리는 자동차가 휴게소에서 정지할 때의 최대 가속도는 $-5[m/s^2]$이었다. 이때 안내판을 지나는 순간부터 정지할 때까지 걸리는 시간과 움직인 거리를 구하라.

29. 응용 용수철에 매달려 있는 물체의 높이는 $y=\frac{1}{3}\cos 12x-\frac{1}{4}\sin 12x$라고 한다. 여기서 y는 물체의 높이[cm], x는 시간[초]이다.

(a) $x=\frac{\pi}{8}$초일 때, 이 물체의 높이와 속도를 구하라.

(b) 이 물체의 최대 높이를 구하라.

3.4 도함수의 응용

이 절에서는 도함수의 응용에서 중요한 평균값 정리의 개념을 살펴보고, 이 정리를 이용하여 부정형의 극한을 구하는 방법에 대하여 알아본다. 또한 10장에서 다루는 미분방정식의 기초에서 미분방정식의 해를 쉽게 구하기 위한 미분의 개념에 대하여 알아본다.

3.4.1 평균값 정리

도함수의 응용에서 가장 중요한 정리 중의 하나인 평균값 정리에 대하여 살펴보기에 앞서 **롤의 정리** Rolle's theorem를 먼저 살펴보자.

정리 3-27 롤의 정리

함수 $f(x)$가 다음 세 가지 조건을 만족한다고 하자.

(1) 폐구간 $[a, b]$에서 연속이다.
(2) 개구간 (a, b)에서 미분가능하다.
(3) $f(a)=f(b)$이다.

그러면 $f'(c)=0$을 만족하는 c가 개구간 (a, b) 안에 적어도 하나 존재한다.

롤의 정리는 함수 $f(x)$가 [정리 3-27]의 세 가지 조건을 만족하면 [그림 3-19]와 같이 개구간 (a, b) 안에 x축과 평행인 접선이 적어도 하나 존재함을 나타낸다.

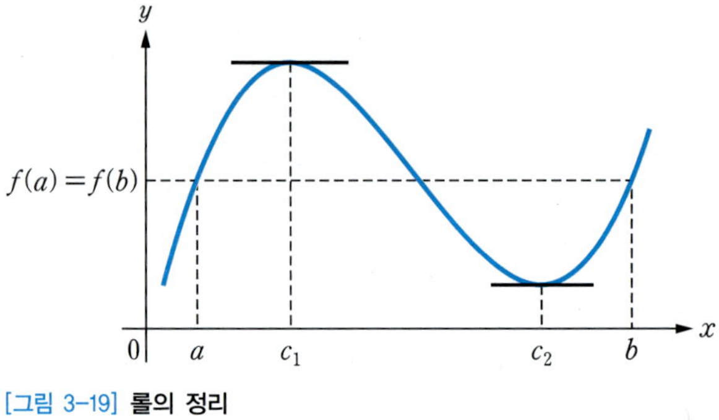

[그림 3-19] 롤의 정리

그러나 함수 $f(x)$가 세 가지 조건 중에서 어느 하나라도 만족하지 않으면 [그림 3-20]과 같이 롤의 정리는 성립하지 않는다.

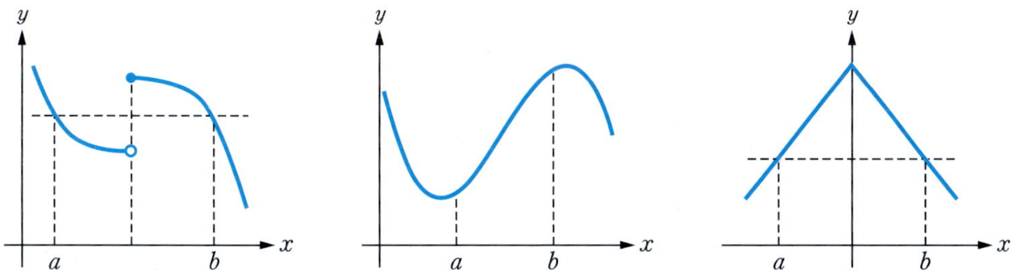

[그림 3-20] **롤의 정리가 성립하지 않는 경우**

정리 3-28 평균값 정리

함수 $f(x)$가 다음 두 가지 조건을 만족한다고 하자.

(1) 폐구간 $[a, b]$에서 연속이다.
(2) 개구간 (a, b)에서 미분가능하다.

그러면 다음을 만족하는 c가 개구간 (a, b) 안에 적어도 하나 존재한다.

$$\frac{f(b)-f(a)}{b-a} = f'(c)$$

평균값 정리는 [그림 3-21]과 같이 폐구간 $[a, b]$에서 곡선 위의 양끝 점 P와 Q를 지나는 직선과 평행한 접선이 개구간 (a, b) 안에 적어도 하나 존재함을 나타낸다. 즉 두 점 P와 Q를 잇는 평균변화율과 동일한 순간변화율을 갖는 점이 개구간 (a, b) 안에 반드시 존재함을 의미한다.

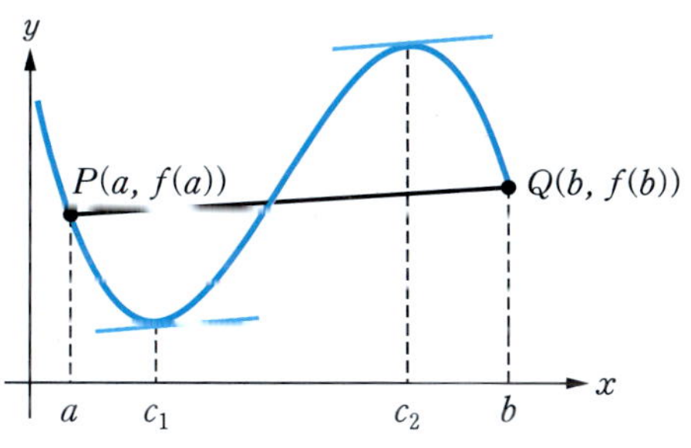

[그림 3-21] **평균값 정리**

그러나 함수 $f(x)$가 두 가지 조건 중에서 어느 하나라도 만족하지 않으면 평균값 정리는 성립하지 않으며, 롤의 정리는 평균값 정리에서 $f(a)=f(b)$인 특수한 경우이다. 그리고 [정리 3-28]의 식을 다음과 같이 표현할 수 있다.

$$f(b)-f(a)=f'(c)(b-a)$$

예제 3-37

함수 $f(x)=x^2$에 대하여 다음 물음에 답하라.

(a) 폐구간 $[-1, 1]$에서 롤의 정리를 만족하는 c를 구하라.

(b) 폐구간 $[-1, 3]$에서 평균값 정리를 만족하는 c를 구하라.

풀이

(a) $f(x)=x^2$은 폐구간 $[-1, 1]$에서 연속이고, 개구간 $(-1, 3)$에서 미분가능하다. 그리고 $f(-1)=f(1)=1$이므로 롤의 정리를 만족한다. 이때 $f'(c)=2c$이므로 $f'(c)=0$을 만족하는 $c=0$이 개구간 $(-1, 1)$ 안에 존재한다.

(b) $f(x)=x^2$은 폐구간 $[-1, 3]$에서 연속이고 개구간 $(-1, 3)$에서 미분가능하다. 그리고 $f(-1)=1$, $f(3)=9$이므로 곡선 위의 양 끝점을 지나는 직선의 기울기는

$$\frac{f(3)-f(-1)}{3-(-1)}=2$$

이고, $f'(c)=2c$이므로 $f'(c)=2$을 만족하는 $c=1$이 개구간 $(-1, 3)$ 안에 존재한다.

그리고 평균값 정리로부터 어떤 구간에서 도함수가 같은 두 함수의 관계를 얻는다.

정리 3-29 도함수가 같은 함수

(1) 개구간 (a, b)에서 $f'(x)=0$이면 이 구간에서 $f(x)$는 상수이다.

(2) 개구간 (a, b)에서 $f'(x)=g'(x)$이면 이 구간에서 $f(x)=g(x)+C$를 만족하는 상수 C가 존재한다.

예제 3-38

도함수가 $3x^2+2x-1$인 함수 전체를 구하고, 점 $(1, 1)$을 지나는 함수 $f(x)$를 구하라.

풀이

도함수가 $3x^2+2x-1$인 함수를 $g(x)$라 하면 $g(x)=x^3+x^2-x$이므로

$$f(x)=x^3+x^2-x+C, \quad C\text{는 임의의 상수}$$

이다. 한편, 이 함수가 점 $(1, 1)$을 지나므로

$$1^3+1^2-1+C=1, \quad C=0$$

이다. 그러므로 구하고자 하는 함수는 $f(x)=x^3+x^2-x$이다.

평균값 정리를 이용하면 근삿값을 쉽게 얻을 수 있다. 근삿값을 구하는 방법을 살펴보기 위하여 함수 $f(x)$가 폐구간 $[a, b]$에서 연속이고 개구간 (a, b)에서 미분가능하다고 하자. 그러면 평균값 정리에 의하여

$$f(b)-f(a)=f'(c)(b-a) \quad \text{또는} \quad f(b)=f(a)+f'(c)(b-a)$$

를 만족하는 c가 개구간 (a, b) 안에 적어도 하나 존재하므로 $b=a+h$, $\theta=\dfrac{c-a}{b-a}$라고 하면 $0<\theta<1$이고 $f(a+h)=f(a)+hf'(a+\theta h)$이다. 특히 $h \fallingdotseq 0$이면 $a+\theta h \fallingdotseq a$이므로 $f(a+h)$의 근삿값은

$$f(a+h) \fallingdotseq f(a)+hf'(a)$$

이다. 그러면 $x \fallingdotseq 0$일 때 기본 함수에 대한 근삿값은 다음과 같이 계산할 수 있다.

정리 3-30 근사식

$x \fallingdotseq 0$일 때, 다음 근사식이 성립한다.

(1) $(1+x)^n \fallingdotseq 1+nx$

(2) $\sin x \fallingdotseq x$

(3) $\cos x \fallingdotseq 1$

(4) $\tan^{-1} x \fallingdotseq x$

(5) $\ln(1+x) \fallingdotseq x$

(6) $e^x \fallingdotseq 1+x$

예제 3-39

소수점 이하 네 자리에서 $\sqrt[3]{26.5}$의 근삿값을 구하라.

풀이

$f(x)=\sqrt[3]{x}$라 하면 $f'(x)=\dfrac{1}{3\sqrt[3]{x^2}}$이다. 이때 $a=27$, $h=-0.5$라 하면 다음을 얻는다.

$$\begin{aligned}\sqrt[3]{26.5} &= f(27+(-0.5)) \fallingdotseq f(27)+(-0.5)f'(27)\\ &= \sqrt[3]{27}-\frac{0.5}{3\sqrt[3]{27^2}}=\sqrt[3]{3^3}-\frac{0.5}{3\sqrt[3]{9^3}}\\ &= 3-\frac{0.5}{27}=2.9815\end{aligned}$$

3.4.2 로피탈의 정리

두 함수 $f(x)$, $g(x)$에 대하여 $\dfrac{f(x)}{g(x)}$ 형태의 함수로 평균값 정리를 일반화할 수 있는데, 이를 **코시의 평균값 정리**Cauchy's mean value theorem라 한다.

> **정리 3-31 코시의 평균값 정리**
> 두 함수 $f(x)$와 $g(x)$가 폐구간 $[a, b]$에서 연속이고 개구간 (a, b)에서 미분가능하다고 하자. 이때 개구간 (a, b)에서 $g'(x) \neq 0$이면, 다음을 만족하는 c가 개구간 (a, b) 안에 적어도 하나 존재한다.
>
> $$\frac{f(b)-f(a)}{g(b)-g(a)} = \frac{f'(c)}{g'(c)}$$

그러면 평균값 정리는 $g(x)=x$인 코시의 평균값 정리이다. 이때 [정리 3-31]을 이용하면 분모와 분자가 동시에 0 또는 ∞로 향하는 극한 문제를 쉽게 해결할 수 있다. 두 연속함수 $f(x)$, $g(x)$가 동시에

$$\lim_{x \to a} f(x) = 0,\ \lim_{x \to a} g(x) = 0 \ \text{또는}\ \lim_{x \to a} f(x) = \infty,\ \lim_{x \to a} g(x) = \infty$$

일 때,

$$\lim_{x \to a} \frac{f(x)}{g(x)}$$

형태의 극한을 **부정형**indeterminate form이라 한다. 이와 같은 부정형의 극한을 쉽게 구하기 위하여 다음과 같은 **로피탈의 정리**L'Hospital's theorem를 사용한다.

> **정리 3-32 로피탈의 정리**
> 함수 $f(x)$와 $g(x)$가 a를 포함하는 개구간 I에서 미분가능하고 $g'(a) \neq 0$라고 하자.
>
> $$\lim_{x \to a} f(x) = 0,\ \lim_{x \to a} g(x) = 0 \quad \text{또는} \quad \lim_{x \to a} f(x) = \infty,\ \lim_{x \to a} g(x) = \infty$$
>
> 일 때, $\displaystyle\lim_{x \to a} \frac{f'(x)}{g'(x)}$가 존재하면 $\displaystyle\lim_{x \to a} \frac{f(x)}{g(x)} = \lim_{x \to a} \frac{f'(x)}{g'(x)}$가 성립한다.

예제 3-40

다음 극한을 구하라.

(a) $\lim_{x\to 0}\frac{x-\sin x}{x^3}$ (b) $\lim_{x\to\pi/2}\frac{\sec x}{1+\tan x}$

풀이

(a) $\lim_{x\to 0}\frac{x-\sin x}{x^3}=\lim_{x\to 0}\frac{1-\cos x}{3x^2}=\lim_{x\to 0}\frac{\sin x}{6x}=\lim_{x\to 0}\frac{\cos x}{6}=\frac{1}{6}$ 이다.

(b) $\sec x$와 $1+\tan x$는 $x=\frac{\pi}{2}$에서 불연속이므로 좌극한과 우극한을 구한다.

$$\lim_{x\to\pi/2^-}\frac{\sec x}{1+\tan x}=\lim_{x\to\pi/2^-}\frac{\sec x\tan x}{\sec^2 x}=\lim_{x\to\pi/2^-}\frac{\tan x}{\sec x}=\lim_{x\to\pi/2^-}\sin x=1$$

$$\lim_{x\to\pi/2^+}\frac{\sec x}{1+\tan x}=\lim_{x\to\pi/2^+}\frac{\sec x\tan x}{\sec^2 x}=\lim_{x\to\pi/2^+}\frac{\tan x}{\sec x}=\lim_{x\to\pi/2^+}\sin x=1$$

좌극한과 우극한이 동일하므로 $\lim_{x\to\pi/2}\frac{\sec x}{1+\tan x}=1$ 이다.

또한 $0\cdot\infty$, $\infty-\infty$ 형태인 부정형의 극한은 $\frac{0}{0}$ 또는 $\frac{\infty}{\infty}$ 형태의 부정형으로 바꾸어 로피탈의 법칙을 사용한다. 그리고 0^0, ∞^0, 1^∞ 형태인 부정형은 자연로그를 이용하여 $\frac{0}{0}$ 또는 $\frac{\infty}{\infty}$ 형태의 부정형으로 바꾸어 로피탈의 법칙을 사용한다.

예제 3-41

다음 극한을 구하라.

(a) $\lim_{x\to 0^+}\sqrt{2x}\ln 3x$ (b) $\lim_{x\to 0}\left(\frac{1}{x}-\frac{1}{\sin x}\right)$ (c) $\lim_{x\to 0}x^{\sin x}$

풀이

(a) $\lim_{x\to 0^+}\sqrt{2x}\ln 3x=\sqrt{2}\lim_{x\to 0^+}\frac{\ln 3x}{x^{-1/2}}=\sqrt{2}\lim_{x\to 0^+}\frac{1/x}{(-1/2)x^{-3/2}}=-2\sqrt{2}\lim_{x\to 0^+}\sqrt{x}=0$

(b) $\lim_{x\to 0}\left(\frac{1}{x}-\frac{1}{\sin x}\right)=\lim_{x\to 0}\frac{\sin x-x}{x\sin x}=\lim_{x\to 0}\frac{\cos x-1}{\sin x+x\cos x}$

$$=\lim_{x\to 0}\frac{\sin x}{\cos x+\cos x-x\sin x}=\frac{0}{2}=0$$

(c) $y = x^{\sin x}$이라 하면 $\ln y = (\ln x)\sin x = \dfrac{\ln x}{\operatorname{cosec} x}$이므로

$$\lim_{x \to 0} \ln y = \lim_{x \to 0} \frac{\ln x}{\operatorname{cosec} x} = \lim_{x \to 0} \frac{1/x}{-\operatorname{cosec} x \cot x} = -\lim_{x \to 0} \frac{\sin^2 x}{x \cos x}$$
$$= -\lim_{x \to 0} \left(\frac{\sin x}{x}\right) \tan x = -\lim_{x \to 0} \left(\frac{\sin x}{x}\right) \cdot \lim_{x \to 0} \tan x = (-1) \cdot 0 = 0$$

이다. 따라서 $\lim_{x \to 0} \ln y = \ln\left(\lim_{x \to 0} y\right) = 0 = \ln 1$이고 $\lim_{x \to 0} x^{\sin x} = \lim_{x \to 0} y = 1$이다.

3.4.3 미분

함수 $y = f(x)$가 x와 $x + \Delta x$를 포함하는 구간에서 미분가능하다고 하자. 그러면 평균값 정리에 의하여 $f(x + \Delta x)$의 근삿값은

$$f(x + \Delta x) \fallingdotseq f(x) + f'(x)\Delta x$$

이다. 이때 x의 증분 Δx를 x의 **미분**[differential]이라 하고, dx로 나타낸다. 즉 x의 미분은 $dx = \Delta x$이고, 이것은 독립변수이다. 그리고 y의 미분 dy를 다음과 같이 정의한다.

$$dy = f'(x)\Delta x = f'(x)\,dx$$

그러면 dy는 독립변수 x와 dx에 의하여 결정되는 종속변수이다. 따라서 $dx \neq 0$에 대하여

$$\frac{dy}{dx} = f'(x)$$

인 것을 알 수 있다. 함수 $y = f(x)$의 미분 dy와 증분 Δy의 관계를 기하학적으로 살펴보면 [그림 3-22]와 같다. 이때 점 $(x,\ f(x))$에서 접선의 기울기는 $f'(x)$이고 이 직선의 기울기는 x의 증가량인 dx와 접선에서 y의 증가량인 dy에 의하여 접선의 기울기는 $\dfrac{dy}{dx}$이다. 따라서 접선의 기울기가 $\dfrac{dy}{dx} = f'(x)$인 것을 알 수 있다.

그러므로 연쇄법칙에서 언급한 바와 같이 도함수 기호 $\dfrac{dy}{dx}$는 y의 미분 dy를 x의 미분 dx로 나눈 것으로 생각할 수 있다. 한편, 함수 $y = f(x)$의 그래프 위의 특정한 점 $(a,\ f(a))$와 임의의 점 $(a + \Delta x,\ f(a + \Delta x))$를 택하면, 폐구간 $[a,\ a + \Delta x]$에서 y의 증분은

$$\Delta y = f(a+\Delta x) - f(a)$$

이고, y의 미분은 다음과 같다.

$$dy = f'(a)\,dx$$

따라서 충분히 작은 $\Delta x (\fallingdotseq 0)$에 대하여

$$f(a+\Delta x) \fallingdotseq f(a) + f'(a)\,dx$$

가 성립한다. 이것은 평균값 정리에 의한 근삿값을 구하는 방법과 동일한 결과이다.

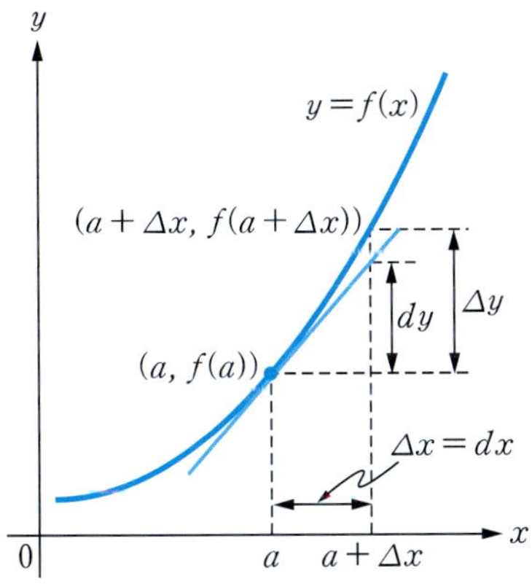

[그림 3-22] 미분과 증분

그러면 [정리 3-11]과 [정리 3-13]의 미분법에 의하여 미분가능한 함수 $f(x)$와 $g(x)$에 대하여 다음 미분공식을 얻는다.

정리 3-33 미분공식

두 함수 $f(x)$와 $g(x)$가 미분가능하면 다음이 성립한다.

(1) $d(kf) = kf'(x)dx$, k는 상수

(2) $d(f \pm g) = [f'(x) + g'(x)]\,dx$

(3) $d(fg) = [f'(x)g(x) + f(x)g'(x)]\,dx$

(4) $d\left(\dfrac{f}{g}\right) = \dfrac{f'(x)g(x) - f(x)g'(x)}{[g(x)]^2}\,dx$ 단, $g(x) \neq 0$

(5) $d(g \circ f) = g'(f(x))f'(x)\,dx$

예제 3-42

함수 $y=e^x\sin x$의 미분을 구하라.

풀이

$f'(x)=e^x(\sin x+\cos x)$이므로 $dy=e^x(\sin x+\cos x)\,dx$이다.

Section 3.4 연습문제

※ 다음 주어진 구간에서 평균값 정리를 만족하는 c를 구하라.

1. $f(x)=4-\dfrac{1}{x}$, $1\le x\le 5$

2. $f(x)=x^2-2x+3$, $-1\le x\le 2$

3. $f(x)=\cos x$, $0\le x\le \dfrac{\pi}{2}$

4. $f(x)=x\sqrt{x+3}$, $-2\le x\le 1$

5. $f(x)=x-\sin x$, $0\le x\le \dfrac{\pi}{2}$

6. $f(x)=x^2-\ln x$, $1\le x\le e$

※ 다음 함수의 미분을 구하라.

7. $y=4x^2-2x+1$

8. $y=xe^x$

9. $y=\sin x+2\cos x$

10. $y=\sqrt{x^2-x+3}$

11. $y=x-\ln x$

12. $f(x)=\ln x\sin x$

※ 로피탈의 정리를 이용하여 다음 극한을 구하라.

13. $\displaystyle\lim_{x\to\infty}\frac{\ln x}{\sqrt{x}}$

14. $\displaystyle\lim_{x\to 0^+}\frac{\ln(x^3+4x)}{\ln x}$

15. $\displaystyle\lim_{x\to 0^+}(\ln x-\ln(\sin x))$

16. $\displaystyle\lim_{x\to 1^+}\left(\frac{1}{x-1}-\frac{1}{\ln x}\right)$

17. $\displaystyle\lim_{x\to \pi/2^-}\left(\frac{\pi}{2}-x\right)\tan x$

18. $\displaystyle\lim_{x\to \pi/2^-}\frac{\sec x}{\tan x}$

19. $\displaystyle\lim_{x\to 0}\frac{2^{\sin x}-1}{x}$

20. $\displaystyle\lim_{x\to 0}\frac{3^{\sin x}-1}{2^{\sin x}-1}$

21. $\displaystyle\lim_{x\to 0^+}x\ln x$

22. $\displaystyle\lim_{x\to 0^+}x^x$

23. $\lim_{x \to 0} (1-2x)^{1/x}$

24. $\lim_{x \to 1} (2-x)^{\tan \pi x/2}$

25. 모든 실수에서 미분가능한 함수 $f(x)$에 대하여 $f(0)=-2$, $f'(x) \le 4$를 만족한다고 하자. 이때 $f(3)$이 가질 수 있는 최댓값을 구하라.

26. 모든 실수에서 미분가능한 함수 $f(x)$에 대하여 $1 \le f'(x) \le 4$를 만족한다고 하자. 이때 $f(5)-f(1)$이 가질 수 있는 최솟값과 최댓값을 구하라.

27. 임의의 실수 a와 b에 대하여 다음 부등식이 성립하는 것을 보여라.

$$|\sin a - \sin b| \le |a-b|$$

28. [정리 3-29]의 (1)을 이용하여 (2)를 증명하라. **힌트** [정리 3-29]의 (1)을 이용한다.

29. 두 함수 f와 g가 다음과 같이 정의된다.

$$f(x)=\frac{1}{x},\quad g(x)=\begin{cases} \dfrac{1}{x}, & x<0 \\ 1+\dfrac{1}{x}, & x>0 \end{cases}$$

이때 $f'(x)=g'(x)$임을 보여라. 그리고 [정리 3-29]의 (2)에 의하여 $f(x)-g(x)=C$라고 할 수 있는지 말하라.

30. **응용** 고속도로에 속도측정기를 갖춘 두 대의 경찰차가 같은 방향으로 15[km] 떨어져 있다. 어떤 승용차가 시속 110[km/h]의 속도로 첫 번째 경찰차를 지난 후, 5분 후에 시속 100[km/h]의 속도로 두 번째 경찰차를 지났다고 한다. 이 승용차가 8분 사이에 어느 곳에서 제한속도 100[km/h]를 초과하였음을 보여라.

31. **응용** 얼음에서 끓는 물이 될 때까지 수은 온도계가 영하 20[°C]에서 100[°C]까지 오르는데 10초가 걸렸다. 그러면 이 온도계의 수은이 12[°C/sec]의 비율로 증가한 곳이 있음을 보여라.

32. **응용** 직경이 10[cm]인 베아링을 제작할 때, 게이지에 의한 측정오차가 0.01[cm]라고 한다. 이 베아링의 부피에 대한 오차를 구하라.

증감 판정법 : 쿨롱의 법칙 (관련 과목 : 전자공학)

미분가능한 함수 $f(x)$에 대하여 개구간 (a, b)에서 $f'(x) > 0$이면 증가하고 $f'(x) < 0$이면 감소한다. 특히 정의역 안의 모든 x에서 $f'(x) > 0$이면 이 함수는 증가함수이고 $f'(x) < 0$이면 감소함수임을 살펴보았다.

이는 쿨롱의 법칙에서 적용할 수 있는데, **쿨롱의 법칙** Coulomb's law은 두 전하 q_1과 q_2가 잡아당기거나 밀어내는 친화력은 다음과 같이 두 전하의 곱에 비례하고, 두 전하 사이의 거리 x의 제곱에 반비례한다는 한다는 것이다.

$$F = k\frac{q_1 q_2}{x^2}$$

이때 상수는 $k = 8.988 \times 10^9 [\mathrm{Nm}^2/\mathrm{C}^2]$이다. 이제 [그림 3-23]과 같이 수직선 위에 $x = 0$과 $x = 4$인 위치에 전하 $+1$인 두 물체가 놓여 있고, 그 사이에 전하 -1인 물체가 놓여 있다고 하자.

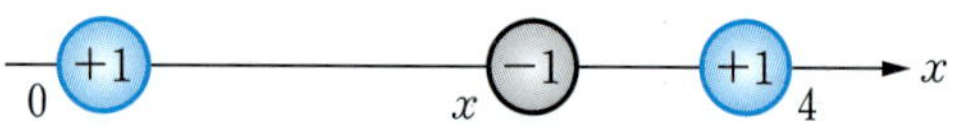

[그림 3-23] 두 전하에 작용하는 힘

그러면 쿨롱의 법칙에 의하여 전하 -1인 물체에 작용하는 알짜힘은 다음과 같다.

$$F(x) = -\frac{k}{x^2} + \frac{k}{(x-4)^2}, \quad 0 < x < 4, \ k\text{는 양의 상수}$$

이때 알짜힘 F의 운동을 알아보기 위하여 다음을 구한다.

$$F'(x) = \frac{2k}{x^3} - \frac{2k}{(x-4)^3}$$

그러면 $0 < x < 4$이므로 $F'(x) > 0$이다. 따라서 알짜힘 $F(x)$는 이 구간에서 증가한다. 특히

$$\lim_{x \to 0^+}\left(-\frac{k}{x^2} + \frac{k}{(x-4)^2}\right) = -\infty, \quad \lim_{x \to 4^-}\left(-\frac{k}{x^2} + \frac{k}{(x-4)^2}\right) = \infty$$

이고 $F(2) = 0$이다. 한편

$$F''(x) = -\frac{6k}{x^4} + \frac{6k}{(x-4)^4} = 0$$

을 만족하는 점은 $x = 2$이고 $0 < x < 2$이면 $F''(x) < 0$, $2 < x < 4$이면 $F''(x) > 0$이다. 즉 $0 < x < 2$에서 위로 볼록이고 $2 < x < 4$에서 아래로 볼록이다. 따라서 $x = 2$이면 알짜힘은 0이고, $0 < x < 2$이면 알짜힘은 음수이므로 왼쪽으로 작용한다.

평균변화율과 순간변화율 : 평균속도와 순간속도 (관련 과목 : 물리학)

폐구간 $[a, b]$에서 함수 $f(x)$의 평균변화율과 $x=a$에서 순간변화율을 다음과 같이 정의하였다.

$$\frac{\Delta y}{\Delta x}=\frac{f(b)-f(a)}{b-a}$$

$$f'(a)=\lim_{\Delta x\to 0}\frac{f(a+\Delta x)-f(a)}{\Delta x}$$

이를 움직이는 물체의 평균속도와 순간속도에 적용해보자. [그림 3-24]와 같이 원점에서 시작해 직선을 따라 움직이는 물체에 대하여 시각 t에서 물체의 위치를 $x(t)$라 하자. 이때 $t=a$에서 물체의 위치를 $x_1=x(a)$, $t=a+\Delta t$에서 물체의 위치를 $x_2=x(a+\Delta t)$라 하자.

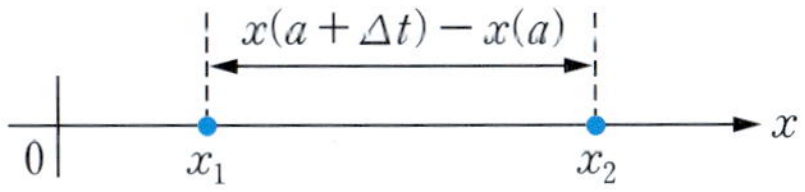

[그림 3-24] 직선운동

그러면 시간 구간 $[a, a+\Delta x]$에서 이 물체의 평균속도는 다음과 같이 정의된다.

$$\bar{v}=\frac{\text{이동거리}}{\text{시간}}=\frac{x_2-x_1}{\Delta t}=\frac{x(a+\Delta t)-x(a)}{\Delta t}$$

그리고 $t=a$에서 순간속도 v는 시간 구간이 0에 가까워질 때, 즉 $\Delta x\to 0$일 때 다음과 같은 평균속도의 극한으로 정의된다.

$$v(t)=\lim_{\Delta t\to 0}\frac{x(a+\Delta t)-x(a)}{\Delta t}$$

그러면 시각 t에서 직선운동을 하는 물체의 순간속도는 도함수의 정의와 동일하다. 즉 $v(t)=x'(t)$이다. 이때 이 물체의 순간가속도는 다음과 같이 t에 대한 속도 $v(t)$의 도함수 또는 위치함수 $x(t)$의 2계 도함수이다.

$$a(t)=\lim_{\Delta t\to 0}\frac{v(t+\Delta t)-v(t)}{\Delta t}=\frac{dv}{dt}=\frac{d^2x}{dt^2}$$

Chapter

04

적분

Integration

부정적분과 정적분 _4.1

적분법 _4.2

이상적분 _4.3

적분의 응용 _4.4

전공 맛보기

학습목표

- 역도함수로서의 부정적분과 정적분의 개념을 이해할 수 있다.
- 다양한 함수의 적분법을 습득하고, 적분 문제를 해결할 수 있다.
- 이상적분의 개념을 이해하고, 이를 확률밀도함수 등에 활용할 수 있다.
- 적분과 관련된 다양한 유형의 문제를 해결할 수 있다.
- 절별 연습문제를 통해 학습 내용을 제대로 이해했는지 확인할 수 있다.

적분은 역도함수로서, 3장에서 구한 도함수를 이용하여 본래 함수를 구하는 과정이다. 이와 같은 과정을 단적으로 보여주는 것이 '미분적분학의 기본정리'이며, 이 정리를 이용하여 미분과 적분이 어떻게 연결되는지 명확하게 알 수 있다. 또한 적분을 이용하면 곡선으로 둘러싸인 부분의 넓이를 비롯해 곡선의 길이와 회전체의 부피, 겉넓이 등을 쉽게 구할 수 있다. 정적분은 통계학, 경제학과 같은 사회과학뿐만 아니라 물리, 화학, 생물과 같은 기초과학과 의학에서도 많이 응용된다. 특히 전자공학을 비롯한 제어, 기계, 토목 등 거의 모든 공학 분야에서 문제 해결을 위한 필수 도구로 적분이 많이 사용된다. 이 장에서는 부정적분과 정적분의 차이를 명확하게 알아보고 다양한 유형에 따른 적분법을 학습한 후 다양한 적분의 응용을 살펴볼 것이다.

4.1 부정적분과 정적분

3장에서 학습한 바와 같이 함수 $f(x)=x^2$의 도함수는 $f'(x)=2x$이다. 부정적분은 역도함수의 개념으로, $f'(x)=2x$일 때 함수 $f(x)$를 구하는 것이다. 이 절에서는 부정적분의 의미를 명확하게 살펴보고 구분구적법을 이용하여 정적분을 정의한다.

4.1.1 부정적분

함수 $f(x)=2x$는 모든 실수에서 연속이고, $F(x)=x^2$를 미분하면 $F'(x)=f(x)$이다. 이처럼 정의역 D에서 연속인 함수 $f(x)$가 어떤 함수 $F(x)$를 미분하여 $f(x)$가 될 때, 즉

$$F'(x)=f(x),\ \ x\in D$$

일 때, 함수 $F(x)$를 $f(x)$의 **원시함수** primitive function라 하고

$$F(x)=\int f(x)\,dx$$

로 나타낸다. 예를 들어, $F(x)=x^2$은 $f(x)=2x$의 원시함수이다. 또한 임의의 상수 C에 대하여 $G(x)=x^2+C$를 미분하면 $2x$가 되므로 $G(x)$도 $f(x)$의 원시함수이다. 두 함수 $F(x)$와 $G(x)$를 $f(x)$의 서로 다른 원시함수라 하면 [정리 3-29]에서 언급한 바와 같이 $F(x)=G(x)+C$가 성립한다. 즉 함수 $f(x)$의 특정한 원시함수를 $F(x)$라 하면, 또 다른 원시함수 $G(x)$는 다음과 같다.

$$G(x)=\int f(x)\,dx=F(x)+C$$

이를 $f(x)$의 **부정적분** indefinite integral이라 하고 임의의 상수 C를 **적분상수** integration constant라 한다. 또한 기호 $\int$를 **적분기호** symbol of integral, $f(x)$를 **피적분함수** integrand라 하고, x를 **적분변수** variable of integrand라 한다. 그러면 부정적분 $F(x)$와 피적분함수 $f(x)$ 사이에는

$$F(x)=\int f(x)\,dx \iff F'(x)=f(x)$$

가 성립한다. 따라서 도함수와 부정적분 사이의 관계를 정리하면 다음과 같다.

$$\frac{d}{dx}\left(\int f(x)\,dx\right)=f(x)$$: 도함수는 적분의 역연산이다.

$$\int\left(\frac{d}{dx}f(x)\right)dx=f(x)+C$$: 적분은 도함수의 역연산이다.

예제 4-1

다음 부정적분을 구하라.

(a) $\int 3x^2\,dx$ (b) $\int\left(\frac{d}{dx}(2x^2+x)\right)dx$

풀이

(a) $F(x)=x^3$을 미분하면 $3x^2$이므로 $\int 3x^2\,dx=x^3+C$ 이다.

(b) 적분은 도함수의 역연산이므로 $\int\left(\frac{d}{dx}(2x^2+x)\right)dx=2x^2+x+C$이다.

4.1.2 기본 적분법

부정적분은 도함수의 역연산이므로 3장의 도함수 공식을 이용하면 여러 함수의 부정적분을 구하는 방법을 얻을 수 있다. [정리 3-11]의 기본 미분법에 의하여 $F(x)=\int f(x)\,dx$, $G(x)=\int g(x)\,dx$ 이고 a와 b가 임의의 상수이면

$$\frac{d}{dx}[aF(x)+bG(x)]=a\frac{d}{dx}F(x)+b\frac{d}{dx}G(x)=af(x)+bg(x)$$

이므로

$$\int[af(x)+bg(x)]\,dx=a\int f(x)\,dx+b\int g(x)\,dx$$

가 성립한다. 또한 실수 지수를 갖는 함수의 부정적분을 구하는 방법은 [표 4-1]과 같다.

[표 4-1] 실수 지수를 갖는 함수의 도함수와 부정적분

도함수	부정적분
$\frac{d}{dx}\left(\frac{x^{a+1}}{a+1}\right)=x^a$ 단, $a\neq-1$인 실수	$\int x^a\,dx=\frac{x^{a+1}}{a+1}+C$ 단, $a\neq-1$인 실수

예제 4-2

부정적분 $\int(2x^2+x+2)\,dx$를 구하라.

풀이

$$\int(2x^2+x+2)\,dx=2\int x^2dx+\int x\,dx+2\int 1\,dx$$
$$=2\cdot\frac{1}{3}x^3+\frac{1}{2}x^2+2\cdot x+C=\frac{2}{3}x^3+\frac{1}{2}x^2+2x+C$$

지수함수와 $a=-1$인 실수 지수를 갖는 함수의 부정적분

3.2.3절의 지수함수와 로그함수의 미분법으로부터 [표 4-2]의 적분 공식을 얻는다. [표 4-2]에서 (1)은 밑이 a인 지수함수, (2)는 밑이 e인 지수함수를 나타내며, (3)은 x^a에서 $a=-1$인 실수 지수를 갖는 함수를 나타낸다.

[표 4-2] 지수함수와 로그함수의 도함수와 부정적분

	도함수	부정적분
(1)	$(a^x)'=a^x\ln a,\ a>0,\ a\neq 1$	$\int a^x\,dx=\frac{1}{\ln a}a^x+C,\ a>0,\ a\neq 1$
(2)	$(e^x)'=e^x$	$\int e^x\,dx=e^x+C$
(3)	$(\ln x)'=x^{-1}$	$\int x^{-1}dx=\ln\lvert x\rvert+C$

예제 4-3

다음 부정적분을 구하라.

(a) $\int e^{x-1}\,dx$

(b) $\int\left(x+\frac{1}{x}\right)^3dx$

풀이

(a) $\int e^{x-1}\,dx=\int e^{-1}\cdot e^x\,dx=e^{-1}\int e^x\,dx=e^{-1}\cdot e^x+C=e^{x-1}+C$

(b)
$$\int\left(x+\frac{1}{x}\right)^3dx=\int\left(x^3+3x+\frac{3}{x}+\frac{1}{x^3}\right)dx$$
$$=\int x^3dx+3\int x\,dx+3\int\frac{1}{x}\,dx+\int x^{-3}dx$$
$$=\frac{1}{4}x^4+3\left(\frac{1}{2}x^2\right)+3\ln|x|-\frac{1}{2}x^{-2}+C$$
$$=\frac{1}{4}x^4+\frac{3}{2}x^2-\frac{1}{2x^2}+3\ln|x|+C$$

삼각함수와 역삼각함수의 부정적분

3.2.4절의 삼각함수와 역삼각함수의 미분법으로부터 [표 4-3]과 [표 4-4]의 적분 공식을 얻는다.

[표 4-3] 삼각함수의 도함수와 부정적분

	도함수	부정적분
(1)	$(\sin x)' = \cos x$	$\int \cos x\,dx = \sin x + C$
(2)	$(\cos x)' = -\sin x$	$\int \sin x\,dx = -\cos x + C$
(3)	$(\tan x)' = \sec^2 x$	$\int \sec^2 x = \tan x + C$
(4)	$(\cot x)' = -\mathrm{cosec}^2 x$	$\int \mathrm{cosec}^2 x\,dx = -\cot x + C$
(5)	$(\sec x)' = \sec x \tan x$	$\int \sec x \tan x\,dx = \sec x + C$
(6)	$(\mathrm{cosec}\, x)' = -\mathrm{cosec}\, x \cot x$	$\int \mathrm{cosec}\, x \cot x\,dx = -\mathrm{cosec}\, x + C$

[표 4-4] 역삼각함수의 도함수와 부정적분

	도함수	부정적분
(1)	$(\sin^{-1} x)' = \dfrac{1}{\sqrt{1-x^2}}$	$\int \dfrac{1}{\sqrt{1-x^2}}\,dx = \sin^{-1} x + C$
(2)	$(\cos^{-1} x)' = -\dfrac{1}{\sqrt{1-x^2}}$	$\int \dfrac{1}{\sqrt{1-x^2}}\,dx = -\cos^{-1} x + C$
(3)	$(\tan^{-1} x)' = \dfrac{1}{1+x^2}$	$\int \dfrac{1}{1+x^2}\,dx = \tan^{-1} x + C$
(4)	$(\sec^{-1} x)' = \dfrac{1}{\lvert x\rvert \sqrt{x^2-1}}$	$\int \dfrac{1}{x\sqrt{x^2-1}}\,dx = \sec^{-1} x + C$
(5)	$(\mathrm{cosec}^{-1} x)' = -\dfrac{1}{\lvert x\rvert \sqrt{x^2-1}}$	$\int \dfrac{1}{x\sqrt{x^2-1}}\,dx = -\mathrm{cosec}^{-1} x + C$
(6)	$(\cot^{-1} x)' = -\dfrac{1}{1+x^2}$	$\int \dfrac{1}{1+x^2}\,dx = -\cot^{-1} x + C$

예제 4-4

다음 부정적분을 구하라.

(a) $\int \sec x\,(\sec x - \tan x)\,dx$ (b) $\int \dfrac{1-x^2}{1+x^2}\,dx$

풀이

(a) $\int \sec x(\sec x - \tan x)\,dx = \int (\sec^2 x - \sec x \tan x)\,dx$

$= \int \sec^2 x\,dx - \int \sec x \tan x\,dx = \tan x - \sec x + C$

(b) $\int \frac{1-x^2}{1+x^2}dx = \int \left(-1+\frac{2}{1+x^2}\right)dx = -\int 1\,dx + 2\int \frac{1}{1+x^2}dx = -x + 2\tan^{-1}x + C$

쌍곡선함수와 역쌍곡선함수의 부정적분

3.2.5절의 쌍곡선함수와 역쌍곡선함수의 미분법으로부터 [표 4–5]와 [표 4–6]의 적분 공식을 얻는다.

[표 4–5] 쌍곡선함수의 도함수와 부정적분

	도함수	부정적분
(1)	$(\sinh x)' = \cosh x$	$\int \cosh x\,dx = \sinh x + C$
(2)	$(\cosh x)' = \sinh x$	$\int \sinh x\,dx = \cosh x + C$
(3)	$(\tanh x)' = \text{sech}^2 x$	$\int \text{sech}^2 x\,dx = \tanh x + C$
(4)	$(\coth x)' = -\text{cosech}^2 x\ (x \neq 0)$	$\int \text{cosech}^2 x\,dx = -\coth x + C$
(5)	$(\text{sech}\,x)' = -\text{sech}\,x \tanh x$	$\int \text{sech}\,x \tanh x\,dx = -\text{sech}\,x + C$
(6)	$(\text{cosech}\,x)' = -\text{cosech}\,x \coth x$ $(x \neq 0)$	$\int \text{cosech}\,x \coth x\,dx = -\text{cosech}\,x + C$

[표 4–6] 역쌍곡선함수의 도함수와 부정적분

	도함수	부정적분
(1)	$(\sinh^{-1}x)' = \frac{1}{\sqrt{x^2+1}}$	$\int \frac{1}{\sqrt{x^2+1}}dx = \sinh^{-1}x + C$
(2)	$(\cosh^{-1}x)' = \frac{1}{\sqrt{x^2-1}}$	$\int \frac{1}{\sqrt{x^2-1}}dx = \cosh^{-1}x + C$
(3)	$(\tanh^{-1}x)' = \frac{1}{1-x^2}$	$\int \frac{1}{1-x^2}dx = \tanh^{-1}x + C$
(4)	$(\text{sech}^{-1}x)' = -\frac{1}{x\sqrt{1-x^2}}$	$\int \frac{1}{x\sqrt{1-x^2}}dx = -\text{sech}^{-1}x + C$
(5)	$(\text{cosech}^{-1}x)' = -\frac{1}{x\sqrt{1+x^2}}$	$\int \frac{1}{x\sqrt{1+x^2}}dx = -\text{cosech}^{-1}x + C$
(6)	$(\coth^{-1}x)' = -\frac{1}{x^2-1}$	$\int \frac{1}{x^2-1}dx = -\coth^{-1}x + C$

예제 4-5

다음 부정적분을 구하라.

(a) $\int (3\cosh x - 2\sinh x)\,dx$ (b) $\int \frac{1}{1-x^4}\,dx$

풀이

(a) $\int (3\cosh x - 2\sinh x)\,dx = 3\int \cosh x\,dx - 2\int \sinh x\,dx = 3\sinh x - 2\cosh x + C$

(b)
$$\int \frac{1}{1-x^4}\,dx = \int \left(\frac{1/2}{1-x^2} + \frac{1/2}{1+x^2}\right)dx = \frac{1}{2}\int \frac{1}{1-x^2}\,dx + \frac{1}{2}\int \frac{1}{1+x^2}\,dx$$
$$= \frac{1}{2}\left(\tanh^{-1}x + \tan^{-1}x\right) + C$$

4.1.3 정적분

정적분의 정의를 살펴보기 위하여 [그림 4-1(a)]와 같이 곡선 $f(x) = x^2$과 $x = 0$, $x = 1$ 그리고 x축으로 둘러싸인 부분의 넓이 I를 구해보자. [그림 4-1(b)]와 같이 폐구간 $[0,\ 1]$을 2등분한 소구간 $\left[0,\ \frac{1}{2}\right]$, $\left[\frac{1}{2},\ 1\right]$로 분할하여 소구간의 오른쪽 끝점에서 함숫값을 높이로 가지는 두 사각형의 넓이를 구하면 다음과 같다.

$$S_2 = \frac{1}{2}\cdot f\left(\frac{1}{2}\right) + \frac{1}{2}\cdot f(1) = \frac{1}{2}\cdot\left(\frac{1}{2}\right)^2 + \frac{1}{2}\cdot\left(\frac{2}{2}\right)^2 = \frac{5}{8}$$

이제 [그림 4-1(c)]~[그림 4-1(e)]와 같이 폐구간 $[0,\ 1]$를 4등분, 8등분, 16등분, 32등분하면 소구간의 길이는 각각 $\frac{1}{4}$, $\frac{1}{8}$, $\frac{1}{16}$, $\frac{1}{32}$이다. 그러므로 각 소구간에서 오른쪽 끝점의 함숫값을 높이로 갖는 사각형들의 넓이의 합을 구하면 각각 다음과 같다.

$$S_4 = \frac{1}{4}\cdot f\left(\frac{1}{4}\right) + \frac{1}{4}\cdot f\left(\frac{2}{4}\right) + \frac{1}{4}\cdot f\left(\frac{3}{4}\right) + \frac{1}{4}\cdot f(1)$$
$$= \frac{1}{4}\cdot\left(\frac{1}{4}\right)^2 + \frac{1}{4}\cdot\left(\frac{2}{4}\right)^2 + \frac{1}{4}\cdot\left(\frac{3}{4}\right)^3 + \frac{1}{4}\cdot\left(\frac{4}{4}\right)^2 = \frac{15}{32}$$

$$S_8 = \frac{1}{8}\cdot f\left(\frac{1}{8}\right) + \frac{1}{8}\cdot f\left(\frac{2}{8}\right) + \cdots + \frac{1}{8}\cdot f(1)$$
$$= \frac{1}{8}\cdot\left(\frac{1}{8}\right)^2 + \frac{1}{8}\cdot\left(\frac{2}{8}\right)^2 + \cdots + \frac{1}{8}\cdot\left(\frac{8}{8}\right)^2 = \frac{51}{128}$$

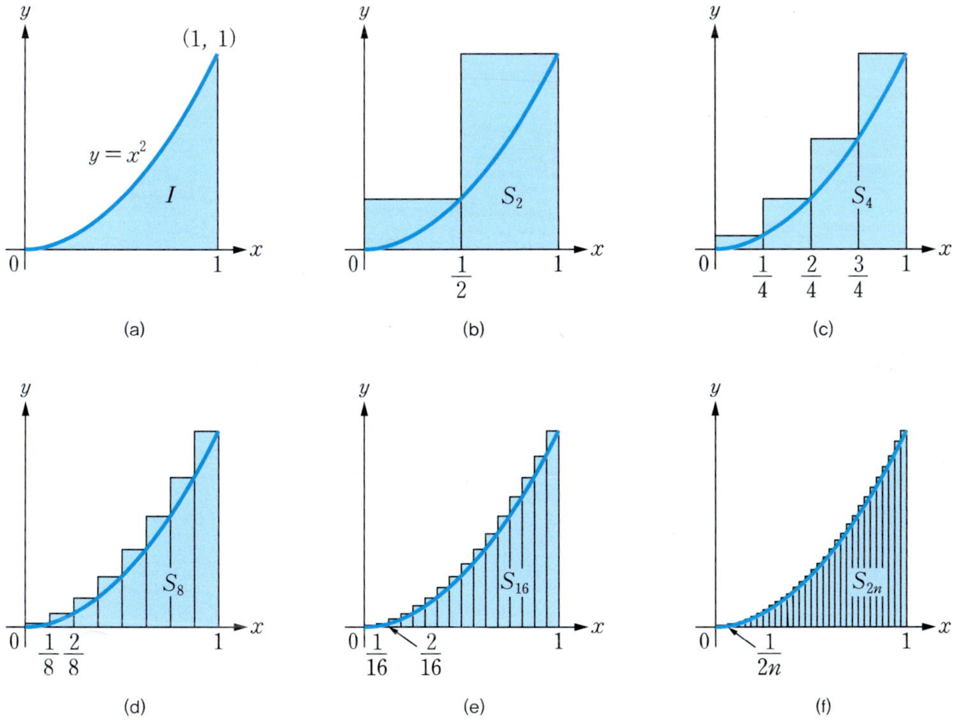

[그림 4-1] **구분구적법에 의한 넓이**

그리고 16등분, 32등분한 넓이의 합은 각각 $\frac{187}{512}$, $\frac{715}{2048}$로 작아지는 것을 알 수 있다. 이와 같이 폐구간 $[0, 1]$을 $2n$등분한 소구간의 오른쪽 끝점의 함숫값을 높이로 갖는 사각형들의 넓이의 합을 S_{2n}이라 하면 $S_2 > S_4 > S_8 > S_{16} > \cdots > S_{2n} > \cdots > I$이고, [그림 4-1(f)]와 같이

$$\lim_{n \to \infty} S_{2n} = \lim_{n \to \infty} \sum_{k=1}^{n} \frac{1}{2n} f\left(\frac{k}{2n}\right) = I$$

인 것을 확인할 수 있다. 이때 각 소구간의 왼쪽 끝점의 함숫값을 높이로 가지는 사각형들의 넓이의 합을 s_{2n}이라 하면 $s_2 < s_4 < s_6 < \cdots < s_{2n} < \cdots < I$이고

$$\lim_{n \to \infty} s_{2n} = \lim_{n \to \infty} \sum_{k=0}^{n-1} \frac{1}{2n} f\left(\frac{k}{2n}\right) = I$$

이다. 일반적으로 폐구간 $[0, 1]$을 n등분하여 각 소구간의 오른쪽 끝점의 함숫값을 높이로 갖는 사각형들의 넓이의 합을 S_n, 그리고 왼쪽 끝점의 함숫값을 높이로 갖는 사각형들의 넓이의 합을 s_n이라 하면

$$\lim_{n \to \infty} S_n = \lim_{n \to \infty} \sum_{k=1}^{n} \frac{1}{n} f\left(\frac{k}{n}\right) = \lim_{n \to \infty} \sum_{k=1}^{n} \frac{1}{n}\left(\frac{k}{n}\right)^2 = \lim_{n \to \infty} \frac{1}{n^3} \sum_{k=1}^{n} k^2$$

$$= \lim_{n \to \infty} \frac{1}{n^3} \frac{n(n+1)(2n+1)}{6} = \frac{1}{3}$$

$$\lim_{n \to \infty} s_n = \lim_{n \to \infty} \sum_{k=0}^{n-1} \frac{1}{n} f\left(\frac{k}{n}\right) = \lim_{n \to \infty} \sum_{k=0}^{n-1} \frac{1}{n}\left(\frac{k}{n}\right)^2 = \lim_{n \to \infty} \frac{1}{n^3} \sum_{k=0}^{n-1} k^2$$

$$= \lim_{n \to \infty} \frac{1}{n^3} \frac{(n-1)n(2n-1)}{6} = \frac{1}{3}$$

이다. 따라서 곡선 $f(x) = x^2$과 $x = 0$, $x = 1$ 그리고 x축으로 둘러싸인 부분의 넓이는 $I = \dfrac{1}{3}$이고, 이와 같은 방법으로 도형의 넓이를 구하는 것을 **구분구적법** mensuration by parts이라 한다. 이 경우에 각 소구간의 양 끝점의 함숫값을 높이로 갖는 사각형들의 넓이의 합을 생각하였으나, 일반적으로 각 소구간 $[x_k, x_{k+1}]$ 안의 임의의 점 x_k^*의 함숫값을 높이로 갖는 사각형의 넓이의 합을 생각해도 결과는 같다.

이제 구분구적법으로 함수 $y = f(x)$와 직선 $x = a$, $x = b$ 그리고 x축으로 둘러싸인 부분의 넓이를 구하는 방법을 알아보자. 함수 $y = f(x)$가 폐구간 $[a, b]$에서 연속이고, 이 구간에서 $f(x) \ge 0$이라 하자. 그리고 $y = f(x)$와 직선 $x = a$, $x = b$ 그리고 x축으로 둘러싸인 부분의 넓이를 I라 하자. 폐구간 $[a, b]$를 n등분하여 양쪽 끝점과 각 분할된 점의 x좌표를

$$a = x_0 < x_1 < x_2 < \cdots < x_{n-1} < x_n = b$$

라 하고, 소구간의 길이를 $\dfrac{b-a}{n} = \Delta x$라 하자. 그러면 밑변의 길이가 Δx이고 분할된 각 소구간 안의 임의의 점 x_k^*의 함숫값 $f(x_k^*)$가 높이인 사각형들의 넓이의 합은 다음과 같다.

$$S_n = \sum_{k=1}^{n} f(k^*)(x_{k+1} - x_k) = \sum_{k=1}^{n} f(x_k^*)\Delta x$$

따라서 곡선 $y = f(x)$와 직선 $x = a$, $x = b$ 그리고 x축으로 둘러싸인 부분의 넓이는

$$I = \lim_{n \to \infty} S_n = \lim_{n \to \infty} \sum_{k=1}^{n} f(x_k^*)\Delta x$$

이다. 이때 극한 I가 유한하면 이 극한을 폐구간 $[a, b]$에서 함수 $f(x)$의 **정적분** definite integral이라 하고

$$I = \int_a^b f(x)\,dx$$

로 나타낸다. 그리고 이 경우에 함수 $f(x)$는 폐구간 $[a, b]$에서 **적분가능** integrable하다고 한

다. 따라서 폐구간 $[a, b]$에서 함수 $f(x)$가 적분가능하면, 이 함수의 정적분을 다음과 같이 정의한다.

$$I = \lim_{n \to \infty} \sum_{k=1}^{n} f(x_k^*) \Delta x = \int_a^b f(x) dx$$

이때 a를 **적분하한** lower limit of integration, b를 **적분상한** upper limit of integration이라 한다. 그러므로 구분구적법의 극한과 정적분은 [그림 4-2]와 같은 관계가 성립한다.

$\lim_{n \to \infty} \sum_{k=1}^{n}$	$f(x_k^*)$	Δx
↕	↕	↕
$\int_a^b$	$f(x)$	dx

[그림 4-2] **구분구적법과 정적분의 관계**

예제 4-6

폐구간 $[0, b]$를 n등분하여 정적분의 정의에 의하여 $\int_0^b x\,dx$를 구하라. 단, $b > 0$이다.

(a) 소구간 $[x_{k-1}, x_k]$ 안의 임의의 점 x_k^*가 $x_k^* = x_k$인 경우

(b) 소구간 $[x_{k-1}, x_k]$ 안의 임의의 점 x_k^*가 $x_k^* = x_{k-1}$인 경우

풀이

(a) 각 소구간의 길이는 $\Delta x = \frac{b}{n}$이고 각 오른쪽 끝점의 함숫값은

$$f(x_1) = \frac{b}{n},\ f(x_2) = \frac{2b}{n},\ \cdots,\ f(x_k) = \frac{kb}{n},\ \cdots,\ f(x_n) = \frac{nb}{n}$$

이므로 다음과 같이 구한다.

$$\begin{aligned}\int_0^b x\,dx &= \lim_{n \to \infty} \sum_{k=1}^{n} f(x_k) \Delta x = \lim_{n \to \infty} \sum_{k=1}^{n} \left(\frac{kb}{n}\right)\left(\frac{b}{n}\right) \\ &= \lim_{n \to \infty} \frac{b^2}{n^2} \sum_{k=1}^{n} k = \lim_{n \to \infty} \frac{b^2}{n^2} \cdot \frac{n(n+1)}{2} = \frac{b^2}{2}\end{aligned}$$

(b) 각 소구간의 길이는 $\Delta x = \frac{b}{n}$이고, 각 왼쪽 끝점에서의 함숫값은

$$f(x_0)=0,\ f(x_1)=\frac{b}{n},\ \cdots,\ f(x_k)=\frac{kb}{n},\ \cdots,\ f(x_{n-1})=\frac{(n-1)b}{n}$$

이므로 다음과 같이 구한다.

$$\int_0^b x\,dx=\lim_{n\to\infty}\sum_{k=0}^{n-1}f(x_k)\,\Delta x=\lim_{n\to\infty}\sum_{k=0}^{n-1}\left(\frac{kb}{n}\right)\left(\frac{b}{n}\right)$$
$$=\lim_{n\to\infty}\frac{b^2}{n^2}\sum_{k=0}^{n-1}k=\lim_{n\to\infty}\frac{b^2}{n^2}\cdot\frac{(n-1)n}{2}=\frac{b^2}{2}$$

4.1.4 정적분의 성질

일반적으로 폐구간 $[a,\ b]$에서 $f(x)$가 연속이면 $\lim_{n\to\infty}\sum_{k=1}^{n}f(x_k^*)\,\Delta x$가 존재한다. 따라서 다음과 같은 성질이 성립한다.

정리 4-1 연속함수의 적분가능성

$f(x)$가 폐구간 $[a,\ b]$에서 연속이면 이 함수는 폐구간 $[a,\ b]$에서 적분가능하다. 즉 $\int_a^b f(x)\,dx$가 존재한다.

또한 폐구간 $[a,\ b]$에서 적분가능한 함수 $f(x)$, $g(x)$에 대하여 다음과 같은 성질을 갖는다.

정리 4-2 정적분의 기본 성질

(1) $\int_a^b f(x)\,dx=-\int_b^a f(x)\,dx$ 단, $a<b$

(2) $\int_a^a f(x)\,dx=0$

(3) $\int_a^b k\,dx=k(b-a)$

(4) $\int_a^b [\alpha f(x)+\beta g(x)]\,dx=\alpha\int_a^b f(x)\,dx+\beta\int_a^b g(x)\,dx$

(5) $\int_a^b f(x)\,dx=\int_a^c f(x)\,dx+\int_c^b f(x)\,dx$

예제 4-7

[예제 4-6]을 이용하여 다음 정적분의 값을 구하라.

(a) $\int_{2}^{0} x\,dx$ (b) $\int_{1}^{2} (x+1)\,dx$

풀이

(a) $\int_{2}^{0} x\,dx = -\int_{0}^{2} x\,dx = -\frac{2^2}{2} = -2$

(b) $$\int_{1}^{2}(x+1)\,dx = \int_{0}^{2}(x+1)\,dx - \int_{0}^{1}(x+1)\,dx$$
$$= \left(\int_{0}^{2} x\,dx + \int_{0}^{2} 1\,dx\right) - \left(\int_{0}^{1} x\,dx + \int_{0}^{1} 1\,dx\right)$$
$$= \left(\frac{2^2}{2} + 1\cdot 2\right) - \left(\frac{1^2}{2} + 1\cdot 1\right) = \frac{5}{2}$$

폐구간 $[a,\ b]$에서 적분가능한 두 함수 $f(x)$, $g(x)$의 대소 관계에 대한 정적분은 다음과 같이 비교할 수 있다.

정리 4-3 정적분의 대소 관계

(1) $f(x) \geq 0$이면 $\int_{a}^{b} f(x)\,dx \geq 0$이다.

(2) $f(x) \leq g(x)$이면 $\int_{a}^{b} f(x)\,dx \leq \int_{a}^{b} g(x)\,dx$이다.

(3) $m \leq f(x) \leq M$이면 $m(b-a) \leq \int_{a}^{b} f(x)\,dx \leq M(b-a)$이다.

(4) $\left|\int_{a}^{b} f(x)\,dx\right| \leq \int_{a}^{b} |f(x)|\,dx$

예제 4-8

[정리 4-3]의 (3)을 이용하여 폐구간 $[0,\ 8]$에서 $f(x) = \sqrt{x+1}$ 과 x축으로 둘러싸인 부분의 넓이에 대한 최대 추정값과 최소 추정값을 구하라.

풀이

$f(x) = \sqrt{x+1}$ 은 증가함수이므로 폐구간 $[0,\ 8]$에서 $1 \leq f(x) \leq 3$이다. 따라서 [정리 4-3]의 (3)에 의하여

$$(8-0)\cdot 1 \le \int_0^8 \sqrt{x+1}\,dx \le (8-0)\cdot 3$$

$$8 \le \int_0^8 \sqrt{x+1}\,dx \le 24$$

이다. 즉 폐구간 $[0, 8]$에서 $f(x)=\sqrt{x+1}$과 x축으로 둘러싸인 부분의 넓이는 8 이상이지만 24 이하이다. 따라서 최대 추정값은 24이고 최소 추정값은 8이다.

한편, [그림 4-3]과 같이 폐구간 $[a, b]$에서 $f(x)\ge 0$이라 하자. 그러면 함수 $f(x)$와 $x=a$, $x=b$ 그리고 x축으로 둘러싸인 부분의 넓이와 밑면의 길이가 $b-a$이고 높이가 $f(c)$인 사각형의 넓이가 같게 되는 점 c가 개구간 (a, b) 안에 적어도 하나 존재한다. 즉

$$\int_a^b f(x)\,dx = f(c)(b-a)$$

를 만족하는 하는 c가 개구간 (a, b) 안에 적어도 하나 존재한다. 이 성질을 **적분의 평균값 정리** mean value theorem for integrals라고 하고, 다음을 **평균값** mean value이라 한다.

$$f_{\text{av}} = \frac{1}{b-a}\int_a^b f(x)\,dx$$

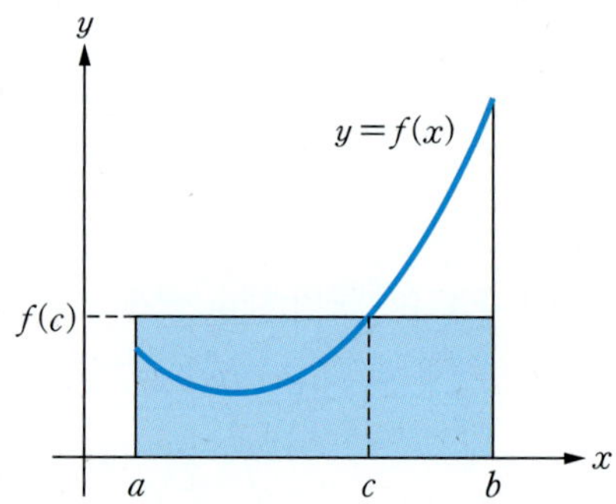

[그림 4-3] **적분의 평균값 정리**

예제 4-9

폐구간 $[1, 2]$에서 $f(x)=x+1$에 적분의 평균값 정리를 적용시키는 점 c를 구하라.

풀이

[예제 4-7]에서 $\int_1^2 (x+1)\,dx = \frac{5}{2}$이고, $f(c)=c+1$이므로 적분의 평균값 정리를 만족하는 점 c를 구하면

$$\int_1^2 (x+1)\,dx = \frac{5}{2} = (2-1)f(c) = c+1$$

이다. 따라서 점 $c=\frac{3}{2}$이다.

우함수와 기함수의 정적분

임의의 양수 a에 대하여 $y=f(x)$가 우함수이면 두 구간 $[-a,\ 0]$과 $[0,\ a]$에서 함수의 모양이 동일하므로 다음이 성립한다.

$$\int_{-a}^{0} f(x)\,dx = \int_{0}^{a} f(x)\,dx$$

한편, $y=f(x)$가 기함수이면 이 함수는 원점에 대하여 대칭이므로 두 구간 $[-a,\ 0]$과 $[0,\ a]$에서 함수의 모양이 동일하지만 두 구간 중 어느 한 구간에서 함수의 그래프가 x축 위쪽에 있으며 다른 구간에서 그래프가 x축 아래쪽에 있다. 따라서 다음이 성립한다.

$$\int_{-a}^{0} f(x)\,dx = -\int_{0}^{a} f(x)\,dx$$

그러므로 폐구간 $[-a,\ a]$, $a>0$에서 다음과 같은 우함수와 기함수에 대한 정적분의 성질을 얻는다.

정리 4-4 우함수와 기함수에 대한 정적분

폐구간 $[-a,\ a]$, $a>0$일 때

(1) 함수 $f(x)$가 우함수이면 $\int_{-a}^{a} f(x)\,dx = 2\int_{0}^{a} f(x)\,dx$이다.

(2) 함수 $f(x)$가 기함수이면 $\int_{-a}^{a} f(x)\,dx = 0$이다.

예제 4-10

$\int_{0}^{1} x^2\,dx = \frac{1}{3}$을 이용하여 정적분 $\int_{1}^{1} (2x^3-3x^2-2x+1)\,dx$를 구하라.

풀이

$$\begin{aligned}\int_{-1}^{1} (2x^3-3x^2-2x+1)\,dx &= \int_{-1}^{1} (2x^3-2x)\,dx + \int_{-1}^{1} (-3x^2+1)\,dx \\ &= 0 + 2\int_{0}^{1} (-3x^2+1)\,dx - 2\left((-3)\cdot\frac{1}{3}+1\cdot 1\right) = 0\end{aligned}$$

4.1.5 미분적분학의 기본정리

함수 $f(x)$가 폐구간 $[a, b]$에서 연속이면 $a \le x \le b$인 임의의 x에 대하여 폐구간 $[a, x]$에서 $f(t)$는 적분가능하다. 예를 들어, 함수 $f(x)$가 폐구간 $[a, b]$에서 연속이고 $f(x) > 0$이라 하자. 그러면 폐구간 $[a, x]$에서 $f(t)$의 정적분 $G(x) = \int_a^x f(t)\,dt$는 [그림 4-4(a)]와 같이 폐구간 $[a, b]$에서 함수 $y = f(x)$의 아랫부분의 넓이이다. 이때 x의 증분 Δx에 대하여 $G(x)$의 증분을 ΔG라 하면

$$\Delta G = G(x+\Delta x) - G(x) = \int_x^{x+\Delta x} f(t)\,dt$$

이다. 이때 ΔG는 [그림 4-4(b)]와 같이 밑변의 길이가 Δx이고 높이가 $f(x)$인 직사각형의 넓이에 근사한다. 그러므로 충분히 작은 Δx에 대하여

$$G(x+\Delta x) - G(x) \fallingdotseq f(x)\Delta x \quad \text{또는} \quad \frac{G(x+\Delta x) - G(x)}{\Delta x} \fallingdotseq f(x)$$

이다. 따라서

$$G'(x) = \lim_{\Delta x \to 0} \frac{G(x+\Delta x) - G(x)}{\Delta x} = f(x)$$

가 성립한다. 즉 다음이 성립한다.

$$G'(x) = \frac{d}{dx}\int_a^x f(t)\,dt = f(x)$$

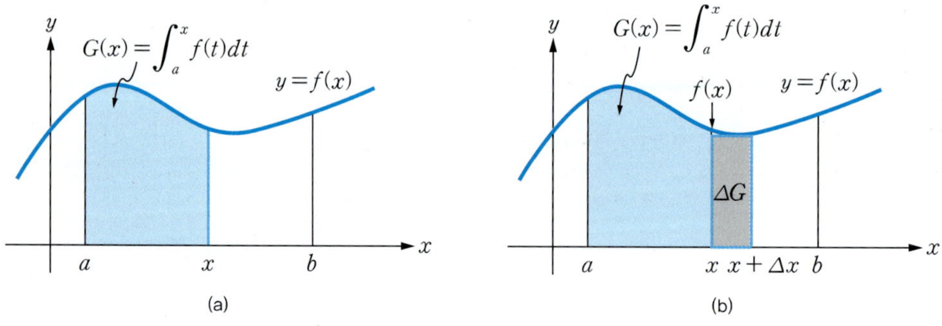

[그림 4-4] $G(x) = \int_a^x f(t)\,dt$의 정의

특히 $G'(x) = f(x)$이므로 $G(x)$는 $f(x)$의 원시함수이다. 따라서 $F(x)$를 $f(x)$의 또 다른 원시함수라 하면 $G(x) = F(x) + C$이다. 이때 $G(a) = \int_a^a f(t)\,dt = 0$이므로 $C = -F(a)$이다. 따라서

$$G(x) = \int_a^x f(t)\,dt = F(x) - F(a)$$

이다. 이와 같은 사실을 요약하면 [정리 4-5]를 얻을 수 있다. 이 정리는 함수 $f(x)$의 역도함수를 구하면 정적분을 구할 수 있음을 보여준다.

정리 4-5 미분적분학의 기본정리

$f(x)$가 폐구간 $[a,\ b]$에서 연속이면

(1) $a \le x \le b$에 대하여 $G(x) = \int_a^x f(t)\,dt$는 폐구간 $[a,\ b]$에서 연속이고 $(a,\ b)$에서 미분가능하다. 그리고 다음이 성립한다.

$$G'(x) = \frac{d}{dx}\int_a^x f(t)\,dt = f(x)$$

(2) $F(x)$가 $[a,\ b]$에서 $f(x)$의 원시함수이면 다음이 성립한다.

$$\int_a^b f(x)\,dx = F(b) - F(a)\ \left(= F(x)\big|_a^b\right)$$

예제 4-11

$0 \le x \le \pi$에 대하여 $G(x) = \int_0^x \sin t\,dt$라 할 때, 다음을 구하라.

(a) $G'(x)$

(b) $\int_0^\pi \sin x\,dx$

풀이

(a) [정리 4-5]의 (1)에 의하여 $G'(x) = \dfrac{d}{dx}\int_0^x \sin t\,dt = \sin x$이다.

(b) 함수 $\sin x$의 원시함수를 $F(x)$라 하면 $F(x) = \int \sin x\,dx = -\cos x$이므로

$$\int_0^\pi \sin x\,dx = -\cos x\big|_0^\pi = -\cos\pi - (-\cos 0) = 2$$

이다.

특히 미분가능한 함수 $g(x)$에 대하여 $f(x)$의 원시함수를 $F(x)$라 하면

$$\int_a^{g(x)} f(t)\,dt = F(t)\big|_a^{g(x)} = F[g(x)] - F(a)$$

이다. 그러므로 합성함수의 미분법에 의하여 다음이 성립한다.

$$\frac{d}{dx}\int_a^{g(x)} f(t)\,dt = \frac{d}{dx}[F[g(x)] - F(a)] = f[g(x)]\,g'(x)$$

또한 같은 방법으로 미분가능한 함수 $g(x)$와 $h(x)$에 대하여 다음이 성립한다.

$$\frac{d}{dx}\int_{h(x)}^{g(x)} f(t)\,dt = f[g(x)]\,g'(x) - f[h(x)]\,h'(x)$$

예제 4-12

다음 도함수를 구하라.

(a) $\displaystyle\frac{d}{dx}\int_0^x \frac{1}{1+t^2}\,dt$ (b) $\displaystyle\frac{d}{dx}\int_{2x}^0 e^t\,dt$ (c) $\displaystyle\frac{d}{dx}\int_{2x}^{x^2} 2t\sin t\,dt$

풀이

(a) $\displaystyle\frac{d}{dx}\int_0^x \frac{1}{1+t^2}\,dt = \frac{1}{1+x^2}\cdot(x)' = \frac{1}{1+x^2}$

(b) $\displaystyle\frac{d}{dx}\int_{2x}^0 e^t\,dt = \frac{d}{dx}\left(-\int_0^{2x} e^t\,dt\right) = -e^{2x}\cdot(2x)' = -2e^{2x}$

(c) $\displaystyle\frac{d}{dx}\int_{2x}^{x^2} 2t\sin t\,dt = 2x^2\sin x^2\cdot(x^2)' - 2(2x)\sin 2x\cdot(2x)' = 4x^3\sin x^2 - 8x\sin 2x$

Section 4.1 연습문제

※ 다음 부정적분을 구하라.

1. $\displaystyle\int (2x-1)\,dx$
2. $\displaystyle\int (3x^4 - 2x^3 + x^2 + 4x - 1)\,dx$
3. $\displaystyle\int \frac{1}{\sqrt{x}}\,dx$
4. $\displaystyle\int \left(\sqrt{x} - \frac{1}{\sqrt{x}}\right)^2 dx$
5. $\displaystyle\int \frac{(1-\sqrt{x})^2}{\sqrt{x}}\,dx$
6. $\displaystyle\int 2^x\,dx$
7. $\displaystyle\int \left(\sin\frac{x}{2} - \cos\frac{x}{2}\right)^2 dx$
8. $\displaystyle\int \frac{\cos x}{\sin^2 x}\,dx$

※ 다음 정적분을 구하라.

9. $\int_{-1}^{1} (x^4 - 2x^2 + 1)\,dx$

10. $\int_{1}^{2} (2 + x - 3x^4)\,dx$

11. $\int_{1}^{2} \frac{x^2 - 1}{x^3}\,dx$

12. $\int_{1}^{4} \left(\sqrt{x} - \frac{1}{\sqrt{x}}\right)^2 dx$

13. $\int_{0}^{1} x\left(\sqrt[3]{x} + \sqrt[4]{x^3}\right) dx$

14. $\int_{-1}^{2} (3^x - 2^x)\,dx$

15. $\int_{-\pi/2}^{\pi/2} |\sin x|\,dx$

16. $\int_{0}^{\pi/2} |\sin x - \cos x|\,dx$

※ 다음 함수의 도함수를 구하라.

17. $g(x) = \int_{0}^{2x} \frac{1}{t^4 + 1}\,dt$

18. $g(x) = \int_{0}^{x^2 - x} (1 + \sqrt{t}\,)^2\,dt$

19. $g(x) = \int_{-x}^{x^2} \frac{t^3}{1 + t^2}\,dt$

20. $g(x) = \int_{\tan x}^{\sin^2 x} \sin^{-1} 3t\,dt$

21. $0 \le x \le 4$에서 다음과 같이 정의되는 함수 $f(x)$에 대하여 $g(x) = \int_{0}^{x} f(t)\,dt$라 하자.

$$f(x) = \begin{cases} x & , 0 \le x \le 2 \\ 4 - x & , 2 < x \le 4 \end{cases}$$

(a) 함수 $g(x)$를 구하라.
(b) 두 함수 $f(x)$와 $g(x)$의 그래프를 그려라.
(c) 함수 $f(x)$가 미분가능한 곳을 구하라.
(d) 함수 $g(x)$가 미분가능한 곳을 구하라.

22. 정적분의 정의에 의하여 $\int_{0}^{1} x^3\,dx$를 구하라.

※ 주어진 구간과 함수 $f(x)$에 대하여 평균값과 적분의 평균값 정리를 만족하는 c를 구하라.

23. $f(x) = x^3$, $[1, 3]$

24. $f(x) = \sin x$, $[0, \frac{\pi}{2}]$

※ 다음 극한을 구하라.

25. $\lim_{x \to 0} \frac{1}{x^2} \int_{0}^{x} \frac{t^2}{1 + t^4}\,dt$

26. $\lim_{x \to 0} \frac{1}{x} \int_{0}^{2x} \sin t\,dt$

27. 함수 f가 폐구간 $[a, b]$에서 연속일 때, $\int_a^b f(x)\,dx = 0$이면 $f(c)=0$을 만족하는 c가 개구간 (a, b) 안에 적어도 하나 존재함을 보여라.

※ 다음 관계를 만족하는 함수 $f(x)$를 구하라.

28. $\int_1^x f(t)\,dt = x^2+1$

29. $\int_1^{x^2} f(t)\,dt = x^3+\ln x,\ x>0$

30. $\int_0^x f(t)\,dt = x\sin\pi x$

31. $\int_0^{2x^2} f(t)\,dt = \dfrac{1}{1+x^2}$

※ 다음 극한을 구하라.

32. $\lim_{n\to\infty}\sum_{k=1}^{n}\dfrac{k^4}{n^5}$

33. $\lim_{n\to\infty}\sum_{k=1}^{n}\dfrac{\sin(k\pi/n)}{n}$

34. 응용 어떤 물체가 시각 t에서 속도 $v(t)=t^2+t-6\,[\mathrm{m/s}]$의 속도로 수평선 위를 움직인다고 한다.

(a) $1\le t\le 3$일 때, 이 물체가 움직인 변위를 구하라.

(b) $1\le t\le 3$일 때, 이 물체가 움직인 거리를 구하라.

35. 응용 어느 회사는 최초의 가격이 v인 새로운 컴퓨터 시스템을 구입하고자 한다. 이 시스템은 시각 t에서 $f=f(t)$의 비율로 감가상각하고 $g=g(t)$의 비율로 유지 비용이 늘어난다. 이 회사는 컴퓨터 시스템을 구축할 최적의 시기를 원한다.

(a) 비용함수 $C(t)$가 다음과 같을 때, C의 임계점이 $C(t)=f(t)+g(t)$를 만족하는 t에서 나타나는 것을 보여라.

$$C(t)=\frac{1}{t}\int_0^t [f(x)+g(x)]\,dx$$

(b) $f(t)$와 $g(t)$가 다음과 같을 때, 총 감가상각 비용 $D(t)=\int_0^t f(x)\,dx$가 최초 가격 v와 같아지는 시간 t_0을 구하라.

$$f(t)=\begin{cases}\dfrac{v}{15}-\dfrac{v}{450}t, & 0\le t\le 30\\[2mm] 0, & t>30\end{cases},\quad g(t)=\frac{vt^2}{12900},\quad t>0$$

(c) $(0, t_0]$에서 C의 최솟값을 구하라.

4.2 적분법

일반적으로 적분을 구하는 것은 도함수를 구하는 것과 달리 매우 복잡하므로 적분을 구하려면 여러 가지 기교가 필요하다. 이 절에서는 피적분함수의 유형에 따른 적분법에 대하여 살펴본다.

4.2.1 치환적분법

지금까지 살펴본 방법으로 피적분함수 $(x+1)^{100}$을 적분한다고 하자. 그러면 이 함수를 전개하여 각각의 단항식들을 적분한 후, 다시 간단한 식으로 정리해야 하는 번거로움이 있다. 여기에서는 이러한 번거로움을 간단히 처리하기 위한 방법을 살펴보자.

함수 $F(u)$의 도함수를 $f(u)$라 할 때, $y=F(g(x))$의 도함수는 연쇄법칙에 의하여

$$\frac{d}{dx}F(g(x)) = \frac{dy}{du}\cdot\frac{du}{dx} = f(g(x))g'(x)$$

이다. 그러므로 $u=g(x)$라 하면 피적분함수 $f(g(x))g'(x)$의 역도함수는 다음과 같다.

$$\begin{aligned}\int f(g(x))\,g'(x)\,dx &= \int\left(\frac{d}{dx}F(g(x))\right)dx \\ &= F(g(x)) + C = f(u) + C \\ &= \int F'(u)\,du = \int f(u)\,du\end{aligned}$$

결과적으로 미분가능한 함수 $u=g(x)$에 대하여 u의 미분은 $du=g'(x)dx$이다. 따라서 [그림 4-5]와 같이 $f(g(x))\,g'(x)$에 대한 부정적분은 $f(u)$에 대한 부정적분으로 변형된다.

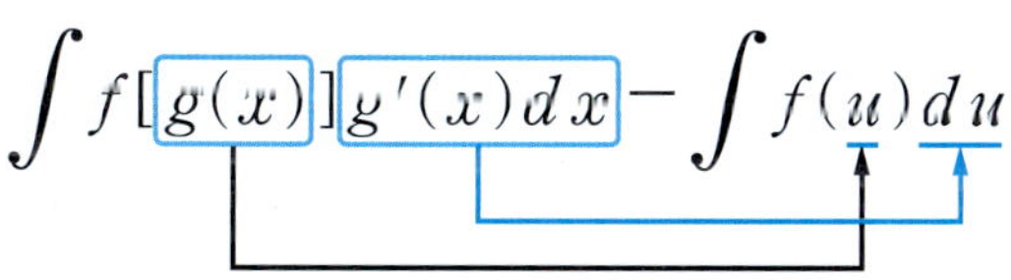

[그림 4-5] **치환 방법**

따라서 $f(u)$의 부정적분을 구하여 u를 $g(x)$로 대치함으로써 피적분함수 $f(g(x))\,g'(x)$의 부정적분을 구할 수 있다. 이와 같은 방법으로 적분하는 것을 **치환적분법** integration by substitution이라 한다.

$$\int f(g(x))\,g'(x)\,dx = \int f(u)\,du = F(u) + C = F(g(x)) + C$$

그러면 치환적분법에 대한 다음 적분 공식을 얻는다.

정리 4-6 치환적분법

(1) $\int [f(x)]^n f'(x)\,dx = \dfrac{1}{n+1}[f(x)]^{n+1} + C,\ n \neq -1$

(2) $\int (ax+b)^n\,dx = \dfrac{1}{a(n+1)}(ax+b)^{n+1} + C,\ n \neq -1,\ a \neq 0$

(3) $\int \dfrac{f'(x)}{f(x)}\,dx = \ln|f(x)| + C$

예제 4-13

다음 부정적분을 구하라.

(a) $\int (x+1)^{100}\,dx$　　　(b) $\int \dfrac{1}{x\ln x}\,dx$

풀이

(a) $u = x+1$이라 하면 $\dfrac{du}{dx} = 1$이므로 $du = dx$이다. 따라서 구하고자 하는 적분은 다음과 같다.

$$\int (x+1)^{100}\,dx = \int u^{100}\,du = \frac{1}{101}u^{101} + C = \frac{1}{101}(x+1)^{101} + C$$

(b) $u = \ln x$라 하면 $\dfrac{du}{dx} = \dfrac{1}{x}$이므로 $du = \dfrac{1}{x}dx$이다. 따라서 구하고자 하는 적분은 다음과 같다.

$$\int \frac{1}{x\ln x}\,dx = \int \frac{1}{u}\,du = \ln|u| + C = \ln|\ln x| + C$$

치환적분법을 이용하면 4.1.2절에서 살펴보지 못한 $\tan x$와 $\cot x$의 부정적분을 쉽게 구할 수 있다. 우선 $\tan x = \dfrac{\sin x}{\cos x}$, $u = \cos x$라 하면 $\dfrac{du}{dx} = -\sin x$이므로 $-du = \sin x\,dx$이다. 그러므로

$$\int \tan x\,dx = \int \frac{\sin x}{\cos x}\,dx = \int \frac{1}{u}(-1)\,du = (-1)\int \frac{1}{u}\,du = -\ln|u| + C$$

이고, 이제 $u = \cos x$를 마지막 식에 대입하면 다음 적분 공식을 얻는다.

$$\int \tan x\,dx = -\ln|\cos x| + C$$

같은 방법으로 $\cot x$의 부정적분을 구하면 다음과 같다.

$$\int \cot x\, dx = \ln|\sin x| + C$$

예제 4-14

다음 부정적분을 구하라.

(a) $\int 2x\cos(x^2-1)\,dx$ (b) $\int \sec x\, dx$

풀이

(a) $u=x^2-1$이라 하면 $\frac{du}{dx}=2x$이므로 $du=2x\,dx$이다. 따라서 구하고자 하는 적분은 다음과 같다.

$$\int 2x\cos(x^2-1)\,dx = \int \cos(x^2-1)(2x)\,dx = \int \cos u\,du$$
$$= -\sin u + C = -\sin(x^2-1)+C$$

(b) $\int \sec x\, dx = \int \frac{\sec x(\sec x + \tan x)}{\sec x + \tan x}\,dx - \int \frac{\sec^2 x + \sec x \tan x}{\sec x + \tan x}\,dx$이고, $u=\sec x + \tan x$라 하면

$$\frac{du}{dx} = \frac{d}{dx}(\sec x + \tan x) = \sec x\tan x + \sec^2 x$$

이므로 $du=(\sec x\tan x + \sec^2 x)\,dx$이다. 따라서 구하고자 하는 적분은 다음과 같다.

$$\int \sec x\,dx = \int \frac{\sec^2 x + \sec x\tan x}{\sec x + \tan x}\,dx = \int \frac{1}{u}\,du$$
$$= \ln|u| + C = \ln|\sec x + \tan x| + C$$

치환적분법을 정적분에 적용하면 다음과 같다.

정리 4-7 정적분의 치환적분법

함수 $g(x)$가 개구간 (a, b)에서 미분가능하고 f가 g의 범위에서 연속이면 다음이 성립한다.

$$\int_a^b f(g(x))g'(x)\,dx = \int_{g(a)}^{g(b)} f(u)\,du$$

예제 4-15

다음 정적분을 구하라.

(a) $\displaystyle\int_0^1 \frac{2x}{\sqrt{x^2+1}}\,dx$ (b) $\displaystyle\int_0^{\pi/2} (1-\cos x)\sin x\,dx$

풀이

(a) $u = x^2+1$이라 하면 $\dfrac{du}{dx} = 2x$이므로 $du = 2x\,dx$이다. 또한 $x=0$이면 $u=1$이고, $x=1$이면 $u=2$이다. 따라서 구하고자 하는 적분은 다음과 같다.

$$\int_0^1 \frac{2x}{\sqrt{x^2+1}}\,dx = \int_1^2 \frac{1}{\sqrt{u}}\,dx = 2\sqrt{u}\,\Big|_1^2 = 2\sqrt{2}-2$$

(b) $u = 1-\cos x$라 하면 $\dfrac{du}{dx} = \sin x$이므로 $du = \sin x\,dx$이다. 또한 $x=0$이면 $u=0$이고, $x=\dfrac{\pi}{2}$이면 $u=1$이다. 따라서 구하고자 하는 적분은 다음과 같다.

$$\int_0^{\pi/2} (1-\cos x)\sin x\,dx = \int_0^1 u\,du = \frac{1}{2}u^2\Big|_0^1 = \frac{1}{2}$$

4.2.2 부분적분법

함수 $u=f(x)$가 반복적으로 미분가능하고 함수 $v=g(x)$가 반복적으로 적분가능할 때, 두 함수의 곱 $f(x)g(x)$의 적분을 구하는 매우 유용한 방법이 있다. 이 적분법을 살펴보기 위해 미분가능한 두 함수 $f(x)$와 $g(x)$의 곱에 대한 도함수를 구하면 다음과 같다.

$$\frac{d}{dx}f(x)g(x) = f'(x)g(x) + f(x)g'(x)$$

그러면 $f(x)g(x)$는 $f'(x)g(x)+f(x)g'(x)$의 원시함수이므로 다음이 성립한다.

$$\int [f'(x)g(x) + f(x)g'(x)]\,dx = f(x)g(x)$$

이때 부정적분의 선형적 성질에 의하여 다음과 같이 $f(x)g'(x)$의 부정적분을 구할 수 있다.

$$\int f(x)g'(x)\,dx = f(x)g(x) - \int [f'(x)g(x)]\,dx$$

이와 같은 적분법을 **부분적분법** integration by parts이라 하며, 이 적분법은 다항함수와 초월함수의 곱 또는 두 초월함수의 곱을 적분할 때 매우 유용하다. 부분적분법을 사용할 때 유의할 점은 우변의 피적분함수가 좌변의 피적분함수보다 간단한 형태가 되도록 유도하는 것이다. 특히 피적분함수가 다항식과 초월함수의 곱으로 구성된 경우에 다항식은 미분할 함수 u로 놓고, 초월함수는 적분할 함수 v'으로 놓는 것이 좋다.

예제 4-16

다음 부정적분을 구하라.

(a) $\int x e^{2x} dx$　　　　(b) $\int (x^2 - x + 1) \sin x \, dx$

풀이

(a) $u = x$, $v' = e^{2x}$이라 하면 $u' = 1$, $v = \frac{1}{2} e^{2x}$이다. 따라서 구하고자 하는 적분은 다음과 같다.

$$\int x e^{2x} dx = x \cdot \left(\frac{1}{2} e^{2x}\right) - \int \frac{1}{2} e^{2x} dx = \frac{1}{2} x e^{2x} - \frac{1}{4} e^{2x} = \frac{1}{4} e^{2x} (2x - 1)$$

(b) $u = x^2 - x + 1$, $v' = \sin x$라 하면 $u' = 2x - 1$, $v = -\cos x$이므로

$$\begin{aligned}\int (x^2 - x + 1) \sin x \, dx &= (x^2 - x + 1)(-\cos x) - \int (2x - 1)(-\cos x) dx \\ &= -(x^2 - x + 1) \cos x + \int (2x - 1) \cos x \, dx\end{aligned}$$

이다. 그리고 $\int (2x-1) \cos x \, dx$를 구하기 위해 부분적분법을 반복한다. $u = 2x - 1$, $v' = \cos x$라 하면 $u' = 2$, $v = \sin x$이므로

$$\begin{aligned}\int (2x - 1) \cos x \, dx &= (2x - 1) \sin x - \int 2 \sin x \, dx \\ &= (2x - 1) \sin x + 2\cos x + C\end{aligned}$$

이다. 따라서 구하고자 하는 적분은 다음과 같다.

$$\begin{aligned}\int (x^2 - x + 1) \sin x \, dx &= -(x^2 - x + 1) \cos x + (2x - 1) \sin x + 2\cos x + C \\ &= (1 + x - x^2) \cos x + (2x - 1) \sin x + C\end{aligned}$$

[예제 4-16]에서 보듯이 다항함수와 초월함수의 곱에 대한 부분적분법은 다항함수를 반복적으로 미분하고 초월함수는 반복적으로 적분하는 것을 알 수 있다. 그러므로

$$\int (\text{다항함수}) \cdot (\text{초월함수}) \, dx$$

의 적분은 [그림 4-6]처럼 첫 번째 줄에 다항함수를 놓고 0이 될 때까지 반복적으로 미분한다. 그리고 두 번째 줄에 초월함수를 놓고 반복적으로 적분하여 대각선(↘) 방향으로 곱한다. 이때 곱한 각각의 결과에 차례대로 +와 −부호를 부여하면 적분 결과를 쉽게 얻을 수 있다.

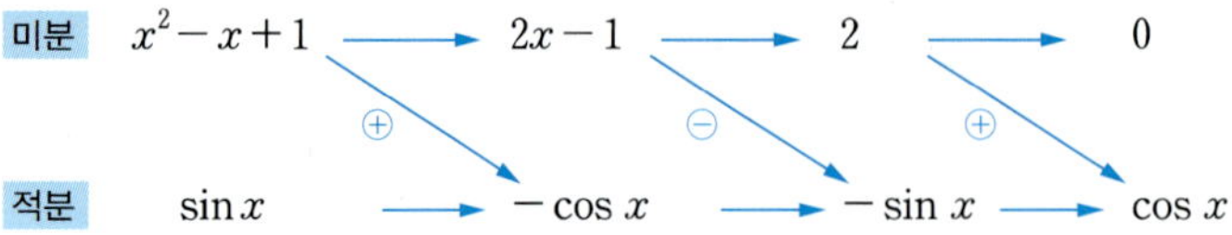

적분 결과 $(x^2-x+1)(-\cos x)-(2x-1)(-\sin x)+2\cos x$

[그림 4-6] $\int (x^2-x+1)\sin x\,dx$의 적분 방법

그러면 구하고자 하는 부정적분을 다음과 같이 얻을 수 있다.

$$\int (x^2-x+1)\sin x\,dx = (1+x-x^2)\cos x + (2x-1)\sin x + C$$

이러한 방법은 초월함수와 초월함수의 곱에도 적용할 수 있다. 예를 들어, $\int e^x \sin x\,dx$의 적분을 구하기 위하여 함수 e^x은 반복적으로 미분하고 함수 $\sin x$는 반복적으로 적분한다. 그러면 [그림 4-7]과 같이 미분한 결과와 적분한 결과가 처음과 동일한 형태로 나타난다. 이어서 앞과 같은 방법으로 부호를 부여하고, 마지막 결과는 서로 곱하여 적분한다.

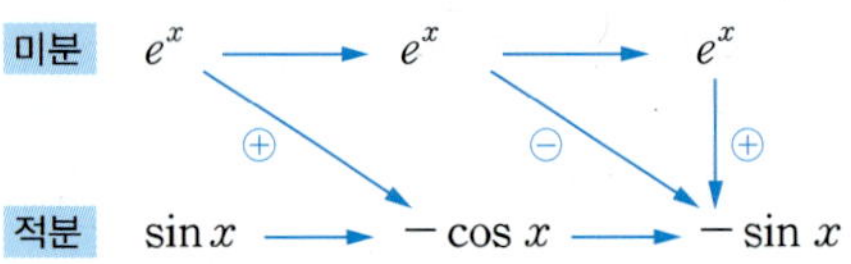

적분 결과 $e^x(-\cos x)-e^x(-\sin x)+\int e^x(-\sin x)dx$

[그림 4-7] $\int e^x \sin x\,dx$의 적분 방법

그러면 결과적으로 다음과 같은 결과를 얻는다.

$$\int e^x \sin x\,dx = -e^x\cos x + e^x \sin x - \int e^x \sin x\,dx + C_1$$

$$2\int e^x \sin x\,dx = e^x(\sin x - \cos x) + C_1$$

$$\int e^x \sin x\,dx = \frac{e^x}{2}(\sin x - \cos x) + C$$

부분적분법을 이용하면 [예제 4-17]과 같은 자연로그함수, 역삼각함수 등의 부정적분을 쉽게 구할 수 있다.

예제 4-17

다음 부정적분을 구하라.

(a) $\int \sin^{-1} x\,dx$ (b) $\int \ln x\,dx$

풀이

(a) $u=\sin^{-1}x$, $v'=1$이라 하면 $u'=\dfrac{1}{\sqrt{1-x^2}}$, $v=x$이므로

$$\begin{aligned}\int \sin^{-1}x\,dx &= (\sin^{-1}x)x-\int x\cdot\frac{1}{\sqrt{1-x^2}}dx\\ &=(\sin^{-1}x)x-\frac{1}{2}\int\frac{2x}{\sqrt{1-x^2}}dx\end{aligned}$$

이다. 우변의 적분을 구하기 위하여 $u=1-x^2$이라 하자. 그러면 $\dfrac{du}{dx}=-2x$이므로 $(-1)du=2x\,dx$이고

$$\int\frac{2x}{\sqrt{1-x^2}}dx=\int\frac{(-1)}{\sqrt{u}}du=-\int\frac{1}{\sqrt{u}}du=-2\sqrt{u}+C$$

이다. 따라서 구하고자 하는 적분은 다음과 같다.

$$\begin{aligned}\int \sin^{-1}x\,dx &= (\sin^{-1}x)x-\frac{1}{2}\cdot(-2\sqrt{u})+C\\ &=x\sin^{-1}x+\sqrt{1-x^2}+C\end{aligned}$$

(b) $u=\ln x$, $v'=1$이라 하면 $u'=\dfrac{1}{x}$, $v=x$이므로 구하고자 하는 적분은 다음과 같다.

$$\int\ln x\,dx=(\ln x)\cdot x-\int\left(\frac{1}{x}\cdot x\right)dx=(\ln x)\cdot x-\int 1\,dx=x(-1+\ln x)+C$$

부분적분법은 다음과 같이 정적분에 적용할 수 있다.

정리 4-8 정적분의 부분적분법

$f'(x)$와 $g'(x)$가 폐구간 $[a, b]$에서 연속이면 다음이 성립한다.

$$\int_a^b f(x)g'(x)dx=f(x)g(x)\Big|_a^b-\int_a^b f'(x)g(x)dx$$

예제 4-18

정적분 $\int_0^1 \tan^{-1} x\,dx$을 구하라.

풀이

$u=\tan^{-1}x$, $v'=1$이라 하면 $u'=\dfrac{1}{1+x^2}$, $v=x$이므로

$$\int \tan^{-1}x\,dx = (\tan^{-1}x)\,x - \int \frac{x}{1+x^2}\,dx = x\tan^{-1}x - \frac{1}{2}\int \frac{2x}{1+x^2}\,dx$$

이다. 우변의 적분을 구하기 위하여 $u=1+x^2$이라 하자. 그러면 $\dfrac{du}{dx}=2x$이므로 $du=2x\,dx$이고

$$\int \frac{2x}{1+x^2}\,dx = \int \frac{1}{u}\,du = \ln|u| = \ln(1+x^2)$$

이다. 따라서

$$\int \tan^{-1}x\,dx = x\tan^{-1}x - \frac{1}{2}\ln(1+x^2)$$

이므로 구하고자 하는 정적분은 다음과 같다.

$$\int_0^1 \tan^{-1}x\,dx = x\tan^{-1}x - \frac{1}{2}\ln(1+x^2)\Big|_0^1 = \frac{\pi}{4} - \frac{\ln 2}{2}$$

4.2.3 유리함수의 적분법

두 다항식 $p(x)$와 $q(x)$에 대하여 유리함수 $f(x)=\dfrac{p(x)}{q(x)}$의 적분법에 대하여 살펴보자.

유형 1 $p(x)$**의 차수가** $q(x)$**의 차수보다 크거나 같은 경우**

$p(x)$를 $q(x)$로 나눌 때 몫을 $s(x)$, 나머지를 $r(x)$라 하면 유리함수 $f(x)$는 다음과 같이 분해할 수 있다. 이때 $s(x)$와 $r(x)$는 다항식이고 $r(x)$의 차수는 $q(x)$의 차수보다 작다.

$$f(x) = \frac{p(x)}{q(x)} = s(x) + \frac{r(x)}{q(x)}$$

그러므로 $\dfrac{r(x)}{q(x)}$의 적분을 구할 수 있으면 이 적분과 다항식 $s(x)$의 적분을 합하여 유리함

수의 적분을 구할 수 있다. 이제 분자의 차수가 분모의 차수보다 작은 유리함수의 적분을 구하는 방법을 살펴보자.

유형 2 $q(x)=(a_1x+b_1)(a_2x+b_2)\cdots(a_kx+b_k)$ **인 경우**

다음과 같이 놓고 미정계수 A_1, A_2, $\cdots$, A_k를 구한다.

$$\frac{r(x)}{q(x)}=\frac{A_1}{a_1x+b_1}+\frac{A_2}{a_2x+b_2}+\cdots+\frac{A_k}{a_kx+b_k}$$

유형 3 $q(x)$**가 1차 인수** $(ax+b)^k$**을 갖는 경우**

다음과 같이 놓고 미정계수 A_1, A_2, $\cdots$, A_k를 구한다.

$$\frac{r(x)}{q(x)}=\frac{A_1}{ax+b}+\frac{A_2}{(ax+b)^2}+\cdots+\frac{A_k}{(ax+b)^k}+\frac{r_1(x)}{q_1(x)}$$

유형 4 $q(x)$**가 1차 인수** $(dx+e)^k$**과 2차 인수** ax^2+bx+c, $b^2-4ac<0$**을 갖는 경우**

다음과 같이 놓고 미정계수 A_1, A_2, $\cdots$, A_k 그리고 B와 C를 구한다.

$$\frac{r(x)}{q(x)}=\frac{A_1}{dx+e}+\frac{A_2}{(dx+e)^2}+\cdots+\frac{A_k}{(dx+e)^k}+\frac{Bx+C}{ax^2+bx+c}$$

이때 다음을 이용한다.

$$\int\frac{1}{x^2+a^2}\,dx=\frac{1}{a}\tan^{-1}\frac{x}{a},\quad a>0$$

예제 4-19

다음 적분을 구하라.

(a) $\displaystyle\int\frac{x^3}{x-1}\,dx$　　(b) $\displaystyle\int\frac{x}{x^4-1}\,dx$

풀이

(a) $\dfrac{x^3}{x-1}=x^2+x+1+\dfrac{1}{x-1}$이므로 구하고자 하는 적분은 다음과 같다.

$$\int\frac{x^3}{x-1}\,dx=\int\left(x^2+x+1+\frac{1}{x-1}\right)dx=\frac{1}{3}x^3+\frac{1}{2}x^2+x+\ln|x-1|+C$$

(b) $\dfrac{x}{x^4-1}=\dfrac{A}{x-1}+\dfrac{B}{x+1}+\dfrac{Cx+D}{x^2+1}$라 놓고 미정계수 A, B, C, D를 구하기 위하여 우변을 통분하면 다음 항등식을 얻는다.

$$x=(A+B+C)x^3+(A-B+D)x^2+(A+B-C)x+(A-B-D)$$

따라서 $A+B+C=0$, $A-B+D=0$, $A+B-C=1$, $A-B-D=0$이므로 $A=\dfrac{1}{4}$, $B=\dfrac{1}{4}$, $C=-\dfrac{1}{2}$, $D=0$이다. 그러므로 피적분함수의 부정적분은 다음과 같다.

$$\begin{aligned}\int\frac{x}{x^4-1}\,dx&=\int\left(\frac{1}{4}\frac{1}{x-1}+\frac{1}{4}\frac{1}{x+1}-\frac{1}{4}\frac{2x}{x^2+1}\right)dx\\&=\frac{1}{4}\ln|x-1|+\frac{1}{4}\ln|x+1|-\frac{1}{4}\ln(x^2+1)+C\\&=\frac{1}{4}\ln\left(\frac{x^2-1}{x^2+1}\right)+C\end{aligned}$$

유형 5 **$q(x)$가 서로 다른 2차 인수 ax^2+bx+c와 $a_1x^2+b_1x+c_1$에 대하여 $b^2-4ac<0$, $b_1^2-4a_1c_1<0$을 갖는 경우**

다음과 같이 놓고 미정계수 A_1, A_2, B_1, B_2를 구한다.

$$\frac{r(x)}{q(x)}=\frac{A_1x+B_1}{ax^2+bx+c}+\frac{A_2x+B_2}{a_1x^2+b_1x+c_1}$$

유형 6 **$q(x)$가 2차 인수 $(ax^2+bx+c)^k$을 갖는 경우**

다음과 같이 놓고 미정계수 A_i, $B_i(i=1,\ 2,\ \cdots,\ k)$를 구한다.

$$\frac{r(x)}{q(x)}=\frac{A_1x+B_1}{ax^2+bx+c}+\frac{A_2x+B_k}{(ax^2+bx+c)^2}+\cdots+\frac{A_kx+B_k}{(ax^2+bx+c)^k}+\frac{r_1(x)}{q_1(x)}$$

유형 7 **$q(x)$가 1차 인수 $(ax+b)^n$과 2차 인수$(ax^2+bx+c)^m$을 갖는 경우**

각 인수에 앞의 유형을 반복 사용하여 부분분수로 분해한다.

예제 4-20

다음 적분을 구하라.

(a) $\displaystyle\int\frac{2x+1}{(x^2+1)(x^2+4)}\,dx$ (b) $\displaystyle\int\frac{x^3-x}{(x^2+1)^2}\,dx$

풀이

(a) $\dfrac{2x+1}{(x^2+1)(x^2+4)} = \dfrac{Ax+B}{x^2+1} + \dfrac{Cx+D}{x^2+4}$ 라 놓고 미정계수 A, B, C, D를 구하기 위하여 우변을 통분하면 다음 항등식을 얻는다.

$$2x+1=(A+C)x^3+(B+D)x^2+(4A+C)x+(4B+D)$$

따라서 $A+C=0$, $B+D=0$, $4A+C=2$, $4B+D=1$이므로

$$A=\frac{2}{3},\ B=\frac{1}{3},\ C=-\frac{2}{3},\ D=-\frac{1}{3}$$

이다. 따라서 구하고자 하는 적분은 다음과 같다.

$$\begin{aligned}\int \frac{2x+1}{(x^2+1)(x^2+4)}dx &= \int\left(\frac{1}{3}\frac{2x}{x^2+1}+\frac{1}{3}\frac{1}{x^2+1}-\frac{1}{3}\frac{2x}{x^2+4}-\frac{1}{3}\frac{1}{x^2+4}\right)dx \\ &= \frac{1}{3}\ln(x^2+1)+\frac{1}{3}\tan^{-1}x-\frac{1}{3}\ln(x^2+4)-\frac{1}{3}\frac{1}{2}\tan^{-1}\frac{x}{2}+C \\ &= \frac{1}{3}\ln\left(\frac{x^2+1}{x^2+4}\right)+\frac{1}{3}\tan^{-1}x-\frac{1}{6}\tan^{-1}\frac{x}{2}+C\end{aligned}$$

(b) $\dfrac{x^3-x}{(x^2+1)^2} = \dfrac{Ax+B}{x^2+1} + \dfrac{Cx+D}{(x^2+1)^2}$ 라 놓고 미정계수 A, B, C, D를 구하기 위하여 우변을 통분하면 다음 항등식을 얻는다.

$$x^3-x=Ax^3+Bx^2+(A+C)x+(B+D)$$

따라서 $A=1$, $B=0$, $A+C=-1$, $B+D=0$으로부터 $C=-2$, $D=0$을 얻는다. 따라서 구하고자 하는 적분은 다음과 같다.

$$\int\frac{x^3-x}{(x^2+1)^2}dx=\int\left(\frac{x}{x^2+1}-\frac{2x}{(x^2+1)^2}\right)dx=\frac{1}{2}\ln(x^2+1)+\frac{1}{x^2+1}+C$$

4.2.4 삼각함수의 적분법

삼각함수의 적분은 피적분함수의 유형에 따라 적분하는 방법이 다르다. 이 절에서는 피적분함수를 유형별로 구분하여 적분하는 방법을 살펴보자.

유형 1 피적분함수가 $\sin^n x$ 또는 $\cos^n x$인 경우

❶ 지수 n이 홀수이면, 즉 자연수 k에 대하여 $n=2k+1$이면 $\sin^n x=(\sin^2 x)^k \sin x$로

바꾼다. 그리고 항등식 $\sin^2 x + \cos^2 x = 1$을 이용하여 $\sin^2 x = 1 - \cos^2 x$로 바꾼 후, $u = \cos x$로 치환한다. 또한 $\cos^n x$도 동일한 방법에 의하여 $\sin x$의 함수로 변형하여 $u = \sin x$로 치환한다.

❷ 지수 n이 짝수이면 다음과 같은 반각공식을 이용한다.

$$\sin^2 x = \frac{1 - \cos 2x}{2}, \quad \cos^2 x = \frac{1 + \cos 2x}{2}$$

예제 4-21

다음 부정적분을 구하라.

(a) $\int \sin^3 x\, dx$ (b) $\int \cos^2 x\, dx$

풀이

(a) $\int \sin^3 x\, dx = \int \sin^2 x \sin x\, dx = \int (1 - \cos^2 x) \sin x\, dx$이다. $u = \cos x$라 하면 $du = -\sin x\, dx$이므로 주어진 부정적분은 다음과 같다.

$$\begin{aligned}\int \sin^3 x\, dx &= \int (1 - u^2)(-1)\, du = -u + \frac{1}{3}u^3 + C \\ &= -\cos x + \frac{1}{3}\cos^3 x + C\end{aligned}$$

(b) $\cos^2 x = \dfrac{1 + \cos 2x}{2}$이므로

$$\int \cos^2 x\, dx = \frac{1}{2}\int (1 + \cos 2x)\, dx = \frac{x}{2} + \frac{1}{2}\int \cos 2x\, dx$$

이고 $u = 2x$라 하면 $du = 2dx$, 즉 $dx = \frac{1}{2}du$이므로 주어진 부정적분은 다음과 같다.

$$\begin{aligned}\int \cos^2 x\, dx &= \frac{x}{2} + \frac{1}{2}\int \cos u \left(\frac{1}{2}\right) du \\ &= \frac{x}{2} + \frac{1}{4}\sin u + C = \frac{x}{2} + \frac{1}{4}\sin 2x + C\end{aligned}$$

유형 2 피적분함수가 $\sin^m x \cos^n x$인 경우

지수 m 또는 n이 홀수이면 [유형 1]과 동일한 방법으로 치환적분법을 이용하고, n 또는 m이 짝수이면 반각공식을 이용한다.

예제 4-22

다음 부정적분을 구하라.

(a) $\int \sin^5 x \cos^2 x \, dx$ (b) $\int \sin^2 x \cos^2 x \, dx$

풀이

(a) $\int \sin^5 x \cos^2 x \, dx = \int (\sin^2 x)^2 \cos^2 x \sin x \, dx = \int (1-\cos^2 x)^2 \cos^2 x \sin x \, dx$ 이고,

$u = \cos x$ 라 하면 $(-1)du = \sin x \, dx$ 이므로 주어진 부정적분은 다음과 같다.

$$\begin{aligned}\int \sin^5 x \cos^2 x \, dx &= \int (1-u^2)^2 u^2 (-1)\, du = -\int (u^6 - 2u^4 + u^2)\, du \\ &= -\left(\frac{1}{7}u^7 - \frac{2}{5}u^5 + \frac{1}{3}u^3\right) + C \\ &= -\frac{1}{7}\cos^7 x + \frac{2}{5}\cos^5 x - \frac{1}{3}\cos^3 x + C\end{aligned}$$

(b) $$\begin{aligned}\int \sin^2 x \cos^2 x \, dx &= \int \frac{1-\cos 2x}{2} \frac{1+\cos 2x}{2}\, dx = \frac{1}{4}\int (1-\cos^2 2x)\, dx \\ &= \frac{1}{4}\int \left(1 - \frac{1+\cos 4x}{2}\right) dx = \frac{1}{8}\int (1-\cos 4x)\, dx\end{aligned}$$

이제 $u = 4x$ 라 하면 $du = 4dx$, 즉 $dx = \frac{1}{4}du$ 이므로 주어진 부정적분은 다음과 같다.

$$\begin{aligned}\int \sin^2 x \cos^2 x \, dx &= \frac{1}{8}x - \frac{1}{8}\int \cos u \left(\frac{1}{4}\right) du \\ &= \frac{1}{8}x - \frac{1}{32}\sin u + C = \frac{1}{8}x - \frac{1}{32}\sin 4x + C\end{aligned}$$

유형 3 피적분함수가 $\tan^n x$ 또는 $\cot^n x$ $(n \geq 2)$인 경우

$1 + \tan^2 x = \sec^2 x$ 를 이용하여 $\tan x$ 또는 $\cot x$ 를 변수 u 로 치환하면 다음 관계식을 얻는다.

$$\begin{aligned}T_n = \int \tan^n x \, dx &= \int \tan^{n-2} x \tan^2 x \, dx \\ &= \int \tan^{n-2} x (\sec^2 x - 1)\, dx \\ &= \int \tan^{n-2} x \sec^2 x \, dx - \int \tan^{n-2} x \, dx \\ &= \int u^{n-2} du - T_{n-2} \qquad (u = \tan x) \\ &= \frac{1}{n-1}\tan^{n-1} x - T_{n-2}\end{aligned}$$

T_{n-2} 에 같은 방법을 반복하여 최종적으로 피적분함수가 $\tan^2 x$ 또는 $\tan x$ 가 되도록 한다.

❶ T_{n-2}의 피적분함수가 $\tan^2 x$가 되는 경우

$$\int \tan^2 x\,dx = \int (\sec^2 x - 1)\,dx = -x + \tan x + C$$

❷ T_{n-2}의 피적분함수가 $\tan x$가 되는 경우

$$\int \tan x\,dx = -\ln|\cos x| + C$$

또한 $1+\cot^2 x = \operatorname{cosec}^2 x$를 이용하면 같은 방법으로 $\cot^n x$의 적분을 구할 수 있다.

예제 4-23

다음 부정적분을 구하라.

(a) $\int \tan^3 x\,dx$　　　　(b) $\int \cot^4 x\,dx$

풀이

(a) $\int \tan^3 x\,dx = \int \tan x \tan^2 x\,dx = \int \tan x\,(\sec^2 x - 1)\,dx$

$= \int \tan x \sec^2 x\,dx - \int \tan x\,dx = \int \tan x \sec^2 x\,dx + \ln|\cos x|$

이제 $u = \tan x$라 하면 $\dfrac{du}{dx} = \sec^2 x$, 즉 $du = \sec^2 x\,dx$이므로

$$\int \tan x \sec^2 x\,dx = \int u\,du = \frac{1}{2}u^2 + C = \frac{1}{2}\tan^2 x + C$$

이다. 따라서 구하고자 하는 부정적분은 다음과 같다.

$$\int \tan^3 x\,dx = \frac{1}{2}\tan^2 x + \ln|\cos x| + C$$

(b) $\int \cot^4 x\,dx = \int \cot^2 x \cot^2 x\,dx = \int \cot^2 x\,(\operatorname{cosec}^2 x - 1)\,dx$

$= \int \cot^2 x \operatorname{cosec}^2 x\,dx - \int \cot^2 x\,dx$

$= \int \cot^2 x \operatorname{cosec}^2 x\,dx - \int (\operatorname{cosec}^2 x - 1)\,dx$

$= \int \cot^2 x \operatorname{cosec}^2 x\,dx - (-x - \cot x)$

이제 $u = \cot x$라 하면 $\dfrac{du}{dx} = -\operatorname{cosec}^2 x$, 즉 $du = -\operatorname{cosec}^2 x\,dx$이므로

$$\int \cot^2 x \operatorname{cosec}^2 x\,dx = \int u^2(-1)\,du = -\frac{1}{3}u^3 + C = -\frac{1}{3}\cot^3 x + C$$

이다. 따라서 구하고자 하는 부정적분은 다음과 같다.

$$\int \cot^4 x\,dx = x + \cot x - \frac{1}{3}\cot^3 x + C$$

유형 4 **피적분함수가 $\tan^m x \sec^n x$ 또는 $\cot^m x \operatorname{cosec}^n x$인 경우**

❶ 지수 n이 짝수, 즉 $n = 2k$이면 $\sec^2 x$ 또는 $\operatorname{cosec}^2 x$를 빼내어 다음과 같이 변형한다.

$$\begin{aligned}\int \tan^m x \sec^n x\,dx &= \int \tan^m x \sec^{2k-2} x \sec^2 x\,dx \\ &= \int \tan^m x\,(1+\tan^2 x)^{k-1} \sec^2 x\,dx\end{aligned}$$

이제 $u = \tan x$로 치환하여 치환적분법으로 적분한 결과에 $u = \tan x$를 대입한다. 같은 방법으로 다음과 같이 변형하여 $u = \cot x$로 치환하는 치환적분법을 이용한다.

$$\int \cot^m x \operatorname{cosec}^n x\,dx = \int \cot^m x\,(1+\cot^2 x)^{k-1} \operatorname{cosec}^2 x\,dx$$

❷ 지수 m이 홀수이고 n이 임의의 수이면 $\tan x \sec x$ 또는 $\cot x \operatorname{cosec} x$를 빼내어 $\tan^2 x = \sec^2 x - 1$ 또는 $\cot^2 x = \operatorname{cosec}^2 x - 1$을 이용하여 다음과 같이 변형한다.

$$\begin{aligned}\int \tan^m x \sec^n x\,dx &= \int (\tan^2 x)^k \sec^{n-1} x \sec x \tan x\,dx \\ &= \int (\sec^2 x - 1)^k \sec^{n-1} x \sec x \tan x\,dx\end{aligned}$$

또는

$$\begin{aligned}\int \cot^m x \operatorname{cosec}^n x\,dx &= \int (\cot^2 x)^k \operatorname{cosec}^{n-1} x \operatorname{cosec} x \cot x\,dx \\ &= \int (\operatorname{cosec}^2 x - 1)^k \operatorname{cosec}^{n-1} x \operatorname{cosec} x \cot x\,dx\end{aligned}$$

이제 $u = \sec x$ 또는 $u = \operatorname{cosec} x$로 치환하여 치환적분법을 이용한다.

예제 4-24

다음 적분을 구하라.

(a) $\displaystyle\int \frac{\sec^6 x}{1+\tan x}\,dx$ (b) $\displaystyle\int \cot^3 x \operatorname{cosec}^3 x\,dx$

풀이

(a) $\displaystyle\int \frac{\sec^6 x}{1+\tan x}\,dx = \int \frac{\sec^4 x}{1+\tan x}\sec^2 x\,dx = \int \frac{(1+\tan^2 x)^2}{1+\tan x}\sec^2 x\,dx$이므로 $u = \tan x$라 하면 $du = \sec^2 x\,dx$이다. 따라서 구하고자 하는 부정적분은 다음과 같다.

$$\int \frac{\sec^6 x}{1+\tan x}\,dx = \int \frac{(1+u^2)^2}{1+u}\,du = \int \left(u^3 - u^2 + 3u - 3 + \frac{4}{1+u}\right) du$$

$$= \frac{1}{4}u^4 - \frac{1}{3}u^3 + \frac{3}{2}u^2 - 3u + 4\ln|1+u| + C$$
$$= \frac{1}{4}\tan^4 x - \frac{1}{3}\tan^3 x + \frac{3}{2}\tan^2 x - 3\tan x + 4\ln|1+\tan x| + C$$

(b) $\int \cot^3 x \operatorname{cosec}^3 x\,dx = \int \cot^2 x \operatorname{cosec}^2 x \cot x \operatorname{cosec} x\,dx = \int (\operatorname{cosec}^2 x - 1)\operatorname{cosec}^2 x \cot x$ $\operatorname{cosec} x\,dx$이므로 $u = \operatorname{cosec} x$라 하면 $\frac{du}{dx} = -\cot x \operatorname{cosec} x$, 즉 $du = -\cot x \operatorname{cosec} x\,dx$ 이다. 따라서 구하고자 하는 부정적분은 다음과 같다.

$$\int \cot^3 x \operatorname{cosec}^3 x\,dx = \int (u^2-1)u^2(-1)\,du = (-1)\int (u^4 - u^2)\,du$$
$$= -\left(\frac{1}{5}u^5 - \frac{1}{3}u^3\right) + C = -\frac{1}{5}\operatorname{cosec}^5 x + \frac{1}{3}\operatorname{cosec}^3 x + C$$

유형 5 피적분함수가 $\sin mx \cos nx$ 또는 $\sin mx \sin nx$, $\cos mx \cos nx$인 경우

삼각함수의 곱을 합으로 바꾸는 다음 공식을 이용한다.

$$\sin mx \cos nx = \frac{1}{2}[\sin(m+n)x + \sin(m-n)x]$$
$$\cos mx \cos nx = \frac{1}{2}[\cos(m+n)x + \cos(m-n)x]$$
$$\sin mx \sin nx = -\frac{1}{2}[\cos(m+n)x - \cos(m-n)x]$$

예제 4-25

정적분 $\int_{\pi/3}^{\pi/2} \sin 5x \cos 2x\,dx$를 구하라.

풀이

$$\int \sin 5x \cos 2x\,dx = \frac{1}{2}\int (\sin 7x + \sin 3x)\,dx$$
$$= \frac{1}{2}\left(-\frac{1}{7}\cos 7x - \frac{1}{3}\cos 3x\right) = -\frac{1}{42}(3\cos 7x + 7\cos 3x)$$

따라서 구하고자 하는 정적분은 다음과 같다.

$$\int_{\pi/3}^{\pi/2} \sin 5x \cos 2x\,dx = -\frac{1}{42}(3\cos 7x + 7\cos 3x)\Big|_{\pi/3}^{\pi/2} = 0 - \frac{11}{84} = -\frac{11}{84}$$

유형 6 피적분함수가 $\sin^2 x$, $\cos^2 x$, $\tan x$를 포함하는 경우

$\tan x = t$로 치환하면 [그림 4-8]로부터 다음을 얻는다.

$$\sin x = \frac{t}{\sqrt{1+t^2}}, \ \cos x = \frac{1}{\sqrt{1+t^2}}, \ dt = \sec^2 x\,dx = (1+\tan^2 x)dx = (1+t^2)dx$$

$$\sin^2 x = \frac{t^2}{1+t^2}, \ \cos^2 x = \frac{1}{1+t^2}, \ dx = \frac{1}{1+t^2}dt$$

그러면 삼각함수의 적분이 유리함수의 적분으로 변형된다.

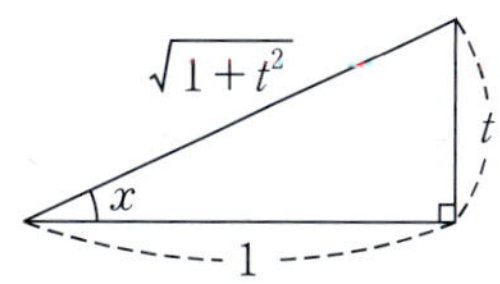

[그림 4-8] $\tan x = t$로의 치환

예제 4-26

부정적분 $\int \frac{\tan x}{1+\sin^2 x}dx$를 구하라.

풀이

$\tan x = t$라 하면 $\sin^2 x = \frac{t^2}{1+t^2}$, $dx = \frac{1}{1+t^2}dt$, $\frac{\tan x}{1+\sin^2 x}dx = \frac{t}{1+2t^2}dt$이다. 따라서 구하고자 하는 적분은 다음과 같다.

$$\int \frac{\tan x}{1+\sin^2 x}dx = \int \frac{t}{1+2t^2}dt = \frac{1}{4}\ln(1+2t^2) + C = \frac{1}{4}\ln(1+2\tan^2 x) + C$$

유형 7 피적분함수가 $\sin x$, $\cos x$인 경우

$\tan\frac{x}{2} = t$라 놓으면 [그림 4-9]로부터 다음을 얻는다.

$$\sin\frac{x}{2} = \frac{t}{\sqrt{1+t^2}}, \ \cos\frac{x}{2} = \frac{1}{\sqrt{1+t^2}}, \ dt = \frac{1+t^2}{2}dx$$

$$\sin x = 2\sin\frac{x}{2}\cos\frac{x}{2} = \frac{2t}{1+t^2}, \ \cos x = \cos^2\frac{x}{2} - \sin^2\frac{x}{2} = \frac{1-t^2}{1+t^2}, \ dx = \frac{2}{1+t^2}dt$$

따라서 [유형 6]과 동일하게 유리함수의 적분으로 변형된다.

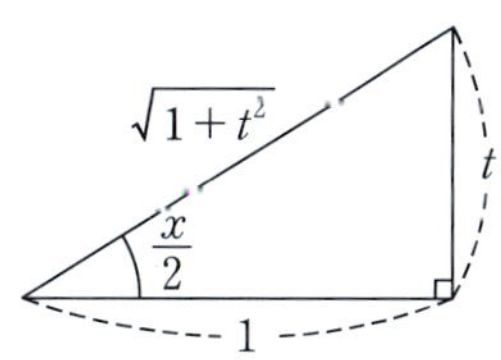

[그림 4-9] $\tan\frac{x}{2} = t$로의 치환

예제 4-27

부정적분 $\displaystyle\int \frac{dx}{1-\cos x}$ 를 구하라.

풀이

$\tan\dfrac{x}{2}=t$라 하면 $\cos x=\dfrac{1-t^2}{1+t^2}$, $dx=\dfrac{2}{1+t^2}dt$ 이므로 구하고자 하는 적분은 다음과 같다.

$$\begin{aligned}\int \frac{dx}{1-\cos x} &= \int \frac{1}{1-\dfrac{1-t^2}{1+t^2}}\cdot\frac{2}{1+t^2}dt \\ &= \int t^{-2}dt = -t^{-1}+C = -\cot\frac{x}{2}+C\end{aligned}$$

4.2.5 무리함수의 적분법

삼각함수의 적분법과 마찬가지로 무리함수의 적분도 피적분함수의 유형에 따라 적분하는 방법이 매우 다양하다. 무리함수의 적분은 치환하여 유리함수의 적분으로 변형하거나 삼각함수로 치환하는 방법을 많이 사용한다. 이 절에서는 무리함수의 유형에 따른 적분법을 살펴본다.

유형 1 피적분함수가 $\sqrt[n]{ax+b}$ 또는 $\sqrt[n]{\dfrac{ax+b}{cx+d}}$ (단, $ad-bc\neq 0$)를 포함하는 경우

$\sqrt[n]{ax+b}=t$라 하면 $x=\dfrac{1}{a}(t^n-b)$이므로 $dx=\dfrac{n}{a}t^{n-1}dt$ 이다. 따라서 피적분함수는 다음과 같이 유리함수로 변형된다.

$$\int f\left(x,\ \sqrt[n]{ax+b}\right)dx=\frac{n}{a}\int f\left(\frac{1}{a}(t^n-b),\ t\right)t^{n-1}dt$$

같은 방법으로 $\sqrt[n]{\dfrac{ax+b}{cx+d}}=t$라 하면 다음과 같이 유리함수로 변형된다.

$$\int f\left(x,\ \sqrt[n]{\frac{ax+b}{cx+d}}\right)dx=n(ad-bc)\int f\left(\frac{dt^n-b}{a-ct^n},\ t\right)\frac{t^{n-1}}{(a-ct^n)^2}dt$$

예제 4-28

다음 적분을 구하라.

(a) $\displaystyle\int \frac{x^2+1}{\sqrt{x-1}}\,dx$ (b) $\displaystyle\int \frac{1}{x}\sqrt{\frac{1+x}{1-x}}\,dx$

풀이

(a) $\sqrt{x-1}=t$라 하면 $x=t^2+1$, $dx=2t\,dt$이므로

$$\begin{aligned}\int \frac{x^2+1}{\sqrt{x-1}}\,dx &= \int \frac{(t^2+1)^2+1}{t}(2t)\,dt\\ &= 2\int (t^4+2t^2+2)\,dt\\ &= 2\left(\frac{1}{5}t^5+\frac{2}{3}t^3+2t\right)+C\\ &= 2\left(\frac{1}{5}(x-1)^2\sqrt{x-1}+\frac{2}{3}(x-1)\sqrt{x-1}+2\sqrt{x-1}\right)+C\\ &= \frac{2}{15}\sqrt{x-1}\,(3x^2+4x+23)+C\end{aligned}$$

(b) $\sqrt{\dfrac{1+x}{1-x}}=t$라 하면 $\dfrac{1+x}{1-x}=t^2$이므로 $x=\dfrac{t^2-1}{t^2+1}$, $dx=\dfrac{4t}{(1+t^2)^2}dt$이다. 따라서

$$\int \frac{1}{x}\sqrt{\frac{1+x}{1-x}}\,dx=\int \frac{(t^2+1)t}{t^2-1}\,\frac{4t}{(1+t^2)^2}\,dt=\int \frac{4t^2}{(t^2-1)(1+t^2)}\,dt$$

이고, 피적분함수를 부분분수로 분해하면 다음과 같다.

$$\frac{4t^2}{(t^2-1)(1+t^2)}=2\left(\frac{1}{t^2-1}+\frac{1}{t^2+1}\right)=\frac{1}{t-1}-\frac{1}{t+1}+\frac{2}{t^2+1}$$

따라서 구하고자 하는 부정적분은 다음과 같다.

$$\begin{aligned}\int \frac{1}{x}\sqrt{\frac{1+x}{1-x}}\,dx &= \int\left(\frac{1}{t-1}-\frac{1}{t+1}+\frac{2}{t^2+1}\right)dt\\ &= \ln|t-1|-\ln|t+1|+2\tan^{-1}x+C\\ &= \ln\left|\frac{t-1}{t+1}\right|+2\tan^{-1}x+C\\ &= \ln\left|\frac{-1+\sqrt{\dfrac{1+x}{1-x}}}{1+\sqrt{\dfrac{1+x}{1-x}}}\right|+2\tan^{-1}\sqrt{\frac{1+x}{1-x}}+C\\ &= \ln\left|\frac{\sqrt{1+x}-\sqrt{1-x}}{\sqrt{1+x}+\sqrt{1-x}}\right|+2\tan^{-1}\sqrt{\frac{1+x}{1-x}}+C\end{aligned}$$

유형 2 피적분함수가 $\sqrt[n]{ax+b}$, $\sqrt[m]{ax+b}$ 를 포함하는 경우

두 자연수 n과 m의 최소공배수 l에 대하여 $\sqrt[l]{ax+b}=t$라 하면, $x=\frac{1}{a}(t^l-b)$이므로

$$dx=\frac{l}{a}t^{l-1}dt,\quad \sqrt[n]{ax+b}=t^{l/n},\quad \sqrt[m]{ax+b}=t^{l/m}$$

이다. 따라서 피적분함수는 다음과 같이 유리함수로 변형된다.

$$\int f\left(x,\ \sqrt[n]{ax+b},\ \sqrt[m]{ax+b}\right)dx=\frac{l}{a}\int f\left(\frac{t^l-b}{a},\ t^{l/n},\ t^{l/m}\right)t^{l-1}dt$$

예제 4-29

부정적분 $\displaystyle\int\frac{1}{\sqrt{x+4}-\sqrt[3]{x+4}}dx$를 구하라.

풀이

$\sqrt[6]{x+4}=t$라 하면 $x=t^6-4$이므로

$$dx=6t^5dt,\quad \sqrt{x+4}=t^3,\quad \sqrt[3]{x+4}=t^2$$

이다. 따라서 구하고자 하는 부정적분은 다음과 같다.

$$\begin{aligned}&\int\frac{1}{\sqrt{x+4}-\sqrt[3]{x+4}}dx\\&=\int\frac{6t^5}{t^3-t^2}dt=6\int\frac{t^3}{t-1}dt=6\int\left(t^2+t+1+\frac{1}{t-1}\right)dt\\&=2t^3+3t^2+6t+6\ln|t-1|+C\\&=2\left(\sqrt[6]{x+4}\right)^3+3\left(\sqrt[6]{x+4}\right)^2+6\left(\sqrt[6]{x+4}\right)+6\ln\left|\left(\sqrt[6]{x+4}\right)-1\right|+C\\&=6\sqrt[6]{x+4}+3\sqrt[3]{x+4}+2\sqrt{x+4}+6\ln\left|-1+\sqrt[6]{x+4}\right|+C\end{aligned}$$

유형 3 피적분함수가 $\sqrt{ax^2+bx+c}$ 를 포함하는 경우(단, $a>0$)

$\sqrt{ax^2+bx+c}=t-\sqrt{a}\,x$라 하면 $x=\dfrac{t^2-c}{2\sqrt{a}\,t+b}$이므로

$$\sqrt{ax^2+bx+c}=t-\sqrt{a}\,x=\frac{\sqrt{a}\,t^2+bt+\sqrt{a}\,c}{2\sqrt{a}\,t+b},\quad dx=\frac{2(\sqrt{a}\,t^2+bt+\sqrt{a}\,c)}{(2\sqrt{a}\,t+b)^2}dt$$

이고, 무리함수의 적분은 유리함수의 적분으로 변형된다.

유형 4 피적분함수가 $\sqrt{ax^2+bx+c}$ 를 포함하는 경우(단, $a<0$)

$ax^2+bx+c=0$의 두 실근을 α, $\beta(\alpha<\beta)$라 하면 $ax^2+bx+c=a(x-\alpha)(x-\beta)$이고, $a<0$이므로 $(x-\alpha)(x-\beta)<0$, 즉 $\alpha<x<\beta$이다. 그러므로 $\beta-x>0$이다. 따라서 $\sqrt{ax^2+bx+c}$ 를 다음과 같이 변형할 수 있다.

$$\sqrt{ax^2+bx+c}=\sqrt{(-a)}\,(\beta-x)\sqrt{\frac{x-\alpha}{\beta-x}}$$

그리고 $\sqrt{\dfrac{x-\alpha}{\beta-x}}=t$로 치환하고 [유형 1]에 따라 적분한다.

예제 4-30

다음 적분을 구하라.

(a) $\displaystyle\int\frac{1}{\sqrt{x^2+2x+4}}\,dx$　　　(b) $\displaystyle\int\frac{1}{(2+x)\sqrt{1-x^2}}\,dx$

풀이

(a) $\sqrt{x^2+2x+4}=t-x$라 하면 $x^2+2x+4=(t-x)^2=t^2-2tx+x^2$이므로

$$x=\frac{t^2-4}{2(t+1)},\quad dx=\frac{t^2+2t+4}{2(t+1)^2}dt,\quad \sqrt{x^2+2x+4}=t-x=\frac{t^2+2t+4}{2(t+1)}$$

이다. 따라서 구하고자 하는 적분은 다음과 같다.

$$\begin{aligned}\int\frac{1}{\sqrt{x^2+2x+4}}\,dx&=\int\frac{2(t+1)}{t^2+2t+4}\cdot\frac{t^2+2t+4}{2(t+1)^2}\,dt\\&=\int\frac{1}{t+1}\,dt=\ln|t+1|+C=\ln\left|\sqrt{x^2+2x+4}+x+1\right|+C\end{aligned}$$

(b) $\sqrt{1-x^2}=\sqrt{(1-x)(1+x)}=(1-x)\sqrt{\dfrac{1+x}{1-x}}$ 이므로 $\sqrt{\dfrac{1+x}{1-x}}=t$로 치환한다. 그러면 $x=\dfrac{t^2-1}{1+t^2}$이므로 $dx=\dfrac{4t}{(1+t^2)^2}dt$, $2+x=\dfrac{1+3t^2}{1+t^2}$, $1-x=\dfrac{2}{1+t^2}$이다. 따라서 구하고자 하는 적분은 다음과 같다.

$$\begin{aligned}\int\frac{1}{(2+x)\sqrt{1-x^2}}\,dx&=\int\frac{1+t^2}{1+3t^2}\cdot\frac{1+t^2}{2t}\cdot\frac{4t}{(1+t^2)^2}\,dt\\&=2\int\frac{1}{1+3t^2}dt=2\int\frac{1}{1+(\sqrt{3}\,t)^2}\,dt\\&=2\int\frac{1}{1+u^2}\,\frac{1}{\sqrt{3}}\,du\qquad(u=\sqrt{3}\,t\text{로 치환})\end{aligned}$$

$$= \frac{2}{\sqrt{3}} \tan^{-1} u + C = \frac{2}{\sqrt{3}} \tan^{-1}\left(\sqrt{3}\sqrt{\frac{1+x}{1-x}}\right) + C$$

$$= \frac{2}{\sqrt{3}} \tan^{-1}\sqrt{\frac{3(1+x)}{1-x}} + C$$

유형 5 삼각치환법을 이용하는 경우

$a > 0$에 대하여 피적분함수가 $\sqrt{a^2-x^2}$, $\sqrt{a^2+x^2}$, $\sqrt{x^2-a^2}$ 을 포함할 때는 삼각함수로 치환하여 적분할 수 있다. 이러한 적분 방법을 **삼각치환법** trigonometric substitution 이라 한다.

❶ $\sqrt{a^2-x^2}$ 을 포함하는 경우

$x = a\sin\theta$, $-\frac{\pi}{2} \le \theta \le \frac{\pi}{2}$ 로 치환하고 $1-\sin^2 x = \cos^2 x$를 이용한다.

$$dx = a\cos\theta\, d\theta,\ \sqrt{a^2-x^2} = \sqrt{a^2-a^2\sin^2\theta} = a\sqrt{1-\sin^2\theta} = a\cos\theta$$

❷ $\sqrt{a^2+x^2}$ 을 포함하는 경우

$x = a\tan\theta$, $-\frac{\pi}{2} < \theta < \frac{\pi}{2}$ 로 치환하고 $1+\tan^2 x = \sec^2 x$를 이용한다.

$$dx = a\sec^2\theta\, d\theta,\ \sqrt{a^2+x^2} = \sqrt{a^2+a^2\tan^2\theta} = a\sqrt{1+\tan^2\theta} = a\sec\theta$$

❸ $\sqrt{x^2-a^2}$ 을 포함하는 경우

$x = a\sec\theta$, $0 \le \theta < \frac{\pi}{2}$ 또는 $\pi \le \theta < \frac{3\pi}{2}$ 로 치환하고 $\sec^2 x - 1 = \tan^2 x$를 이용한다.

$$dx = a\sec\theta\tan\theta\, d\theta,\ \sqrt{x^2-a^2} = \sqrt{a^2\sec^2\theta - a^2} = a\sqrt{\sec^2\theta - 1} = a\tan\theta$$

예제 4-31

다음 적분을 구하라.

(a) $\int x\sqrt{9-x^2}\,dx$ (b) $\int \frac{x^2}{\sqrt{1+x^2}}\,dx$ (c) $\int \frac{x}{\sqrt{x^2-4}}\,dx$

풀이

(a) $x = 3\sin\theta$라 하면 $dx = 3\cos\theta\, d\theta$, $\sqrt{9-x^2} = 3\cos\theta$이므로

$$\int x\sqrt{9-x^2}\,dx = \int 3\sin\theta\, 3\cos\theta\, 3\cos\theta\, d\theta = 27\int \cos^2\theta\sin\theta\, d\theta$$

$$= 27\int u^2(-1)\,du \quad (u = \cos\theta\text{로 치환})$$

$$= -\frac{27}{3}u^3 + C = -9\cos^3\theta + C$$

이다. 한편, $x = 3\sin\theta$이므로 그림 (a)와 같이 $\sin\theta = \frac{x}{3}$, $\cos\theta = \frac{\sqrt{9-x^2}}{3}$이다. 따라서 구하고자 하는 부정적분은 다음과 같다.

$$\int x\sqrt{9-x^2}\,dx = (-9)\left(\frac{\sqrt{9-x^2}}{3}\right)^3 = -\frac{1}{3}(9-x^2)^{3/2} + C$$

(b) $x = \tan\theta$라 하면 $dx = \sec^2\theta\,d\theta$, $\sqrt{1+x^2} = \sec\theta$이므로

$$\begin{aligned}\int \frac{x^2}{\sqrt{1+x^2}}\,dx &= \int \frac{\tan^2\theta}{\sec\theta}(\sec^2\theta)\,d\theta = \int \tan^2\theta\sec\theta\,d\theta \\ &= \int (\sec^2\theta - 1)\sec\theta\,d\theta \\ &= \int \sec^3\theta\,d\theta - \int \sec\theta\,d\theta\end{aligned}$$

이다. 4.2절의 [연습문제 25]와 [예제 4-14(b)]에 의하여

$$\int \sec^3\theta\,d\theta = \frac{1}{2}\sec\theta\tan\theta + \frac{1}{2}\ln|\sec\theta + \tan\theta|$$

$$\int \sec\theta\,d\theta = \ln|\sec\theta + \tan\theta|$$

이므로 다음과 같이 구할 수 있다.

$$\int \frac{x^2}{\sqrt{1+x^2}}\,dx = \frac{1}{2}\sec\theta\tan\theta - \frac{1}{2}\ln|\sec\theta + \tan\theta| + C$$

한편, $x = \tan\theta$이므로 그림 (b)와 같이 $\sec\theta = \sqrt{1+x^2}$ 이다. 따라서 구하고자 하는 부정적분은 다음과 같다.

$$\int \frac{x^2}{\sqrt{1+x^2}}\,dx = \frac{1}{2}\left(x\sqrt{1+x^2} - \ln\left|x + \sqrt{1+x^2}\right|\right) + C$$

(c) $x = 2\sec\theta$라 하면 $dx = 2\sec\theta\tan\theta\,d\theta$, $\sqrt{x^2-4} = 2\tan\theta$이므로

$$\int \frac{x}{\sqrt{x^2-4}}\,dx = \int \frac{2\sec\theta}{2\tan\theta}(2\sec\theta\tan\theta)\,d\theta = 2\int \sec^2\theta\,d\theta = 2\tan\theta + C$$

이다. 이때 $x = 2\sec\theta$이므로 그림 (c)와 같이 $\tan\theta = \frac{\sqrt{x^2-4}}{2}$이다. 따라서 구하고자 하는 부정적분은 다음과 같다.

$$\int \frac{x^2\,dx}{\sqrt{x^2-1}} = \sqrt{x^2-4} + C$$

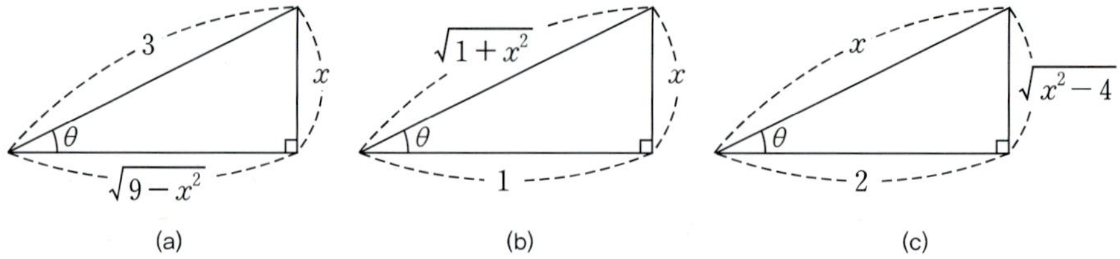

Section 4.2 연습문제

※ 다음 적분을 구하라.

1. $\int (2x+1)^5 dx$

2. $\int (x^2+2x-1)^3(x+1)\,dx$

3. $\int e^{3x+1} dx$

4. $\int x e^{x^2-1} dx$

5. $\int \frac{dx}{x\ln x}$

6. $\int \frac{dx}{x(\ln x)\ln(\ln x)}$

7. $\int \frac{x}{(x^2+1)^2} dx$

8. $\int \frac{2x}{x^2-1} dx$

9. $\int \sec 2x \tan 2x\, dx$

10. $\int \frac{\tan(\pi/x)}{x^2} dx$

11. $\int \sqrt{3x+2}\; dx$

12. $\int (x^2+1)\sqrt[4]{x^3+3x}\; dx$

※ 다음 적분을 구하라.

13. $\int x \sin x\, dx$

14. $\int x^2 \cos 2x\, dx$

15. $\int (x^2-x+1)e^{-x} dx$

16. $\int x^2 e^x dx$

17. $\int e^{-x}\sin x\, dx$

18. $\int e^x \cos x\, dx$

19. $\int x^2 \ln x\, dx$

20. $\int \log_2 x\, dx$

21. $\int \frac{\ln x}{x^2} dx$

22. $\int \frac{\ln x}{\sqrt{x}} dx$

23. $\int \cos^{-1} x\, dx$

24. $\int \sinh^{-1} x\, dx$

25. $\int \sec^3 x\, dx = \frac{1}{2}(\sec x \tan x + \ln|\sec x + \tan x|)$임을 보여라.

※ 다음 함수의 적분을 구하라.

26. $\int \frac{1}{x^2-1}dx$

27. $\int \frac{x^3+x-1}{x^2+1}dx$

28. $\int \frac{x^2+1}{(x-1)^3}dx$

29. $\int \frac{x^3-2}{x^2-1}dx$

30. $\int \frac{dx}{x(x^2+1)^2}$

31. $\int \frac{x^4+16}{x(x^2+4)^2}dx$

※ 다음 부정적분을 구하라.

32. $\int \sin^3 x\,dx$

33. $\int \cos^6 x\,dx$

34. $\int \sin^4 x\cos x\,dx$

35. $\int \sin^2 x\cos^4 x\,dx$

36. $\int \tan^4 x\,dx$

37. $\int \cot^3 x\,dx$

38. $\int \sin x\cos 2x\,dx$

39. $\int \sin x\cos 3x\sin 5x\,dx$

40. $\int \frac{dx}{1+\sin x}$

41. $\int \frac{dx}{1-\cos x}$

42. $\int \frac{dx}{\sin^2 x-\cos^2 x}$

43. $\int \frac{dx}{\cos^2 x-2\sin^2 x}$

※ 다음 부정적분을 구하라.

44. $\int \frac{x}{\sqrt{3-x}}dx$

45. $\int \frac{x}{(x-1)\sqrt{2-x}}dx$

46. $\int \frac{1}{x}\sqrt{\frac{x}{1-x}}dx$

47. $\int \frac{1}{x}\sqrt{\frac{2-x}{2+x}}dx$

48. $\int \frac{x^2\,dx}{\sqrt{x^2-1}}$

49. $\int \frac{dx}{\sqrt{x^2-2x+2}}$

※ 다음 정적분을 구하라.

50. $\int_0^{\pi/2} \sin^3 x\,dx$

51. $\int_0^{\pi/2} \sin x\cos^2 x\,dx$

52. $\int_0^{\pi/2} \frac{1}{1+\sin x}dx$

53. $\int_{\pi/3}^{\pi/2} \frac{\cos x}{\sin x(1+\cos x)}dx$

54. $\int_1^{64} (\sqrt{x^3}+\sqrt[3]{x^2})\,dx$

55. $\int_0^1 \sqrt{1-x^2}\,dx$

56. $\int_0^1 x^3\sqrt{1+x^2}\,dx$

57. $\int_0^{1/4} \frac{1}{\sqrt{1-4x^2}}dx$

※ 부분적분법을 이용하여 다음 점화식이 성립함을 보여라.

58. $\int \sin^n x\,dx = -\frac{1}{n}\sin^{n-1}x\cos x + \frac{n-1}{n}\int \sin^{n-2}x\,dx$

59. $\int \cos^n x\,dx = \frac{1}{n}\cos^{n-1}x\sin x + \frac{n-1}{n}\int \cos^{n-2}x\,dx$

60. [연습문제 58]과 [연습문제 59]를 이용하여 다음을 구하라.

(a) $\int_0^{\pi/2} \sin^3 x\,dx$　　　(b) $\int_0^{\pi/2} \cos^4 x\,dx$

4.3 이상적분

지금까지는 유한 폐구간 $[a, b]$에서 연속인 함수 $f(x)$의 정적분을 정의하고 그 성질을 살펴보았다. 그러나 무한구간에서 연속이거나 또는 유한 폐구간 $[a, b]$ 안의 어떤 점에서 불연속인 함수, 특히 ∞ 또는 $-\infty$인 불연속점을 가지는 함수에 대하여 정적분의 개념을 확장할 수 있다. 이와 같은 정적분을 **이상적분** improper integral이라 하며, 이 개념에 대한 가장 중요한 응용은 확률론에 등장하는 확률밀도함수이다.

유형 1 무한구간에서의 이상적분

무한구간 $[a, \infty)$에서 함수 $f(x)$가 연속일 때, 임의의 실수 b에 대하여 $\lim_{b\to\infty}\int_a^b f(x)\,dx$가 존재하면

$$\int_a^{\infty} f(x)\,dx = \lim_{b\to\infty}\int_a^b f(x)\,dx$$

로 정의한다. 그리고 무한구간 $(-\infty, b]$에서 $\lim_{a\to-\infty}\int_a^b f(x)\,dx$가 존재한다면

$$\int_{-\infty}^{b} f(x)\,dx = \lim_{a\to-\infty}\int_a^b f(x)\,dx$$

로 정의한다. 이때 이상적분 $\int_a^{\infty} f(x)\,dx$와 $\int_{-\infty}^{b} f(x)\,dx$는 **수렴한다** convergent고 하고, 수렴하지 않는 이상적분은 **발산한다** divergent고 한다.

임의의 실수 a에 대하여 $\int_{-\infty}^{a} f(x)\,dx$와 $\int_{a}^{\infty} f(x)\,dx$가 존재할 때, 적분 구간 $(-\infty,\ \infty)$에서 이상적분은 다음과 같이 정의한다.

$$\int_{-\infty}^{\infty} f(x)\,dx = \int_{-\infty}^{a} f(x)\,dx + \int_{a}^{\infty} f(x)\,dx$$

일반적으로 $(-\infty,\ \infty)$에서 이상적분에 대하여 다음 사실을 유의해야 한다(4.3절의 [연습문제 17] 참조).

$$\int_{-\infty}^{\infty} f(x)\,dx \neq \lim_{a\to\infty}\int_{-a}^{a} f(x)\,dx$$

예제 4-32

다음 적분을 구하라.

(a) $\int_{0}^{\infty} e^{-x}\,dx$　　　(b) $\int_{-\infty}^{\infty} \frac{1}{1+x^2}\,dx$

풀이

(a) $\int_{0}^{\infty} e^{-x}\,dx = \lim_{b\to\infty}\int_{0}^{b} e^{-x}\,dx = \lim_{b\to\infty}\left(-e^{-x}\right)\Big|_0^b = \lim_{b\to\infty}\left(1-e^{-b}\right) = 1$

(b) $\int_{-\infty}^{\infty} \frac{1}{1+x^2}\,dx = \int_{-\infty}^{0} \frac{1}{1+x^2}\,dx + \int_{0}^{\infty} \frac{1}{1+x^2}\,dx$ 이고

$$\int_{-\infty}^{0} \frac{1}{1+x^2}\,dx = \lim_{a\to-\infty}\int_{a}^{0} \frac{1}{1+x^2}\,dx = \lim_{a\to-\infty} \tan^{-1}x\,\Big|_a^0 = -\left(-\frac{\pi}{2}\right) = \frac{\pi}{2}$$

$$\int_{0}^{\infty} \frac{1}{1+x^2}\,dx = \lim_{b\to\infty}\int_{0}^{b} \frac{1}{1+x^2}\,dx = \lim_{b\to\infty} \tan^{-1}x\,\Big|_0^b = \frac{\pi}{2}$$

이므로 $\int_{-\infty}^{\infty} \frac{1}{1+x^2}\,dx = \frac{\pi}{2} + \frac{\pi}{2} = \pi$이다.

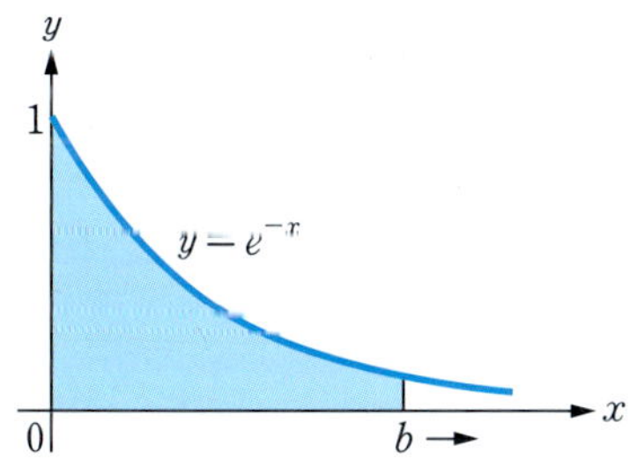

(a)

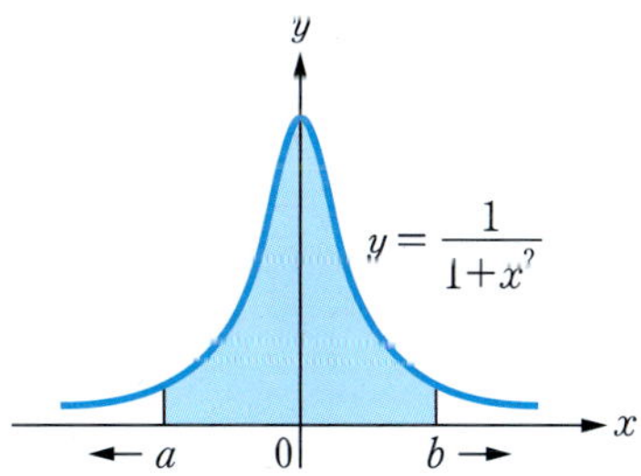

(b)

한편, 모든 실수 x에 대하여 $f(x) \geq 0$이고

$$\int_{-\infty}^{\infty} f(x)\,dx = 1$$

을 만족하는 함수 $f(x)$를 **확률밀도함수** density probability function라 한다. 그러면 [예제 4-32(a)]에서 $\int_0^{\infty} e^{-x}\,dx = 1$이므로 다음과 같이 정의되는 함수 $f(x)$는 확률밀도함수이다. 이러한 확률밀도함수를 가지는 확률분포를 **지수분포** exponential distribution라 한다.

$$f(x) = \begin{cases} e^{-x}, & x \geq 0 \\ 0, & x < 0 \end{cases}$$

또한 [예제 4-32(b)]에서 $\int_{-\infty}^{\infty} \frac{1}{1+x^2}\,dx = \pi$이므로 $\int_{-\infty}^{\infty} \frac{1}{\pi(1+x^2)}\,dx = 1$이다. 따라서 다음 함수는 확률밀도함수이고, 이 확률밀도함수를 가지는 확률분포를 **코시분포** Cauchy distribution라 한다.

$$f(x) = \frac{1}{\pi(1+x^2)}, \quad -\infty < x < \infty$$

예제 4-33

어떤 상수 p에 대하여 $\int_1^{\infty} \frac{1}{x^p}\,dx$가 수렴하는지 구하라.

풀이

$p=1$이면 $\int_1^{\infty} \frac{1}{x}\,dx = \lim_{b\to\infty} \int_1^b \frac{1}{x}\,dx = \lim_{b\to\infty} \ln x \Big|_1^b = \lim_{b\to\infty} \ln b = \infty$이므로 발산한다. 한편, $p \neq 1$이면

$$\int_1^{\infty} \frac{1}{x^p}\,dx = \lim_{b\to\infty} \int_1^b \frac{1}{x^p}\,dx = \lim_{b\to\infty} \int_1^b x^{-p}\,dx$$

$$= \lim_{b\to\infty} \frac{x^{-p+1}}{-p+1}\Bigg|_1^b = \frac{1}{1-p} \lim_{b\to\infty} \left(\frac{1}{b^{p-1}} - 1\right)$$

이다. 따라서 $p-1>0$, 즉 $p>1$이면 $\int_1^{\infty} \frac{1}{x^p}\,dx = \frac{1}{p-1}$로 수렴하고, $p<1$이면 이 적분은 ∞로 발산한다. 그러므로 $p>1$일 때 수렴한다.

[예제 4-33]에서 얻은 결과를 정리하면 다음과 같다.

$$\int_1^{\infty} \frac{1}{x^p}\,dx = \begin{cases} \dfrac{1}{p-1} & , p > 1 \\ \infty & , p \le 1 \end{cases}$$

유형 2 유한 폐구간 $[a, b]$에서 무한 불연속점을 가지는 이상적분

[그림 4-10(a)]와 같이 함수 $f(x)$가 반폐구간 $[a, b)$에서 연속이고 $x = b$에서 불연속일 때, 임의의 실수 $a < c < b$에 대하여 $\lim_{c \to b^-} \int_a^c f(x)\,dx$가 존재한다면

$$\int_a^b f(x)\,dx = \lim_{c \to b^-} \int_a^c f(x)\,dx$$

로 정의한다. 그리고 [그림 4-10(b)]와 같이 함수 $f(x)$가 구간 $(a, b]$에서 연속이고 $x = a$에서 불연속일 때, 임의의 실수 $a < c < b$에 대하여 $\lim_{c \to a^+} \int_c^b f(x)\,dx$가 존재한다면

$$\int_a^b f(x)\,dx = \lim_{c \to a^+} \int_c^b f(x)\,dx$$

로 정의한다. 특히 함수 $f(x)$가 $a < c < b$인 $x = c$에서 불연속이면

$$\int_a^b f(x)\,dx = \int_a^c f(x)\,dx + \int_c^b f(x)\,dx$$

이다. [그림 4-10(c)]와 같이 함수 $f(x)$가 개구간 (a, b)에서 연속이고 양 끝점에서 불연속일 때, $a < c < d < b$에 대하여 $\lim_{\substack{c \to a^+ \\ d \to b^-}} \int_c^d f(x)\,dx$가 존재한다면 다음과 같이 정의한다.

$$\int_a^b f(x)\,dx = \lim_{\substack{c \to a^+ \\ d \to b^-}} \int_c^d f(x)\,dx$$

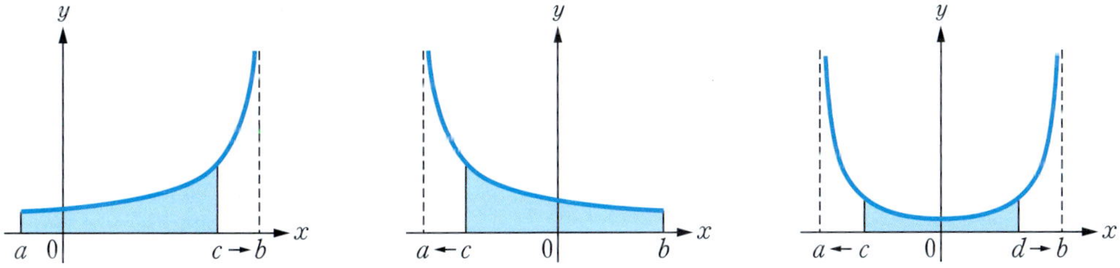

(a) (b) (c)

[그림 4-10] 끝점에서 무한 불연속인 경우

예제 4-34

다음 적분을 구하라.

(a) $\displaystyle\int_1^2 \frac{1}{\sqrt{x-1}}\,dx$ (b) $\displaystyle\int_0^2 \frac{1}{\sqrt{2-x}}\,dx$

(c) $\displaystyle\int_0^2 \frac{1}{(x-1)^{2/3}}\,dx$ (d) $\displaystyle\int_{-2}^2 \frac{1}{\sqrt{4-x^2}}\,dx$

풀이

(a) 피적분함수가 $x=1$에서 불연속이므로 구하고자 하는 적분은 다음과 같다.

$$\int_1^2 \frac{1}{\sqrt{x-1}}\,dx = \lim_{a\to 1^+}\int_a^2 \frac{1}{\sqrt{x-1}}\,dx = \lim_{a\to 1^+} 2\sqrt{x-1}\,\Big|_a^2$$
$$= \lim_{a\to 1^+}(2-2\sqrt{a-1}\,) = 2$$

(b) 피적분함수가 $x=2$에서 불연속이므로 구하고자 하는 적분은 다음과 같다.

$$\int_0^2 \frac{1}{\sqrt{2-x}}\,dx = \lim_{b\to 2^-}\int_0^b \frac{1}{\sqrt{2-x}}\,dx = \lim_{b\to 2^-}(-2\sqrt{2-x}\,)\Big|_0^b$$
$$= \lim_{b\to 2^-}(-2\sqrt{2-b}+2\sqrt{2}\,) = 2\sqrt{2}$$

(c) 피적분함수가 $x=1$에서 불연속이므로 구하고자 하는 적분은 다음과 같다.

$$\int_0^1 \frac{1}{(x-1)^{2/3}}\,dx = \lim_{b\to 1^-}\int_0^b \frac{1}{(x-1)^{2/3}}\,dx = \lim_{b\to 1^-} 3(x-1)^{1/3}\Big|_0^b$$
$$= \lim_{b\to 1^-}[3(b-1)^{1/3}-(-3)] = 3$$

$$\int_1^2 \frac{1}{(x-1)^{2/3}}\,dx = \lim_{a\to 1^+}\int_a^2 \frac{1}{(x-1)^{2/3}}\,dx = \lim_{a\to 1^+} 3(x-1)^{1/3}\Big|_a^2$$
$$= \lim_{a\to 1^+}[3-3(a-1)^{1/3}] = 3$$

따라서 구하고자 하는 적분은 다음과 같다.

$$\int_0^2 \frac{1}{(x-1)^{2/3}}\,dx = \int_0^1 \frac{1}{(x-1)^{2/3}}\,dx + \int_1^2 \frac{1}{(x-1)^{2/3}}\,dx = 3+3=6$$

(d) 피적분함수가 $x=-2$와 $x=2$에서 불연속이므로 구하고자 하는 적분은 다음과 같다.

$$\int_{-2}^2 \frac{1}{\sqrt{4-x^2}}\,dx = \lim_{\substack{a\to -2^+\\ b\to 2^-}}\int_a^b \frac{1}{\sqrt{4-x^2}}\,dx = \lim_{\substack{a\to -2^+\\ b\to 2^-}} \sin^{-1}\frac{x}{2}\,\Big|_a^b$$

$$= \lim_{\substack{a \to -2^+ \\ b \to 2^-}} \left(\sin^{-1}\frac{b}{2} - \sin^{-1}\frac{a}{2} \right)$$

$$= \sin^{-1}1 - \sin^{-1}(-1) = \frac{\pi}{2} + \frac{\pi}{2} = \pi$$

[예제 4-34(c)]에서 $f(x) = \dfrac{1}{(x-1)^{2/3}}$의 원시함수 $F(x) = 3(x-1)^{1/3}$은 폐구간 $[0, 2]$에서 연속이다. 그리고 이 원시함수에 대하여 $F(x)\Big|_0^2 = F(2) - F(0) = 6$이 되어 [예제 4-34(c)]에서 구한 결과와 동일하다. 이와 같이 피적분함수가 폐구간 $[a, b]$ 안에서 무한 불연속점을 갖더라도 원시함수가 이 구간에서 연속이면 폐구간 $[a, b]$에서 연속인 함수의 정적분과 동일하다.

정리 4-9 수렴성의 비교판정법

$f(x)$가 무한구간 $[a, \infty)$에서 연속이고, 모든 $x \ge a$에 대하여 $f(x) \ge g(x) \ge 0$일 때

(1) $\displaystyle\int_a^{\infty} f(x)\,dx$가 수렴하면 $\displaystyle\int_a^{\infty} g(x)\,dx$는 수렴한다.

(2) $\displaystyle\int_a^{\infty} g(x)\,dx$가 발산하면 $\displaystyle\int_a^{\infty} f(x)\,dx$도 발산한다.

예제 4-35

다음 이상적분이 수렴하는지 보여라.

(a) $\displaystyle\int_1^{\infty} \frac{1}{1+x^2}\,dx$ (b) $\displaystyle\int_1^{\infty} \frac{1+e^{-x}}{x}\,dx$

풀이

(a) 모든 $x \ge 1$에 대하여 $\dfrac{1}{1+x^2} < \dfrac{1}{x^2}$이고, [예제 4-33]에 의하여 $\displaystyle\int_1^{\infty} \frac{1}{x^2}\,dx$는 수렴한다.
따라서 $\displaystyle\int_1^{\infty} \frac{1}{1+x^2}\,dx$는 수렴한다.

(b) 모든 $x \ge 1$에 대하여 $e^{-x} > 0$이므로 $\dfrac{1+e^{-x}}{x} > \dfrac{1}{x}$이고, [예제 4-33]에 의하여 $\displaystyle\int_1^{\infty} \frac{1}{x}\,dx$는 발산한다. 따라서 $\displaystyle\int_1^{\infty} \frac{1+e^{-x}}{x}\,dx$는 발산한다.

Section 4.3 연습문제

※ 다음 이상적분을 구하라.

1. $\displaystyle\int_0^{\infty} \frac{1}{1+x^2}\,dx$

2. $\displaystyle\int_0^{\infty} \frac{x}{(1+x^2)^2}\,dx$

3. $\displaystyle\int_0^{\infty} \frac{e^x}{1+e^{2x}}\,dx$

4. $\displaystyle\int_0^{\infty} x e^{-2x}\,dx$

5. $\displaystyle\int_1^{\infty} \frac{\ln x}{x}\,dx$

6. $\displaystyle\int_2^{\infty} \frac{dx}{x(\ln x)^2}$

7. $\displaystyle\int_0^{\infty} e^{-x}\sin x\,dx$

8. $\displaystyle\int_0^{\infty} e^{-2x}\cos x\,dx$

9. $\displaystyle\int_0^{\infty} \frac{\tan^{-1}x}{1+x^2}\,dx$

10. $\displaystyle\int_0^{\infty} \frac{x\tan^{-1}x}{(1+x^2)^2}\,dx$

11. 임의의 양수 λ에 대하여 함수 $f(x)$가 다음과 같이 정의된다고 하자.

$$f(x)=\begin{cases}\lambda e^{-\lambda x}, & x\ge 0\\ 0, & x<0\end{cases}$$

(a) 이 함수가 확률밀도함수임을 보여라. 이러한 확률분포를 모수 λ인 지수분포라 한다.

(b) $\mu=\displaystyle\int_0^{\infty} x f(x)\,dx$를 구하라. 이때 μ는 지수분포의 평균이다.

(c) $m=\displaystyle\int_0^{\infty} x^2 f(x)\,dx$를 구하라.

(d) $\sigma^2=m-\mu^2$을 구하라. 이때 σ^2은 지수분포의 분산이다.

12. $\displaystyle\int_0^{1} \frac{1}{x^p}\,dx$가 수렴하는 p를 구하라.

13. 모든 p에 대하여 $\displaystyle\int_0^{\infty} \frac{1}{x^p}\,dx$가 발산함을 보여라.

※ 다음 적분이 수렴하기 위한 p를 구하라.

14. $\displaystyle\int_1^{2} \frac{dx}{x(\ln x)^p}$

15. $\displaystyle\int_2^{\infty} \frac{dx}{x(\ln x)^p}$

※ 적분 구간 $(-\infty, \infty)$에서 다음이 성립함을 보여라.

16. $\displaystyle\int_{-\infty}^{\infty} \frac{dx}{1+x^2}=\lim_{a\to\infty}\int_{-a}^{a}\frac{dx}{1+x^2}$

17. $\displaystyle\int_{-\infty}^{\infty} \frac{2x\,dx}{1+x^2}\ne\lim_{a\to\infty}\int_{-a}^{a}\frac{2x\,dx}{1+x^2}$

18. 모든 $x \geq 1$에 대하여 $e^{-x} \geq e^{-x^2}$인 사실을 이용하여 $\int_1^\infty e^{-x^2}dx$가 수렴함을 보여라.

19. 다음을 구하라.

(a) $\lim_{x \to \infty} \frac{x^n}{e^x} = 0$임을 보여라.

(b) 임의의 양수 n에 대하여, $x \geq M$일 때 $0 < \frac{x^{n-1}}{e^x} \leq \frac{1}{x^2}$을 만족하는 적당한 양수 M이 존재한다. 이 사실을 이용하여 $\int_1^\infty x^{n-1}1e^{-x}dx$가 수렴함을 보여라.

20. 응용 임의의 양수 n에 대하여 $\Gamma(n) = \int_0^\infty x^{n-1}e^{-x}dx$로 정의되는 함수를 **감마함수** Gamma function라 한다. 다음이 성립함을 보여라.

(a) $\Gamma(1) = 1$

(b) $\Gamma(n+1) = n\Gamma(n)$ 단, n은 양의 정수

(c) $\Gamma(n+1) = n!$ 단, n은 양의 정수

(d) $\Gamma(5)$를 구하라.

21. 응용 지구 중심에서 x마일 떨어진 우주선에 지구가 미치는 힘은 $F(x) = -\frac{k}{x^2}$이다. 이때 1000[lb]의 우주선을 지구의 중력장 밖으로 이탈시킬 때 하는 일을 구하라. 단, 지구의 반지름은 3,960마일이다.

4.4 적분의 응용

지금까지 정적분을 구하는 방법에 대하여 살펴보았다. 특히 $a \leq x \leq b$에서 함수 $y = f(x)$가 연속이고 음이 아니라면 $y = f(x)$와 $x = a$, $x = b$ 그리고 x축으로 둘러싸인 넓이를 계산하였다. 이와 같이 정적분을 이용하여 곡선에 의한 도형의 넓이, 곡선의 길이, 회전체의 부피와 겉넓이 등을 구할 수 있다. 이 절에서는 적분의 응용에 대하여 좀 더 자세하게 살펴보자.

4.4.1 넓이

유형 1 폐구간 $[a, b]$에서 함수 $y = f(x)$와 x축으로 둘러싸인 부분의 넓이

4.1.3절에서 정적분을 정의하기 위하여 폐구간 $[a, b]$에서 함수 $y = f(x)$가 연속이고

$f(x) \geq 0$이면, 이 함수와 직선 $x=a$, $x=b$ 그리고 x축으로 둘러싸인 부분의 넓이가 다음과 같음을 살펴보았다.

$$S=\int_a^b f(x)\,dx$$

[그림 4-11(a)]와 같이 폐구간 $[a,\ b]$에서 함수 $y=f(x)$가 연속이고 $f(x) \leq 0$이라 하자. 이때 $f(x) \leq 0$이므로 [그림 4-11(b)]와 같이 $y=f(x)$를 x축에 대하여 대칭이동한 함수 $y=-f(x)$를 생각한다. 그러면 $[a,\ b]$에서 $f(x) \leq 0$이므로 $-f(x) \geq 0$이다. 따라서 정적분의 정의에 의하여 함수 $y=-f(x)$와 직선 $x=a$, $x=b$ 그리고 x축으로 둘러싸인 부분의 넓이를 구할 수 있다.

한편, 폐구간 $[a,\ b]$에서 $y=-f(x)$는 $y=f(x)$를 x축에 대하여 대칭이동한 함수이므로 [그림 4-11(a)]에서 함수 $y=f(x)$와 직선 $x=a$, $x=b$ 그리고 x축으로 둘러싸인 부분의 넓이는 [그림 4-11(b)]에서 함수 $y=-f(x)$와 직선 $x=a$, $x=b$ 그리고 x축으로 둘러싸인 부분의 넓이와 동일하다. 따라서 폐구간 $[a,\ b]$에서 $y=-f(x)$와 x축으로 둘러싸인 부분의 넓이는 다음과 같이 나타낼 수 있다.

$$S=\int_a^b [-f(x)]\,dx$$

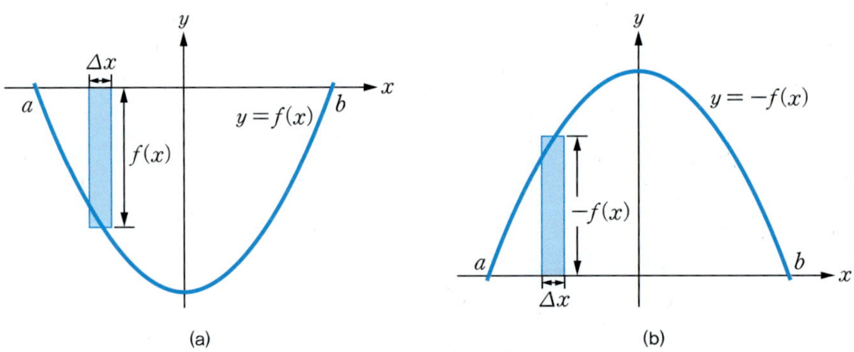

[그림 4-11] $[a,\ b]$에서 $f(x) \leq 0$인 경우

그러므로 폐구간 $[a,\ b]$에서 연속인 임의의 함수 $y=f(x)$와 $x=a$, $x=b$ 그리고 x축으로 둘러싸인 부분의 넓이는 다음과 같다.

$$S=\int_a^b |f(x)|\,dx$$

예제 4-36

함수 $f(x)=x^3$과 직선 $x=-1$, $x=1$ 그리고 x축으로 둘러싸인 부분의 넓이를 구하라.

풀이

$-1 \le x \le 0$에서 $f(x) \le 0$이고 $0 \le x \le 1$에서 $f(x) \ge 0$이므로 그래프를 나타내면 다음과 같다.

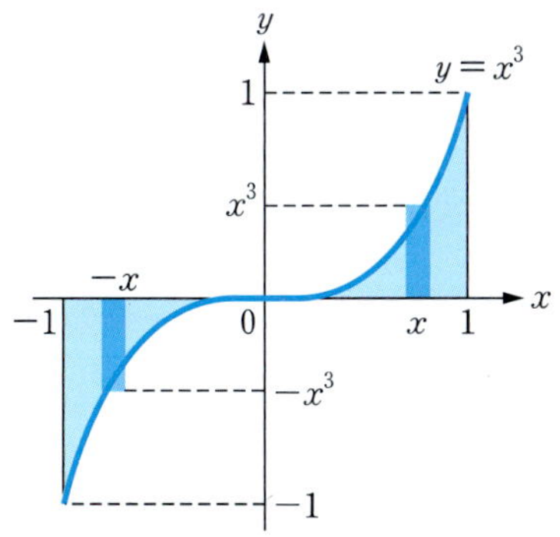

따라서 구하고자 하는 넓이는 다음과 같다.

$$S=\int_{-1}^{1}|f(x)|dx=\int_{-1}^{0}(-x^3)\,dx+\int_{0}^{1}x^3\,dx$$
$$=\left(-\frac{1}{4}x^4\Big|_{-1}^{0}\right)+\left(\frac{1}{4}x^4\Big|_{0}^{1}\right)=\frac{1}{4}+\frac{1}{4}=\frac{1}{2}$$

유형 2 폐구간 $[a, b]$에서 두 함수 $f(x)$와 $g(x)$로 둘러싸인 부분의 넓이

[그림 4-12(a)]와 같이 폐구간 $[a, b]$에서 $g(x) \le f(x)$인 경우에, 두 함수 $f(x)$와 $g(x)$ 그리고 직선 $x=a$, $x=b$로 둘러싸인 부분의 넓이를 구하는 방법을 살펴보자.

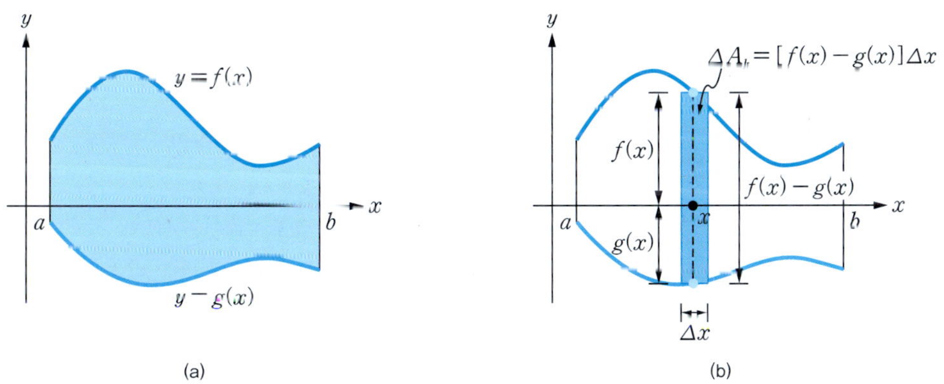

[그림 4-12] 폐구간 $[a, b]$에서 두 함수 $f(x)$와 $g(x)$로 둘러싸인 부분의 넓이

폐구간 $[a,\ b]$에서 두 함수 $f(x)$와 $g(x)$를 n등분으로 분할하여 k번째 직사각형의 넓이를 ΔA_k라 하자. 그러면 이 직사각형의 넓이는 [그림 4-12(b)]와 같이 소구간 $[x_{k-1},\ x_k]$ 안의 임의의 점 x에 대하여

$$\Delta A_k = [f(x) - g(x)]\,\Delta x$$

이다. 그러므로 폐구간 $[a,\ b]$에서 두 함수 $f(x)$와 $g(x)$로 둘러싸인 부분의 넓이는

$$S = \lim_{n\to\infty}\sum_{k=1}^{n}\Delta A_k = \lim_{n\to\infty}\sum_{k=1}^{n}[f(x)-g(x)]\,\Delta x = \int_a^b [f(x)-g(x)]\,dx$$

이다. 따라서 폐구간 $[a,\ b]$에서 두 함수 $f(x)$와 $g(x)$로 둘러싸인 부분의 넓이는 다음과 같다.

$$S = \int_a^b [f(x)-g(x)]\,dx$$

예제 4-37

다음 주어진 곡선과 직선으로 둘러싸인 부분의 넓이를 구하라.

(a) $f(x)=1-x^2,\ g(x)=x-1,\ x=-1,\ x=1$

(b) $f(x)=x^2-2,\ g(x)=x$

풀이

(a) $S=\int_{-1}^{1}[f(x)-g(x)]\,dx=\int_{-1}^{1}(2-x^2-x)\,dx=2x-\frac{1}{3}x^3-\frac{1}{2}x^2\Big|_{-1}^{1}=\frac{10}{3}$

(b) 곡선과 직선이 만나는 교점의 x좌표를 구하면

$$x^2-2=x,\ x^2-x-2=(x-2)(x+1)=0 \ \Rightarrow\ x=-1,\ x=2$$

이다. 따라서 구하고자 하는 넓이는 다음과 같다.

$$S=\int_{-1}^{2}[f(x)-g(x)]\,dx=\int_{-1}^{2}(x+2-x^2)\,dx=\frac{1}{2}x^2+2x-\frac{1}{3}x^3\Big|_{-1}^{2}=\frac{9}{2}$$

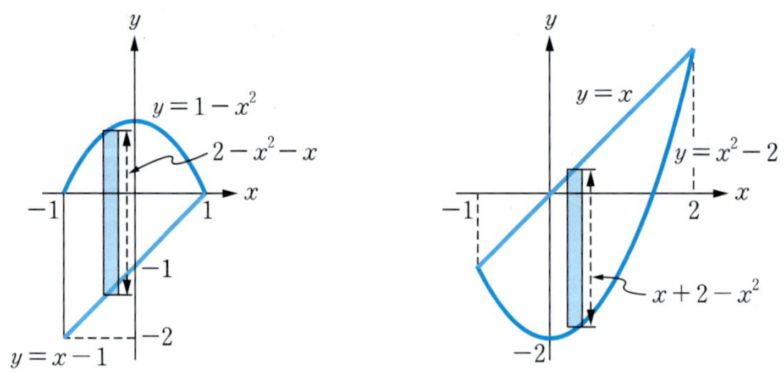

(a) (b)

유형 3 **폐구간 $[a,\ b]$에서 두 함수 $f(x),\ g(x)$가 교차하는 경우**

[그림 4-13(a)]와 같이 폐구간 $[a,\ b]$에서 $f(x)$와 $g(x)$가 $a < c < b$인 어떤 $x = c$에서 교차하고, 폐구간 $[a,\ c]$에서 $0 \le g(x) \le f(x)$이지만 $[c,\ b]$에서 $0 \le f(x) \le g(x)$라고 하자. 이때 [그림 4-13(b)]와 같이 각 구간에서 두 함수에 의한 넓이의 합을 구한다. 그러면 폐구간 $[a,\ b]$에서 두 함수 $f(x),\ g(x)$에 의하여 둘러싸인 부분의 넓이는 다음과 같다.

$$\begin{aligned} S &= \int_a^c [\,f(x) - g(x)\,]\,dx + \int_c^b [\,g(x) - f(x)\,]\,dx \\ &= \int_a^b |f(x) - g(x)|\,dx \end{aligned}$$

즉 폐구간 $[a,\ b]$에서 두 함수 $f(x)$와 $g(x)$로 둘러싸인 부분의 넓이는 다음과 같다.

$$S = \int_a^c |f(x) - g(x)|\,dx$$

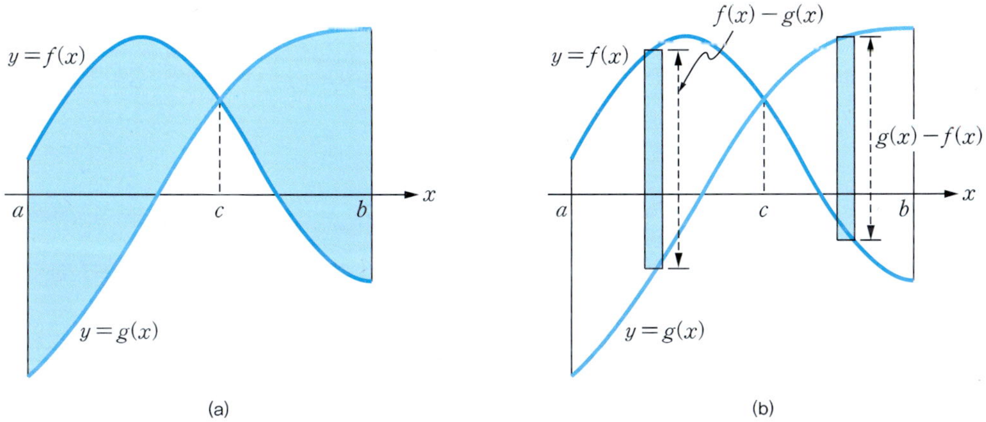

[그림 4-13] **폐구간 $[a,\ b]$에서 두 함수 $f(x),\ g(x)$가 교차하는 경우의 넓이**

예제 4-38

구간 $[0, 4]$에서 $f(x) = \sqrt{x}$, $g(x) = x - 2$, x축으로 둘러싸인 부분의 넓이를 구하라.

풀이

먼저 교점의 x좌표를 구하면

$$\sqrt{x} = x - 2,\ (x-2)^2 = x,\ x^2 - 5x + 4 = (x-1)(x-4) = 0 \Rightarrow x = 4$$

이다. 그림과 같이 두 구간 $[0, 2]$와 $[2, 4]$에서 막대의 모양이 달라진다. 따라서 구하고자 하는 넓이는 다음과 같다.

$$S=\int_0^2 \sqrt{x}\,dx+\int_2^4 (\sqrt{x}-x+2)\,dx$$

$$=\left(\frac{2}{3}x\sqrt{x}\,\Big|_0^2\right)+\left(\frac{2}{3}x\sqrt{x}-\frac{1}{2}x^2+2x\,\Big|_2^4\right)$$

$$=\frac{4\sqrt{2}}{3}+\left(\frac{10}{3}-\frac{4\sqrt{2}}{3}\right)=\frac{10}{3}$$

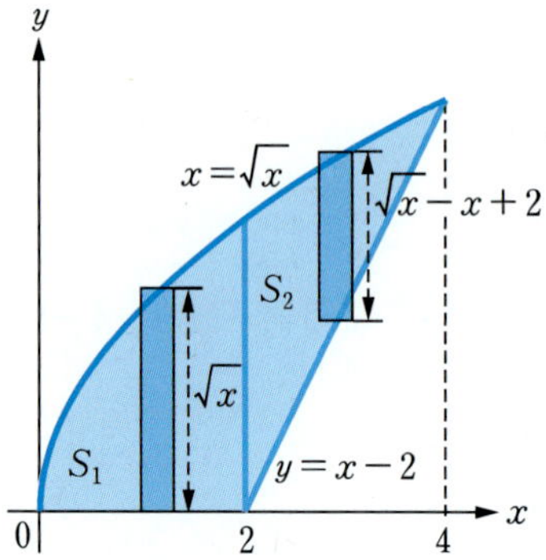

지금까지는 x축을 기준으로 넓이를 구하는 방법을 살펴보았다. 그러나 어떤 경우에는 x를 y의 함수로 생각하면 넓이를 보다 더 쉽게 구할 수 있다.

유형 4 폐구간 $[c, d]$에서 두 함수 $f(y)$, $g(y)$에 의한 넓이

[그림 4-14(a)]와 같이 폐구간 $[c, d]$에서 곡선 $x=f(y)$와 y축으로 둘러싸인 부분의 넓이는

$$S=\int_c^d |f(y)|\,dy$$

이다. 그리고 [그림 4-14]와 같이 폐구간 $[c, d]$에서 $x=f(y)$와 $x=g(y)$로 둘러싸인 부분의 넓이는 다음과 같다.

$$S=\int_c^d |f(y)-g(y)|\,dy$$

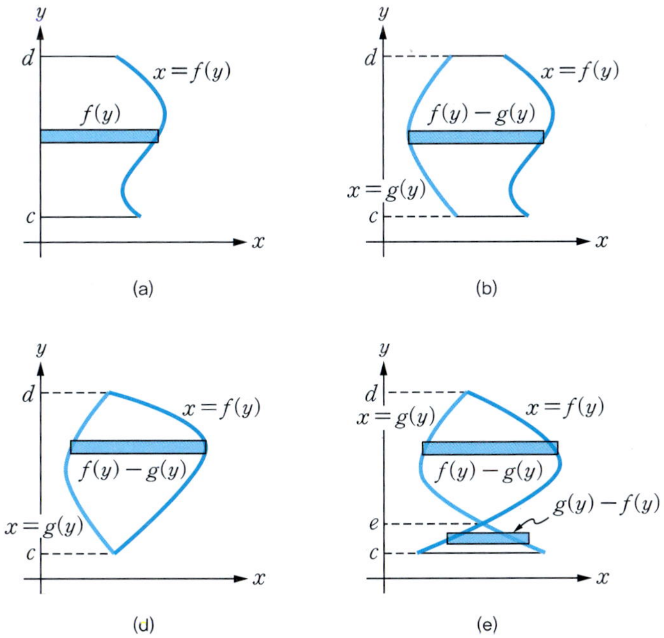

[그림 4-14] $[c,\ d]$에서 $x=f(y)$와 $x=g(y)$로 둘러싸인 부분의 넓이

예제 4-39

$0 \le x \le 4$에서 $y=\sqrt{x}$, $y=x-2$ 그리고 x축으로 둘러싸인 영역을 $x=y^2$, $x=y+2$, $y=0$으로 변형하여 이 영역의 넓이를 구하라.

풀이

먼저 교점의 y좌표를 구하면

$$y^2=y+2,\ \ y^2-y-2=(y-2)(y+1)=0 \ \Rightarrow\ y=2$$

이다. 따라서 [그림 4-15]와 같이 구하고자 하는 넓이는 다음과 같다.

$$S=\int_0^2 (y+2-y^2)\,dy=\frac{1}{2}y^2+2y-\frac{1}{3}y^3\Big|_0^2$$

$$=2+4-\frac{8}{3}=\frac{10}{3}$$

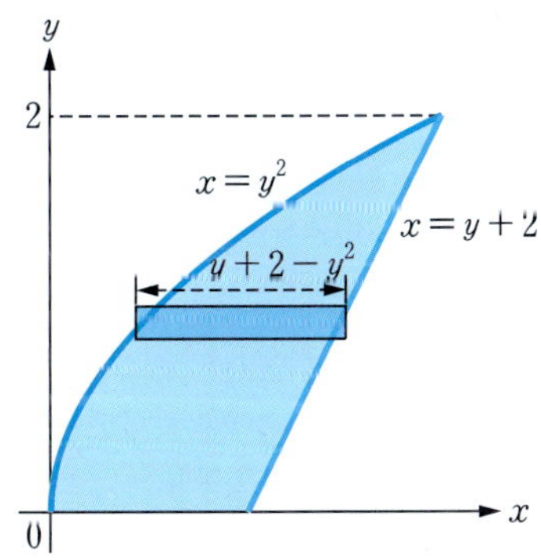

[그림 4-15] 서분변수 y에 의한 넓이

4.4.2 부피

정적분을 이용하여 원기둥이나 직육면체 또는 사면체 등과 같은 일반적인 입체도형과 회전체의 부피를 구하는 방법에 대하여 살펴보자.

유형 1 절단면을 이용한 입체의 부피

[그림 4-16(a)]와 같은 입체의 부피를 구하기 위하여 폐구간 $[a,\ b]$를 n등분하여 소구간의 길이를 Δx라고 하자. 그리고 이 입체를 $x_{k-1} \le x \le x_k$인 임의의 x에서 절단하여 절단면의 넓이를 $A(x)$라 하자. 그러면 [그림 4-16(b)]와 같이 밑넓이가 $A(x)$이고 두께가 Δx인 k번째 입체를 얻는다. 따라서 k번째 입체의 부피는 $\Delta V_k = A(x)\Delta x$이고, 폐구간 $[a,\ b]$에서 주어진 입체의 부피는 다음과 같다.

$$V = \lim_{n \to \infty} \sum_{k=1}^{n} \Delta V_k = \int_a^b A(x)\,dx$$

즉 폐구간 $[a,\ b]$에서 원통형으로 주어진 입체의 단면을 $A(x)$라 하면, 이 입체의 부피는

$$V = \int_a^b A(x)\,dx$$

이다. 한편, y축에 수직인 단면을 이용하는 경우도 같은 방법으로 구할 수 있다.

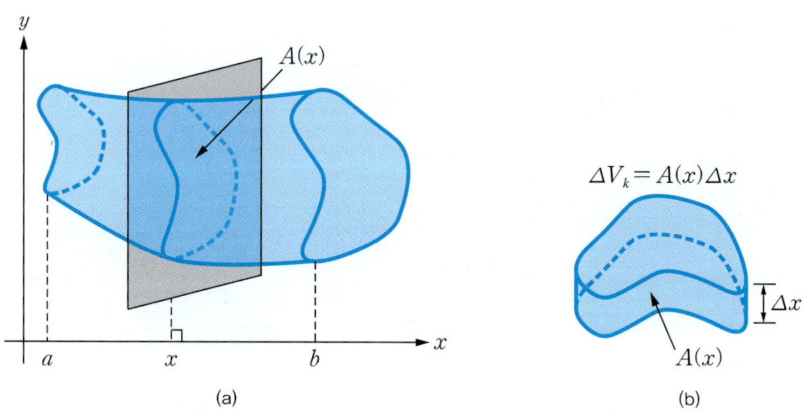

[그림 4-16] 절단면에 의한 부피

예제 4-40

밑면의 반지름의 길이가 a인 원이고 높이가 h인 원뿔의 부피를 구하라.

풀이

원뿔의 꼭짓점을 원점으로 놓고 중심선을 x축에 일치시키면 다음 그림과 같다.

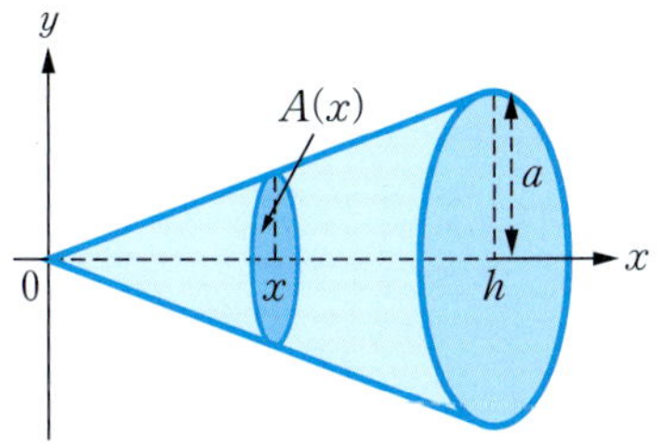

그러면 폐구간 $[0, h]$에서 밑면의 반지름이 a인 원뿔의 부피를 구하면 된다. 이때 $0 < x < h$인 임의의 x에서 x축에 수직인 절단면은 원이고, 이 절단된 원의 반지름 b는 비례식 $x : h = b : a$로부터 $b = \frac{ax}{h}$이다. 그러므로 절단면의 넓이는

$$A(x) = \pi b^2 = \frac{\pi a^2}{h^2} x^2$$

이다. 따라서 구하고자 하는 부피는 다음과 같다.

$$V = \int_0^h A(x)\,dx = \int_0^h \frac{\pi a^2}{h^2} x^2\,dx = \frac{\pi a^2}{h^2}\left(\frac{1}{3}x^3\Big|_0^h\right) = \frac{\pi a^2}{h^2} \cdot \frac{h^3}{3} = \frac{\pi a^2 h}{3}$$

유형 2 x축을 중심으로 회전한 회전체의 부피

[그림 4-17(a)]와 같이 폐구간 $[a, b]$에서 연속이고 음이 아닌 함수 $y = f(x)$를 x축을 중심으로 회전한 회전체의 부피를 구하는 방법을 얻기 위하여, 폐구간 $[a, b]$를 n등분하여 소구간의 길이를 Δx라고 한다. 그리고 이 소구간 $[x_{k-1}, x_k]$ 안의 임의의 x에서 함숫값 $f(x)$를 반지름으로 갖는 회전체를 생각한다. 그러면 [그림 4-17(b)]와 같이 소구간에서 얻어진 회전체는 밑면의 반지름이 $f(x)$이고 높이가 Δx인 동전 모양의 원기둥이다.

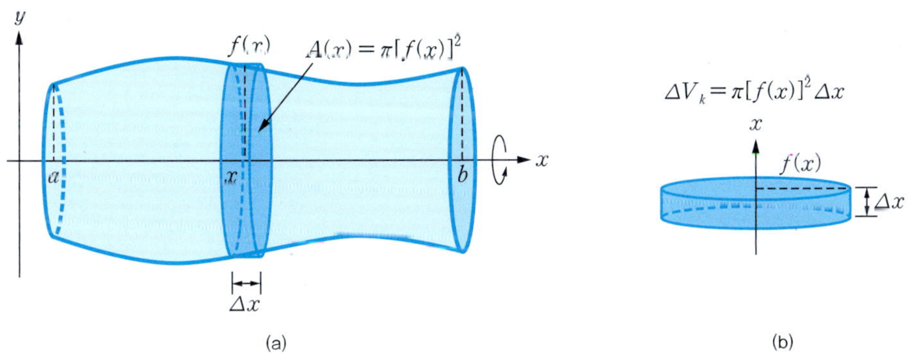

[그림 4-17] x축을 중심으로 회전한 회전체의 부피

따라서 k번째 소구간에서 얻어진 원기둥의 부피는

$$\Delta V_k = \pi [f(x)]^2 \Delta x$$

이고, 이 회전체의 부피는

$$V = \lim_{n \to \infty} \sum_{k=1}^{n} \Delta V_k = \pi \int_a^b [f(x)]^2 dx$$

이다. 그러므로 폐구간 $[a, b]$에서 연속이고 음이 아닌 함수 $y = f(x)$를 x축을 중심으로 회전한 회전체의 부피는 다음과 같다.

$$V = \pi \int_a^b [f(x)]^2 dx$$

한편, 함수 $y = f(x)$가 폐구간 $[a, b]$에서 $f(x) \le 0$인 경우에도 x축을 중심으로 회전하므로 $f(x) \ge 0$와 동일하다.

유형 3 두 함수 $y = f(x)$, $y = g(x)$로 둘러싸인 부분을 x축을 중심으로 회전한 회전체의 부피

폐구간 $[a, b]$에서 연속이고 $f(x) \ge g(x)$인 두 함수 $y = f(x)$와 $y = g(x)$로 둘러싸인 부분을 x축을 중심으로 회전한 회전체의 부피는 [그림 4-18]과 같이 $f(x)$를 회전한 회전체의 부피에서 $g(x)$를 회전한 회전체의 부피를 뺀 것과 동일하므로 다음과 같이 구할 수 있다.

$$V = \pi \int_a^b ([f(x)]^2 - [g(x)]^2) dx$$

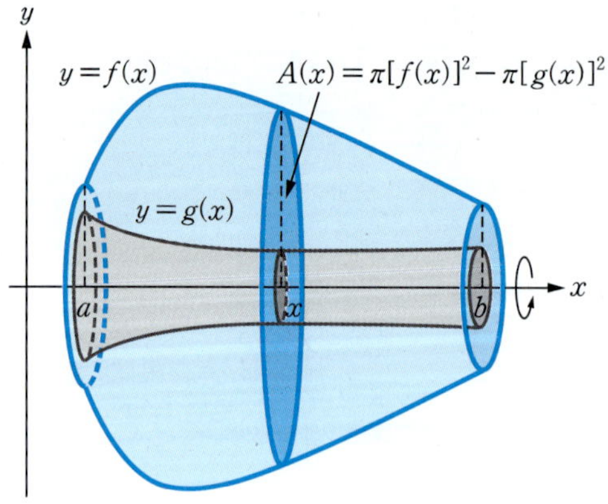

[그림 4-18] 두 함수로 둘러싸인 회전체의 부피

예제 4-41

구간 $-\dfrac{\pi}{4} \le x \le \dfrac{\pi}{4}$에서 두 함수 $y=\cos x$, $y=\sin^2 x$로 둘러싸인 부분을 x축을 중심으로 회전한 회전체의 부피를 구하라.

풀이

$-\dfrac{\pi}{4} \le x \le \dfrac{\pi}{4}$에서 $\cos x \ge \sin^2 x$이므로 구하고자 하는 부피는 다음과 같다.

$$\begin{aligned} V &= \int_{-\pi/4}^{\pi/4} [\cos^2 x - (\sin^2 x)^2]\, dx \\ &= \int_{-\pi/4}^{\pi/4} (\cos^2 x - \sin^4 x)\, dx \\ &= \pi\left(\frac{x}{8} + \frac{1}{2}\sin 2x - \frac{1}{32}\sin 4x\right)\Bigg|_{-\pi/4}^{\pi/4} \\ &= \pi\left(\frac{1}{2} + \frac{\pi}{32}\right) - \pi\left(-\frac{1}{2} - \frac{\pi}{32}\right) = \pi\left(1 + \frac{\pi}{16}\right) \end{aligned}$$

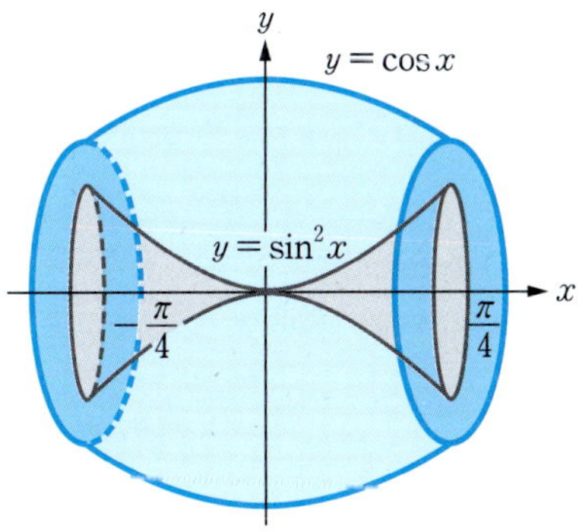

유형 4 y축을 중심으로 회전한 회전체의 부피

[유형 2]와 같은 방법으로 폐구간 $[c, d]$에서 연속인 함수 $x=f(y)$를 y축을 중심으로 회전한 회전체는 [그림 4-19]와 같이 생각할 수 있다. 따라서 이 회전체의 부피는 다음과 같다.

$$V = \lim_{n\to\infty}\sum_{k=1}^{n} \Delta V_k = \pi\int_c^d [f(y)]^2\, dy$$

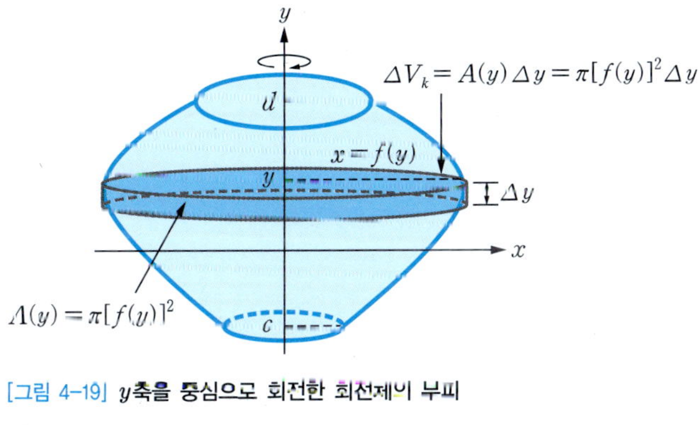

[그림 4-19] y축을 중심으로 회전한 회전체의 부피

유형 5 두 함수 $x=f(y)$, $x=g(y)$로 둘러싸인 부분을 y축을 중심으로 회전한 회전체의 부피

폐구간 $[c,\ d]$에서 연속이고 $g(y) \le f(y)$인 두 함수 $x=f(y)$와 $x=g(y)$로 둘러싸인 부분을 y축을 중심으로 회전한 회전체의 부피는 [유형 3]과 같은 방법에 의하여 다음과 같다.

$$V=\pi\int_c^d \left([f(y)]^2-[g(y)]^2\right)dy$$

예제 4-42

두 함수 $y=x^2$, $y=x$로 둘러싸인 부분을 y축을 중심으로 회전한 회전체의 부피를 구하라.

풀이

$y=x^2$, $y=x$이므로 $x=\sqrt{y}$, $x=y$이고 교점의 y좌표는 다음과 같다.

$$\sqrt{y}=y,\ y^2-y=y(y-1)=0 \ \Rightarrow \ y=0,\ y=1$$

또한 $0\le y\le 1$에서 $\sqrt{y}\ge y$이므로 구하고자 하는 회전체의 부피는 다음과 같다.

$$V=\pi\int_0^1\left[(\sqrt{y})^2-y^2\right]dy=\pi\int_0^1(y-y^2)\,dy$$
$$=\pi\left(\frac{1}{2}y^2-\frac{1}{3}y^3\Big|_0^1\right)=\frac{\pi}{6}$$

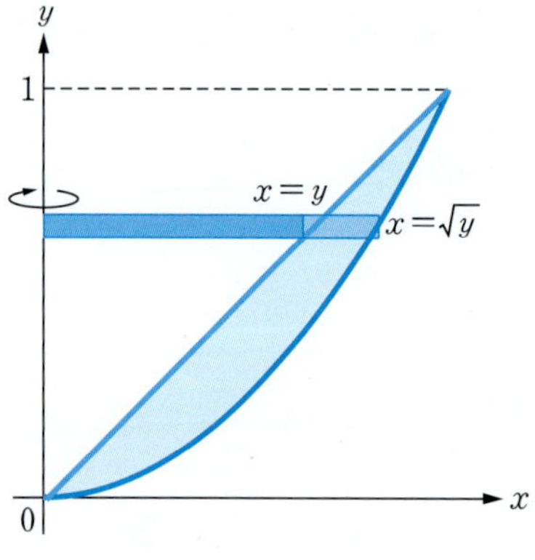

유형 6 원통껍질에 의한 회전체의 부피

[그림 4-20(a)]와 같이 폐구간 $[a,\ b]$에서 $y=f(x)$와 x축으로 둘러싸인 부분을 y축을 중심으로 회전한 회전체의 부피를 구하는 방법을 살펴보자. 이를 위하여 폐구간 $[a,\ b]$를 n등분하여 소구간의 길이를 Δx라 하고, 이 소구간 $[x_{k-1},\ x_k]$ 안의 임의의 점 x_k^*에서 함숫값 $f(x_k^*)$를 높이로 하는 사각형을 y축을 중심으로 회전한 회전체를 생각한다.

그러면 이 소구간에 의하여 생긴 입체는 [그림 4-20(b)]와 같이 두께가 Δx이고 높이가 $f(x_k^*)$인 원통껍질과 같은 모양이다. 이제 이 입체를 수직으로 절단하여 펼치면 [그림 4-20(c)]와 가로의 길이 $2\pi x_k^*$, 높이 $f(x_k^*)$ 그리고 두께 Δx인 직육면체이다. 따라서 이 직육면체의 부피를 ΔV_k라 하면

$$\Delta V_k = 2\pi x_k^* f(x_k^*)\Delta x$$

이고, 이 회전체의 부피는 다음과 같이 된다.

$$V = \lim_{n \to \infty} \sum_{k=1}^{n} \Delta V_k = \lim_{n \to \infty} \sum_{k=1}^{n} 2\pi x_k^* f(x_k^*)\Delta x$$

$$= 2\pi \int_a^b x f(x)\, dx$$

그러므로 폐구간 $[a, b]$에서 $y = f(x)$와 x축으로 둘러싸인 부분을 y축을 중심으로 회전한 회전체의 부피는 다음과 같다.

$$V = 2\pi \int_a^b x f(x)\, dx$$

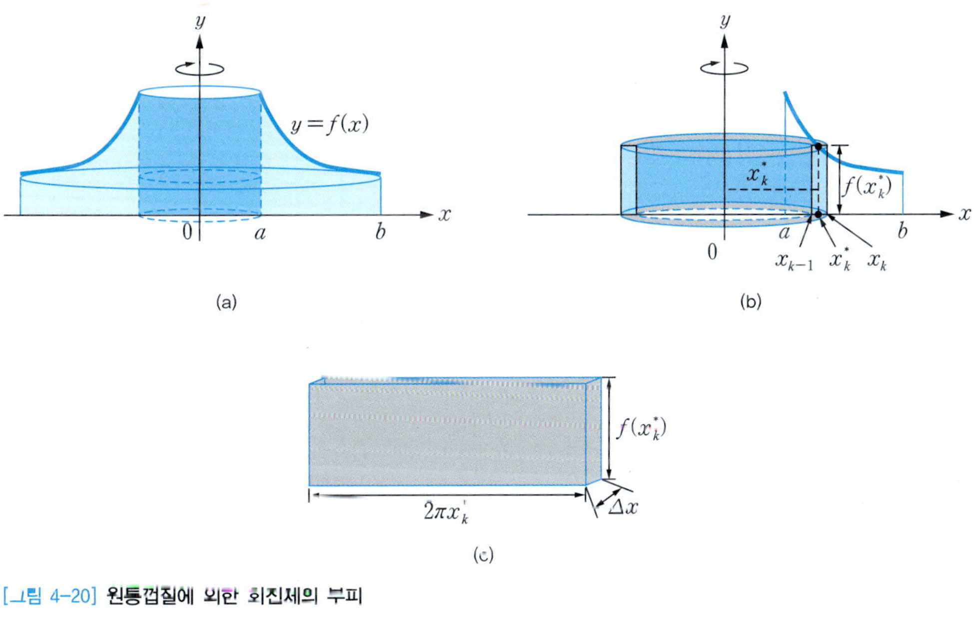

[그림 4-20] 원통껍질에 의한 회전체의 부피

예제 4-43

$y=x-x^3$과 x축으로 둘러싸인 부분을 y축을 중심으로 회전한 회전체의 부피를 구하라.

풀이

우선 $y=f(x)$와 x축이 만나는 교점을 먼저 구하면 $x-x^3=0$이므로 $x=0$, $x=1$이다. 따라서 구하고자 하는 회전체의 부피는 다음과 같다.

$$V=2\pi\int_0^1 x f(x)\,dx=2\pi\int_0^1 x(x-x^3)\,dx$$

$$=2\pi\left(\frac{1}{3}x^3-\frac{1}{5}x^5\Big|_0^1\right)=\frac{4\pi}{15}$$

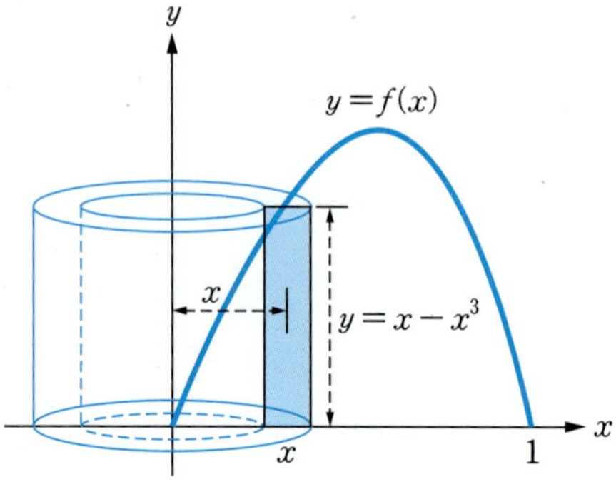

4.4.3 곡선의 길이

폐구간 $[a,\ b]$에서 연속이고 개구간 $(a,\ b)$에서 미분가능한 함수 $y=f(x)$에 대한 곡선의 길이를 구하기 위하여 폐구간 $[a,\ b]$를 n등분한다. 이때 [그림 4-21(a)]와 같이 소구간의 길이를 Δx라 하고, k번째 소구간의 양 끝점에 대한 그래프 위의 점을 각각 P_{k-1}, P_k라 하자. 그러면 [그림 4-21(b)]와 같이 밑면의 길이가 Δx이고 높이가 $\Delta y=f(x_{k-1})-f(x_k)$인 직각삼각형을 얻는다.

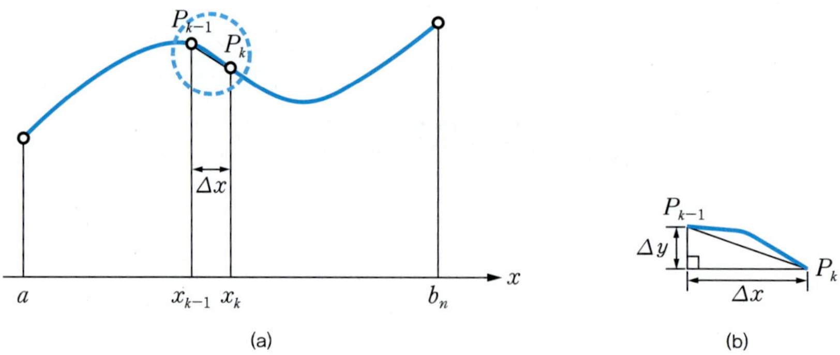

[그림 4-21] 함수 $y=f(x)$의 길이

따라서 두 점 P_{k-1}과 P_k를 잇는 선분의 길이를 Δl_k라 하면, 피타고라스 정리에 의하여

$$\Delta l_k = \sqrt{(\Delta x)^2 + (\Delta y)^2}$$

이다. 이때 평균값 정리에 의하여

$$\Delta y = f(x_k) - f(x_{k+1}) = f'(x_k^*)(x_{k+1} - x_k) = f'(x_k^*)\,\Delta x$$

를 만족하는 x_k^* 가 (x_k, x_{k+1}) 안에 존재하므로

$$\Delta l_k = \sqrt{(\Delta x)^2 + \left[f'(x_k^*)\,\Delta x\right]^2} = \sqrt{1 + \left[f'(x_k^*)\right]^2}\,\Delta x$$

이다. 그러므로 구하고자 하는 곡선의 길이는

$$\begin{aligned} l &= \lim_{n\to\infty} \sum_{k=1}^{n} \Delta l_k = \lim_{n\to\infty} \sum_{k=1}^{n} \sqrt{1 + \left[f'(x_k^*)\right]^2}\,\Delta x \\ &= \int_a^b \sqrt{1 + [f'(x)]^2}\,dx \end{aligned}$$

이다. 즉 폐구간 $[a, b]$에서 함수 $y = f(x)$의 길이는 다음과 같다.

$$l = \int_a^b \sqrt{1 + [f'(x)]^2}\,dx$$

예제 4-44

폐구간 $[1, 2]$에서 곡선 $y = \sqrt{x}$ 의 길이를 구하라.

풀이

$f(x) = \sqrt{x}$ 라 하면 $f'(x) = \dfrac{1}{2\sqrt{x}}$ 이므로 $1 + [f'(x)]^2 = 1 + \dfrac{1}{4x}$ 이다. 따라서 구하고자 하는 곡선의 길이는 다음과 같다.

$$l = \int_1^2 \sqrt{\frac{1+4x}{4x}}\,dx$$

이제 $\sqrt{\dfrac{1+4x}{4x}} = t$라 하면, t의 적분 구간은 $\int_1^2 \rightarrow \int_{\sqrt{5}/2}^{3/2\sqrt{2}}$ 이고

$$x = \frac{1}{4(t^2-1)},\quad dx = -\frac{t}{2(t^2-1)^2}\,dt$$

이다. 따라서 구하고자 하는 곡선의 길이는 다음과 같다.

$$l = -\int_{\sqrt{5}/2}^{3/2\sqrt{2}} \frac{t^2}{2(t^2-1)^2}\,dt = \frac{1}{2}\int_{3/2\sqrt{2}}^{\sqrt{5}/2} \frac{t^2}{(t^2-1)^2}\,dt$$

$$= \frac{1}{8}\int_{3/2\sqrt{2}}^{\sqrt{5}/2}\left(\frac{1}{t-1}-\frac{1}{t+1}+\frac{1}{(t-1)^2}+\frac{1}{(t+1)^2}\right)dt$$

$$= \frac{1}{8}\left(\ln\left|\frac{t-1}{t+1}\right| - \frac{1}{t-1} - \frac{1}{t+1}\right)\Bigg|_{3/2\sqrt{2}}^{\sqrt{5}/2}$$

$$= \frac{1}{8}\left(12\sqrt{2} - 4\sqrt{5} + \ln\frac{9-4\sqrt{5}}{17-12\sqrt{2}}\right)$$

이제 $a \le t \le b$에서 두 미분가능한 함수 $x = f(t)$와 $y = g(t)$에 의한 매개변수 방정식의 곡선의 길이를 구해보자. 앞에서 살펴본 바와 같이 폐구간 $[a, b]$를 n등분한 k번째 소구간에 대하여

$$\Delta l_k = \sqrt{(\Delta x_k)^2 + (\Delta y_k)^2} = \sqrt{\left(\frac{\Delta x_k}{\Delta t_k}\right)^2 + \left(\frac{\Delta y_k}{\Delta t_k}\right)^2}\ \Delta t_k$$

이다. 따라서 곡선의 길이는

$$l = \lim_{n\to\infty}\sum_{k=1}^{n}\Delta l_k = \lim_{n\to\infty}\sum_{k=1}^{n}\sqrt{\left(\frac{\Delta x_k}{\Delta t_k}\right)^2 + \left(\frac{\Delta y_k}{\Delta t_k}\right)^2}\ \Delta t_k$$

$$= \int_a^b \sqrt{\left(\frac{dx}{dt}\right)^2 + \left(\frac{dy}{dt}\right)^2}\ dt$$

이다. 즉 폐구간 $[a, b]$에서 매개변수 방정식 $x = f(t)$와 $y = g(t)$에 대한 곡선의 길이는 다음과 같다.

$$l = \int_a^b \sqrt{\left(\frac{dx}{dt}\right)^2 + \left(\frac{dy}{dt}\right)^2}\ dt$$

예제 4-45

$0 \le t \le \pi$에서 매개변수 방정식 $x = 2\sin t$, $y = 2\cos t$에 의한 곡선의 길이를 구하라.

풀이

$\frac{dx}{dt} = 2\cos t$, $\frac{dy}{dt} = -2\sin t$이므로 $\left(\frac{dx}{dt}\right)^2 + \left(\frac{dy}{dt}\right)^2 = 4\cos^2 t + 4\sin^2 t = 4$이다. 따라서 구하고자 하는 곡선의 길이는 다음과 같다.

$$l = \int_0^\pi \sqrt{\left(\frac{dx}{dt}\right)^2 + \left(\frac{dy}{dt}\right)^2}\ dt = \int_0^\pi \sqrt{4}\ dt = 2t\Big|_0^\pi = 2\pi$$

4.4.4 회전체의 겉넓이

폐구간 $[a,\ b]$에서 연속이고 개구간 $(a,\ b)$에서 미분가능한 함수 $f(x)$를 x축을 중심으로 회전한 회전체의 겉넓이를 구하기 위하여, 폐구간 $[a,\ b]$를 n 등분하여 소구간의 길이를 Δx라 하자. 그리고 [그림 4-22(a)]와 같이 k번째 소구간의 양 끝점에 대한 그래프 위의 점 P_{k-1}, P_k를 잇고 x축을 중심으로 회전한 회전체를 펼치면 [그림 4-22(b)]와 같다.

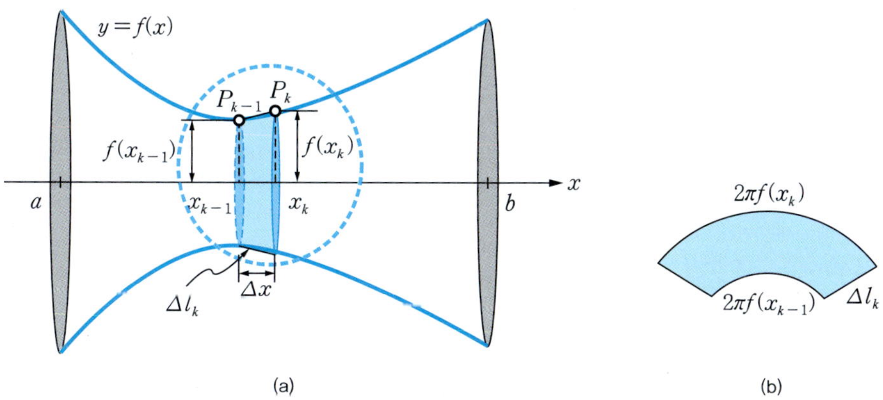

[그림 4-22] x축을 중심으로 회전한 회전체의 겉넓이

이때 바깥 호는 x축 위의 점 x_k에서 $f(x_k)$를 반지름으로 갖는 원의 원주이고, 안쪽 호는 점 x_{k-1}에서 $f(x_{k-1})$을 반지름으로 갖는 원의 원주이다. 그러므로 바깥 호의 길이는 $2\pi f(x_k)$, 안쪽 호의 길이는 $2\pi f(x_{k-1})$이고, 빗변은 곡선 위의 이웃하는 두 점 P_{k-1}과 P_k를 잇는 선분이므로 Δl_k이다. 그러면 [그림 4-22(b)]의 넓이는

$$\frac{1}{2}(\text{바깥 호의 길이} + \text{안쪽 호의 길이}) \cdot (\text{빗변의 길이})$$

이므로 소구간 $[x_{k-1},\ x_k]$에서 회전한 회전체의 겉넓이는 다음과 같다.

$$\begin{aligned}\Delta A_k &= \frac{1}{2}\left[2\pi f(x_k) + 2\pi f(x_{k-1})\right] \cdot \Delta l_k \\ &= \pi\left[f(x_k) + f(x_{k-1})\right] \cdot \sqrt{(\Delta x)^2 + (\Delta y)^2} \\ &= \pi\left[f(x_k) + f(x_{k-1})\right] \cdot \sqrt{1 + \left(\frac{\Delta y}{\Delta x}\right)^2}\ \Delta x\end{aligned}$$

이때 $\Delta y = f(x_k) - f(x_{k-1})$이다. 그러면 곡선의 길이를 구하는 것처럼 $x_k < x_k^* < x_{k+1}$인 어떤 x_k^*에 대하여

$$\Delta A_k = \pi\left[f(x_k)+f(x_{k-1})\right]\cdot\sqrt{1+\left[f'(x_k^*)\right]^2}\;\Delta x$$

를 만족한다. 이때 충분히 작은 Δx에 대하여, $x_{k-1}\approx x_k^*\approx x_k$이고 $f(x)$가 연속이므로 $f(x_{k-1})\approx f(x_k^*)\approx f(x_k)$이다. 따라서

$$\Delta A_k \approx 2\pi f(x_k^*)\sqrt{1+\left[f'(x_k^*)\right]^2}\;\Delta x$$

이고, 정적분의 정의에 의하여 다음이 성립한다.

$$\begin{aligned} A &= \lim_{n\to\infty}\sum_{k=1}^{n}\Delta A_k = \lim_{n\to\infty}\sum_{k=1}^{n}2\pi f(x_k^*)\sqrt{1+\left[f'(x_k^*)\right]^2}\;\Delta x \\ &= 2\pi\int_a^b f(x)\sqrt{1+[f'(x)]^2}\,dx \end{aligned}$$

따라서 함수 $f(x)$를 폐구간 $[a, b]$에서 x축을 기준으로 회전한 회전체의 겉넓이는

$$A = 2\pi\int_a^b f(x)\sqrt{1+[f'(x)]^2}\,dx$$

이다. 동일한 방법으로 $x=f(y)$를 폐구간 $[c, d]$에서 y축을 중심으로 회전한 회전체의 겉넓이는 다음과 같다.

$$A = 2\pi\int_c^d f(y)\sqrt{1+[f'(y)]^2}\,dy$$

예제 4-46

폐구간 $[0, 1]$에서 함수 $y=2x$를 다음과 같이 회전할 때, 회전체의 겉넓이를 구하라.

(a) x축을 중심으로 회전 (b) y축을 중심으로 회전

풀이

(a) $f(x)=2x$이므로 $f'(x)=2$이다. 따라서 x축을 중심으로 회전한 회전체의 겉넓이는 다음과 같다.

$$\begin{aligned} A &= 2\pi\int_0^1 f(x)\sqrt{1+[f'(x)]^2}\,dx \\ &= 2\pi\int_0^1 2x\sqrt{1+2^2}\,dx \\ &= 2\sqrt{5}\pi\left(x^2\right)\Big|_0^1 = 2\sqrt{5}\pi \end{aligned}$$

(b) $y=2x$이므로 $x=\frac{y}{2}$이고 $x'=\frac{1}{2}$이며 적분 구간은 $[0,\ 2]$이다. 따라서 y축을 중심으로 회전한 회전체의 겉넓이는 다음과 같다.

$$A=2\pi\int_0^2 f(x)\sqrt{1+[f'(x)]^2}\,dx=2\pi\int_0^2\frac{y}{2}\sqrt{1+\left(\frac{1}{2}\right)^2}\,dy$$
$$=\frac{\sqrt{5}\,\pi}{2}\left(\frac{1}{2}y^2\right)\Big|_0^2=\sqrt{5}\,\pi$$

한편, $a\le t\le b$에서 매개변수 방정식 $x=f(t)$, $y=g(t)$에 대하여

$$\sqrt{1+[f'(x)]^2}\,dx=\sqrt{\left(\frac{dx}{dt}\right)^2+\left(\frac{dy}{dt}\right)^2}\,dt$$

이므로 x축을 중심으로 회전한 회전체의 겉넓이는

$$A=2\pi\int_a^b g(t)\sqrt{\left(\frac{dx}{dt}\right)^2+\left(\frac{dy}{dt}\right)^2}\,dt$$

이다. 그리고 y축을 중심으로 회전한 회전체의 겉넓이는 다음과 같다.

$$A=2\pi\int_a^b f(t)\sqrt{\left(\frac{dx}{dt}\right)^2+\left(\frac{dy}{dt}\right)^2}\,dt$$

Section 4.4 연습문제

※ 주어진 구간에서 다음 도형의 넓이를 구하라.

1. $y=x^2$, $y=-x^4$, $x=-1$, $x=1$, $0\le x\le 1$

2. $y=\sin x$, $y=\cos 2x$, $x=0$, $x=\pi$, $0\le x\le \pi$

3. $y=\sin x(1-\cos x)$, x축, $0\le x\le \pi$

4. $y=1$, $y=\cos^2 x$, $0\le x\le \pi$

※ 다음 함수로 둘러싸인 부분의 넓이를 구하라.

5. $y=2x^2,\ y=x^4-4x^2$

6. $y=|x|,\ y=4-x^2$

7. $y=\cos x,\ y=1-\dfrac{2x}{\pi}$

8. $y=x^3-x,\ y=x$

9. $x=y^3,\ y=x^2$

10. $y=\dfrac{x^2}{4},\ y=x,\ y=1$

※ 다음 주어진 좌표축을 중심으로 회전한 회전체의 부피를 구하라.

11. $x+y=2,\ x=0,\ y=0,\ x$축

12. $y=\sqrt{\cos x},\ x=\pm\dfrac{\pi}{2},\ y=1,\ x$축

13. $y=\dfrac{1}{x},\ x=1,\ x=4,\ y=0,\ x$축

14. $y=-x+2,\ y=x,\ y=0,\ x$축

15. $y=2x^2+1,\ y=0,\ x=1,\ y$축

16. $y=x+1,\ y=6-x^2,\ y$축

17. 곡선 $y=\sqrt{x}$, $y=2$, $x=0$으로 둘러싸인 부분을 다음 직선을 중심으로 회전한 회전체의 부피를 구하라.

(a) $y=2$

(b) $x=4$

18. 비행기의 날개 부분에 있는 연료탱크는 함수 $y=\dfrac{x^2}{8}\sqrt{2-x}$ 와 x축으로 둘러싸인 부분을 x축을 중심으로 회전한 회전체이다. 이때 연료탱크의 부피를 구하라.

※ 다음 주어진 구간에서 함수를 주어진 축을 중심으로 회전한 회전체의 부피를 구하라.

19. $y=x^2-2x^4,\ 0\le x\le\dfrac{1}{\sqrt{2}},\ y$축

20. $y=x^2,\ y=-1,\ 0\le x\le 1,\ y$축

21. $y=\sin x,\ y=-\sin x,\ 0\le x\le\pi,\ y$축

22. $y^2+\ln x=0,\ 0\le y\le 1,\ x$축

※ 주어진 구간에서 함수의 그래프의 길이를 구하라.

23. $y=2x^{3/2},\ 0\le x\le 9$

24. $y=\sqrt{1-x^2},\ 0\le x\le\dfrac{1}{2}$

25. $y=\ln|\sin x|,\ \dfrac{\pi}{4}\le x\le\dfrac{3\pi}{4}$

26. $y^2=4x,\ 0\le y\le 2$

27. $y=\cosh x,\ 0\le x\le 2$

28. $y=\ln\left|\dfrac{1+e^x}{e^x-1}\right|,\ \ln 2\le x\le\ln 3$

29. $\begin{cases} x = 2\cos^3 t \\ y = 2\sin^3 t \end{cases}$, $0 \le t \le 2\pi$

30. $\begin{cases} x = e^t \cos t \\ y = e^t \sin t \end{cases}$, $0 \le t \le 2\pi$

※ 다음 함수를 주어진 축을 중심으로 회전한 회전체의 겉넓이를 구하라.

31. $y = x^3$, $0 \le x \le 2$, x축

32. $y = x^2$, $1 \le y \le 4$, y축

33. 응용 다음 그림과 같이 높이가 4[m]인 기둥에 $y = kx^2$인 포물선 모양의 케이블이 매달린 교각이 있다. 이때 이 케이블의 길이를 구하라.

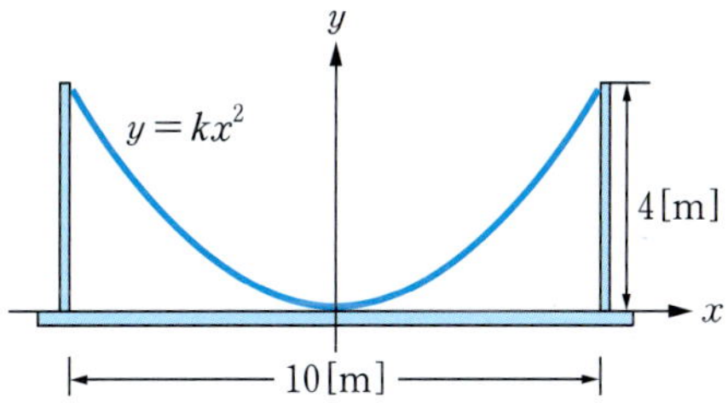

적분의 평균값 정리 : 피크전압과 rms 전압 (관련 과목 : 전기공학)

4.1.4절에서 폐구간 $[a, b]$에서 연속인 함수 f에 대하여 적분의 평균값 $f_{av} = \frac{1}{b-a}\int_a^b f(x)\,dx$를 정의하였다. 적분의 평균값은 가정용 전압에 적용할 수 있는데, 일반적으로 가정용 전압 V는 다음과 같이 시각 t의 함수인 사인함수로 모형화되는 교류를 사용한다.

$$V = V_{\text{peak}} \sin 120\pi t$$

여기서 V_{peak}는 양의 상수이다. 그러면 $-1 \le \sin x \le 1$이므로 V_p는 V의 최대 전압인 **피크전압** peak voltage을 나타낸다. 또한 이 사인함수의 주기는 $\frac{2\pi}{120\pi} = \frac{1}{60}$이므로 가정용 전압은 초당 60[Hz]의 주파수를 갖는다. 그러므로 처음 1/120초 사이에서 V의 평균값은 다음과 같다.

$$\begin{aligned} V_{\text{av}} &= \frac{1}{(1/120)-0}\int_0^{1/120} V_{\text{peak}} \sin 120\pi t\,dt \\ &= 120\,V_{\text{peak}}\left[-\frac{1}{120\pi}\cos 120\pi t\right]_0^{1/120} = \frac{2\,V_{\text{peak}}}{\pi} \approx 0.637\,V_{\text{peak}} \end{aligned}$$

한 사이클에서 V의 평균값은 [그림 4-23]에서 보는 바와 같이 0.637이다.

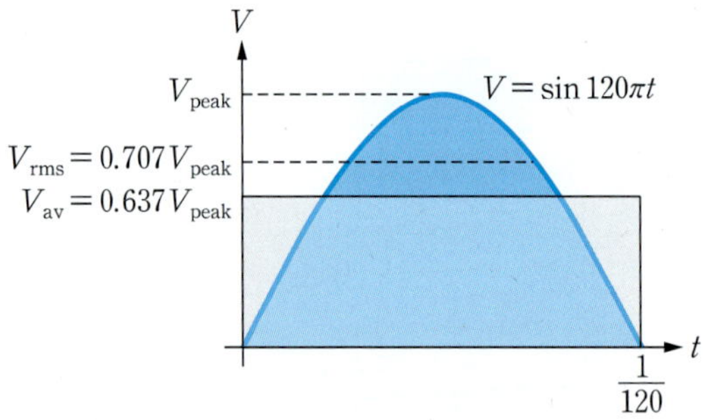

[그림 4-23] 피크전압과 평균전압, rms 전압

한편, 전압의 실효값을 전압 제곱의 **평균에 대한 제곱근(rms)** root mean square으로 측정한다. 즉 $V_{\text{rms}} = \sqrt{(V^2)_{\text{av}}}$이다. 한 사이클에서 $V^2 = (V_{peak})^2 \sin^2 120\pi t$의 평균값은

$$\begin{aligned} (V^2)_{\text{av}} &= \frac{1}{(1/60)-0}\int_0^{1/60} (V_{\text{peak}})^2 \sin^2 120\pi t\,dt \\ &= 60(V_{\text{peak}})^2 \int_0^{1/120} \frac{1-\cos 240\pi t}{2}\,dt = \frac{1}{2}(V_{\text{peak}})^2 \end{aligned}$$

이므로 rms 전압은 $V_s = \sqrt{\frac{(V_{\max})^2}{2}} = \frac{V_{\max}}{\sqrt{2}}$ 이다.

이상적분 : 전기회로의 에너지 (관련 과목 : 전자공학)

4.3절에서 무한구간 $[0, \infty)$를 갖는 이상적분이 다음과 같이 정의됨을 살펴보았다.

$$\int_a^{\infty} f(x)\,dx = \lim_{b \to \infty} \int_a^b f(x)\,dx$$

이러한 이상적분을 이용하면 RL 전기회로에서 전류가 끊어지는 시간 t_0에서 소모되는 에너지를 계산할 수 있다. [그림 4-24(a)]와 같이 정상적으로 작동하던 RL 전기회로를 시각 t_0에서 전원을 끊는다고 하자. 그러면 전원이 끊김과 동시에 흐르던 전류가 멈추게 된다. 이때 $t = t_0$에서 초기 전류를 I_0이라 하면 전기회로는 방정식은 다음과 같다.

$$L\frac{dI}{dt} + RI = 0 \quad \text{또는} \quad \frac{dI}{I} = -\frac{R}{L}dt$$

그리고 양변을 적분하면 다음과 같은 t의 함수인 전류 $I(t)$를 얻는다.

$$\int \frac{dI}{I} = \int \left(-\frac{R}{L}\right) dt$$

$$\ln I = -\frac{R}{L}t + C_0$$

$$I(t) = e^{-(R/L)t + C_0} = C e^{-(R/L)t}$$

한편, $I(t_0) = I_0$이므로 임의의 상수 C를 구하면 $C = I_0\, e^{(L/R)t_0}$이고, 시간 t_0 이후의 전류는 다음과 같이 감소하는 지수함수이다. 이 그래프는 [그림 4-24(b)]와 같다.

$$I = I_0 e^{-(R/L)(t - t_1)}$$

그리고 전류가 감소하는 동안 에너지는 저항 R에서 모두 소모된다. 특히 짧은 구간 $\Delta t = dt$에서 소모되는 에너지는 근사적으로 $dE = RI^2 \Delta t = RI^2 dt$이다. 그리고 t_1 이후로 에너지가 완전히 소모될 때까지 걸리는 시간 구간은 $[t_1, \infty)$이므로, 스위치가 끊어진 후 완전히 소모된 총에너지는 다음과 같은 이상적분으로 해석할 수 있다.

$$E = \int_{t_0}^{\infty} RI^2 dt = \int_{t_0}^{\infty} RI_0^2 e^{-(2R/L)(t - t_1)} dt, \quad x = \frac{2R(t - t_0)}{L}$$

$$= RI_0^2 \left(\frac{L}{2R}\right) \int_0^{\infty} e^{-x}\,dx = \frac{LI_0^2}{2}$$

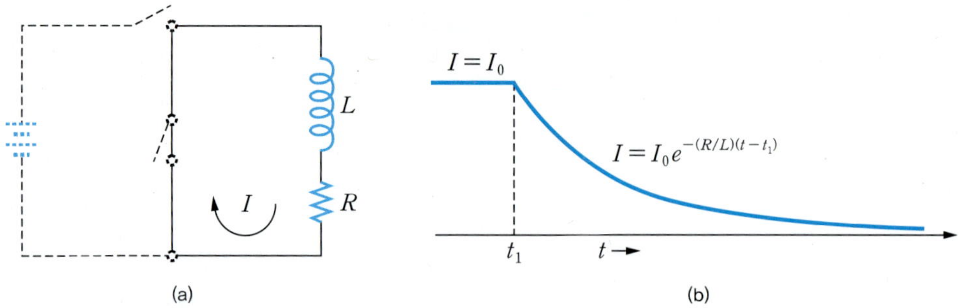

Chapter 04

[그림 4-24] RL 전기회로와 t_0 이후 전류의 감쇠

Chapter

05

극좌표

Polar Coordinates

극좌표계 _5.1
극방정식과 그래프 _5.2
극방정식의 응용 _5.3

전공 맛보기

학습목표

- 극좌표계의 개념을 정확히 이해하고, 직교좌표계와의 관계를 파악할 수 있다.
- 극방정식과 직교방정식의 관계를 이해하고, 극방정식의 그래프를 그릴 수 있다.
- 극방정식의 미분법을 이해하고, 접선의 방정식과 극방정식의 사잇각을 구할 수 있다.
- 극방정식으로 둘러싸인 부분의 넓이를 구할 수 있다.
- 극방정식으로 주어진 곡선의 길이를 구할 수 있다.
- 극방정식으로 주어진 회전체의 겉넓이를 구할 수 있다.
- 절별 연습문제를 통해 학습 내용을 제대로 이해했는지 확인할 수 있다.

직교좌표계가 두 축을 이용하여 평면 위의 점을 표현하는 것과 달리, 한 정점(원점)으로부터의 거리(동경)와 양의 x축(시초선) 사이의 각(편각)으로 표현하는 좌표계를 극좌표계라 한다. 극좌표를 이용하면 지금까지 다루었던 함수 $y=f(x)$의 그래프나 방정식 $f(x,\ y)=0$의 곡선을 더욱 간단하게 표현할 수 있다. 그리고 $y=f(x)$ 또는 $f(x,\ y)=0$의 형태로 표현하기 어려운 식을 간단하게 표현할 수 있다. 이와 같은 극좌표계에서 나타나는 함수 형태의 식을 극방정식이라 한다. 이 장에서는 이러한 극좌표계와 극방정식을 먼저 살펴보고, 극방정식의 곡선 위의 한 점에서 그은 접선의 방정식과 극방정식으로 주어진 평면도형의 넓이를 구하는 방법에 대하여 살펴본다.

5.1 극좌표계

지금까지는 평면 위의 점을 나타내기 위해 직교좌표계를 사용하였다. 그러나 2.3.1절에서 언급한 바 있는 동경과 편각으로도 평면 위의 점을 나타낼 수 있는데, 이를 극좌표라 한다. 이 절에서는 평면 위의 점을 나타내는 새로운 좌표계인 극좌표계에 대하여 살펴본다.

평면 위에 한 정점 O를 정하고, 직교좌표계에서 양의 x축인 반직선 OX를 그어 시초선으로 정한다. 그러면 평면 위의 한 점 $P(x, y)$의 위치는 [그림 5-1]과 같이 정점 O로부터 점 P까지의 거리인 동경 $r=\overline{OP}$와 시초선과 선분 OP의 사잇각인 편각 θ로 결정된다. 이와 같이 평면 위의 점을 동경 r과 편각 θ의 순서쌍인 (r, θ)로 나타내는 좌표계를 **극좌표계** polar coordinate system 라 하며, 좌표 (r, θ)를 극좌표라 한다. 그리고 정점 O를 극좌표계의 **극** pole 이라 한다.

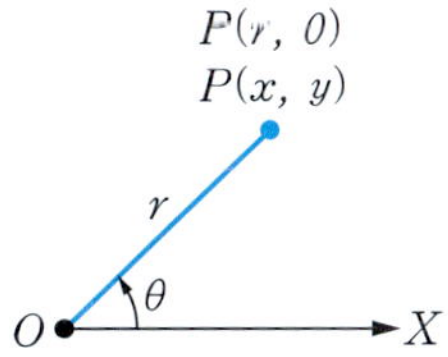

[그림 5-1] 극좌표계

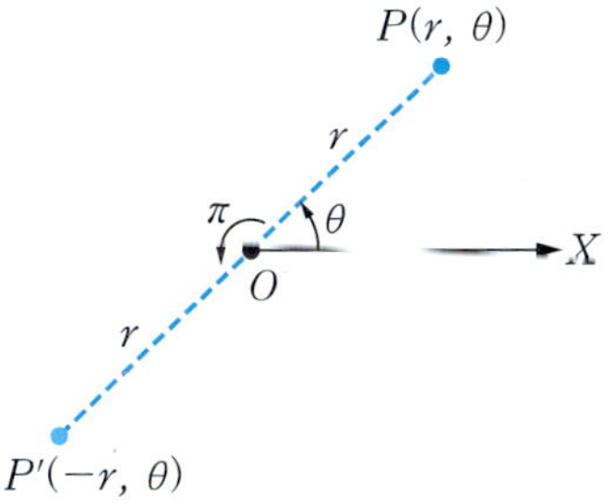

[그림 5-2] 음의 동경과 회전

극좌표계의 극과 시초선은 각각 직교좌표계의 원점과 양의 x축으로 일치시킬 수 있다. 이때 동경 r은 선분 OP의 길이이므로 항상 양수이다. 그리고 편각 θ는 2.3.1절에서 언급한 바와 같이 시계 반대방향으로 회전할 때는 양의 부호, 시계방향으로 회전할 때는 음의 부호로 나타낸다. 그러면 편각 θ에 대한 일반각 α는 다음과 같이 표현할 수 있다.

$$\alpha=\theta+2n\pi,\ n\text{은 정수}$$

따라서 극좌표에서 점 P를 표현하는 방법은 다음과 같다.

$$(r, \theta)=(r, \theta+2n\pi),\ n\text{은 정수}$$

그러므로 점 P에 대한 극좌표의 표현법이 무수히 많은 것을 알 수 있다. 이때 음의 동경 $-r$은 [그림 5-2]와 같이 점 $P(r, \theta)$를 극 O에 대하여 대칭이동한 점 $P'(-r, \theta)$를 나타낸다. 그리고 $r=0$인 점 $(0, \theta)$는 극 O로부터 거리가 0인 위치를 나타내므로 임의의 편각 θ에 대하여 극 O를 의미한다.

이때 점 $P'(-r,\ \theta)$는 점 $P(r,\ \theta)$를 극에 대하여 대칭이동한 점이므로, 동경 OP를 시계 반대방향 또는 시계방향으로 π만큼 회전한 점과 일치한다. 즉 다음이 성립한다.

$$\begin{aligned} P'(-r,\ \theta) &= P(r,\ \theta \pm \pi) = P(r,\ \theta \pm \pi + 2n\pi) \\ &= P(r,\ \theta + (2n+1)\pi),\ n\text{은 정수} \end{aligned}$$

반대로 점 $P(r,\ \theta)$는 점 $P'(-r,\ \theta)$를 시계 반대방향 또는 시계방향으로 π만큼 회전한 점과 일치하므로

$$P(r,\ \theta) = P'(-r,\ \theta \pm \pi) = P(-r,\ \theta + (2n+1)\pi),\ n\text{은 정수}$$

이다. 따라서 극좌표계에서 점 $P(r,\ \theta)$에 대한 일반적인 표현법은 다음과 같다.

$$P(r,\ \theta) = P\left((-1)^n r,\ \theta + n\pi\right),\ n\text{은 정수}$$

예를 들어, [그림 5-3(a)]와 같이 점 $P\left(2,\ \frac{\pi}{6}\right)$를 극에 대하여 대칭이동한 점 $P_1\left(-2,\ \frac{\pi}{6}\right)$는 시초선 위의 점 $(2,\ 0)$으로부터 시계방향으로 $-\frac{5\pi}{6}$만큼 회전한 점 $\left(2,\ -\frac{5\pi}{6}\right)$ 또는 시계 반대방향으로 $\frac{7\pi}{6}$만큼 회전한 점 $\left(2,\ \frac{7\pi}{6}\right)$로도 나타낼 수 있다.

[그림 5-3(b)]와 같이 점 P는 시초선 위의 점 $(2,\ 0)$으로부터 시계방향으로 $-\frac{11\pi}{6}$만큼 회전하거나 점 P_1을 시계 반대방향으로 π만큼 회전한 위치와 동일하다. 특히 이 직선은 임의의 동경에 대하여 편각이 동일하게 $\theta = \frac{\pi}{6}$인 것을 알 수 있다.

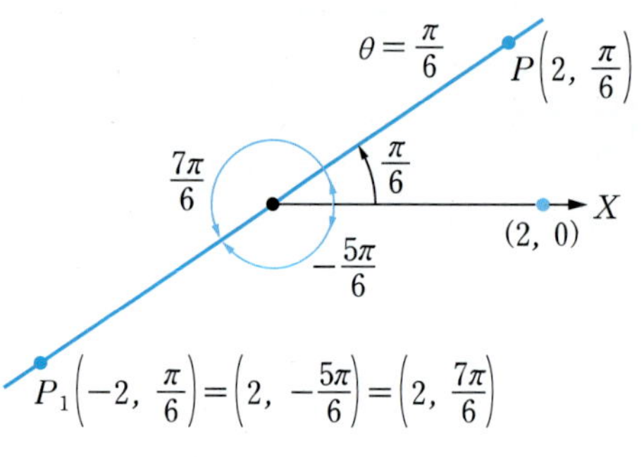

(a) 점 P_1의 표현법

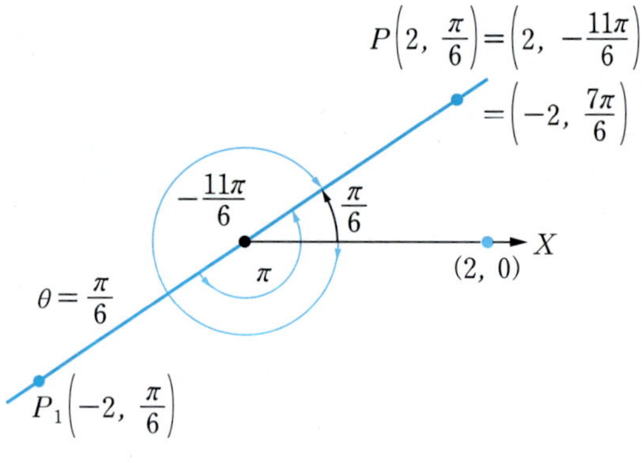

(b) 점 P의 표현법

[그림 5-3] 직선 $\theta = \frac{\pi}{6}$와 점의 표현법

예제 5-1

극좌표계에서 점 $P\left(1,\ \frac{\pi}{4}\right)$를 나타내는 극좌표를 모두 구하라.

풀이

점 P를 시계방향 또는 시계 반대방향으로 회전하면 동일한 위치를 나타내므로

$$P\left(1,\ \frac{\pi}{4}\right) = \left(1,\ \frac{\pi}{4} + 2n\pi\right),\ n\text{은 정수}$$

이다. 또한 점 P를 극에 대하여 대칭이동한 점 $P'\left(-1,\ \frac{\pi}{4}\right)$를 시계 반대방향으로 π만큼 회전한 점 $P''\left(-1,\ \frac{5\pi}{4}\right)$는 점 P와 일치한다.

점 P''을 시계방향 또는 시계 반대방향으로 회전하면 동일한 위치를 나타내므로

$$P''\left(-1,\ \frac{5\pi}{4} + \pi\right) = \left(-1,\ \frac{\pi}{4} + (2n+1)\pi\right),\ n\text{은 정수}$$

이다. 따라서 점 P를 나타내는 극좌표를 모두 구하면 다음과 같다.

$$P\left(1,\ \frac{\pi}{4}\right) = P\left((-1)^n,\ \frac{\pi}{4} + n\pi\right),\ n\text{은 정수}$$

앞에서 극좌표계의 극과 시초선을 각각 직교좌표계의 원점과 양의 x축으로 나타낼 수 있음을 밝혔다. 이와 같이 극좌표계와 직교좌표계를 일치시키면 [그림 5-4]와 같이 극좌표계의 점 $(r,\ \theta)$와 직교좌표계의 점 $(x,\ y)$ 사이에 특별한 관계가 성립한다. 직교좌표계에서 양의 x축은 동경이 $r > 0$이고 $\theta = 0$인 직선이고, 양의 y축은 동경이 $r > 0$이고 $\theta = \frac{\pi}{2}$인 직선이다. 그리고 좌표축을 제외한 제1사분면 위의 점 $(r,\ \theta)$와 점 $(x,\ y)$는 피타고라스 정리에 의하여 다음이 성립한다.

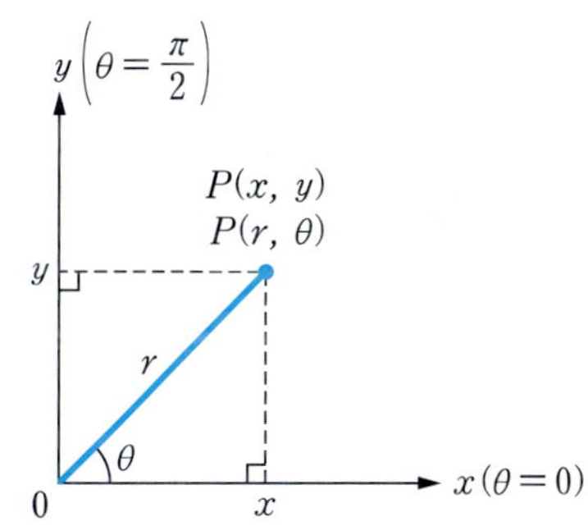

[그림 5-4] **극좌표계와 직교좌표계**

$$x = r\cos\theta,\ y = r\sin\theta,\ r^2 = x^2 + y^2,\ \tan\theta = \frac{y}{x}$$

따라서 극좌표계와 직교좌표계에서 주어진 점을 서로 바꾸어 나타낼 수 있다.

예제 5-2

다음을 구하라.

(a) 직교좌표계의 점 $P(1,\ 1)$을 극좌표계의 점으로 변환하라.

(b) 극좌표계의 점 $Q\left(-2,\ -\frac{\pi}{6}\right)$를 직교좌표계의 점으로 변환하라.

풀이

(a) 직교좌표계의 점을 극좌표계의 점으로 변환하려면 $r=\sqrt{x^2+y^2}$, $\tan\theta=\frac{y}{x}$를 이용한다. 점 $P(1,\ 1)$에 대하여

$$r=\sqrt{1^2+1^2}=\sqrt{2},\quad \theta=\tan^{-1}1=\frac{\pi}{4}$$

이므로 극좌표계의 점은 $\left(\sqrt{2},\ \frac{\pi}{4}\right)$이다.

(b) 극좌표계의 점을 직교좌표계의 점으로 변환하려면 $x=r\cos\theta$, $y=r\sin\theta$를 이용한다. 점 $Q\left(-2,\ -\frac{\pi}{6}\right)$에 대하여

$$x=(-2)\cdot\cos\left(-\frac{\pi}{6}\right)=-\sqrt{3},\quad y=(-2)\cdot\sin\left(-\frac{\pi}{6}\right)=1$$

이므로 직교좌표계의 점은 $(-\sqrt{3},\ 1)$이다.

Section 5.1 연습문제

※ 다음 극좌표를 극좌표계의 평면 위에 표시하라.

1. $A(1,\ 0)$
2. $B\left(1,\ \frac{\pi}{2}\right)$
3. $C(1,\ \pi)$
4. $D\left(1,\ -\frac{\pi}{2}\right)$
5. $E\left(2,\ \frac{\pi}{3}\right)$
6. $F\left(-2,\ \frac{5\pi}{6}\right)$
7. $G\left(2,\ \frac{3\pi}{4}\right)$
8. $H\left(-2,\ -\frac{14\pi}{3}\right)$

※ 다음 중 동일한 위치를 나타내는 점끼리 짝을 지어라.

9. $A\left(1,\ \frac{7\pi}{4}\right)$
10. $B\left(-1,\ \frac{\pi}{4}\right)$
11. $C\left(1,\ \frac{\pi}{4}\right)$
12. $D\left(1,\ \frac{3\pi}{4}\right)$

13. $E\left(1,\ -\frac{\pi}{4}\right)$　　14. $F\left(1,\ \frac{13\pi}{4}\right)$　　15. $G\left(-1,\ -\frac{7\pi}{4}\right)$　　16. $H\left(1,\ -\frac{5\pi}{4}\right)$

※ 다음 직교좌표계의 점을 극좌표계의 점으로 변환하라.

17. $(1,\ -1)$　　18. $(-\sqrt{3},\ 1)$　　19. $(-\sqrt{2},\ -\sqrt{2})$　　20. $(1,\ \sqrt{3})$

※ 다음 극좌표계의 점을 직교좌표계의 점으로 변환하라.

21. $\left(2,\ \frac{\pi}{3}\right)$　　22. $\left(-2,\ -\frac{\pi}{6}\right)$　　23. $\left(2,\ -\frac{17\pi}{4}\right)$　　24. $\left(-2,\ -\frac{2\pi}{3}\right)$

5.2 극방정식과 그래프

직교좌표계에서 직선의 방정식, 원의 방정식을 비롯한 여러 가지 방정식을 생각할 수 있듯이 극좌표계에서도 방정식을 생각할 수 있다. 이 절에서는 극방정식에 대하여 살펴보고, 극방정식과 직교방정식 사이의 관계를 알아본다. 그리고 극방정식의 그래프를 그리는 방법을 익힌다. 이때 극방정식을 이용하면 직교방정식보다 더욱 간단히 표현할 수 있는 것과 극방정식의 교점을 구하는 방법이 직교방정식의 교점을 구하는 방법과 차이가 있는 것을 살펴보자.

5.2.1 극방정식과 직교방정식

편각 θ가 변함에 따라 동경 r이 변한다면, 이 동경을 다음과 같이 표현할 수 있다.

$$r = f(\theta) \quad \text{또는} \quad f(r,\ \theta) = 0$$

이와 같이 동경 r이 편각 θ에 관한 방정식으로 표현되는 식을 **극방정식** polar equation이라 한다. 그리고 극방정식을 만족하는 극좌표계의 점들의 집합을 **극방정식의 그래프** graph of polar equation 라고 한다. 예를 들어, 양의 실수 a에 대하여 극으로부터 거리가 a인 극방정식은 임의의 편각 θ에 대하여 동경이 a이므로

$$r = f(\theta) = a$$

이다. 이 극방정식을 직교방정식으로 변환하기 위하여 양변을 제곱하면 $r^2 = a^2$이고, 동경 r과 점의 좌표 $(x,\ y)$ 사이에 $r^2 = x^2 + y^2$이 성립하므로 $x^2 + y^2 = a^2$인 것을 알 수 있다. 따라서 극방정식 $r = a,\ a > 0$는 [그림 5-5(a)]와 같이 직교좌표계에서 중심이 원점이고 반지름의 길이가 a인 원의 방정식임을 알 수 있다.

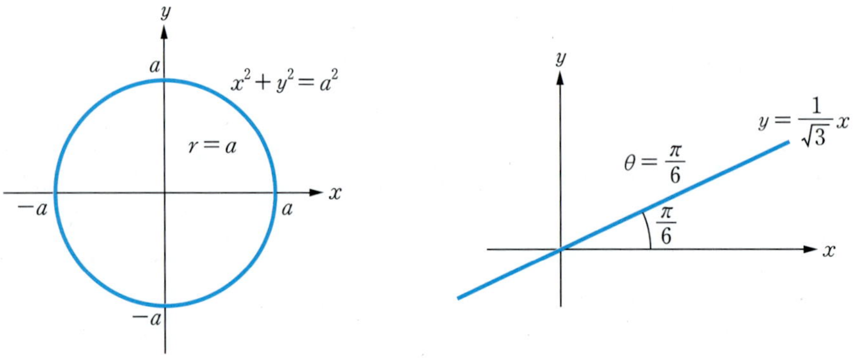

(a) 원의 극방정식

(a) 직선의 극방정식

[그림 5-5] 원과 직선의 극방정식

또한 앞에서 살펴본 극방정식 $\theta = \dfrac{\pi}{6}$는 임의의 동경에 대하여 성립하고 $\tan\theta = \dfrac{y}{x}$이므로

$$\tan\frac{\pi}{6} = \frac{1}{\sqrt{3}} = \frac{y}{x} \quad \text{또는} \quad y = \frac{1}{\sqrt{3}}x$$

이다. 따라서 극방정식 $\theta = \dfrac{\pi}{6}$는 [그림 5-5(b)]와 같이 직교좌표계에서 기울기가 $\dfrac{1}{\sqrt{3}}$이고 원점을 지나는 직선의 방정식임을 알 수 있다.

이때 극좌표계의 점 $(r,\ \theta)$와 직교좌표계의 점 $(x,\ y)$ 사이에 $x = r\cos\theta,\ y = r\sin\theta$가 성립하므로 극방정식 $r = f(\theta)$의 그래프 위의 점 $(r,\ \theta) = (f(\theta),\ \theta)$를 직교좌표계의 점으로 변환하면 다음과 같다.

$$x = r\cos\theta = f(\theta)\cos\theta,\ \ y = r\sin\theta = f(\theta)\sin\theta$$

따라서 극방정식 $r = f(\theta)$를 직교방정식으로 쉽게 변환할 수 있으며, 역으로 직교방정식은 극방정식으로 변환할 수 있다. 예를 들어, 몇 가지 특수한 극방정식과 직교방정식의 표현을 [표 5-1]에 나타내었다.

[표 5-1] 극방정식과 직교방정식의 표현

형태	극방정식	직교방정식
직선	$\theta=\theta_0$	$y=ax,\ a=\tan\theta_0$
	$r\cos\theta=a$ 또는 $r=a\sec\theta$	$x=a$
	$r\sin\theta=a$ 또는 $r=a\operatorname{cosec}\theta$	$y=a$
	$r=\dfrac{b}{a\cos\theta-\sin\theta},\ a\neq 0,\ b\neq 0$	$y=ax-b$
원	$r=a,\ a>0$	$x^2+y^2=a^2$
	$r=2a\cos\theta$	$(x-a)^2+y^2=a^2$
	$r=2a\sin\theta$	$x^2+(y-a)^2=a^2$
직각쌍곡선	$r^2\sin\theta\cos\theta=a$	$xy=a$
쌍곡선	$r=1+2r\cos\theta$	$y^2=3x^2+4x+1$
	$r^2\cos 2\theta=1$	$x^2-y^2=1$

예제 5-3

다음을 구하라.

(a) 직교좌표계의 방정식 $x^2-2y^2=y$를 극좌표계의 방정식으로 변환하라.

(b) 극좌표계의 방정식 $r^2\cos 2\theta=1$을 직교좌표계의 방정식으로 변환하라.

풀이

(a) $x=r\cos\theta,\ y=r\sin\theta$이므로 주어진 방정식의 좌변은 다음과 같다.

$$x^2-2y^2=r^2\cos^2\theta-2r^2\sin^2\theta=r^2(\cos^2\theta-2\sin^2\theta)$$

또한 우변은 $y=r\sin\theta$이므로 $x^2-2y^2=y$는 다음과 같이 나타낼 수 있다.

$$r^2(\cos^2\theta-2\sin^2\theta)=r\sin\theta$$

따라서 구하고자 하는 극방정식은 $r=\dfrac{\sin\theta}{\cos^2\theta-2\sin^2\theta}$이다.

(b) 배각공식에 의하여 $\cos 2\theta=\cos^2\theta-\sin^2\theta$이므로 다음을 얻는다.

$$r^2\cos 2\theta=r^2(\cos^2\theta-\sin^2\theta)=r^2\cos^2\theta-r^2\sin^2\theta=x^2-y^2=1$$

따라서 구하고자 하는 직교방정식은 $x^2-y^2=1$이다.

5.2.2 극방정식의 그래프

극방정식 $r=f(\theta)$의 그래프를 그리기 위해서는 먼저 [표 5-2]와 같이 $0 \le \theta \le 2\pi$ 안의 특수한 편각 θ에 대한 동경 r을 구한다. 그리고 표에 표시된 극방정식의 점 $(r,\ \theta)$를 평면 위에 표시하고 이 점들을 이으면 극방정식의 그래프를 얻는다. 이때 편각은 제1, 2사분면에서는 $0 \le \theta \le \pi$를 사용하고, 제3, 4분면에서는 $-\pi \le \theta \le 0$을 사용하는 것이 편리하다.

[표 5-2] 극방정식 $r=1+\cos\theta$에 대한 특수각 θ와 동경 r

θ	0	$\frac{\pi}{6}$	$\frac{\pi}{4}$	$\frac{\pi}{3}$	$\frac{\pi}{2}$	$\frac{2\pi}{3}$	$\frac{3\pi}{4}$	$\frac{5\pi}{6}$	π
r	2	$\frac{2+\sqrt{3}}{2}$	$\frac{2+\sqrt{2}}{2}$	$\frac{3}{2}$	1	$\frac{1}{2}$	$\frac{2-\sqrt{2}}{2}$	$\frac{2-\sqrt{3}}{2}$	0
θ	-	$-\frac{\pi}{6}$	$-\frac{\pi}{4}$	$-\frac{\pi}{3}$	$-\frac{\pi}{2}$	$-\frac{2\pi}{3}$	$-\frac{3\pi}{4}$	$-\frac{5\pi}{6}$	$-\pi$
r	-	$\frac{2+\sqrt{3}}{2}$	$\frac{2+\sqrt{2}}{2}$	$\frac{3}{2}$	1	$\frac{1}{2}$	$\frac{2-\sqrt{2}}{2}$	$\frac{2-\sqrt{3}}{2}$	0

예를 들어, 극방정식 $r=1+\cos\theta$를 생각해보자. 우선 [표 5-2]와 같이 특수한 편각 θ에 대한 동경 r을 구한다. 그리고 편각 θ와 동경 r에 대한 극좌표 $(r,\ \theta)$를 평면 위에 표시하고 이 점들을 이으면 [그림 5-6]과 같은 그래프를 얻는다. 이때 이 그래프의 모양이 심장과 비슷하여 극방정식 $r=a(1+\cos\theta)$의 곡선을 **심장형** cardioid 이라 한다.

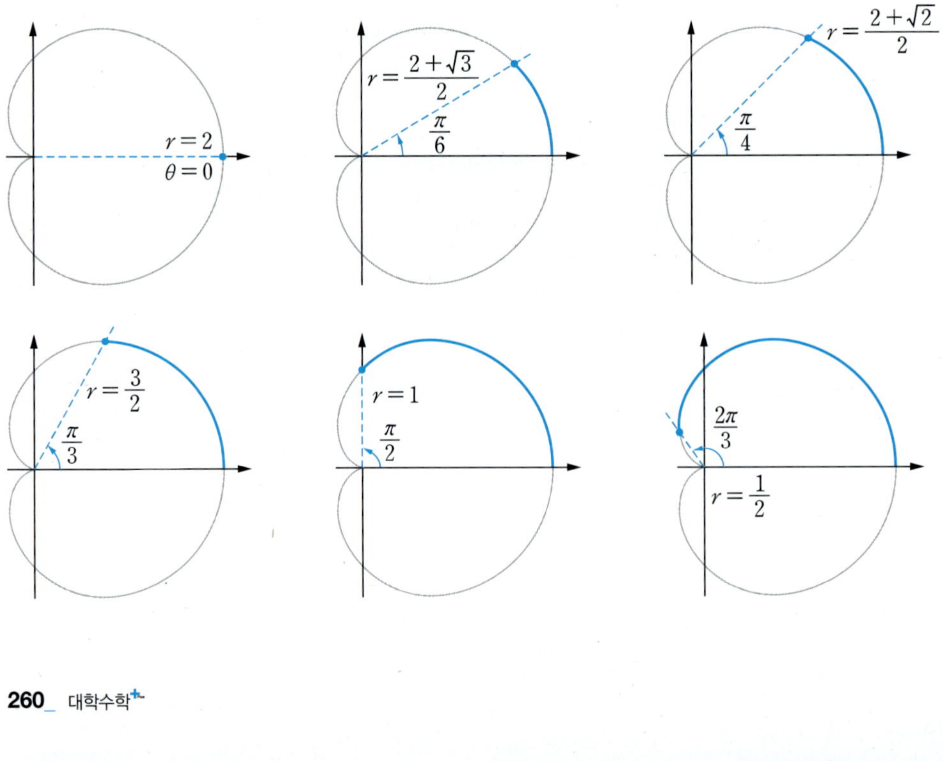

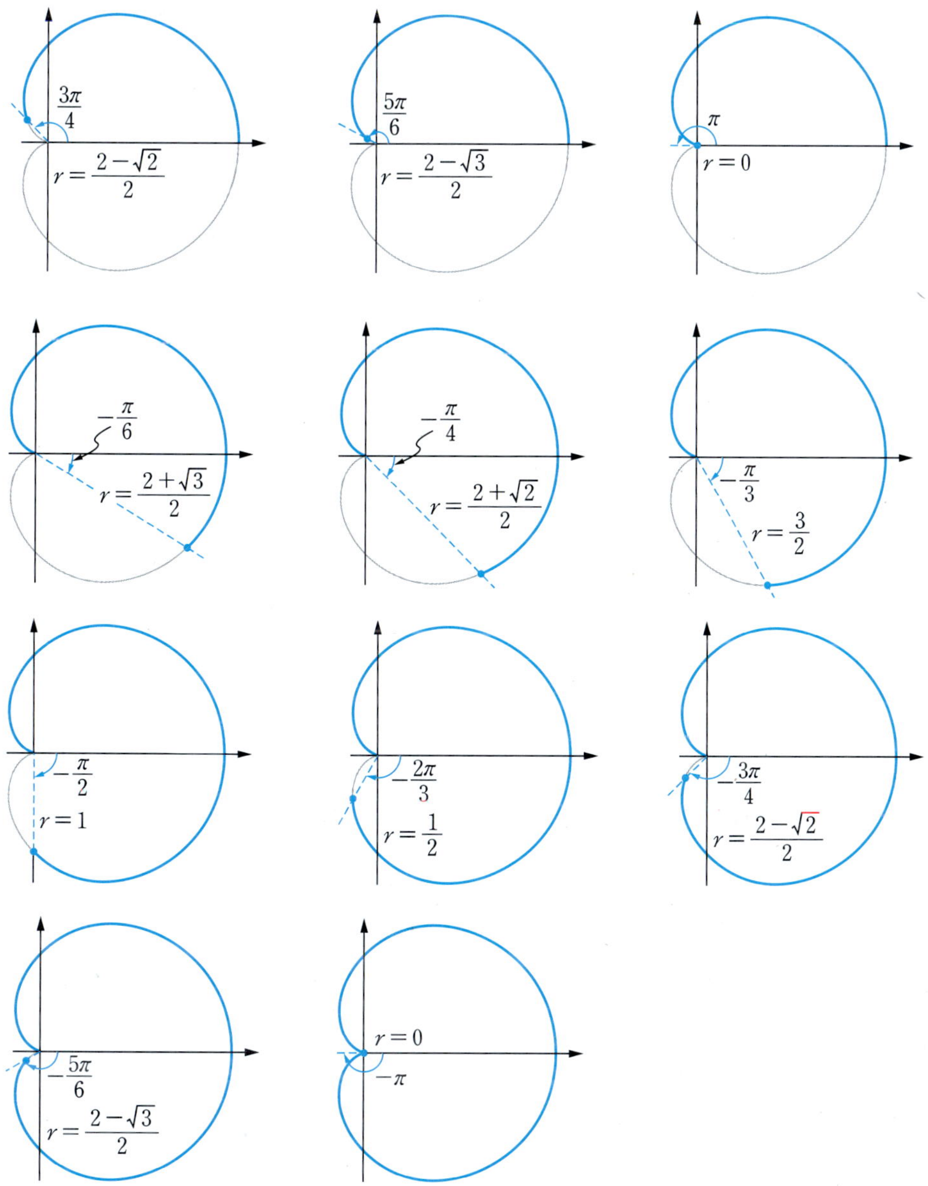

[그림 5-6] 편각 θ에 대한 극방정식 $r=1+\cos\theta$의 그래프

한편, [그림 5-6]의 완성된 그래프를 살펴보면 시초선에 대해 대칭인 것을 알 수 있다. 따라서 $0 \le \theta \le \pi$에 대한 그래프를 그리고 난 후에 이 그래프를 시초선에 관하여 대칭이동시키면 번거롭지 않게 그래프를 완성할 수 있다. 따라서 극방정식에 대한 대칭성을 살펴볼 필요가 있다.

[그림 5-7]과 같이 제1사분면의 점 $P(r,\ \theta)$를 시초선(x축)에 대하여 대칭이동한 점은 $P_1(r,\ -\theta)$이고, 직선 $\theta=\frac{\pi}{2}$(y축)에 대하여 대칭이동한 점은 $P_2(r,\ \pi-\theta)$이다. 그리고

점 $P(r, \theta)$를 극(원점)에 대하여 대칭이동하면 $P_3(-r, \theta)$이다. 또한 점 $P_1(r, -\theta)$를 극에 대하여 대칭이동하면 $P_2(-r, -\theta)$이고, 이 점을 시계 반대방향으로 π만큼 회전하면 $P_1(-r, \pi-\theta)$이다. 그리고 점 $P(r, \theta)$를 시계 반대방향으로 π만큼 회전하면 $P_3(r, \pi+\theta)$이다.

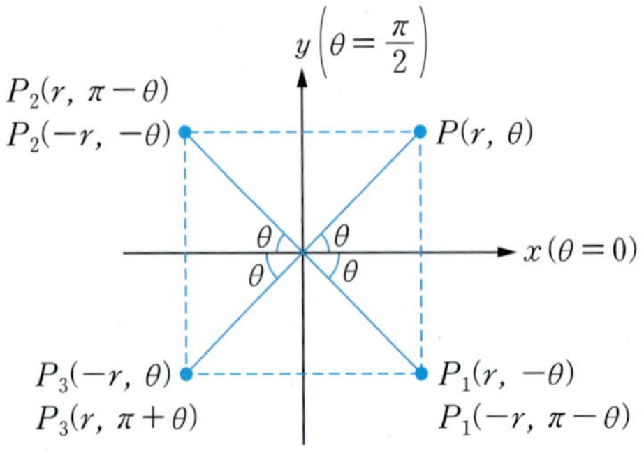

[그림 5-7] **극좌표의 대칭성**

따라서 [그림 5-8]과 같이 극방정식 $f(r, \theta)=0$에 대한 대칭성을 살펴볼 수 있다.

- $f(r, \pi-\theta)=f(r, \theta)$ 또는 $f(-r, -\theta)=f(r, \theta)$이면([그림 5-8(a)]), 직선 $\theta=\frac{\pi}{2}$ (y축)에 대하여 대칭이다. 따라서 $-\frac{\pi}{2} \le \theta \le \frac{\pi}{2}$에서 그래프를 그리고 y축에 대하여 대칭이동한다.
- $f(r, -\theta)=f(r, \theta)$ 또는 $f(-r, \pi-\theta)=f(r, \theta)$이면([그림 5-8(b)]), 시초선($x$축)에 대하여 대칭이다. 따라서 $0 \le \theta \le \pi$에서 그래프를 그리고 x축에 대하여 대칭이동한다.
- $f(-r, \theta)=f(r, \theta)$ 또는 $f(r, \pi+\theta)=f(r, \theta)$이면([그림 5-8(c)]), 극에 대하여 대칭이다. 따라서 $-\frac{\pi}{2} \le \theta \le \frac{\pi}{2}$에서 그래프를 그리고 원점에 대하여 대칭이동한다.

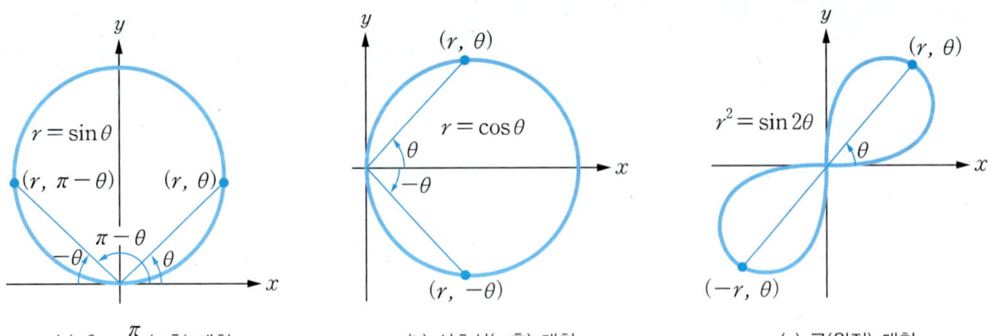

(a) $\theta=\frac{\pi}{2}$ (y축) 대칭 (b) 시초선(x축) 대칭 (c) 극(원점) 대칭

[그림 5-8] **극방정식의 대칭성**

예제 5-4

다음 극방정식의 그래프를 그려라.

(a) $r = 1 + \sin\theta$　　　　(b) $r = 1 + 2\cos\theta$　　　　(c) $r^2 = \cos 2\theta$

풀이

(a) $\sin(\pi - \theta) = \sin\theta$이므로 $\theta = \frac{\pi}{2}$에 대하여 대칭이다. 따라서 $-\frac{\pi}{2} \leq \theta \leq \frac{\pi}{2}$에서 그래프를 그리며, 특수한 편각 θ에 대한 동경 r은 다음 표와 같다.

θ	$-\frac{\pi}{2}$	$-\frac{\pi}{3}$	$-\frac{\pi}{4}$	$-\frac{\pi}{6}$	0	$\frac{\pi}{6}$	$\frac{\pi}{4}$	$\frac{\pi}{3}$	$\frac{\pi}{2}$
$\sin\theta$	-1	$-\frac{\sqrt{3}}{2}$	$-\frac{\sqrt{2}}{2}$	$-\frac{1}{2}$	0	$\frac{1}{2}$	$\frac{\sqrt{2}}{2}$	$\frac{\sqrt{3}}{2}$	1
r	0	$\frac{2-\sqrt{3}}{2}$	$\frac{2-\sqrt{2}}{2}$	$\frac{1}{2}$	1	$\frac{3}{2}$	$\frac{2+\sqrt{2}}{2}$	$\frac{2+\sqrt{3}}{2}$	2

그러므로 $-\frac{\pi}{2} \leq \theta \leq \frac{\pi}{2}$에서 그래프는 그림 (a)와 같으며, 이 그래프를 y축에 대하여 대칭이동하면 그림 (b)와 같이 $r = 1 + \sin\theta$의 그래프를 얻는다.

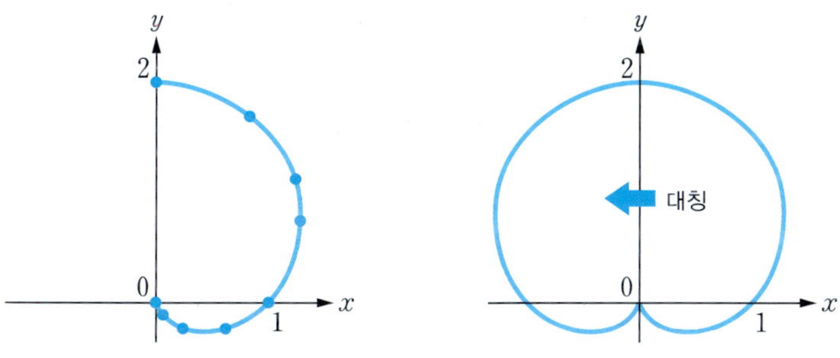

(a)　　　　(b)

(b) $\cos(-\theta) = \cos\theta$이므로 시초선에 대하여 대칭이다. 따라서 $0 \leq \theta \leq \pi$에서 그래프를 그리며, 특수한 편각 θ에 대한 동경 r은 다음 표와 같다.

θ	0	$\frac{\pi}{6}$	$\frac{\pi}{4}$	$\frac{\pi}{3}$	$\frac{\pi}{2}$	$\frac{2\pi}{3}$	$\frac{3\pi}{4}$	$\frac{5\pi}{6}$	π
$2\cos\theta$	2	$\sqrt{3}$	$\sqrt{2}$	1	0	-1	$-\sqrt{2}$	$-\sqrt{3}$	-2
r	3	$1+\sqrt{3}$	$1+\sqrt{2}$	2	1	0	$1-\sqrt{2}$	$1-\sqrt{3}$	-1

그러므로 $0 \leq \theta \leq \pi$에서 그래프는 그림 (a)와 같으며, 이 그래프를 x축에 대하여 대칭이동하면 그림 (b)와 같이 $r = 1 + 2\cos\theta$의 그래프를 얻는다.

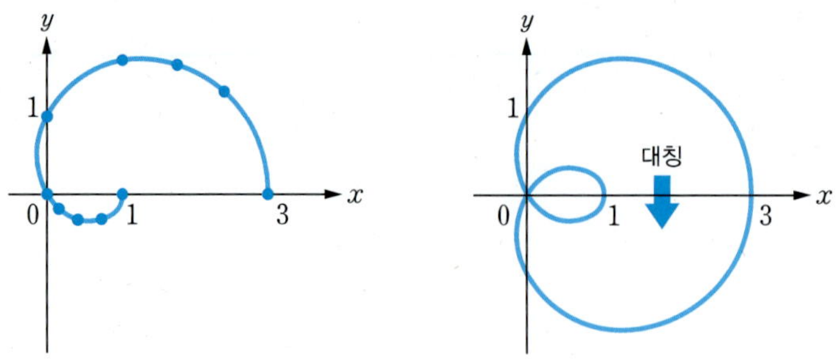

(a) (b)

(c) $\cos(-\theta) = \cos\theta$이므로 시초선에 대하여 대칭이다. 이때 $f(r, \theta) = r^2 - \cos 2\theta$라 하면

$$f(-r, -\theta) = (-r)^2 - \cos[2(-\theta)] = r^2 - \cos 2\theta = f(r, \theta)$$

이므로 $\theta = \frac{\pi}{2}$에 대하여 대칭이다. 또한 $(-r)^2 = r^2$이므로 극에 대해서도 대칭이다. 따라서 $0 \le \theta \le \frac{\pi}{2}$에서 그래프를 그린다. 이때 $\frac{\pi}{4} < \theta \le \frac{\pi}{2}$이면 $\frac{\pi}{2} < 2\theta \le \pi$이므로 $\cos 2\theta < 0$이다. 따라서 $r^2 < 0$이 되어 정의되지 않는다. 그러므로 제1사분면에서는 $0 \le \theta \le \frac{\pi}{4}$에서만 r^2이 정의되며, 특수한 편각 θ에 대한 동경 r은 다음과 같다.

θ	0	$\frac{\pi}{12}$	$\frac{\pi}{8}$	$\frac{\pi}{6}$	$\frac{\pi}{4}$
$r^2 = \cos 2\theta$	1	$\frac{\sqrt{3}}{2}$	$\frac{\sqrt{2}}{2}$	$\frac{1}{2}$	0
r	1	$\frac{\sqrt[4]{3}}{\sqrt{2}}$	$\frac{\sqrt[4]{2}}{2}$	$\frac{\sqrt{2}}{2}$	0

따라서 제1사분면에서 r의 그래프는 그림 (a)와 같으며, 이 그래프를 시초선과 $\theta = \frac{\pi}{2}$에 대하여 대칭이동하면 그림 (b)와 같이 $r = 1 + 2\cos\theta$의 그래프를 얻는다.

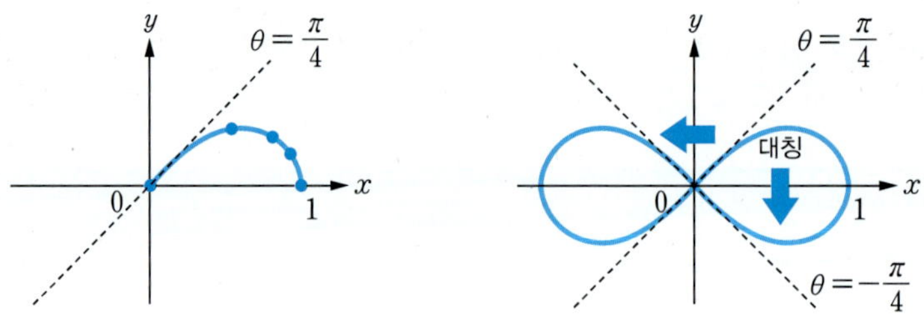

(a) (b)

[표 5-1]에서 보는 바와 같이 몇몇 중요한 그래프 형태는 직교좌표계보다는 극좌표계에서 더 간단하게 표현된다. [표 5-3]에 기본적인 극방정식의 유형과 그 그래프를 나타내었다.

[표 5-3] 기본적인 극방정식의 유형

유형	그래프			
심장형	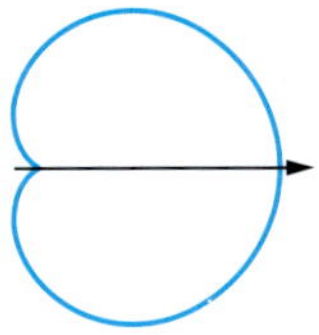 $r=1+\cos\theta$	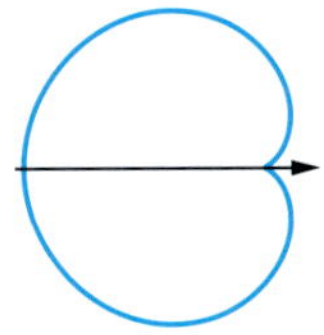 $r=-1-\cos\theta$	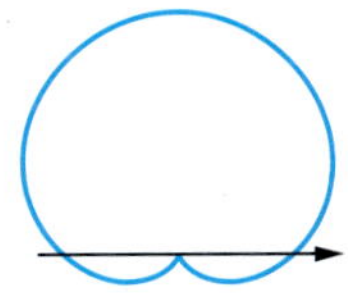 $r=1+\sin\theta$	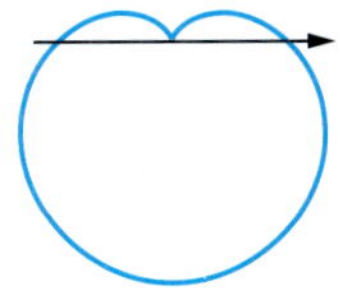 $r=-1-\sin\theta$
리마송	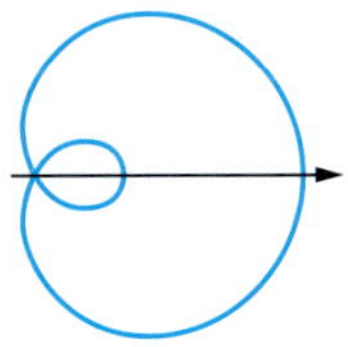 $r=1+2\cos\theta$	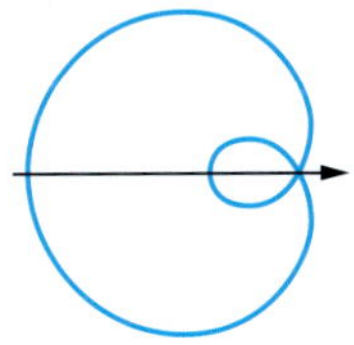 $r=1-2\cos\theta$	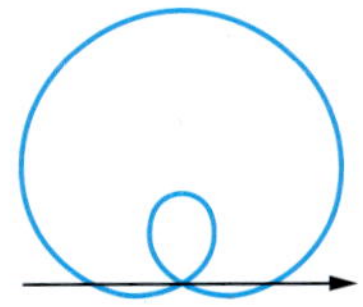 $r=1+2\sin\theta$	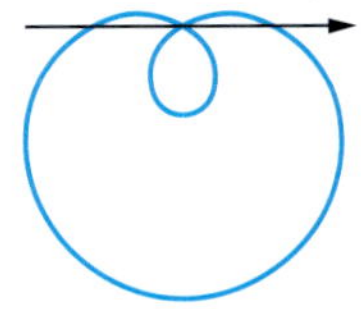 $r=1-2\sin\theta$
연수형	 $r^2=4\cos 2\theta$	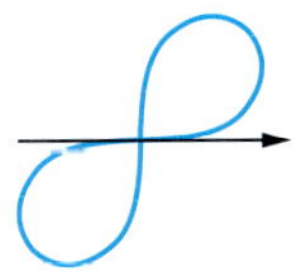 $r^2=4\sin 2\theta$	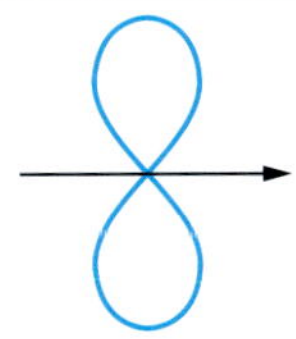 $r^2=-4\cos 2\theta$	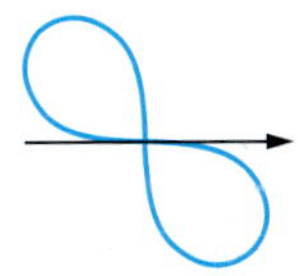 $r^2=-4\sin 2\theta$
장미형	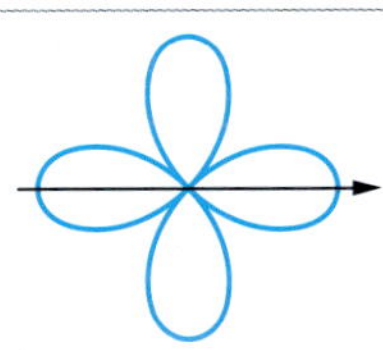 $r=4\cos 2\theta$	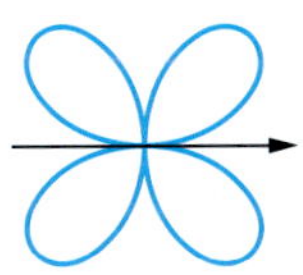 $r=4\sin 2\theta$	 $r=1-2\sin 3\theta$	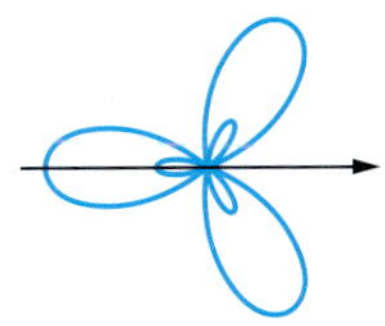 $r=1-2\cos 3\theta$
	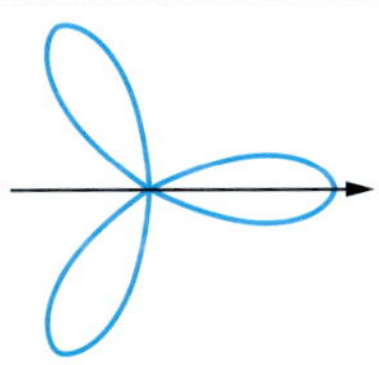 $r=4\cos 3\theta$	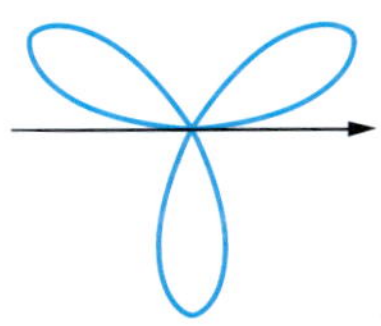 $r=4\sin 3\theta$	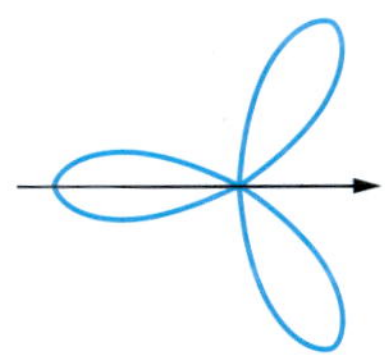 $r=-4\cos 3\theta$	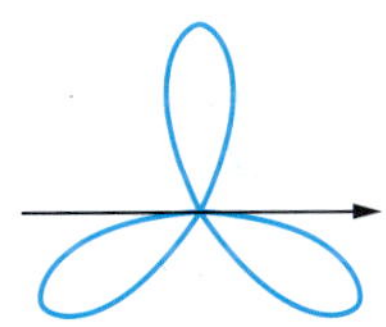 $r=-4\sin 3\theta$
나선형	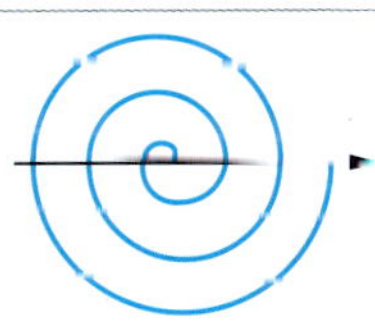 $r=\theta,\ \theta>0$	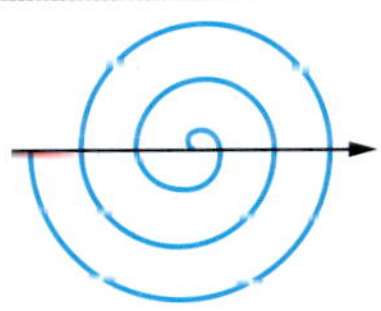 $r=\theta,\ \theta<0$	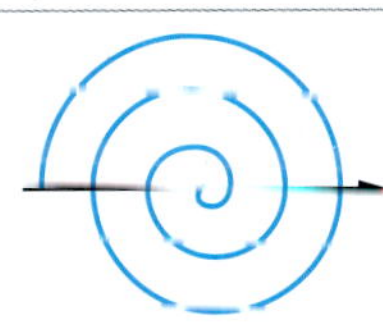 $r=-\theta,\ \theta>0$	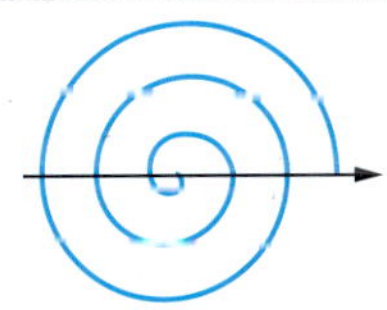 $r=-\theta,\ \theta<0$
쌍곡나선형	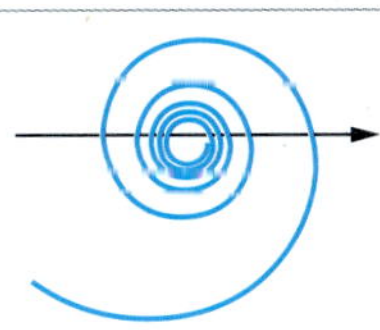 $r=\frac{1}{\theta},\ \theta>0$	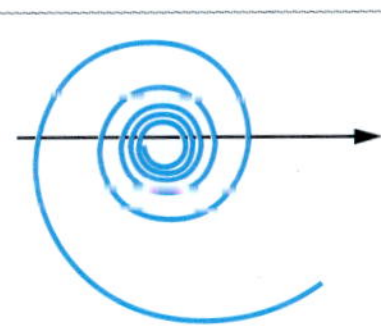 $r=\frac{1}{\theta},\ \theta<0$	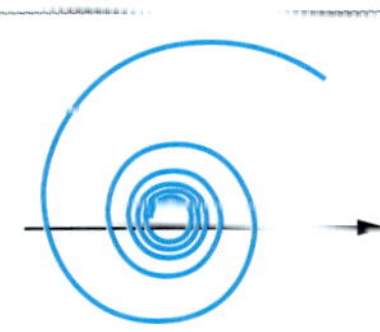 $r=-\frac{1}{\theta},\ \theta>0$	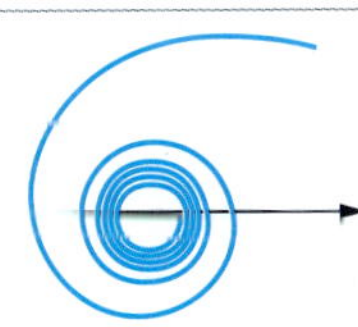 $r=\frac{1}{\sqrt{\theta}},\ \theta>0$

5.2.3 극방정식의 교점

두 극방정식 $r=f(\theta)$와 $r=g(\theta)$의 교점을 구하려면 직교방정식과 달리, 다음 두 단계로 교점의 극좌표를 구한다.

❶ $f(\theta)=g(\theta)$를 만족하는 $\theta=\theta_0$를 구한다. 그러면 교점의 극좌표는 (r_0, θ_0)이고 이때 $r_0=f(\theta_0)$이다.

❷ 서로 다른 편각 θ_1과 θ_2에 대하여 $f(\theta_1)=0$이고 $g(\theta_2)=0$이면 극이 두 방정식의 교점이다.

예를 들어, $r=1+\cos\theta$와 $r=1+\sin\theta$의 교점을 구해보자. 먼저 다음과 같이 두 극방정식을 등치시키면

$$1+\cos\theta=1+\sin\theta, \ \cos\theta=\sin\theta, \ \tan\theta=1$$

이 되므로 $\theta=\dfrac{\pi}{4}, \dfrac{3\pi}{4}$이다. 따라서 교점의 동경은 각각

$$r_1=1+\cos\frac{\pi}{4}=\frac{1+\sqrt{2}}{2}, \ r_2=1+\cos\frac{3\pi}{4}=\frac{1-\sqrt{2}}{2}$$

이고, 교점의 극좌표는 다음과 같다.

$$A\left(\frac{1+\sqrt{2}}{2}, \frac{\pi}{4}\right), \ B\left(\frac{1-\sqrt{2}}{2}, \frac{3\pi}{4}\right)$$

또한 $\theta=\pi$이면 $r=1+\cos\pi=0$이므로 $r=1+\cos\theta$는 극을 지난다. 그리고 $\theta=\dfrac{3\pi}{2}$이면 $r=1+\sin\dfrac{3\pi}{2}=0$이므로 $r=1+\sin\theta$도 극을 지난다. 따라서 극 O도 두 극방정식의 교점이 된다. 그러므로 두 극방정식의 교점은 [그림 5-9]와 같다.

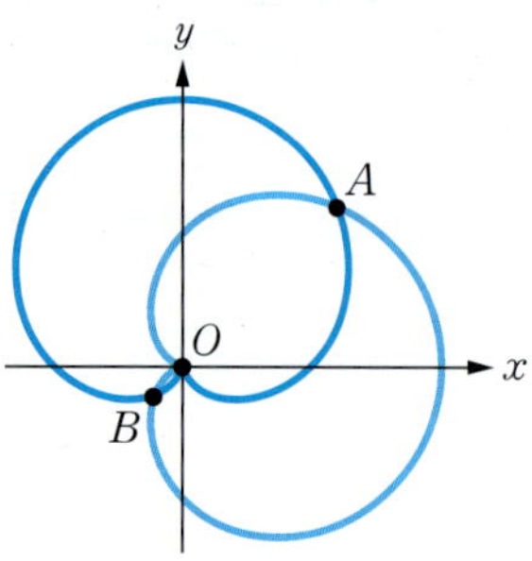

[그림 5-9] 교점의 극좌표

예제 5-5

$0 \le \theta \le 2\pi$에서 극방정식 $r=4$와 $r=4\cos 2\theta$의 교점을 구하라.

풀이

우선 $r=4$는 극을 지나지 않으므로 극은 교점이 아니다. 또한 $0 \le \theta \le 2\pi$이므로 $0 \le 2\theta \le 4\pi$이다. 두 방정식을 등치시키면

$$4 = 4\cos 2\theta, \quad \cos 2\theta = 1$$

이다. $\cos 2\theta = 1$을 만족하는 2θ를 구하면

$$2\theta = \frac{\pi}{2}, \frac{3\pi}{2}, \frac{5\pi}{2}, \frac{7\pi}{2}$$

이므로, θ는 다음과 같다.

$$\theta = \frac{\pi}{4}, \frac{3\pi}{4}, \frac{5\pi}{4}, \frac{7\pi}{4}$$

따라서 교점의 극좌표는 $\left(4, \frac{\pi}{4}\right)$, $\left(4, \frac{3\pi}{4}\right)$, $\left(4, \frac{5\pi}{4}\right)$, $\left(4, \frac{7\pi}{4}\right)$이다. 이를 그래프로 나타내면 다음 그림과 같다.

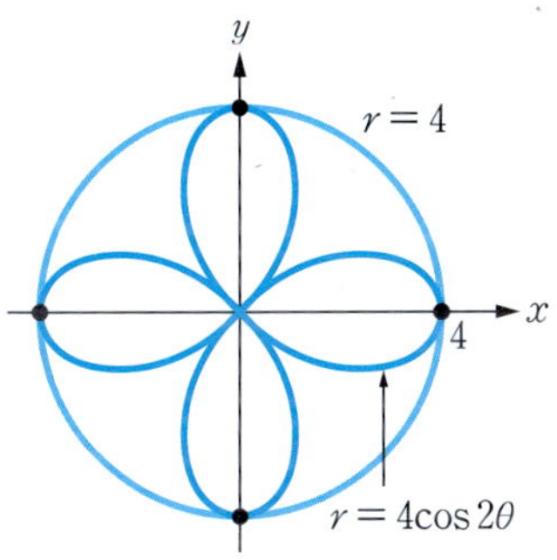

Section 5.2 연습문제

※ 다음 극방정식을 직교방정식으로 변환하라.

1. $\theta = \frac{2\pi}{3}$

2. $r = 2$

3. $r\sin\theta = 1$

4. $r\cos\theta = 1$

5. $r = \tan\theta$

6. $r = \sec\theta$

7. $r^2\sin 2\theta = 2$

8. $r^2 = \sec 2\theta$

9. $r = \sin\theta + \cos\theta$

10. $r\sin\theta = \ln r + \ln\cos\theta$

※ 다음 직교방정식을 극방정식으로 변환하라.

11. $x = 2$

12. $y = 2$

13. $x = y$

14. $x = -y$

15. $xy = 2$

16. $x^2 - y^2 = 2$

17. $x^2 + (y-2)^2 = 4$

18. $(x-2)^2 + (y+1)^2 = 5$

19. $\dfrac{x^2}{4} + \dfrac{y^2}{9} = 1$

20. $\dfrac{x^2}{9} - \dfrac{y^2}{4} = 1$

※ $0 \le \theta \le 2\pi$에서 다음 극방정식의 그래프를 그려라.

21. $r = \sec\theta$

22. $r = \operatorname{cosec}\theta$

23. $r = 1 - \cos\theta$

24. $r = 1 - \sin\theta$

25. $r = \dfrac{1}{1+\cos\theta}$

26. $r = \dfrac{1}{1-\sin\theta}$

※ 다음 극방정식의 교점을 구하라.

29. $r = 1$, $r = 2\sin\theta$

30. $r = \sqrt{3}$, $r = 2\cos\theta$

31. $r = 1 + \cos\theta$, $r = 1 - \cos\theta$

32. $r = 1 - \sin\theta$, $r = 1 + \cos\theta$

33. $r = 4$, $r = 4\cos 2\theta$

34. $r = 1$, $r^2 = 2\sin 2\theta$

※ 극좌표계의 두 점 $A(r_1, \theta_1)$과 $B(r_2, \theta_2)$에 대하여 다음을 구하라.

65. 두 점 A와 B 사이의 거리

66. $\theta_1 = \theta_2$일 때 두 점 A와 B 사이의 거리

67. $|\theta_1 - \theta_2| = \dfrac{\pi}{2}$일 때 두 점 A와 B 사이의 거리

68. $|\theta_1 - \theta_2| = \pi$일 때 두 점 A와 B 사이의 거리

69. 응용 다음 **나사선**[conchoid]의 극방정식이 수직점근선 또는 수평점근선을 가짐을 보여라.

(a) $r = 2 + \sec\theta$, 수직점근선 $x = 1$ (b) $r = 2 + \operatorname{cosec}\theta$, 수평점근선 $y = 1$

5.3 극방정식의 응용

이 절에서는 극방정식의 그래프 위의 한 점에서 그은 접선의 방정식과 접선과 동경이 이루는 사잇각을 비롯하여 여러 극방정식의 응용을 살펴본다.

5.3.1 극방정식의 접선

극방정식 $r=f(\theta)$의 그래프 위의 한 점 $P(r_0,\ \theta_0)$를 지나는 접선의 기울기를 알아보자. 이미 앞에서 언급한 바와 같이 극좌표 $(r,\ \theta)$와 직교좌표 $(x,\ y)$ 사이에는

$$x=r\cos\theta=f(\theta)\cos\theta,\quad y=r\sin\theta=f(\theta)\sin\theta$$

가 성립하므로 다음을 얻을 수 있다.

$$\frac{dx}{d\theta}=\frac{dr}{d\theta}\cos\theta-r\sin\theta,\quad \frac{dy}{d\theta}=\frac{dr}{d\theta}\sin\theta+r\cos\theta$$

한편, [정리 3-15]의 매개변수 방정식의 미분법을 이용하면

$$\frac{dy}{dx}=\frac{\frac{dy}{d\theta}}{\frac{dx}{d\theta}}=\frac{\frac{dr}{d\theta}\sin\theta+r\cos\theta}{\frac{dr}{d\theta}\cos\theta-r\sin\theta}$$

를 얻는다. 또한 그래프 위의 점 $P(r_0,\ \theta_0)$에서

$$x_0=r_0\cos\theta_0=f(\theta_0)\cos\theta_0,\quad y_0=r_0\sin\theta_0=f(\theta_0)\sin\theta_0$$

이므로, 점 $P(r_0,\ \theta_0)$에서 접선의 방정식은 다음과 같다.

$$y-y_0=k(x-x_0),\quad k=\left.\frac{dy}{dx}\right|_{\theta=\theta_0}$$

극방정식 $r=f(\theta)$는 $\left.\frac{dy}{d\theta}\right|_{\theta=\theta_0}=0$이 되는 곳에서 수평 접선을 가지며, $\left.\frac{dx}{d\theta}\right|_{\theta=\theta_0}=0$이 되는 곳에서 수직 접선을 갖는다.

예제 5-6

극방정식 $r=2\sin\theta$에 대하여 다음을 구하라. 단, $0\leq\theta<\pi$이다.

(a) $\theta=\dfrac{\pi}{6}$인 그래프 위의 점 A에서의 접선의 방정식

(b) 수평 접선과 수직 접선을 갖는 점

풀이

(a) $\theta=\dfrac{\pi}{6}$인 그래프 위의 점 A는 $\left(1,\ \dfrac{\pi}{6}\right)$이고, $\dfrac{dr}{d\theta}=2\cos\theta$이므로 곡선 위의 점 A에서 접선의 기울기는

$$\left.\frac{dy}{dx}\right|_{\substack{\theta=\pi/6\\ r=1}}=\left.\frac{2\cos\theta\sin\theta+r\cos\theta}{2\cos^2\theta-r\sin\theta}\right|_{\substack{\theta=\pi/6\\ r=1}}=\sqrt{3}$$

이 된다. 또한 점 A를 직교좌표로 나타내면 다음과 같다.

$$x_0=1\cdot\cos\frac{\pi}{6}=\frac{\sqrt{3}}{2},\quad y_0=1\cdot\sin\frac{\pi}{6}=\frac{1}{2}$$

따라서 구하고자 하는 접선의 방정식은 다음과 같다. 이 접선의 방정식은 그림 (a)와 같다.

$$y-\frac{1}{2}=\sqrt{3}\left(x-\frac{\sqrt{3}}{2}\right),\quad y=\sqrt{3}\,x-1$$

(b) $x=r\cos\theta=2\sin\theta\cos\theta$, $y=r\sin\theta=2\sin^2\theta$ 이므로

$$\frac{dx}{d\theta}=2\cos 2\theta,\quad \frac{dy}{d\theta}=2\sin 2\theta$$

이다. 따라서 수평 접선을 갖는 편각은 $\dfrac{dy}{d\theta}=2\sin 2\theta=0$을 만족하는 $\theta=0,\ \dfrac{\pi}{2}$이므로 수평 접선을 갖는 점은 극 O와 $\left(2,\ \dfrac{\pi}{2}\right)$이다. 또한 수직 접선을 갖는 편각은 $\dfrac{dx}{d\theta}=2\cos 2\theta=0$을 만족하는 $\theta=\dfrac{\pi}{4},\ \dfrac{3\pi}{4}$이므로 점 $\left(\sqrt{2},\ \dfrac{\pi}{4}\right)$, $\left(\sqrt{2},\ \dfrac{3\pi}{4}\right)$에서 수직 접선을 갖는다. 이때 수평 접선과 수직 접선은 그림 (b)와 같다.

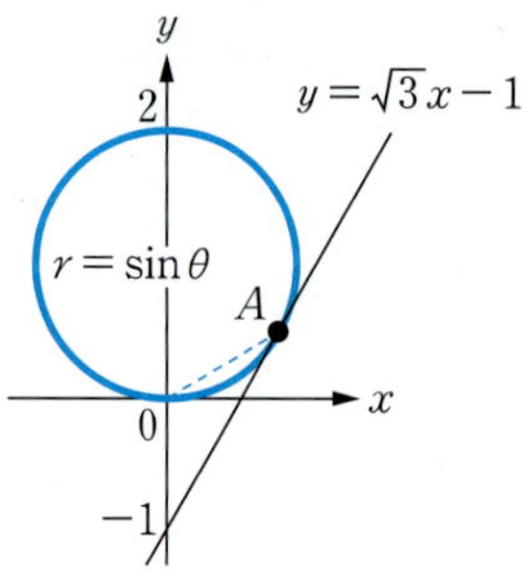

(a)

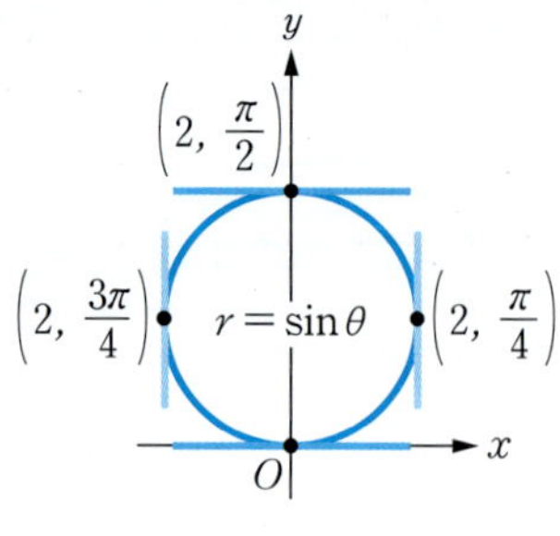

(b)

[그림 5-10]과 같이 곡선 위의 점 $P(r,\ \theta)$에서 접선 T와 x축이 이루는 사잇각을 α라 하면, 접선의 기울기는 $\tan\alpha = \dfrac{dy}{dx}$이므로 다음이 성립한다.

$$\tan\alpha = \frac{\dfrac{dr}{d\theta}\sin\theta + r\cos\theta}{\dfrac{dr}{d\theta}\cos\theta - r\sin\theta}$$

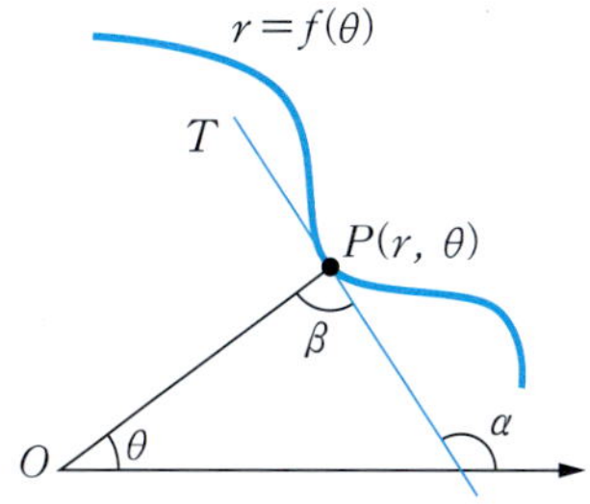

[그림 5-10] 극방정식의 동경과 접선

따라서 $\dfrac{dr}{d\theta}\cos\theta \neq 0$이면

$$\tan\alpha = \frac{\tan\theta + \dfrac{r}{dr/d\theta}}{1 - \dfrac{r}{dr/d\theta}\tan\theta}$$

이다. 이때 동경과 접선이 이루는 예각인 사잇각을 β라 하면 $\alpha = \theta + \beta$이고

$$\tan(\theta+\beta) = \frac{\tan\theta + \tan\beta}{1-\tan\theta\tan\beta} = \frac{\tan\theta + \dfrac{r}{dr/d\theta}}{1-\tan\theta\dfrac{r}{dr/d\theta}}$$

이므로, 동경과 접선이 이루는 예각인 사잇각 β에 대하여 다음이 성립한다.

$$\tan\beta = \frac{r}{dr/d\theta}$$

또한 두 극방정식 $r_1 = f(\theta)$와 $r_2 = g(\theta)$의 교점 P에서 접선과 동경이 이루는 사잇각을 각각 β_1과 β_2라 하면, [그림 5-11]과 같이 두 접선의 사잇각 $\beta_1 - \beta_2$를 구할 수 있다.

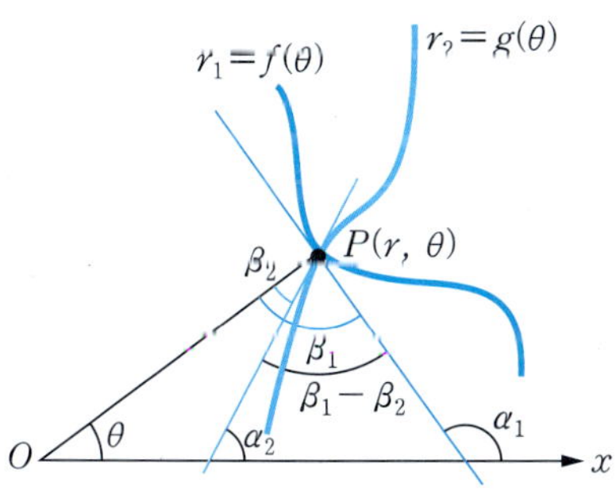

[그림 5-11] 극방정식의 교점의 사잇각

이때

$$\tan\beta_1 = \frac{r_1}{dr_1/d\theta}, \quad \tan\beta_2 = \frac{r_2}{dr_2/d\theta}$$

이고

$$\tan(\beta_1 - \beta_2) = \frac{\tan\beta_1 - \tan\beta_2}{1 + \tan\beta_1 \tan\beta_2}$$

이므로, 다음이 성립한다.

$$\tan(\beta_1 - \beta_2) = \frac{\dfrac{r_1}{dr_1/d\theta} - \dfrac{r_2}{dr_2/d\theta}}{1 + \dfrac{r_1}{dr_1/d\theta}\dfrac{r_2}{dr_2/d\theta}}$$

예제 5-7

$0 \le \theta \le \frac{\pi}{2}$ 일 때, 극방정식 $r_1 = 1 + \sin\theta$와 $r_2 = 1 + \cos\theta$에 대하여 다음을 구하라.

(a) 교점의 극좌표

(b) 교점에서 두 극방정식의 접선

(c) 교점에서 동경과 접선의 사잇각

(d) 교점에서 두 접선의 예각인 사잇각

풀이

(a) $0 \le \theta \le \frac{\pi}{2}$ 에서 두 극방정식을 등치시키면

$$1 + \sin\theta = 1 + \cos\theta, \quad \sin\theta = \cos\theta, \quad \tan\theta = 1, \quad \theta = \frac{\pi}{4}$$

이므로, $r = 1 + \sin\frac{\pi}{4} = \frac{2+\sqrt{2}}{2}$ 이다. 따라서 교점의 좌표는 $\left(\frac{2+\sqrt{2}}{2}, \frac{\pi}{4}\right)$ 이다.

(b) 교점의 직교좌표를 구하면 다음과 같다.

$$x_0 = \frac{2+\sqrt{2}}{2}\cos\frac{\pi}{4} = \frac{1+\sqrt{2}}{2}$$

$$y_0 = \frac{2+\sqrt{2}}{2}\sin\frac{\pi}{4} = \frac{1+\sqrt{2}}{2}$$

또한 $\theta = \frac{\pi}{4}$에서 다음을 얻는다.

$$\left.\frac{dr_1}{d\theta}\right|_{\theta=\frac{\pi}{4}} = \cos\theta\Big|_{\theta=\frac{\pi}{4}} = \frac{\sqrt{2}}{2}$$

$$\left.\frac{dr_2}{d\theta}\right|_{\theta=\frac{\pi}{4}} = -\sin\theta\Big|_{\theta=\frac{\pi}{4}} = -\frac{\sqrt{2}}{2}$$

따라서 극방정식 $r_1 = 1+\sin\theta$와 $r_2 = 1+\cos\theta$의 교점에 대한 접선의 기울기 $\tan\alpha_1$, $\tan\alpha_2$는 각각 다음과 같다.

$$\tan\alpha_1 = \frac{\frac{\sqrt{2}}{2}\sin\frac{\pi}{4} + \frac{2+\sqrt{2}}{2}\cdot\cos\frac{\pi}{4}}{\frac{\sqrt{2}}{2}\cos\frac{\pi}{4} - \frac{2+\sqrt{2}}{2}\cdot\sin\frac{\pi}{4}} = -(1+\sqrt{2})$$

$$\tan\alpha_2 = \frac{-\frac{\sqrt{2}}{2}\sin\frac{\pi}{4} + \frac{2+\sqrt{2}}{2}\cdot\cos\frac{\pi}{4}}{-\frac{\sqrt{2}}{2}\cos\frac{\pi}{4} - \frac{2+\sqrt{2}}{2}\cdot\sin\frac{\pi}{4}} = 1-\sqrt{2}$$

그러므로 접선의 방정식은 각각 다음과 같다.

$$y_1 = -(1+\sqrt{2})x + 2 + \frac{3}{\sqrt{2}}$$

$$y_2 = (1-\sqrt{2})x + 1 + \frac{1}{\sqrt{2}}$$

(c) 접선과 동경 사이의 각을 구하기 위하여 탄제트 값을 구하면

$$\tan\beta_1 = \left.\frac{r_1}{dr_1/d\theta}\right|_{\theta=\frac{\pi}{4}} = \frac{(2+\sqrt{2})/2}{\sqrt{2}/2} = 1+\sqrt{2}$$

$$\tan\beta_2 = \left.\frac{r_2}{dr_2/d\theta}\right|_{\theta=\frac{\pi}{4}} = \frac{(2+\sqrt{2})/2}{-\sqrt{2}/2} = -(1+\sqrt{2})$$

이다. 따라서 동경과 두 접선 사이의 각은 다음과 같다.

$$\beta_1 = \tan^{-1}(1+\sqrt{2}) \approx 1.178[\text{rad}]$$

$$\beta_2 = -\tan^{-1}(1+\sqrt{2}) \approx -1.178[\text{rad}]$$

(d) (c)에서 구한 $\tan\beta_1$과 $\tan\beta_2$를 이용하여 다음을 얻는다.

$$\tan(\beta_1-\beta_2) = \frac{\tan\beta_1 - \tan\beta_2}{1+\tan\beta_1\tan\beta_2} = \frac{2(1+\sqrt{2})}{-2(1+\sqrt{2})} = -1$$

따라서 두 접선 사이의 예각은 $|\beta_1-\beta_2|=|\tan^{-1}(-1)|=\dfrac{\pi}{4}$ 이다. 다음 그림은 두 극방정식의 교점에서 접선들 사이의 예각을 보여준다.

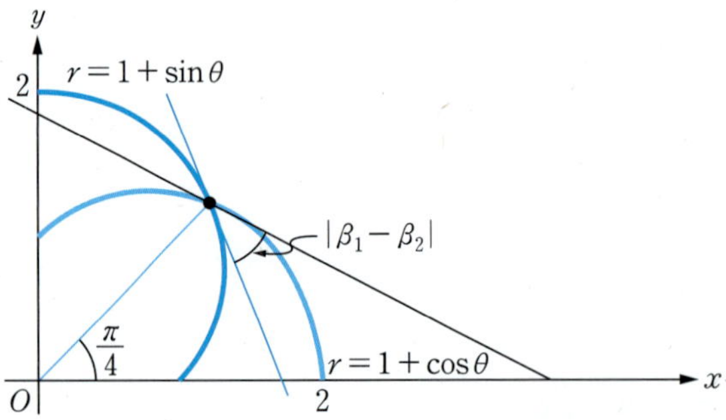

5.3.2 극방정식의 넓이

2.3.1절에서 살펴본 바와 같이 반지름 r이고 중심각이 θ인 부채꼴의 넓이는 $S=\dfrac{1}{2}r^2\theta$이다. 이를 이용하여 두 직선 $\theta=\alpha$, $\theta=\beta(\alpha<\beta)$와 곡선 $r=f(\theta)$로 싸인 부분의 넓이를 구할 수 있다.

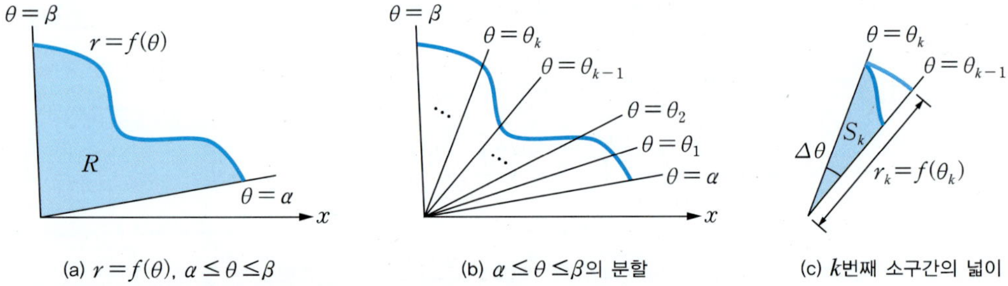

[그림 5-12] $\alpha\le\theta\le\beta$에서 $r=f(\theta)$의 넓이

[그림 5-12(a)]와 같이 $\alpha\le\theta\le\beta$에서 $r=f(\theta)$가 연속이고 음이 아니라고 하자. 그리고 [그림 5-12(b)]와 같이 $\alpha\le\theta\le\beta$를 다음과 같이 등간격 $\Delta\theta=(\beta-\alpha)/n$인 n개의 소구간으로 분할한다.

$$\theta_0=\alpha<\theta_1<\theta_2<\cdots<\theta_n=\beta$$

이때 [그림 5-12(c)]와 같이 k번째 소구간에서 반지름의 길이가 $r_k=f(\theta_k)$이고 중심각이 $\Delta\theta$인 부채꼴의 넓이를 구하면 다음과 같다.

$$S_k = \frac{1}{2} r_k^2 \Delta\theta = \frac{1}{2}[f(\theta_k)]^2 \Delta\theta$$

그러면 두 직선 $\theta = \alpha$, $\theta = \beta$와 곡선 $r = f(\theta)$로 싸인 부분의 넓이는

$$S = \lim_{n \to \infty} \sum_{k=1}^{n} S_k = \lim_{n \to \infty} \sum_{k=1}^{n} \frac{1}{2}[f(\theta_k)]^2 \Delta\theta = \frac{1}{2}\int_{\alpha}^{\beta} [f(\theta)]^2 d\theta$$

이다. 그러므로 다음과 같은 정리를 얻는다.

정리 5-1 극방정식의 넓이

극방정식 $r = f(\theta)$가 폐구간 $[\alpha, \beta]$, $0 \le \beta - \alpha \le 2\pi$에서 연속이고 음이 아니면, 직선 $\theta = \alpha$, $\theta = \beta(\alpha < \beta)$와 곡선 $r = f(\theta)$로 싸인 부분의 넓이는 다음과 같다.

$$S = \frac{1}{2}\int_{\alpha}^{\beta} [f(\theta)]^2 d\theta = \frac{1}{2}\int_{\alpha}^{\beta} r^2 d\theta$$

예제 5-8

극방정식 $r = 1 + \sin\theta$로 둘러싸인 영역의 넓이를 구하라.

풀이

극방정식 $r = 1 + \sin\theta$는 $\theta = \frac{\pi}{2}$(y축)에 대하여 대칭이므로 $-\frac{\pi}{2} \le \theta \le \frac{\pi}{2}$에서 넓이를 구하여 두 배 하면 된다.

$$\begin{aligned} S_1 &= \frac{1}{2}\int_{-\pi/2}^{\pi/2} r^2 d\theta = \frac{1}{2}\int_{-\pi/2}^{\pi/2} (1+\sin\theta)^2 d\theta \\ &= \frac{1}{2}\int_{-\pi/2}^{\pi/2} (1 + 2\sin\theta + \sin^2\theta)\, d\theta \\ &= \frac{1}{2}\int_{-\pi/2}^{\pi/2} \left(\frac{3}{2} + 2\sin\theta - \frac{1}{2}\cos 2\theta\right) d\theta \\ &= \frac{1}{2}\left(\frac{3}{2}\theta - 2\cos\theta - \frac{1}{4}\sin 2\theta\right)\Bigg|_{-\pi/2}^{\pi/2} = \frac{3}{4}\pi \end{aligned}$$

따라서 구하고자 하는 영역의 넓이는 $S = 2S_1 = \frac{3}{2}\pi$이다.

한편, 연속이고 음이 아닌 두 극방정식 $r=f(\theta)$, $r=g(\theta)$가 $\alpha \le \theta \le \beta$에서 $f(\theta) \le g(\theta)$라고 하자. [그림 5-13]과 같이 두 극방정식 $r=f(\theta)$, $r=g(\theta)$와 두 직선 $\theta=\alpha$, $\theta=\beta$로 둘러싸인 부분의 넓이는 $r=g(\theta)$와 두 직선 $\theta=\alpha$, $\theta=\beta$로 둘러싸인 부분의 넓이에서 $r=f(\theta)$와 두 직선 $\theta=\alpha$, $\theta=\beta$로 둘러싸인 부분의 넓이를 빼면 $\alpha \le \theta \le \beta$에서 두 극방정식으로 둘러싸인 부분의 넓이를 얻을 수 있다. 그러므로 다음 정리를 얻는다.

정리 5-2 두 극방정식으로 둘러싸인 영역의 넓이

극방정식 $r=f(\theta)$, $r=g(\theta)$가 폐구간 $[\alpha, \beta]$, $0 \le \beta-\alpha \le 2\pi$에서 연속이고 음이 아니라고 하자. 이때 $\alpha \le \theta \le \beta$에서 $f(\theta) \le g(\theta)$이면 직선 $\theta=\alpha$, $\theta=\beta$와 두 극방정식 $r=f(\theta)$, $r=g(\theta)$로 싸인 부분의 넓이는 다음과 같다.

$$S=\frac{1}{2}\int_{\alpha}^{\beta} [g(\theta)]^2-[f(\theta)]^2 d\theta$$

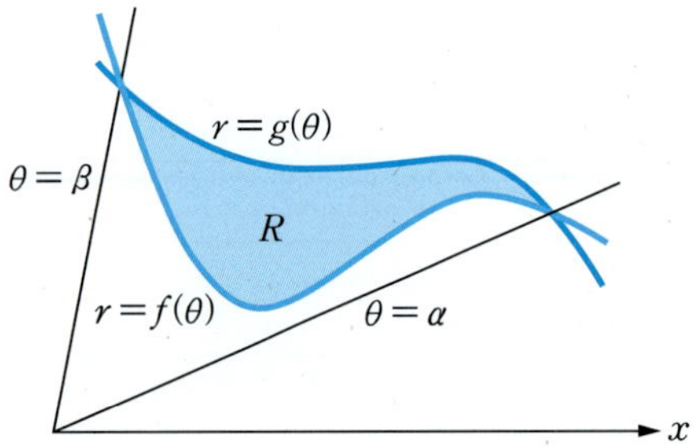

[그림 5-13] 두 극방정식으로 둘러싸인 부분

예제 5-9

원 $r=1$의 외부와 심장형 $r=1+\cos\theta$의 내부로 둘러싸인 영역의 넓이를 구하라.

풀이

우선 $r=1$과 $r=1+\cos\theta$의 교점을 구하면

$$1=1+\cos\theta,\ \ \cos\theta=0$$

이므로 $\theta=-\frac{\pi}{2}$, $\frac{\pi}{2}$이다. 이때 $r=1$은 극을 지나지 않으므로 교점이 될 수 없다. 두 극방정식이 모두 시초선에 대하여 대칭이므로 $0 \le \theta \le \frac{\pi}{2}$에서 넓이를 구하여 두 배 하면 된다.

$$S_1=\frac{1}{2}\int_{0}^{\pi/2} [(1+\cos\theta)^2-1^2]\,d\theta$$

$$
\begin{aligned}
&= \frac{1}{2}\int_0^{\pi/2} (2\cos\theta + \cos^2\theta)\, d\theta \\
&= \frac{1}{2}\int_2^{\pi/2} \left(\frac{1}{2} + 2\cos\theta + \frac{1}{2}\cos 2\theta\right) d\theta \\
&= \frac{1}{2}\left(\frac{1}{2}\theta + 2\sin\theta + \frac{1}{4}\sin 2\theta\right)\Big|_0^{\pi/2} = \frac{\pi}{8} + 1
\end{aligned}
$$

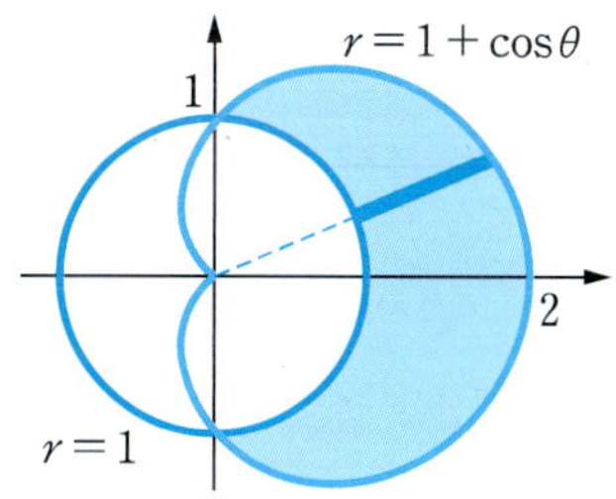

따라서 구하고자 하는 영역의 넓이는 $S = 2S_1 = 2 + \frac{\pi}{4}$ 이다.

5.3.3 극방정식의 곡선의 길이

폐구간 $[a, b]$에서 매개변수 방정식 $x = f(t)$와 $y = g(t)$에 대한 곡선의 길이가 다음과 같음을 4.5.3절에서 살펴보았다.

$$l = \int_a^b \sqrt{\left(\frac{dx}{dt}\right)^2 + \left(\frac{dy}{dt}\right)^2}\, dt$$

한편, 극방정식 $r = f(\theta)$의 그래프 위의 점 (r, θ)를 직교좌표 (x, y)로 변환하면

$$x = f(\theta)\cos\theta, \quad y = f(\theta)\sin\theta$$

이므로, 극방정식 $r = f(\theta)$는 매개변수 θ에 관한 x와 y의 방정식으로 생각할 수 있다. 또한

$$\frac{dx}{d\theta} = \frac{dr}{d\theta}\cos\theta - r\sin\theta, \quad \frac{dy}{d\theta} = \frac{dr}{d\theta}\sin\theta + r\cos\theta$$

이므로, 양변을 제곱하여 다음을 얻는다.

$$\left(\frac{dx}{d\theta}\right)^2 + \left(\frac{dy}{d\theta}\right)^2 = r^2 + \left(\frac{dr}{d\theta}\right)^2$$

따라서 폐구간 $[\alpha, \beta]$에서 극방정식 $r = f(\theta)$에 대한 곡선의 길이는 다음과 같다.

$$l = \int_\alpha^\beta \sqrt{\left(\frac{dx}{d\theta}\right)^2 + \left(\frac{dy}{d\theta}\right)^2}\, d\theta = \int_\alpha^\beta \sqrt{r^2 + \left(\frac{dr}{d\theta}\right)^2}\, d\theta$$

예제 5-10

$0 \le \theta \le 2\pi$에서 $r = 4(1-\cos\theta)$의 길이를 구하라.

풀이

우선 계산을 쉽게 하기 위하여 대칭성을 먼저 살펴본다. $\cos(-\theta) = \cos\theta$이므로 $r = 4(1-\cos\theta)$는 시초선에 대하여 대칭이다. 따라서 $0 \le \theta \le \pi$에서 구한 곡선의 길이 l_1을 두 배 하면 된다. 한편

$$\left(\frac{dr}{d\theta}\right)^2 = (4\sin\theta)^2 = 16\sin^2\theta$$

이므로 곡선의 길이를 구하는 공식에서 제곱근 안의 값을 먼저 구하면

$$r^2 + \left(\frac{dr}{d\theta}\right)^2 = [4(1-\cos\theta)]^2 + 16\sin^2\theta = 32(1-\cos\theta)$$

이다. 그러므로 $0 \le \theta \le \pi$에서 곡선의 길이 l_1을 구하면 다음과 같다.

$$\begin{aligned} l_1 &= \int_0^{\pi} \sqrt{r^2 + \left(\frac{dr}{d\theta}\right)^2}\, d\theta = 4\sqrt{2}\int_0^{\pi}\sqrt{1-\cos\theta}\, d\theta \\ &= 4\sqrt{2}\int_0^{\pi}\sqrt{2\sin^2\frac{\theta}{2}}\, d\theta = 8\int_0^{\pi}\sin\frac{\theta}{2}\, d\theta \\ &= -16\cos\frac{\theta}{2}\bigg|_0^{\pi} = 16 \end{aligned}$$

따라서 구하고자 하는 곡선의 길이는 $l = 2l_1 = 32$이다.

예제 5-11

$0 \le \theta \le 2\pi$에서 $x = \cos^3\theta$, $y = \sin^3\theta$인 매개변수 방정식의 곡선의 길이를 구하라. 이와 같은 매개변수 방정식의 곡선을 **성망형**astroid이라 한다.

풀이

이 방정식의 그래프는 다음 그림과 같으며 x축과 y축에 대하여 대칭이다. 그러므로 제1사분면에 있는 곡선의 길이를 네 배 하면 된다. 한편

$$\frac{dx}{d\theta} = -3\cos^2\theta\sin\theta, \quad \frac{dy}{d\theta} = 3\sin^2\theta\cos\theta$$

이므로

$$\left(\frac{dx}{d\theta}\right)^2 + \left(\frac{dy}{d\theta}\right)^2 = 9\sin^2\theta\cos^2\theta(\sin^2\theta + \cos^2\theta) = 9\sin^2\theta\cos^2\theta$$

이다. 따라서 구하고자 하는 호의 길이는 다음과 같다.

$$l = 4\int_0^{\frac{\pi}{2}} 3\sin\theta\cos\theta\, d\theta = 6\sin^2\theta\Big|_0^{\pi/2} = 6$$

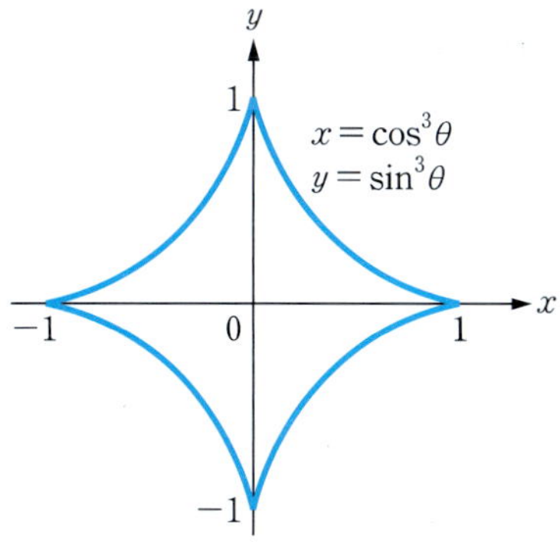

5.3.4 극방정식의 회전체의 겉넓이

4.4.4절에서 살펴본 바와 같이 $a \le t \le b$에서 매개변수 방정식 $x = f(t)$, $y = g(t)$를 x축을 중심으로 회전한 회전체의 겉넓이는

$$A_x = 2\pi\int_a^b g(t)\sqrt{\left(\frac{dx}{dt}\right)^2 + \left(\frac{dy}{dt}\right)^2}\, dt = 2\pi\int_a^b y\sqrt{\left(\frac{dx}{dt}\right)^2 + \left(\frac{dy}{dt}\right)^2}\, dt$$

이고, y축을 중심으로 회전한 회전체의 겉넓이는 다음과 같다.

$$A_y = 2\pi\int_a^b f(t)\sqrt{\left(\frac{dx}{dt}\right)^2 + \left(\frac{dy}{dt}\right)^2}\, dt = 2\pi\int_a^b x\sqrt{\left(\frac{dx}{dt}\right)^2 + \left(\frac{dy}{dt}\right)^2}\, dt$$

따라서 극방정식 $r = f(\theta)$에 대하여

$$x = f(\theta)\cos\theta,\ y = f(\theta)\sin\theta$$

이므로 폐구간 $[\alpha, \beta]$에서 극방정식 $r = f(\theta)$를 시초선(x축)을 중심으로 회전한 회전체의 겉넓이는

$$A_x = 2\pi\int_\alpha^\beta f(\theta)\sin\theta\sqrt{r^2 + \left(\frac{dr}{d\theta}\right)^2}\, d\theta$$

이고, 직선 $\theta = \frac{\pi}{2}$(y축)을 중심으로 회전한 회전체의 겉넓이는 다음과 같다.

$$A_y = 2\pi\int_\alpha^\beta f(\theta)\cos\theta\sqrt{r^2 + \left(\frac{dr}{d\theta}\right)^2}\, d\theta$$

예제 5-12

극방정식 $r=\cos\theta$를 직선 $\theta=\dfrac{\pi}{2}$를 중심으로 회전한 회전체의 겉넓이를 구하라.

풀이

극방정식 $r=\cos\theta$는 그림 (a)와 같이 중심이 양의 x축에 놓이고 지름의 길이가 1인 원이다. 그리고 $\left(\dfrac{dr}{d\theta}\right)^2=(-\sin\theta)^2=\sin^2\theta$이므로 $r^2+\left(\dfrac{dr}{d\theta}\right)^2=\cos^2\theta+\sin^2\theta=1$이다. 따라서 그림 (b)와 같이 $y=\dfrac{\pi}{2}$를 중심으로 회전한 회전체의 겉넓이를 구하면 다음과 같다.

$$\begin{aligned} A &= 2\pi\int_0^{\pi} f(\theta)\cos\theta\sqrt{r^2+\left(\frac{dr}{d\theta}\right)^2}\,d\theta \\ &= 2\pi\int_0^{\pi}\cos^2\theta\,d\theta=\pi\int_0^{\pi}(1+\cos 2\theta)\,d\theta \\ &= \pi\left(\theta+\frac{1}{2}\sin 2\theta\right)\Big|_0^{\pi}=\pi^2 \end{aligned}$$

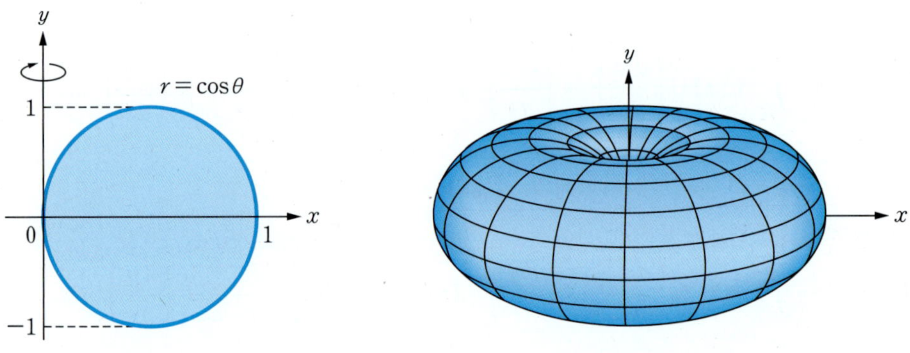

(a) (b)

Section 5.3 연습문제

※ 다음 극방정식의 주어진 θ에서 접선의 방정식을 구하라.

1. $r=4\cos\theta,\ \theta=\dfrac{\pi}{3}$
2. $r=\dfrac{1}{\theta},\ \theta=\pi$
3. $r=\cos 2\theta,\ \theta=\dfrac{\pi}{6}$
4. $r=1+\sin\theta,\ \theta=\dfrac{\pi}{4}$
5. $r=2-2\cos\theta,\ \theta=\dfrac{\pi}{6}$
6. $r=1+2\sin\dfrac{\theta}{2},\ \theta=\dfrac{\pi}{3}$

※ 다음 극방정식의 수평 접선 또는 수직 접선을 갖는 점을 구하라.

7. $r=1+\sin\theta$

8. $r=1+\cos\theta$

※ 다음 극방정식의 교점에서 두 접선이 이루는 예각인 사잇각을 구하라. 단, $0 \le \theta \le \frac{\pi}{2}$ 이다.

9. $r=1-\cos 2\theta$, $r=1+\cos\theta$

10. $r=1-\sin\theta$, $r=1-\cos\theta$

※ 다음 극방정식으로 둘러싸인 부분의 넓이를 구하라.

11. $r=1-\sin\theta$

12. $r=3(1-\cos\theta)$

13. $r=\cos 2\theta$

14. $r=4+2\sin\theta$

15. $r^2=\cos 2\theta$

16. $r^2=\sin 2\theta$

※ 다음 극방정식으로 둘러싸인 부분의 넓이를 구하라.

17. $r=1$의 외부와 $r=1+\sin\theta$의 내부로 이루어진 부분

18. $r=2\cos\theta$의 내부와 $r=1$의 외부로 이루어진 부분

19. $r=1-2\sin\theta$의 내부곡선과 외부곡선으로 이루어진 부분

20. $r=1+2\cos\theta$의 내부곡선과 외부곡선으로 이루어진 부분

21. $r=-6\cos\theta$와 $r=2-2\cos\theta$의 공통 부분

22. $r=1+\cos\theta$와 $r=1-\cos\theta$의 공통 부분

※ $0 \le \theta \le 2\pi$에서 다음 극방정식의 그래프의 길이를 구하라.

23. $r=\theta^2$

24. $r=1+\cos\theta$

※ 극방정식 $r^2=\cos 2\theta$에 대하여 다음을 구하라.

25. y축을 중심으로 회전한 회전체의 겉넓이

26. x축을 중심으로 회전한 회전체의 겉넓이

극방정식 : 판의 무게중심 (관련 과목 : 물리학)

[정리 5-1]에서 두 직선 $\theta=\alpha$, $\theta=\beta(\alpha<\beta)$와 극방정식 $r=f(\theta)$로 둘러싸인 부분의 넓이가 $S=\dfrac{1}{2}\displaystyle\int_{\alpha}^{\beta} r^2 d\theta$인 것을 살펴보았다. 이를 이용하면 두 직선 $\theta=\alpha$, $\theta=\beta$와 극방정식 $r=f(\theta)$로 둘러싸인 얇은 판의 무게중심을 구할 수 있다. 이때 얇은 판의 밀도가 $\rho=1$로 일정하다고 하자. 그러면 이 판의 질량 m은 다음과 같다.

$$m=S=\frac{1}{2}\int_{\alpha}^{\beta} r^2 d\theta$$

한편, [그림 5-14]와 같이 구간 $\alpha\le\theta\le\beta$을 길이 $\Delta\theta$인 작은 삼각형 ΔA로 분할하면, 삼각형의 무게중심은 꼭짓점 O와 대변의 중점을 잇는 선분의 $\dfrac{2}{3}$인 위치에 있다.

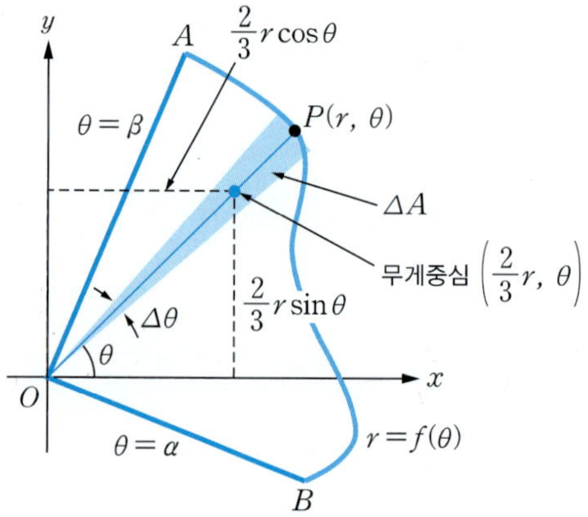

[그림 5-14] 두 직선과 극방정식에 의한 판의 무게중심

이때 삼각형 ΔA의 무게중심의 근사 직교좌표는 다음과 같다.

$$x=\frac{2}{3}r\cos\theta,\ \ y=\frac{2}{3}r\sin\theta$$

이제 $\Delta\theta\to 0$을 취하면, 두 직선 $\theta=\alpha$, $\theta=\beta(\alpha<\beta)$와 극방정식 $r=f(\theta)$로 둘러싸인 얇은 판 AOB의 무게중심 $(\bar{x},\ \bar{y})$를 다음과 같이 얻는다.

$$\bar{x}=\frac{1}{m}\int_{\alpha}^{\beta}\frac{2}{3}r\cos\theta\cdot\frac{1}{2}r^2 d\theta=\frac{2}{3}\int_{\alpha}^{\beta} r^3\cos\theta\, d\theta\bigg/\int_{\alpha}^{\beta} r^2 d\theta$$

$$\bar{y}=\frac{1}{m}\int_{\alpha}^{\beta}\frac{2}{3}r\sin\theta\cdot\frac{1}{2}r^2 d\theta=\frac{2}{3}\int_{\alpha}^{\beta} r^3\sin\theta\, d\theta\bigg/\int_{\alpha}^{\beta} r^2 d\theta$$

예를 들어, 반지름이 1인 상반원 $r=1$, $0 \le \theta \le \pi$의 무게중심을 구하려면 다음을 먼저 구한다.

$$\int_0^{\pi} r^2 d\theta = \int_0^{\pi} d\theta = \pi$$

$$\int_0^{\pi} r^3 \cos\theta\, d\theta = \int_0^{\pi} \cos\theta\, d\theta = \sin\theta \Big]_0^{\pi} = \sin\pi - \sin 0 = 0$$

$$\int_0^{\pi} r^3 \sin\theta\, d\theta = \int_0^{\pi} \sin\theta\, d\theta = -\cos\theta \Big]_0^{\pi} = -\cos\pi - (-\cos 0) = 2$$

그러면 $\bar{x} = \frac{2}{3} \cdot \frac{0}{\pi} = 0$, $\bar{y} = \frac{2}{3} \cdot \frac{2}{\pi} = \frac{4}{3\pi}$이므로 반지름이 1인 상반원의 무게중심은 $(\bar{x}, \bar{y}) = \left(0, \frac{4}{3\pi}\right)$이다. 특히 이 상반원은 y축에 대하여 대칭이므로 중심의 x좌표는 원점인 y축에 놓여야 한다.

극좌표 : 원운동 (관련 과목 : 역학)

역학에서 직선운동만큼 중요한 운동이 원운동인데, 원운동을 수학적으로 해석하려면 극좌표가 필수적이다. 우선 [그림 5-15(a)]와 같이 직교좌표 (x, y)와 극좌표 (r, θ) 사이의 관계는 다음과 같다.

$$x = r\cos\theta, \quad y = r\sin\theta$$

따라서 x축과 y축 방향으로의 단위벡터를 $\mathbf{i} = (1, 0)$, $\mathbf{j} = (0, 1)$라 하면, xy평면에서 입자의 위치는 다음과 같이 표현할 수 있다.

$$\mathbf{r} = (x, y) = (r\cos\theta, r\sin\theta) = r\cos\theta\,\mathbf{i} + r\sin\theta\,\mathbf{j}$$

특히 양수 ω에 대하여 $\theta = \omega t$라 하면 입자의 위치는 다음과 같다.

$$\mathbf{r} = r(\cos\omega t\,\mathbf{i} + \sin\omega t\,\mathbf{j})$$

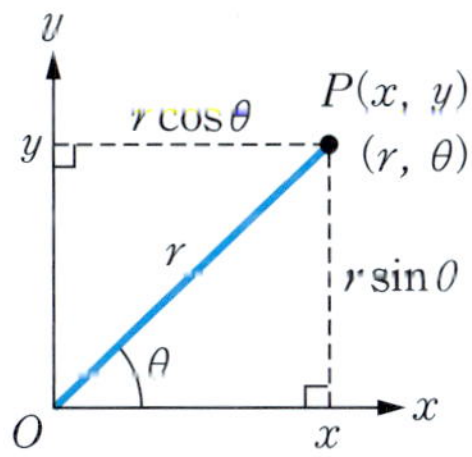

(a) 극좌표와 직교좌표

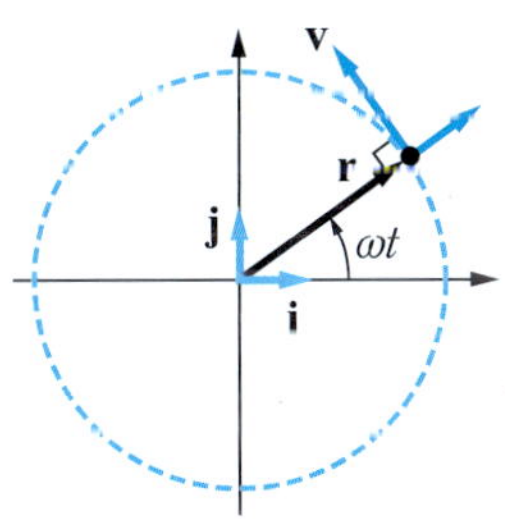

(b) 입자의 원운동

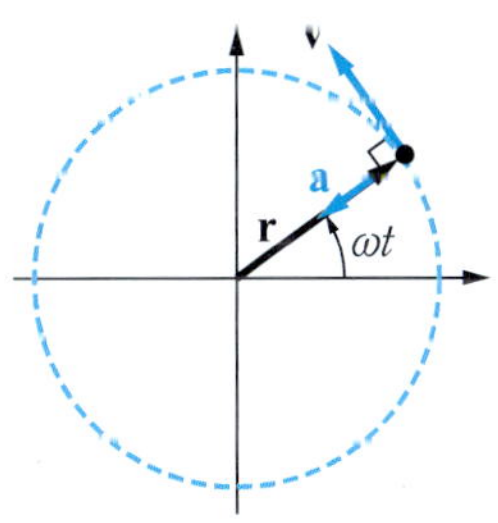

(c) 구심가속도

[그림 5-15] 입자의 원운동

[그림 5-15(b)]와 같이 최초 $t=0$일 때 입자가 $(r,\ 0)$에서 시작하여 원의 둘레를 따라 시계 반대방향으로 움직인다고 하자. 그러면 이 원운동은 편각 θ가 2π이면 최초 위치로 되돌아 온다. 따라서 원주 위를 움직이는 입자는 $\omega T=2\pi$인 주기 시간 T인 원운동을 한다. 즉 시간 T는 입자가 원 위를 완전히 한 바퀴 도는데 걸리는 시간이다. 이때 상수 $\omega=\dfrac{2\pi}{T}$를 운동의 **각속도** angular velocity 라 하고, 단위는 [rad/sec]이다.

평면 위를 움직이는 입자의 위치를 벡터를 이용하여 $\mathbf{r}=(x,\ y)$라 하면, x축 방향과 y축 방향으로의 속도 $v_x=\dfrac{dx}{dt}$, $v_y=\dfrac{dy}{dt}$에 대하여

$$\mathbf{v}=(v_x,\ v_y)=v_x\mathbf{i}+v_y\mathbf{j}$$

이다. 따라서 원운동을 하는 입자의 속도는 다음과 같다.

$$\begin{aligned}\mathbf{v}&=\frac{d\mathbf{r}}{dt}=r\frac{d}{dt}(\cos\omega t\mathbf{i}+\sin\omega t\mathbf{j})\\&=r\omega(-\sin\omega t\mathbf{i}+\cos\omega t\mathbf{j})\end{aligned}$$

9.1.2절에서 살펴볼 수 있으나, 두 벡터 $\mathbf{v}$와 $\mathbf{r}$의 내적은 다음과 같이 0이므로 입자는 $\mathbf{r}$에 수직인 방향으로 속도 $\mathbf{v}$로 움직인다.

$$\begin{aligned}\mathbf{v}\cdot\mathbf{r}&=[r\omega(-\sin\omega t\mathbf{i}+\cos\omega t\mathbf{j})]\cdot[r(\cos\omega t\mathbf{i}+\sin\omega t\mathbf{j})]\\&=r^2\omega(-\sin\omega t\cos\omega t+\sin\omega t\cos\omega t)=0\end{aligned}$$

이때 입자의 속력은 $|\mathbf{v}|=r\omega$이고, **구심가속도** centripetal acceleration 는 다음과 같다.

$$\begin{aligned}\mathbf{a}&=\frac{d\mathbf{v}}{dt}=r\omega\frac{d}{dt}(-\sin\omega t\mathbf{i}+\cos\omega t\mathbf{j})\\&=r\omega^2(-\cos\omega t\mathbf{i}-\sin\omega t\mathbf{j})=-\omega^2\mathbf{r}\end{aligned}$$

따라서 [그림 5-15(c)]와 같이 구심가속도는 원점을 향한다.

Chapter

06

무한급수

Infinite Series

수열 _6.1

무한급수 _6.2

거듭제곱급수 _6.3

테일러 급수 _6.4

푸리에 급수 _6.5

전공 맛보기

학습목표

- 수열과 함수의 관계를 이해하고, 수열의 극한을 구할 수 있다.
- 무한급수를 이해하고, 등비급수의 합을 구할 수 있다.
- 무한급수의 수렴성을 이해하고, 수렴 여부를 판정할 수 있다.
- 거듭제곱급수를 이해하고, 이 급수의 수렴성을 판정할 수 있다.
- 테일러 급수를 이해하고, 다양한 초월함수를 테일러 급수로 전개할 수 있다.
- 푸리에 급수를 이해하고, 임의의 주기함수를 사인과 코사인함수의 급수로 표현할 수 있다.
- 절별 연습문제를 통해 학습 내용을 제대로 이해했는지 확인할 수 있다.

뉴턴은 임의의 함수를 무한급수의 합으로 표현할 수 있다고 생각했는데, 이러한 뉴턴의 생각은 미분적분학에서 매우 중요한 영역을 차지하고 있다. 예를 들어, 폐구간 $[a, b]$에서 함수 $f(x)=e^{-x^2}$과 x축으로 둘러싸인 영역의 넓이를 구하고자 한다면, 지금까지 살펴본 방법으로는 결코 구할 수 없다. 그러나 뉴턴의 생각과 같이 이 함수를 다항식의 합으로 표현할 수만 있다면, 지금까지 배운 내용으로도 충분히 넓이를 구할 수 있다([예제 6-27]). 한편, 임의의 주기함수를 사인함수와 코사인함수의 급수로 표현하는 것을 푸리에 급수라 하며, 이는 신호처리에서 매우 유용하게 사용된다. 예를 들어, 톱니파형은 무수히 많은 삼각함수의 합으로 표현할 수 있다. 특히 기함수는 사인함수의 급수로 표현할 수 있으며, 우함수는 코사인함수의 급수로 표현할 수 있다. 따라서 어떤 신호를 서로 다른 두 개 이상의 신호로 변환하기 위하여 푸리에 변환을 사용한다. 이 장에서는 이와 같은 무한급수와 테일러 급수 그리고 푸리에 급수에 대하여 중점적으로 살펴본다.

6.1 수열

어떤 규칙에 의하여 수를 순서대로 나열한 것을 수열이라 한다. 그러면 순서를 나타내는 수는 자연수, 어떤 규칙은 함수, 그리고 나열된 각 실수를 함숫값으로 생각할 수 있다. 다시 말해, 수열은 자연수의 집합을 정의역으로 하는 함수(어떤 규칙)로 정의할 수 있다. 이 절에서는 수열과 함수 사이의 관계를 살펴보고, 수열의 극한을 무한대에서 함수의 극한으로 생각할 수 있음을 보인다.

6.1.1 수열의 정의

다음과 같이 어떤 규칙에 의하여 수를 순서대로 배열한 것을 **수열** sequence 이라 한다.

$$a_1,\ a_2,\ \cdots,\ a_n,\ \cdots$$

이때 첨자 $1,\ 2, \cdots,\ n, \cdots$은 수를 배열하는 순서를 의미하며, 이 수열은

$$\{a_n\} \text{ 또는 } \{a_n\}_{n=1}^{\infty}$$

로 나타낸다. 그리고 수열 $\{a_n\}$을 구성하는 첫 번째 성분 a_1을 첫 번째 **항** term, a_2를 두 번째 항, a_n을 n번째 항이라 한다. 일반적으로 수열을 $\{a_n\}$이라 하면 항의 개수가 무수히 많은 경우를 생각하며, 이 경우에 n번째 항 a_n을 **일반항** general term 이라 한다. 그러면 수열은 자연수 n을 어떤 규칙에 의하여 실수 a_n과 대응시키는 것으로 생각할 수 있다. 즉 이 규칙을 f라 하면 다음과 같이 함숫값 $f(n)$을 a_n으로 나타낼 수 있다.

$$f : n \mapsto f(n) = a_n$$

따라서 수열 $\{a_n\}$는 자연수의 집합을 정의역으로 가지는 함수로 생각할 수 있다. 예를 들어, 다음 수열을 생각해보자.

$$\{a_n\} = \left\{\frac{1}{2^n}\right\} = \left\{\frac{1}{2},\ \frac{1}{2^2},\ \frac{1}{2^3},\ \cdots,\ \frac{1}{2^n},\ \cdots\right\}$$

이 수열은 다음과 같이 정의역인 자연수의 집합에서 공역인 실수 전체의 집합으로의 함수로 정의할 수 있다.

$$f : N \to R,\ a_n = f(n) = \frac{1}{2^n}$$

따라서 [그림 6-1]과 같이 함수 $f : R \to R$에서 정의역을 자연수의 집합 N으로 제한한 함수 $f : N \to R$이 수열이다.

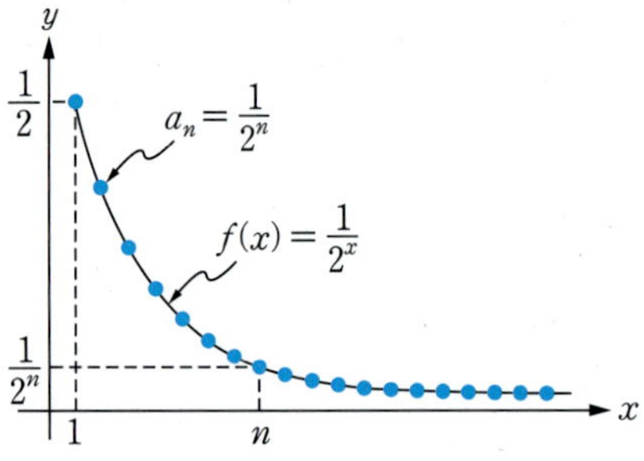

[그림 6-1] 수열 $a_n = \frac{1}{2^n}$과 함수 $f(x) = \frac{1}{2^x}$

예제 6-1

다음 수열을 나타내는 함수를 구하고, 처음 다섯 개의 항을 써라. 이때 함수의 정의역은 자연수 전체의 집합이다.

(a) $\{a_n\} = \left\{\frac{n+1}{n}\right\}$

(b) $\{a_n\} = \{2n-1\}$

(c) $\{a_n\} = \left\{\sin\frac{n\pi}{4}\right\}$

(d) $\{a_n\} = \left\{\frac{1}{2^{n-1}}\right\}$

풀이

(a) 자연수 n을 변수로 갖는 수열의 규칙이 $\frac{n+1}{n}$이므로 구하고자 하는 함수는 $f(n) = \frac{n+1}{n}$이고, 처음 다섯 개 항은 $\left\{2, \frac{3}{2}, \frac{4}{3}, \frac{5}{4}, \frac{6}{5}\right\}$이다.

(b) 수열의 규칙이 $2n-1$이므로 구하고자 하는 함수는 $f(n) = 2n-1$이고, 처음 다섯 개 항은 $\{1, 3, 5, 7, 9\}$이다.

(c) 수열의 규칙이 $\sin\frac{n\pi}{4}$이므로 구하고자 하는 함수는 $f(n) = \sin\frac{n\pi}{4}$이고, 처음 다섯 개 항은 다음과 같다.

$$\left\{\sin\frac{\pi}{4}, \sin\frac{2\pi}{4}, \sin\frac{3\pi}{4}, \sin\frac{4\pi}{4}, \sin\frac{5\pi}{4}\right\} = \left\{\frac{\sqrt{2}}{2}, 1, \frac{\sqrt{2}}{2}, 0, -\frac{\sqrt{2}}{2}\right\}$$

(d) 수열의 규칙이 $\frac{1}{2^{n-1}}$이므로 구하고자 하는 함수는 $f(n) = \frac{1}{2^{n-1}}$이고, 처음 다섯 개 항은 $\left\{1, \frac{1}{2}, \frac{1}{4}, \frac{1}{8}, \frac{1}{16}\right\}$이다.

6.1.2 수열의 극한

[그림 6-1]에서 보는 바와 같이 함수 $f(x) = \frac{1}{2^x}$에 대한 무한대에서 극한은

$$\lim_{x \to \infty} f(x) = \lim_{x \to \infty} \frac{1}{2^x} = 0$$

이다. 이때 양의 실수 x가 자연수 n을 취하면서 한없이 커지면 3.1.3절에서 살펴본 바와 같이 무한대에서 극한은 다음과 같다.

$$\lim_{n \to \infty} \frac{1}{2^n} = 0$$

이와 같이 첨자 n이 커질수록 a_n이 어떤 하나의 수 L에 점점 더 가까워지면, 수열 a_n은 **극한**limit L로 **수렴한다**converge 하고, 다음과 같이 나타낸다.

$$\lim_{n \to \infty} a_n = L$$

그리고 수열 a_n이 수렴하지 않으면, 이 수열은 **발산한다**diverge고 한다. 수열이 발산하는 경우는 [표 6-1]과 같이 정리할 수 있다.

[표 6-1] 발산하는 수열의 경우

경우	설명	예시
∞로 발산	n이 커짐에 따라 항이 한없이 커지는 경우	$a_n = \sqrt{2n}$
$-\infty$로 발산	n이 커짐에 따라 항이 한없이 작아지는 경우	$b_n = -2n+20$
두 개 이상의 수로 수렴	n이 커짐에 따라 서로 다른 두 수로 가까워지는 경우	$c_n = (-1)^n \frac{n+1}{n}$
	n이 커짐에 따라 두 수 사이에서 진동하는 경우	$d_n = (-1)^n$
∞와 $-\infty$로 발산	n이 커짐에 따라 항이 한없이 커지는 동시에 작아지는 경우	$e_n = (-1)^n n$

이들 수열을 그래프로 나타내면 [그림 6-2]와 같다.

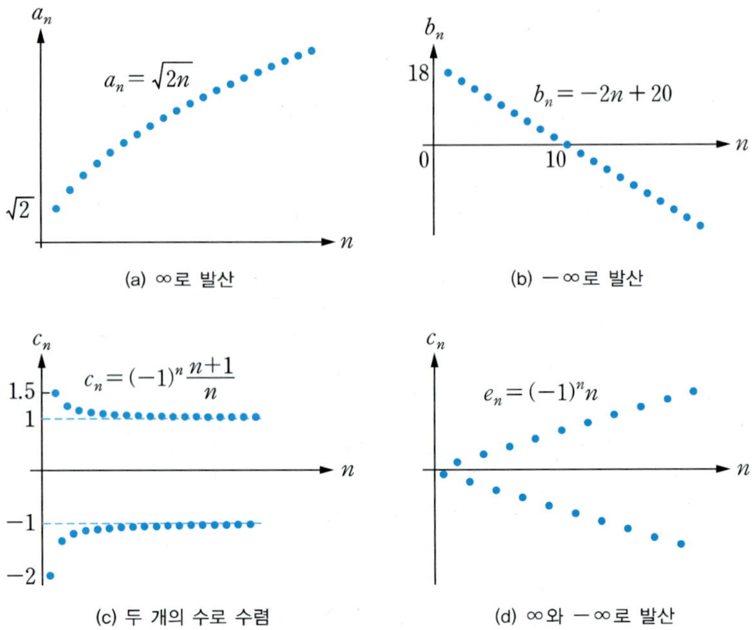

[그림 6-2] **발산하는 수열의 유형**

예제 6-2

다음 수열이 수렴하는지 발산하는지 조사하라. 그리고 수렴하면 그 극한을 구하고, 수렴하지 않으면 그 이유를 말하라.

(a) $\{a_n\} = \left\{\frac{n-1}{n}\right\}$ (b) $\{a_n\} = \{1+(-1)^n\}$

(c) $\{a_n\} = \left\{\sin\frac{n\pi}{2}\right\}$ (d) $\{a_n\} = \{n\pi\cos n\pi\}$

풀이

(a) $a_n = \frac{n-1}{n} = 1 - \frac{1}{n}$이고 $\lim_{x\to\infty}\frac{1}{x} = 0$이므로 $\lim_{n\to\infty}\frac{1}{n} = 0$이다. 따라서 수열 $\{a_n\}$은 수렴하고 $\lim_{n\to\infty}\frac{n-1}{n} = \lim_{n\to\infty}\left(1-\frac{1}{n}\right) = 1$이므로 극한은 1이다.

(b) $n = 2k$이면 $1+(-1)^{2k} = 2$이고, $n = 2k-1$이면 $1+(-1)^{2k-1} = 0$이므로

$$n = 2k\text{일 때,}\quad \lim_{n\to\infty}(1+(-1)^n) = \lim_{k\to\infty}(1+(-1)^{2k}) = \lim_{k\to\infty} 2 = 2$$

$$n = 2k-1\text{일 때,}\quad \lim_{n\to\infty}(1+(-1)^n) = \lim_{k\to\infty}(1+(-1)^{2k-1}) = \lim_{k\to\infty} 0 = 0$$

이다. 따라서 수열 $\{a_n\}$은 0과 2에서 진동하므로 이 수열은 수렴하지 않는다.

(c) n이 자연수이므로 $n=1$이면 $\sin\frac{\pi}{2}=1$이고, $n=2$이면 $\sin\frac{2\pi}{2}=\sin\pi=0$, $n=3$이면 $\sin\frac{3\pi}{2}=-1$이다. 또한 $n=4$이면 $\sin\frac{4\pi}{2}=\sin 2\pi=0$이다. 따라서 이 수열은 n이 짝수인 경우와 $n=4k-1$, $4k-3$인 경우에 따라 다음과 같은 극한을 갖는다.

$$\lim_{\substack{n\to\infty \\ n=2k}} \sin\frac{n\pi}{2}=\lim_{k\to\infty}\sin k\pi=0$$

$$\lim_{\substack{n\to\infty \\ n=4k-1}} \sin\frac{n\pi}{2}=\lim_{k\to\infty}\sin\frac{4k\pi-\pi}{2}=\lim_{k\to\infty}\sin\left(-\frac{\pi}{2}\right)=-1$$

$$\lim_{\substack{n\to\infty \\ n=4k-3}} \sin\frac{n\pi}{2}=\lim_{k\to\infty}\sin\frac{4k\pi-3\pi}{2}=\lim_{k\to\infty}\sin\left(-\frac{3\pi}{2}\right)=1$$

n이 커질수록 $\sin\frac{n\pi}{2}$는 세 극한 -1, 0, 1을 가지므로 이 수열은 수렴하지 않는다.

(d) $n=2k$이면 $\cos 2k\pi=1$이고 $n=2k-1$이면 $\cos(2k-1)\pi=-1$이므로

$$\lim_{\substack{n\to\infty \\ n=2k}} n\pi\cos n\pi=\lim_{k\to\infty}(2k)\pi\cos(2k)\pi=2\pi\lim_{k\to\infty}k=\infty$$

$$\lim_{\substack{n\to\infty \\ n=2k-1}} n\pi\cos n\pi=\lim_{k\to\infty}(2k-1)\pi\cos 2(k-1)\pi=-\pi\lim_{k\to\infty}(2k-1)=-\infty$$

이다. 따라서 수열 $\{a_n\}$은 수렴하지 않는다.

정리 6-1 수열의 극한의 기본 성질

$\lim_{n\to\infty} a_n=L$과 $\lim_{n\to\infty} b_n=M$이 존재한다면 임의의 상수 k에 대하여 다음이 성립한다.

(1) $\lim_{n\to\infty} k=k$

(2) $\lim_{n\to\infty} ka_n=kL$

(3) $\lim_{n\to\infty}(a_n\pm b_n)=L\pm M$

(4) $\lim_{n\to\infty}(a_nb_n)=L\cdot M$

(5) $\lim_{n\to\infty}\left(\frac{b_n}{a_n}\right)=\frac{L}{M}$, $M\neq 0$

예제 6-3

다음 수열이 수렴하면 극한을 구하라.

(a) $\{a_n\}=\left\{\frac{n+1}{n^2}\right\}$

(b) $\{a_n\}=\left\{\frac{2^n+3^n}{3^n}\right\}$

풀이

(a) $a_n = \dfrac{n+1}{n^2} = \dfrac{1}{n} + \dfrac{1}{n^2}$ 이고 $\lim\limits_{n \to \infty} \dfrac{1}{n} = 0$ 이므로 [정리 6-1]의 (4)에 의하여

$$\lim_{n \to \infty} \frac{1}{n^2} = \lim_{n \to \infty} \frac{1}{n} \cdot \lim_{n \to \infty} \frac{1}{n} = 0$$

이다. 따라서 $\lim\limits_{n \to \infty} a_n = \lim\limits_{n \to \infty} \left(\dfrac{1}{n} + \dfrac{1}{n^2} \right) = 0 + 0 = 0$ 이다.

(b) $a_n = \dfrac{2^n + 3^n}{3^n} = \left(\dfrac{2}{3} \right)^n + 1$ 이고 $0 < a < 1$ 에 대하여 $\lim\limits_{x \to \infty} a^x = 0$ 이므로 $\lim\limits_{n \to \infty} \left(\dfrac{2}{3} \right)^n = 0$ 이다.
따라서 수열 $\{a_n\}$의 극한은 다음과 같다.

$$\lim_{n \to \infty} a_n = \lim_{n \to \infty} \left(\left(\frac{2}{3} \right)^n + 1 \right) = \lim_{n \to \infty} \left(\frac{2}{3} \right)^n + \lim_{n \to \infty} 1 = 0 + 1 = 1$$

수열의 압축정리

함수의 극한에 대한 [정리 3-3]의 압축정리를 다음과 같이 수열에도 적용할 수 있다.

정리 6-2 수열의 압축정리

$\lim\limits_{n \to \infty} a_n = \lim\limits_{n \to \infty} c_n = L$ 이고 어떤 자연수 k에 대하여 $n \geq k$일 때, $a_n \leq b_n \leq c_n$ 이면 $\lim\limits_{n \to \infty} b_n = L$ 이 성립한다.

그러므로 모든 자연수 n에 대하여 $|a_n| \leq b_n$ 이고 $\lim\limits_{n \to \infty} b_n = 0$ 이면, $-b_n \leq a_n \leq b_n$ 이므로 $\lim\limits_{n \to \infty} a_n = 0$ 이 성립한다. 특히 $-|a_n| \leq a_n \leq |a_n|$ 이므로 $\lim\limits_{n \to \infty} |a_n| = 0$ 이면 $\lim\limits_{n \to \infty} a_n = 0$ 이다.

예제 6-4

수열 $\{a_n\} = \left\{ \dfrac{\sin n}{n} \right\}$ 의 극한을 구하라.

풀이

모든 자연수 n에 대하여 $-1 \leq \sin n \leq 1$ 이므로

$$-\frac{1}{n} \le \frac{1}{n}\sin n \le \frac{1}{n}$$

이다. 한편, $\lim_{n\to\infty}\frac{1}{n}=0$이므로 $\lim_{n\to\infty}\left(-\frac{1}{n}\right)=0$이고, 압축정리에 의하여

$$\lim_{n\to\infty}\frac{\sin n}{n}=0$$

이다. 따라서 극한은 0이다.

수열 a_n에서 정의되는 함수 $f(x)$가 a_n의 극한에서 연속이면 [정리 3-4]의 합성함수의 극한에 의하여 다음이 성립한다.

정리 6-3 수열의 연속함수 정리

$\lim_{n\to\infty} a_n = L$이고 함수 $f(x)$가 $x=a_n$에서 정의된다고 하자. 이때 $x=L$에서 $f(x)$가 연속이면 다음이 성립한다.

$$\lim_{n\to\infty} f(a_n)=f(L)$$

예제 6-5

극한 $\lim_{n\to\infty}\cos\frac{(2n+1)\pi}{n}$를 구하라.

풀이

$a_n=\frac{(2n+1)\pi}{n}$이고 $f(x)=\cos x$라 하면

$$\lim_{n\to\infty}\frac{(2n+1)\pi}{n}=\lim_{n\to\infty}\left(2\pi+\frac{\pi}{n}\right)=2\pi$$

이고 $f(2\pi)=\cos 2\pi=1$이다. 그러므로 $\lim_{n\to\infty}\cos\frac{(2n+1)\pi}{n}=1$이다.

수열은 정의역이 자연수의 집합인 함수로 생각할 수 있으므로, 다음과 같이 수열을 함수의 극한으로 생각할 수 있다.

정리 6-4 수열과 함수의 수렴성

어떤 자연수 k에 대하여 $x \geq k$에서 함수 $f(x)$가 정의되고, $a_n = f(n)$, $n \geq k$라고 하자. 이때 $\lim_{x \to \infty} f(x) = L$이면 $\lim_{n \to \infty} a_n = L$이다.

한편, 3.4.2절에서 $\frac{0}{0}$ 형태 또는 $\frac{\infty}{\infty}$ 형태의 함수의 극한을 구하기 위하여 로피탈의 정리를 사용하였다. 이제 수열을 정의역에서 미분가능한 함수로 생각하면 [정리 6-4]에 의하여 로피탈의 정리를 수열의 극한에 적용할 수 있다.

예제 6-6

다음 수열의 극한을 구하라.

(a) $\lim_{n \to \infty} \frac{\ln n}{n}$

(b) $\lim_{n \to \infty} \left(\frac{2n+1}{2n-1} \right)^n$

풀이

(a) $a_n = \frac{\ln n}{n}$이므로 $x \geq 1$에서 $f(x) = \frac{\ln x}{x}$라 하자. 그러면 $x \to \infty$일 때, $f(x)$의 극한은 $\frac{\infty}{\infty}$ 형태의 부정형이므로 로피탈의 정리에 의하여

$$\lim_{x \to \infty} f(x) = \lim_{x \to \infty} \frac{\ln x}{x} = \lim_{x \to \infty} \frac{1/x}{1} = \lim_{x \to \infty} \frac{1}{x} = 0$$

이다. 따라서 $\lim_{n \to \infty} \frac{\ln n}{n} = 0$을 얻는다.

(b) $a_n = \left(\frac{2n+1}{2n-1} \right)^n$이므로 $x \geq 1$에서 $f(x) = \left(\frac{2x+1}{2x-1} \right)^x$라 하자. 그러면 $x \to \infty$일 때, $f(x)$의 극한은 1^∞ 형태의 부정형이다. 따라서 양변에 자연로그를 취하여 $\ln f(x)$의 극한을 구하면

$$\begin{aligned} \lim_{x \to \infty} \ln f(x) &= \lim_{x \to \infty} \ln \left(\frac{2x+1}{2x-1} \right)^x \\ &= \lim_{x \to \infty} x \ln \left(\frac{2x+1}{2x-1} \right) \\ &= \lim_{x \to \infty} \frac{\ln[(2x+1)/(2x-1)]}{1/x} \end{aligned}$$

이다. 이 극한은 $\frac{0}{0}$ 형태의 부정형이므로 로피탈의 정리에 의하여

$$\lim_{x \to \infty} \ln f(x) = \lim_{x \to \infty} \frac{\ln[(2x+1)/(2x-1)]}{1/x}$$
$$= \lim_{x \to \infty} \frac{\ln(2x+1) - \ln(2x-1)}{1/x}$$
$$= \lim_{x \to \infty} \frac{\dfrac{2}{2x+1} - \dfrac{2}{2x-1}}{(-1)/x^2} = \lim_{x \to \infty} \frac{-4/(4x^2-1)}{(-1)/x^2}$$
$$= \lim_{x \to \infty} \frac{4x^2}{4x^2-1} = \lim_{x \to \infty} \frac{4}{4-(1/x^2)} = 1$$

이다. 따라서 $\lim_{x \to \infty} \ln f(x) = \ln\left(\lim_{x \to \infty} f(x)\right) = 1$이므로 $\lim_{x \to \infty} f(x) = e$이고, 주어진 수열의 극한도 역시 $\lim_{n \to \infty} \left(\frac{2n+1}{2n-1}\right)^n = e$이다.

6.1.3 등비수열의 극한

3.1.3절의 [표 3-2]에서 $0 < a < 1$이면 $\lim_{x \to \infty} a^x = 0$이고, $a > 1$이면 $\lim_{x \to \infty} a^x = \infty$임을 살펴보았다. 따라서 $a = r$이라 하면 [정리 6-4]에 의하여

$$\lim_{n \to \infty} r^n = \begin{cases} 0 & , \ 0 < r < 1 \\ \infty & , \ r > 1 \end{cases}$$

이다. 또한

$$\lim_{n \to \infty} 1^n = 1, \quad \lim_{n \to \infty} 0^n = 0$$

이다. 이 경우는 [그림 6-3(a)]의 그래프를 이용하여 확인할 수 있다. 특히 $-1 < r < 0$이면 $0 < |r| < 1$이므로

$$\lim_{n \to \infty} |r^n| = \lim_{n \to \infty} |r|^n = 0$$

이고, 압축정리에 의하여 $\lim_{n \to \infty} r^n = 0$이다. 그리고 $r = -1$이면 $\lim_{n \to \infty} (-1)^n$은 -1과 1 사이에서 진동하며, $r < -1$이면 $\lim_{n \to \infty} r^n$은 [그림 6-3(b)]와 같이 진동하면서 $-\infty$와 ∞로 발산한다. 그리고 이와 같은 수열 $\{a_n\} = \{r^n\}$을 **등비수열**geometric sequence이라 한다.

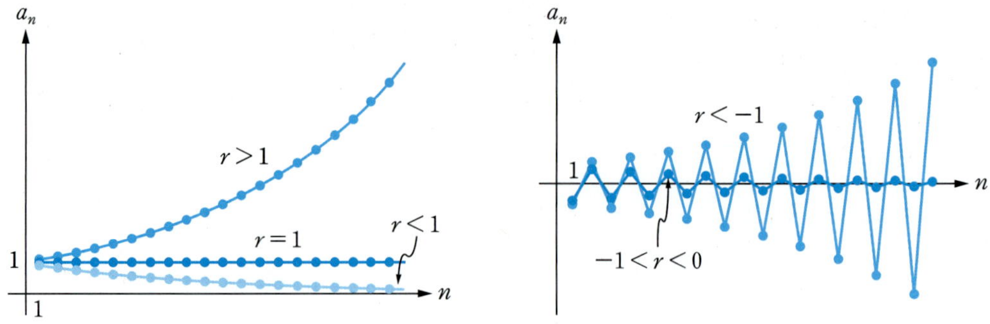

(a) $r>0$인 경우　　　　(a) $r<0$, $r\neq-1$인 경우

[그림 6-3] **수열 $a_n=r^n$에 대한 그래프**

이와 같은 사실을 요약하면 다음 정리를 얻는다.

정리 6-5 등비수열의 수렴성

등비수열 $\{r^n\}$은 $-1<r\leq 1$이면 다음과 같이 수렴하고, 다른 r의 값에서 발산한다.

$$\lim_{n\to\infty} r^n = \begin{cases} 0, & -1<r<1 \\ 1, & r=1 \end{cases}$$

예제 6-7

다음 수열의 극한을 구하라.

(a) $\displaystyle\lim_{n\to\infty}\left(1+(-1)^n\frac{1}{3^n}\right)$　　　(b) $\displaystyle\lim_{n\to\infty}\frac{3^{n+1}}{4^n}$

풀이

(a) $a_n=(-1)^n\dfrac{1}{3^n}=\left(-\dfrac{1}{3}\right)^n$이고, $r=-\dfrac{1}{3}$이라 하면 $-1<r<0$이므로 $\displaystyle\lim_{n\to\infty}\left(-\frac{1}{3}\right)^n=0$이다. 따라서 구하고자 하는 극한은 다음과 같다.

$$\lim_{n\to\infty}\left(1+(-1)^n\frac{1}{3^n}\right)=\lim_{n\to\infty}1+\lim_{n\to\infty}\left(-\frac{1}{3}\right)^n=1+0=1$$

(b) $a_n=\dfrac{3^{n+1}}{4^n}=3\cdot\left(\dfrac{3}{4}\right)^n$이고, $\displaystyle\lim_{n\to\infty}\left(\frac{3}{4}\right)^n=0$이므로 구하고자 하는 극한은 다음과 같다.

$$\lim_{n\to\infty}3\cdot\left(\frac{3}{4}\right)^n=3\lim_{n\to\infty}\left(\frac{3}{4}\right)^n=3\cdot 0=0$$

6.1.4 여러 가지 수열

1.2.4절에서 증가함수와 감소함수를 정의한 바 있는데, 수열에서도 이러한 개념을 적용할 수 있다. 이를 정리하면 다음과 같다.

> 모든 자연수 n에 대하여
> - $a_n < a_{n+1}$이면 $\{a_n\}$을 **증가수열**increasing sequence이라 한다.
> - $a_n \le a_{n+1}$이면 $\{a_n\}$을 **단조증가수열**monotone increasing sequence이라 한다.
> - $a_n > a_{n+1}$이면 $\{a_n\}$을 **감소수열**decreasing sequence이라 한다.
> - $a_n \ge a_{n+1}$이면 $\{a_n\}$을 **단조감소수열**monotone decreasing sequence이라 한다.
>
> 더욱이 어떤 실수 M과 m이 존재하여 모든 자연수 n에 대하여
> - $a_n \le M$이면 수열 $\{a_n\}$은 **위로 유계**bounded above라고 한다.
> - $a_n \ge m$이면 수열 $\{a_n\}$은 **아래로 유계**bounded below라고 한다.

단조증가수열과 단조감소수열을 합하여 **단조수열**monotone sequence이라 하고, 아래로 유계이고 위로도 유계인 수열 $\{a_n\}$을 **유계수열**bounded sequence이라 한다. 예를 들어, 수열 $a_n = \dfrac{n+1}{n}$은 모든 자연수 n에 대하여 $a_n < a_{n+1}$이고 $1 < a_n = \dfrac{n+1}{n} \le 2$이므로 유계인 감소수열이고 $\lim\limits_{n \to \infty} a_n = 1$이다.

또한 수열 $b_n = \dfrac{n^2}{n^2+1}$은 자연수 n에 대하여 $b_n > b_{n+1}$이고 $\dfrac{1}{2} \le b_n = \dfrac{n^2}{n^2+1} = 1 - \dfrac{1}{n^2+1} < 1$이므로 유계인 증가수열이고 $\lim\limits_{n \to \infty} b_n = 1$이다. 그러면 두 수열 $\{a_n\}$과 $\{b_n\}$의 그래프는 [그림 6-4]와 같다.

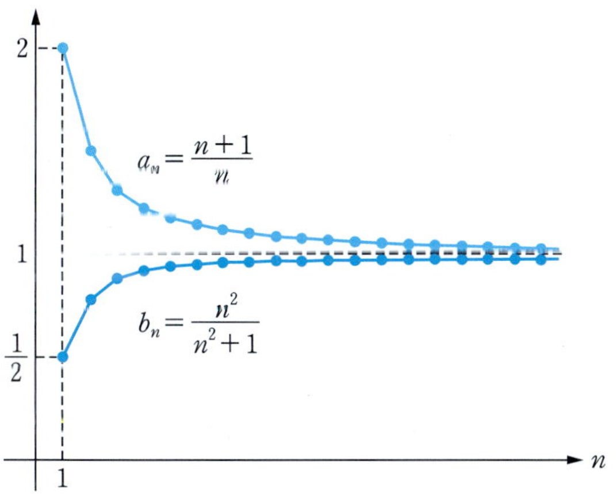

[그림 6-4] 유계인 증가수열과 감소수열

두 수열로부터 유계인 단조수열에 대하여 다음과 같은 성질을 얻는다.

정리 6-6 유계인 단조수열의 수렴성

모든 유계인 단조수열은 항상 수렴한다. 즉 극한이 존재한다.

예제 6-8

수열 $\left\{\dfrac{n^2}{2^n}\right\}$이 수렴하는지 발산하는지 조사하라.

풀이

이 수열의 항을 나열하면 다음과 같다.

$$\left\{\frac{1}{2},\ 1,\ \frac{9}{8},\ 1,\ \frac{25}{32},\ \frac{36}{64},\ \frac{49}{128},\ \frac{64}{256},\ \cdots\right\}$$

따라서 세 번째 항부터 감소하는 것을 알 수 있다. 실제로 $a_n = \dfrac{n^2}{2^n}$이라 하면

$$a_n - a_{n+1} = \frac{n^2}{2^n} - \frac{(n+1)^2}{2^{n+1}} = \frac{2n^2-(n+1)^2}{2^{n+1}} = \frac{n^2-2n-1}{2^{n+1}} = \frac{(n-1)^2-2}{2^{n+1}}$$

이고 $n \ge 3$이면 $(n-1)^2-2>0$이므로 $a_n - a_{n+1} > 0$, 즉 $a_n > a_{n+1}$이다. 따라서 세 번째 항부터 감소한다. 또한 모든 항이 양수이므로 $a_n > 0$이다. 따라서 이 수열은 아래로 유계이다.

$n \ge 3$이면 주어진 수열이 감수하므로 다음을 얻는다.

$$a_n \le a_3 = \frac{9}{8}, \quad n \ge 3$$

또한 처음 세 항 $\dfrac{1}{2}$, 1, $\dfrac{9}{8}$ 중에서 $a_3 = \dfrac{9}{8}$이므로 모든 자연수 n에 대해 $a_n \le a_3 = \dfrac{9}{8}$이다.

그러므로 이 수열은 위로 유계이다. 그러면 이 수열은 $n \ge 3$일 때, 감소하는 유계수열이고, [정리 6-6]에 의하여 극한이 존재한다.

무리수 e의 정의

2.1.2절에서 무리수 e를 수열의 극한으로 정의한 바 있으나, 여기서 그 이유를 정확히 알 수 있다. 수열 $a_n = \left(1+\dfrac{1}{n}\right)^n$은 증가하는 수열이고, 모든 자연수 n에 대하여

$$2 \le \left(1+\frac{1}{n}\right)^n < 3$$

인 것으로 알려졌다. 따라서 [정리 6-6]에 의하여 이 수열은 수렴한다. 즉 수열

$$\lim_{n\to\infty}\left(1+\frac{1}{n}\right)^n$$

의 극한이 존재한다. 이 극한이 존재한다는 것은 분명하지만 극한값이 정확하게 정의되지 않는 무리수이다. 따라서 이 극한값을 다음과 같이 무리수 e로 정의한다.

$$\lim_{n\to\infty}\left(1+\frac{1}{n}\right)^n = e$$

예제 6-9

다음 수열의 극한을 구하라.

(a) $\lim\limits_{n\to\infty} n(\ln(n+1)-\ln n)$　　(b) $\lim\limits_{n\to\infty}\left(1+\dfrac{2}{n}\right)^n$

풀이

(a) $a_n = n(\ln(n+1)-\ln n) = n\ln\dfrac{n+1}{n} = \ln\left(1+\dfrac{1}{n}\right)^n$이다. 따라서 구하고자 하는 극한은 다음과 같다.

$$\begin{aligned}\lim_{n\to\infty} n(\ln(n+1)-\ln n) &= \lim_{n\to\infty}\ln\left(1+\frac{1}{n}\right)^n \\ &= \ln\left[\lim_{n\to\infty}\left(1+\frac{1}{n}\right)^n\right] = \ln e = 1\end{aligned}$$

(b) $\lim\limits_{n\to\infty}\left(1+\dfrac{2}{n}\right)^n = \lim\limits_{n\to\infty}\left[\left(1+\dfrac{2}{n}\right)^{n/2}\right]^2 = \left[\lim\limits_{n\to\infty}\left(1+\dfrac{2}{n}\right)^{n/2}\right]^2 = e^2$

Section 6.1 연습문제

※ 주어진 수열의 처음 다섯 개의 항을 구하라.

1. $a_n = \dfrac{2n}{n+1}$

2. $a_n = \dfrac{2^n+1}{3^n-1}$

3. $a_n = (-1)^n \dfrac{1}{n!}$

4. $a_1 = 1,\ a_{n+1} = \dfrac{a_n}{1+a_n}$

※ 다음 수열을 나타내는 함수를 구하라.

5. $a_n = \dfrac{n}{2n-1}$

6. $a_n = n-1+\dfrac{1}{n}$

7. $a_n = \left(1+\dfrac{1}{n}\right)^n$

8. $a_n = \dfrac{1}{n(n+1)}$

※ 다음 수열의 수렴 또는 발산을 조사하고, 수렴하면 극한을 구하라.

9. $a_n = \dfrac{n-1}{2n+1}$

10. $a_n = 1+\dfrac{(-1)^n}{n^2}$

11. $a_n = (-1)^{n+1}\dfrac{n+1}{n^2}$

12. $a_n = (-1)^{n+1} n$

13. $a_n = (-1)^{n+1}\dfrac{2n-1}{n+1}$

14. $a_n = \left(1+\dfrac{1}{2n}\right)^{3n}$

15. $a_n = \cos\dfrac{n\pi}{3n-1}$

16. $a_n = \sqrt{\dfrac{n^2+n-1}{n^2+n}}$

17. $a_n = \dfrac{\ln n}{\ln(3n+1)}$

18. $a_n = \dfrac{e^n-1}{e^{2n}+1}$

19. 응용 원금 1,000만원을 다음과 같이 투자한다.

(a) 4년간 단리이자로 투자하여 4년 후에 이자 총액이 144만원이라 할 때, 연이율을 구하라.

(b) 단리이율 4.2%로 투자하여 원리금이 1,399만원이 되었다고 할 때, 투자 기간을 구하라.

20. 응용 원금 1,000만원을 다음과 같이 투자한다.

(a) 4년간 복리이자로 투자하여 4년 후에 이자 총액이 144만원이라 할 때, 연이율을 구하라.

(b) 복리이율 4.2%로 투자하여 원리금이 1,399만원이 되었다고 할 때, 투자 기간을 구하라.

21. 응용 10,000마리의 물고기를 양식하는 양식장에서 매월 10%의 비율로 물고기가 증가하고, 매월 500마리를 판매한다고 할 때, 다음을 구하라.

(a) $n-1$번째 달의 물고기 수 p_{n-1}과 n번째 달의 물고기 수 p_n 사이의 관계를 구하라. 이때 $p_0 = 10,000$이다.

(b) 첫째 달부터 처음 6개월 동안 양식장에 남아 있는 물고기의 수를 구하라.

6.2 무한급수

어떤 수열이 주어졌을 때 이 수열의 모든 항을 더한 것을 무한급수라고 한다. 특히 수열의 각 항이 양수인 급수를 양항급수라 하고, + 부호와 − 부호가 교대로 바뀌는 급수를 교대급수라 한다. 그리고 무한급수가 어떤 특정한 값에 가까워질 때, 이 급수는 수렴한다고 한다. 이 절에서는 먼저 양항급수가 수렴하는지 판정하는 방법을 살펴보고, 교대급수의 수렴성을 다룬다. 또한 무한등비급수의 수렴조건과 그 극한에 대하여 살펴본다.

6.2.1 무한급수의 정의

수열 $\{a_n\}$의 모든 항들의 합

$$a_1 + a_2 + a_3 + \cdots + a_n + \cdots$$

을 **무한급수** infinite series 또는 간단히 **급수** series라 하고

$$\sum_{n=1}^{\infty} a_n = a_1 + a_2 + a_3 + \cdots + a_n + \cdots$$

으로 나타낸다. 또는 간단히 $\sum a_n$으로 나타낸다. 이때 수열 $\{a_n\}$으로부터 다음과 같이 새로운 수열 $\{s_n\}$을 정의할 수 있다.

$$\begin{aligned} s_1 &= a_1 \\ s_2 &= a_1 + a_2 \\ &\vdots \\ s_n &= a_1 + a_2 + \cdots + a_n = \sum_{k=1}^{n} a_k \\ &\vdots \end{aligned}$$

그러면 s_n은 수열 $\{a_n\}$의 첫 번째 항부터 n번째 항까지 부분적으로 합하여 얻어지며, 이 수열 $\{s_n\}$을 **부분합열**sequence of partial sum이라 한다. 따라서 부분합열 $\{s_n\}$이 극한 L로 수렴할 때, 다음과 같이 나타내고 급수 $\sum a_n$은 합 L에 **수렴**converge한다고 한다.

$$\lim_{n\to\infty} s_n = \lim_{n\to\infty} \sum_{k=1}^{n} a_n = \sum_{k=1}^{\infty} a_n = L$$

그리고 급수가 수렴하지 않는 경우에, 이 급수는 **발산**diverge한다고 한다. 급수에 대한 중요한 예로, 다음과 같이 정의되는 **무한등비급수**infinite geometric series를 생각할 수 있다.

$$a + ar + ar^2 + ar^3 + \cdots + ar^{n-1} + \cdots = \sum_{n=1}^{\infty} ar^{n-1}, \ a \neq 0$$

여기서 a를 무한등비급수의 **초항**first term, r을 **공비**common ratio라고 한다. 이 무한등비급수에 대하여 $r = 1$이면, $s_n = a + a + \cdots + a = na$이므로

$$\lim_{n\to\infty} s_n = \lim_{n\to\infty} na = \begin{cases} \infty, & a > 0 \\ -\infty, & a < 0 \end{cases}$$

이다. 따라서 이 무한등비급수는 발산한다.

또한 $r = -1$이면 $s_n = a - a + \cdots + (-1)^{n-1}a$이므로 부분합열 $\{s_n\}$은 0과 a에서 진동한다. 따라서 이 무한등비급수는 발산한다. 한편, $r \neq 1$이면

$$s_n = a + ar + ar^2 + ar^3 + \cdots + ar^{n-1}$$
$$rs_n = ar + ar^2 + ar^3 + \cdots + ar^{n-1} + ar^n$$

이므로 두 식의 양변을 각각 빼면 다음과 같이 등비수열 $\{a_n\}$의 처음 n번째 항까지의 합을 얻는다.

$$s_n - rs_n = a - ar^n \quad \text{또는} \quad s_n = \frac{a(1-r^n)}{1-r}$$

이때 $|r| < 1$이면 $\lim_{n\to\infty} r^n = 0$이므로

$$\lim_{n\to\infty} s_n = \lim_{n\to\infty} \frac{a(1-r^n)}{1-r} = \frac{a}{1-r} - \frac{a}{1-r} \lim_{n\to\infty} r^n = \frac{a}{1-r}$$

이다. 그러므로 $|r| < 1$이면 무한등비급수는 $\dfrac{a}{1-r}$로 수렴한다. 한편, 6.1.1절에서 살펴본

바와 같이 $|r| > 1$이면 $|r^n| \to \infty$이므로 무한등비급수는 발산한다. 이 내용들을 종합하면 다음과 같은 정리를 얻는다.

정리 6-7 무한등비급수의 수렴성

(1) $|r| < 1$이면 무한등비급수 $\sum ar^{n-1}$은 수렴하고, 그 합은 다음과 같다.

$$\sum_{n=1}^{\infty} ar^{n-1} = \frac{a}{1-r}, \quad |r| < 1, \quad a \neq 0$$

(2) $|r| \geq 1$이면 이 급수는 발산한다.

예제 6-10

다음 급수의 합을 구하라.

(a) $\displaystyle\sum_{n=1}^{\infty} \frac{1}{3^n}$

(b) $\displaystyle\sum_{n=1}^{\infty} 3^{2n}4^{1-n}$

풀이

(a) $a = \dfrac{1}{3}$, $r = \dfrac{1}{3}$이므로 구하고자 하는 급수의 합은 다음과 같다.

$$\sum_{n=1}^{\infty} \frac{1}{3^n} = \frac{1/3}{1-(1/3)} = \frac{1/3}{2/3} = \frac{1}{2}$$

(b) $3^{2n}4^{1-n} = 9\left(\dfrac{9}{4}\right)^{n-1}$이므로 $a = 9$, $r = \dfrac{9}{4} > 1$이다. 따라서 이 급수는 발산한다.

무한등비급수를 이용하면 순환하는 무한소수를 다음 예제와 같이 분수로 나타낼 수 있다.

예제 6-11

순환소수 $0.\dot{1}0\dot{1} = 0.101101\cdots$를 분수로 나타내라.

풀이

$0.\dot{1}0\dot{1} = 0.101101\cdots$을 정리하면

$$0.\dot{1}0\dot{1} = 0.101101\cdots = 0.101 + 0.000101 + \cdots = \frac{101}{10^3} + \frac{101}{10^6} + \cdots$$

$$= 101\left(\frac{1}{10^3} + \frac{1}{10^6} + \cdots\right)$$

이므로 마지막 식의 괄호 부분은 $a = \frac{1}{10^3}$, $r = \frac{1}{10^3}$ 인 무한등비급수이다. 따라서 주어진 순환소수는 다음과 같이 나타낼 수 있다.

$$0.\dot{1}0\dot{1} = 101\left(\frac{1}{10^3} + \frac{1}{10^6} + \cdots\right) = 101 \cdot \frac{1/10^3}{1-(1/10^3)}$$

$$= 101 \cdot \frac{1/10^3}{999/10^3} = 101 \cdot \frac{1}{999} = \frac{101}{999}$$

6.2.2 무한급수의 발산판정법

이제 급수 $\sum a_n$의 합을 구하기보다는 이 급수가 어떤 경우에 수렴하고 어떤 경우에 발산하는지 살펴보자. [예제 6-11(a)]에서 $\sum \frac{1}{3^n} = \frac{1}{2}$이므로, $a_n = \frac{1}{3^n}$이라 하면 $\sum a_n$은 $\frac{1}{2}$로 수렴한다. 이때 $\lim_{n \to \infty} a_n = \lim_{n \to \infty} \frac{1}{3^n} = 0$이므로 다음 정리를 얻는다.

정리 6-8 발산판정법

(1) 급수 $\sum a_n$이 수렴하면 $\lim_{n \to \infty} a_n = 0$이다.

(2) $\lim_{n \to \infty} a_n \neq 0$이거나 존재하지 않으면 $\sum a_n$은 발산한다.

예제 6-12

다음 급수가 발산함을 보여라.

(a) $\sum_{n=1}^{\infty} \frac{n}{n+1}$

(b) $\sum_{n=1}^{\infty} \cos \frac{(2n+1)\pi}{n}$

풀이

(a) $\lim_{n \to \infty} \frac{n}{n+1} = 1(\neq 0)$이므로 $\sum_{n=1}^{\infty} \frac{n}{n+1}$은 발산한다.

(b) [예제 6-5]로부터 $\lim_{n \to \infty} \cos \frac{(2n+1)\pi}{n} = 1$이므로 $\sum_{n=1}^{\infty} \cos \frac{(2n+1)\pi}{n}$는 발산한다.

수렴하는 두 급수의 합 또는 차 그리고 상수곱에 대하여 다음 성질이 성립한다.

정리 6-9 급수의 합과 차

$\sum a_n = L$, $\sum b_n = M$이면 다음이 성립한다.

(1) $\sum (a_n + b_n) = \sum a_n + \sum b_n = L + M$

(2) $\sum (a_n - b_n) = \sum a_n - \sum b_n = L - M$

(3) $\sum k a_n = k \sum a_n = kL$, k는 임의의 상수

그러나 다음과 같이 급수의 곱과 나눗셈은 성립하지 않음을 주의해야 한다.

$$\sum (a_n b_n) \neq \sum a_n \cdot \sum b_n, \quad \sum \left(\frac{a_n}{b_n} \right) \neq \frac{\sum a_n}{\sum b_n}$$

한편, $\sum a_n$과 $\sum b_n$ 중에서 어느 하나가 수렴하고 다른 하나가 발산하면 $\sum (a_n + b_n)$과 $\sum (a_n - b_n)$은 모두 발산한다.

예제 6-13

급수 $\displaystyle\sum_{n=1}^{\infty} \left(\frac{1}{n(n+1)} + \frac{1}{2^n} \right)$의 합을 구하라.

풀이

$\displaystyle\sum \left(\frac{1}{n(n+1)} + \frac{1}{2^n} \right) = \sum \frac{1}{n(n+1)} + \sum \frac{1}{2^n}$이고 $\displaystyle\sum \frac{1}{n(n+1)}$의 합을 구하기 위하여

$\displaystyle s_k = \sum_{n=1}^{k} \frac{1}{n(n+1)}$라 하면

$$s_k = \sum_{n=1}^{k} \frac{1}{n(n+1)} - \sum_{n=1}^{k} \left(\frac{1}{n} - \frac{1}{n+1} \right)$$

$$= \left(\frac{1}{1} - \frac{1}{2} \right) + \left(\frac{1}{2} - \frac{1}{3} \right) + \cdots + \left(\frac{1}{k} - \frac{1}{k+1} \right) = 1 - \frac{1}{k+1}$$

이다. 따라서

$$\sum_{n=1}^{\infty} \frac{1}{n(n+1)} = \lim_{k \to \infty} s_k = \lim_{k \to \infty} \left(1 - \frac{1}{k+1} \right) = 1$$

이다. 한편, 급수 $\displaystyle\sum \frac{1}{2^n}$은 $a = \frac{1}{2}$, $r = \frac{1}{2}$인 무한등비급수이므로

$$\sum \frac{1}{2^n} = \frac{1/2}{1-(1/2)} = 1$$

이다. 따라서 구하고자 하는 급수의 합은 다음과 같다.

$$\sum\left(\frac{1}{n(n+1)} + \frac{1}{2^n}\right) = \sum\frac{1}{n(n+1)} + \sum\frac{1}{2^n} = 1+1=2$$

6.2.3 양항급수의 수렴판정법

모든 자연수 n에 대하여 $a_n \geq 0$인 무한급수 $\sum a_n$을 **양항급수** series of positive terms라고 한다. 이제 양항급수들의 수렴성을 살펴보기 위하여 특별한 언급이 없는 한 무한급수의 각 항은 음이 아닌 실수로 생각하자.

부분합열 판정법

부분합열 $\{s_n\}$은 $s_{n+1} = s_n + a_{n+1}$, $a_n \geq 0$이므로

$$0 \leq s_1 (= a_1) \leq s_2 \leq \cdots \leq s_n \leq s_{n+1} \leq \cdots$$

인 성질을 갖는다. 따라서 양항급수의 부분합열은 모든 항이 0보다 크거나 같고(아래로 유계) 단조증가하는 수열이다. 따라서 [정리 6-6]에 의하여 부분합열 $\{s_n\}$이 위로 유계이면 $\{s_n\}$은 수렴하고 다음 정리를 얻는다.

정리 6-10 부분합열 판정법
무한급수 $\sum a_n$이 수렴하기 위한 필요충분조건은 부분합열 $\{s_n\}$이 위로 유계이다.

예제 6-14

급수 $\sum_{n=1}^{\infty} \frac{1}{n!}$의 수렴성을 조사하라.

풀이

모든 자연수 n에 대하여

$$1 \cdot 2 \cdot 3 \cdot \cdots \cdot (n-1) \cdot n \geq 1 \cdot 2 \cdot 2 \cdot \cdots \cdot 2 \cdot 2 = 2^{n-1}$$

이므로 $\dfrac{1}{n!} \le \dfrac{1}{2^{n-1}}$ 이다. 그러면 부분합열 s_n에 대하여 다음 부등식이 성립한다.

$$\begin{aligned} s_n = \frac{1}{1} + \frac{1}{2!} + \frac{1}{3!} + \cdots + \frac{1}{n!} &\le 1 + \frac{1}{2} + \frac{1}{2^2} + \cdots + \frac{1}{2^{n-1}} \\ &= \frac{1-(1/2)^n}{1-(1/2)} = 2\left[1-\left(\frac{1}{2}\right)^n\right] \\ &= 2 - \frac{1}{2^{n-1}} \end{aligned}$$

따라서 모든 자연수 n에 대하여 $s_n \le 2$이고, 이 부분합열은 2에 의하여 위로 유계이다. 즉 무한급수 $\displaystyle\sum_{n=1}^{\infty} \frac{1}{n!}$ 은 수렴한다.

적분판정법

형태는 비슷하지만 서로 다른 특성을 갖는 다음 두 급수를 생각해보자.

$$\sum_{n=1}^{\infty} \frac{1}{n} = 1 + \frac{1}{2} + \frac{1}{3} + \frac{1}{4} + \frac{1}{5} + \cdots$$

$$\sum_{n=1}^{\infty} \frac{1}{n^2} = 1 + \frac{1}{2^2} + \frac{1}{3^2} + \frac{1}{4^2} + \frac{1}{5^2} + \cdots$$

첫 번째 급수는 발산하는 반면에, 두 번째 급수는 수렴하는 성질을 갖는다. 이러한 사실을 밝히기에 앞서 다음 정리에 주어진 적분판정법을 살펴보자.

정리 6-11 적분판정법

모든 자연수 n에 대하여 $a_n > 0$이라 하자. 어떤 자연수 k에 대하여 $x \ge k$인 모든 x에서 함수 $f(x)$가 양수이고 감소하는 연속함수라고 하자. $a_n = f(n)$이라 할 때, 무한급수 $\sum a_n$이 수렴하기 위한 필요충분조건은 $\displaystyle\int_k^{\infty} f(x)\,dx$가 수렴하는 것이다. 즉 다음이 성립한다.

(1) $\displaystyle\int_k^{\infty} f(x)\,dx$이 수렴하면 $\displaystyle\sum_{n=1}^{\infty} a_n$이 수렴한다.

(2) $\displaystyle\int_k^{\infty} f(x)\,dx$이 발산하면 $\displaystyle\sum_{n=1}^{\infty} a_n$이 발산한다.

예제 6-15

다음 급수의 수렴성을 조사하라.

(a) $\displaystyle\sum_{n=1}^{\infty}\frac{1}{n}$　　　　(b) $\displaystyle\sum_{n=1}^{\infty}\frac{1}{n^2}$

풀이

(a) 그림 (a)와 같이 급수의 각 항은 직사각형의 넓이와 동일하다. 따라서 모든 자연수 n에 대하여

$$a_n > \int_n^{n+1}\frac{1}{x}\,dx = \ln(n+1) - \ln n$$

이다. 그러므로 부분합열 s_n에 대하여 다음 부등식이 성립한다.

$$\begin{aligned} s_n = a_1 + a_2 + \cdots + a_n &> (\ln 2 - \ln 1) + (\ln 3 - \ln 2) + \cdots + (\ln(n+1) - \ln n) \\ &= \ln(n+1) \end{aligned}$$

이때 $\displaystyle\lim_{n\to\infty} s_n > \lim_{n\to\infty}\ln(n+1) = \infty$ 이므로 $\displaystyle\sum\frac{1}{n}$은 발산한다.

(b) 그림 (b)와 같이 급수의 각 항은 직사각형의 넓이와 동일하다. 따라서 모든 자연수 $n \geq 2$에 대하여

$$a_n < \int_{n-1}^{n}\frac{1}{x^2}\,dx = \frac{1}{n-1} - \frac{1}{n}$$

이고, $a_1 = 1$이다. 그러므로 부분합열 s_n에 대하여 다음 부등식이 성립한다.

$$\begin{aligned} s_n = a_1 + a_2 + \cdots + a_n &< 1 + \left(1 - \frac{1}{2}\right) + \left(\frac{1}{2} - \frac{1}{3}\right) + \cdots + \left(\frac{1}{n-1} - \frac{1}{n}\right) \\ &= 2 - \frac{1}{n} < 2 \end{aligned}$$

따라서 모든 자연수 n에 대하여 $s_n < 2$이므로 s_n은 유계인 증가수열이다. 그러므로 무한급수 $\displaystyle\sum\frac{1}{n^2}$은 수렴한다.

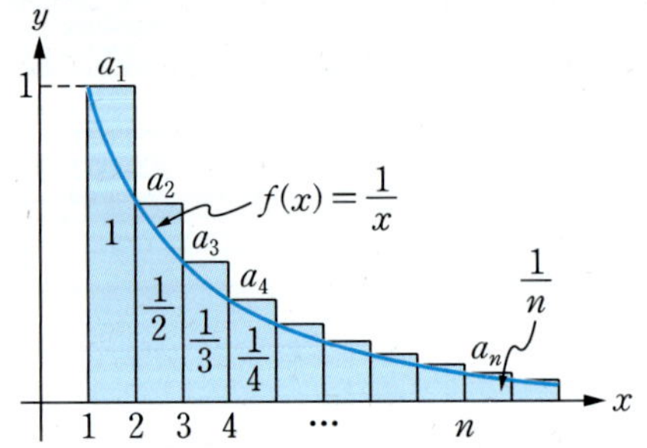

(a)

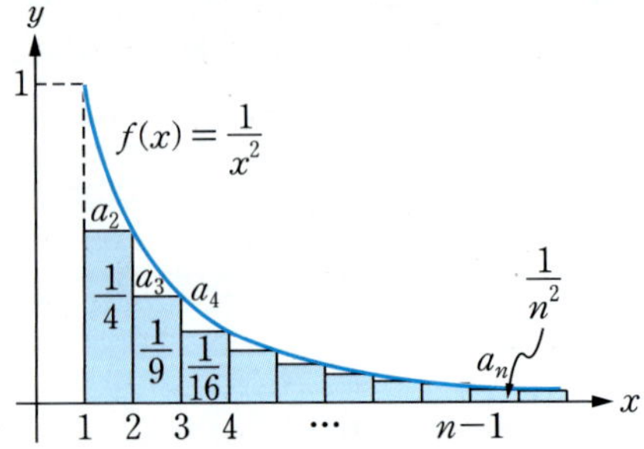

(b)

p-급수 판정법

[예제 6-15(a)]의 급수 $\sum \frac{1}{n}$을 **조화급수** harmonic series 라고 한다. 그리고 [예제 6-15(b)]의 수렴하는 급수는 $\sum \frac{1}{n^2} = \frac{\pi^2}{6}$이고, 이 수를 오일러가 발견해서 **오일러의 수** Euler's number 라고 한다. 따라서 [예제 6-15]는 중요한 시사성을 갖는다. 무한급수

$$\sum_{n=1}^{\infty} \frac{1}{n^p} = \frac{1}{1^p} + \frac{1}{2^p} + \frac{1}{3^p} + \cdots + \frac{1}{n^p} + \cdots$$

을 **p-급수** p-series 라 하며, [예제 6-15]에 의하여 $p=1$인 조화급수는 발산한다. 그러나 $p=2$이면 p-급수는 $\sum \frac{1}{n^2}$이므로 수렴한다. 그러므로 어떤 p의 값에 대하여 p-급수가 수렴하고 발산하는지 살펴볼 필요가 있다.

우선 $p<0$이면 $\lim_{n\to\infty} \frac{1}{n^p} = \lim_{n\to\infty} n^{-p} = \infty$이고, $p=0$이면 $\lim_{n\to\infty} \frac{1}{n^0} = 1$이다. 따라서 $p \le 0$이면 $\lim_{n\to\infty} \frac{1}{n^p} \ne 0$이므로 [정리 6-8]에 의하여 p-급수는 발산한다.

이제 $p>0$, $p \ne 1$이라 하고, $1 \le x < \infty$에서 함수 $f(x) = \frac{1}{x^p}$을 생각해보자. 그러면 함수 $f(x)$는 $1 \le x < \infty$에서 양수이고 감소하는 연속함수이다. 구간 $[1, \infty)$에서 적분하면 다음과 같다.

$$\int_1^{\infty} \frac{1}{x^p}\,dx = \int_1^{\infty} x^{-p}\,dx$$

$$= \lim_{b\to\infty} \frac{x^{1-p}}{1-p}\Big|_1^b = \lim_{b\to\infty}\left(\frac{b^{1-p}}{1-p} - \frac{1}{1-p}\right)$$

이때 $0<p<1$이면 $1-p>0$이므로 $\lim_{b\to\infty} \frac{b^{1-p}}{1-p} = \infty$이다. 따라서 $\int_1^{\infty} \frac{1}{x^p}\,dx$는 발산한다. 한편, $p>1$이면 $1-p<0$이므로 $\lim_{b\to\infty} \frac{b^{1-p}}{1-p} = 0$이다. 따라서 $\int_1^{\infty} \frac{1}{x^p}\,dx = \frac{1}{p-1}$이다. 이 사실들을 요약하면 적분판정법에 의하여 다음 정리를 얻는다.

> **정리 6-12 p-급수 판정법**
>
> $p>1$이면 p-급수 $\sum_{n=1}^{\infty} \frac{1}{n^p}$은 수렴하고, $p \le 1$이면 발산한다.

예제 6-16

다음 급수의 수렴성을 조사하라.

(a) $\displaystyle\sum_{n=1}^{\infty} \frac{1}{\sqrt{n}}$ (b) $\displaystyle\sum_{n=1}^{\infty} \frac{1}{\sqrt{n^3}}$

풀이

(a) $\displaystyle\sum \frac{1}{\sqrt{n}} = \sum \frac{1}{n^{1/2}}$ 이므로 $p = \dfrac{1}{2} < 1$ 이다. 따라서 이 급수는 발산한다.

(b) $\displaystyle\sum \frac{1}{\sqrt{n^3}} = \sum \frac{1}{n^{3/2}}$ 이므로 $p = \dfrac{3}{2} > 1$ 이다. 따라서 이 급수는 수렴한다.

비교판정법과 극한비교판정법

모든 자연수 n에 대하여 $a_n \le b_n$이고 급수 $\sum b_n = L$이라 하면, 무한급수 $\sum a_n$의 부분합열 $\{s_n\}$에 대하여 다음이 성립한다.

$$s_n = \sum_{k=1}^{n} a_k \le \sum_{k=1}^{n} b_k \le \sum_{n=1}^{\infty} b_n = L$$

따라서 부분합열 $\{s_n\}$은 위로 유계이므로 무한급수 $\sum a_n$은 수렴한다. 반면에, $\sum b_n = \infty$이고 $a_n \ge b_n$이면

$$\sum a_n \ge \sum b_n = \infty$$

이므로 $\sum a_n$은 발산한다. 이와 같이 수렴하는지 아니면 발산하는지를 알고 있는 급수와 비교하여 새로운 급수가 수렴하는지 아니면 발산하는지를 판정할 수 있으며, 이러한 판정법을 **비교판정법** comparison test 이라 한다.

정리 6-13 비교판정법

모든 $n \ge k$(k는 자연수)에 대하여 $0 \le a_n \le b_n$일 때

(1) $\sum b_n$이 수렴하면 $\sum a_n$도 수렴한다.

(2) $\sum a_n$이 발산하면 $\sum b_n$도 발산한다.

예제 6-17

다음 급수의 수렴성을 조사하라.

(a) $\displaystyle\sum_{n=1}^{\infty}\frac{1}{n^2+1}$　　　(b) $\displaystyle\sum_{n=1}^{\infty}\frac{2}{2n-1}$

풀이

(a) 모든 자연수 n에 대하여 $\dfrac{1}{n^2+1}<\dfrac{1}{n^2}$이고 $\sum\dfrac{1}{n^2}$이 수렴하므로 $\sum\dfrac{1}{n^2+1}$도 수렴한다.

(b) 각 항을 2로 나누면 모든 자연수 n에 대하여 다음 부등식이 성립한다.

$$\frac{2}{2n-1}=\frac{1}{n-(1/2)}>\frac{1}{n}$$

한편, $\sum\dfrac{1}{n}$이 발산하므로 $\sum\dfrac{2}{2n-1}$도 발산한다.

특히 a_n이 n에 대한 유리식일 때, 다음 **극한비교판정법** limit comparison test은 매우 유용하다.

정리 6-14 극한비교판정법

모든 $n\geq K$에 대하여 $a_n>0$, $b_n>0$일 때

(1) $\displaystyle\lim_{n\to\infty}\frac{a_n}{b_n}=c>0$이면 $\sum a_n$과 $\sum b_n$이 함께 수렴하거나 발산한다.

(2) $\displaystyle\lim_{n\to\infty}\frac{a_n}{b_n}=0$이면 $\sum b_n$이 수렴할 때 $\sum a_n$이 수렴한다.

(3) $\displaystyle\lim_{n\to\infty}\frac{a_n}{b_n}=\infty$이면 $\sum b_n$이 발산할 때 $\sum a_n$이 발산한다.

예제 6-18

다음 급수의 수렴성을 조사하라.

(a) $\displaystyle\sum_{n=2}^{\infty}\frac{2}{n^2-1}$　　　(b) $\displaystyle\sum_{n=1}^{\infty}\frac{\ln n}{n^3}$

풀이

(a) $a_n=\dfrac{2}{n^2-1}$, $b_n=\dfrac{1}{n^2}(n\geq 2)$이라 하면

$$\lim_{n \to \infty} \frac{a_n}{b_n} = \lim_{n \to \infty} \frac{2/(n^2-1)}{1/n^2} = 2\lim_{n \to \infty} \frac{n^2}{n^2-1} = 2 > 0$$

이고, $\sum \frac{1}{n^2}$이 수렴하므로 주어진 무한급수는 수렴한다.

(b) $a_n = \frac{\ln n}{n^3}$, $b_n = \frac{1}{n^2}$이라 하면

$$\lim_{n \to \infty} \frac{a_n}{b_n} = \lim_{n \to \infty} \frac{(\ln n)/n^3}{1/n^2} = \lim_{n \to \infty} \frac{\ln n}{n}$$

이고, $\lim_{x \to \infty} \frac{\ln x}{x} = \lim_{x \to \infty} \frac{1/x}{1} = \lim_{x \to \infty} \frac{1}{x} = 0$이다. 한편, $\sum \frac{1}{n^2}$이 수렴하므로 주어진 무한급수는 수렴한다.

비판정법

무한등비급수 $\sum ar^{n-1}$에 대하여 $a_n = ar^{n-1}$이라 하면

$$\frac{a_{n+1}}{a_n} = \frac{ar^n}{ar^{n-1}} = r$$

이고, 이 무한급수가 수렴하기 위한 필요충분조건은 $0 < |r| < 1$이다. 이와 같이 이웃하는 두 항의 비를 이용하여 무한급수의 수렴성을 판정하는 **비판정법** ratio test은 다음과 같다.

정리 6-15 비판정법

모든 n에 대하여 $a_n > 0$일 때, $\lim_{n \to \infty} \frac{a_{n+1}}{a_n} = \rho$라고 하자.

(1) $\rho < 1$이면 $\sum a_n$은 수렴한다.

(2) $\rho > 1$이거나 ∞이면 $\sum a_n$은 발산한다.

(3) $\rho = 1$이면 수렴성을 판정할 수 없다.

이러한 판정법은 계승($n!$)을 포함하는 경우에 자주 사용된다.

예제 6-19

다음 급수의 수렴성을 조사하라.

(a) $\sum_{n=1}^{\infty} \frac{3^n}{4^n+1}$ (b) $\sum_{n=1}^{\infty} \frac{n!}{n^n}$

풀이

(a) $a_n = \frac{3^n}{4^n+1}$ 이라 하면 $a_{n+1} = \frac{3^{n+1}}{4^{n+1}+1}$ 이므로

$$\lim_{n\to\infty} \frac{a_{n+1}}{a_n} = \lim_{n\to\infty} \frac{3^{n+1}/(4^{n+1}+1)}{3^n/(4^n+1)} = 3\lim_{n\to\infty} \frac{4^n+1}{4^{n+1}+1}$$

$$= 3\lim_{n\to\infty} \frac{1+(1/4^n)}{4+(1/4^n)} = \frac{3}{4} < 1$$

이다. 따라서 주어진 무한급수는 수렴한다.

(b) $a_n = \frac{n!}{n^n}$ 이라 하면 $a_{n+1} = \frac{(n+1)!}{(n+1)^{(n+1)}}$ 이므로

$$\lim_{n\to\infty} \frac{a_{n+1}}{a_n} = \lim_{n\to\infty} \frac{(n+1)!/(n+1)^{(n+1)}}{n!/n^n} = \lim_{n\to\infty} \frac{(n+1)!}{n!} \frac{n^n}{(n+1)^{(n+1)}}$$

$$= \lim_{n\to\infty} \frac{n^n}{(n+1)^n} = \lim_{n\to\infty} \frac{1}{(1+(1/n))^n} = \frac{1}{e} < 1$$

이다. 따라서 주어진 무한급수는 수렴한다.

근판정법

각 항이 n거듭제곱 형식인 양항급수의 수렴성은 다음과 같은 **근판정법** root test을 이용하는 것이 편리하다.

정리 6-16 근판정법

모든 $n > k$(k는 자연수)에 대하여 $a_n \geq 0$일 때, $\lim_{n\to\infty} \sqrt[n]{a_n} = \rho$라고 하자.

(1) $\rho < 1$이면 Σa_n은 수렴한다.

(2) $\rho > 1$이거나 ∞이면 Σa_n은 발산한다.

(3) $\rho = 1$이면 수렴성을 판정할 수 없다.

예제 6-20

다음 급수의 수렴성을 조사하라.

(a) $\displaystyle\sum_{n=1}^{\infty}\left(\frac{3}{n+1}\right)^n$

(b) $\displaystyle\sum_{n=1}^{\infty}a_n,\ a_n=\begin{cases}\dfrac{n}{2^n}, & n\text{이 홀수}\\[2mm] \dfrac{1}{2^n}, & n\text{이 짝수}\end{cases}$

풀이

(a) $a_n=\left(\dfrac{3}{n+1}\right)^n$이라 하면 $\sqrt[n]{a_n}=\dfrac{3}{n+1}$이므로

$$\lim_{n\to\infty}\sqrt[n]{a_n}=\lim_{n\to\infty}\frac{3}{n+1}=0<1$$

이다. 따라서 주어진 무한급수는 수렴한다.

(b) $f(x)=x^{1/x}$이라 하면 $\ln f(x)=\dfrac{\ln x}{x}$이므로 로피탈의 정리에 의하여

$$\lim_{x\to\infty}\ln f(x)=\lim_{x\to\infty}\frac{\ln x}{x}=\lim_{x\to\infty}\frac{1}{x}=0$$
$$\ln\left(\lim_{x\to\infty}x^{1/x}\right)=0=\ln 1$$

이다. 즉 $\displaystyle\lim_{x\to\infty}f(x)=1$이므로 $\displaystyle\lim_{n\to\infty}n^{1/n}=1$이다. 한편

$$\sqrt[n]{a_n}=\begin{cases}\dfrac{n^{1/n}}{2}, & n\text{이 홀수}\\[2mm] \dfrac{1}{2}, & n\text{이 짝수}\end{cases}$$

이므로 모든 자연수 n에 대하여 다음을 얻는다.

$$\frac{1}{2}\le\sqrt[n]{a_n}\le\frac{n^{1/n}}{2}$$

이제 $\displaystyle\lim_{n\to\infty}n^{1/n}$의 극한을 구하기 위해 $y=x^{1/x}$이라 놓고 양변에 자연로그를 취한다. 그리고 로피탈의 정리를 이용하면 다음 극한을 얻는다.

$$\lim_{x\to\infty}\ln y=\lim_{x\to\infty}\ln x^{1/x}=\lim_{x\to\infty}\frac{\ln x}{x}=\lim_{x\to\infty}\frac{1}{x}=0$$

즉, $\displaystyle\lim_{x\to\infty}x^{1/x}=\lim_{n\to\infty}n^{1/n}=1$이고, $\displaystyle\lim_{n\to\infty}\frac{n^{1/n}}{2}=\frac{1}{2}$이다.

그러면 압축정리에 의하여 $\displaystyle\lim_{n\to\infty}\sqrt[n]{a_n}=\frac{1}{2}<1$이고 주어진 무한급수는 수렴한다.

6.2.4 교대급수의 수렴판정법

끝으로 각 항의 부호가 교대로 반복되는 무한급수의 수렴성에 대하여 살펴보자. 모든 자연수 n에 대하여 $a_n > 0$일 때, 다음과 같이 각 항의 부호가 교대로 반복되는 무한급수를 **교대급수** alternative series라 한다.

$$\sum(-1)^{n+1}a_n = a_1 - a_2 + a_3 - a_4 + \cdots + (-1)^{n+1}a_n + \cdots$$

특히 다음과 같은 교대급수를 **교대조화급수** alternative harmonic series라 한다.

$$\sum(-1)^{n-1}\frac{1}{n} = 1 - \frac{1}{2} + \frac{1}{3} - \cdots + (-1)^{n-1}\frac{1}{n} + \cdots$$

이와 같이 부호가 교대로 반복되는 무한급수는 다음 **교대급수 판정법** alternative series test에 의하여 수렴성을 판정할 수 있다.

정리 6-17 교대급수 판정법

모든 n에 대하여 $a_n > 0$일 때 교대급수 $\Sigma(-1)^{n+1}a_n$이 다음 두 조건을 만족하면 수렴한다.

(1) 어떤 자연수 k에 대하여 $n > k$일 때 $a_n \geq a_{n+1}$이다.

(2) $\lim_{n\to\infty} a_n = 0$이다.

예제 6-21

교대조화급수 $\sum(-1)^{n-1}\frac{1}{n}$의 수렴성을 조사하라.

풀이

$a_n = \frac{1}{n}$이라 하면 모든 n에 대하여 $a_n \geq a_{n+1}$이고 $\lim_{n\to\infty} a_n = \lim_{n\to\infty}\frac{1}{n} = 0$이다. 따라서 교대급수 판정법에 의하여 이 급수는 수렴한다.

특히 $\Sigma|a_n|$이 수렴하는 경우에 무한급수 Σa_n은 **절대수렴** absolutely convergent한다고 하고, 무한급수가 수렴하지만 절대수렴하지 않는 경우에는 **조건부수렴** conditionally convergent한다고 한다. 그러면 교대조화급수는 수렴하지만

$$\sum\left|(-1)^{n-1}\frac{1}{n}\right|=\sum\frac{1}{n}$$

은 발산하므로 교대조화급수는 조건부수렴한다.

정리 6-18 절대수렴 판정법

$\sum|a_n|$이 수렴하면 $\sum a_n$이 수렴한다.

예제 6-22

교대급수 $\sum(-1)^{n-1}\frac{1}{n^p}$의 수렴성을 조사하라.

풀이

$\sum\left|(-1)^{n-1}\frac{1}{n^p}\right|=\sum\frac{1}{n^p}$은 p-급수 판정법에 의하여 $p>1$이면 수렴하고 $0<p\le 1$이면 발산한다. 따라서 주어진 급수는 $p>1$이면 절대수렴하고 $0<p\le 1$이면 조건부수렴한다.

예를 들어, 다음과 같은 무한급수

$$\sum(-1)^{n-1}\frac{1}{n^{1/3}}=1-\frac{1}{2^{1/3}}+\frac{1}{3^{1/3}}-\frac{1}{4^{1/3}}+\cdots$$

는 교대급수 판정법에 의하여 수렴하는 것을 쉽게 확인할 수 있다. 그러나

$$\sum|(-1)^{n-1}n^{-1/3}|=\sum\frac{1}{n^{1/3}}$$

은 $p=\frac{1}{3}$이므로 p-급수 판정법에 의하여 발산한다. 따라서 이 급수는 조건부수렴한다. 그러나 다음과 같은 무한급수

$$\sum(-1)^{n-1}\frac{1}{n^2}=1-\frac{1}{2^2}+\frac{1}{3^2}-\frac{1}{4^2}+\cdots$$

은 교대급수 판정법에 의하여 수렴하는 것을 확인할 수 있으며, 또한 각 항에 절댓값을 취하면 $p=2$이므로 p-급수 판정법에 의하여 수렴한다. 따라서 이 급수는 절대수렴한다. 특히 각 항의 부호가 반복하여 변하면서 n에 대한 유리함수 형태인 무한급수의 수렴성은 다음과

같은 **절대비판정법** absolute ratio test을 사용하면 매우 편리하다. 또한 6.3절에서 정의할 거듭제곱급수가 수렴하는 구간을 구할 때 이 판정법이 절대적으로 필요하다.

정리 6-19 절대비판정법

모든 n에 대하여 $a_n \neq 0$일 때, $\lim_{n\to\infty}\left|\dfrac{a_{n+1}}{a_n}\right| = \rho$라고 하자.

(1) $\rho < 1$이면 $\sum a_n$은 절대수렴(따라서 수렴)한다.

(2) $\rho > 1$이거나 ∞이면 $\sum a_n$은 발산한다.

(3) $\rho = 1$이면 수렴성을 판정할 수 없다.

예제 6-23

다음 급수의 수렴성을 조사하라.

(a) $\displaystyle\sum_{n=1}^{\infty}\frac{(-3)^n}{4^n+1}$ (b) $\displaystyle\sum_{n=1}^{\infty}(-1)^{n-1}\frac{n!}{n^n}$

풀이

(a) $a_n = \dfrac{(-3)^n}{4^n+1}$이라 하면 $a_{n+1} = \dfrac{(-3)^{n+1}}{4^{n+1}+1}$이므로 다음을 얻는다.

$$\begin{aligned}\lim_{n\to\infty}\left|\frac{a_{n+1}}{a_n}\right| &= \lim_{n\to\infty}\left|\frac{(-3)^{n+1}/(4^{n+1}+1)}{(-3)^n/(4^n+1)}\right| \\ &= 3\lim_{n\to\infty}\frac{4^n+1}{4^{n+1}+1} \\ &= 3\lim_{n\to\infty}\frac{1+(1/4^n)}{4+(1/4^n)} = \frac{3}{4} < 1\end{aligned}$$

따라서 주어진 무한급수는 절대수렴한다.

(b) $a_n = (-1)^{n-1}\dfrac{n!}{n^n}$이라 하면 $a_{n+1} = (-1)^n\dfrac{(n+1)!}{(n+1)^{(n+1)}}$이므로 다음을 얻는다.

$$\begin{aligned}\lim_{n\to\infty}\left|\frac{a_{n+1}}{a_n}\right| &= \lim_{n\to\infty}\left|(-1)\frac{(n+1)!/(n+1)^{(n+1)}}{n!/n^n}\right| = \lim_{n\to\infty}\frac{(n+1)!}{n!}\frac{n^n}{(n+1)^{(n+1)}} \\ &= \lim_{n\to\infty}\frac{n^n}{(n+1)^n} = \lim_{n\to\infty}\frac{1}{(1+(1/n))^n} = \frac{1}{e} < 1\end{aligned}$$

따라서 주어진 무한급수는 절대수렴한다.

Section 6.2 연습문제

※ 다음 급수의 수렴성을 조사하고, 수렴하면 그 합을 구하라.

1. $\sum_{n=1}^{\infty}\left(\frac{3}{2^n}+(-1)^n\frac{1}{3^n}\right)$

2. $\sum_{n=1}^{\infty}\frac{1+3^n}{2^n}$

3. $\sum_{n=1}^{\infty}\frac{2n^2+2n+2^n}{n(n+1)2^n}$

4. $\sum_{n=1}^{\infty}\frac{2}{n^2+4n+3}$

※ 다음 급수의 수렴성을 조사하라.

5. $\sum_{n=1}^{\infty}\frac{n}{n+1}$

6. $\sum_{n=1}^{\infty}\sin\left(\frac{\pi}{n}+\frac{\pi}{2}\right)$

7. $\sum_{n=1}^{\infty}\frac{1}{n^2+1}$

8. $\sum_{n=1}^{\infty}\frac{\ln n}{n}$

9. $\sum_{n=1}^{\infty}\frac{2}{\sqrt[3]{n^2}}$

10. $\sum_{n=1}^{\infty}\frac{2}{\sqrt{n^3}}$

11. $\sum_{n=1}^{\infty}\frac{1}{n+1}$

12. $\sum_{n=1}^{\infty}\frac{(-1)^n}{n+1}$

13. $\sum_{n=1}^{\infty}\frac{1}{n^4+1}$

14. $\sum_{n=2}^{\infty}\frac{1}{\sqrt[4]{n}-1}$

15. $\sum_{n=1}^{\infty}\frac{1}{2^n-1}$

16. $\sum_{n=1}^{\infty}\frac{n^2-2n}{\sqrt{4+n^5}}$

17. $\sum_{n=1}^{\infty}\frac{n^2}{2^n}$

18. $\sum_{n=1}^{\infty}\frac{n^2\,2^n}{n!}$

19. $\sum_{n=1}^{\infty}(-1)^n\frac{\pi^{1/n}}{n^3}$

20. $\sum_{n=2}^{\infty}\frac{(-1)^n}{\ln n}$

※ 다음 급수가 수렴하기 위한 p를 구하라.

21. $\sum_{n=1}^{\infty}\frac{(-1)^n}{n^p}$

22. $\sum_{n=2}^{\infty}\frac{1}{n(\ln n)^p}$

23. **응용** 임의의 확률 p에 대하여 다음 급수의 합을 구하고, 이 합의 최댓값과 그때의 p를 구하라.

$$p+p^2(1-p)+p^3(1-p)^2+p^4(1-p)^3+\cdots$$

24. 응용 한 변의 길이가 1인 정사각형을 9등분하여 가운데 사각형을 제거한다. 나머지 8개의 사각형을 9등분하여 각각 가운데 사각형을 제거한다. 이러한 작업을 반복하면 다음과 같은 도형을 얻으며, 이 도형을 **시에르핀스키 카펫**Sierpinski carpet이라 한다. 이때 반복적으로 제거된 사각형의 넓이의 합을 구하라. 그리고 제거되지 않은 부분의 넓이를 구하라.

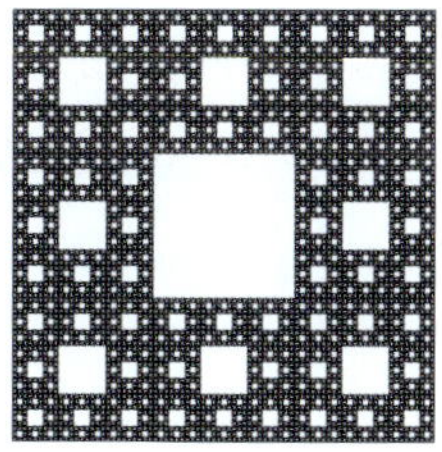

6.3 거듭제곱급수

지금까지는 각 항들이 실수인 무한급수의 수렴성을 살펴보았다. 특히 초항이 1이고 공비가 r인 무한등비급수 $\sum_{n=0}^{\infty} r^n$은 $-1 < r < 1$일 때 수렴하고, 그 극한은 다음과 같다.

$$\sum_{n=0}^{\infty} r^n = \frac{1}{1-r}$$

이때 상수인 공비 r을 변수 x로 바꾼다면 $-1 < x < 1$인 범위 안의 x에 대하여

$$\sum_{n=0}^{\infty} x^n = 1 + x + x^2 + x^3 + \cdots = \frac{1}{1-x}$$

임을 알 수 있다. 이 식을 반대로 쓰면 $-1 < x < 1$에서 함수 $f(x) = \frac{1}{1-x}$이 다음과 같이 다항식의 합으로 표현할 수 있음을 알 수 있다.

$$\frac{1}{1-x} = 1 + x + x^2 + x^3 + \cdots$$

이 절에서는 각 항에 변수 x를 포함하는 무한급수가 수렴하기 위한 x의 구간을 구하고, 이와 같은 급수의 미분과 적분을 구하는 방법에 대하여 살펴본다.

6.3.1 거듭제곱급수

앞에서 언급한 바와 같이 각 항들이 변수 x를 포함하는 무한급수

$$\sum_{n=0}^{\infty} a_n x^n = a_0 + a_1 x + a_2 x^2 + \cdots + a_n x^n + \cdots$$

를 **거듭제곱급수** power series 라 하고, a_n 을 급수의 **계수** coefficient 라 한다. 그리고 거듭제곱급수

$$\sum_{n=0}^{\infty} a_n(x-c)^n = a_0 + a_1(x-c) + a_2(x-c)^2 + \cdots + a_n(x-c)^n + \cdots$$

을 $x=c$에 관한 거듭제곱급수라 한다. 이와 같은 형태의 거듭제곱급수가 어떤 x의 값에서 수렴하는지 알려면 절대비판정법을 이용한다. 예를 들어, 절대비판정법을 이용하여 $\sum x^n$ 이 수렴하는 구간과 수렴 값을 구해보자. 우선 $x=0$이면

$$\sum_{n=0}^{\infty} 0^n = 0 + 0^2 + 0^3 + \cdots = 0$$

이므로 명백히 수렴한다. 이제 $x \neq 0$일 때, $a_n = x^n$이라 하면

$$\lim_{n\to\infty}\left|\frac{a_{n+1}}{a_n}\right| = \lim_{n\to\infty}\left|\frac{x^{n+1}}{x^n}\right| = |x|$$

이다. 따라서 절대비판정법에 의하여 $|x|<1$이면 이 급수는 수렴하고, $|x|=1$이면 수렴성을 판정할 수 없다. 그러나 $|x|=1$이면 $x=-1$ 또는 $x=1$이므로 주어진 급수는

$$\sum_{n=0}^{\infty}(-1)^n = 1 - 1^2 + 1^3 - \cdots \qquad \text{또는} \qquad \sum_{n=0}^{\infty} 1^n = 1 + 1^2 + 1^3 + \cdots$$

이 된다. 따라서 $x=-1$이면 주어진 급수는 0과 1에서 진동하고, $x=1$이면 주어진 급수는 무한대로 발산한다. 그러므로 거듭제곱급수 $\sum x^n$은 $|x|<1$, 즉 $-1<x<1$에서 수렴하고, 그 외의 x에 대하여 발산하는 것을 알 수 있다. 이때 $x=0$은 거듭제곱급수가 수렴하는 범위 $-1<x<1$ 안에 포함되는 것을 알 수 있다. 그리고 이 결과는 무한등비급수 $\sum r^n$이 수렴하기 위한 공비의 조건과 일치한다. 이와 같이 거듭제곱급수 $\sum a_n(x-c)^n$이 수렴하는 x의 범위를 거듭제곱급수의 **수렴구간** interval of convergence 이라 한다.

예제 6-24

다음 급수의 수렴구간을 구하라.

(a) $\displaystyle\sum_{n=0}^{\infty}\frac{(x-1)^n}{n+1}$

(b) $\displaystyle\sum_{n=0}^{\infty}(-1)^n\frac{x^{2n+1}}{2n+1}$

(c) $\displaystyle\sum_{n=0}^{\infty}\frac{x^n}{n!}$

(d) $\displaystyle\sum_{n=0}^{\infty}(n!)\,x^n$

풀이

(a) $a_n=\dfrac{(x-1)^n}{n+1}$이라 하면 $a_{n+1}=\dfrac{(x-1)^{n+1}}{n+2}$이므로

$$\left|\frac{a_{n+1}}{a_n}\right|=\left|\frac{(x-1)^{n+1}/(n+2)}{(x-1)^n/n+1}\right|=|x-1|\frac{n+1}{n+2}$$

이다. 따라서

$$\lim_{n\to\infty}\left|\frac{a_{n+1}}{a_n}\right|=\lim_{n\to\infty}|x-1|\frac{n}{n+1}=|x-1|\lim_{n\to\infty}\frac{n+1}{n+2}=|x-1|$$

이다. 그러므로 주어진 무한급수는 $|x-1|<1$이면 수렴하고, $|x-1|>1$이면 발산한다. 즉 $0<x<2$이면 주어진 급수는 수렴하지만, $x<0$ 또는 $x>2$이면 발산한다.

그리고 $|x-1|=1$이면 $x=0$ 또는 $x=2$이고, $x=0$이면 주어진 급수는 $\sum\dfrac{(-1)^n}{n+1}$이다. 그리고 $x=2$이면 $\sum\dfrac{1}{n+1}$이다. 이때

$$\sum\frac{(-1)^n}{n+1}=1-\frac{1}{2}+\frac{1}{3}-\frac{1}{4}+\cdots$$

은 교대조화급수이므로 수렴하지만

$$\sum\frac{1}{n+1}=1+\frac{1}{2}+\frac{1}{3}+\frac{1}{4}+\cdots$$

은 조화급수이므로 발산한다. 따라서 $0\le x<2$에서 주어진 급수는 수렴한다.

(b) $a_n=(-1)^n\dfrac{x^{2n+1}}{2n+1}$이라 하면 $a_{n+1}=(-1)^{n+1}\dfrac{x^{2n+3}}{2n+3}$이므로

$$\left|\frac{a_{n+1}}{a_n}\right|=\left|(-1)\frac{x^{2n+3}/(2n+3)}{x^{2n+1}/2n+1}\right|=|x|^2\frac{2n+1}{2n+3}$$

이다. 따라서

$$\lim_{n\to\infty}\left|\frac{a_{n+1}}{a_n}\right|=\lim_{n\to\infty}|x|^2\frac{2n+1}{2n+3}=|x|^2\lim_{n\to\infty}\frac{2n+1}{2n+3}=|x|^2$$

이다. 그러므로 주어진 무한급수는 $|x|^2<1$이면 수렴하고, $|x|^2>1$이면 발산한다. 즉 $-1<x<1$이면 주어진 급수는 수렴하지만, $x<-1$ 또는 $x>1$이면 발산한다.

그리고 $|x|^2=1$이면 $x=-1$ 또는 $x=1$이고, $x=-1$이면 주어진 급수는 $\sum\dfrac{(-1)^{n+1}}{2n+1}$이다.

그리고 $x=1$이면 $\sum \frac{(-1)^n}{2n+1}$이다. 이때 두 급수는 모두 교대급수 판정법에 의하여 수렴하는 것을 알 수 있다. 따라서 주어진 거듭제곱급수는 $-1<x<1$과 $x=-1$ 그리고 $x=1$, 즉 $-1 \le x \le 1$에서 수렴한다.

(c) $a_n = \frac{x^n}{n!}$이라 하면 $a_{n+1} = \frac{x^{n+1}}{(n+1)!}$이므로

$$\left|\frac{a_{n+1}}{a_n}\right| = \left|\frac{x^{n+1}/(n+1)!}{x^n/n!}\right| = |x|\frac{n!}{(n+1)!} = \frac{|x|}{n+1}$$

이다. 따라서

$$\lim_{n\to\infty}\left|\frac{a_{n+1}}{a_n}\right| = \lim_{n\to\infty}\frac{|x|}{n+1} = |x|\lim_{n\to\infty}\frac{1}{n+1} = |x|\cdot 0 = 0$$

이다. 즉 임의의 실수 x에 대하여 절대비의 극한이 1보다 작으므로 모든 실수 x에서 주어진 급수는 수렴한다.

(d) $x=0$이면 명백히 $\sum(n!)0^n = 0$이므로 수렴한다. 이제 $x \neq 0$에 대하여 $a_n = (n!)x^n$이라 하면 $a_{n+1} = (n+1)!x^{n+1}$이므로

$$\left|\frac{a_{n+1}}{a_n}\right| = \left|\frac{(n+1)!x^{n+1}}{n!x^n}\right| = |x|(n+1)$$

이다. 따라서

$$\lim_{n\to\infty}\left|\frac{a_{n+1}}{a_n}\right| = \lim_{n\to\infty}|x|(n+1) = |x|\lim_{n\to\infty}(n+1) = |x|\cdot\infty = \infty$$

이다. 즉 $x \neq 0$이면 주어진 급수는 발산하고, $x=0$일 때만 수렴한다.

이 예제로부터 거듭제곱급수의 수렴구간은 $0 \le x < 2$ 또는 $-1 \le x \le 1$와 같이 유한구간이거나 $-\infty < x < \infty$인 무한구간, 혹은 한 점 $x=0$과 같은 형태임을 알 수 있다. 이때 각 수렴구간의 특성을 살펴보면, $x=1$에 관한 거듭제곱급수인 [예제 6-24(a)]의 수렴구간은 중심이 $x=1$이고, 이 점으로부터 좌우로 거리가 1인 구간이다. 그리고 $x=0$에 관한 거듭제곱급수인 [예제 6-24(b)]는 중심이 $x=0$이고, 이 점을 중심으로 좌우로 거리가 1이다. 그리고 [예제 6-24(c)]의 수렴구간은 모든 실수, 즉 $x=0$을 중심으로 좌우로 거리가 무한이다. 한편, [예제 6-24(d)]는 한 점 $x=0$에서만 수렴한다.

따라서 거듭제곱급수 $\sum a_n(x-c)^n$이 수렴하는 구간의 중심은 $x=c$인 것을 알 수 있으며, 이 점을 **수렴중심** center of convergence 이라 한다. 그리고 이 수렴중심으로부터 구간의 경계까지 거리를 **수렴반지름** radius of convergence 이라 한다. 이와 같은 내용을 종합하면 다음 정리를 얻는다.

정리 6-20 거듭제곱급수의 수렴정리

거듭제곱급수 $\sum a_n(x-c)^n$의 수렴반지름 R에 대하여 수렴성은 다음 세 가지 경우 중 하나이다.

(1) $|x-c|<R$과 양 끝점 $x=c+R$ 또는 $x=c-R$이 포함되거나 포함되지 않는다.
(2) $x=c$에서 수렴하고 모든 $x\neq c$에서 발산한다. 즉 $R=0$이다.
(3) 모든 x에서 수렴한다. 즉 $R=\infty$이다.

6.3.2 거듭제곱급수의 미분과 적분

다음과 같은 거듭제곱급수가 어떤 수렴구간 I에서 미분가능하거나 적분가능할 때, 이 함수의 도함수와 적분을 구하는 방법에 대하여 살펴보자.

$$f(x)=\sum_{n=0}^{\infty}a_n(x-c)^n$$

이를 위하여 함수 $f(x)$가 수렴구간 $I=(c-R,\ c+R)$에서 미분가능하다고 하자. 그러면 이 함수를 다음과 같이 표현할 수 있다.

$$f(x)=\sum_{n=0}^{\infty}a_n(x-c)^n=a_0+a_1(x-c)+a_2(x-c)^2+a_3(x-c)^3+\cdots$$

따라서 구간 I에서 이 함수의 1계 도함수를 구하면

$$\begin{aligned}f'(x)&=\frac{d}{dx}\left(a_0+a_1(x-c)+a_2(x-c)^2+a_3(x-c)^3+\cdots\right)\\&=a_1+2a_2(x-c)+3a_3(x-c)^2+\cdots+na_n(x-c)^{n-1}+\cdots\\&=\sum_{n=1}^{\infty}na_n(x-c)^{n-1}\end{aligned}$$

이고, 2계 도함수를 구하면 다음과 같다.

$$\begin{aligned}f''(x) &= \frac{d}{dx}\left(a_1 + 2a_2(x-c) + 3a_3(x-c)^2 + \cdots + na_n(x-c)^{n-1} + \cdots\right)\\ &= 2a_2 + 2\cdot 3a_3(x-c) + 3\cdot 4a_4(x-c)^2 + \cdots + n(n-1)a_n(x-c)^{n-2} + \cdots\\ &= \sum_{n=2}^{\infty} n(n-1)a_n(x-c)^{n-2}\end{aligned}$$

즉 수렴구간 I에서 거듭제곱급수의 미분에 대한 다음 정리를 얻는다.

정리 6-21 거듭제곱급수의 미분정리

거듭제곱급수 $f(x) = \sum a_n(x-c)^n$이 어떤 수렴구간 $I = (c-R,\ c+R)$에서 수렴할 때, 이 급수의 1계 도함수와 2계 도함수는 각각 다음과 같다. 그리고 도함수들은 이 구간 I에서 수렴한다.

$$f'(x) = \sum_{n=1}^{\infty} na_n(x-c)^{n-1}$$

$$f''(x) = \sum_{n=2}^{\infty} n(n-1)a_n(x-c)^{n-2}$$

또한 항별로 반복하여 미분하면, 다음과 같이 [정리 6-21]을 k계 도함수의 거듭제곱급수로 확장할 수 있다.

$$f^{(k)}(x) = \sum_{n=k}^{\infty} n(n-1)\cdots(n-k+1)a_n(x-c)^{n-k}$$

한편, $f(x)$가 수렴구간 I에서 연속이면 이 거듭제곱급수를 적분한 결과는 다음과 같다.

$$\begin{aligned}&\int f(x)\,dx\\ &= \int\left(a_0 + a_1(x-c) + a_2(x-c)^2 + \cdots + a_n(x-c)^n + \cdots\right)dx\\ &= \left(a_0x + \frac{a_1}{2}(x-c)^2 + \frac{a_2}{3}(x-c)^3 + \cdots + \frac{a_n}{n+1}(x-c)^{n+1} + \cdots\right) + C_1\\ &= \left(a_0(x-c) + \frac{a_1}{2}(x-c)^2 + \frac{a_2}{3}(x-c)^3 + \cdots + \frac{a_n}{n+1}(x-c)^{n+1} + \cdots\right) + C_1 + a_0c\\ &= \sum_{n=0}^{\infty} \frac{a_n}{n+1}(x-c)^{n+1} + C \quad (C = C_1 + a_0c)\end{aligned}$$

따라서 거듭제곱급수의 적분에 관한 다음 정리를 얻는다.

정리 6-22 거듭제곱급수의 적분정리

거듭제곱급수 $f(x)=\sum a_n(x-c)^n$이 어떤 수렴구간 $I=(c-R,\ c+R)$에서 수렴할 때, 이 급수의 부정적분은 다음과 같다. 그리고 이 부정적분은 구간 I에서 수렴한다.

$$\int f(x)\,dx=\sum_{n=0}^{\infty}\frac{a_n}{n+1}(x-c)^{n+1}+C$$

예제 6-25

거듭제곱급수 $f(x)=\sum\frac{x^n}{n!}$의 도함수와 부정적분을 구하라. 그리고 그 결과를 $f(x)$와 비교하고 이 함수를 유추하라. 이때 적분상수는 $C=0$을 택한다.

풀이

이 급수의 도함수를 구하면

$$f'(x)=\sum_{n=0}^{\infty}\left(\frac{d}{dx}\frac{x^n}{n!}\right)=\sum_{n=1}^{\infty}\frac{nx^{n-1}}{n!}=\sum_{n=1}^{\infty}\frac{x^{n-1}}{(n-1)!}$$

이다. $k=n-1$이라 할 때, $n=1,\ 2,\ 3,\ \cdots$이면 $k=0,\ 1,\ 2,\ \cdots$이므로 $f'(x)$는 다음과 같다.

$$f'(x)=\sum_{k=0}^{\infty}\frac{x^k}{k!}=\sum_{n=0}^{\infty}\frac{x^n}{n!}=f(x)$$

또한 부정적분을 구하면

$$\int f(x)\,dx=\int\left(\sum_{n=0}^{\infty}\frac{x^n}{n!}\right)dx=\sum_{n=0}^{\infty}\left(\int\frac{x^n}{n!}\,dx\right)=\sum_{n=0}^{\infty}\frac{x^{n+1}}{(n+1)!}+C_1$$

이고, $C_1=C+1$이라 하면

$$\begin{aligned}\int f(x)\,dx&=1+\sum_{n=0}^{\infty}\frac{x^{n+1}}{(n+1)!}+C\\&=\left(1+x+\frac{x^2}{2}+\frac{x^3}{3!}+\cdots+\frac{x^n}{n!}+\cdots\right)+C\\&=f(x)+C\end{aligned}$$

이다. 따라서 $f'(x)=f(x)$이고, $C=0$이면 $\int f(x)\,dx=f(x)$이다. 한편, 3.2.3절에서 $y=e^x$에 대하여 $y'=y$이므로 $f'(x)=f(x)$로부터 $f(x)=e^x$을 유추할 수 있다.

예제 6-26

$-1 < x < 1$에서 $\dfrac{1}{1-x} = 1 + x + x^2 + \cdots + x^n + \cdots$이 수렴한다. 이 사실을 이용하여 다음 함수를 거듭제곱급수 형식으로 나타내라.

(a) $f(x) = \dfrac{1}{(1-x)^2}$

(b) $f(x) = \ln(1-x)$

풀이

(a) $f(x)$는 $\dfrac{1}{1-x}$의 도함수이므로 $f(x)$의 거듭제곱급수 형식은 다음과 같다.

$$\begin{aligned} f(x) &= \frac{1}{(1-x)^2} = \frac{d}{dx}\left(\frac{1}{1-x}\right) = \frac{d}{dx}(1 + x + x^2 + \cdots + x^n + x^{n+1} + \cdots) \\ &= 1 + 2x + 3x^2 + \cdots + nx^{n-1} + (n+1)x^n + \cdots \\ &= \sum_{n=0}^{\infty}(n+1)x^n \end{aligned}$$

(b) $f'(x) = -\dfrac{1}{1-x}$이므로 $f(x)$의 거듭제곱급수 형식은 다음과 같다.

$$\begin{aligned} f(x) &= -\int_0^x \frac{1}{1-u}du = -\int_0^x (1 + u + u^2 + \cdots + u^{n-1} + \cdots)\,du \\ &= -\left(u + \frac{1}{2}u^2 + \frac{1}{3}u^3 + \cdots + \frac{1}{n}u^n + \cdots\right)\Bigg|_0^x \\ &= -\left(x + \frac{1}{2}x^2 + \frac{1}{3}x^3 + \cdots + \frac{1}{n}x^n + \cdots\right) = -\sum_{n=1}^{\infty}\frac{1}{n}x^n \end{aligned}$$

[예제 6-26]으로부터 $-1 < x < 1$에서 수렴하는 다양한 거듭제곱급수를 나타내면 다음과 같다.

- $\dfrac{1}{1+x} = \dfrac{1}{1-(-x)} = 1 - x + x^2 - x^3 + x^4 - x^5 + \cdots$
- $\dfrac{1}{1-x^2} = 1 + x^2 + x^4 + \cdots + x^{2n} + \cdots$
- $\dfrac{1}{1+x^2} = \dfrac{1}{1-(-x^2)} = 1 - x^2 + x^4 - x^6 + x^8 - x^{10} + \cdots$
- $\dfrac{1}{(1+x)^2} = \dfrac{1}{[1-(-x)]^2} = 1 - 2x + 3x^2 - 4x^3 + 5x^4 - 6x^5 + \cdots$
- $\ln(1+x) = \ln[1-(-x)] = x - \dfrac{x^2}{2} + \dfrac{x^3}{3} - \dfrac{x^4}{4} + \dfrac{x^5}{5} - \dfrac{x^6}{6} + \cdots$

예제 6-27

[예제 6-25]의 결과를 이용하여 함수 $f(x)=e^{-x^2}$을 6차 거듭제곱급수에 의한 근사식을 구하고, 이 식을 이용하여 $x=0$, $x=1$, $f(x)$ 그리고 x축으로 둘러싸인 영역의 넓이를 구하라.

풀이

[예제 6-26]으로부터 $e^x=1+x+\dfrac{x^2}{2}+\dfrac{x^3}{3!}+\cdots+\dfrac{x^n}{n!}+\cdots$이므로

$$\begin{aligned} e^{-x^2} &= 1+(-x^2)+\frac{(-x^2)^2}{2}+\frac{(-x^2)^3}{3!}+\cdots+\frac{(-x^2)^n}{n!}+\cdots \\ &= 1-x^2+\frac{x^4}{2}-\frac{x^6}{3!}+\cdots+(-1)^n\frac{x^{2n}}{n!}+\cdots \end{aligned}$$

이다. 따라서 $f(x)$에 대한 6차 거듭제곱급수는

$$e^{-x^2}\approx 1-x^2+\frac{x^4}{2}-\frac{x^6}{3!}$$

이고, 구하고자 하는 영역의 넓이는 다음과 같다.

$$\begin{aligned} \int_0^1 e^{-x^2}dx &\approx \int_0^1\left(1-x^2+\frac{x^4}{2}-\frac{x^6}{3!}\right)dx \\ &= x-\frac{1}{3}x^3+\frac{1}{10}x^5-\frac{1}{42}x^7\Big|_0^1 \\ &= 1-\frac{1}{3}+\frac{1}{10}-\frac{1}{42}=\frac{26}{35} \end{aligned}$$

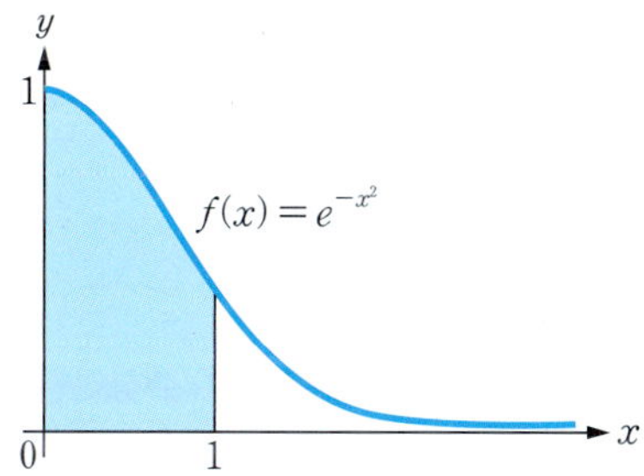

Section 6.3 연습문제

※ $-1<x<1$에서 $\dfrac{1}{1-x}=\sum x^n$이 수렴한다. 이 사실을 이용하여 다음 함수들의 거듭제곱급수 형식을 구하라.

1. $\dfrac{1}{2+x}$
2. $\dfrac{x^2}{2+x}$
3. $\dfrac{1+x}{1-x}$
4. $\dfrac{3}{x^2-x-2}$
5. $\ln(1-x^2)$
6. $\tan^{-1}x$

※ 다음 급수의 수렴구간을 구하라.

7. $\sum_{n=0}^{\infty}(-1)^n\left(\frac{x}{3}\right)^n$

8. $\sum_{n=0}^{\infty}(-1)^n(2x)^n$

9. $\sum_{n=0}^{\infty}(-1)^n 2^n x^{2n+1}$

10. $\sum_{n=0}^{\infty}(-1)^n \frac{x^{2n+1}}{(2n+1)!}$

11. $\sum_{n=1}^{\infty}(-1)^n \frac{x^n}{n(n+1)}$

12. $\sum_{n=0}^{\infty}(-1)^n \frac{(x-1)^{2n+1}}{2n+1}$

13. $\sum_{n=0}^{\infty}(-1)^n \frac{x^{2n}}{(2n)!}$

14. $\sum_{n=0}^{\infty}\frac{2^n x^n}{n!}$

15. $\sum_{n=0}^{\infty}\frac{2^n e^6}{n!}(x-3)^n$

16. $\sum_{n=0}^{\infty}(-1)^{n+1}\frac{(x-\pi)^{2n}}{(2n)!}$

※ 다음 거듭제곱급수의 도함수를 구하라.

17. $\sum_{n=0}^{\infty}(-1)^n x^n$

18. $\sum_{n=0}^{\infty}\frac{(-1)^n}{n}(x-1)^n$

19. $\sum_{n=0}^{\infty}(n+1)x^{2n-1}$

20. $\sum_{n=0}^{\infty}(-1)^n \frac{x^{2n+1}}{(2n+1)!}$

※ 다음 거듭제곱급수의 부정적분을 구하라.

21. $\sum_{n=0}^{\infty}(-1)^n \frac{x^{2n}}{(2n)!}$

22. $\sum_{n=1}^{\infty}(-1)^n \frac{n+1}{n}x^n$

23. $\sum_{n=0}^{\infty}\frac{1}{n!}(x-3)^n$

24. $\sum_{n=0}^{\infty}(-1)^n \frac{x^{2n+1}}{(2n+1)!}$

6.4 테일러 급수

6.3절에서 거듭제곱급수가 수렴하는 x의 범위를 구하는 방법과 그 급수들의 미분과 적분을 살펴보았다. 그리고 [예제 6-24(c)]와 [예제 6-25]에서 거듭제곱급수 $f(x)=\sum\frac{x^n}{n!}$은 모

든 실수 범위 $-\infty < x < \infty$ 에서 $f(x) = e^x$으로 수렴하는 것으로 유추하였다. 이 절에서는 이와 같이 다항함수가 아닌 함수들이 다항식의 합으로 표현될 수 있는지, 또한 표현된다면 그 형태가 어떻게 나타나는지를 살펴본다.

일반적으로 어떤 함수 $f(x)$가 $x = c$를 포함하는 구간 $(c-R,\ c+R)$에서 다음과 같은 거듭제곱급수로 표현된다고 하자.

$$f(x) = a_0 + a_1(x-c) + a_2(x-c)^2 + a_3(x-c)^3 + \cdots + a_n(x-c)^n + \cdots$$

그러면 [정리 6-20]으로부터 다음을 얻는다.

$$\begin{aligned} f'(x) &= a_1 + 2a_2(x-c) + 3a_3(x-c)^2 + 4a_4(x-c)^3 + \cdots \\ f''(x) &= 2!\,a_2 + 3!\,a_3(x-c) + 4 \cdot 3a_4(x-c)^2 + \cdots \\ f'''(x) &= 3!\,a_3 + 4!\,a_4(x-c) + 5 \cdot 4 \cdot 3a_5(x-c)^2 + \cdots \\ &\vdots \\ f^{(n)}(x) &= n!\,a_n + (n+1)!\,a_{n+1}(x-c) + \cdots \end{aligned}$$

이제 위의 도함수들에 $x = c$를 대입하면 다음을 얻는다.

$$f(c) = a_0,\ f'(c) = a_1,\ f''(c) = 2!\,a_2,$$
$$f'''(c) = 3!\,a_3,\ \cdots,\ f^{(n)}(c) = n!\,a_n,\ \cdots$$

따라서 거듭제곱급수의 계수 a_n은

$$a_n = \frac{f^{(n)}(c)}{n!},\quad n = 0,\ 1,\ 2,\ 3,\ \cdots$$

이다. 여기서 $f^{(0)}(c) = f(c)$라 한다. 그러므로 $x = c$에서 반복적으로 미분가능한 함수 $f(x)$가 급수 표현을 갖는다면, 이 급수는 다음과 같아야 한다.

$$\begin{aligned} f(x) &= f(c) + \frac{f'(c)}{1!}(x-c) + \frac{f''(c)}{2!}(x-c)^2 + \cdots + \frac{f^{(n)}(c)}{n!}(x-c)^n + \cdots \\ &= \sum_{n=0}^{\infty} \frac{f^{(n)}(c)}{n!}(x-c)^n \end{aligned}$$

이 식을 $f(x)$의 $x = c$에 관한 **테일러 급수** Taylor series라 하고, 특히 $c = 0$인 경우의 거듭제곱 급수

$$f(x) = f(0) + \frac{f'(0)}{1!}x + \frac{f''(0)}{2!}x^2 + \cdots + \frac{f^{(n)}(0)}{n!}x^n + \cdots$$
$$= \sum_{n=0}^{\infty} \frac{f^{(n)}(0)}{n!}x^n$$

을 $f(x)$의 **매클로린 급수** Maclaurin series라 한다

예제 6-28

주어진 점에서 다음 함수를 거듭제곱급수로 표현하고, 급수의 수렴구간을 구하라.

(a) $f(x) = \frac{1}{x}$, $x = 1$

(b) $f(x) = e^x$, $x = 0$

풀이

(a) $f(x) = x^{-1}$이므로

$$f'(x) = -x^{-2},\ f''(x) = (-1)(-2)x^{-3} = 2!x^{-3},$$
$$f'''(x) = (-3)2!x^{-4} = -(3!)x^{-4},\ \cdots,\ f^{(n)}(x) = (-1)^n n! x^{-(n+1)}$$

이다. 따라서

$$f'(1) = -1,\ f''(1) = 2!,\ f'''(1) = (-1)3!,\ \cdots,\ f^{(n)}(1) = (-1)^n n!$$

이고, 구하고자 하는 급수는 다음과 같다.

$$f(x) = f(1) + \frac{f'(1)}{1!}(x-1) + \frac{f''(1)}{2!}(x-1)^2 + \frac{f'''(1)}{3!}(x-1)^3$$
$$+ \cdots + \frac{f^{(n)}(1)}{n!}(x-1)^n + \cdots$$
$$= 1 - \frac{1}{1!}(x-1) + \frac{2!}{2!}(x-1)^2 - \frac{3!}{3!}(x-1)^3 + \cdots + (-1)^n \frac{n!}{n!}(x-1)^n + \cdots$$
$$= 1 - (x-1) + (x-1)^2 - (x-1)^3 + \cdots + (-1)^n (x-1)^n + \cdots$$

한편, 수렴구간을 구하기 위하여 $a_n = (-1)^n (x-1)^n$이라 하면

$$\lim_{n\to\infty}\left|\frac{a_{n+1}}{a_n}\right| = \lim_{n\to\infty}\left|\frac{(-1)^{n+1}(x-1)^{n+1}}{(-1)^n(x-1)^n}\right| = |x-1|$$

이므로 $|x-1| < 1$, 즉 $0 < x < 2$에서 수렴한다. 또한 $|x-1| = 1$이면 $x = 0$ 또는 $x = 2$이고

$$f(0) = 1 + 1 + 1 + 1 + \cdots,\ f(2) = 1 - 1 + 1 - 1 + \cdots$$

이므로 발산한다. 따라서 이 급수는 $0 < x < 2$에서 수렴한다.

(b) $f(x)=e^x$이므로 모든 자연수 n에 대하여 $f^{(n)}(x)=e^x$이고, $f^{(n)}(0)=1$이다. 따라서

$$f(x)=f(0)+\frac{f'(0)}{1!}x+\frac{f''(0)}{2!}x^2+\frac{f'''(0)}{3!}x^3+\cdots+\frac{f^{(n)}(0)}{n!}x^n+\cdots$$
$$=1+\frac{1}{1!}x+\frac{1}{2!}x^2+\frac{1}{3!}x^3+\cdots+\frac{1}{n!}x^n+\cdots$$

이다. 그리고 $a_n=(-1)^n(x-1)^n$이라 하면

$$\lim_{n\to\infty}\left|\frac{a_{n+1}}{a_n}\right|=\lim_{n\to\infty}\left|\frac{x^{n+1}/(n+1)!}{x^n/n!}\right|=|x|\lim_{n\to\infty}\frac{1}{n+1}=|x|\cdot 0=0$$

이므로 모든 실수 범위 $-\infty<x<\infty$에서 급수는 수렴한다.

한편, $x=c$를 포함하는 작은 구간에서 미분가능한 함수 $f(x)$에 대하여 $x=c$에서 접선의 방정식은

$$y=f(c)+f'(c)(x-c)$$

이고, 이 접선은 직선이다. 이제 [그림 6-5]와 같이 이 직선을

$$L(x)=f(c)+f'(c)(x-c)$$

라 하면, $x=c$를 포함하는 구간이 작을수록 $f(x)\approx L(x)$이다. 이때 식 $L(x)$를 $x=c$에서 함수 f의 **선형화** linearization라 한다. 따라서 식 $L(x)$를 이용하여 c 부근의 x에 대한 $f(x)$의 근삿값을 구할 수 있다.

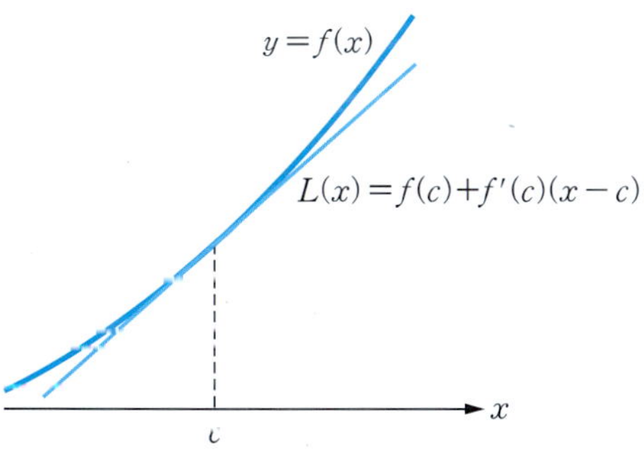

[그림 6-5] $x=c$에서 함수 f의 선형화

만일 함수 $f(x)$가 $x=c$에서 반복적으로 미분가능하면, 함수 f의 선형화를 다항식에 의한 근사로 확장할 수 있다. 즉 c 부근의 x값에 대하여 $f(x)$의 테일러 급수를 이용한 n차 다항식으로 확장하여 $f(x)$의 근삿값을 구할 수 있다. 함수 $f(x)$의 $x=c$에 관한 테일러 급수의 n항까지 부분합을

$$T_n(x) = \sum_{k=0}^{n} \frac{f^{(k)}(c)}{k!}(x-c)^k$$

이라 하면, $T_n(x)$를 $f(x)$의 $x=c$에 관한 n차 **테일러 다항식**Taylor polynomial이라 한다. 그러면 테일러 급수는 다음과 같이 테일러 다항식의 극한으로 생각할 수 있다.

$$f(x) = \sum_{n=0}^{\infty} \frac{f^{(n)}(c)}{n!}(x-c)^n = \lim_{n \to \infty} \sum_{n=0}^{\infty} \frac{f^{(k)}(c)}{k!}(x-c)^k = \lim_{n \to \infty} T_n(x)$$

또한 함수 $f(x)$의 매클로린 급수의 n 항까지 부분합

$$M_n(x) = \sum_{k=0}^{n} \frac{f^{(k)}(0)}{k!}x^k$$

을 $f(x)$의 n차 **매클로린 다항식**Maclaurin polynomial이라 하며, 역시 함수 $f(x)$는 매클로린 다항식 $M_n(x)$의 극한을 의미한다. 예를 들어, $f(x) = e^x$에 대한 4차까지의 매클로린 다항식은 다음과 같다.

$$M_1 = 1 + x$$

$$M_2 = 1 + x + \frac{x^2}{2!}$$

$$M_3 = 1 + x + \frac{x^2}{2!} + \frac{x^3}{3!}$$

$$M_4 = 1 + x + \frac{x^2}{2!} + \frac{x^3}{3!} + \frac{x^4}{4!}$$

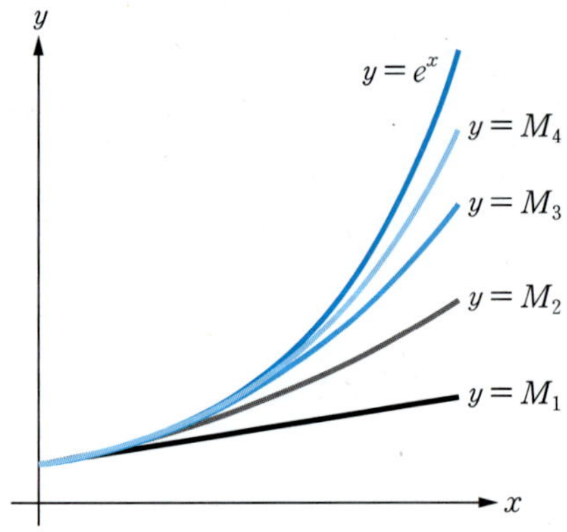

[그림 6-6] **함수 $f(x) = e^x$과 매클로린 다항식**

[그림 6-6]은 이들 함수와 $f(x)=e^x$의 그림을 나타내며, n이 커질수록 M_n은 e^x에 가까워지는 것을 알 수 있다. 이때

$$R_n(x)=f(x)-T_n(x)=\sum_{k=n+1}^{\infty}\frac{f^{(k)}(c)}{k!}(x-c)^k$$

을 테일러 급수의 **나머지 항** remainder terms이라 한다. 그러면 수렴구간에서 $f(x)$의 테일러 급수가 수렴하기 위한 필요충분조건은 이 구간에서 $\lim_{n\to\infty} R_n(x)=0$이다. 한편, 나머지 항에 대한 구체적인 식을 다음 **테일러 정리** Taylor's theorem에서 얻을 수 있으며, 이 정리는 3.4.1절의 평균값 정리를 일반화한 것이다.

정리 6-23 테일러 정리

함수 $f(x)$와 $f'(x)$, $\cdots$, $f^{(n)}(x)$가 폐구간 $[a, b]$에서 연속이고, $f^{(n)}(x)$가 개구간 (a, b)에서 미분가능하면, 다음을 만족하는 $x=c$가 개구간 (a, b) 안에 존재한다.

$$\begin{aligned} f(b)=f(a)+f'(a)(b-a)+\frac{f''(a)}{2!}(b-a)^2+\frac{f'''(a)}{3!}(b-a)^3 \\ +\cdots+\frac{f^{(n)}(a)}{n!}(b-a)^n+\frac{f^{(n+1)}(c)}{(n+1)!}(b-a)^{n+1} \end{aligned}$$

따라서 나머지 항은 a와 x 사이의 어떤 c에 대하여 다음과 같이 간단히 표현된다.

$$R_n(x)=\frac{f^{(n+1)}(c)}{(n+1)!}(x-a)^{n+1}$$

예를 들어, [예제 6-24(b)]에서 살펴본 함수 $f(x)=e^x$을 n차 매클로린 다항식과 나머지 항으로 표현하면

$$e^x=1+x+\frac{x^2}{2!}+\frac{x^3}{3!}+\cdots+\frac{x^n}{n!}+R_n(x)$$

이고, 이때 0과 x 사이의 어떤 c에 대하여

$$R_n(x)=\frac{e^c}{(n+1)!}x^{n+1}$$

이다. 한편, $x>0$이면 $0<c<x$이고 $f(x)=e^x$가 증가함수이므로 $1<e^c<e^x$이다.

그리고 $x<0$이면 $x<c<0$이므로 $e^x<e^c<1$이고, $x=0$이면 $R_n(x)=0$이다. 따라서 나머지 항에 대하여 다음과 같은 관계를 얻을 수 있다.

$$x>0\text{이면, } |R_n(x)| \le \frac{e^c}{(n+1)!}x^{n+1}$$

$$x<0\text{이면, } |R_n(x)| \le \frac{|x|^{n+1}}{(n+1)!}$$

특히 모든 x에 대하여 $\lim_{n\to\infty}\frac{x^{n+1}}{(n+1)!}=0$이므로 $\lim_{n\to\infty}R_n(x)=0$이다. 따라서 $f(x)=e^x$의 매클로린 급수는 e^x으로 수렴한다. 이와 같이 나머지 항의 한계를 구할 수 있다면, 테일러 급수나 매클로린 급수의 수렴성을 쉽게 확인할 수 있다.

정리 6-24 테일러 부등식

$|x-c|\le R$에서 $|f^{(n+1)}(x)|\le M$이면, 테일러 급수의 나머지 항 $R_n(x)$에 대하여 다음 부등식이 성립한다.

$$|R_n(x)| \le M\frac{|x-c|^{n+1}}{(n+1)!},\quad |x-c|\le R$$

예제 6-29

$f(x)=\sin x$에 대한 매클로린 급수를 구하고, 이 급수가 모든 x에 대하여 $\sin x$를 나타냄을 보여라.

풀이

우선 $f(0)=0$이고 4계 도함수를 구하면 다음과 같다.

$$f'(x)=\cos x,\ f'(0)=1,\qquad f''(x)=-\sin x,\ f''(0)=0,$$
$$f'''(x)=-\cos x,\ f'''(0)=-1,\qquad f^{(4)}(x)=\sin x,\ f^{(4)}(0)=0$$

5계 도함수부터 각 도함수들이 반복되므로 $f(x)=\sin x$에 대한 매클로린 급수는 다음과 같다.

$$\begin{aligned}\sin x &= f(0)+\frac{f'(0)}{1!}x+\frac{f''(0)}{2!}x^2+\frac{f'''(0)}{3!}x^3+\cdots\\ &= x-\frac{x^3}{3!}+\frac{x^5}{5!}-\frac{x^7}{7!}+\cdots=\sum_{n=0}^{\infty}(-1)^n\frac{x^{2n+1}}{(2n+1)!}\end{aligned}$$

한편, $f^{(n+1)}(x)$는 $\pm\cos x$ 또는 $\pm\sin x$이므로 모든 x에 대하여 $|f^{(n+1)}(x)| \le 1$이다. 그러므로 테일러 부등식으로부터 $|R_n(x)| \le \dfrac{|x|^{n+1}}{(n+1)!}$이고, 모든 실수 x에 대하여 $\lim\limits_{n\to\infty}\dfrac{|x|^{n+1}}{(n+1)!}=0$이므로 $\lim\limits_{n\to\infty}R_n(x)=0$이다. 따라서 $\sin x$는 매클로린 급수와 일치한다.

예제 6-30

$f(x)=\cos x$에 대한 매클로린 급수를 구하고, 6차 매클로린 다항식을 이용하여 $\cos\dfrac{\pi}{12}$의 근삿값을 소수점 이하 넷째 자리에서 구하라.

풀이

우선 $f(0)=1$이고, 4계 도함수를 구하면 다음과 같다.

$$f'(x)=-\sin x,\ f'(0)=0,\qquad f''(x)=-\cos x,\ f''(0)=-1,$$
$$f'''(x)=\sin x,\ f'''(0)=0,\qquad f^{(4)}(x)=\cos x,\ f^{(4)}(0)=1$$

5계 도함수부터 각 도함수들이 반복되므로 $f(x)=\cos x$에 대한 매클로린 급수는 다음과 같다.

$$\begin{aligned}\cos x &= f(0)+\frac{f'(0)}{1!}x+\frac{f''(0)}{2!}x^2+\frac{f'''(0)}{3!}x^3+\cdots\\ &=1-\frac{x^2}{2!}+\frac{x^4}{4!}-\frac{x^6}{6!}+\cdots\\ &=\sum_{n=0}^{\infty}(-1)^n\frac{x^{2n}}{(2n)!}\end{aligned}$$

그러므로 6차 매클로린 다항식은

$$M_6(x)=1-\frac{x^2}{2!}+\frac{x^4}{4!}-\frac{x^6}{6!}$$

이다. 따라서 구하고자 하는 근삿값은 다음과 같다.

$$\begin{aligned}\cos\frac{\pi}{12} &\approx 1-\frac{1}{2!}\left(\frac{\pi}{12}\right)^2+\frac{1}{4!}\left(\frac{\pi}{12}\right)^4-\frac{1}{6!}\left(\frac{\pi}{12}\right)^6\\ &=1-\frac{1}{2!}(0.2618)^2+\frac{1}{4!}(0.2618)^4-\frac{1}{6!}(0.2618)^6\\ &=0.9659\end{aligned}$$

Section 6.4 연습문제

※ 알려진 급수를 이용하여 다음 함수의 매클로린 급수를 구하라.

1. $\dfrac{x^2+1}{1+x}$

2. $\dfrac{x^2+1}{x-1}$

3. e^{-x}

4. $e^{x/2}$

5. $\ln(1-x^2)$

6. $\ln(1+x^2)$

7. $\sinh x$

8. $\cosh x$

9. $\sin 2x$

10. $\cos\dfrac{x}{2}$

11. $\tan^{-1}(2x)$

12. $x\tan^{-1}x$

※ 주어진 점에서 다음 함수를 테일러 급수로 전개하라.

13. $\dfrac{1}{x},\ x=2$

14. $\ln x,\ x=1$

15. $\sin x,\ x=\dfrac{\pi}{2}$

16. $\cos x,\ x=\dfrac{\pi}{2}$

17. $e^x,\ x=1$

18. $\sqrt{x},\ x=1$

※ 다음 적분을 매클로린 급수로 나타내라.

19. $\displaystyle\int \frac{1}{1+x^4}\,dx$

20. $\displaystyle\int \frac{\tan^{-1}x}{x^2}\,dx$

21. $\displaystyle\int \sin x^2\,dx$

22. $\displaystyle\int \frac{\sin x}{x}\,dx$

23. **응용** 임의의 실수 p와 양의 정수 k에 대하여 다음과 같이 정의한다.

$$\binom{p}{k}=\frac{p(p-1)(p-2)\cdots(p-k+1)}{k!},\quad \binom{p}{0}=1$$

이 사실을 이용하여 임의의 실수 p와 $-1<x<1$에서 다음이 성립함을 보여라. 이때 이 급수를 **이항급수** binomial series 라 한다. 여기서 $\binom{p}{k}={}_pC_k$이다.

$$(1+x)^p=1+\binom{p}{1}x+\binom{p}{2}x^2+\binom{p}{3}x^3+\cdots$$

24. **응용** [연습문제 23]을 이용하여 $\sqrt{1+x}$ 를 매클로린 급수로 표현하고, $\sqrt{1.1}$ 의 근삿값을 소수점 이하 다섯째 자리까지 구하라.

6.5 푸리에 급수

테일러 급수는 다항식으로 함수 f를 근사시킬 때 사용하며, 테일러 다항식은 특정한 점 $x=c$ 부근에서 함수 f를 근사시킬 때 사용한다. 그러나 어떤 점의 부근이 아니라 폭넓은 구간으로 주어지거나 불연속인 점에서는 테일러 급수를 사용할 수 없다. 이러한 경우에 적용할 수 있는 또 다른 방법으로 푸리에 급수가 있다. 푸리에 급수는 임의의 함수를 사인함수와 코사인함수의 급수로 표현하여 근사시킨다. 이 급수는 역학의 열전도 문제를 비롯하여 어떤 신호를 서로 다른 두 신호로 분해하는 통신공학 등에서 많이 응용된다.

6.5.1 푸리에 급수

어떤 양수 T에 대하여 함수 $f(x)$가 폐구간 $[-T,\ T]$에서 연속이고 다음과 같이 표현된다고 하자.

$$f(x)=\frac{a_0}{2}+\sum_{n=1}^{\infty}\left(a_n\cos\frac{n\pi x}{T}+b_n\sin\frac{n\pi x}{T}\right)$$

이를 함수 $f(x)$에 대한 **삼각급수** trigonometric series라 한다. 이제 미정계수 $a_n(n=0,\ 1,\ 2,\ \cdots)$과 $b_n(n=1,\ 2,\ \cdots)$을 구해보자. 우선 a_0를 구하기 위하여 폐구간 $[-T,\ T]$에서 양변을 적분하면

$$\int_{-T}^{T}\cos\frac{n\pi}{T}x\,dx=\frac{T}{n\pi}\sin\frac{n\pi}{T}x\Big|_{-T}^{T}=\frac{T}{n\pi}(2\sin n\pi)=0$$

$$\int_{-T}^{T}\sin\frac{n\pi}{T}x\,dx=-\frac{T}{n\pi}\cos\frac{n\pi}{T}x\Big|_{-T}^{T}=\frac{T}{n\pi}(-\cos n\pi+\cos(-n\pi))=0$$

이므로 함수 $f(x)$를 $[-T,\ T]$에서 적분하면 다음과 같다.

$$\begin{aligned}\int_{-T}^{T}f(x)dx&=\int_{-T}^{T}\frac{a_0}{2}dx+\int_{-T}^{T}\sum_{n=1}^{\infty}\left(a_n\cos\frac{n\pi}{T}x+b_n\int_{-T}^{T}\sin\frac{n\pi}{T}x\right)dx\\&=\int_{-T}^{T}\frac{a_0}{2}dx+\sum_{n=1}^{\infty}\left(a_n\int_{-T}^{T}\cos\frac{n\pi}{T}x\,dx+b_n\int_{-T}^{T}\sin\frac{n\pi}{T}x\,dx\right)\\&=\int_{-T}^{T}\frac{a_0}{2}dx=a_0T\end{aligned}$$

따라서 양변을 T로 나누면 다음과 같은 상수항 a_0를 얻는다.

$$a_0 = \frac{1}{T}\int_{-T}^{T} f(x)\,dx$$

그리고 $n = 1, 2, \cdots$일 때, a_n을 구하기 위하여 함수 $f(x)$에 대한 삼각급수의 양변에 $\cos\frac{m\pi}{T}x$를 곱한 후, 폐구간 $[-T, T]$에서 양변을 적분한다. 이때 다음 삼각함수의 적분을 이용한다.

$$\int_{-T}^{T}\cos\frac{m\pi}{T}x\,dx = 0,\quad m>0$$

$$\int_{-T}^{T}\cos\frac{n\pi}{T}x\cos\frac{m\pi}{T}x\,dx = \begin{cases}0, & m\neq n\\ T, & m=n\end{cases}$$

$$\int_{-T}^{T}\cos\frac{m\pi}{T}x\sin\frac{n\pi}{T}x\,dx = 0$$

그러면 $m=n$인 경우에

$$\begin{aligned}\int_{-T}^{T}f(x)\cos\frac{m\pi}{T}x\,dx &= \frac{a_0}{2}\int_{-T}^{T}\cos\frac{m\pi}{T}x\,dx + \sum_{n=1}^{\infty}\left(a_n\int_{-T}^{T}\cos\frac{n\pi}{T}x\cos\frac{m\pi}{T}x\,dx\right.\\ &\qquad\left.+\, b_n\int_{-T}^{T}\sin\frac{n\pi}{T}x\cos\frac{m\pi}{T}x\,dx\right)\\ &= a_nT\end{aligned}$$

이므로 다음을 얻는다.

$$a_n = \frac{1}{T}\int_{-T}^{T}f(x)\cos\frac{n\pi}{T}x\,dx,\quad n=1, 2, 3, \cdots$$

끝으로 계수 b_n을 구하기 위하여 함수 $f(x)$에 대한 삼각급수의 양변에 $\sin\frac{m\pi}{T}x$를 곱한 후, 폐구간 $[-T, T]$에서 양변을 적분한다. 이때 다음 삼각함수의 적분을 이용한다.

$$\int_{-T}^{T}\sin\frac{m\pi}{T}x\,dx = 0,\quad m>0$$

$$\int_{-T}^{T}\sin\frac{n\pi}{T}x\sin\frac{m\pi}{T}x\,dx = \begin{cases}0, & m\neq n\\ T, & m=n\end{cases}$$

$$\int_{-T}^{T}\sin\frac{m\pi}{T}x\cos\frac{n\pi}{T}x\,dx = 0$$

그러면 $m=n$인 경우에 다음을 얻는다.

$$\begin{aligned}
&\int_{-T}^{T} f(x)\sin\frac{m\pi}{T}x\,dx \\
&= \frac{a_0}{2}\int_{-T}^{T}\sin\frac{m\pi}{T}x\,dx + \sum_{n=1}^{\infty}\left(a_n\int_{-T}^{T}\cos\frac{n\pi}{T}x\sin\frac{m\pi}{T}x\,dx\right. \\
&\qquad\qquad\qquad\qquad\qquad \left. + b_n\int_{-T}^{T}\sin\frac{n\pi}{T}x\sin\frac{m\pi}{T}x\,dx\right) \\
&= b_n T
\end{aligned}$$

따라서 다음과 같이 정의되는 계수 b_n을 얻는다.

$$b_n = \frac{1}{T}\int_{-T}^{T} f(x)\sin\frac{n\pi}{T}x\,dx, \quad n=1,\ 2,\ 3,\ \cdots$$

이와 같이 정의된 계수 a_n과 b_n을 갖는 삼각급수를 함수 $f(x)$의 **푸리에 급수** Fourier series 라 하고, 계수 a_n과 b_n을 $f(x)$의 **푸리에 계수** Fourier coefficient 라 한다.

예제 6-31

$-\pi \le x \le \pi$에서 함수 $f(x)=x-1$에 대한 푸리에 계수를 구하고, $n=5$인 푸리에 급수 $f_5(x)$를 구하라.

풀이

$T=\pi$이므로 각 계수 a_0, a_n과 b_n은 각각 다음과 같다.

$$a_0 = \frac{1}{\pi}\int_{-\pi}^{\pi}(x-1)\,dx = \frac{1}{\pi}\left(\frac{1}{2}x^2 - x\right)\Bigg|_{-\pi}^{\pi} = -2$$

$$\begin{aligned}
a_n &= \frac{1}{\pi}\int_{-\pi}^{\pi}(x-1)\cos nx\,dx \\
&= \frac{1}{n^2\pi}(\cos nx + n(x-1)\sin nx)\Bigg|_{-\pi}^{\pi} = -\frac{2\sin n\pi}{n\pi} = 0
\end{aligned}$$

$$\begin{aligned}
b_n &= \frac{1}{\pi}\int_{-\pi}^{\pi}(x-1)\sin nx\,dx \\
&= \frac{1}{n^2\pi}(\sin nx - n(x-1)\cos nx)\Bigg|_{-\pi}^{\pi} = \frac{2\sin n\pi - 2n\pi\cos n\pi}{n^2\pi}
\end{aligned}$$

따라서 $a_0 = -2$, $b_1 = 2$, $b_2 = -1$, $b_3 = \frac{2}{3}$, $b_4 = -\frac{1}{2}$, $b_5 = \frac{2}{5}$ 이고, 구하고자 하는 푸리에 급수는 다음과 같다.

$$f(x) = -\frac{2}{2} + b_1 \sin x + b_2 \sin 2x + b_3 \sin 3x + b_4 \sin 4x + b_5 \sin 5x$$
$$= -1 + 2\sin x - \sin 2x + \frac{2}{3}\sin 3x - \frac{1}{2}\sin 4x + \frac{2}{5}\sin 5x$$

이때 함수 $f(x)$와 근사식 $f_5(x)$를 비교하면 다음 그림과 같다.

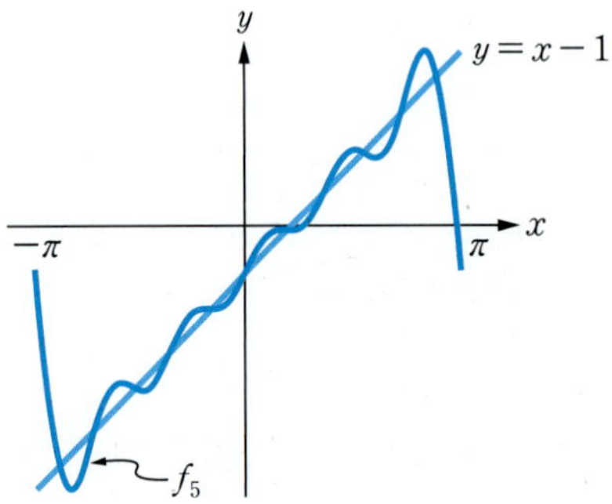

이제 함수 $f(x)$가 폐구간 $[-T, T]$에서 유한개의 점을 제외한 곳에서 연속이고, 주기가 $2T$라고 하자. 예를 들어, 다음과 같은 2π 주기함수를 살펴보자.

$$f(x) = \begin{cases} -1, & -\pi \le x < 0 \\ 1, & 0 \le x < \pi \end{cases}$$

그러면 이 함수는 $n = 1, 2, 3, \cdots$에 대하여 다음과 같은 푸리에 계수를 갖는다.

$$a_0 = \frac{1}{2\pi}\int_{-\pi}^{\pi} f(x)\,dx = \frac{1}{\pi}\left(\int_{-\pi}^{0}(-1)\,dx + \int_{0}^{\pi} 1\,dx\right) = 2$$

$$a_n = \frac{1}{\pi}\int_{-\pi}^{\pi} f(x)\cos nx\,dx$$
$$= \frac{1}{\pi}\left(\int_{-\pi}^{0}(-1)\cos nx\,dx + \int_{0}^{\pi}\cos nx\,dx\right)$$
$$= \frac{1}{\pi}\left(-\frac{\sin n\pi}{n} + \frac{\sin n\pi}{n}\right) = 0$$

$$
\begin{aligned}
b_n &= \frac{1}{\pi}\int_{-\pi}^{\pi} f(x)\sin nx\,dx \\
&= \frac{1}{\pi}\left(\int_{-\pi}^{0}(-1)\sin nx\,dx + \int_{0}^{\pi}\sin nx\,dx\right) \\
&= \frac{1}{\pi}\left(\frac{1-\cos n\pi}{n} + \frac{1-\cos n\pi}{n}\right) \\
&= \frac{2(1-\cos n\pi)}{n\pi} = \frac{2(1-(-1)^n)}{n\pi}
\end{aligned}
$$

따라서 이 주기함수의 푸리에 급수는

$$
f(x) = 1 + \sum_{n=1}^{\infty} \frac{2(1-(-1)^n)}{n\pi}\sin nx
$$

이고, 함수 $f(x)$와 $n=3, 6, 10, 15$인 푸리에 급수에 의한 근사를 [그림 6-7]에 비교하였다.

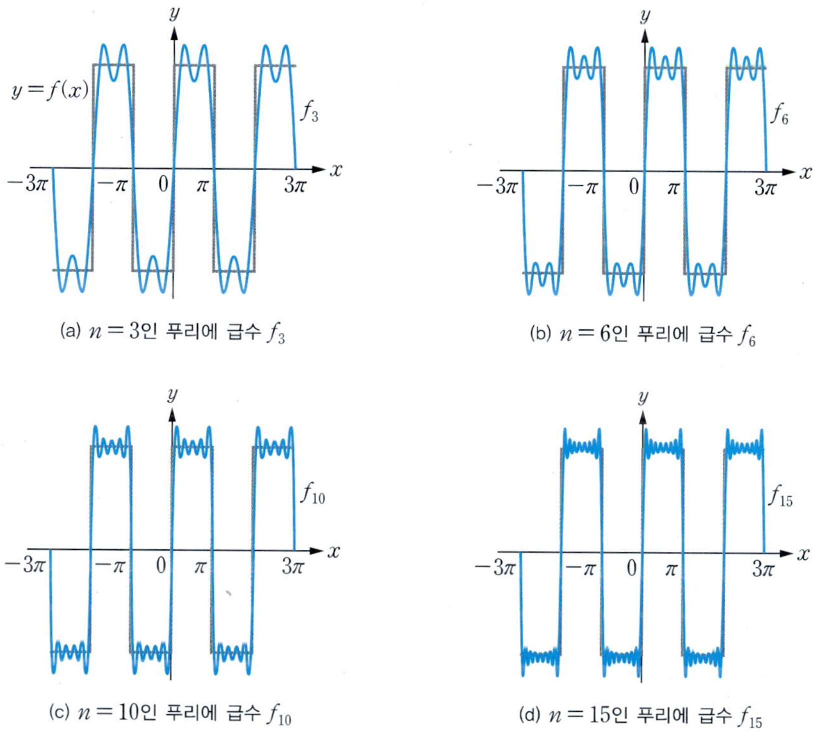

[그림 6-7] 함수 $f(x)$와 $n=3, 6, 10, 15$인 푸리에 급수에 의한 근사

예제 6-32

$[-\pi, \pi]$에서 다음과 같이 정의되고 주기가 2π인 함수 $f(x)$의 푸리에 급수를 구하라.

$$f(x)=\begin{cases}-\sin x\,, & -\pi \le x \le 0\\ \sin x\,, & 0\le x\le \pi\end{cases}$$

풀이

우선 a_0를 구하면

$$a_0=\frac{1}{\pi}\int_{-\pi}^{\pi} f(x)\,dx=\frac{1}{\pi}\int_{-\pi}^{0}(-1)\sin x\,dx+\frac{1}{\pi}\int_{0}^{\pi}\sin x\,dx=\frac{4}{\pi}$$

이고, 부분적분법을 이용하여 계수 a_n과 b_n을 구하면 다음과 같다.

$$\begin{aligned}a_n&=\frac{1}{\pi}\int_{-\pi}^{\pi} f(x)\cos nx\,dx\\&=\frac{1}{\pi}\int_{-\pi}^{0}(-\sin x)\cos nx\,dx+\frac{1}{\pi}\int_{0}^{\pi}\sin x\cos nx\,dx\\&=\frac{1+\cos n\pi}{(1-n^2)\pi}=\frac{1+(-1)^n}{(1-n^2)\pi}\end{aligned}$$

$$\begin{aligned}b_n&=\frac{1}{\pi}\int_{-\pi}^{\pi} f(x)\sin nx\,dx\\&=\frac{1}{\pi}\int_{-\pi}^{0}(-\sin x)\sin nx\,dx+\frac{1}{\pi}\int_{0}^{\pi}\sin x\sin nx\,dx=0\end{aligned}$$

따라서 주어진 함수 $f(x)$의 푸리에 급수는 다음과 같다.

$$f(x)=\frac{2}{\pi}+\sum_{n=1}^{\infty}\frac{1+(-1)^n}{(1-n^2)\pi}\cos nx$$

6.5.2 푸리에 사인급수와 코사인급수

[정리 4-4]에서 임의의 양수 a에 대하여 $f(x)$가 우함수이면 $\int_{-a}^{a} f(x)\,dx=2\int_{0}^{a} f(x)\,dx$ 이고, $f(x)$가 기함수이면 $\int_{-a}^{a} f(x)\,dx=0$인 사실을 살펴보았다. 그리고 $\cos x$는 우함수이고 $\sin x$는 기함수이므로 $f(x)$가 우함수이면, $f(x)\cos x$는 우함수이고 $f(x)\sin x$는 기함수이다. 따라서 $[-T, T]$에서 우함수인 $f(x)$에 대한 푸리에 급수의 계수는 각각

$$a_0=\frac{2}{T}\int_{0}^{T} f(x)\,dx$$

이고, $n=1, 2, 3, \cdots$에 대하여

$$a_n = \frac{2}{T}\int_0^T f(x)\cos\frac{n\pi x}{T}dx$$

$$b_n = \frac{1}{T}\int_{-T}^T f(x)\sin\frac{n\pi x}{T}dx = 0$$

이다. 그러면 우함수 $f(x)$에 대한 푸리에 급수는 다음과 같이 코사인함수만 사용하는 급수이다.

$$f(x) = \frac{a_0}{2} + \sum_{n=1}^{\infty} a_n \cos\frac{n\pi x}{T}$$

이와 같은 푸리에 급수를 **코사인급수** cosine series라 한다. 한편, $f(x)$가 기함수이면 $f(x)\cos x$는 기함수이고 $f(x)\sin x$는 우함수이다. 그러므로 $[-T, T]$에서 기함수인 $f(x)$에 대한 푸리에 급수의 계수는 각각

$$a_0 = \frac{1}{T}\int_{-T}^T f(x)dx = 0$$

이고, $n=1, 2, 3, \cdots$ 에 대하여

$$a_n = \frac{1}{T}\int_{-T}^T f(x)\cos\frac{n\pi x}{T}dx = 0$$

$$b_n = \frac{2}{T}\int_0^T f(x)\sin\frac{n\pi x}{T}dx$$

이다. 따라서 기함수 $f(x)$에 대한 푸리에 급수는 다음과 같이 사인함수만으로 구성된 급수이고, 이 급수를 **사인급수** sine series라 한다.

$$f(x) = \sum_{n=1}^{\infty} b_n \sin\frac{n\pi x}{T}$$

예제 6-33

다음과 같이 정의되는 함수의 푸리에 급수를 구하고, $n=3$인 근사식을 구하라. 단, 주기는 2π이다.

$$f(x) = \begin{cases} x+\pi, & -\pi \le x < 0 \\ \pi - x, & 0 \le x < \pi \end{cases}$$

풀이

$f(x)$가 우함수이므로

$$a_0 = \frac{2}{\pi}\int_0^{\pi}(\pi - x)\,dx = \pi$$

이고, 부분적분법에 의하여

$$a_n = \frac{2}{\pi}\int_0^{\pi}(\pi - x)\cos nx\,dx = \frac{2(1-\cos n\pi)}{n^2\pi} = \frac{2(1-(-1)^n)}{n^2\pi}$$

이다. 따라서 주어진 함수 $f(x)$의 푸리에 급수는 다음과 같다.

$$f(x) = \frac{\pi}{2} + \sum_{n=1}^{\infty}\frac{2(1-(-1)^n)}{n^2\pi}\cos nx$$

또한 $\frac{a_0}{2} = \frac{\pi}{2}$, $a_1 = \frac{4}{\pi}$, $a_2 = 0$, $a_3 = \frac{4}{9\pi}$이므로 $n=3$인 근사식은 다음과 같다.

$$f_3(x) = \frac{\pi}{2} + \frac{4}{\pi}\cos x + \frac{4}{9\pi}\cos 3x$$

그리고 $f(x)$와 근사식 $f_3(x)$의 그림을 비교하면 다음과 같다.

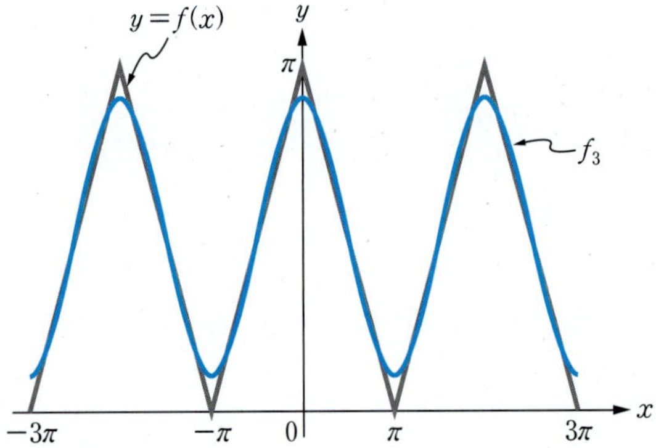

예제 6-34

$[-\pi, \pi]$에서 $f(x) = x$이고 주기 2π인 함수의 푸리에 급수를 구하고, $n=5$인 근사식을 구하라.

풀이

$f(x)$가 기함수이므로 부분적분법에 의하여 b_n을 구하면 다음과 같다.

$$b_n = \frac{2}{\pi}\int_0^{\pi}x\sin nx\,dx = -\frac{2\cos n\pi}{n} = (-1)^{n+1}\frac{2}{n}$$

따라서 주어진 함수 $f(x)$의 푸리에 급수는 다음과 같다.

$$f(x) = \sum_{n=1}^{\infty} (-1)^{n+1} \frac{2}{n} \sin nx$$

이때 $b_1 = 2$, $b_2 = -1$, $b_3 = \frac{2}{3}$, $b_4 = -\frac{1}{2}$, $b_5 = \frac{2}{5}$ 이므로 $n = 5$인 근사식 $f_5(x)$는 다음과 같다.

$$f_5(x) = 2\sin x - \sin 2x + \frac{2}{3}\sin 3x - \frac{1}{2}\sin 4x + \frac{2}{5}\sin 5x$$

그리고 $f(x)$와 근사식 $f_5(x)$의 그림을 비교하면 다음과 같다.

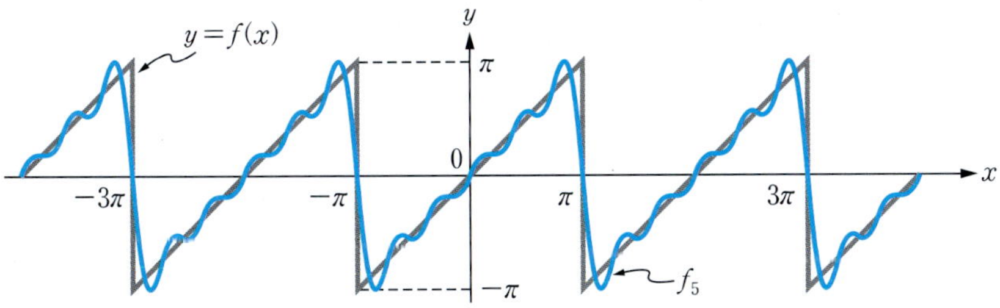

Section 6.5 연습문제

※ 다음 함수의 푸리에 급수 $F(x)$를 구하라.

1. $f(x) = 1, \quad -\pi \le x \le \pi$

2. $f(x) = e^x, \quad -\pi \le x \le \pi$

3. $f(x) = \begin{cases} 1, & -\pi \le x < 0 \\ -1, & 0 \le x < \pi \end{cases}$

4. $f(x) = \begin{cases} -x, & -\pi \le x < 0 \\ x, & 0 \le x < \pi \end{cases}$

5. $f(x) = \begin{cases} 1+x, & -1 < x < 0 \\ 1-x, & 0 \le x \le 1 \end{cases}$

6. $f(x) = \begin{cases} \cos x, & -\pi \le x < 0 \\ \sin x, & 0 \le x < \pi \end{cases}$

7. $[-1, 1]$에서 $f(x) = x^2$이고 주기 2인 함수를 푸리에 급수로 전개하라.

8. $[-\pi, \pi]$에서 $f(x) = x$이고 주기 2인 함수를 푸리에 급수로 전개하라.

전공 맛보기

함수의 선형화 : 비선형 시스템의 근삿값 (관련 과목 : 제어공학)

$x=a$를 포함하는 작은 구간에서 미분가능한 함수 $f(x)$에 대하여 $x=a$에서의 접선은 다음과 같이 나타낸다. 그러면 $x=a$를 포함하는 구간이 작을수록 곡선의 휘어진 부분이 접선과 거의 일치한다. 즉 $f(x) \approx L(x)$이다. 6.4절에서 이를 함수 $f(x)$의 선형화라고 하였다. 이러한 선형화는 제어공학에서 근삿값을 구할 때 사용한다.

$$L(x) = f(a) + f'(a)(x-a)$$

[그림 6-8]과 같이 점 $A(a, f(a))$에서 작동하는 어떤 비선형 시스템을 생각해보자. 이러한 비선형 시스템의 예로 [그림 6-9]와 같은 비선형 전기회로를 살펴보자.

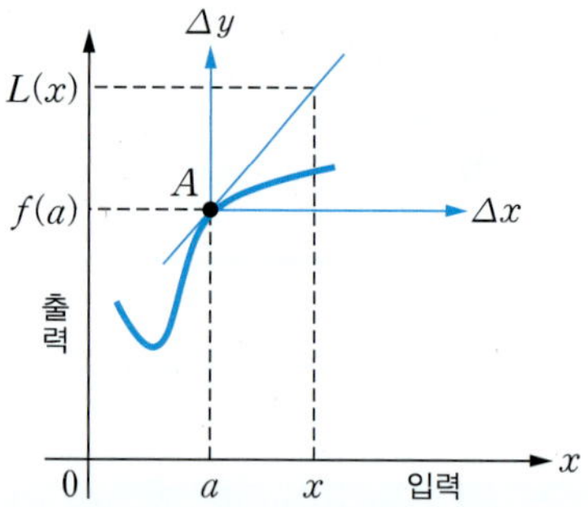

[그림 6-8] 점 A에서의 선형화

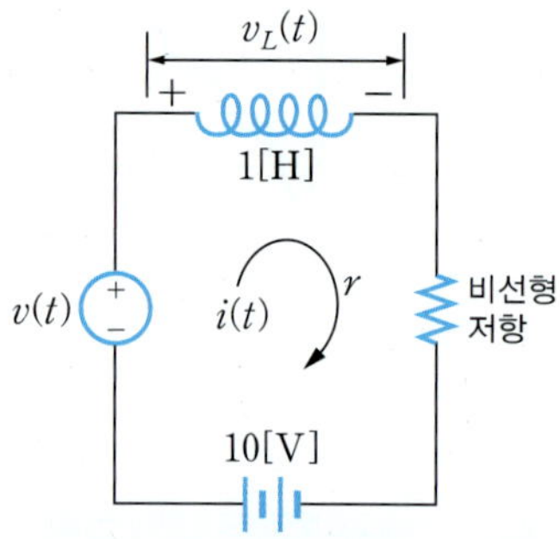

[그림 6-9] 비선형 전기회로

입력에서 미세한 변화가 생기면 점 A에서 접선 방향으로 출력에 변화가 생긴다. $x=a$에서의 접선의 기울기를 $m_a = f'(a)$라 하면, 이 점에서 발생한 입력의 작은 변화 $\Delta x = x-a$는 출력에서 $\Delta f(x) = f(x)-f(a)$의 변화가 발생한다. 따라서 $x=a$에서 $f(x)$의 선형화를 $L_a(x)$라 할 때, 다음과 같은 근사식이 성립한다.

$$f(x) \approx f(a) + m_a(x-a) = L_a(x)$$

그러면 [그림 6-9]와 같이 비선형 저항 r에 걸리는 전류 i_r과 전압 v_r 사이에 $i_r = e^{0.2v_r}$인 관계를 가지는 비선형 전기회로에 적용할 수 있다. 이때 $i_r = e^{0.2v_r}$이므로 양변에 자연로그를 취하면 $\ln i_r = \ln e^{0.2v_r} = 0.2v_r$, 즉 $v_r = 5\ln i$이다. 따라서 $i_r = i$이면 키르히호프의 법칙에 의하여 다음 미분방정식이 성립한다.

$$L\frac{di}{dt} + 5\ln i - 10 = v(t)$$

이 전기회로의 전류 i의 평형 값을 i_0이라 하면 $i = i_0 + \Delta i$이므로 다음과 같이 다시 쓸 수 있다.

$$L\frac{d(i_0+\Delta i)}{dt} + 5\ln(i_0+\Delta i) - 10 = v(t)$$

초월함수가 포함된 미분방정식으로 해를 구하기가 매우 어렵지만, $i=i_0$에서 $f(i)=\ln i$를 선형화하면 다음을 얻는다.

$$\ln(i_0+\Delta i)=-\ln i_0+\frac{1}{i_0}\Delta i$$

따라서 이 미분방정식을 근사적으로 다음과 같이 Δi에 관한 선형미분방정식으로 변형할 수 있다.

$$L\frac{d(\Delta i)}{dt}+5\left(\ln i_0+\frac{1}{i_0}\Delta i\right)-10=v(t)$$

푸리에 급수 : 용수철의 감쇠운동 (관련 과목 : 물리학)

푸리에 급수는 용수철의 감쇠운동에 적용할 수 있다. 용수철이 수평운동을 하는 경우에 마찰력이 생기거나 용수철이 수직운동을 하더라도 매달려 있는 물체가 용액이 담겨있는 용기 속에서 움직이는 경우의 운동을 생각해보자. 이때 용수철 상수 $k=49\,[\mathrm{g/sec^2}]$, 감쇠상수 $\alpha=0.01\,[\mathrm{g/sec}]$인 용수철에 질량 1[g]인 물체를 매달려 있고, [그림 6-10]과 같은 외부 힘이 작용한다고 하자.

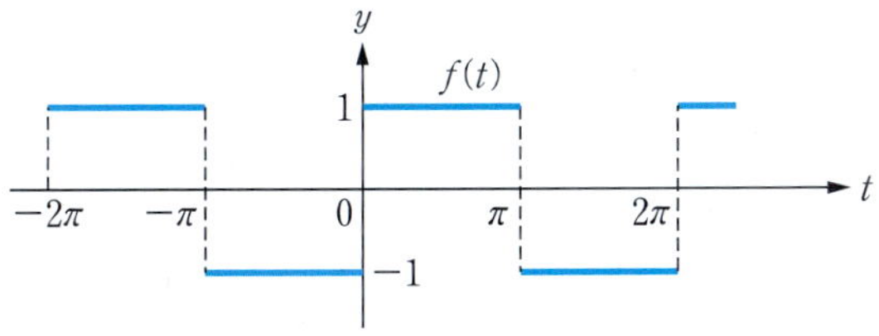

[그림 6-10] 주기적인 외부 힘 함수

그러면 이 용수철 운동은 다음과 같은 미분방정식으로 나타낼 수 있다.

$$y''+0.01y'+49y=f(t)$$

미분방정식은 10장에서 자세하게 다루고, 여기서는 단순히 푸리에 급수의 사용을 살펴보자. [그림 6-10]의 함수는 다음과 같은 2π 주기함수이다.

$$f(t)=\begin{cases}-1 & ,\ -\pi\le t<0\\ 1 & ,\ 0\le t<\pi\\ f(t+2\pi) & ,\ \text{다른 곳에서}\end{cases}$$

Chapter 06

따라서 푸리에 계수를 구하면 다음과 같다.

$$a_0 = \frac{1}{\pi}\int_{-\pi}^{\pi} f(t)\,dt = \frac{1}{\pi}\left(\int_{-\pi}^{0}(-1)dt + \int_{0}^{\pi} dt\right) = 0$$

$$a_n = \frac{1}{\pi}\left(\int_{-\pi}^{0}(-\cos nt)dt + \int_{0}^{\pi}\cos nt\,dt\right) = 0$$

$$b_n = \frac{1}{\pi}\left(\int_{-\pi}^{0}(-\sin nt)dt - \int_{0}^{\pi}\sin nt\,dt\right)$$

$$= \frac{2(1-\cos n\pi)}{n\pi} = \frac{2(1+(-1)^{n+1})}{n\pi}$$

그러므로 함수 $f(t)$의 푸리에 급수는 다음과 같다.

$$f(t) = 2\sum_{n=1}^{\infty}\frac{1+(-1)^{n+1}}{n\pi}\sin nt = 4\sum_{n=1}^{\infty}\frac{1}{(2n-1)\pi}\sin(2n-1)t$$

이제 정상상태의 해를 구하기 위하여 다음과 같은 비제차 미분방정식들의 해를 구한다.

$$y'' + 0.01y' + 49y = \frac{4}{n\pi}\sin nt$$

그러면 이 미분방정식의 해는 다음과 같다.

$$y_n = A_n\cos nt + B_n\sin nt$$

여기서

$$A_n = \frac{0.04}{\pi D_n},\quad B_n = \frac{4(49-n^2)}{n\pi D_n},\quad D_n = (49-n^2)^2 + (0.01n)^2$$

이다. 이때 삼각함수의 합성(2.3.2절 참조)에 의하여 y_n은 다음과 같이 변형할 수 있다.

$$y_n = A_n\cos nt + B_n\sin nt = \sqrt{A_n^2 + B_n^2}\,\sin(nt+\alpha),\quad \tan\alpha = \frac{B_n}{A_n}$$

따라서 y_n의 진폭은 $H_n = \sqrt{A_n^2+B_n^2} = 4/(n\pi\sqrt{D_n})$이다. $n=1,\ 3,\ 5$이면 D_n은 감소하고 $n=7$이면 $D_n \approx 0.005$로 거의 0에 가깝고 $n=9,\ 11,\ \cdots$이면 무한히 커진다. 이것은 $n=7$인 경우를 제외하고는 A_n은 무시할 수 있으며, 주어진 용수철계의 정상상태의 해는 $y = y_1 + y_3 + y_5 + y_7 + y_9 + \cdots$이고, 이 해는 $y_7 = 2.5984\cos 7t$에 지배되는 것을 알 수 있다.

Chapter

07

편미분

Partial Derivatives

다변수함수 _7.1
이변수함수의 극한과 연속성 _7.2
편도함수 _7.3
이변수함수의 극값과 전미분 _7.4

전공 맛보기

학습목표

- 다변수함수의 개념과 그 활용을 이해할 수 있다.
- 일변수함수와 이변수함수의 극한의 차이를 이해하고, 이변수함수의 극한을 구할 수 있다.
- 이변수함수의 연속성을 이해한다.
- 편도함수의 개념을 이해하고, 편미분법을 이용하여 다변수함수의 편도함수를 구할 수 있다.
- 편도함수를 이용하여 이변수함수의 극댓값과 극솟값을 구할 수 있다.
- 전미분의 개념을 이해하고, 근삿값을 구할 수 있다.
- 절별 연습문제를 통해 학습 내용을 제대로 이해했는지 확인할 수 있다.

지금까지는 일변수함수의 미분과 적분을 구하고, 그 활용에 대하여 살펴보았다. 그러나 자연과학을 비롯하여 공학이나 사회학에서 다루는 수량적인 문제에는 둘 이상의 변수를 필요로 하는 경우가 매우 많다. 따라서 이 장에서는 미분적분학에서 기본이 되는 극한의 개념을 이변수함수로 확대하고, 역학에서 자주 등장하는 방향도함수의 기본이 되는 편도함수의 개념과 그 성질을 살펴본다. 그리고 굴곡을 갖는 이변수함수의 그래프의 극값을 구하는 방법과 전미분을 이용한 근삿값을 구하는 방법을 알아본다. 마지막으로 편도함수가 전기회로에 어떻게 적용되는지 문제를 통해 살펴본다.

7.1 다변수함수

세 좌표축이 한 정점 O에서 서로 직교하면, 공간 위의 임의의 점 $P(a, b, c)$를 이 세 좌표축을 이용하여 나타낼 수 있다. 이때 공간 위의 점 P는 [그림 7-1]과 같이 정점 O로부터 x축, y축 그리고 z축 방향으로 각각 a, b, c만큼 떨어진 위치에 표현된다. 이와 같은 좌표계를 **공간좌표계** coordinates system in space라고 하며, 공간좌표계는 세 개의 좌표축으로 표현된다. 이때 좌표계의 공간은 8개의 부분 공간으로 분할된다.

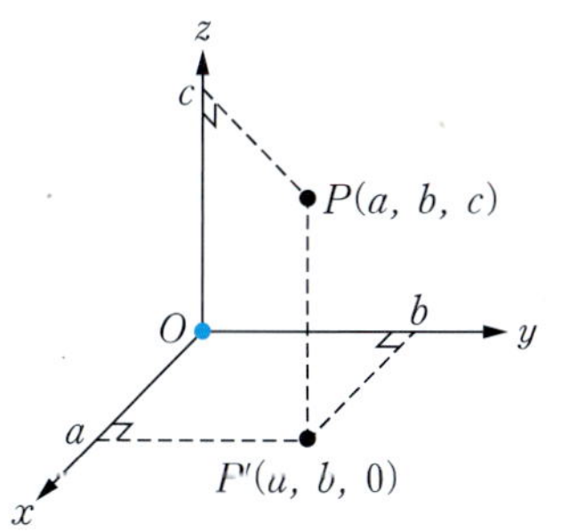

[그림 7-1] 공간좌표계

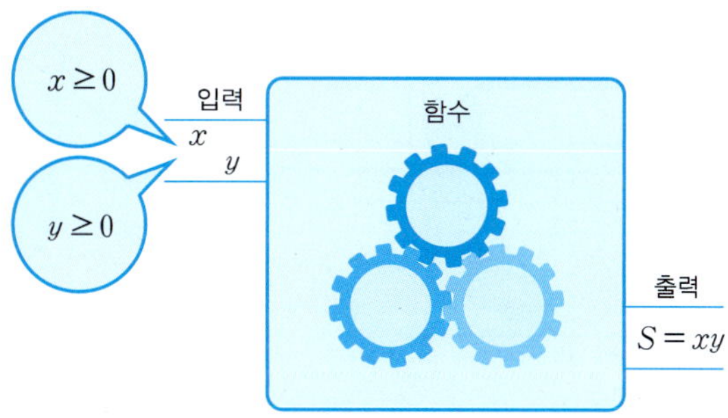

[그림 7-2] 이변수함수의 기능

만약 가로의 길이가 x, 세로의 길이가 y인 직사각형의 넓이를 S라 하면 $S = xy$이다. 이때 변의 길이 x와 y가 변함에 따라 넓이 S가 변한다. 따라서 [그림 7-2]와 같이 직사각형의 넓이 S는 x와 y의 함수 $S = f(x, y)$로 생각할 수 있다. 또한 가로의 길이가 x, 세로의 길이가 y, 높이가 z인 직육면체의 부피를 V라 하면 $V = xyz$이다. 이 경우에도 x, y, z가 변함에 따라 부피 V가 변한다. 따라서 직육면체의 부피 V는 x, y, z의 함수 $V = f(x, y, z)$로 생각할 수 있다.

이와 같이 평면 위의 어떤 영역 D의 한 점 (x, y)를 유일한 실수 z로 대응시키는 대응규칙 f, 즉 [그림 7-3(a)]와 같이 독립변수가 두 개인 함수를 **이변수함수** function of two variables라고 한다. 그리고 공간 안의 어떤 영역 D의 한 점 (x, y, z)를 유일한 실수 w로 대응시키는 대응규칙 f, 즉 [그림 7-3(b)]와 같이 독립변수가 세 개인 함수를 **삼변수함수** function of three

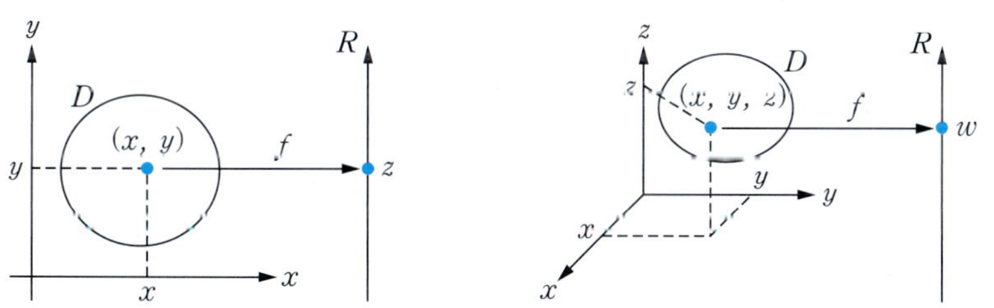

(a) 이변수함수

(b) 삼변수함수

[그림 7-3] 다변수함수

variables라 하고, 독립변수가 두 개 이상인 함수를 통칭하여 **다변수함수** function of multivariables라고 한다.

예를 들어, 반지름의 길이가 1인 구의 방정식 $x^2+y^2+z^2=1$에서 $z \geq 0$이면 상반구를 나타낸다. 이 함수를 $z=f(x, y)$라 하면 $f(x, y)=\sqrt{1-x^2-y^2}$이다. 이때 $z=f(x, y)$가 존재하는 x, y의 영역은 [그림 7-4(a)]와 같이 평면 위에서 $D=\{(x, y) \mid x^2+y^2 \leq 1\}$이고, 이 함수의 그래프는 [그림 7-4(b)]와 같다.

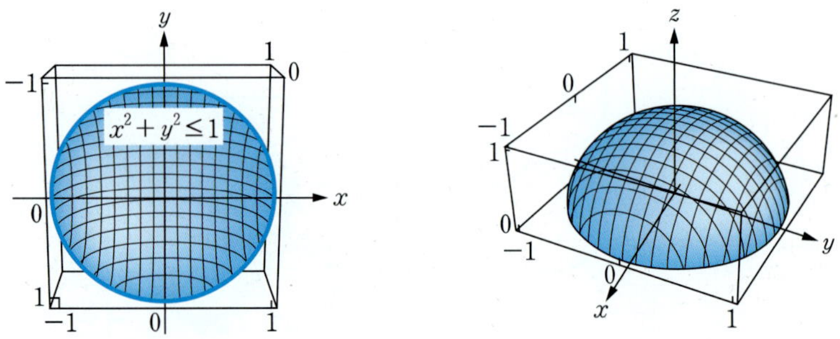

(a) 밑에서 바라본 그래프(x, y의 영역)　　(a) 함수 f의 그래프

[그림 7-4] $f(x, y)=\sqrt{1-x^2-y^2}$ 의 그래프

이와 같이 이변수함수 $z=f(x, y)$가 존재하는 평면 R^2 안의 점 (x, y)들의 집합, 즉

$$\text{dom}(f)=\{(x, y) \mid \exists z=f(x, y), (x, y) \in R^2\}$$

을 함수 f의 **정의역** domain이라 하고, 정의역 안의 모든 점 (x, y)에 대한 함숫값의 집합

$$\text{ran}(f)=\{z \in R \mid z=f(x, y), \forall (x, y) \in \text{dom}(f)\}$$

를 함수 f의 **치역** range이라 한다. 그리고 정의역 안의 점 (x, y)와 함숫값 $z=f(x, y)$에 의한 순서쌍 (x, y, z)들의 집합

$$G_f=\{(x, y, z) \mid z=f(x, y), \forall (x, y) \in \text{dom}(f)\}$$

를 함수 $z=f(x, y)$의 **그래프** graph라 한다. 이변수함수 $z=f(x, y)$의 그래프는 [그림 7-4(b)]와 같이 공간좌표계에서 어떤 곡면으로 표현할 수 있다. 그러나 독립변수가 세 개 이상이면 공간좌표계로 그래프를 그릴 수 없다.

예제 7-1

평면의 방정식 $ax+by+cz=d(d \neq 0)$에 대하여 z를 x와 y의 함수로 생각하고 $z=f(x, y)$를 구하라. 또한 계수 a, b, c에 따른 평면의 그래프를 결정하라. 단, a, b, c는 동시에 0이 아니다.

풀이

❶ $a=0$이면 $z=\dfrac{d}{c}-\dfrac{b}{c}y$이다. 따라서 모든 실수 x에 대하여 $z=\dfrac{d}{c}$를 지나고 y축과의 기울기가 $-\dfrac{b}{c}$인 평면이다.

❷ $b=0$이면 $z=\dfrac{d}{c}-\dfrac{a}{c}x$이다. 따라서 모든 실수 y에 대하여 $z=\dfrac{d}{c}$를 지나고 x축과의 기울기가 $-\dfrac{a}{c}$인 평면이다.

❸ $a\neq 0$, $b\neq 0$, $c\neq 0$이면 $z=\dfrac{d}{c}-\dfrac{a}{c}x-\dfrac{b}{c}y$이므로 세 좌표축 위의 점 $x=\dfrac{d}{a}$, $y=\dfrac{d}{b}$, $z=\dfrac{d}{c}$를 지나는 평면이다.

❹ $c=0$이면 $x=\dfrac{d}{a}$와 $y=\dfrac{d}{b}$를 지나고 모든 z에 대하여 $ax+by=d$를 만족하는 평면이다. 즉 xy평면에서 $ax+by=d$를 지나고 z축에 평행인 평면이다.

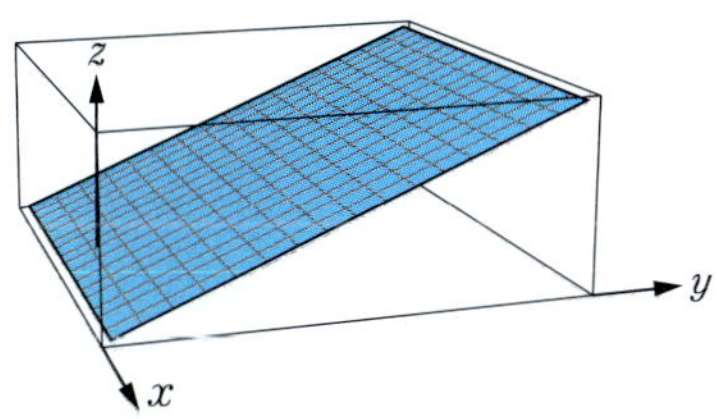

❶ $z=\dfrac{d}{c}-\dfrac{b}{c}y$의 그래프

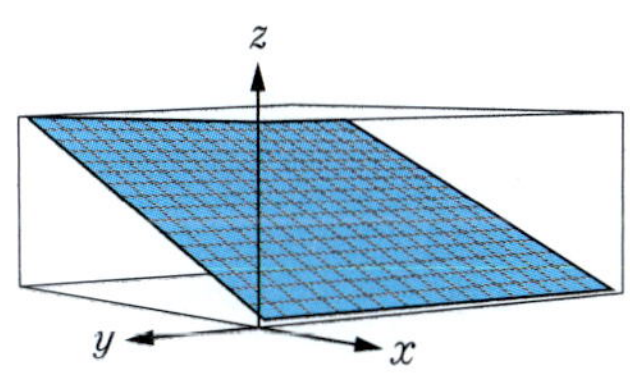

❷ $z=\dfrac{d}{c}-\dfrac{a}{c}x$의 그래프

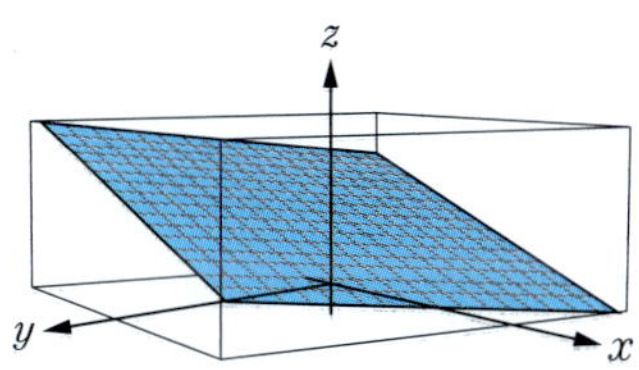

❸ $z=\dfrac{d}{c}-\dfrac{a}{c}x-\dfrac{b}{c}y$의 그래프

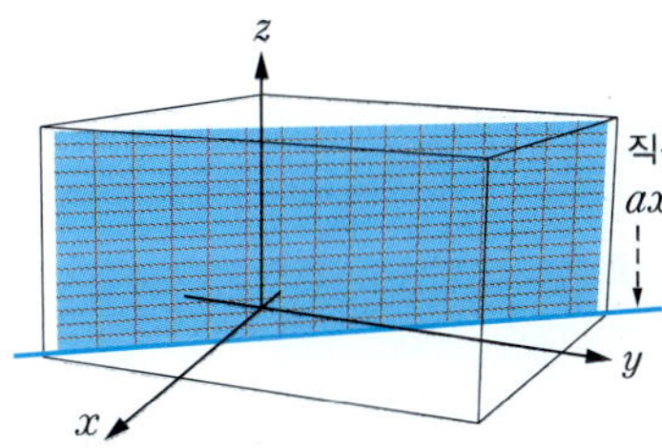

❹ $ax+by=d$의 그래프

한편, 곡면 $z=f(x, y)$를 xy평면에 평행인 평면 $z=k$로 절단하여 생기는 곡선 $f(x, y)=k$를 함수 f의 **등고선**[level curve]이라 한다. 예를 들어, [그림 7-5(a)]는 함수 $f(x, y)=\dfrac{1}{x^2+y^2}$을 평면 $z=k$로 절단하여 생긴 등고선 $f(x, y)=k$이며, [그림 7-5(b)]는 이러한 등고선들을 xy평면에 투영한 것이다. 그러면 등고선은 곡면 위에서 함숫값이 동일한 점들의 집합이 되는데, [그림 7-5(b)]에서 보는 바와 같이 곡면이 급경사인 부분의 등고선은 폭이 매우 좁게 나타나며 완만한 부분의 등고선은 폭이 넓게 나타난다. 해수면으로부터 동일한 고도를 갖는 위치의 점들을 나타내면 등고선이 되며, 등고선의 간격은 축적에 따라 다르게 나타나지만 절대 끊어지거나 교차하지 않는다. 이러한 등고선은 군사용 지도 등에 활용된다.

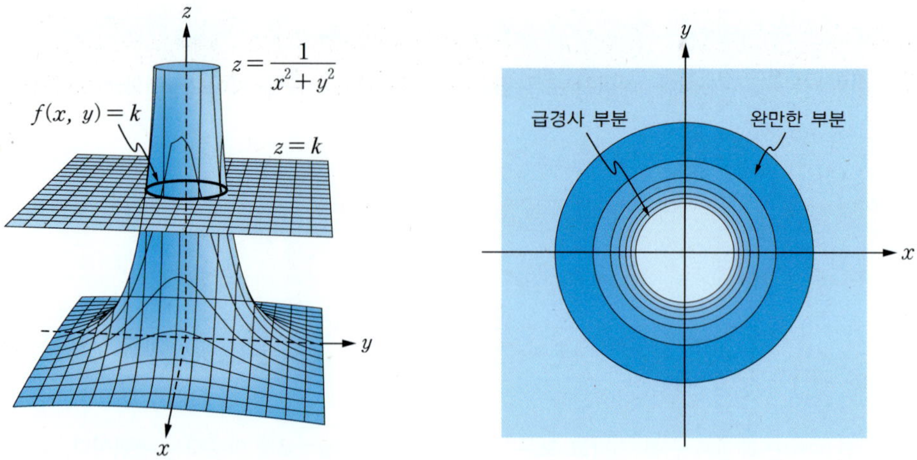

(a) $f(x, y)=\dfrac{1}{x^2+y^2}$의 그래프

(a) 함수 $f(x, y)$의 등고선

[그림 7-5] **$f(x, y)=\dfrac{1}{x^2+y^2}$의 그래프와 등고선**

그리고 삼변수함수 $f(x, y, z)$에 대하여 $f(x, y, z)=k$인 곡면을 함수 f의 **등고면**level surface이라 한다. 예를 들어, $f(x, y, z)=\sqrt{x^2+y^2+z^2}$에 대하여 등고면 $\sqrt{x^2+y^2+z^2}=k$, $k>0$은 [그림 7-6]과 같이 중심이 원점이고 반지름의 길이가 k인 상반구이다.

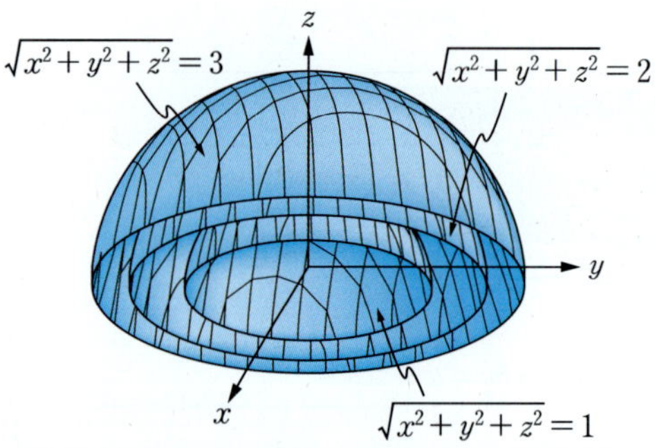

[그림 7-6] **$f(x, y, z)=\sqrt{x^2+y^2+z^2}$의 등고면**

예제 7-2

함수 $f(x, y)=x^2+y^2$에 대하여 등고선 $f(x, y)=1$, $f(x, y)=4$, $f(x, y)=9$의 자취를 설명하라.

풀이

$f(x, y)=1$이면 $x^2+y^2=1$이다. 따라서 중심이 $(0, 0)$이고 반지름의 길이가 1인 원이다.
$f(x, y)=4$이면 $x^2+y^2=4$이다. 따라서 중심이 $(0, 0)$이고 반지름의 길이가 2인 원이다.
$f(x, y)=9$이면 $x^2+y^2=9$이다. 따라서 중심이 $(0, 0)$이고 반지름의 길이가 3인 원이다.

Section 7.1 연습문제

※ 다음 이변수함수의 정의역을 구하라.

1. $f(x,\ y) = \dfrac{y}{x^2 - 1}$

2. $f(x,\ y) = \dfrac{1}{xy}$

3. $f(x,\ y) = \dfrac{xy}{1 - x^2 + y^2}$

4. $f(x,\ y) = \dfrac{x^2 + y^2}{x^2 - y^2}$

5. $f(x,\ y) = \sqrt{x^2 - y^2}$

6. $f(x,\ y) = \dfrac{1}{\sqrt{x^2 - y}}$

7. $f(x,\ y) = \sqrt{x + y + 1}$

8. $f(x,\ y) = \dfrac{\sqrt{x + y^2 - 1}}{x}$

※ 다음 주어진 함수에 대한 등고선을 (a)~(d)에서 올바르게 선택하라.

9. $f(x,\ y) = x + y$

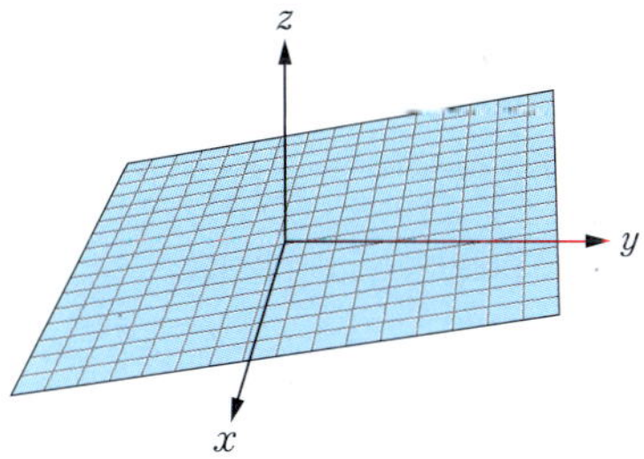

10. $f(x,\ y) = e^{-(x^2 + y^2)}$

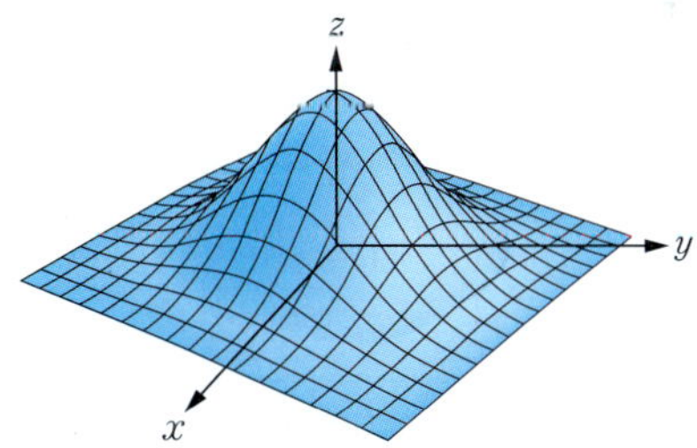

11. $f(x,\ y) = \sin x \cos y$

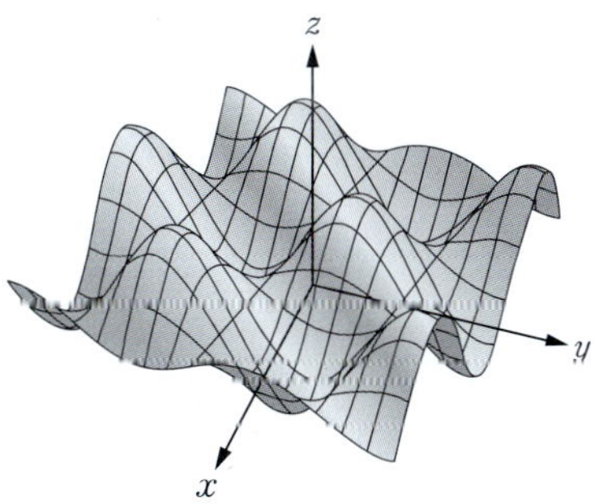

12. $f(x,\ y) = \sqrt{x - y}$

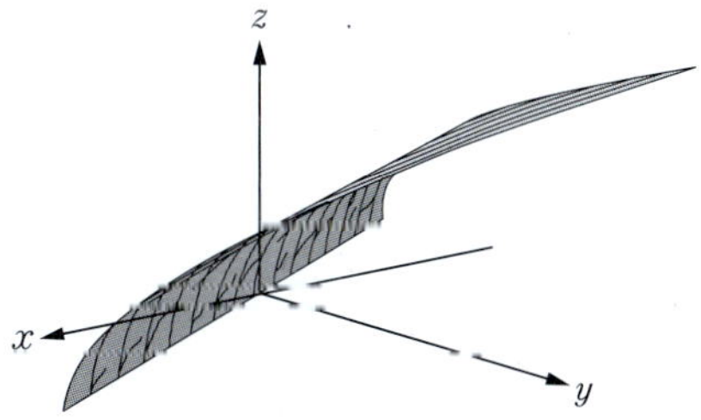

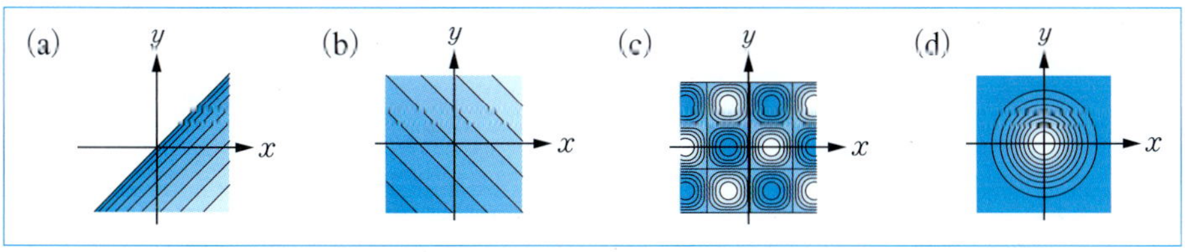

7.2 이변수함수의 극한과 연속성

일변수함수 $f(x)$의 극한에서 x가 a에 접근하는 방법은 a의 왼쪽과 오른쪽에서 접근하는 두 가지뿐이었다. 그러나 이변수함수 $f(x, y)$는 임의의 점 (x, y)가 특정한 점 (a, b)에 접근하는 방법이 무수히 많다. 이 절에서는 이러한 이변수함수의 극한에 대한 개념을 직관적으로 살펴보고, 이변수함수의 연속성에 대해 알아본다.

변수 x와 y가 모두 0에 가까워질 때, 두 함수 $f(x, y)=xy$와 $f(x, y)=\dfrac{1}{x+y}$의 함숫값이 어떻게 변하는지 표를 이용하여 살펴보자. 우선 $(0, 0)$의 부근에서 $x \to 0$, $y \to 0$일 때, $f(x, y)=xy$의 함숫값의 변화는 [표 7-1]과 같다. 이때 주어진 점에서 좌극한과 우극한만 생각했던 일변수함수와는 달리 접근 방향을 다양하게 생각할 수 있으며, [그림 7-7]처럼 접근 방향에 관계없이 $f(x, y) \to 0$인 것을 알 수 있다.

[표 7-1] $f(x, y)=xy$의 함숫값의 변화

y \ x	−0.1	−0.01	−0.001	0	0.001	0.01	0.1
−0.1	0.01	0.001	0.0001	0	−0.0001	−0.001	−0.01
−0.01	0.001	0.0001	0.00001	0	−0.00001	−0.0001	−0.001
−0.001	0.0001	0.00001	0.000001	0	−0.000001	−0.00001	−0.0001
0	0	0	0	?	0	0	0
0.001	−0.0001	−0.00001	−0.000001	0	0.000001	0.00001	0.0001
0.01	−0.001	−0.0001	−0.00001	0	0.00001	0.0001	0.001
0.1	−0.01	−0.001	−0.0001	0	0.0001	0.001	0.01

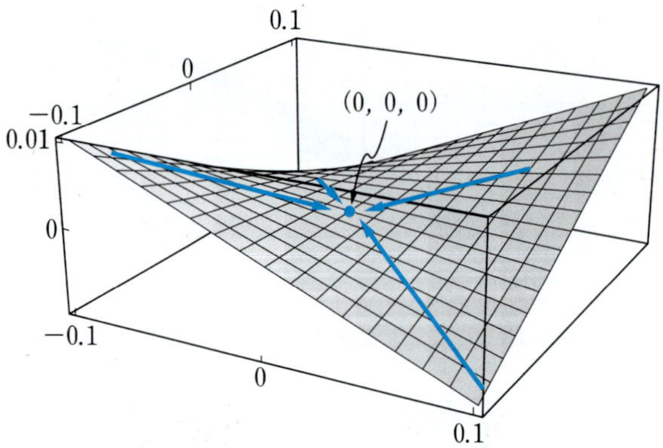

[그림 7-7] $f(x, y)=xy$의 그래프

함수 $f(x, y)=\dfrac{1}{x+y}$은 [표 7-2]에서 보는 바와 같이 $y=-x$에서 정의되지 않으며

$x \to 0$, $y \to 0$일 때, $f(x, y) \to -\infty$이거나 $f(x, y) \to \infty$인 것을 알 수 있다. 이 함수의 그래프를 나타내면 [그림 7-8]과 같다.

[표 7-2] $f(x, y) = \dfrac{1}{x+y}$의 함숫값의 변화

y \ x	-0.1	-0.01	-0.001	0	0.001	0.01	0.1
-0.1	-5	-9.09091	-9.90099	-10	-10.101	-11.111	∞
-0.01	-9.09091	-50	-90.9091	-100	-111.111	∞	11.111
-0.001	-9.90099	-90.9091	-500	1000	∞	111.111	10.101
0	-10	-100	-1000	?	1000	100	10
0.001	-10.101	-111.111	∞	1000	500	90.9091	9.90099
0.01	-11.111	∞	111.111	100	90.9091	50	9.09091
0.1	∞	11.111	10.101	10	9.90099	9.09091	5

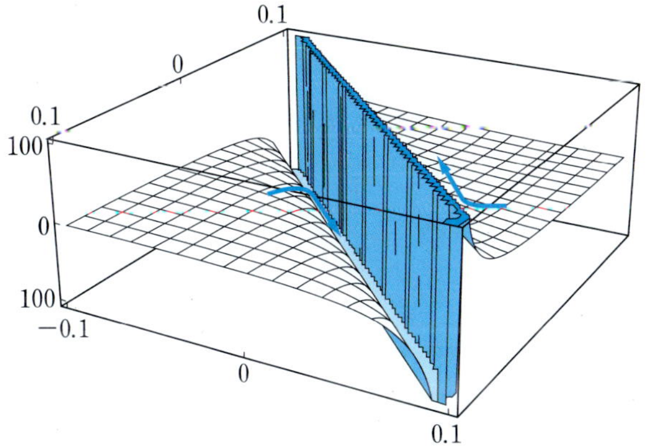

[그림 7-8] $f(x, y) = \dfrac{1}{x+y}$의 그래프

일변수함수에서 $x \to a$에 대하여 a를 포함하는 개구간을 생각한 것과 같이, 일반적으로 이변수함수의 경우에 [그림 7-9]와 같이 주어진 점 (a, b)를 중심으로 갖는 **열린 원판** open disk $D = \{(x, y) \mid (x-a)^2 + (y-b)^2 < r^2, r > 0\}$을 생각한다

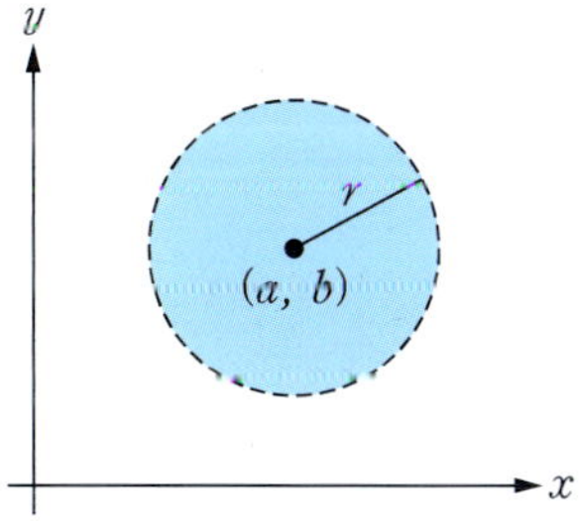

[그림 7-9] 열린 원판 D

이때 열린 원판 안의 임의의 점 (x, y)가 점 (a, b)에 접근하는 방법은 [그림 7-10]과 같이 다양하다. 이와 같이 다양한 경로에 따른 함수 $f(x, y)$의 극한값이 모두 동일하게 L이 되는 경우에 한하여 $(x, y) \to (a, b)$일 때, $f(x, y)$가 **극한**limit L에 **수렴한다**converge고 하고, 다음과 같이 나타낸다.

$$\lim_{(x, y) \to (a, b)} f(x, y) = L$$

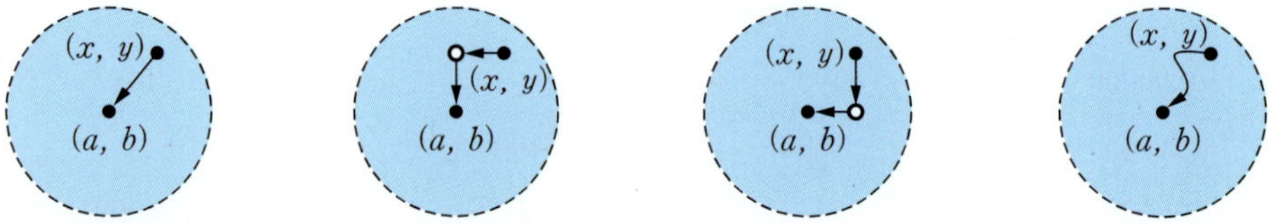

(a) 직선 경로 (b) $x \to a$, $y \to b$인 경로 (c) $y \to b$, $x \to a$인 경로 (d) 곡선 경로

[그림 7-10] 점 (x, y)가 점 (a, b)에 접근하는 방법

예제 7-3

함수 $f(x, y) = \dfrac{x-y}{x+y}$에 대하여 다음 경로에 따른 극한값 $\displaystyle\lim_{(x, y) \to (0, 0)} \dfrac{x-y}{x+y}$를 구하라.

(a) x축을 따라서 $(x, y) \to (0, 0)$인 경로

(b) y축을 따라서 $(x, y) \to (0, 0)$인 경로

(c) 원점을 지나는 직선 $y = mx$인 직선 경로

풀이

(a) $\displaystyle\lim_{\substack{x \to 0 \\ y=0}} \frac{x-y}{x+y} = \lim_{x \to 0}\left(\frac{x}{x}\right) = 1$

(b) $\displaystyle\lim_{\substack{y \to 0 \\ x=0}} \frac{x-y}{x+y} = \lim_{y \to 0}\left(\frac{-y}{y}\right) = -1$

(c) $y = mx\,(x \neq 0)$의 경로 위에서 $f(x, y) = \dfrac{x-y}{x+y} = \dfrac{x-mx}{x+mx} = \dfrac{1-m}{1+m}$이다. 그러므로 $(x, y) \to (0, 0)$이면 $f(x, y) \to \dfrac{1-m}{1+m}$이다. 따라서 직선 경로의 기울기 m에 따라 $f(x, y)$의 극한값도 달라진다.

[예제 7-3]에서 $m = 1$, 즉 직선 $y = x$를 따라 $(x, y) \to (0, 0)$이면 $f(x, y) \to 0$이지만 $m = -2$, 즉 직선 $y = -2x$를 따라 $(x, y) \to (0, 0)$이면 $f(x, y) \to -3$이다. 이처럼 $(x, y) \to (0, 0)$인 경로에 따라 함수 $f(x, y)$의 극한이 다른 경우에는 극한이 존재하지 않는다. 한편, 이변수함수도 일변수함수에 대한 여러 가지 극한의 성질이 그대로 성립한다.

정리 7-1 이변수함수의 기본 극한

(1) $\lim_{(x, y)\to(a, b)} x = a$ (2) $\lim_{(x, y)\to(a, b)} y = b$

(3) $\lim_{(x, y)\to(a, b)} k = k$, k는 상수 (4) $\lim_{(x, y)\to(a, b)} xy = ab$

정리 7-2 이변수함수의 극한의 연산

$\lim_{(x, y)\to(a, b)} f(x, y) = L$과 $\lim_{(x, y)\to(a, b)} f(x, y) = M$이 존재할 때 다음이 성립한다.

(1) $\lim_{(x, y)\to(a, b)} [f(x, y) \pm g(x, y)] = L \pm M$

(2) $\lim_{(x, y)\to(a, b)} [kf(x, y)] = kL$, k는 상수

(3) $\lim_{(x, y)\to(a, b)} [f(x, y) \cdot g(x, y)] = L \cdot M$

(4) $\lim_{(x, y)\to(a, b)} \dfrac{f(x, y)}{g(x, y)} = \dfrac{L}{M}$, $M \neq 0$

(5) $\lim_{(x, y)\to(a, b)} [f(x, y)]^r = L^r$

이변수함수 $f(x, y)$가 x와 y에 관한 다항함수이면 [정리 7-2]에 의하여 다음이 성립한다.

$$\lim_{(x, y)\to(a, b)} f(x, y) = f(a, b)$$

그리고 x와 y에 관한 다항함수 $f(x, y)$와 $g(x, y)$에 대하여 다음이 성립한다.

$$\lim_{(x, y)\to(a, b)} \frac{f(x, y)}{g(x, y)} = \frac{f(a, b)}{g(a, b)}, \quad g(a, b) \neq 0$$

또한 $\lim_{(x, y)\to(a, b)} f(x, y) = L$, 일변수함수 $g(x)$가 $x = L$에서 연속이면 다음이 성립한다.

$$\lim_{(x, y)\to(a, b)} g[f(x, y)] = g\left[\lim_{(x, y)\to(a, b)} f(x, y)\right] = g(L)$$

예제 7-4

다음 극한을 구하라.

(a) $\lim_{(x, y)\to(1, 1)} \sqrt{x^2 + 2y^2}$ (b) $\lim_{(x, y)\to(-1, 0)} \dfrac{x^2 - y^2}{2x + y - 2}$

풀이

(a) $\lim_{(x,\, y)\to(1,\, 1)} \sqrt{x^2+2y^2} = \sqrt{1^2+2\cdot 1^2} = \sqrt{3}$

(b) $\lim_{(x,\, y)\to(-1,\, 0)} \frac{x^2-y^2}{2x+y-2} = \frac{(-1)^2-0^2}{2\cdot(-1)+0-2} = -\frac{1}{4}$

점 $(a,\ b)$를 포함하는 열린 원판 D에서 $g(y)=\lim_{x\to a} f(x,\ y)$, $h(x)=\lim_{y\to b} f(x,\ y)$가 정의되고 $\lim_{(x,\, y)\to(a,\, b)} f(x,\ y)=L$이 존재한다면, $\lim_{y\to b} g(y)=L$과 $\lim_{x\to a} h(x)=L$이 성립한다. 즉

$$\lim_{x\to a}\left(\lim_{y\to b} f(x,\ y)\right)=\lim_{y\to b}\left(\lim_{x\to a} f(x,\ y)\right)=L$$

이 성립한다. 그러나 역은 성립하지 않는다.

예제 7-5

다음 극한을 구하라.

(a) $\lim_{(x,\, y)\to(2,\, 1)} (x^2-y^2)$

(b) $\lim_{(x,\, y)\to(1,\, 0)} \frac{(x+1)\sin y}{xy}$

풀이

(a) $\lim_{(x,\, y)\to(2,\, 1)} (x^2-y^2)=\lim_{x\to 2}\left(\lim_{y\to 1}(x^2-y^2)\right)=\lim_{x\to 2}(x^2-1)=3$

(b) $$\lim_{(x,\, y)\to(1,\, 0)} \frac{(x+1)\sin y}{xy}=\lim_{x\to 1}\left(\lim_{y\to 0}\frac{(x+1)\sin y}{xy}\right)=\lim_{x\to 1}\left(\frac{x+1}{x}\right)\cdot\left(\lim_{y\to 0}\frac{\sin y}{y}\right)$$
$$=\lim_{x\to 1}\frac{x+1}{x}=2$$

한편, 함수 $f(x,\ y)$가 다음 세 조건을 만족할 때, 함수 $f(x,\ y)$는 $(x,\ y)=(a,\ b)$에서 **연속** continuous이라 한다.

❶ $f(a,\ b)$가 존재한다.

❷ $\lim_{(x,\, y)\to(a,\, b)} f(x,\ y)$가 존재한다.

❸ $\lim_{(x,\, y)\to(a,\, b)} f(x,\ y)=f(a,\ b)$이다.

그리고 정의역 D 안의 모든 점에서 함수 $f(x, y)$가 연속이면, 이 함수를 **연속함수** continuous function라 한다. 그러면 x와 y에 관한 다항함수를 비롯한 초월함수는 연속함수이다.

예제 7-6

함수 $f(x, y) = \begin{cases} \dfrac{x^2 - y^2}{x^2 + y^2}, & (x, y) \neq (0, 0) \\ 1, & (x, y) = (0, 0) \end{cases}$ 에 대하여 다음 주어진 점에서 연속성을 판정하라.

(a) $(x, y) = (0, 0)$ (b) $(x, y) = (1, 1)$

풀이

(a) $f(0, 0) = 1$이 존재하지만 $\displaystyle\lim_{(x, y)\to(0, 0)} \frac{x^2 - y^2}{x^2 + y^2} = \lim_{\substack{x\to 0 \\ y = mx}} \frac{x^2 - (mx)^2}{x^2 + (mx)^2} = \frac{1 - m^2}{1 + m^2}$이므로 점 $(0, 0)$에서 극한이 존재하지 않는다. 그러므로 점 $(0, 0)$에서 연속이 아니다.

(b) $\displaystyle\lim_{(x, y)\to(1, 1)} \frac{x^2 - y^2}{x^2 + y^2} = \frac{\displaystyle\lim_{(x, y)\to(1, 1)} (x^2 - y^2)}{\displaystyle\lim_{(x, y)\to(1, 1)} (x^2 + y^2)} = \frac{0}{2} = 0 = f(1, 1)$이다. 따라서 $f(x, y)$는 점 $(1, 1)$에서 연속이다.

$f(x, y)$가 점 (a, b)에서 연속이고 $g(z)$가 $z = f(a, b)$에서 연속이면, 합성함수 $g(f(x, y))$도 점 (a, b)에서 연속이다. 즉 연속인 이변수함수와 일변수함수의 합성함수도 역시 연속이다.

Section 7.2 연습문제

※ $(x, y)\to(0, 0)$일 때 다음 함수의 극한이 존재하는지 확인하고, 존재한다면 그 극한을 구하라.

1. $f(x, y) = \dfrac{x^2 - y^2}{x^2 + y^2}$

2. $f(x, y) = \dfrac{xy^2}{x^2 + y^2}$

3. $f(x, y) = \dfrac{xy^2}{x^2 + y^4}$

4. $f(x, y) = \dfrac{2xy}{x^2 + y^2}$

5. $f(x, y) = \dfrac{x^2 - xy}{\sqrt{x} - \sqrt{y}}$

6. $f(x, y) = \dfrac{2x^2 y}{x^2 - y^2}$

※ 다음 극한을 구하라.

7. $\displaystyle\lim_{(x,\ y)\to(1,\ -1)} \frac{x^2-y^2}{x^2+y^2}$

8. $\displaystyle\lim_{(x,\ y)\to(0,\ 0)} \frac{x^4-y^4}{x^2+y^2}$

9. $\displaystyle\lim_{(x,\ y)\to(0,\ 0)} \frac{x-y}{\sqrt{x}-\sqrt{y}}$

10. $\displaystyle\lim_{(x,\ y)\to(0,\ 0)} \frac{x^2-y^2}{\sqrt{x^2-y^2+4}-2}$

11. $\displaystyle\lim_{(x,\ y)\to(1,\ 2)} \frac{x}{\sqrt{y+2}}$

12. $\displaystyle\lim_{(x,\ y)\to(0,\ 0)} \cos\frac{x^2+y^2}{x+y+2}$

13. $\displaystyle\lim_{(x,\ y)\to(0,\ 0)} \frac{e^y\sin x}{x}$

14. $\displaystyle\lim_{(x,\ y)\to(0,\ 1)} \frac{y\sin x}{y^2+4}$

15. $\displaystyle\lim_{(x,\ y,\ z)\to(1,\ 1,\ 0)} \frac{xe^y\sin z}{z}$

16. $\displaystyle\lim_{(x,\ y,\ z)\to(1,\ 0,\ \pi)} \frac{x\cos z}{y^2+4}$

※ 점 $(x,\ y)=(0,\ 0)$에서 다음 함수의 연속성을 조사하라.

17. $f(x,\ y)=\begin{cases} \dfrac{2x^2y}{x^2+y^2}, & (x,\ y)\neq(0,\ 0) \\ 0, & (x,\ y)=(0,\ 0) \end{cases}$

18. $f(x,\ y)=\begin{cases} \dfrac{x^2+2xy^2+y^2}{x^2+y^2}, & (x,\ y)\neq(0,\ 0) \\ 1, & (x,\ y)=(0,\ 0) \end{cases}$

※ 다음 함수가 연속인 점들의 집합을 구하라.

19. $f(x,\ y)=\dfrac{1}{x-y^3}$

20. $f(x,\ y)=\ln(x^2+y^2-1)$

21. $f(x,\ y)=\tan^{-1}\dfrac{1}{(x-y)^2}$

22. $f(x,\ y)=\cos\dfrac{1}{xy}$

23. $f(x,\ y)=\dfrac{1}{|x|+|y|}$

24. $f(x,\ y)=\dfrac{x-y}{1-\sin xy}$

25. $f(x,\ y,\ z)=\dfrac{1}{\sqrt{x^2+y^2-4}}$

26. $f(x,\ y,\ z)=\ln xyz$

27. $f(x,\ y,\ z)=\dfrac{1}{z+e^{x^2+y^2}}$

28. $f(x,\ y,\ z)=\dfrac{1}{|x|+|yz|}$

7.3 편도함수

일변수함수 $f(x)$의 미분계수 $f'(a)$는 기하학적으로 f의 그래프 위의 점 $(a, f(a))$에서의 접선의 기울기를 나타내는 것을 살펴보았다. 이와 마찬가지로 이변수함수의 그래프 위의 한 점에 접하는 평면을 생각할 수 있다. 이때 이변수함수는 독립변수가 두 개이므로 그래프 위의 한 점에서 x축 방향과 y축 방향의 기울기를 생각할 수 있다. 예를 들어, 산의 능선을 따라 조성된 산책로를 따라 걷는다고 하자. 그러면 산책로의 진행하는 방향과 측면 방향을 각각 x축과 y축으로 간주하고, 산책로의 한 지점에서 진행하는 방향과 측면 방향 중 어느 방향으로 진행하는 것이 더 수월한지 결정할 때가 있다. 이때 두 방향으로의 접선을 포함하는 평면을 접평면이라 하며, 이 절에서는 접평면의 방정식을 구하는 방법과 각 방향으로의 도함수를 구하는 방법에 대하여 살펴본다.

7.3.1 편도함수의 정의

이변수함수 $z = f(x, y)$의 그래프 위의 점 $(a, b, f(a, b))$에서 [그림 7-11]과 같이 평면 $x = a$와 $y = b$에 의해 곡면을 절단한다고 하자. 그러면 두 평면에 의해 절단된 곡면은 [그림 7-12]와 같이 또 하나의 곡선을 이룬다.

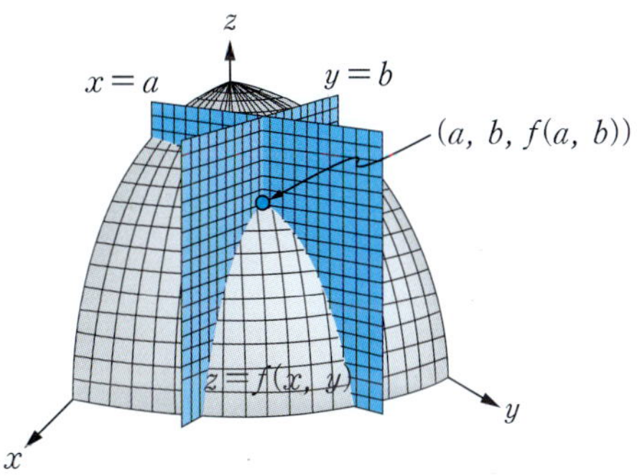

[그림 7-11] 곡면 $z = f(x, y)$와 평면 $x = a$, $y = b$

이때 [그림 7-12(a)]와 같이 $x = a$에 의한 절단 곡면을 이루는 곡선의 방정식은 $z = f(a, y)$이므로 이 곡선의 방정식은 변수 y만의 함수이다. 만약 곡면 위의 점 $(a, b, f(a, b))$에서 미분계수가 존재한다면, 이 점에서 접선은 yz평면과 평행이다. 이와 같이 점 $(a, b, f(a, b))$에서 y축 방향으로의 미분계수

$$\lim_{h \to 0} \frac{f(a, b+h) - f(a, b)}{h}$$

가 존재한다면, $z = f(x, y)$는 점 (a, b)에서 y에 관하여 **편미분가능** partial differentiable하다고 한다. 그리고 이 미분계수를 점 (a, b)에서 y에 관한 f의 **편미분계수** partial derivative라 하고, $f_y(a, b)$로 나타낸다. y에 관한 편미분계수 $f_y(a, b)$는 곡면 위의 점 $(a, b, f(a, b))$에서 y축 방향으로의 접선의 기울기를 나타낸다. 같은 방법으로 [그림 7-12(b)]와 같이 $y = b$에 의한 절단곡면을 이루는 곡선 위의 점 $(a, b, f(a, b))$에서 x축 방향으로의 미분계수

$$\lim_{k \to 0} \frac{f(a+k,\ b) - f(a,\ b)}{k}$$

가 존재한다고 하자. 그러면 함수 f는 x에 관하여 편미분가능하다고 하고, 이 미분계수를 x에 관한 f의 편미분계수라 하며 $f_x(a,\ b)$로 나타낸다. x에 관한 편미분계수 $f_x(a,\ b)$는 곡면 위의 점 $(a,\ b,\ f(a,\ b))$에서 x축 방향으로의 접선의 기울기를 나타낸다.

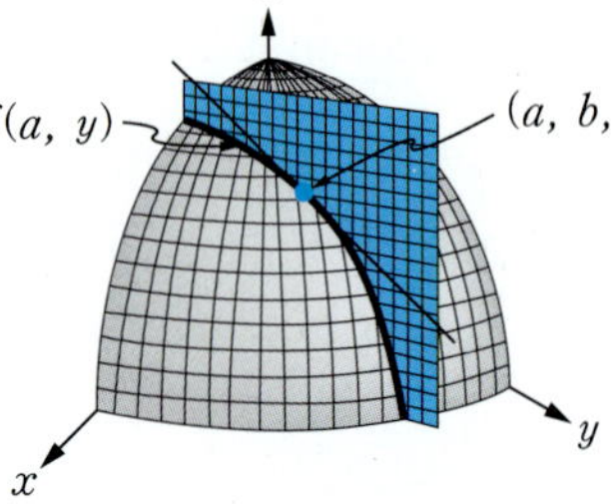

(a) y편미분계수

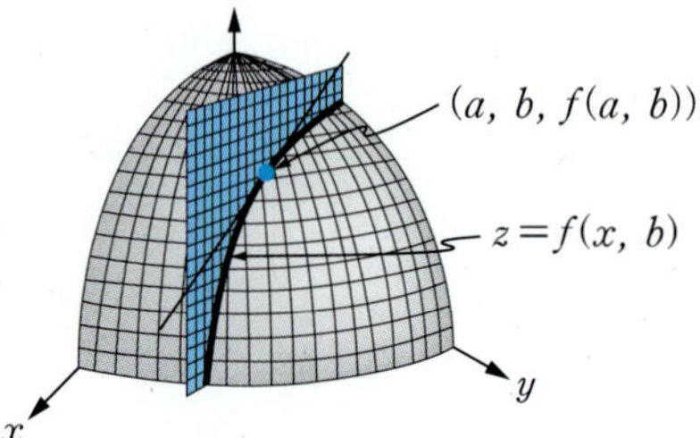

(b) x편미분계수

[그림 7-12] **편미분계수**

[그림 7-13]과 같이 곡면 위의 점 $(a,\ b,\ f(a,\ b))$에서 x축과 y축 방향의 두 접선을 포함하는 평면 $ABCD$를 이 점에서의 **접평면**[tangent plane]이라 하고, 접평면의 방정식은 다음과 같다.

$$z - f(a,\ b) = f_x(a,\ b)(x-a) + f_y(a,\ b)(y-b)$$

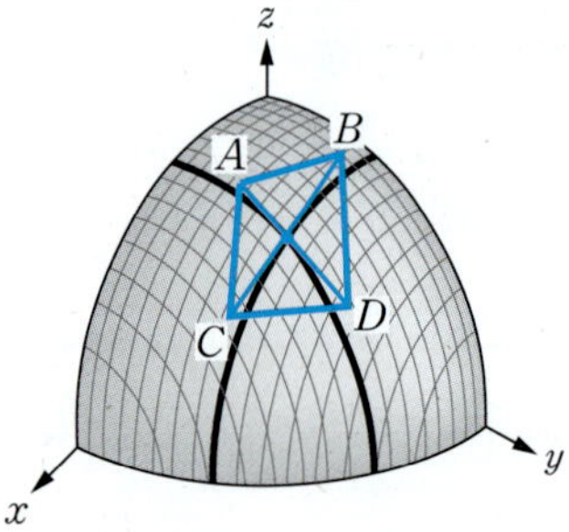

[그림 7-13] **접평면**

예제 7-7

점 $(0, 0)$에서 다음 함수의 변수 x와 y에 관한 편미분계수가 존재하면 구하고, 접평면의 방정식을 구하라.

(a) $f(x,\ y) = |x+y|$

(b) $f(x,\ y) = x^2 - y^2 + 1$

풀이

(a) x와 y에 관한 편미분계수를 구하면

$$f_y(0,\ 0)=\lim_{h\to 0}\frac{f(0,\ 0+h)-f(0,\ 0)}{h}=\lim_{h\to 0}\frac{|0+(0+h)|-|0|}{h}=\lim_{h\to 0}\frac{|h|}{h}$$

$$f_x(0,\ 0)=\lim_{k\to 0}\frac{f(0+k,\ 0)-f(0,\ 0)}{k}=\lim_{k\to 0}\frac{|(0+k)+0|-|0|}{k}=\lim_{k\to 0}\frac{|k|}{k}$$

이다. 두 극한이 모두 존재하지 않으므로 x와 y에 대하여 이 함수는 편미분가능하지 않다. 즉 편미분계수가 존재하지 않는다.

(b) x와 y에 관한 편미분계수를 구하면

$$f_y(0,\ 0)=\lim_{h\to 0}\frac{f(0,\ 0+h)-f(0,\ 0)}{h}=\lim_{h\to 0}\frac{(0-h^2+1)-1}{h}=0$$

$$f_x(0,\ 0)=\lim_{k\to 0}\frac{f(0+k,\ 0)-f(0,\ 0)}{k}=\lim_{k\to 0}\frac{(k^2-0+1)-1}{k}=0$$

이다. 따라서 $f_x(0,\ 0)=0$, $f_y(0,\ 0)=0$이고, 접평면의 방정식을 구하면 다음과 같다.

$$z-f(0,\ 0)=f_x(0,\ 0)(x-0)+f_y(0,\ 0)(y-0),\ \ z=1$$

함수 $z=f(x,\ y)$가 편미분가능한 임의의 점 $(x,\ y)$에서의 편미분계수를 **편도함수** partial derivative라 하고, 다음과 같이 나타낸다.

x편도함수 : $f_x,\ f_x(x,\ y),\ z_x,\ \dfrac{\partial z}{\partial x},\ \dfrac{\partial f}{\partial x},\ D_x f(x,\ y),\ D_x z$

y편도함수 : $f_y,\ f_y(x,\ y),\ z_y,\ \dfrac{\partial z}{\partial y},\ \dfrac{\partial f}{\partial y},\ D_y f(x,\ y),\ D_y z$

따라서 $z=f(x,\ y)$의 x편도함수와 y편도함수는 각각 다음과 같이 정의된다.

$$f_x(x,\ y)=\lim_{k\to 0}\frac{f(x+k,\ y)-f(x,\ y)}{k}$$

$$f_y(x,\ y)=\lim_{h\to 0}\frac{f(x,\ y+h)-f(x,\ y)}{h}$$

이와 같은 편도함수의 개념은 삼변수 이상의 함수로도 확장할 수 있다. 예를 들어, 함수 $w=f(x,\ y,\ z)$에 대한 z편도함수는 다음과 같이 정의한다.

$$f_z(x,\ y,\ z)=\lim_{h\to 0}\frac{f(x,\ y,\ z+h)-f(x,\ y,\ z)}{h}$$

그러면 어느 한 변수에 관한 편도함수를 구할 때, 다른 변수들은 모두 상수 취급하면 된다.

또한 특정한 점 $(a,\ b)$에서의 편미분계수는 편도함수 $f_x(x,\ y)$와 $f_y(x,\ y)$를 구하여 x와 y 대신에 각각 a와 b를 대입한 것과 같다.

예제 7-8

함수 $f(x,\ y) = x^2 + y^2 + 2x - y + xy - 1$에 대한 편도함수를 구하고, $f_x(1,\ 2)$와 $f_y(1,\ 2)$를 구하라.

풀이

$\dfrac{\partial f}{\partial x} = 2x + 2 + y,\ \dfrac{\partial f}{\partial y} = 2y - 1 + x$이므로 구하고자 하는 값은 다음과 같다.

$$f_x(1,\ 2) = \left.\frac{\partial f}{\partial x}\right|_{\substack{x=1\\y=2}} = 2 \cdot 1 + 2 + 2 = 6$$

$$f_y(1,\ 2) = \left.\frac{\partial f}{\partial y}\right|_{\substack{x=1\\y=2}} = 2 \cdot 2 - 1 + 1 = 4$$

이변수함수 $f(x,\ y)$의 편도함수 $\dfrac{\partial f}{\partial x}$와 $\dfrac{\partial f}{\partial y}$는 x와 y의 함수이다. 따라서 이 편도함수들이 다시 편미분가능할 때, 이 편도함수들을 x와 y에 관하여 편미분하면 다음 결과를 얻는다. 이 결과는 함수 $f(x,\ y)$를 x와 y에 관하여 각각 두 번씩 편미분한 것으로 함수 f의 **2계 편도함수** second-order partial derivatives라 하고, 다음과 같이 나타낸다.

$$f_{xx} = (f_x)_x = z_{xx} = \frac{\partial^2 f}{\partial x^2} = \frac{\partial^2 z}{\partial x^2} = D_{xx} f$$

$$f_{xy} = (f_x)_y = z_{xy} = \frac{\partial^2 f}{\partial y \partial x} = \frac{\partial^2 z}{\partial y \partial x} = D_{xy} f$$

$$f_{yy} = (f_y)_y = z_{yy} = \frac{\partial^2 f}{\partial y^2} = \frac{\partial^2 z}{\partial y^2} = D_{yy} f$$

$$f_{yx} = (f_y)_x = z_{yx} = \frac{\partial^2 f}{\partial x \partial y} = \frac{\partial^2 z}{\partial x \partial y} = D_{yx} f$$

2계 편도함수를 표현하는 방법에서 f_{xy}와 $\dfrac{\partial^2 f}{\partial y \partial x}$는 x와 y를 기술하는 순서가 같지 않으므로 주의해야 한다. 또한 일반적으로 $f_{xy} \neq f_{yx}$, 즉 미분순서가 바뀌면 두 2계 편도함수는 같지 않다. 그러나 다음 클레로Clairaut 정리는 미분순서를 바꾸어도 동일한 2계 편도함수가 존재하는 경우를 제공한다.

정리 7-3 클래로 정리

$f(x, y)$와 f_x, f_y 그리고 f_{xy}, f_{yx}가 점 (a, b)를 포함하는 열린 원판에서 정의되고 점 (a, b)에서 연속이면, $f_{xy}(a, b) = f_{yx}(a, b)$이다.

예제 7-9

함수 $f(x, y) = x^2y^2 + x - y + 2xy$에 대한 2계 편도함수를 구하고, 클래로 정리가 성립함을 보여라.

풀이

$f_x(x, y) = 2xy^2 + 1 + 2y$, $f_y(x, y) = 2x^2y - 1 + 2x$이므로 2계 편도함수는 다음과 같다.

$$f_{xx}(x, y) = 2y^2,\ f_{xy}(x, y) = 4xy + 2,\ f_{yx}(x, y) = 4xy + 2,\ f_{yy}(x, y) = 2x^2$$

그리고 $f_{xy}(x, y) = f_{yx}(x, y) = 4xy + 2$이므로 클래로 정리가 성립한다.

7.3.2 편미분법

함수 $x = g(t)$와 $y = h(t)$가 미분가능할 때, 합성함수 $z = f(x, y)$의 편도함수는 다음과 같다.

정리 7-4 중간변수 x, y와 독립변수 t인 합성함수의 편미분법(연쇄법칙 1)

함수 $z = f(x, y)$가 편미분가능하고 $x = g(t)$와 $y = h(t)$가 미분가능하면 다음이 성립한다.

$$\frac{dz}{dt} = \frac{\partial f}{\partial x}\frac{dx}{dt} + \frac{\partial f}{\partial y}\frac{dy}{dt}$$

함수 $w = f(x, y, z)$가 편미분가능하고 $x = g(t)$, $y = h(t)$ 그리고 $z = k(t)$가 미분가능하면 $\frac{dw}{dt}$는 다음과 같다.

$$\frac{dw}{dt} = \frac{\partial f}{\partial x}\frac{dx}{dt} + \frac{\partial f}{\partial y}\frac{dy}{dt} + \frac{\partial f}{\partial z}\frac{dz}{dt}$$

이와 같은 편도함수 결과를 도식화하면 [그림 7-14]와 같다.

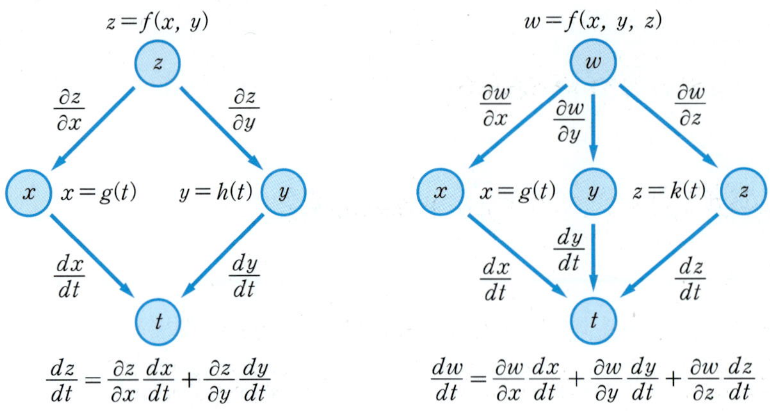

[그림 7-14] **연쇄법칙 1의 수형도**

예제 7-10

다음 함수에 대하여 $\frac{df}{dt}$를 구하라.

(a) $f(x, y) = xy + x - y,\ x = \sin t,\ y = \cos t$

(b) $f(x, y, z) = xyz + xy + yz + zx,\ x = \sin t,\ y = \cos t,\ z = t$

풀이

(a) $\frac{\partial f}{\partial x} = y+1,\ \frac{\partial f}{\partial y} = x-1,\ \frac{dx}{dt} = \cos t,\ \frac{dy}{dt} = -\sin t$이므로 다음을 얻는다.

$$\begin{aligned}\frac{df}{dt} &= \frac{\partial f}{\partial x}\frac{dx}{dt} + \frac{\partial f}{\partial y}\frac{dy}{dt} = (y+1)\cdot\cos t + (x-1)\cdot(-\sin t)\\ &= (1+\cos t)\cos t - (-1+\sin t)\sin t = (\sin t + \cos t)(1-\sin t+\cos t)\end{aligned}$$

(b) $\frac{\partial f}{\partial x} = yz+y+z,\ \frac{\partial f}{\partial y} = xz+x+z,\ \frac{\partial f}{\partial z} = xy+x+y,\ \frac{dx}{dt} = \cos t,\ \frac{dy}{dt} = -\sin t,$ $\frac{dz}{dt} = 1$이므로 다음을 얻는다.

$$\begin{aligned}\frac{df}{dt} &= \frac{\partial f}{\partial x}\frac{dx}{dt} + \frac{\partial f}{\partial y}\frac{dy}{dt} + \frac{\partial f}{\partial z}\frac{dz}{dt}\\ &= (yz+y+z)\cdot\cos t + (xz+x+z)\cdot(-\sin t) + (xy+x+y)\cdot 1\\ &= (t\cos t+\cos t+t)\cdot\cos t + (t\sin t+\sin t+t)\cdot(-\sin t)\\ &\quad + (\sin t\cos t+\sin t+\cos t)\cdot 1\\ &= (1+t)\cos^2 t + (1+t+\sin t)\cos t + (1-t)\sin t - (1+t)\sin^2 t\end{aligned}$$

또한 f가 x에 대해서만 미분가능한 함수이고 x가 s와 t에 관하여 편미분가능한 함수이면, [그림 7-15]와 같이 f는 s와 t에 관하여 편미분가능하다.

정리 7-5 중간변수 x와 독립변수 s, t인 합성함수의 편미분법(연쇄법칙 2)

함수 $y=f(x)$가 미분가능하고 $x=g(s,\ t)$가 편미분가능하면 다음이 성립한다.

$$\frac{\partial y}{\partial s}=\frac{dy}{dx}\frac{\partial x}{\partial s},\quad \frac{\partial y}{\partial t}=\frac{dy}{dx}\frac{\partial x}{\partial t}$$

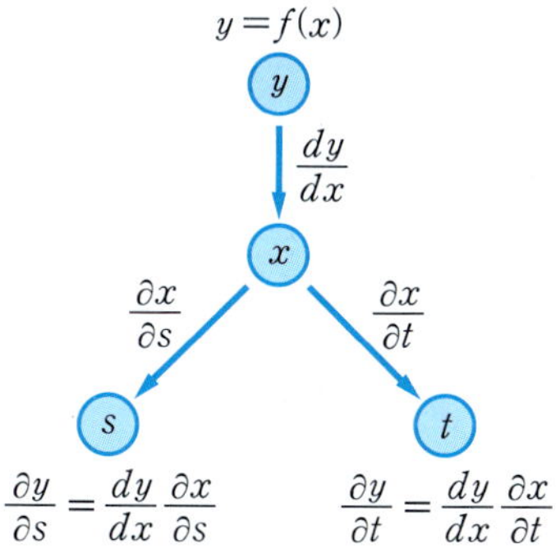

[그림 7-15] **연쇄법칙 2의 수형도**

예제 7-11

$z=x^2+2x$, $x=\sin s+\cos t$에 대하여 $\frac{\partial z}{\partial s}$와 $\frac{\partial z}{\partial t}$를 구하라.

풀이

$\frac{dz}{dx}=2x+2$, $\frac{\partial x}{\partial s}=\cos s$, $\frac{\partial x}{\partial t}=-\sin t$이므로 다음과 같다.

$$\frac{\partial z}{\partial s}=\frac{dz}{dx}\frac{\partial x}{\partial s}=(2x+2)\cos s=2(1+\sin s+\cos t)\cos s$$

$$\frac{\partial z}{\partial t}=\frac{dz}{dx}\frac{\partial x}{\partial t}=(2x+2)(-\sin t)=-2(1+\sin s+\cos t)\sin t$$

함수 $x=g(s,\ t)$와 $y=h(s,\ t)$가 편미분가능할 때, 합성함수 $z=f(x,\ y)$의 편도함수는 다음과 같다.

정리 7-6 중간변수 x, y와 독립변수 s, t인 합성함수의 편미분법(연쇄법칙 3)

함수 $z=f(x,\ y)$가 편미분가능하고 $x=g(s,\ t)$와 $y=h(s,\ t)$가 편미분가능하면 다음이 성립한다.

$$\frac{\partial z}{\partial s}=\frac{\partial f}{\partial x}\frac{\partial x}{\partial s}+\frac{\partial f}{\partial y}\frac{\partial y}{\partial s},\quad \frac{\partial z}{\partial t}=\frac{\partial f}{\partial x}\frac{\partial x}{\partial t}+\frac{\partial f}{\partial y}\frac{\partial y}{\partial t}$$

마찬가지로, 함수 $w=f(x,\ y,\ z)$가 편미분가능하고 $x=g(s,\ t)$와 $y=h(s,\ t)$ 그리고 $z=k(s,\ t)$가 편미분가능한 경우에 $\dfrac{\partial w}{\partial s}$와 $\dfrac{\partial w}{\partial t}$는 다음과 같다.

$$\frac{\partial w}{\partial s}=\frac{\partial f}{\partial x}\frac{\partial x}{\partial s}+\frac{\partial f}{\partial y}\frac{\partial y}{\partial s}+\frac{\partial f}{\partial z}\frac{\partial z}{\partial s}$$
$$\frac{\partial w}{\partial t}=\frac{\partial f}{\partial x}\frac{\partial x}{\partial t}+\frac{\partial f}{\partial y}\frac{\partial y}{\partial t}+\frac{\partial f}{\partial z}\frac{\partial z}{\partial t}$$

이와 같은 편도함수 결과를 도식화하면 [그림 7-16]과 같다.

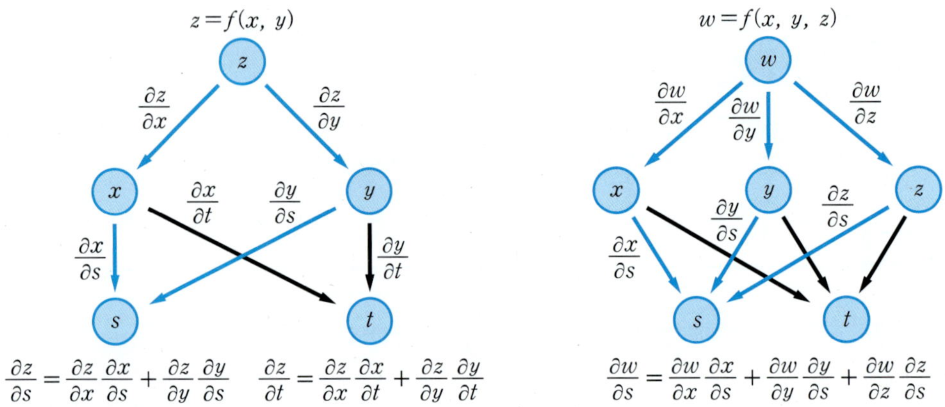

[그림 7-16] **연쇄법칙 3의 수형도**

예제 7-12

$z=x^2+y^2,\ x=s^2+t^2,\ y=s^2-t^2$에 대하여 $\dfrac{\partial z}{\partial s}$와 $\dfrac{\partial z}{\partial t}$를 구하라.

풀이

$\dfrac{\partial z}{\partial x}=2x,\ \dfrac{\partial z}{\partial y}=2y,\ \dfrac{\partial x}{\partial s}=2s,\ \dfrac{\partial y}{\partial s}=2s,\ \dfrac{\partial x}{\partial t}=2t,\ \dfrac{\partial y}{\partial t}=-2t$이므로 다음과 같다.

$$\frac{\partial z}{\partial s}=\frac{\partial f}{\partial x}\frac{\partial x}{\partial s}+\frac{\partial f}{\partial y}\frac{\partial y}{\partial s}=(2x)\cdot(2s)+(2y)\cdot(2s)=4s\left[(s^2+t^2)+(s^2-t^2)\right]=8s^3$$
$$\frac{\partial z}{\partial t}=\frac{\partial f}{\partial x}\frac{\partial x}{\partial t}+\frac{\partial f}{\partial y}\frac{\partial y}{\partial t}=(2x)\cdot(2t)+(2y)\cdot(-2t)=4t\left[(s^2+t^2)-(s^2-t^2)\right]=8t^3$$

편미분법을 사용하면 3.2.2절에서 살펴본 음함수의 도함수를 쉽게 구할 수 있다. 음함수의 도함수를 구하는 방법을 살펴보기 위하여, 함수 $F(x,\ y)$가 연속인 1계 편도함수를 갖고 방정식 $F(x,\ y)=0$에 대하여 y가 x의 음함수로 정의된다고 하자. 이때 $z=F(x,\ y)$라 하면

$z=0$이므로 $\dfrac{dz}{dx}=0$이다. 이때 $\dfrac{dx}{dx}=1$이므로 [정리 7-4]에 의하여

$$\frac{dz}{dx}=\frac{\partial F}{\partial x}\cdot\frac{dx}{dx}+\frac{\partial F}{\partial y}\cdot\frac{dy}{dx}=\frac{\partial F}{\partial x}+\frac{\partial F}{\partial y}\cdot\frac{dy}{dx}=0$$

이다. 이때 $F_y\neq 0$이면 다음이 성립한다.

$$\frac{dy}{dx}=-\frac{F_x}{F_y}$$

또한 함수 $F(x, y, z)$가 연속인 1계 편도함수를 갖고, 방정식 $F(x, y, z)=0$에 대하여 z가 x와 y의 음함수, 즉 변수 z가 x와 y의 함수 $z=g(x, y)$로 정의된다고 하자. 이때 $w=F(x, y, z)$라 하면 $\dfrac{dw}{dx}=0$이고 x와 y가 각각 독립변수이므로 $\dfrac{dx}{dx}=1$, $\dfrac{dy}{dx}=0$이다. 따라서

$$\frac{\partial w}{\partial x}=\frac{\partial F}{\partial x}\cdot\frac{\partial x}{\partial x}+\frac{\partial F}{\partial y}\cdot\frac{\partial y}{\partial x}+\frac{\partial F}{\partial z}\cdot\frac{\partial z}{\partial x}=F_x\cdot 1+F_y\cdot 0+F_z\cdot\frac{\partial z}{\partial x}=0$$

을 얻는다. 또한 $\dfrac{dw}{dy}=0$, $\dfrac{dx}{dy}=0$, $\dfrac{dy}{dy}=1$이므로

$$\frac{\partial w}{\partial y}=F_x\cdot 0+F_y\cdot 1+F_z\cdot\frac{\partial z}{\partial y}=0$$

이다. 따라서 다음과 같은 관계식을 얻는다.

$$\frac{\partial z}{\partial x}=-\frac{F_x}{F_z},\quad \frac{\partial z}{\partial y}=-\frac{F_y}{F_z}$$

예제 7-13

방정식 $x^2+y^2+z^2+xyz=0$에 대하여 z가 x와 y의 음함수로 정의될 때, $\dfrac{\partial z}{\partial x}$와 $\dfrac{\partial z}{\partial y}$를 구하라.

풀이

$f(x, y, z)=x^2+y^2+z^2+xyz$라 하면 $f_x=2x+yz$, $f_y=2y+xz$, $f_z=2z+xy$이다. 따라서 구하고자 하는 편도함수는 다음과 같다.

$$\frac{\partial z}{\partial x}=-\frac{f_x}{f_z}=-\frac{2x+yz}{2z+xy},\quad \frac{\partial z}{\partial y}=-\frac{f_y}{f_z}=-\frac{2y+xz}{2z+xy}$$

Section 7.3 연습문제

※ 편도함수의 정의를 이용하여 다음 함수의 편도함수 f_x와 f_y를 구하라.

1. $f(x, y) = x^3 - y^3$

2. $f(x, y) = (x-y)^2$

※ 다음 함수의 편도함수를 구하라.

3. $f(x, y) = 2x^3 + x^2y - xy^2 - y^3$

4. $f(x, y) = (x-2y)^2$

5. $f(x, y, z) = xy + yz + zx$

6. $f(x, y, z) = xy^2 - yz^2 + zx^2$

7. $f(x, y, z) = \sin(x+2y+3z)$

8. $f(x, y, z) = \dfrac{xyz}{x+y+z}$

※ 다음 함수의 편도함수를 구하라.

9. $f(x, y) = e^{xy^2}$

10. $f(x, y) = \sin(x^2 - y^2)$

11. $f(x, y) = \ln(x^2 + xy + y^2)$

12. $f(x, y) = \tan^{-1}\left(\dfrac{x-y}{x+y}\right)$

13. $f(x, y) = \log_y x$

14. $f(x, y) = \sqrt{\dfrac{x^2 - y^2}{x^2 + y^2}}$

※ 다음 함수의 편도함수를 구하라.

15. $f(x, y) = \sin(x+y)\cos(x-y)$

16. $f(x, y) = e^{x-y}\sin(x+y)$

17. $f(x, y) = (x^2 + xy)^3 - (y^2 - xy)^3$

18. $f(x, y) = \ln(x-y)\ln(x+y)$

※ 다음 함수의 주어진 점에서 접평면을 구하라.

19. $f(x, y) = e^x \sin y$, $(0, 0)$

20. $f(x, y) = \tan^{-1}\dfrac{y}{x}$, $(1, 1)$

※ 다음이 성립하는 것을 보여라.

21. $z = f(x-y, y-x)$이면 $\dfrac{\partial z}{\partial x} + \dfrac{\partial z}{\partial y} = 0$이다.

22. $s = f(x-y, y-z, z-x)$이면 $\dfrac{\partial s}{\partial x} + \dfrac{\partial s}{\partial y} + \dfrac{\partial s}{\partial z} = 0$이다.

※ 함수 $z=f(x, y)$에 대하여 $\dfrac{\partial^2 z}{\partial y \partial x} = \dfrac{\partial^2 z}{\partial x \partial y}$임을 보여라.

23. $z=\tan^{-1}\dfrac{y}{x}$

24. $z=e^x \sin y$

※ 편미분가능한 함수 $z=f(x, y)$에 대하여 $x=r\cos\theta$, $y=r\sin\theta$일 때, 다음이 성립함을 보여라.

25. $\dfrac{\partial z}{\partial r} = \dfrac{\partial z}{\partial x}\cos\theta + \dfrac{\partial z}{\partial y}\sin\theta$

26. $\dfrac{1}{r}\dfrac{\partial z}{\partial \theta} = -\dfrac{\partial z}{\partial x}\sin\theta + \dfrac{\partial z}{\partial y}\cos\theta$

27. $\dfrac{\partial^2 z}{\partial r^2} = \dfrac{\partial^2 z}{\partial x^2}\cos^2\theta + 2\dfrac{\partial^2 z}{\partial x \partial y}\cos\theta\sin\theta + \dfrac{\partial^2 z}{\partial y^2}\sin^2\theta$

28. $\left(\dfrac{\partial z}{\partial x}\right)^2 + \left(\dfrac{\partial z}{\partial y}\right)^2 = \left(\dfrac{\partial z}{\partial r}\right)^2 + \dfrac{1}{r}\left(\dfrac{\partial z}{\partial \theta}\right)^2$

29. 방정식 $yz=xy-z^2+\ln z$에서 z를 x와 y의 함수로 생각할 때, z의 1계 편도함수와 2계 편도함수를 구하라.

30. 응용 다음 그림과 같이 저항 R_1, R_2, R_3이 병렬로 연결된 전기회로가 있다.

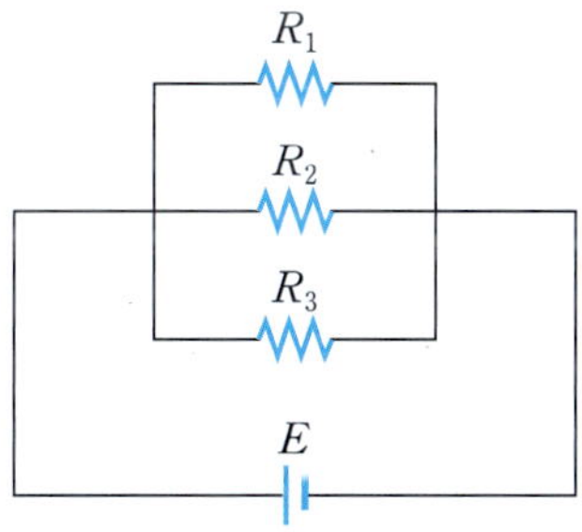

이때 전체 저항 R은 다음과 같다.

$$\frac{1}{R} = \frac{1}{R_1} + \frac{1}{R_2} + \frac{1}{R_3}$$

$R_1=10$, $R_2=20$, $R_3=30$일 때, $\dfrac{\partial R}{\partial R_1}$, $\dfrac{\partial R}{\partial R_2}$, $\dfrac{\partial R}{\partial R_3}$의 값을 구하라. 단, 단위는 옴 $[\Omega]$이다.

7.4 이변수함수의 극값과 전미분

이변수함수의 극값은 일변수함수의 경우를 일반화한 것으로 생각할 수 있다. [그림 7-17]과 같이 이변수함수 $f(x, y)$가 점 (a, b)가 중심인 원판 안의 모든 점에서 $f(x, y) \le f(a, b)$ 이면 $f(a, b)$를 f의 **극댓값**이라 하고, $f(x, y) \ge f(a, b)$이면 $f(a, b)$를 f 의 **극솟값**이라 한다. 그리고 정의역 안의 모든 점 (x, y)에 대하여 $f(x, y) \le f(a, b)$이면 $f(a, b)$를 **최댓값**이라 하고, $f(x, y) \ge f(a, b)$이면 $f(a, b)$를 **최솟값**이라 한다.

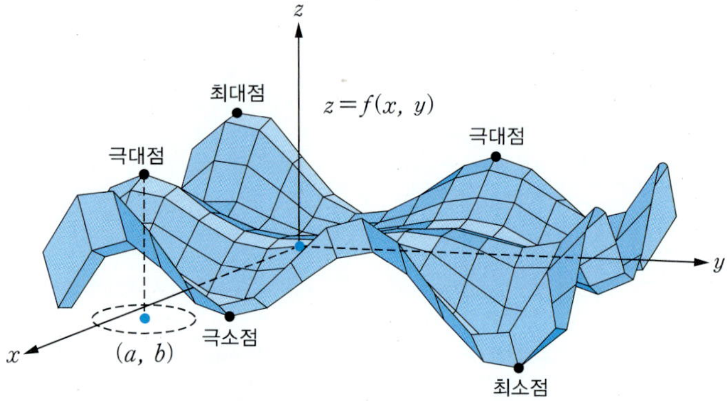

[그림 7-17] **이변수함수의 극점과 최대 · 최소점**

일변수함수 $f(x)$가 점 $x = a$에서 미분가능하고 이 점에서 극값을 가질 때 $f'(a) = 0$인 것과 유사한 성질이 이변수함수에도 적용된다. [그림 7-18]과 같이 함수 $f(x, y)$가 점 (a, b)에서 극댓값을 갖는다 하자. 그러면 곡면 위의 점 $(a, b, f(a, b))$를 지나 xy평면에 수직인 평면, 특히 평면 $x = a$로 절단하면 절단된 면을 따라 단면곡선 $f(a, y)$는 $y = b$에서 극댓값을 갖는다. 그러므로 일변수함수의 경우와 동일하게 $f_y(a, b) = 0$이 성립한다. 또한 평면 $y = b$로 절단하면 절단된 면을 따라 단면곡선 $f(x, b)$는 $x = a$에서 극댓값을 가지므로 $f_x(a, b) = 0$이 성립한다.

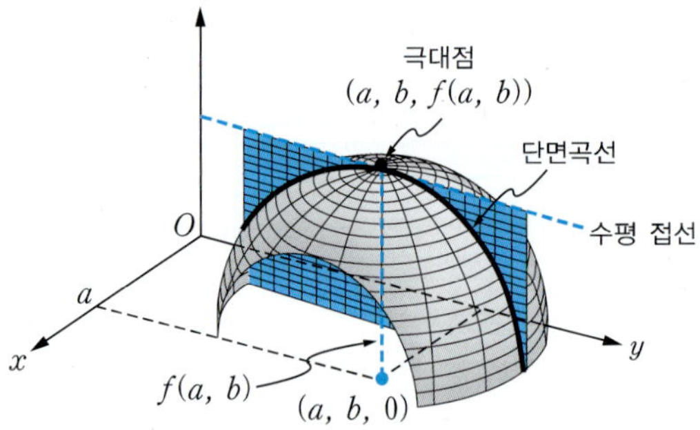

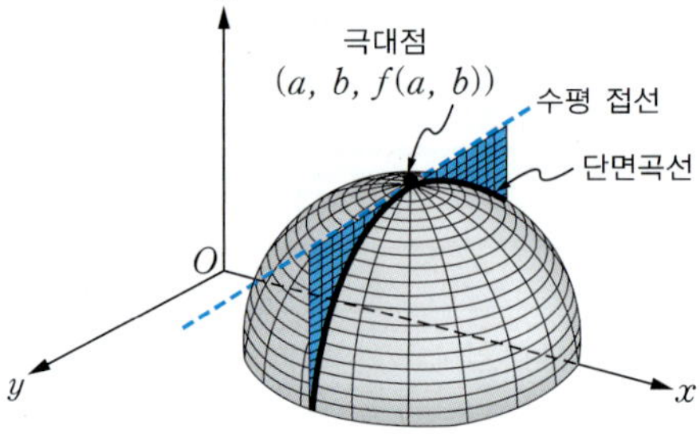

[그림 7-18] **이변수함수의 극댓값**

그러므로 $f(x, y)$가 점 (a, b)에서 극값을 갖는 경우에는 다음 성질이 성립한다.

정리 7-7 이변수함수의 극값

함수 $f(x, y)$가 점 (a, b)에서 극값을 갖고, 이 점에서 1계 편미분가능하면 $f_x(a, b) = 0$, $f_y(a, b) = 0$이다.

함수 $f(x, y)$가 점 (a, b)에서 극값을 갖는다면, 점 $(a, b, f(a, b))$에서 접평면은 x방향의 기울기가 $f_x(a, b) = 0$이고 y방향의 기울기가 $f_y(a, b) = 0$이다. 따라서 극점에서 접평면의 방정식은 $z = f(a, b)$이다. 즉 극점에서 단일변수함수의 접선이 x축과 평행인 것처럼 극점에서 이변수함수의 접평면은 xy평면과 평행이다.

특히 함수 $f(x, y)$에 대하여 $f_x(a, b) = 0$, $f_y(a, b) = 0$이거나 $f_x(a, b)$와 $f_y(a, b)$ 중에서 적어도 어느 하나가 존재하지 않는 점 (a, b)를 **정상점**stationary point이라 한다. 그러므로 함수 $f(x, y)$가 점 (a, b)에서 극값을 갖고, 이 점에서 1계 편미분가능하면 점 (a, b)는 정상점이다. 그러나 역으로 점 (a, b)가 함수 $f(x, y)$의 정상점이어도 반드시 이 점에서 극값을 갖는 것은 아니다.

예제 7-14

함수 $f(x, y) = -4x^2 + y^2$의 정상점을 구하고, 그 점에서 극값을 갖는지 조사하라.

풀이

정상점을 찾기 위해 $f(x, y)$의 편도함수를 구하면 $f_x(x, y) = -8x$, $f_y(x, y) = 2y$이다. 따라서 정상점은 $f_x(a, b) = -8x = 0$, $f_y(a, b) = 2y = 0$을 만족하는 $(a, b) = (0, 0)$이다. 그러나 곡면 위의 점 $(0, 0, 0)$은 x축 방향에서 최댓값이지만 y축 방향에서 최솟값이므로 $(a, b) = (0, 0)$에서 함수 $f(x, y)$는 극값을 갖지 않는다.

[예제 7-14]의 함수 $f(x, y) = -4x^2 + y^2$의 그래프는 [그림 7-19]와 같다. 이 그림에서 보는 바와 같이 곡면 위의 점 $(0, 0, 0)$은 극대점도 극소점도 아니다. 특히 이 점 부근에서 곡면은 마치 말안장과 같은 모양을 이루고 있는 것을 알 수 있다. 이와 같이 점 (a, b)를 중심으로 하는 열린 원판 안에 $f(x, y) > f(a, b)$인 점 (x, y)가 존재하고 $f(x, y) < f(a, b)$인 점 (x, y)가 존재한다면, 곡면 $z = f(x, y)$ 위의 점 $(a, b, f(a, b))$를 **안장점**saddle point이라 한다.

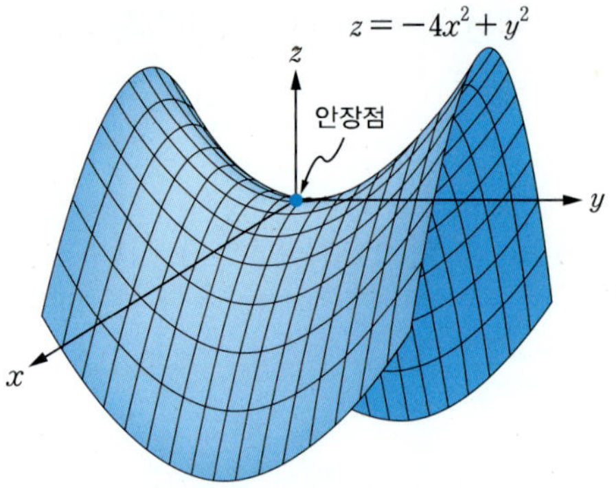

[그림 7-19] $f(x, y) = -4x^2 + y^2$의 그래프와 안장점

이제 함수 $f(x, y)$가 정상점에서 어떠한 극값을 갖는지 알아보기 위하여, 다음과 같이 2계 도함수 극값 판정법과 유사한 정리를 사용한다.

정리 7-8 이변수함수의 극값 판정법

함수 $f(x, y)$의 편도함수들이 점 (a, b)를 중심으로 하는 열린 원판 안에서 연속이고 $f_x(a, b) = 0$, $f_y(a, b) = 0$일 때, 실수 $D = f_{xx}(a, b) f_{yy}(a, b) - [f_{xy}(a, b)]^2$에 대하여 다음이 성립한다.

(1) $D > 0$이고 $f_{xx}(a, b) > 0$이면 $f(a, b)$는 극솟값이다.
(2) $D > 0$이고 $f_{xx}(a, b) < 0$이면 $f(a, b)$는 극댓값이다.
(3) $D < 0$이면 $f(x, y)$는 점 (a, b)에서 극값을 갖지 않는다.
(4) $D = 0$이면 극값을 판정할 수 없다.

[정리 7-8]의 (3)에서 함수 $f(x, y)$는 점 $(a, b, f(a, b))$에서 안장점을 가지며, 이 점에서 접평면은 곡면을 가로지른다. 즉 이와 같은 안장점에서의 접평면은 안장점이 아닌 다른 점에서 곡면과 만나는 특성을 갖는다. 한편, $D = 0$이면 극값을 판정할 수 없다. 즉 점 (a, b)에서 극대 또는 극소를 가질 수 있으며, 또한 이 점에서 안장점을 가질 수도 있다.

예제 7-15

다음 함수의 극값을 구하라.

(a) $f(x, y) = x^3 + 6xy + 3y^2$ (b) $f(x, y) = 6x^2 - 2x^3 + 3y^2 - 6xy$

풀이

(a) $f_x(x, y) = 3x^2 + 6y$, $f_y(x, y) = 6x + 6y$이므로 정상점을 구하기 위해

$$3x^2+6y=0,\ 6x+6y=0 \Rightarrow x^2+2y=0,\ x+y=0$$

이라 놓고, 이 연립방정식의 해를 구한다.

$$x^2-2x=x(x-2)=0 \Rightarrow x=0,\ x=2$$

따라서 정상점은 $(0,\ 0)$과 $(2,\ -2)$이다. 한편

$$f_{xx}(x,\ y)=6x,\ f_{yy}(x,\ y)=6,\ f_{xy}(x,\ y)=6$$

이므로

$$D(x,\ y)=6x\cdot 6-6^2=36(x-1)$$

이다. $D(0,\ 0)=-36<0$이므로 그래프 위의 점 $(0,\ 0,\ 0)$에서 안장점을 갖는다. $D(2,\ -2)=36>0$이고 $f_{xx}(2,\ -2)=12>0$이므로 극솟값은 $f(2,\ -2)=-4$이다.

(b) $f_x(x,\ y)=12x-6x^2-6y$, $f_y(x,\ y)=6y-6x$이므로 정상점을 구하기 위해

$$12x-6x^2-6y=0,\ 6y-6x=0 \Rightarrow 2x-x^2-y=0,\ y=x$$

라 놓고, 이 연립방정식의 해를 구한다.

$$2x-x^2-y=-x^2+2x-x=-x(x-1)=0 \Rightarrow x=0,\ x=1$$

따라서 정상점은 $(0,\ 0)$과 $(1,\ 1)$이다. 한편

$$f_{xx}(x,\ y)=12(1-x),\ f_{yy}(x,\ y)=6,\ f_{xy}(x,\ y)=-6$$

이므로

$$D(x,\ y)=12(1-x)\cdot 6-(-6)^2=-72x+36$$

이다. $D(0,\ 0)=36>0$이고 $f_{xx}(0,\ 0)=12>0$이므로 극솟값은 $f(0,\ 0)=0$이다. 그리고 $D(1,\ 1)=-36<0$이므로 점 $(1,\ 1)$에서 안장점을 갖는다.

일변수함수의 경우에 폐구간에서 연속인 함수는 항상 최댓값과 최솟값을 갖는 것처럼([정리 3-8]) 닫힌 원판 D에서 연속인 이변수함수 $z=f(x,\ y)$는 D에서 항상 최댓값과 최솟값을 갖는다. 이때 원판 D의 내부에서의 극값과 경계값 중에서 가장 큰 값이 최댓값이고 가장 작은 값이 최솟값이다.

한편, 미분의 개념을 이변수함수를 비롯한 다변수함수로 확장할 수 있다. 편미분가능한 이변수함수 $z=f(x,\ y)$에 대하여 독립변수 x와 y의 미분 dx와 dy를 각각 x의 증분 Δx와 y의 증분 Δy로 정의한다. 즉 $dx=\Delta x$, $dy=\Delta y$이다. 그러면 종속변수 z의 **전미분** total differential을 다음과 같이 정의한다.

$$dz = f_x(x, y)dx + f_y(x, y)dy = \frac{\partial z}{\partial x}dx + \frac{\partial z}{\partial y}dy$$

그리고 점 (a, b)와 점 $(a+\Delta x, b+\Delta y)$를 대각선의 좌표로 가지는 사각형 영역에서 z의 증분 Δz는 다음과 같이 정의한다.

$$\Delta z = f(a+\Delta x, b+\Delta y) - f(a, b)$$

그러면 [그림 7-20]과 같이 점 (x, y)가 점 (a, b)에서 점 $(a+\Delta x, b+\Delta y)$로 움직일 때 증분 Δz는 곡면 $x = f(x, y)$의 변화된 높이를 나타내고, 전미분 dz는 접평면의 높이를 나타낸다.

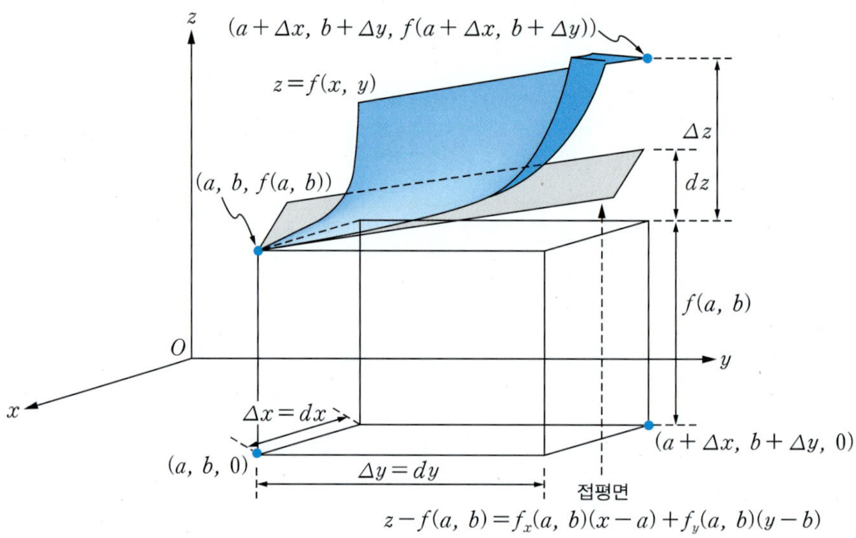

[그림 7-20] 전미분과 증분

이때 전미분과 증분 사이에는 다음 관계가 성립한다.

정리 7-9 전미분과 증분의 관계

함수 $z = f(x, y)$가 점 (a, b)를 중심으로 하는 원판 D에서 편미분가능하면, 영역 D 안의 모든 점 $(a+\Delta x, b+\Delta y)$에 대하여 다음이 성립한다.

$$\begin{aligned}\Delta z &= f_x(a, b)\Delta x + f_y(a, b)\Delta y + \theta_1 \Delta x + \theta_2 \Delta y \\ &= dz + \theta_1 \Delta x + \theta_2 \Delta y\end{aligned}$$

여기서 $(\Delta x, \Delta y) \to (0, 0)$이면 $\theta_1 \to 0$, $\theta_2 \to 0$이다.

이때 z의 증분은 $\Delta z = f(a+\Delta x,\ b+\Delta y) - f(a,\ b)$이므로 일변수함수의 경우와 유사하게 충분히 작은 Δx와 Δy에 대하여 다음과 같은 근사식이 성립한다.

$$f(a+\Delta x,\ b+\Delta y) \fallingdotseq f(a,\ b) + f_x(a,\ b)\Delta x + f_y(a,\ b)\Delta y$$

이와 같은 논의는 독립변수가 세 개 이상인 경우에도 확장하여 생각할 수 있다. 예를 들어, 편미분가능한 $w = f(x,\ y,\ z)$에 대하여 w의 증분과 미분은 각각 다음과 같이 정의한다.

$$\Delta w = f(a+\Delta x,\ b+\Delta y,\ c+\Delta z) - f(a,\ b,\ c)$$
$$dw = \frac{\partial w}{\partial x}dx + \frac{\partial w}{\partial y}dy + \frac{\partial w}{\partial z}dz$$

그러면 같은 방법으로 충분히 작은 Δx, Δy, Δz에 대해서도 다음과 같은 근사식을 얻을 수 있다.

$$\begin{aligned} f(a+\Delta x,\ b+\Delta y,\ c+\Delta z) \fallingdotseq f(a,\ b,\ c) &+ f_x(a,\ b,\ c)\Delta x \\ &+ f_y(a,\ b,\ c)\Delta y + f_z(a,\ b,\ c)\Delta z \end{aligned}$$

또한 다음과 같은 전미분 공식이 성립하는 것을 살펴볼 수 있다(전미분 공식은 10.1절에서 미분방정식을 풀 때 유용하게 사용될 것이다).

정리 7-10 전미분 공식

(1) $d(xy) = y\,dx + x\,dy$

(2) $d(x^2 \pm y^2) = 2x\,dx \pm 2y\,dy$

(3) $d\left(\dfrac{y}{x}\right) = \dfrac{x\,dy - y\,dx}{x^2}$, $d\left(\dfrac{x}{y}\right) = \dfrac{y\,dx - x\,dy}{y^2}$

(4) $d\left(\tan^{-1}\dfrac{y}{x}\right) = \dfrac{x\,dy - y\,dx}{x^2 + y^2}$

(5) $d\left(\ln\dfrac{x-y}{x+y}\right) = \dfrac{2x\,dy - 2y\,dx}{x^2 - y^2}$

(6) $d\left(\ln\dfrac{y}{x}\right) = \dfrac{x\,dy - y\,dx}{xy}$

(7) $d\left(\dfrac{x+y}{x-y}\right) = \dfrac{2x\,dy - 2y\,dx}{(x-y)^2}$, $d\left(\dfrac{x-y}{x+y}\right) = \dfrac{2y\,dx - 2x\,dy}{(x+y)^2}$

예제 7-16

다음 함수의 전미분을 구하라.

(a) $z=e^y\sin x$ (b) $z=y\sin x+x\cos y$

풀이

(a) $\dfrac{\partial z}{\partial x}=e^y\cos x$, $\dfrac{\partial z}{\partial y}=e^y\sin x$이므로 전미분은 다음과 같다.

$$dz=e^y\cos x\,dx+e^y\sin x\,dy$$

(b) $\dfrac{\partial z}{\partial x}=y\cos x+\cos y$, $\dfrac{\partial z}{\partial y}=\sin x-x\sin y$이므로 전미분은 다음과 같다.

$$dz=(y\cos x+\cos y)\,dx+(\sin x-x\sin y)\,dy$$

예제 7-17

$\sqrt{(3.01)^2+(1.98)^2+(5.98)^2}$ 의 근사값을 소수점 아래 다섯째 자리에서 구하라.

풀이

$f(x,\ y,\ z)=\sqrt{x^2+y^2+z^2}$ 이라 하면

$$\frac{\partial f}{\partial x}=\frac{x}{\sqrt{x^2+y^2+z^2}},\quad \frac{\partial f}{\partial y}=\frac{y}{\sqrt{x^2+y^2+z^2}},\quad \frac{\partial f}{\partial z}=\frac{z}{\sqrt{x^2+y^2+z^2}}$$

이다. 따라서 $a=3$, $\Delta x=0.01$, $b=2$, $\Delta y=-0.02$, $c=6$, $\Delta z=-0.02$라 하면 $f(3,\ 2,\ 6)=7$이고

$$f_x(3,\ 2,\ 6)=\frac{3}{7},\quad f_y(3,\ 2,\ 6)=\frac{2}{7},\quad f_z(3,\ 2,\ 6)=\frac{6}{7}$$

이다. 따라서 다음과 같이 구한다.

$$\begin{aligned}
&\sqrt{(3.01)^2+(1.98)^2+(5.98)^2}\\
&\quad\fallingdotseq f(3,2,6)+f_x(3,2,6)\Delta x+f_y(3,2,6)\Delta y+f_z(3,2,6)\Delta z\\
&\quad=7+\frac{3}{7}\cdot(0.01)+\frac{2}{7}\cdot(-0.02)+\frac{6}{7}\cdot(-0.02)\\
&\quad=7-\frac{0.13}{7}=7-0.01857=6.98143
\end{aligned}$$

Section 7.4 연습문제

※ 다음 이변수함수의 극값을 구하라.

1. $f(x,\ y) = -x^3 + 4xy - 2y^2 + 1$

2. $f(x,\ y) = x^4 + y^4 - 4xy - 4$

3. $f(x,\ y) = 4xy - x^2 - y^2 + 1$

4. $f(x,\ y) = x^3 + y^3 - 3xy$

5. $f(x,\ y) = x\sin y$

6. $f(x,\ y) = (x^2 + y^2)e^{y^2 - x^2}$

7. $f(x,\ y) = xy + \dfrac{1}{x} + \dfrac{1}{y}$

8. $f(x,\ y) = (4x - x^2)\sin y$

※ 다음 함수의 전미분을 구하라.

9. $z = x^2 - y^2 + xy + 1$

10. $z = (x + y)e^{x - y}$

11. $z = y\sin^2 x - x\cos^2 y$

12. $z = \sqrt{1 - x^2 - y^2}$

13. $z = xy - \ln xy$

14. $z = e^{x+y}(\sin x + \cos y)$

15. 응용 반지름의 길이가 r이고 높이가 h인 원통을 제작한다. 이때 반지름과 높이의 오차가 각각 0.2%와 0.4% 내외라고 한다. 원통의 부피에 대한 최대 오차를 구하라.

16. 응용 오른쪽 그림과 같이 두 저항 R_1과 R_2가 병렬로 연결된 전기회로에서 전체 저항 R에 대하여 $\dfrac{1}{R} = \dfrac{1}{R_1} + \dfrac{1}{R_2}$이다.

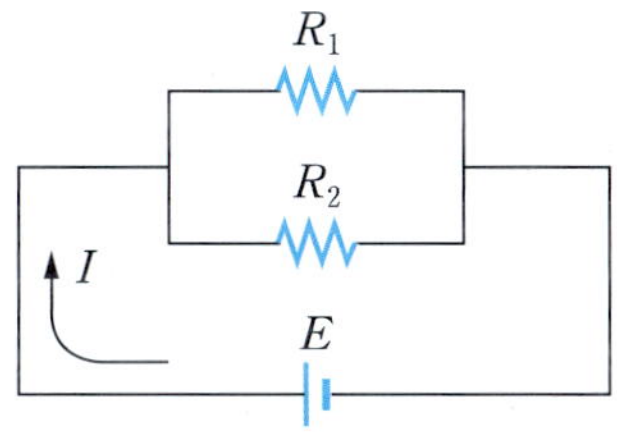

(a) $dR = \left(\dfrac{R}{R_1}\right)^2 dR_1 + \left(\dfrac{R}{R_2}\right)^2 dR_2$임을 보여라.

(b) $R_1 = 100[\Omega]$, $R_2 = 200[\Omega]$일 때, 전체 저항 R은 R_1과 R_2의 변화 중에서 어느 것에 더 민감하게 작용되는지 말하라.

(c) R_1이 $100[\Omega]$에서 $99.8[\Omega]$로 그리고 R_2는 $200[\Omega]$에서 $200.5[\Omega]$로 변할 때, 전체 저항 R은 몇 %가 변하는지 구하라.

17. 응용 중심이 $(0,\ 0)$이고 반지름의 길이가 1인 얇은 원판을 가열할 때, 이 원판 안의 각 점 $(x,\ y)$의 온도는 $T(x,\ y) = 2x^2 + y^2 - xy$이다. 이 원판의 경계를 포함하여 가장 높은 온도와 가장 낮은 온도를 구하라.

전공 맛보기

연쇄법칙 : 도플러 효과 (관련 과목 : 전파공학)

[정리 7-4]에서 함수 $z=f(x, y)$가 편미분가능하고 $x=g(t)$와 $y=h(t)$가 미분가능하면 다음이 성립하는 것을 살펴보았다.

$$\frac{dz}{dt}=\frac{\partial f}{\partial x}\frac{dx}{dt}+\frac{\partial f}{\partial y}\frac{dy}{dt}$$

이와 관련하여 도플러 효과를 살펴볼 수 있다. 소방차가 사이렌을 울리며 관측자를 향해 다가오면 사이렌 소리가 크게 들리다가 관측자를 지나가면 소리가 작게 들린다. 또한 관측자가 움직이는 경우에도 정지해 있는 소방차의 사이렌 소리는 거리가 가까워질수록 크게 들리다가 소방차를 지나는 순간부터 소리가 작아진다. 그 이유는 소리를 내는 물체나 소리를 듣는 관측자가 운동을 하면, 처음 소리의 파형이 다른 파형으로 변환되어 들리기 때문이다. 이러한 현상은 모든 종류의 파동에서 성립하는 보편적인 현상으로, 이를 **도플러 효과**Doppler effect라 한다. 도플러 효과는 다음과 같이 구분한다.

❶ 관측자가 정지해 있는 경우 : 관측자에게 들리는 소리의 주파수는 $f_0=\left(\frac{v}{v-v_s}\right)f$이다.

❷ 관측자가 움직이는 경우 : v_0의 속도로 관측자가 정지해 있는 소방차에 다가갈 때, 관측자에게 들리는 소리의 주파수는 $f_0=\left(\frac{v+v_0}{v}\right)f$이다.

❸ 소방차와 관측자 모두 움직일 때 : 소방차와 관측자가 서로를 향해 다가갈 때, 관측자에게 들리는 소리의 주파수는 $f_0=\left(\frac{v+v_0}{v-v_s}\right)f$이다.

여기서 f는 사이렌 소리의 실제 진동수이고 f_0은 관측자에게 들리는 소리의 진동수이다. v는 사이렌 소리의 속도이고, v_s는 소방차의 속도로 관측자 방향으로 움직일 때 양수이다. 그리고 v_0는 관측자의 속도로 관측자가 소방차 방향으로 움직일 때 양수이다.

이제 소방차가 $50[\mathrm{m/s}]$의 속도로 반대편에서 $25[\mathrm{m/s}]$로 다가오는 관측자가 탄 승용차 쪽으로 움직인다고 하자. 이때 사이렌 소리의 속도는 $500[\mathrm{m/s}]$이고 진동수가 $400[\mathrm{Hz}]$라고 한다. 그리고 소방차의 가속도는 $1.6[\mathrm{m/s^2}]$이고 승용차의 가속도가 $1.2[\mathrm{m/s^2}]$이라 할 때, 승용차에 탄 사람에게 들리는 소리의 주파수를 구하고 주파수의 순간변화율을 구해보자.

$v_s=50$, $v_0=25$, $v=500$, $f=400$이므로 승용차에 탄 사람에게 들리는 소리의 주파수는

$$f_0=\left(\frac{v+v_0}{v-v_s}\right)f=\left(\frac{500+25}{500-50}\right)400=\frac{1400}{3}\approx 466.67[\mathrm{Hz}]$$

이다. 한편, v_0와 v_s가 시간 t의 함수이므로 사람에게 들리는 소리의 주파수는 $z=f_0(v_0, v_s)$, $v_0=v_0(t)$, $v_s=v_s(t)$이고, $\frac{dv_0}{dt}=1.2$, $\frac{dv_s}{dt}=1.6$이므로 주파수의 순간변화율은 다음과 같다.

$$\frac{dz}{dt} = \frac{\partial}{\partial v_0} f_0(v_0, v_s) \frac{dv_0}{dt} + \frac{\partial}{\partial v_s} f_0(v_0, v_s) \frac{dv_s}{dt}$$
$$= \frac{f}{v - v_s} \frac{dv_0}{dt} + \frac{v + v_0}{(v - v_s)^2} f \frac{dv_s}{dt}$$
$$= \frac{400}{500 - 50} \cdot (1.2) + \frac{(500 + 25)\, 400}{(500 - 50)^2} \cdot (1.6) \approx 2.726\,[\text{Hz}]$$

편도함수 : 확률변수의 변환 (관련 과목 : 통계학)

통계학에서 두 개 이상의 확률변수들의 함수는 다시 확률변수가 된다. 이때 7.3.1절의 편도함수를 이용하여 새로운 확률변수의 밀도함수를 구할 수 있다. 이를 살펴보기 위하여 확률변수 X와 Y의 결합밀도함수를 $f(x, y)$라 하자. 그리고 X와 Y의 함수 $U = g_1(X, Y)$와 $V = g_2(X, Y)$가 xy평면 안의 영역 A에서 uv평면 안의 영역 B 위로의 일대일 대응 변환이고 편미분가능하다고 하자. 그러면 이 변환의 역변환 $X = h_1(U, V)$, $Y = h_2(U, V)$가 존재하고, 이 역변환은 연속인 일대일 대응이고 편미분가능하다. 따라서 역변환의 편도함수들 $\frac{\partial x}{\partial u}, \frac{\partial x}{\partial v}, \frac{\partial y}{\partial u}, \frac{\partial y}{\partial v}$에 의한 다음 행렬식

$$J = \begin{vmatrix} \frac{\partial x}{\partial u} & \frac{\partial x}{\partial v} \\ \frac{\partial y}{\partial u} & \frac{\partial y}{\partial v} \end{vmatrix} = \frac{\partial x}{\partial u}\frac{\partial y}{\partial v} - \frac{\partial x}{\partial v}\frac{\partial y}{\partial u}$$

를 생각할 수 있다. 이 행렬식을 변환 $U = g_1(X, Y)$와 $V = g_2(X, Y)$의 야코비안이라 한다([정리 8-5]에서 살펴볼 것이다). 그러면 $|J| \neq 0$일 때, X와 Y의 함수 $U = g_1(X, Y)$와 $V = g_2(X, Y)$의 결합밀도함수 $k(u, v)$는 다음과 같다.

$$k(u, v) = f(u, v)\,|J|, \quad (u, v) \in B$$

예를 들어, 확률변수 X와 Y의 결합밀도함수를 $f(x, y) = 1$, $0 < x < 1$, $0 < y < 1$라 하자. 이때 X와 Y의 함수 $U = X + Y$와 $V = X - Y$의 확률밀도함수를 구하기 위하여 $u = x + y$, $v = x - y$라 하자. 먼저 이 변환에 의하여 $A = \{(x, y) \mid 0 < x < 1,\ 0 < y < 1\}$에서 일대일 대응인 uv평면 안의 영역 B를 구한다. 그러면 $0 < u < 2$, $-1 < v < 1$이고 역변환은 $x = \frac{u+v}{2}$, $v = \frac{u-v}{2}$이다. 이때 $0 < x < 1$, $0 < y < 1$이므로 다음이 성립한다.

$$0 < \frac{u+v}{2} < 1,\ 0 < \frac{u-v}{2} < 1 \quad \text{또는} \quad 0 < u+v < 2,\ 0 < u-v < 2$$

따라서 $-u < v < -u+2$, $u-2 < v < u$가 성립한다. 즉 구하고자 하는 영역 B와 이 변환의 그림은 [그림 7-21]과 같다.

$$B = \{(u, v) \mid -u < v < -u+2,\ u-2 < v < u,\ 0 < u < 2,\ -1 < v < 1\}$$

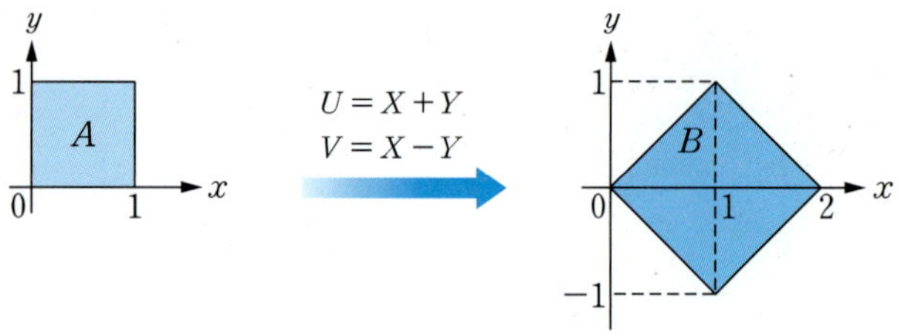

[그림 7-21] **A에서 B 위로의 일대일 변환 $u=x+y$, $v=x-y$**

따라서 역변환의 편도함수를 구하면 $\dfrac{\partial x}{\partial u}=\dfrac{1}{2}$, $\dfrac{\partial x}{\partial v}=\dfrac{1}{2}$, $\dfrac{\partial y}{\partial u}=\dfrac{1}{2}$, $\dfrac{\partial y}{\partial v}=-\dfrac{1}{2}$이고, 이 변환의 야코비안은 다음과 같다.

$$J=\begin{vmatrix}\dfrac{1}{2} & \dfrac{1}{2}\\ \dfrac{1}{2} & -\dfrac{1}{2}\end{vmatrix}=\frac{1}{2}\left(-\frac{1}{2}\right)-\frac{1}{2}\frac{1}{2}=-\frac{1}{2},\ |J|=\frac{1}{2}$$

따라서 U와 V의 결합밀도함수는 다음과 같다.

$$g(u,\ v)=f\left(\frac{u+v}{2},\ \frac{u-v}{3}\right)|J|=1\cdot\frac{1}{2}=\frac{1}{2},\ (u,\ v)\in B$$

그러면 [그림 7-22(a)]에 의하여 U의 확률밀도함수 $g_1(u)$는 다음과 같다.

$$g_1(u)=\begin{cases}\displaystyle\int_{-u}^{u} g(u,v)\,dv &,\ 0<u<1\\ \displaystyle\int_{u-2}^{2-u} g(u,v)\,dv, & 1<u<2\end{cases}=\begin{cases}u &,\ 0<u<1\\ 2-u, & 1<u<2\end{cases}$$

그리고 [그림 7-22(b)]에 의하여 V의 확률밀도함수 $g_2(v)$는 다음과 같다.

$$g_2(v)=\begin{cases}\displaystyle\int_{-v}^{v+2} g(u,v)\,du, & -1<v<0\\ \displaystyle\int_{v}^{2-v} g(u,v)\,du, & 0<v<1\end{cases}=\begin{cases}v+1, & -1<v<0\\ 1-v, & 0<u<1\end{cases}$$

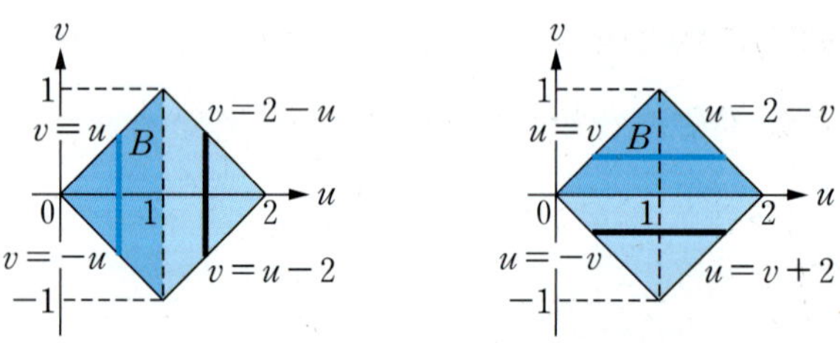

(a) v의 적분영역

(a) u의 적분영역

[그림 7-22] **v와 u의 적분영역**

Chapter

08

중적분

Multiple Integration

이중적분 _8.1

삼중적분 _8.2

극좌표에서의 중적분 _8.3

원기둥좌표와 구면좌표에서의 삼중적분 _8.4

전공 맛보기

학습목표

- 이중적분의 개념을 이해하고, 이를 구할 수 있다.
- 공간좌표에서의 삼중적분을 이해하고, 이를 구할 수 있다.
- 직교좌표계의 이중적분을 극좌표계의 이중적분으로 변환할 수 있다.
- 공간좌표에서의 삼중적분을 원기둥좌표 또는 구면좌표에서의 삼중적분으로 변환할 수 있다.
- 중적분을 이용하여 곡면의 넓이, 질량중심 및 관성모멘트 등을 계산할 수 있다.
- 절별 연습문제를 통해 학습 내용을 제대로 이해했는지 확인할 수 있다.

이 장에서는 4장에서 배운 정적분의 개념을 이변수함수와 삼변수함수의 정적분인 이중적분과 삼중적분으로 확장한다. 또한 이중적분을 극좌표로 변환하는 이중적분의 치환법을 살펴본다. 그리고 공간좌표를 나타내는 새로운 좌표계인 원기둥좌표와 구면좌표를 소개하고, 공간좌표에서의 삼중적분을 원기둥좌표와 구면좌표에서의 삼중적분으로 변환하는 방법과 입체의 부피를 구하는 문제에 적용한다.

8.1 이중적분

4.3.1절에서 배운 정적분의 개념을 다변수함수로 확장해보자. 우선 직사각형인 폐영역 D에서 연속이고 음이 아닌 함수 $f(x, y)$에 대하여 [그림 8-1(a)]와 같이 폐영역 D에서 함수 $f(x, y)$와 xy평면으로 둘러싸인 입체의 부피를 구하는 방법에 대하여 살펴보자.

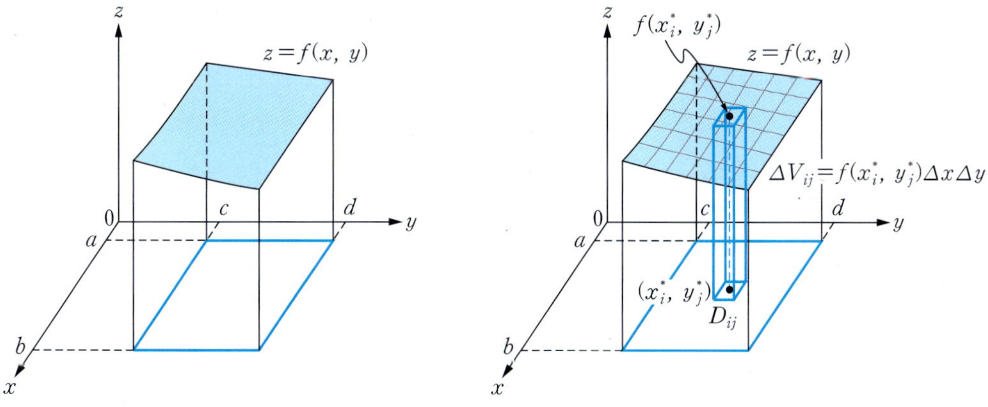

(a) 폐영역 D와 함수 $f(x, y)$ (b) 분할된 폐영역 D_{ij}와 ΔV_{ij}

[그림 8-1] 직육면체에 의한 부피의 근사

함수 $f(x, y)$가 다음과 같이 **닫힌 직사각형**closed rectangle에서 연속이고 $f(x, y) \geq 0$이라 하자.

$$D = [a, b] \times [c, d] = \{(x, y) \mid a \leq x \leq b,\ c \leq y \leq d\}$$

정적분의 경우와 마찬가지로 폐구간 $[a, b]$를 n등분하고 폐구간 $[c, d]$를 m등분하면, 폐영역 D는 nm개의 작은 직사각형으로 분할된다. 이제 폐구간 $[a, b]$의 i번째 소구간과 폐구간 $[c, d]$의 j번째 소구간에 의한 작은 닫힌 직사각형을 D_{ij}라 하면

$$D_{ij} = [x_{i-1}, x_i] \times [y_{j-1}, y_j] = \{(x, y) \mid x_{i-1} \leq x \leq x_i,\ y_{j-1} \leq y \leq y_j\}$$

이다. [그림 8-1(b)]와 같이 이 영역 안의 임의의 점 (x_i^*, y_j^*)에서 함숫값 $f(x_i^*, y_j^*)$을 높이로 갖는 직육면체의 부피를 ΔV_{ij}라 하면

$$\Delta V_{ij} = f(x_i^*, y_j^*) \Delta x \Delta y$$

이다. 따라서 nm개의 작은 직사각형으로 분할된 각 영역에 대한 직육면체의 부피를 모두 합하면

$$\sum_{j=1}^{m} \sum_{i=1}^{n} \Delta V_{ij} = \sum_{j=1}^{m} \sum_{i=1}^{n} f(x_i^*, y_j^*) \Delta x \Delta y$$

이고, 소영역을 미세하게 분할하기 위하여 $n \to \infty$, $m \to \infty$라 한다. 이때 극한

$$\lim_{n,m\to\infty}\sum_{j=1}^{m}\sum_{i=1}^{n}\Delta V_{ij}=\lim_{n,m\to\infty}\sum_{j=1}^{m}\sum_{i=1}^{n}f(x_i^*,\ y_j^*)\Delta x\Delta y$$

가 존재한다면, 함수 $f(x,\ y)$는 폐영역 D에서 **적분가능** integrable 하다고 하고, 다음과 같이 나타낸다.

$$\begin{aligned}\iint_D f(x,\ y)\,dA &= \lim_{n,m\to\infty}\sum_{j=1}^{m}\sum_{i=1}^{n}\Delta V_{ij}\\ &= \lim_{n,m\to\infty}\sum_{j=1}^{m}\sum_{i=1}^{n}f(x_i^*,\ y_j^*)\Delta x\,\Delta y\\ &= \int_c^d\int_a^b f(x,\ y)\,dx\,dy\end{aligned}$$

그리고 $\iint_D f(x,\ y)\,dx\,dy$를 폐영역 D에서 함수 $f(x,\ y)$의 **이중적분** double integral 이라 한다. 이를 적분하는 방법은 변수 y는 상수 취급하고 안쪽 변수 x에 대하여 함수 $f(x,\ y)$를 $[a,\ b]$에서 먼저 적분한다. 그리고 처음 적분한 결과 $\int_a^b f(x,\ y)\,dx$를 바깥쪽 변수 y에 대하여 $[c,\ d]$에서 적분한다. 한편, 소영역 D_{ij}의 넓이 A_{ij}는

$$A_{ij}=\Delta x\,\Delta y=\Delta y\,\Delta x$$

이므로 폐영역 D에서 함수 $f(x,\ y)$의 이중적분은 다음과 같이 정의할 수도 있다.

$$\begin{aligned}\iint_D f(x,\ y)\,dA &= \lim_{n,m\to\infty}\sum_{i=1}^{n}\sum_{j=1}^{m}\Delta V_{ij}\\ &= \lim_{n,m\to\infty}\sum_{i=1}^{n}\sum_{j=1}^{m}f(x_i^*,\ y_j^*)\Delta y\,\Delta x\\ &= \int_a^b\int_c^d f(x,\ y)\,dy\,dx\end{aligned}$$

이때 적분하는 방법은 앞에서와 마찬가지로 변수 x를 상수 취급하여 안쪽 변수 y에 대하여 함수 $f(x,\ y)$를 $[c,\ d]$에서 적분하고, 적분한 결과 $\int_c^d f(x,\ y)\,dy$를 바깥쪽 변수 x에 대하여 $[a,\ b]$에서 적분한다. 따라서 폐영역 D에서 음이 아닌 함수 $f(x,\ y)$와 xy평면으로 둘러싸인 입체의 부피는 [그림 8-2(a)]와 같이 x와 y에 관한 이중적분

$$V = \iint_D f(x,\ y)\,dA = \int_c^d \left(\int_a^b f(x,\ y)\,dx \right) dy$$

또는 [그림 8-2(b)]와 같이 y와 x에 관한 이중적분

$$V = \iint_D f(x,\ y)\,dA = \int_a^b \left(\int_c^d f(x,\ y)\,dy \right) dx$$

이다.

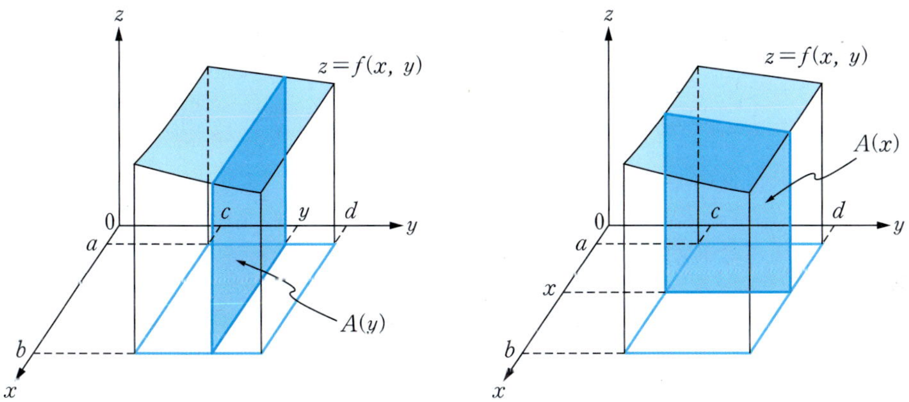

(a) 고정된 y와 $A(y) = \int_a^b f(x,\ y)dx$ (b) 고정된 x와 $A(x) = \int_c^d f(x,\ y)dy$

[그림 8-2] **적분 순서의 교환**

따라서 직사각형 영역 $D = \{(x,\ y)\,|\,a \le x \le b,\ c \le y \le d\}$에서 이중적분에 대하여 다음과 같은 정리를 얻는다.

정리 8-1 직사각형 영역에서의 푸비니Fubini 정리

함수 $f(x,\ y)$가 직사각형 영역 D에서 연속이면 다음이 성립한다.

$$\iint_D f(x,\ y)\,dA = \int_c^d \left(\int_a^b f(x,\ y)\,dx \right) dy = \int_a^b \left(\int_c^d f(x,\ y)\,dy \right) dx$$

예제 8-1

폐영역 $D = \{(x,\ y)\,|\,0 \le x \le 2,\ 1 \le y \le 2\}$에서 $\iint_D (x^2 + y^2 + 2xy)\,dA$를 다음과 같은 적분 순서에 따라 구하라.

(a) 먼저 x로 적분한 후 y로 적분 (b) 먼저 y로 적분한 후 x로 적분

풀이

(a) $A(y)=\int_0^2(x^2+y^2+2xy)\,dx=\frac{1}{3}x^3+xy^2+x^2y\Big|_{x=0}^{x=2}=\frac{8}{3}+2y^2+4y$이다. 따라서 구하고자 하는 적분은 다음과 같다.

$$\begin{aligned}\iint_D(x^2+y^2+2xy)\,dA&=\int_1^2\left(\int_0^2(x^2+y^2+2xy)\,dx\right)dy\\&=\int_1^2\left(\frac{8}{3}+2y^2+4y\right)dy\\&=\frac{8}{3}y+\frac{2}{3}y^3+2y^2\Big|_1^2=\frac{56}{3}-\frac{16}{3}=\frac{40}{3}\end{aligned}$$

(b) $A(x)=\int_1^2(x^2+y^2+2xy)\,dy=x^2y+\frac{1}{3}y^3+xy^2\Big|_{y=1}^{y=2}=x^2+3x+\frac{7}{3}$이다. 따라서 구하고자 하는 적분은 다음과 같다.

$$\begin{aligned}\iint_D(x^2+y^2+2xy)\,dA&=\int_0^2\left(\int_1^2(x^2+y^2+2xy)\,dy\right)dx\\&=\int_0^2\left(x^2+3x+\frac{7}{3}\right)dx\\&=\frac{1}{3}x^3+\frac{3}{2}x^2+\frac{7}{3}x\Big|_0^2=\frac{40}{3}-0=\frac{40}{3}\end{aligned}$$

한편, 적분영역이 직사각형이 아닌 폐영역 D인 경우에는 [그림 8-3]과 같이 두 좌표축에 평행한 유한개의 직선으로 분할하여 생긴 직사각형인 소영역을 적당한 순서에 의하여 D_1, D_2, $\cdots$, D_n이라 한다.

그리고 k번째 소영역 D_k 안의 임의의 점을 $(x_k,\ y_k)$, 가로의 길이를 Δx_k, 세로의 길이를 Δy_k라 하자. 이때 Δx_k와 Δy_k 중에서 긴 변을 $\|P\|$라 하고, 밑넓이가 $\Delta A_k=\Delta x_k\Delta y_k$이고 높이가 $f(x_k,\ y_k)$인 직육면체의 부피를 $\Delta V_k=f(x_k,\ y_k)\Delta A_k$라 한다. 이때 $\|P\|\to 0$이면 폐영역 D 안의 직사각형은 무수히 많아진다. 따라서 폐영역 D에서 $f(x,\ y)$의 이중적분은 다음과 같이 정의한다.

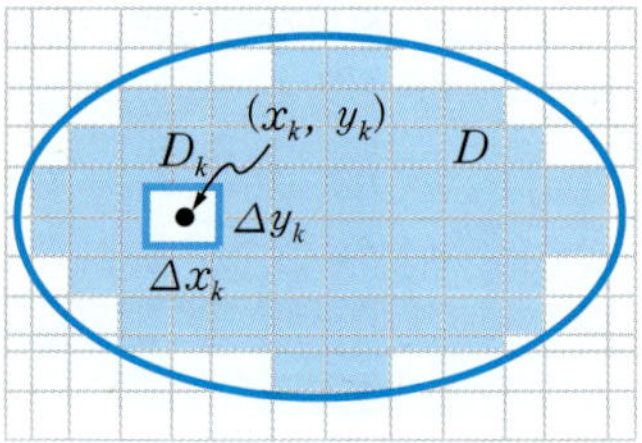

[그림 8-3] 사각형이 아닌 적분영역

$$\lim_{\|P\|\to 0}\sum_{k=1}^{n}\Delta V_k=\lim_{\|P\|\to 0}\sum_{k=1}^{n}f(x_k,\ y_k)\Delta A_k=\iint_D f(x,\ y)\,dA$$

이와 같은 형태의 적분영역은 [그림 8-4]와 같이 여러 가지 유형으로 나타난다.

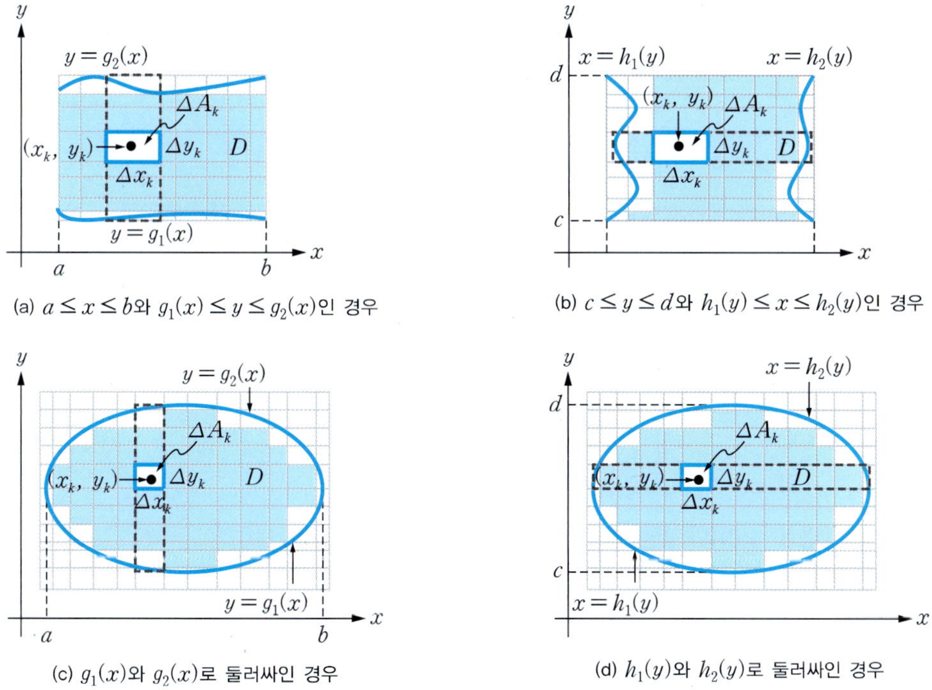

[그림 8-4] 적분영역의 유형

유형 1 $a \le x \le b$**와** $g_1(x) \le y \le g_2(x)$**인 경우**

[그림 8-4(a)]와 같이 $y = g_1(x)$에서 $y = g_2(x)$까지 각 직사각형 영역의 부피를 모두 더하면 두께가 Δx_k이고 평면이 다음과 같은 입체를 얻는다.

$$A(x) = \int_{g_1(x)}^{g_2(x)} f(x, y)\,dy$$

따라서 이와 같은 입체의 부피를 $x = a$에서 $x = b$까지 적분하면 다음과 같이 된다.

$$\iint_D f(x, y)\,dA = \int_a^b \int_{g_1(x)}^{g_2(x)} f(x, y)\,dy\,dx$$

유형 2 $c \le y \le d$**와** $h_1(y) \le x \le h_2(y)$**인 경우**

[그림 8-4(b)]와 같이 $x = h_1(y)$에서 $x = h_2(y)$까지 각 직사각형 영역의 부피를 모두 더하면 두께가 Δy_k이고 평면이 다음과 같은 입체를 얻는다.

$$A(y) = \int_{h_1(y)}^{h_2(y)} f(x, y)\,dx$$

따라서 이와 같은 입체의 부피를 $y=c$에서 $y=d$까지 적분하면 다음과 같다.

$$\iint_D f(x,\ y)\,dA = \int_c^d \int_{h_1(y)}^{h_2(y)} f(x,\ y)\,dx\,dy$$

유형 3 $y=g_1(x)$와 $y=g_2(x)$로 둘러싸인 경우

폐영역 D가 [그림 8-4(c)]와 같이 $a \le x \le b$에서 두 곡선 $y=g_1(x)$와 $y=g_2(x)$에 의해 교차하면 [유형 1]과 같은 방법으로 다음을 얻는다.

$$\iint_D f(x,\ y)\,dA = \int_a^b \int_{g_1(x)}^{g_2(x)} f(x,\ y)\,dy\,dx$$

유형 4 $x=h_1(y)$와 $x=h_2(y)$로 둘러싸인 경우

폐영역 D가 [그림 8-4(d)]와 같이 $c \le y \le d$에서 두 곡선 $x=h_1(y)$와 $x=h_2(y)$에 의해 교차하면 [유형 2]와 같은 방법으로 다음을 얻는다.

$$\iint_D f(x,\ y)\,dA = \int_c^d \int_{h_1(y)}^{h_2(y)} f(x,\ y)\,dx\,dy$$

이와 같은 사실로부터 직사각형 영역에서의 중적분을 일반적인 폐영역으로 확장할 수 있다. 따라서 [정리 8-1]을 확장하여 다음과 같은 푸비니 정리를 얻는다.

정리 8-2 푸비니 정리

함수 $f(x,\ y)$가 폐영역 D에서 연속이면 다음이 성립한다.

(1) $D=\{(x,\ y)\,|\,a \le x \le b,\ g_1(x) \le y \le g_2(x)\}$이고 g_1과 g_2가 $[a,\ b]$에서 연속이면

$$\iint_D f(x,\ y)\,dA = \int_a^b \int_{g_1(x)}^{g_2(x)} f(x,\ y)\,dy\,dx$$

(2) $D=\{(x,\ y)\,|\,c \le y \le d,\ h_1(y) \le x \le h_2(y)\}$이고 h_1과 h_2가 $[c,\ d]$에서 연속이면

$$\iint_D f(x,\ y)\,dA = \int_c^d \int_{h_1(y)}^{h_2(y)} f(x,\ y)\,dx\,dy$$

그러면 각 유형별로 [그림 8-5]와 같은 적분 순서로 이중적분을 구한다.

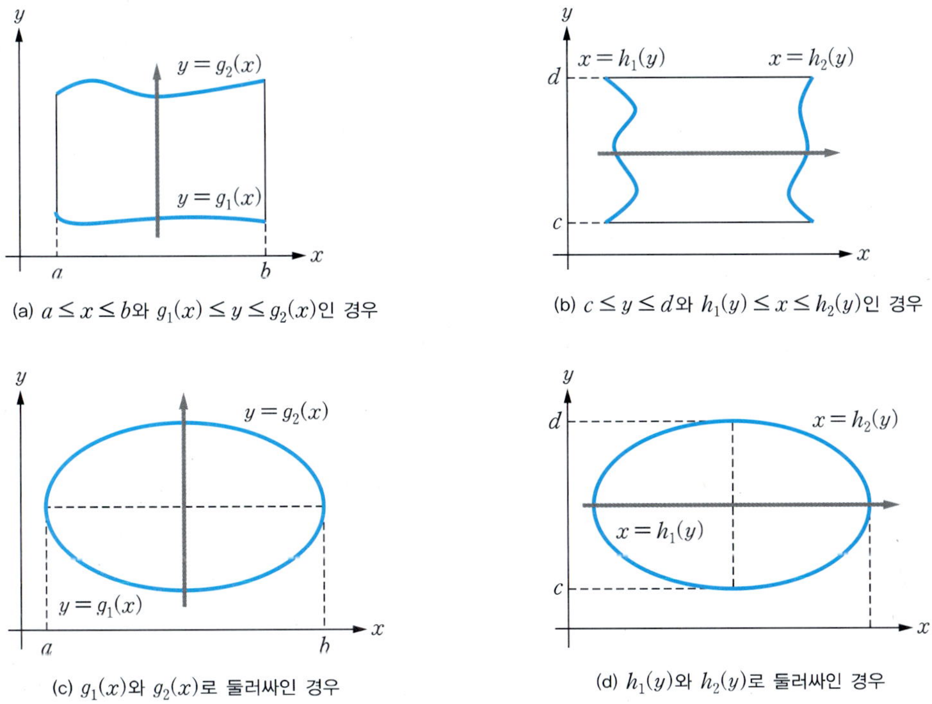

[그림 8-5] **유형별 적분 순서**

예제 8-2

직선 $y=x$와 $x=1$ 그리고 x축으로 둘러싸인 폐영역 D에서 다음 이중적분을 구하라.

(a) $\iint_D (1-2x-y)\,dy\,dx$ (b) $\iint_D (1-2x-y)\,dx\,dy$

풀이

(a) 그림 (a)와 같이 $y=0$에서 $y=x$까지 y에 대하여 적분한 결과를 $x=0$에서 $x=1$까지 x에 대하여 적분하다.

$$\begin{aligned}\iint_D (1-2x-y)\,dy\,dx &= \int_0^1 \int_0^x (1-2x-y)\,dy\,dx \\ &= \int_0^1 \left(y - 2xy - \frac{1}{2}y^2 \Big|_{y=0}^{y=x} \right) dx \\ &= \int_0^1 \left(x - \frac{5}{2}x^2 \right) dx \\ &= \frac{1}{2}x^2 - \frac{5}{6}x^3 \Big|_0^1 = \frac{1}{2} - \frac{5}{6} = -\frac{1}{3}\end{aligned}$$

(b) 그림 (b)와 같이 $x=y$에서 $x=1$까지 x에 대하여 적분한 결과를 $y=0$에서 $y=1$까지 y에 대하여 적분한다.

$$\iint_D (1-2x-y)\,dx\,dy = \int_0^1\int_y^1 (1-2x-y)\,dx\,dy = \int_0^1 \left(x - x^2 - xy \,\Big|_{x=y}^{x=1} \right) dy$$
$$= \int_0^1 (-2y+2y^2)\,dy = -y^2 + \frac{2}{3}y^3 \Big|_0^1 = -\frac{1}{3}$$

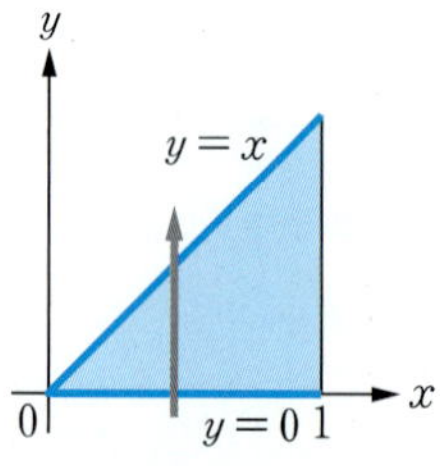

(a)

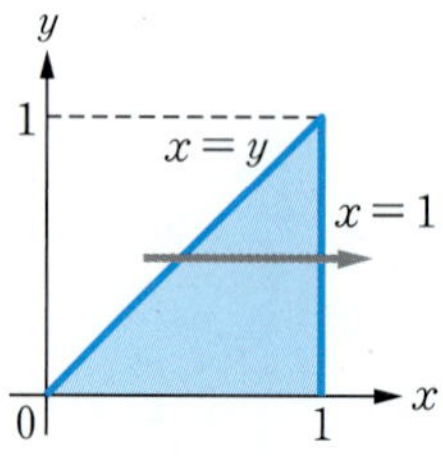

(b)

예제 8-3

적분 순서를 바꾸어 이중적분 $\int_0^1\int_y^1 \frac{\sin x}{x}\,dx\,dy$를 구하라.

풀이

적분영역은 그림 (a)와 같이 $D=\{(x,\ y)\,|\,0 \le x \le 1,\ y \le x \le 1\}$이고, 이 영역에서 피적분함수는 변수 x에 대하여 적분할 수 없다. 따라서 그림 (b)와 같이 동일한 적분영역을 $D'=\{(x,\ y)\,|\,0 \le y \le 1,\ 0 \le y \le x\}$으로 나타내면 푸비니 정리에 의하여 다음과 같이 구한다.

$$\int_0^1\int_y^1 \frac{\sin x}{x}\,dx\,dy = \int_0^1\int_0^x \frac{\sin x}{x}\,dy\,dx = \int_0^1 \left(\frac{y\sin x}{x} \Big|_{y=0}^{y=x} \right) dx$$
$$= \int_0^1 \sin x\,dx = -\cos x \Big|_0^1 = 1 - \cos 1$$

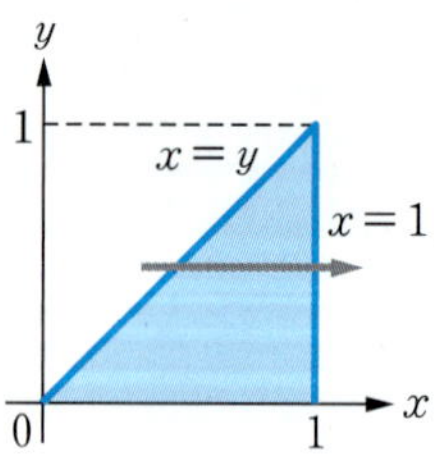

(a)

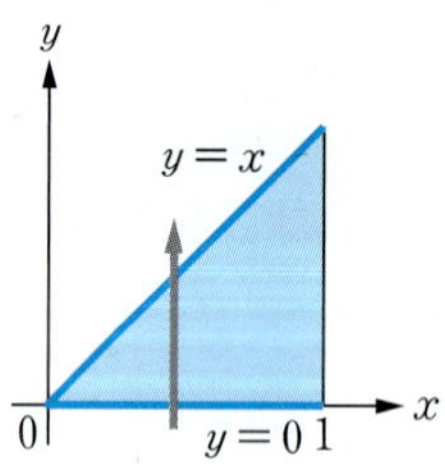

(b)

이중적분은 정적분과 마찬가지로 다음과 같은 성질을 갖는다.

정리 8-3 이중적분의 성질

함수 $f(x, y)$와 $g(x, y)$가 폐영역 D에서 연속이면 다음이 성립한다.

(1) $\iint_D kf(x, y)\,dA = k\iint_D f(x, y)\,dA$, k는 상수

(2) $\iint_D [f(x, y) \pm g(x, y)]\,dA = \iint_D f(x, y)\,dA \pm \iint_D g(x, y)\,dA$

(3) $\iint_D f(x, y)\,dA = \iint_{D_1} f(x, y)\,dA + \iint_{D_2} f(x, y)\,dA$, $D = D_1 \cup D_2$, $D_1 \cap D_2 = \varnothing$

(4) 폐영역 D에서 $f(x, y) \geq 0$이면 $\iint_D f(x, y)\,dA \geq 0$

(5) 폐영역 D에서 $f(x, y) \geq g(x, y)$이면 $\iint_D f(x, y)\,dA \geq \iint_D g(x, y)\,dA$

(6) 폐영역 D에서 $m \leq f(x, y) \leq M$이면 $mA(D) \leq \iint_D f(x, y)\,dA \leq MA(D)$

(7) 폐영역 D의 넓이는 $A(D) = \iint_D 1\,dA$

예제 8-4

곡선 $y^2 = 2x+6$과 $y = x-1$로 둘러싸인 폐영역 D에서 다음 이중적분을 구하라.

(a) $\iint_D (x+y)\,dy\,dx$ (b) $\iint_D (x+y)\,dx\,dy$

풀이

(a) $y^2 = 2x+6$과 $y = x-1$을 연립하면 교점의 좌표는 $(-1, -2)$, $(5, 4)$이다. 그러므로 폐영역 D는 다음과 같이 두 영역 D_1과 D_2로 분리된다.

$$D_1 = \{(x, y) \mid -3 \leq x \leq -1,\ -\sqrt{2x+6} \leq y \leq \sqrt{2x+6}\}$$
$$D_2 = \{(x, y) \mid -1 \leq x \leq 5,\ x-1 \leq y \leq \sqrt{2x+6}\}$$

따라서 두 영역에 대하여 중적분을 구하면 각각 다음과 같다.

$$\iint_{D_1} (x+y)\,dy\,dx = \int_{-3}^{-1}\int_{-\sqrt{2x+6}}^{\sqrt{2x+6}} (x+y)\,dy\,dx = \int_{-3}^{1}\left(xy + \frac{y^2}{2}\Bigg|_{y=-\sqrt{2x+6}}^{y=\sqrt{2x+6}}\right)dx$$
$$= 2\sqrt{2}\int_{-3}^{-1} x\sqrt{x+3}\,dx = \frac{4\sqrt{2}}{5}(x-2)(x+3)\sqrt{x+3}\Bigg|_{-3}^{-1} = -\frac{48}{5}$$

$$\iint_{D_2} (x+y)\,dy\,dx = \int_{-1}^{5}\int_{x-1}^{\sqrt{2x+6}} (x+y)\,dy\,dx = \int_{-1}^{5}\left(xy + \frac{y^2}{2}\Bigg|_{y=x-1}^{y=\sqrt{2x+6}}\right)dx$$

$$= \int_{-1}^{5} \left(\frac{5}{2} - \frac{3}{2}x^2 + 3x + \sqrt{2}\,x\sqrt{x+3} \right) dx$$

$$= \frac{1}{10} (-135 + 25x + 15x^2 - 5x^3 - 20\sqrt{2}(x+3)^{\frac{3}{2}} + 4\sqrt{2}(x+3)^{\frac{5}{2}} \Big|_{-1}^{5}$$

$$= \frac{62}{5} - \left(-\frac{94}{5} \right) = \frac{156}{5}$$

따라서 구하고자 하는 중적분은 다음과 같다.

$$\iint_D (x+y)\,dy\,dx = \iint_{D_1} (x+y)\,dy\,dx + \iint_{D_2} (x+y)\,dy\,dx = -\frac{48}{5} + \frac{156}{5} = \frac{108}{5}$$

(b) 적분영역 $D = \left\{ (x,\ y) \mid -2 \le x \le 4,\ \frac{y^2}{2} - 3 \le x \le y+1 \right\}$이므로 구하고자 하는 중적분은 다음과 같다.

$$\iint_D (x+y)\,dx\,dy = \int_{-2}^{4} \int_{\frac{y^2}{2}-3}^{y+1} (x+y)\,dx\,dy = \int_{-2}^{4} \left(\frac{1}{2}x^2 + xy \Big|_{x=\frac{y^2}{2}-3}^{x=y+1} \right) dy$$

$$= \int_{-2}^{4} \left(-\frac{y^4}{8} - \frac{y^3}{2} + 3y^2 + 5y - 4 \right) dy$$

$$= -\frac{1}{40} y(160 - 100y - 40y^2 + 5y^3 + y^4) \Big|_{-2}^{4} = \frac{152}{5} - \frac{44}{5} = \frac{108}{5}$$

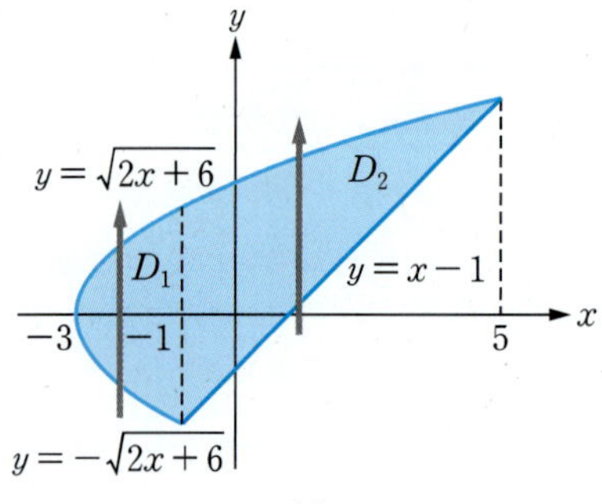

(a)

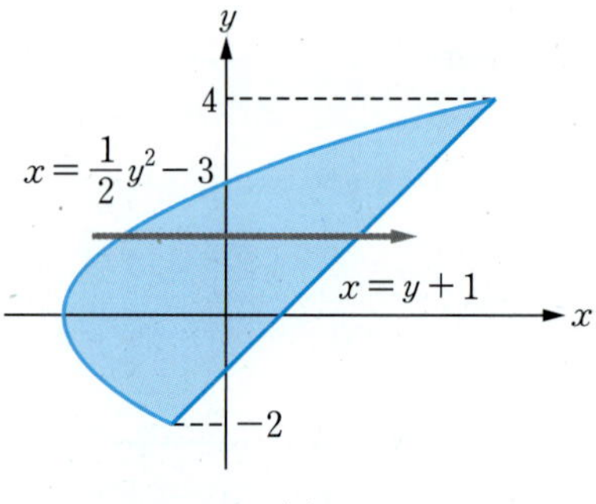

(b)

이와 같이 이중적분을 이용하면 평면 위의 폐영역 D의 넓이를 쉽게 구할 수 있다. [그림 8-6]과 같이 폐영역 D에서 정의되는 함수 $f(x,\ y) = 1$에 대하여 폐영역 D의 넓이를 $A(D)$라 하면 이 입체의 부피는

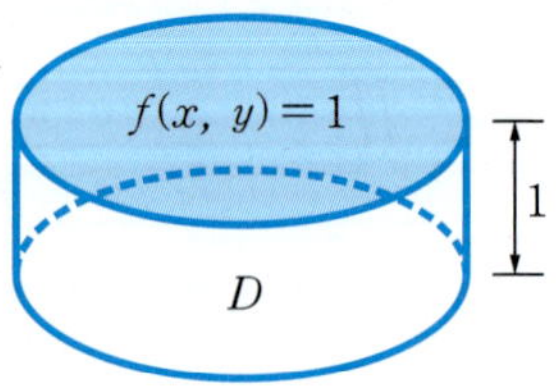

[그림 8-6] 부피와 넓이

$$V = A(D) \cdot 1 = A(D)$$

가 된다. 따라서 입체의 부피와 도형의 넓이가 동일하다.

예제 8-5

이중적분을 이용하여 두 함수 $x=3-y^2$, $x=y+1$로 둘러싸인 부분의 넓이를 구하라.

풀이

교점의 y좌표를 구하면

$$3-y^2=y+1,\ y^2+y-2=(y+2)(y-1)=0 \Rightarrow y=-2,\ y=1$$

이다. 따라서 구하고자 하는 넓이는 다음과 같다.

$$S=\int_{-2}^{1}\int_{y+1}^{3-y^2}dx\,dy=\int_{-2}^{1}\left[(3-y^2)-(y+1)\right]dy$$

$$=\int_{-2}^{1}(2-y-y^2)\,dy=2y-\frac{1}{2}y^2-\frac{1}{3}y^3\Big|_{-2}^{1}=\frac{7}{6}-\left(-\frac{10}{3}\right)=\frac{9}{2}$$

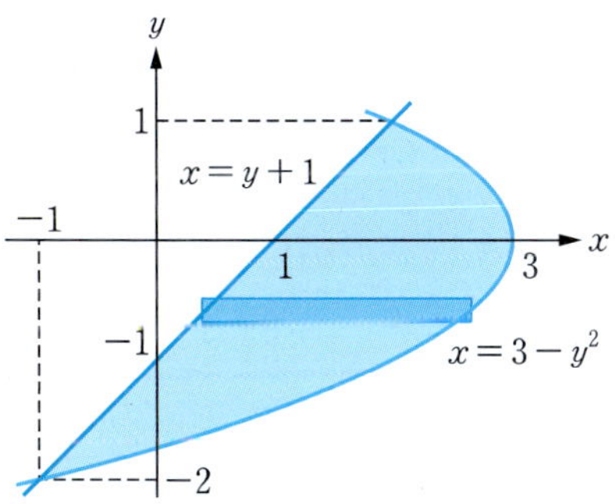

Section 8.1 연습문제

※ 다음 이중적분을 구하라.

1. $\displaystyle\int_0^2\int_{-1}^2(x+y+2)\,dx\,dy$

2. $\displaystyle\int_0^1\int_{x^2}^x(x^2+y^3)\,dy\,dx$

3. $\displaystyle\int_0^{\pi/2}\int_{-\pi}^{\pi}(\sin x+\cos y)\,dx\,dy$

4. $\displaystyle\int_0^{\pi}\int_{-2y}^{y}y\sin x\,dx\,dy$

5. $\displaystyle\int_0^{\ln 2}\int_0^{\ln y}e^{2x+y}\,dx\,dy$

6. $\displaystyle\int_0^2\int_1^x\frac{xe^x}{y^2}\,dy\,dx$

7. $\displaystyle\int_0^2\int_0^1\frac{1}{(x+1)(y+1)}\,dy\,dx$

8. $\displaystyle\int_1^2\int_y^{y^2+1}\left(\frac{x}{y^2}+\frac{y}{x^2}\right)dx\,dy$

9. $\displaystyle\int_0^{\pi/2}\int_0^{\cos y}e^{\sin y}\,dx\,dy$

10. $\displaystyle\int_0^1\int_0^{y^2}2ye^x\,dx\,dy$

11. $\int_0^1 \int_0^y \sqrt{1-x^2}\, dx\, dy$

12. $\int_{-2}^2 \int_{-\sqrt{4-x^2}}^{\sqrt{4-x^2}} \sqrt{4-x^2-y^2}\, dy\, dx$

※ 적분 순서를 바꾸어 다음 이중적분을 구하라.

13. $\int_0^1 \int_{\sqrt{y}}^1 \frac{\sin x}{x}\, dx\, dy$

14. $\int_0^1 \int_x^1 \sin y^2\, dy\, dx$

15. $\int_0^4 \int_{x/2}^2 e^{y^2}\, dy\, dx$

16. $\int_0^8 \int_{\sqrt[3]{y}}^2 e^{x^4}\, dx\, dy$

17. $\int_0^2 \int_0^{4-x^2} \frac{x e^{2y}}{4-y}\, dy\, dx$

18. $\int_0^{\ln 9} \int_{e^x}^9 \frac{1}{\ln y}\, dy\, dx$

19. $\int_0^1 \int_0^{\cos^{-1} y} \sin x \sqrt{1+\sin^2 x}\, dx\, dy$

20. $\int_0^1 \int_{\sin^{-1} y}^{\pi/2} \cos x \sqrt{1+\cos^2 x}\, dx\, dy$

※ 이중적분을 이용하여 다음 함수로 둘러싸인 부분의 넓이를 구하라.

21. $x = y^2 - 4y,\ x = y^2 - y^3$

22. $y = x^2,\ x + y = 2$

23. $x = y^2 - 4y,\ x = 2y - y^2$

24. $y = \frac{1}{x},\ y = \frac{1}{x^2},\ y = 4$

25. 적분영역 $D = \{(x, y) \mid 0 \le x \le 1,\ 0 \le y \le 3\}$에서 함수 $f(x, y) = \frac{x^2}{(y-1)^{2/3}}$는 불연속인 평면을 갖는다. 이때 이중적분 $\iint_D f(x, y)\, dV$를 구하라.

※ 이중적분을 이용하여 다음 도형의 넓이를 구하라.

26.

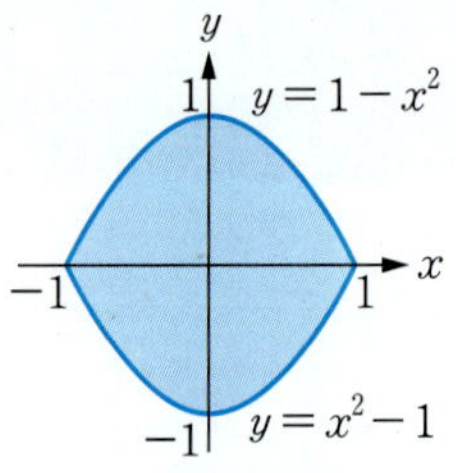

27.

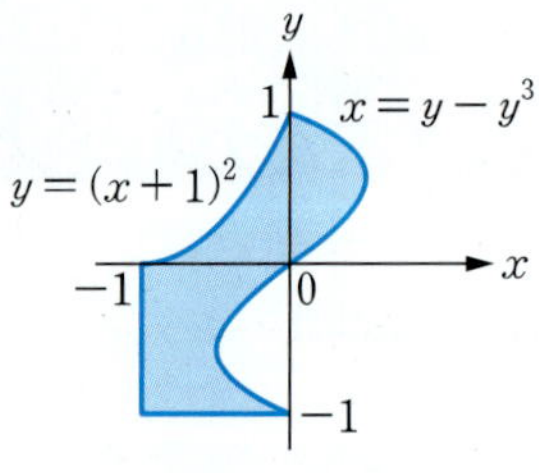

28.

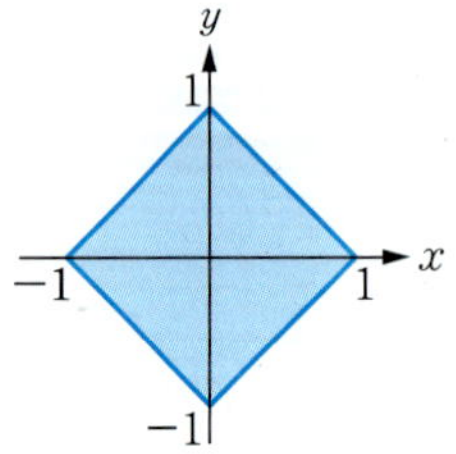

29.

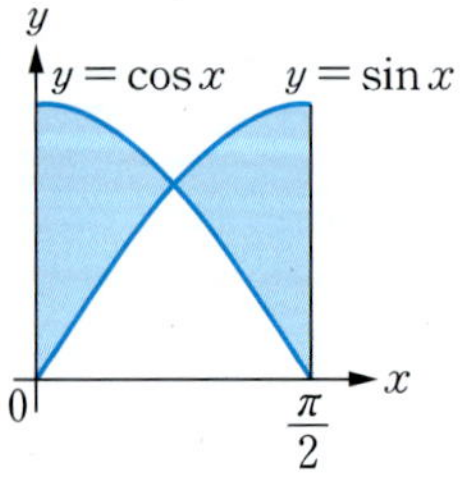

8.2 삼중적분

이중적분을 정의한 방법과 마찬가지로 삼변수함수에 대한 삼중적분을 정의할 수 있다. 직육면체 영역 R에서 연속이고 음이 아닌 함수 $f(x,\ y,\ z)$가 연속이면 직육면체 영역

$$R=[a,\ b]\times[c,\ d]\times[r,\ s]=\{(x,\ y,\ z)\,|\,a\le x\le b,\ c\le y\le d,\ r\le z\le s\}$$

를 [그림 8-7(a)]와 같이 x축, y축 그리고 z축 방향으로 각각 n, m, l등분한다.

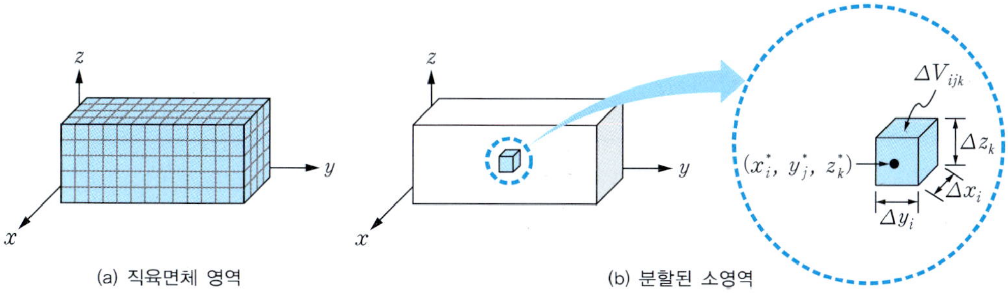

[그림 8-7] **직육면체 영역의 분할**

이제 [그림 8-7(b)]와 같이 폐구간 $[a,\ b]$의 i번째, 폐구간 $[c,\ d]$의 j번째, 폐구간 $[r,\ s]$의 k번째 소구간에 의한 작은 직육면체를 R_{ijk}라 하면

$$R_{ijk}=[x_{i-1},\ x_i]\times[y_{j-1},\ y_j]\times[z_{k-1},\ z_k]$$

이고, 직육면체 R_{ijk}의 부피를 ΔV_{ijk}라 하면 임의의 점 $(x_i^*,\ y_j^*,\ z_k^*)\in R_{ijk}$에 대하여

$$\begin{aligned}\Delta H_{ijk}&=\Delta x_i\,\Delta y_j\,\Delta z_k\\&=\Delta y_j\,\Delta z_k\,\Delta x_i\\&=\Delta z_k\,\Delta y_i\,\Delta x_i\end{aligned}$$

이다. 여기서 ΔH_{ijk}를 초부피라 한다. 다음과 같은 극한이 존재할 때, 이 극한을 직육면체 영역 R에서 함수 $f(x,\ y,\ z)$의 **삼중적분** triple integral으로 정의한다.

$$\begin{aligned}\iiint_R f(x,\ y,\ z)\,dV&=\lim_{n,m,l\to\infty}\sum_{k=1}^{l}\sum_{j=1}^{m}\sum_{i=1}^{n}f(x_i^*,\ y_j^*,\ z_k^*)\Delta H_{ijk}\\&=\lim_{n,m,l\to\infty}\sum_{k=1}^{l}\sum_{j=1}^{m}\sum_{i=1}^{n}f(x_i^*,\ y_j^*,\ z_k^*)\Delta x_i\,\Delta y_j\,\Delta z_k\end{aligned}$$

그러면 직사각형 영역에서의 이중적분에 대한 푸비니 정리를 다음과 같이 직육면체 영역에서의 삼중적분으로 확장할 수 있다.

정리 8-4 삼중적분에서의 푸비니 정리

함수 $f(x, y, z)$가 직육면체 영역 R에서 연속이면 다음이 성립한다.

$$\iiint_R f(x, y, z)\, dV = \int_r^s \int_c^d \int_a^b f(x, y, z)\, dx\, dy\, dz$$
$$= \int_a^b \int_r^s \int_c^d f(x, y, z)\, dy\, dz\, dx$$

이외에 $dx\,dz\,dy$, $dy\,dx\,dz$, $dz\,dx\,dy$, $dz\,dy\,dx$의 순서로 적분해도 결과는 같다.

예제 8-6

폐영역 $R = \{(x, y, z) \mid 0 \le x \le 1,\ 1 \le y \le 2,\ -1 \le z \le 1\}$에서 다음 삼중적분을 구하라.

(a) $\iiint_R (x^2 + y^2 + z^2)\, dx\, dy\, dz$ (b) $\iiint_R (x^2 + y^2 + z^2)\, dz\, dx\, dy$

풀이

(a)
$$\iiint_R (x^2 + y^2 + z^2)\, dx\, dy\, dz = \int_{-1}^1 \int_1^2 \int_0^1 (x^2 + y^2 + z^2)\, dx\, dy\, dz$$
$$= \int_{-1}^1 \int_1^2 \left(\frac{1}{3}x^3 + xy^2 + xz^2 \Big|_{x=0}^{x=1} \right) dy\, dz$$
$$= \int_{-1}^1 \int_1^2 \left(\frac{1}{3} + y^2 + z^2 \right) dy\, dz$$
$$= \int_{-1}^1 \left(\frac{1}{3}y + \frac{1}{3}y^3 + yz^2 \Big|_{y=1}^{y=2} \right) dz$$
$$= \int_{-1}^1 \left(\frac{8}{3} + z^2 \right) dz = \frac{8}{3}z + \frac{1}{3}z^3 \Big|_{-1}^{1} = 3 - (-3) = 6$$

(b)
$$\iiint_R (x^2 + y^2 + z^2)\, dz\, dx\, dy = \int_1^2 \int_0^1 \int_{-1}^1 (x^2 + y^2 + z^2)\, dz\, dx\, dy$$
$$= \int_1^2 \int_0^1 \left(x^2 z + y^2 z + \frac{1}{3}z^3 \Big|_{z=-1}^{z=1} \right) dx\, dy$$
$$= \int_1^2 \int_0^1 \left(2x^2 + 2y^2 + \frac{2}{3} \right) dx\, dy$$
$$= \int_1^2 \left(\frac{2}{3}x^3 + 2xy^2 + \frac{2}{3}x \Big|_{x=0}^{x=1} \right) dy$$
$$= \int_1^2 \left(\frac{4}{3} + 2y^2 \right) dy = \frac{4}{3}y + \frac{2}{3}y^3 \Big|_1^2 = 8 - 2 = 6$$

특히 $f(x, y, z) = 1$이면 입체 R의 부피 V는 다음과 같이 구할 수 있다.

$$V = \iiint_R 1\,dV$$

xy평면 위의 삼중적분은 [유형 1]과 같이 나누어 생각할 수 있다.

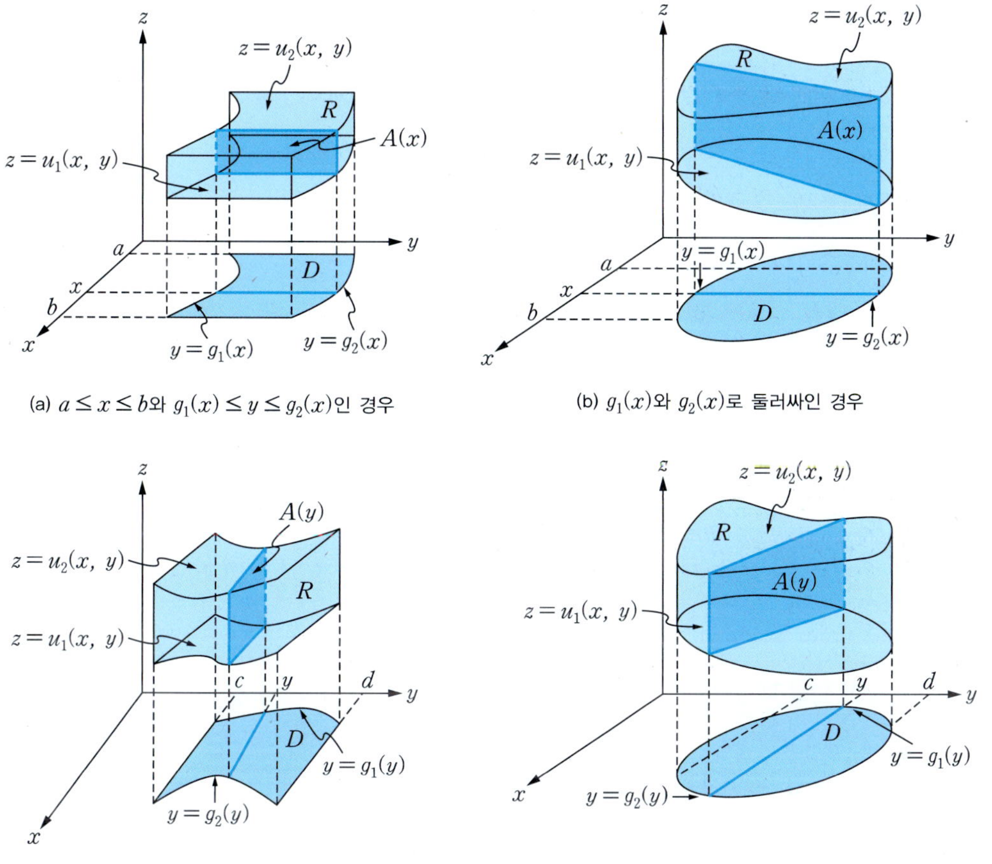

(a) $a \le x \le b$와 $g_1(x) \le y \le g_2(x)$인 경우

(b) $g_1(x)$와 $g_2(x)$로 둘러싸인 경우

(c) $c \le y \le d$와 $g_1(y) \le x \le g_2(y)$인 경우

(d) $g_1(y)$와 $g_2(y)$로 둘러싸인 경우

[그림 8-8] 삼중적분에서 적분영역의 유형－유형 1

유형 1 xy평면 위의 폐영역 D에 대하여 $(x, y) \subset D$이고 $u_1(x, y) \le z \le u_2(x, y)$인 경우

중적분의 경우와 마찬가지로 폐영역 D의 유형에 따라 다음과 같이 삼중적분을 구한다.

❶ [그림 8-8(a)]와 같이 $D = \{(x, y) \mid a \le x \le b,\ g_1(x) \le y \le g_2(x)\}$이거나 [그림 8-8(b)]와 같이 D가 $a \le x \le b$에서 $y = g_1(x)$와 $y = g_2(x)$로 둘러싸인 경우

$$\iiint_R f(x, y, z)\,dV = \int_a^b \int_{g_1(x)}^{g_2(x)} \int_{u_1(x, y)}^{u_2(x, y)} f(x, y, z)\,dz\,dy\,dx$$

❷ [그림 8-8(c)]와 같이 $D=\{(x,\ y) \mid c \le y \le d,\ g_1(y) \le x \le g_2(y)\}$이거나 [그림 8-8(d)]와 같이 D가 $c \le y \le d$에서 $x=g_1(y)$와 $x=g_2(y)$로 둘러싸인 경우

$$\iiint_R f(x,\ y,\ z)\,dV = \int_c^d \int_{g_1(y)}^{g_2(y)} \int_{u_1(x,\ y)}^{u_2(x,\ y)} f(x,\ y,\ z)\,dz\,dx\,dy$$

[유형 1]과 같은 방법으로 yz평면과 xz평면 위의 삼중적분은 다음과 같다.

유형 2 **yz평면 위의 폐영역 D에 대하여 $(y,\ z) \in D$이고 $u_1(y,\ z) \le x \le u_2(y,\ z)$인 경우**

❶ $D=\{(x,\ y) \mid r \le z \le s,\ g_1(z) \le y \le g_2(z)\}$ 또는 D가 $a \le x \le b$에서 $y=g_1(z)$와 $y=g_2(z)$로 둘러싸인 경우

$$\iiint_R f(x,\ y,\ z)\,dV = \int_r^s \int_{g_1(z)}^{g_2(z)} \int_{u_1(y,\ z)}^{u_2(y,\ z)} f(x,\ y,\ z)\,dx\,dy\,dz$$

❷ $D=\{(x,\ y) \mid c \le y \le d,\ g_1(y) \le z \le g_2(y)\}$ 또는 D가 $c \le y \le d$에서 $z=g_1(y)$와 $z=g_2(y)$로 둘러싸인 경우

$$\iiint_R f(x,\ y,\ z)\,dV = \int_c^d \int_{g_1(y)}^{g_2(y)} \int_{u_1(y,\ z)}^{u_2(y,\ z)} f(x,\ y,\ z)\,dx\,dz\,dy$$

유형 3 **xz평면 위의 폐영역 D에 대하여 $(x,\ z) \in D$이고 $u_1(x,\ z) \le y \le u_2(x,\ z)$인 경우**

❶ $D=\{(x,\ y) \mid r \le z \le s,\ g_1(z) \le x \le g_2(z)\}$ 또는 D가 $r \le z \le s$에서 $x=g_1(z)$와 $x=g_2(z)$로 둘러싸인 경우

$$\iiint_R f(x,\ y,\ z)\,dV = \int_r^s \int_{g_1(z)}^{g_2(z)} \int_{u_1(x,\ z)}^{u_2(x,\ z)} f(x,\ y,\ z)\,dy\,dx\,dz$$

❷ $D=\{(x,\ y) \mid a \le x \le b,\ g_1(x) \le z \le g_2(x)\}$ 또는 D가 $c \le y \le d$에서 $z=g_1(x)$와 $z=g_2(x)$로 둘러싸인 경우

$$\iiint_R f(x,\ y,\ z)\,dV = \int_a^b \int_{g_1(x)}^{g_2(x)} \int_{u_1(x,\ z)}^{u_2(x,\ z)} f(x,\ y,\ z)\,dy\,dz\,dx$$

예제 8-7

삼각기둥 $R=\{(x,\ y,\ z)\,|\,0\le x\le 3,\ 0\le y\le 1,\ 0\le z\le 1-y\}$의 부피를 다음과 같은 적분 순서에 따라 구하라.

(a) $\iiint_R dx\,dy\,dz$ (b) $\iiint_R dx\,dz\,dy$ (c) $\iiint_R dy\,dx\,dz$

(d) $\iiint_R dy\,dz\,dx$ (e) $\iiint_R dz\,dx\,dy$ (f) $\iiint_R dz\,dy\,dx$

풀이

(a) $\iiint_R dx\,dy\,dz=\int_0^1\int_0^{1-z}\int_0^3 dx\,dy\,dz=\int_0^1\int_0^{1-z}3\,dy\,dz=\int_0^1 3(1-z)\,dz=\dfrac{3}{2}$

(b) $\iiint_R dx\,dz\,dy=\int_0^1\int_0^{1-y}\int_0^3 dx\,dz\,dy=\int_0^1\int_0^{1-y}3\,dz\,dy=\int_0^1 3(1-y)\,dy=\dfrac{3}{2}$

(c) $\iiint_R dy\,dx\,dz=\int_0^1\int_0^3\int_0^{1-z} dy\,dx\,dz=\int_0^1\int_0^3(1-z)\,dx\,dz=\int_0^1 3(1-z)\,dz=\dfrac{3}{2}$

(d) $\iiint_R dy\,dz\,dx=\int_0^3\int_0^1\int_0^{1-z} dy\,dz\,dx=\int_0^3\int_0^1(1-z)\,dz\,dx=\int_0^3\dfrac{1}{2}\,dx=\dfrac{3}{2}$

(e) $\iiint_R dz\,dx\,dy=\int_0^1\int_0^3\int_0^{1-y} dz\,dx\,dy=\int_0^1\int_0^3(1-y)\,dx\,dy=\int_0^1 3(1-y)\,dy=\dfrac{3}{2}$

(f) $\iiint_R dz\,dy\,dx=\int_0^3\int_0^1\int_0^{1-y} dz\,dy\,dx=\int_0^3\int_0^1(1-y)\,dy\,dx=\int_0^3\dfrac{1}{2}\,dx=\dfrac{3}{2}$

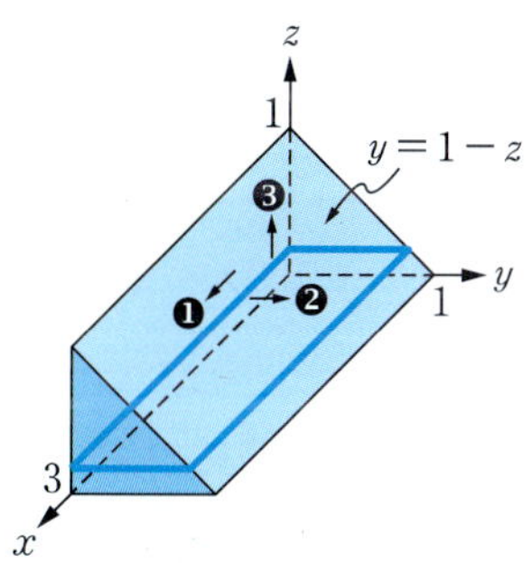

(a)

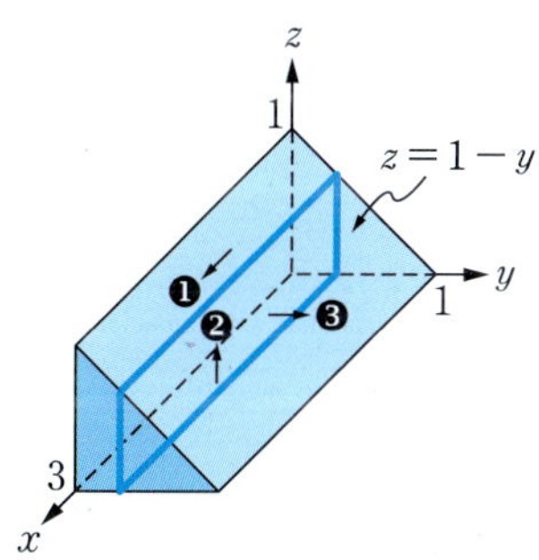

(b)

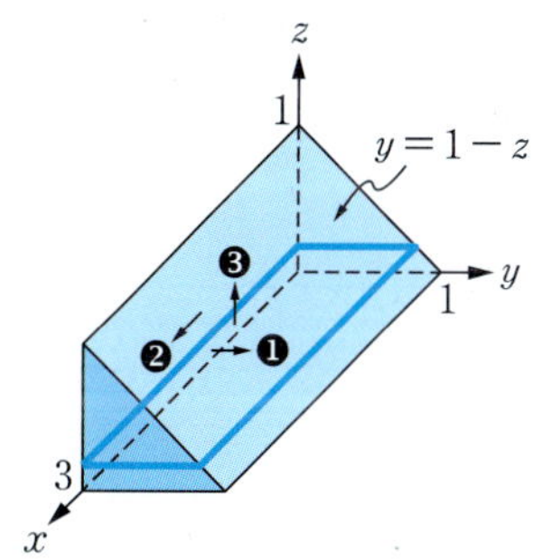

(c)

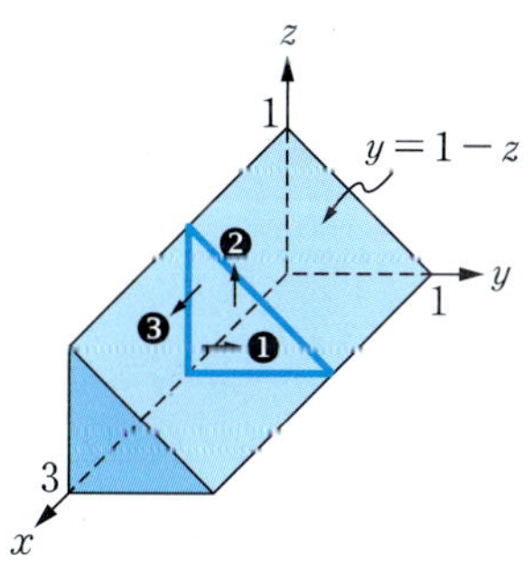

(d)

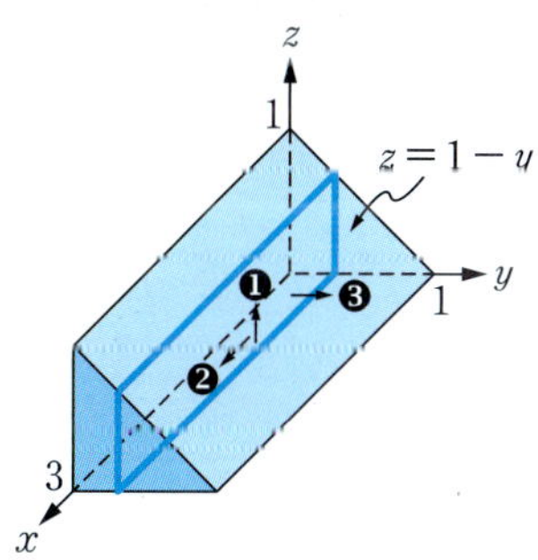

(e)

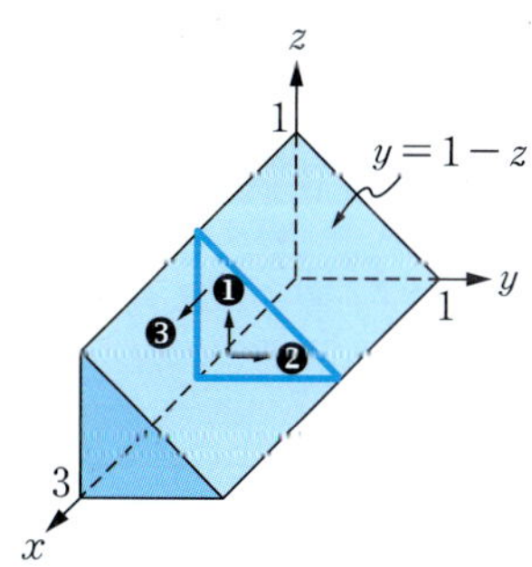

(f)

예제 8-8

포물면기둥 $z=4-x^2$과 평면 $z=0$, $y=0$, $y=x$로 둘러싸인 입체 R에서 $\iiint_R xyz\,dV$를 구하라.

풀이

입체 R은 그림 (a)와 같다. 그림 (b)와 같은 적분 순서 $dzdydx$대한 삼중적분은 다음과 같다.

$$\iiint_R xyz\,dV = \int_0^2\int_0^x\int_0^{4-x^2} xyz\,dzdydx$$

$$= \int_0^2\int_0^x\left(8xy-4x^3y+\frac{x^5y}{2}\right)dydx = \int_0^2\left(4x^3-2x^5+\frac{x^7}{4}\right)dx = \frac{8}{3}$$

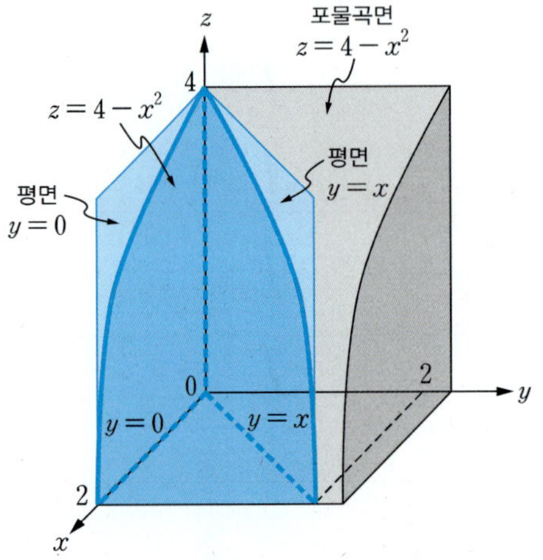

(a)

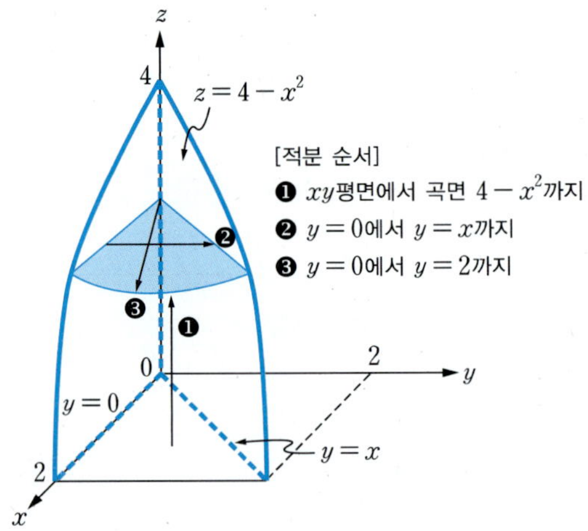

(b)

Section 8.2 연습문제

※ 다음 삼중적분을 구하라.

1. $\int_{-2}^{2}\int_0^3\int_{-1}^{2} 2\,dzdydx$ **2.** $\int_0^1\int_0^2\int_0^3 4\,dydxdz$

3. $\int_0^{\pi}\int_0^{\pi}\int_0^{\pi} \sin(x+y+z)\,dxdydz$

4. $\int_0^{\pi}\int_0^{\pi}\int_0^{\pi} (x+y+z)\sin(x+y+z)\,dxdydz$

5. $\displaystyle\int_1^5\int_{-2x}^{x}\int_{2y}^{x-2} 2\,dz\,dy\,dx$

6. $\displaystyle\int_{-1}^1\int_0^z\int_{z-1}^{2z+1} 2\,dx\,dy\,dz$

7. $\displaystyle\int_{-1}^1\int_{x^2}^{x}\int_0^{xy} 8xyz\,dz\,dy\,dx$

8. $\displaystyle\int_0^1\int_{x^2-1}^{2x}\int_{x-z}^{x+z} 2yz\,dy\,dz\,dx$

9. $\displaystyle\int_0^2\int_0^1\int_0^{\sqrt{1-z^2}} xze^y\,dx\,dz\,dy$

10. $\displaystyle\int_1^{3e}\int_1^{2e}\int_1^{e} \frac{1}{xyz}\,dz\,dy\,dx$

11. $\displaystyle\int_0^{\pi/3}\int_0^{\ln(\tan z)}\int_{-\infty}^{y} e^{2x}\,dx\,dy\,dz$

12. $\displaystyle\int_1^e\int_1^e\int_1^e \ln x\ln y\ln z\,dx\,dy\,dz$

13. $\displaystyle\int_0^\infty\int_0^\infty \frac{1}{(1+x)^2(1+y)^2}\,dx\,dy$

14. $\displaystyle\int_0^\infty\int_0^\infty e^{-(x+y)}\,dx\,dy$

※ 삼중적분을 이용하여 다음 도형의 부피를 구하라.

15. 곡면 $y=\sqrt{x}$, 평면 $z=1-y$, $0\le x\le 1$로 둘러싸인 입체

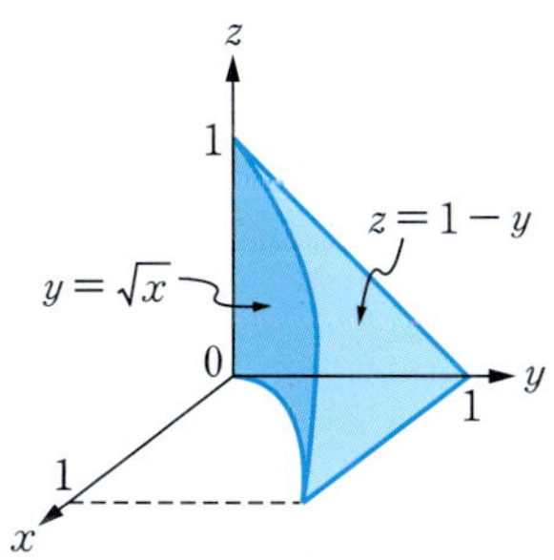

16. 곡면 $z=1-x^2$, 평면 $y=1-x$, $0\le x\le 1$로 둘러싸인 입체

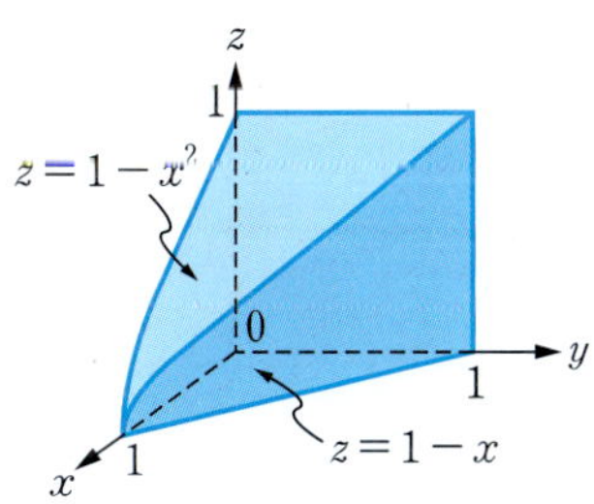

17. 곡면 $z=y^2$, 평면 $x=0$, $x=1$, $y=-1$, $y=1$로 둘러싸인 입체

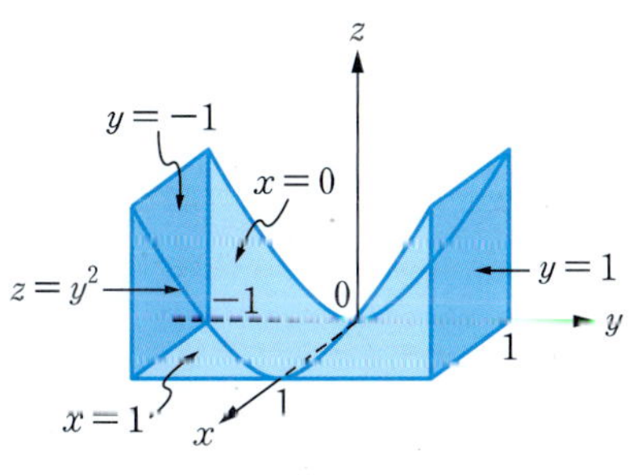

18. 원기둥 $x^2+y^2=1$, 평면 $z=-y$, $z=0$으로 둘러싸인 입체

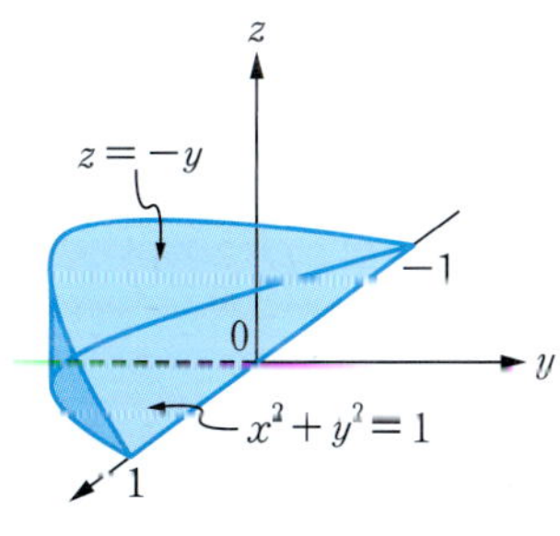

19. 다음 등식을 만족하는 상수 a를 구하라.

$$\int_0^1\int_0^{4-a-x^2}\int_a^{4-x^2-y} dz\,dy\,dx=\frac{4}{15}$$

8.3 극좌표에서의 중적분

지금까지는 직교좌표계 안의 폐영역 D에서 중적분을 살펴보았다. 그러나 폐영역 D가 극좌표계로 주어지거나 직교좌표계의 폐영역 D를 극좌표계의 영역으로 변환하면 중적분을 쉽게 구하는 경우가 있다. 이 절에서는 극좌표계에서의 중적분을 정의하고, 중적분을 구하는 방법을 살펴본다. 또한 직교좌표계에서 이중적분을 극좌표계 또는 다른 직교좌표계로 변환하여 이중적분을 쉽게 구하는 방법에 대하여 살펴본다.

극좌표계에서 $r=g_1(\theta)$, $r=g_2(\theta)$, $a \le g_1(\theta) < g_2(\theta) \le b$, $\alpha \le \theta \le \beta$로 둘러싸인 영역 D에서 연속인 함수 $f(r, \theta)$를 생각해보자. 그러면 직교좌표계에서 폐영역 D를 x축과 y축에 수평인 사각형으로 분할한 것과 마찬가지로, 동경 $a \le r \le b$와 편각 $\alpha \le \theta \le \beta$를 각각 등간격 Δr와 $\Delta\theta$에 의하여 [그림 8-9]와 같이 분할한다. 이와 같이 분할된 각각의 도형을 **극사각형**polar rectangular이라 한다.

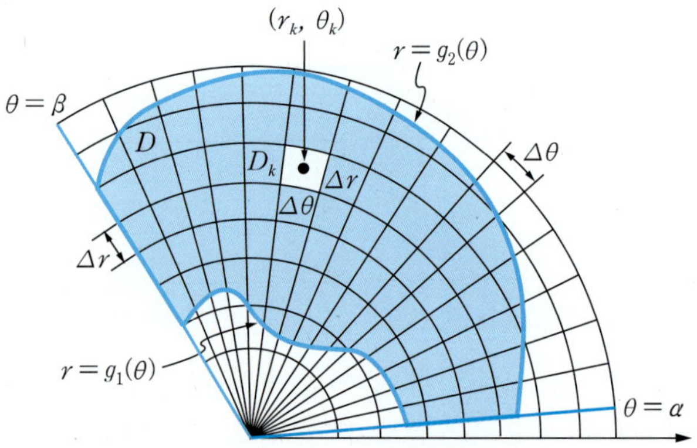

[그림 8-9] $r=g_1(\theta)$, $r=g_2(\theta)$, $\alpha \le \theta \le \beta$로 둘러싸인 영역 D의 분할

그리고 분할된 소영역을 일정한 순서에 의하여 번호를 붙인 후, k번째 소영역 D_k 안의 임의의 한 점을 (r_k, θ_k), 이 소영역의 넓이를 ΔA_k라 한다. 이때 계산의 편리를 위하여 [그림 8-10]과 같이 r_k를 소영역 D_k의 중심 동경 위의 점으로 선정한다.

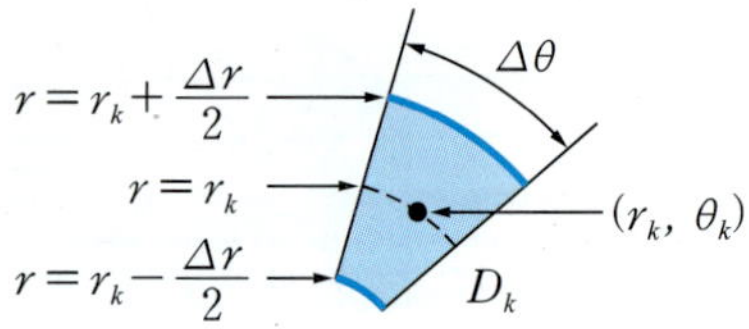

[그림 8-10] r_k의 선정

그러면 이 소영역의 넓이는 다음과 같이 된다.

$$\Delta A_k = \frac{1}{2}\left(r_k + \frac{\Delta r}{2}\right)^2 \Delta\theta - \frac{1}{2}\left(r_k - \frac{\Delta r}{2}\right)^2 \Delta\theta = r_k\,\Delta r\,\Delta\theta$$

따라서 점 $(r_k,\ \theta_k)$에서 함숫값 $f(r_k,\ \theta_k)$를 높이로 갖는 극사각기둥의 부피는

$$\Delta V_k = f(r_k,\ \theta_k)\Delta A_k = f(r_k,\ \theta_k)\, r_k\, \Delta r \Delta \theta$$

이고, 함수 $f(r,\ \theta)$가 폐영역 D에서 연속이므로

$$\lim_{n\to\infty}\sum_{k=1}^{n}\Delta V_k = \lim_{n\to\infty}\sum_{k=1}^{n} f(r_k,\ \theta_k)\, r_k\, \Delta r \Delta \theta = \iint_D f(r,\ \theta)\, r\, dr\, d\theta$$

이다. 그러므로 극좌표계의 폐영역 $D=\{(r,\ \theta)\mid g_1(\theta)\le r\le g_2(\theta),\ \alpha\le\theta\le\beta\}$에서 함수 $f(r,\ \theta)$로 둘러싸인 입체의 부피는 다음과 같다.

$$\iint_D f(r,\ \theta)\, dA = \int_\alpha^\beta \int_{g_1(\theta)}^{g_2(\theta)} f(r,\ \theta)\, r\, dr\, d\theta$$

이때 $f(r,\ \theta)=1$이면 극좌표계에서 폐영역 D의 넓이를 다음과 같이 구할 수 있다.

$$A = \iint_D dA = \int_\alpha^\beta \int_{g_1(\theta)}^{g_2(\theta)} r\, dr\, d\theta$$

특히 극좌표계로 주어진 영역 D에서 $\iint_D f(r,\ \theta)\, dA$를 구하기 위하여, 다음과 같이 동경 r에 대하여 먼저 적분하고 편각 θ에 대하여 적분한다.

❶ [그림 8-11(a)]와 같이 극좌표계에서 폐영역 D를 그린다.

❷ [그림 8-11(b)]와 같이 동경 r이 증가하는 방향으로 D를 관통하는 직선을 그어 r에 대하여 적분한다.

❸ [그림 8-11(c)]와 같이 편각 $\theta=\alpha$에서 $\theta=\beta$까지 ❷의 적분 결과를 θ에 대하여 적분한다.

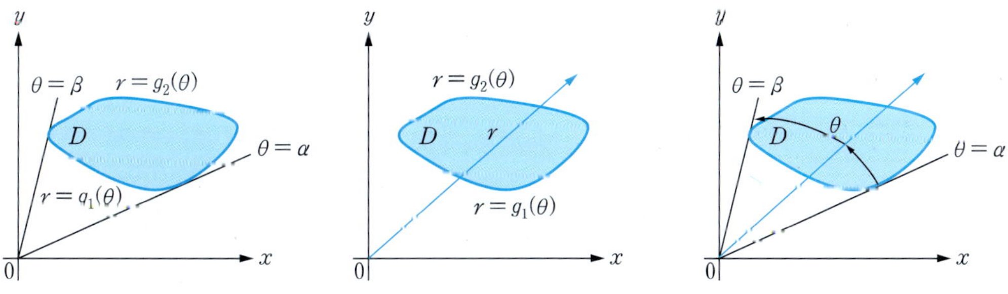

[그림 8-11] 극좌표계에서 중적분을 구하는 방법

예제 8-9

극방정식 $r=1+\cos\theta$로 둘러싸인 영역의 넓이를 구하라.

풀이

극방정식 $r=1+\cos\theta$는 $0 \le \theta \le 2\pi$에서 그림 (a)와 같이 시초선에 관하여 대칭인 심장형이다. 따라서 $0 \le \theta \le \pi$에서 극방정식과 시초선으로 둘러싸인 영역의 넓이 A_1을 구하면 $A=2A_1$이다. 이때 $0 \le \theta \le \pi$에서 극방정식과 시초선으로 둘러싸인 영역의 동경은 $0 \le r \le 1+\cos\theta$이다. 따라서 그림 (b)와 같이 A_1을 구하면 다음과 같다.

$$
\begin{aligned}
A_1 &= \int_0^{\pi}\int_0^{1+\cos\theta} r\,dr\,d\theta = \int_0^{\pi}\left(\frac{r^2}{2}\Bigg|_{r=0}^{r=1+\cos\theta}\right)d\theta \\
&= \frac{1}{2}\int_0^{\pi}(1+\cos\theta)^2\,d\theta = \frac{1}{2}\int_0^{\pi}\left(1+2\cos\theta+\cos^2\theta\right)d\theta \\
&= \frac{1}{2}\int_0^{\pi}\left(1+2\cos\theta+\frac{1+\cos 2\theta}{2}\right)d\theta \\
&= \frac{1}{2}\left(\frac{3}{2}\theta+2\sin\theta+\frac{1}{4}\sin 4\theta\right)\Bigg|_0^{\pi} = \frac{3}{4}\pi
\end{aligned}
$$

따라서 구하고자 하는 넓이는 $A=2A_1=\dfrac{3}{2}\pi$이다.

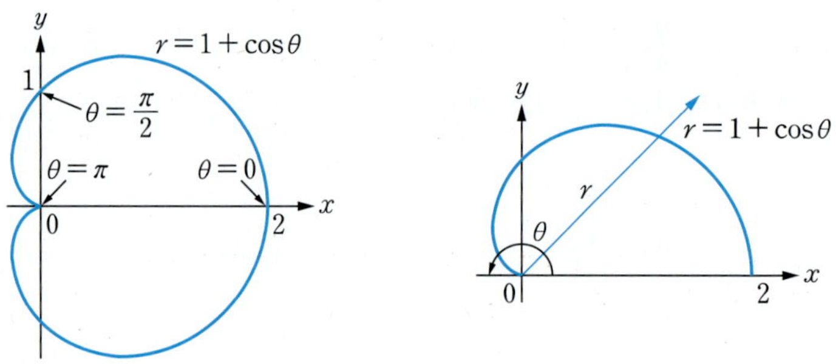

(a) (b)

한편, [그림 8-12]와 같이 폐영역이 $D=\{(r,\ \theta)\mid r_1 \le r \le r_2,\ h_1(r) \le \theta \le h_2(r)\}$인 경우에 함수 $f(r,\ \theta)$에 대한 중적분은 다음과 같다.

$$\iint_D f(r,\ \theta)\,dA = \int_{r_1}^{r_2}\int_{h_1(r)}^{h_2(r)} f(r,\ \theta)\,r\,d\theta\,dr$$

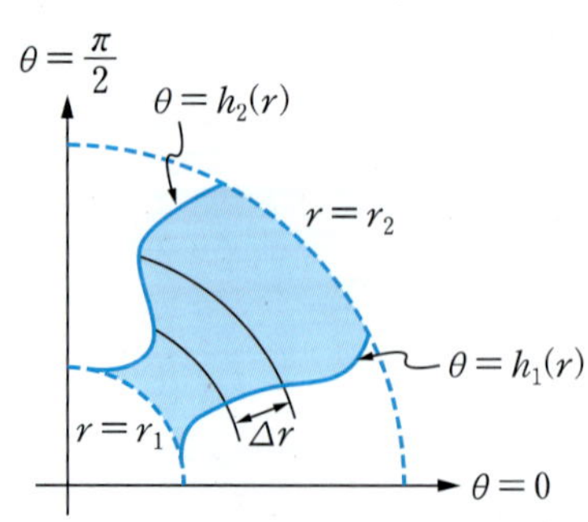

[그림 8-12] **θ-단순영역**

적분을 쉽게 구하기 위한 방법으로 4.2절에서 치환적분법을 살펴보았는데, 이와 유사하게 변수 x, y에 관한 중적분을

$$T(x, y) = (u, v), \quad u = g(x, y), \quad v = h(x, y)$$

와 같이 변수 u, v에 관한 중적분으로 변환하면 쉽게 구할 수 있다. [그림 8-13]과 같이 xy평면에서 uv평면으로의 함수 $T : R^2 \to R^2$를 R^2에서 R^2로의 **변환** transformation 이라 한다.

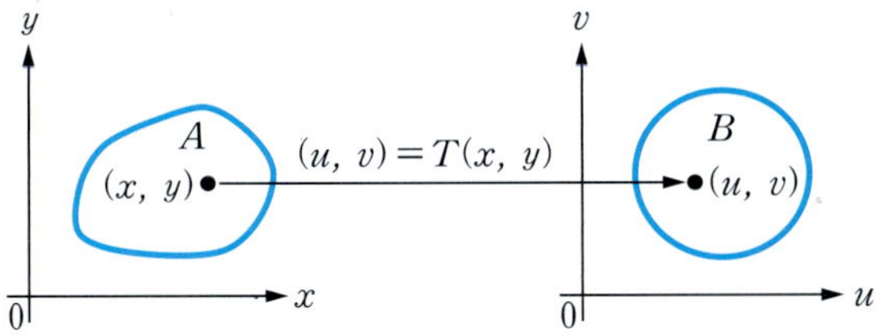

[그림 8-13] R^2에서 R^2로의 변환 T

이때 변환 $T : A \to B$에 대하여 $T(A) = B$이고 다음을 만족하면 일대일 대응이고, 이 경우에 역변환 T^{-1}이 존재한다.

$$(x_1, y_1) \neq (x_2, y_2) \Rightarrow T(x_1, y_1) \neq T(x_2, y_2)$$

예제 8-10

xy평면 위에서 점 $(1, 0)$, $(0, 1)$, $(-1, 0)$, $(0, -1)$을 꼭짓점으로 갖는 마름모의 내부를 A라 할 때, 변환 $T(x, y) = (x+y, x-y)$에 의한 uv평면 위의 영역을 구하라.

풀이

xy평면에서 영역 A의 경계는 다음과 같은 방정식을 만족하는 변을 갖는다.

$$x + y = 1, \quad -x + y = 1, \quad x + y = -1, \quad -x + y = -1$$

이 네 변이 uv평면에서 나타나는 자취를 알기 위해 $u = x + y$, $v = x - y$라 하면

$$u = x + y, \quad v = x - y, \quad x + y = 1, \quad 0 \le x \le 1$$

이므로, $u = 1$, $x = \dfrac{u+v}{2} = \dfrac{1+v}{2}$, $0 \le \dfrac{1+v}{2} \le 1$이다. 따라서 xy평면에서 변 $x + y = 1$은 uv평면 $u = 1$, $-1 \le v \le 1$로 변환된다. 같은 방법으로 나머지 세 변의 방정식을 변환하면 각각 다음과 같다.

$$\begin{aligned} -x + y = 1 \quad &\Rightarrow \quad -1 \le u \le 1, \ v = -1 \\ x + y = -1 \quad &\Rightarrow \quad u = -1, \ -1 \le v \le 1 \\ -x + y = -1 \quad &\Rightarrow \quad -1 \le u \le 1, \ v = 1 \end{aligned}$$

따라서 xy평면 위의 마름모 내부 A는 uv평면 위에서 다음과 같은 정사각형의 내부로 변환된다.

$$B = \{(u, v) \mid -1 \le u \le 1,\ -1 \le v \le 1\}$$

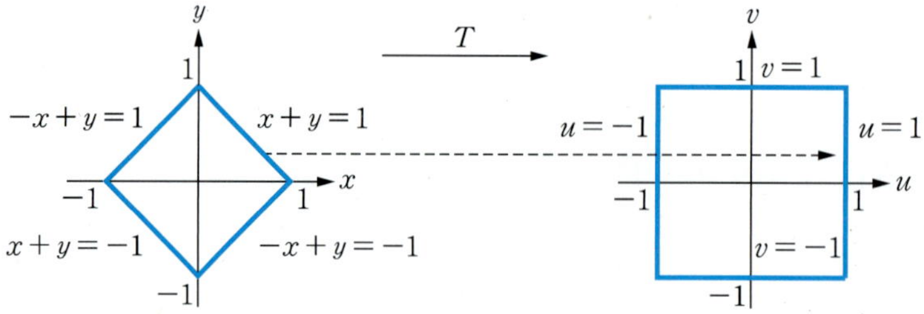

이제 좌표를 변환하여 중적분을 구하는 방법을 살펴보기 위하여, 변환 $T(u, v) = (x, y)$에 대하여 $x = g(u, v)$, $y = h(u, v)$가 각각 u와 v에 대하여 편미분가능하다고 하자. 이때 변환 T의 **야코비안**Jacobian을 다음과 같이 정의한다(9.4절 참고).

$$J = \frac{\partial(x, y)}{\partial(u, v)} = \begin{vmatrix} \dfrac{\partial x}{\partial u} & \dfrac{\partial x}{\partial v} \\ \dfrac{\partial y}{\partial u} & \dfrac{\partial y}{\partial v} \end{vmatrix} = \frac{\partial x}{\partial u}\frac{\partial y}{\partial v} - \frac{\partial x}{\partial v}\frac{\partial y}{\partial u}$$

그러면 다음과 같은 변수변환에 의한 중적분을 얻는다.

정리 8-5 중적분에서 변수변환

uv평면 위의 폐영역 D에서 xy평면 위의 폐영역 R 위로의 일대일 변환 T가 연속인 1계 편도함수를 가지고 $J \ne 0$이면 다음이 성립한다.

$$\iint_R f(x, y)\,dx\,dy = \iint_D f[g(u, v), h(u, v)]\,|J|\,du\,dv$$

이러한 사실을 이용하면 직교좌표계의 중적분을 극좌표계의 중적분으로 쉽게 변환할 수 있다. 5.1절에서 살펴본 바와 같이 직교좌표계의 점 (x, y)와 극좌표계의 점 (r, θ) 사이에

$$x = g(r, \theta) = r\cos\theta,\quad y = h(r, \theta) = r\sin\theta$$

인 관계가 성립하므로 다음과 같이 된다.

$$J = \begin{vmatrix} \dfrac{\partial x}{\partial r} & \dfrac{\partial x}{\partial \theta} \\ \dfrac{\partial y}{\partial r} & \dfrac{\partial y}{\partial \theta} \end{vmatrix} = \begin{vmatrix} \cos\theta & -r\sin\theta \\ \sin\theta & r\cos\theta \end{vmatrix} = r(\cos^2\theta + \sin^2\theta) = r$$

따라서 직교좌표계의 폐영역 R에 대한 극좌표계의 폐영역을 D라 하면 다음이 성립한다.

$$\iint_R f(x, y)\,dx\,dy = \iint_D f(r\cos\theta, r\sin\theta)\,r\,dr\,d\theta$$

예제 8-11

곡면 $z = x^2 + y^2$의 외부와 원기둥 $x^2 + y^2 = 2x$의 내부 그리고 xy평면으로 둘러싸인 입체의 부피를 구하라.

풀이

원기둥 $x^2 + y^2 = 2x$의 내부는 $R = \{(x, y) \mid x^2 + y^2 \le 2x\}$이다. 이 영역을 극좌표계로 나타내면 $x^2 + y^2 = r^2$, $x = r\cos\theta$이므로 영역 R의 경계는 $r^2 = 2r\cos\theta$ 또는 $r = 2\cos\theta$이다. 그러므로 극좌표계로 변환한 영역은

$$D = \{(r, \theta) \mid 0 \le \theta \le \pi,\ 0 \le r \le 2\cos\theta\}$$

이다. 따라서 구하고자 하는 중적분은 다음과 같다.

$$\begin{aligned}
\iint_R (x^2 + y^2)\,dA &= \iint_D r^3\,dr\,d\theta = \int_0^{\pi}\int_0^{2\cos\theta} r^3\,dr\,d\theta \\
&= \int_0^{\pi}\left(\frac{1}{4}r^4\Big|_{r=0}^{r=2\cos\theta}\right)d\theta = 4\int_0^{\pi}\cos^4\theta\,d\theta \\
&= 8\int_0^{\pi/2}\left(\frac{1+\cos 2\theta}{2}\right)^2 d\theta \\
&= 2\int_0^{\pi/2}\left(1 + 2\cos 2\theta + \frac{1+\cos 4\theta}{2}\right)d\theta \\
&= 2\left(\frac{3}{2}\theta + \sin 2\theta + \frac{1}{8}\sin 4\theta\Big|_0^{\pi/2}\right) = \frac{3\pi}{2}
\end{aligned}$$

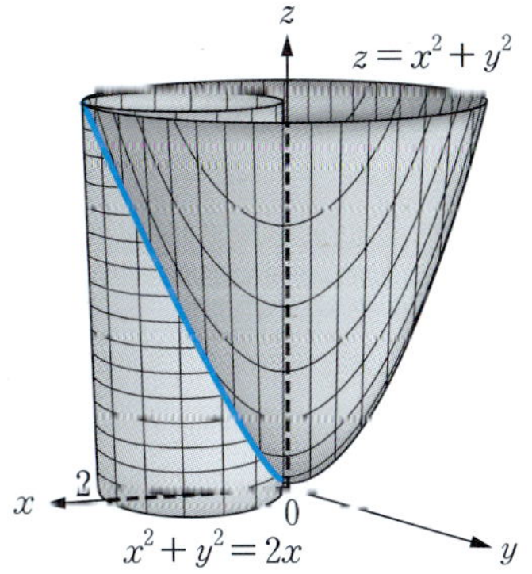

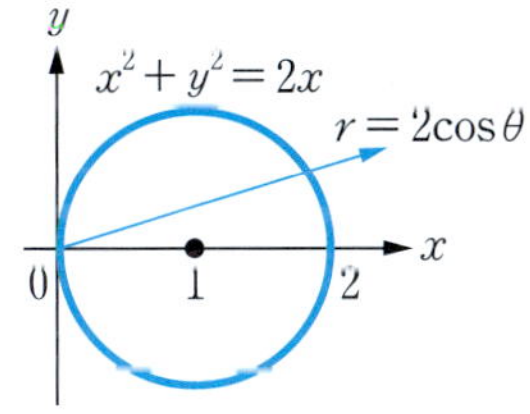

Section 8.3 연습문제

※ 다음 중적분을 구하라.

1. $\int_0^{\pi/2}\int_0^2 r^2\sin\theta\, dr\, d\theta$

2. $\int_0^{2\pi}\int_0^1 r(\sin\theta+\cos\theta)\, dr\, d\theta$

3. $\int_0^{\pi/2}\int_0^{1+\cos\theta} r^2\sin\theta\, dr\, d\theta$

4. $\int_0^{\pi/2}\int_0^{\sin\theta} (\sin\theta+\cos\theta)\, dr\, d\theta$

5. $\int_0^{\pi/4}\int_{1-\cos\theta}^{1-\sin\theta} r^2\sin\theta\cos\theta\, dr\, d\theta$

6. $\int_0^{\pi/2}\int_{1-\cos\theta}^{1+\sin\theta} r\theta\, dr\, d\theta$

7. $\int_0^{\pi/4}\int_{1-\cos 2\theta}^{1+\cos 2\theta} r\, dr\, d\theta$

8. $\int_0^{\pi/2}\int_{1-\cos\theta}^{1+\sin\theta} \theta\, dr\, d\theta$

9. $\int_{\pi/4}^{3\pi/4}\int_{\mathrm{cosec}\theta}^{2\sin\theta} r\, dr\, d\theta$

10. $\int_{-\pi/2}^{\pi/2}\int_1^{1+\cos\theta} r\, dr\, d\theta$

※ 극좌표를 이용하여 다음 중적분을 구하라.

11. $\int_{-1}^{1}\int_0^{\sqrt{1-x^2}} y\, dy\, dx$

12. $\int_{-2}^{2}\int_0^{\sqrt{4-y^2}} x\, dx\, dy$

13. $\int_0^{2}\int_0^{\sqrt{2x-x^2}} y^2\, dy\, dx$

14. $\int_0^{4}\int_0^{\sqrt{4y-y^2}} xy\, dx\, dy$

15. $\int_{-2}^{2}\int_{-\sqrt{4-x^2}}^{\sqrt{4-x^2}} dy\, dx$

16. $\int_{-2}^{2}\int_{-\sqrt{4-x^2}}^{\sqrt{4-x^2}} xy\, dy\, dx$

17. $\int_{-1}^{1}\int_{-\sqrt{1-y^2}}^{\sqrt{1-y^2}} (x^2+y^2)\, dx\, dy$

18. $\int_{-1}^{1}\int_0^{\sqrt{1-x^2}} e^{\sqrt{x^2+y^2}}\, dy\, dx$

19. $\int_{-2}^{2}\int_0^{\sqrt{4-x^2}} \sin(x^2+y^2)\, dy\, dx$

20. $\int_{-1}^{0}\int_{-\sqrt{1-y^2}}^{0} x^2 y\, dx\, dy$

※ 극좌표계에서 다음 영역의 넓이를 구하라.

21. 원 $r=2$ 외부와 심장형 $r=2(1+\cos\theta)$ 내부로 둘러싸인 영역

22. 사엽장미선 $r=\cos 2\theta$ 내부로 둘러싸인 영역

23. 연주형 $r^2=4\cos 2\theta$ 내부로 둘러싸인 영역

24. $r=2(2-\mathrm{sins}\, 2\theta)^{1/2}$ 내부로 둘러싸인 영역

25. xy평면에서 uv평면으로의 변환 $T(x, y)=(u, v)$를 $u=\dfrac{2x-y}{2}$, $v=\dfrac{y}{2}$로 정의할 때, 이 변환을 이용하여 $\displaystyle\int_0^4\int_{y/2}^{(y/2)+1}\frac{2x-y}{2}\,dx\,dy$를 구하라.

26. 변수변환을 이용하여 주어진 영역 R에서 다음 이중적분을 구하라.

$$\iint_R (x^2+y^2)\,dA,\quad R=\left\{(x, y)\mid \frac{x^2}{a^2}+\frac{y^2}{b^2}\le 1,\ a>0,\ b>0\right\}$$

27. 곡면 $z=x^2+y^2$의 외부와 원기둥 $x^2+y^2=2x$의 내부 그리고 xy평면으로 둘러싸인 입체의 부피를 구하라.

28. 이상적분 $\displaystyle\int_0^\infty e^{-x^2}dx$를 구하라.

힌트 $I^2=\left(\displaystyle\int_0^\infty e^{-x^2}dx\right)\left(\displaystyle\int_0^\infty e^{-y^2}dy\right)$라 놓고 극좌표로 변환한다.

29. 응용 모든 실수 x, y에 대하여 $f(x, y)\ge 0$이고 $\displaystyle\int_{-\infty}^\infty\int_{-\infty}^\infty f(x, y)\,dx\,dy=1$을 만족하는 함수를 **결합확률밀도함수** joint probability density function라고 한다. 다음 함수가 결합확률밀도함수가 되기 위한 상수 k를 구하라.

$$f(x, y)=\begin{cases} ke^{-2x-3y}, & x\ge 0,\ y\ge 0 \\ 0 & ,\ \text{다른 곳에서}\end{cases}$$

8.4 원기둥좌표와 구면좌표에서의 삼중적분

평면 위의 점 (x, y)를 극좌표계의 점 (r, θ)로 변환할 수 있는 것과 같이 공간 안의 점 (x, y, z)를 원기둥 위의 점 또는 구면 위의 점으로 변환할 수 있다. 그러면 공간좌표에서의 삼중적분을 원기둥좌표 또는 구면좌표로 변환하여 쉽게 구할 수 있다. 이 절에서는 원기둥좌표와 구면좌표를 정의하고, 변수를 변환하여 삼중적분을 구하는 방법에 대하여 살펴본다.

8.4.1 원기둥좌표

[그림 8-14(a)]와 같은 공간좌표 안의 점 $P(x, y, z)$에서 xy평면에 수선을 내려 만나는 점을 $P'(x, y, 0)$이라 하자. 그러면 [그림 8-14(b)]와 같이 원점 O와 점 P'을 잇는 선분의 길이 r과 양의 x축과 선분 OP'이 이루는 편각 θ에 대하여, 극좌표를 이용하여 점 P'을 $P''(r, \theta, 0)$으로 나타낼 수 있다. 그러므로 점 $P(x, y, z)$는 $P(r, \theta, z)$로 표현할 수 있으며, 이와 같이 공간 위의 점을 나타내는 좌표를 **원기둥좌표**cylindrical coordinates라 한다.

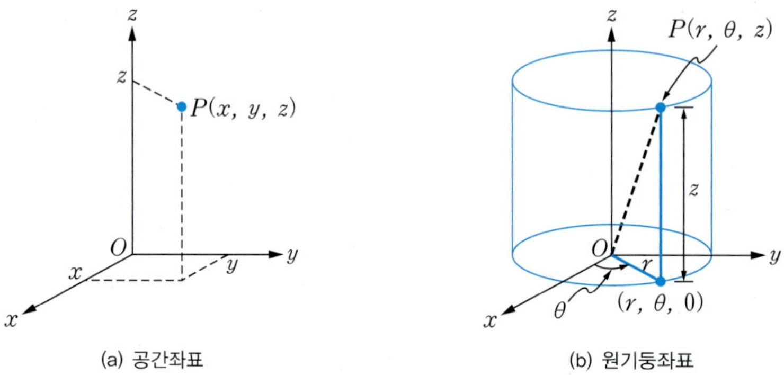

[그림 8-14] 공간좌표와 원기둥좌표

그러면 공간좌표의 점 (x, y, z)와 원기둥좌표의 점 (r, θ, z) 사이에는

$$x = r\cos\theta,\ \ y = r\sin\theta,\ \ z = z$$

$$r^2 = x^2 + y^2,\ \ \theta = \tan^{-1}\frac{y}{x}$$

가 성립한다. 또한 8.3절에서 정의한 uv평면에서 xy평면 위로의 변환을 rst공간에서 xyz공간 위로의 변환으로 확장할 수 있다. 이를 위하여, 변환 $T(r, s, t) = (x, y, z)$에 대하여 $x = g(r, s, t)$, $y = h(r, s, t)$, $z = k(r, s, t)$가 각각 r, s, t에 대하여 편미분가능하다고 하자. 이때 변환 T의 야코비안은 다음과 같다(9.4절 참고).

$$J = \frac{\partial(x, y, z)}{\partial(r, s, t)} = \begin{vmatrix} \dfrac{\partial x}{\partial r} & \dfrac{\partial x}{\partial s} & \dfrac{\partial x}{\partial t} \\ \dfrac{\partial y}{\partial r} & \dfrac{\partial y}{\partial s} & \dfrac{\partial y}{\partial t} \\ \dfrac{\partial z}{\partial r} & \dfrac{\partial z}{\partial s} & \dfrac{\partial z}{\partial t} \end{vmatrix}$$

그러면 xyz공간좌표계의 삼중적분을 rst공간좌표계의 삼중적분으로 변환할 수 있다.

정리 8-6 원기둥좌표계로의 변수변환

rst공간 안의 입체 D에서 xyz공간 안의 입체 R 위로의 일대일 변환 T가 연속인 1계 편도함수를 가지고 $J \neq 0$이면 다음이 성립한다.

$$\iiint_R f(x, y, z)\,dz\,dy\,dz = \iiint_D f[g(r, s, t), h(r, s, t), k(r, s, t)]\,|J|\,dr\,ds\,dt$$

특히 공간좌표계의 점 (x, y, z)와 원기둥좌표계의 점 (r, θ, z) 사이에

$$x = g(r, \theta, z) = r\cos\theta,\ y = h(r, \theta, z) = r\sin\theta,\ z = k(r, \theta, z) = z$$

인 관계가 성립하므로

$$J = \begin{vmatrix} \dfrac{\partial x}{\partial r} & \dfrac{\partial x}{\partial \theta} & \dfrac{\partial x}{\partial z} \\ \dfrac{\partial y}{\partial r} & \dfrac{\partial y}{\partial \theta} & \dfrac{\partial y}{\partial z} \\ \dfrac{\partial z}{\partial r} & \dfrac{\partial z}{\partial \theta} & \dfrac{\partial z}{\partial z} \end{vmatrix} = \begin{vmatrix} \cos\theta & -r\sin\theta & 0 \\ \sin\theta & r\cos\theta & 0 \\ 0 & 0 & 1 \end{vmatrix} = r\cos^2\theta - (-r\sin^2\theta) = r$$

이다. 그러므로 공간좌표계의 삼중적분을 다음과 같이 원기둥좌표계의 삼중적분으로 변환할 수 있다.

$$\iiint_R f(x, y, z)\,dx\,dy\,dz = \iiint_D f(r\cos\theta, r\sin\theta, z)\,r\,dr\,d\theta\,dz$$

예제 8-12

구 $x^2 + y^2 + z^2 = 4$와 원기둥 $x^2 + y^2 = 2y$로 둘러싸인 입체의 부피를 구하라.

풀이

구와 원기둥의 그래프를 그리면 그림 (a)와 같고, 이를 제1팔분공간에 그리면 그림 (b)와 같다. 그리고 $x^2 + y^2 + z^2 = 4$는 xy평면과 yz평면에 관해 대칭이므로 제1팔분공간의 부피를 구하여 네 배함으로써 입체의 부피를 구할 수 있다. 제1팔분공간의 입체를 R이라 하면

$$R = \left\{(x, y, z)\,|\,0 \le y < 2,\ 0 \le x \le \sqrt{2y - y^2},\ 0 \le z \le \sqrt{4 - x^2 - y^2}\right\}$$

이고, 이 입체의 영역을 원기둥좌표로 변환하면

$$D = \left\{(r, \theta, z)\,|\,0 \le \theta \le \pi/2,\ 0 \le r \le 2\sin\theta,\ 0 \le z \le \sqrt{4 - r^2}\right\}$$

이다. 따라서 R의 부피를 V_1이라 하면 다음을 얻는다.

$$V_1 = \iiint_R dV = \iiint_D r\,dz\,dr\,d\theta$$
$$= \int_0^{\pi/2}\int_0^{2\sin\theta}\int_0^{\sqrt{4-r^2}} r\,dz\,dr\,d\theta$$
$$= \int_0^{\pi/2}\int_0^{2\sin\theta} r\sqrt{4-r^2}\,dr\,d\theta$$
$$= \int_0^{\pi/2}\left(-\frac{1}{3}(4-r^2)^{3/2}\Big|_{r=0}^{r=2\sin\theta}\right)d\theta = \frac{8}{3}\int_0^{\pi/2}(1-\cos^3\theta)\,d\theta$$
$$= \frac{8}{3}\left(\theta - \sin\theta + \frac{1}{3}\sin^3\theta\right)\Big|_0^{\pi/2} = \frac{4}{9}(3\pi - 4)$$

그러므로 입체 R의 부피는 $V = 4V_1 = \frac{16}{9}(3\pi - 4)$이다.

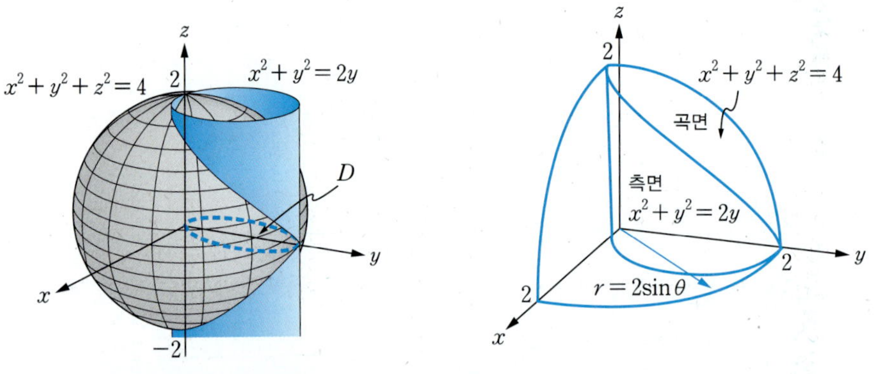

8.4.2 구면좌표

[그림 8-15(a)]와 같은 공간좌표 안의 점 $P(x,\ y,\ z)$는 중심이 원점 O이고 선분 $\rho = OP$를 반지름으로 갖는 구의 표면 위에 있는 점으로 생각할 수 있다. 그러면 점 P의 위치는 원점으로부터 점 P까지의 거리 ρ와 z축으로부터 선분 OP 사이의 각 ϕ 그리고 점 P에서 xy평면에 내린 수선에 의한 점 $P(x,\ y,\ 0)$에 대한 편각 θ에 의하여 결정된다. 이때 [그림 8-15(b)]와 같이 점 P에서 z축에 내린 수선의 길이는 $\rho\sin\phi$이고, 이 길이는 xy평면에서 동경 r과 같다. 즉 $r = \rho\sin\phi$이다. 또한 원점으로부터 z축에 내린 수선까지의 거리는 $z = \rho\cos\phi$이다. 한편, xy평면에서 동경 $r = \rho\sin\phi$에 대하여

$$x = r\cos\theta = \rho\sin\phi\cos\theta,\quad y = r\sin\theta = \rho\sin\phi\sin\theta$$

이다. 이와 같이 공간좌표 안의 점 (x, y, z)를 반지름의 길이가 ρ인 구면 위의 점 (ρ, ϕ, θ)로 나타내는 좌표를 **구면좌표** spherical coordinate 라 한다.

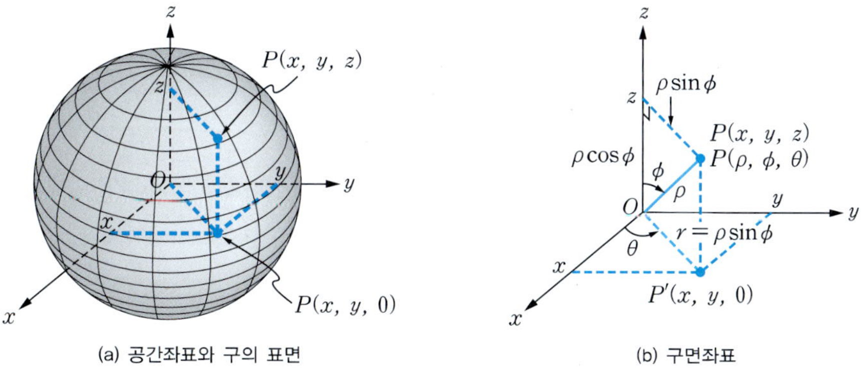

[그림 8-15] **공간좌표와 구면좌표**

그러면 공간좌표의 점 (x, y, z)와 구면좌표의 점 (ρ, ϕ, θ) 사이에 다음 관계가 성립한다.

$$x = r\cos\theta = \rho\sin\phi\cos\theta,\ y = r\sin\theta = \rho\sin\phi\sin\theta,\ z = \rho\cos\phi$$
$$\rho^2 = x^2 + y^2 + z^2 = r^2 + z^2,\ r = \rho\sin\phi$$

따라서 $\rho\phi\theta$공간에서 xyz공간 위로의 변환에 대한 야코비안은 다음과 같다.

$$J = \frac{\partial(x, y, z)}{\partial(\rho, \phi, \theta)} = \begin{vmatrix} \dfrac{\partial x}{\partial \rho} & \dfrac{\partial x}{\partial \phi} & \dfrac{\partial x}{\partial \theta} \\ \dfrac{\partial y}{\partial \rho} & \dfrac{\partial y}{\partial \phi} & \dfrac{\partial y}{\partial \theta} \\ \dfrac{\partial z}{\partial \rho} & \dfrac{\partial z}{\partial \phi} & \dfrac{\partial z}{\partial \theta} \end{vmatrix}$$
$$= \begin{vmatrix} \sin\phi\cos\theta & \rho\cos\phi\cos\theta & -\rho\sin\phi\sin\theta \\ \sin\phi\sin\theta & \rho\cos\phi\sin\theta & \rho\sin\phi\cos\theta \\ \cos\phi & -\rho\sin\phi & 0 \end{vmatrix} = \rho^2\sin\phi$$

그러므로 공간좌표의 삼중적분은 다음과 같이 구면좌표의 삼중적분으로 변환할 수 있다.

$$\iiint_R f(x, y, z)\,dx\,dy\,dz$$
$$= \iiint_D f(\rho\sin\phi\cos\theta,\ \rho\sin\phi\sin\theta,\ \rho\cos\phi)\,\rho^2\sin\phi\,d\rho\,d\phi\,d\theta$$

예제 8-13

구의 표면 $x^2+y^2+z^2=4$와 콘의 표면 $z^2=x^2+y^2$으로 둘러싸인 입체의 부피를 구하라.

풀이

$\rho^2=x^2+y^2+z^2=4$이므로 $\rho=2$이고, z축으로부터의 편각 ϕ를 구하면

$$(x^2+y^2)+z^2=z^2+z^2=2z^2=4,\quad z=\sqrt{2}$$

이다. 또한 $z=2\cos\phi$이므로 $\cos\phi=\dfrac{\sqrt{2}}{2}$, 즉 $\phi=\dfrac{\pi}{4}$이다. 그리고 반지름 ρ가 xy평면 위에서 1회전하므로 $0\le\theta\le 2\pi$이다. 따라서 구와 콘이 이루는 입체 R을 구면좌표로 나타내면

$$R=\{(\rho,\theta,\phi)\,|\,0\le\rho\le 2,\ 0\le\phi\le\pi/4,\ 0\le\theta\le 2\pi\}$$

이다. 따라서 구하고자 하는 삼중적분은 다음과 같다.

$$\begin{aligned}\iiint_R dV &= \int_0^{2\pi}\int_0^{\pi/4}\int_0^2 \rho^2\sin\phi\, d\rho d\theta d\phi = \int_0^{2\pi}\int_0^{\pi/4}\sin\phi\left(\frac{1}{3}\rho^3\Big|_{\rho=0}^{\rho=2}\right)d\phi d\theta \\ &= \frac{8}{3}\int_0^{2\pi}\int_0^{\pi/4}\sin\phi\, d\phi d\theta = \frac{8}{3}\int_0^{2\pi}\left(-\cos\phi\Big|_{\phi=0}^{\phi=\pi/4}\right)d\theta \\ &= \frac{8}{3}\left(1-\frac{\sqrt{2}}{2}\right)\int_0^{2\pi}d\theta = \frac{8\pi(2-\sqrt{2})}{3}\end{aligned}$$

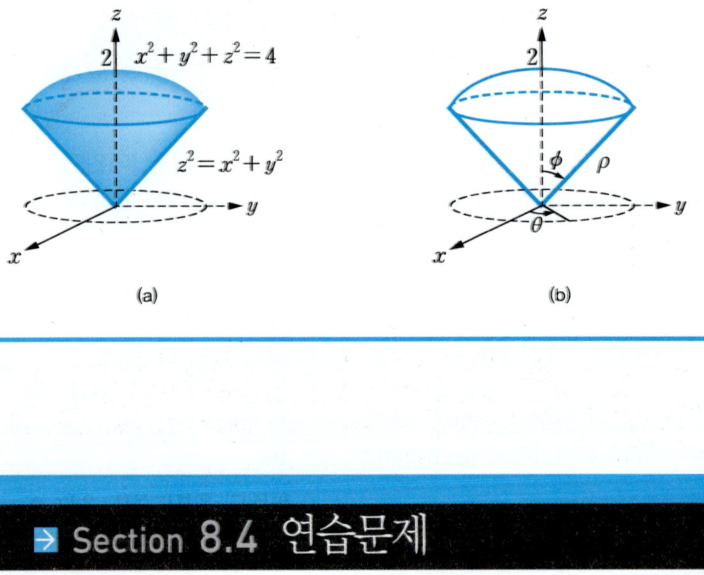

Section 8.4 연습문제

※ 다음 삼중적분을 구하라.

1. $\iiint_R (1+r+\sin\theta)\,dz\,dr\,d\theta$, $R=\{(r,\theta,z)\,|\,-\pi\le\theta\le\pi,\ 0\le r\le 2,\ -1\le z\le 2\}$

2. $\iiint_R rz\,drdzd\theta$, $R=\{(r,\theta,z)\mid 0\le\theta\le\pi/2,\ 0\le r\le 2z,\ 0\le z\le 2\}$

3. $\iiint_R (r^2\sin\theta+2z)\,dzdrd\theta$, $R=\{(r,\theta,z)\mid 0\le\theta\le\pi,\ 0\le r\le 2,\ 0\le z\le 2\}$

4. $\iiint_R \rho^2\sin\phi\sin\theta\,d\rho d\phi d\theta$, $R=\{(\rho,\phi,\theta)\mid 0\le\theta\le\pi,\ 0\le r\le\pi,\ 0\le\rho\le 2\cos\phi\}$

5. $\iiint_R 3\rho^2\sin\phi\,d\rho d\phi d\theta$, $R=\{(\rho,\phi,\theta)\mid 0\le\theta\le\pi,\ 0\le r\le\pi/3,\ \sec\phi\le\rho\le 2\}$

6. $\iiint_R (x^2+y^2)\,dV$, $R=\left\{(x,y,z)\mid -1\le y\le 1,\ 0\le x\le\sqrt{1-y^2},\ 0\le z\le x\right\}$

7. $\iiint_R \sqrt{x^2+y^2}\,dV$, $R=\left\{(x,y,z)\mid x^2+y^2\le 4,\ 0\le z\le 9-x-2y\right\}$

8. $\iiint_R z\,dV$, $R=\{(\rho,\phi,\theta)\mid 0\le\theta\le 2\pi,\ 0\le\phi\le\pi/4,\ 0\le\rho\le\sec\phi\}$

※ 다음 입체의 부피를 구하라.

9. 포물곡면 $z=x^2+y^2$과 원기둥 $x^2+y^2=4$, 제1팔분공간으로 둘러싸인 입체

10. 포물곡면 $z=x^2+y^2$과 원기둥 $x^2+(y-2)^2=4$, xy평면으로 둘러싸인 입체

11. 포물곡면 $z=4-x^2-y^2$과 원기둥 $x^2+y^2=2x$, xy평면, xz평면으로 둘러싸인 입체

12. 구면 $x^2+y^2+z^2=4$와 원기둥 $r=2\cos\theta$로 둘러싸인 입체

13. 원기둥 $x^2+y^2=1$의 외부와 심장형기둥 $r=1+\cos\theta$의 내부, xz평면과 $z=2$로 둘러싸인 입체

14. 원기둥 $(x-1)^2+y^2=1$의 외부와 원기둥 $(x-2)^2+y^2=4$의 내부, xz평면과 $z=2+x$로 둘러싸인 입체

※ 다음 입체의 부피를 구하라.

15. 구면 $x^2+y^2+z^2=z$와 곤의 표면 $z^2=x^2+y^2$으로 둘러싸인 입체

16. 구면 $x^2+y^2+z^2=9$의 외부와 $x^2+y^2+z^2=16$의 내부로 둘러싸인 입체

17. 구면 $\rho=3$과 원뿔면 $\phi=\alpha$, $0\le\alpha\le\pi/2$로 둘러싸인 입체

18. 구면 $\rho=3$과 원뿔면 $\rho=\sin\phi$, xy평면으로 둘러싸인 입체

19. 곡면 $\rho=1+\cos\phi$와 콘 $\phi=\pi/3$로 둘러싸인 입체

20. 구면 $\rho=3$과 콘 $\phi=\pi/3$, $\phi=2\pi/3$로 둘러싸인 입체

중적분 : 전하분포 (관련 과목 : 전자공학)

공간 안의 영역 R이 다음과 같은 원기둥인 경우를 살펴보자.

$$R = \{(x,\ y,\ z) \mid x^2 + y^2 \le d^2,\ a \le z \le b\}$$

이때 삼중적분은 영역 R을 원기둥좌표의 다음과 같은 영역 R'으로 변환하면 쉽게 구할 수 있다.

$$R' = \{(r,\ \theta,\ z) \mid 0 \le r \le d,\ 0 \le \theta \le 2\pi,\ a \le z \le b\}$$

즉 다음과 같이 삼중적분을 구한다.

$$\iiint_R f(x,\ y,\ z)\,dx\,dy\,dz = \iiint_{R'} f(r\cos\theta,\ r\sin\theta,\ z)\,r\,dz\,dr\,d\theta$$

이러한 개념은 음극선관의 전자통에 있는 음극과 제어 그리드 사이의 공간과 같이 미세한 간격으로 떨어져 있는 전하들의 공간영역에 적용할 수 있다. 이때 전하들은 연속적으로 체적전하밀도로 분포된다고 가정한다. 공간 안의 유한영역 R에서 상수인 체적전하밀도를 $\rho[\mathrm{C/m^3}]$라 하면 [그림 8-16]과 같이 공간영역 R 안의 작은 육면체의 부피 ΔV와 미세 전하량 ΔQ 사이에 다음 관계가 성립한다.

$$\Delta Q = \rho_v \cdot \Delta V$$

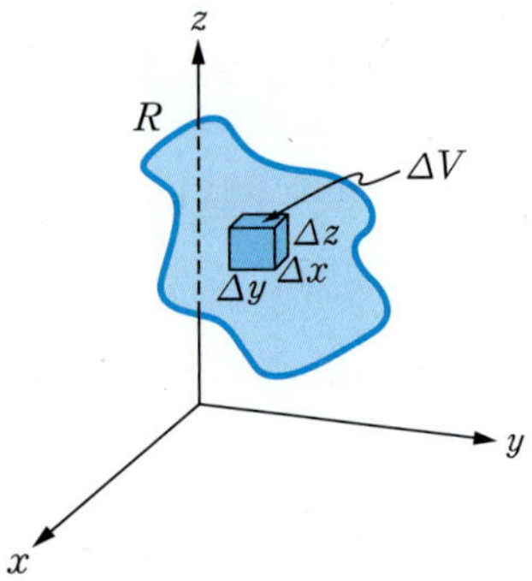

[그림 8-16] 전하분포

그러면 삼중적분의 정의에 의하여 다음이 성립한다.

$$Q = \iiint_R \rho\,dV$$

특히 유한영역 R이 유한 원기둥이면 R의 원기둥좌표 R'에서 전하는 다음과 같다.

$$Q = \iiint_R \rho\,dV = \iiint_{R'} f(r\cos\theta,\ r\sin\theta,\ z)\,r\,dz\,dr\,d\theta$$

예를 들어, $R = \{(x,\ y,\ z) \mid x^2 + y^2 \le 1,\ 0 \le z \le 4\}$인 영역에서 길이가 $4[\mathrm{cm}]$인 전자빔의 종 전하

량을 구해보자. 이때 전하밀도는 $\rho = -e^{-10^3 z}[\mathrm{C/m^3}]$이다. 전하의 단위가 [m]이므로 전자빔의 단위는 0.04[m]이다. 우선 전자빔을 나타내는 영역 R을 다음과 같이 변환한다.

$$R' = \{(r, \theta, z) \mid 0 \le r \le 1,\ 0 \le \theta \le 2\pi,\ 0 \le z \le 0.04\}$$

그러면 구하고자 하는 전자빔의 총 전하는 다음과 같다.

$$\begin{aligned} Q &= \iiint_R -e^{-10^3 z}\, dV \\ &= -\iiint_{R'} e^{-10^3 z} r\, dr\, d\theta\, dz \\ &= -\int_0^{0.04}\int_0^{2\pi}\int_0^1 e^{-10^3 z} r\, dr\, d\theta\, dz \\ &= -\left(\int_0^{0.04} e^{-10^3 z} dz\right)\left(\int_0^{2\pi} d\theta\right)\left(\int_0^1 r\, dr\right) \\ &= -\left(-\frac{1}{10^3} e^{-10^3 z}\Big|_0^{0.04}\right)(2\pi)\frac{1}{2} = 0.0031 \end{aligned}$$

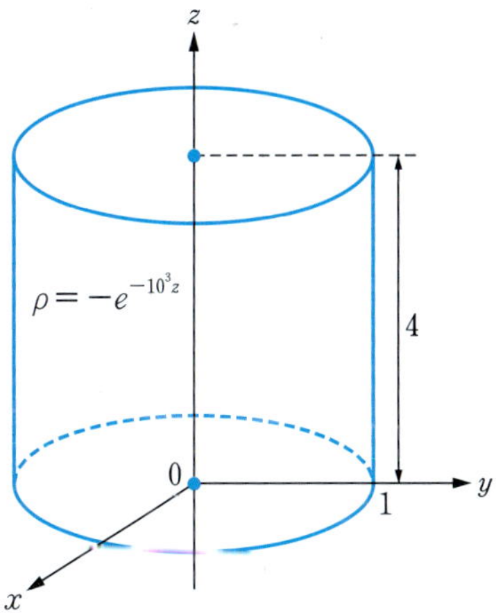

[그림 8-17] 전자빔의 전하

중적분 : 확률 (관련 과목 : 통계학)

일반적으로 직교좌표계에서 이상적분은 다음과 같이 정의한다.

$$\int_{-\infty}^{\infty}\int_{-\infty}^{\infty} f(x, y)\, dx\, dy = \lim_{\substack{b\to\infty \\ a\to-\infty}} \lim_{\substack{d\to\infty \\ c\to-\infty}} \int_a^b\int_c^d f(x, y)\, dy\, dx$$

이때 8.3절의 [연습문제 29]에서 정의한 바와 같이 모든 실수 x, y에 대하여 $f(x, y) \ge 0$이고 $\int_{-\infty}^{\infty}\int_{-\infty}^{\infty} f(x, y)\, dx\, dy = 1$을 만족하는 함수를 연속확률변수 X와 Y의 결합확률밀도함수라고 한다. 그러면 결합밀도함수의 그래프는 [그림 8-20(a)]와 같이 공간 위에서 곡면을 이룬다. 특히 연속확률변수 X와 Y에 대하여 $A = \{(x, y) \mid a \le x \le b,\ c \le y \le d\}$라 할 때, 두 확률변수가 영역 A 안에 속할 확률, 즉 $a < X \le b$이고 $c \le Y \le d$일 확률은 다음과 같다.

$$P[(X,\ Y) \in A] = \int_a^b\int_c^d f(x, y)\, dy\, dx$$

이 확률은 기하학적으로 [그림 8-18(b)]와 같이 xy평면의 영역 A와 함수 $f(x, y)$에 의하여 둘러싸인 입체의 부피를 의미한다.

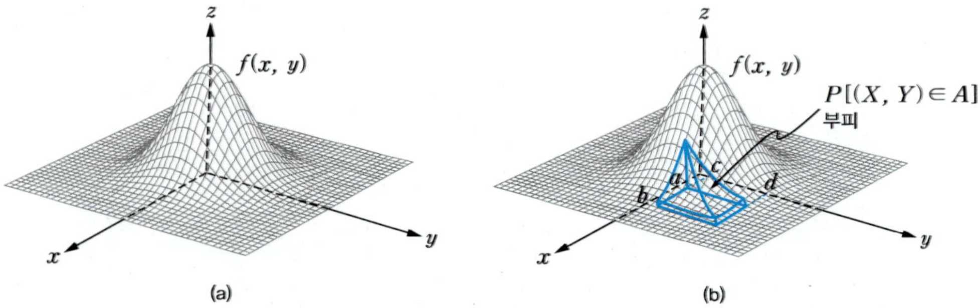

[그림 8-18] **결합확률밀도함수의 그래프와 확률의 기하학적 의미**

예를 들어, X와 Y가 $0 \le x < \infty$, $0 \le y < \infty$이면 $f(x, y) = Ae^{-2x-3y}$이고 다른 곳에서 $f(x, y) = 0$일 때, $f(x, y)$가 결합밀도함수가 되기 위한 상수 A를 구하면

$$\int_{-\infty}^{\infty}\int_{-\infty}^{\infty} f(x, y)\,dx\,dy = A\int_0^{\infty}\int_0^{\infty} e^{-2x-3y}\,dx\,dy$$

이다. 따라서 축차적분에 의하여 우변의 적분을 구하면 다음과 같다.

$$\begin{aligned}\int_0^{\infty} e^{-2x-3y}\,dx\,dy &= e^{-3y}\lim_{a\to\infty}\int_0^{a} e^{-2x}\,dx = e^{-3y}\lim_{a\to\infty}\left(-\frac{1}{2}e^{-2x}\Big|_0^a\right)\\ &= \frac{1}{2}e^{-3y}\lim_{a\to\infty}(1-e^{-2a}) = \frac{1}{2}e^{-3y}\end{aligned}$$

$$\begin{aligned}\int_0^{\infty}\int_0^{\infty} e^{-2x-3y}\,dx\,dy &= \int_0^{\infty}\frac{1}{2}e^{-3y}\,dy = \lim_{b\to\infty}\int_0^{b}\frac{1}{2}e^{-3y}\,dy\\ &= \frac{1}{2}\lim_{b\to\infty}\left(-\frac{1}{3}e^{-3y}\Big|_0^b\right) = \frac{1}{6}\lim_{b\to\infty}(1-e^{-3b}) = \frac{1}{6}\end{aligned}$$

그러므로 결합밀도함수의 조건에 의하여 $\frac{A}{6} = 1$, 즉 $A = 6$이다. 이때 확률 $P(X \le 1,\ Y \le 1)$는 다음과 같이 구한다.

$$\begin{aligned}P(X \le 1,\ Y \le 1) &= \int_0^1\int_0^1 6e^{-2x-3y}\,dx\,dy = \left(\int_0^1 2e^{-2x}\,dx\right)\left(\int_0^1 3e^{-3y}\,dy\right)\\ &= \left(-e^{-2x}\Big|_0^1\right)\left(-e^{-3y}\Big|_0^1\right) = (1-e^{-2})(1-e^{-3}) \approx 0.8216\end{aligned}$$

Chapter

09

행렬과 행렬식

Matrix and Determinant

위치벡터 _9.1
행렬의 정의와 연산 _9.2
역행렬과 연립방정식 _9.3
행렬식 _9.4
전공 맛보기

학습목표

- 위치벡터의 의미와 노름을 이해하고, 벡터의 성질을 이해한다.
- 두 벡터의 내적과 외적을 이해하고, 그 성질을 활용한다.
- 행렬의 개념을 이해하고, 여러 가지 행렬의 특성을 이해한다.
- 행렬과 연립선형방정식의 관계를 이해한다.
- 역행렬과 가우스 소거법을 활용하여 연립선형방정식의 해를 구한다.
- 변환과 선형변환을 이해하고, 여러 가지 선형변환의 성질을 이해한다.
- 행렬식의 개념을 이해하고, 행렬식을 이용하여 연립선형방정식의 해를 구한다.
- 절별 연습문제를 통해 학습 내용을 제대로 이해했는지 확인할 수 있다.

지금까지 미분적분학에서는 크기만 있는 물리량을 다루었다. 그러나 공학에서는 크기와 방향성을 함께 고려해야 하는 문제들을 무수히 많이 접하게 된다. 이와 같이 크기와 방향을 가진 물리량을 벡터라 하며, 벡터를 떠난 역학은 상상할 수 없다. 또한 전기전자공학에서 접하는 여러 종류의 전기회로를 분석하기 위한 수학적 도구로 행렬을 이용한다. 이러한 행렬은 공학뿐만 아니라 사회학과 경제학에서도 매우 폭넓게 사용된다. 특히 행렬과 행렬식을 이용하면 연립선형방정식의 해를 좀 더 쉽게 구할 수 있다. 이 장에서는 위치벡터의 내적과 외적의 성질을 살펴보고, 행렬과 행렬식을 이용한 연립선형방정식의 해를 구하는 방법을 중점적으로 살펴본다.

9.1 위치벡터

물리량은 크게 크기만 갖는 **스칼라** scalar와 크기와 방향을 모두 갖는 **벡터** vector 두 가지로 구분된다. 이 절에서는 공간벡터와 위치벡터를 정의하고, 내적과 외적을 비롯한 여러 가지 벡터의 특성에 대하여 살펴본다.

9.1.1 위치벡터의 정의

공간 안의 임의의 점 P에서 점 Q로의 방향을 가진 유향선분을 **공간벡터** vector in space라 하고, 화살표 또는 고딕체를 이용하여 $\overrightarrow{PQ}$, $\vec{a}$, **a**와 같이 나타낸다. 이때 벡터가 시작하는 점 P를 **시점** beginning point, 끝나는 점 Q를 **종점** end point이라 하고, 화살촉이 나타내는 방향을 벡터의 **방향** direction이라 한다. 또한 선분의 길이를 벡터의 **크기** magnitude, **길이** length, **노옴** norm이라 하며 $\|\overrightarrow{PQ}\|$, $\|\vec{a}\|$, $\|\mathbf{a}\|$ 등으로 나타낸다. 그러므로 평면에서 점 $P(a_1, a_2)$로부터 점 $Q(b_1, b_2)$ 방향의 공간벡터 $\overrightarrow{PQ}$는 [그림 9-1]과 같이 나타낼 수 있다.

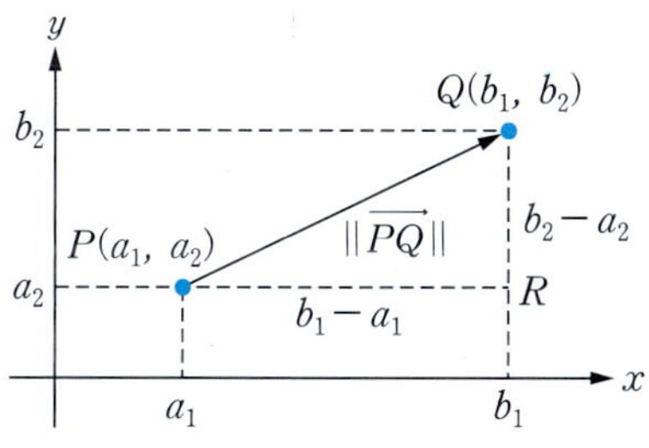

[그림 9-1] 공간벡터 $\overrightarrow{PQ}$와 크기 $\|\overrightarrow{PQ}\|$

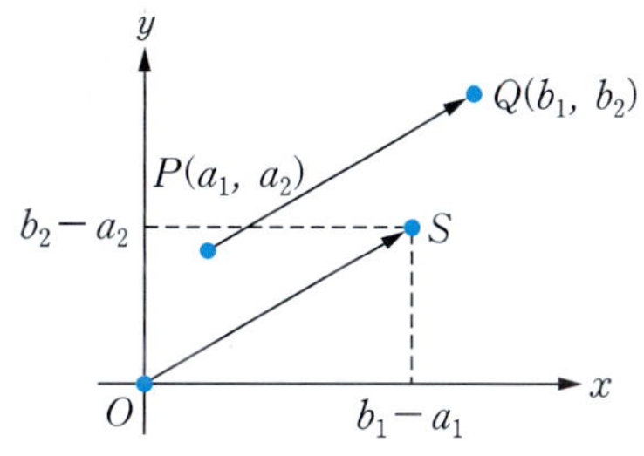

[그림 9-2] 공간벡터 $\overrightarrow{PQ}$와 동일한 위치벡터 $\overrightarrow{OS}$

그러면 이 벡터의 크기는 직각삼각형 PQR의 빗변의 길이와 같으므로

$$\|\overrightarrow{PQ}\| = \sqrt{(b_1 - a_1)^2 + (b_2 - a_2)^2}$$

이다. 그리고 방향과 크기가 동일한 두 공간벡터 $\overrightarrow{PQ}$와 $\overrightarrow{RS}$를 서로 **같다** equal고 하고, $\overrightarrow{PQ} = \overrightarrow{RS}$로 나타낸다. 따라서 벡터 $\overrightarrow{PQ}$와 동일한 방향으로 동일한 크기를 갖는 공간벡터는 모두 벡터 $\overrightarrow{PQ}$와 같은 벡터이다. 그러면 벡터 $\overrightarrow{PQ}$와 같은 벡터이면서 시점의 좌표가 원점인 벡터 $\overrightarrow{OS}$를 생각할 수 있는데, 이와 같이 시점이 좌표평면의 원점인 벡터를 **위치벡터** position vector라 한다. 즉 [그림 9-2]와 같이 벡터 $\overrightarrow{PQ}$를 평행이동하여 시점 P를 원점 O와 일치시킨 벡터 $\overrightarrow{OS}$는 $\overrightarrow{PQ}$와 같은 위치벡터이다.

따라서 시점 $P(a_1, a_2)$에서 종점 $Q(b_1, b_2)$로의 공간벡터를 위치벡터로 나타내면

$$\overrightarrow{OS} = (b_1 - a_1, b_2 - a_2)$$

이다. 한편, 평면 위에서 정의된 위치벡터를 3차원 공간과 n차원 공간으로 확장하면 다음과 같이 표현할 수 있다.

- 3차원 공간에서 위치벡터 : $\mathbf{a} = (a_1, a_2, a_3)$
- n차원 공간에서 위치벡터 : $\mathbf{a} = (a_1, a_2, \cdots, a_n)$

여기서 $a_1, a_2, \cdots, a_n$을 각각 위치벡터 $\mathbf{a}$의 **성분** component이라 한다. 그러면 n차원 공간 안의 두 위치벡터를 각각 $\mathbf{a} = (a_1, a_2, \cdots, a_n)$, $\mathbf{b} = (b_1, b_2, \cdots, b_n)$이라 할 때, 위치벡터의 성분을 이용하여 두 위치벡터의 합과 스칼라 곱, 크기를 다음과 같이 정의한다.

- 위치벡터의 합 : $\mathbf{a} + \mathbf{b} = (a_1, a_2, \cdots, a_n) + (b_1, b_2, \cdots, b_n)$
  $= (a_1 + b_1, a_2 + b_2, \cdots, a_n + b_n)$
- 위치벡터의 스칼라 곱 : $k\mathbf{a} = k(a_1, a_2, \cdots, a_n) = (ka_1, ka_2, \cdots, ka_n)$
- 위치벡터의 크기 : $\|\mathbf{a}\| = \sqrt{a_1^2 + a_2^2 + \cdots + a_n^2}$

즉 두 위치벡터의 합은 대응하는 각각의 성분끼리 더하고, 스칼라 곱은 모든 성분에 스칼라를 곱한다. [그림 9-3(a)]와 같이 두 위치벡터의 합 $\mathbf{a} + \mathbf{b}$는 위치벡터 $\mathbf{b}$의 시점을 위치벡터 $\mathbf{a}$의 종점과 일치하도록 평행이동하여 $\mathbf{a}$의 시점을 시점, $\mathbf{b}$의 종점을 종점으로 갖는 위치벡터가 된다. 그리고 [그림 9-3(b)]와 같이 $k > 1$인 스칼라 k에 대한 위치벡터의 스칼라 곱은 위치벡터 $\mathbf{a}$와 동일한 방향을 가지고, 크기가 k배로 늘어난 위치벡터를 나타낸다. 반면에, $0 < k < 1$인 스칼라 k에 대한 스칼라 곱은 k배로 줄어든 위치벡터를 나타낸다.

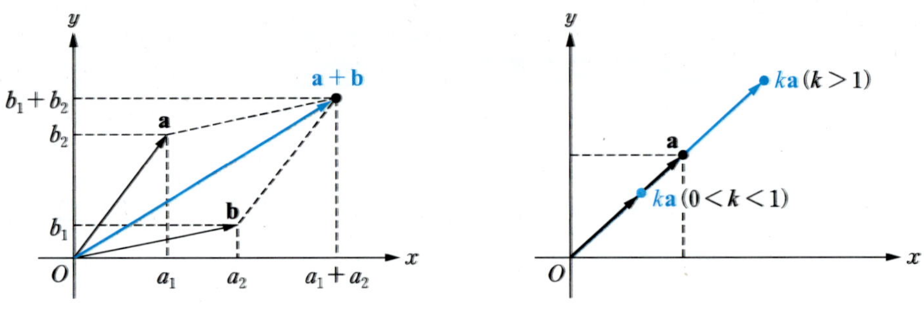

(a) 두 위치벡터의 합 (b) 위치벡터의 스칼라 곱

[그림 9-3] 두 위치벡터의 합과 스칼라 곱

예제 9-1

위치벡터 $\mathbf{a}=(1, -2, 3)$, $\mathbf{b}=(-1, 1, 2)$에 대하여 다음을 구하라.

(a) $\mathbf{a}+\mathbf{b}$ (b) $2\mathbf{a}+3\mathbf{b}$ (c) $\|\mathbf{a}+\mathbf{b}\|$

풀이

(a) $\mathbf{a}+\mathbf{b}=(1, -2, 3)+(-1, 1, 2)=(1-1, -2+1, 3+2)=(0, -1, 5)$

(b) 먼저 $2\mathbf{a}$와 $3\mathbf{b}$를 구하면

$$2\mathbf{a}=2(1, -2, 3)=(2\cdot 1, 2\cdot(-2), 2\cdot 3)=(2, -4, 6)$$
$$3\mathbf{b}=3(-1, 1, 2)=(3\cdot(-1), 3\cdot 1, 3\cdot 2)=(-3, 3, 6)$$

이므로 구하고자 하는 위치벡터는 다음과 같다.

$$2\mathbf{a}+3\mathbf{b}=(2, -4, 6)+(-3, 3, 6)=(2-3, -4+3, 6+6)=(-1, -1, 12)$$

(c) $\|\mathbf{a}+\mathbf{b}\|=\sqrt{0^2+(-1)^2+5^2}=\sqrt{26}$

또한 모든 성분이 0인 벡터를 **영벡터** zero vector라 하고, $\mathbf{0}$으로 나타낸다. 그러면 임의의 벡터 $\mathbf{a}$에 대하여 다음이 성립한다.

$$0\mathbf{a}=\mathbf{0},\ k\mathbf{0}=\mathbf{0}$$

한편, 위치벡터 $\mathbf{a}$의 각 성분에 스칼라 (-1)을 곱한 벡터를 $\mathbf{a}$의 **음벡터** negative vector라 하고, 다음과 같이 나타낸다.

$$-\mathbf{a}=(-a_1, -a_2, \cdots, -a_n)$$

그러면 [그림 9-4(a)]와 같이 $\mathbf{a}$의 음벡터 $-\mathbf{a}$는 위치벡터 $\mathbf{a}$와 크기는 같지만 방향이 반대인 위치벡터를 나타낸다. 따라서 $k<-1$에 대하여 $k\mathbf{a}$는 위치벡터 $\mathbf{a}$의 크기를 k배로 늘리지만 방향이 반대인 위치벡터이고, $-1<k<0$에 대한 $k\mathbf{a}$는 $\mathbf{a}$의 크기를 k배로 줄이고 방향이

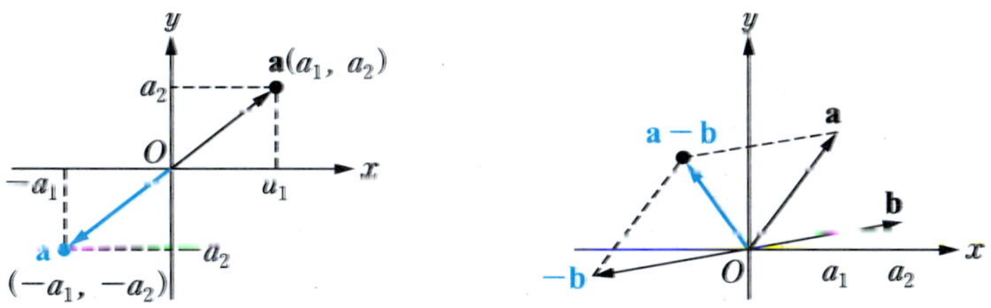

(a) 음벡터 (b) 두 위치벡터의 차

[그림 9-4] **음벡터와 두 위치벡터의 차**

반대인 위치벡터이다. 따라서 두 위치벡터 $\mathbf{a} = (a_1,\ a_2,\ \cdots,\ a_n)$, $\mathbf{b} = (b_1,\ b_2,\ \cdots,\ b_n)$의 차 $\mathbf{a}-\mathbf{b}$는 [그림 9-4(b)]와 같이 위치벡터 $\mathbf{a}$와 $\mathbf{b}$의 음벡터 $-\mathbf{b}$의 합으로 정의되고, 성분으로 나타내면 다음과 같다.

$$\mathbf{a}-\mathbf{b} = \mathbf{a}+(-\mathbf{b}) = (a_1-b_1,\ a_2-b_2,\ \cdots,\ a_n-b_n)$$

예제 9-2

위치벡터 $\mathbf{a} = (1,\ -2,\ 3)$, $\mathbf{b} = (-1,\ 1,\ 2)$에 대하여 다음을 구하라.

(a) $\mathbf{a}-\mathbf{b}$　　　　(b) $\|\mathbf{a}-\mathbf{b}\|$

풀이

(a) $\mathbf{a}-\mathbf{b} = (1,\ -2,\ 3)-(-1,\ 1,\ 2) = (1-(-1),\ -2-1,\ 3-2) = (2,\ -3,\ 1)$

(b) $\|\mathbf{a}-\mathbf{b}\| = \sqrt{2^2+(-3)^2+1^2} = \sqrt{14}$

위에서 살펴본 정의들로부터 다음과 같은 위치벡터의 연산을 얻을 수 있다.

정리 9-1 위치벡터의 합과 스칼라 곱에 대한 성질

임의의 위치벡터 $\mathbf{a}$, $\mathbf{b}$, $\mathbf{c}$와 스칼라 α, β에 대하여 다음이 성립한다.

(1) $\mathbf{a}+\mathbf{b} = \mathbf{b}+\mathbf{a}$　　　덧셈에 관한 교환법칙

(2) $(\mathbf{a}+\mathbf{b})+\mathbf{c} = \mathbf{a}+(\mathbf{b}+\mathbf{c})$　　　덧셈에 관한 결합법칙

(3) $\mathbf{a}+\mathbf{0} = \mathbf{0}+\mathbf{a} = \mathbf{a}$　　　덧셈에 관한 항등원

(4) $\mathbf{a}+(-\mathbf{a}) = (-\mathbf{a})+\mathbf{a} = \mathbf{0}$　　　덧셈에 관한 역원

(5) $\alpha(\mathbf{a}+\mathbf{b}) = \alpha\mathbf{a}+\alpha\mathbf{b}$

(6) $(\alpha+\beta)\mathbf{a} = \alpha\mathbf{a}+\beta\mathbf{a}$

(7) $\alpha(\beta\mathbf{a}) = (\alpha\beta)\mathbf{a} = \beta(\alpha\mathbf{a})$

(8) $1\mathbf{a} = \mathbf{a}$

또한 벡터의 크기는 다음과 같은 기본적인 성질을 갖는다.

정리 9-2 크기의 성질

임의의 위치벡터 $\mathbf{a}$와 스칼라 k에 대하여 다음이 성립한다.

(1) $\|\mathbf{a}\| \geq 0$　　(2) $\|\mathbf{a}\| = 0 \Leftrightarrow \mathbf{a} = \mathbf{0}$　　(3) $\|k\mathbf{a}\| = |k|\|\mathbf{a}\|$

한편, 크기가 1인 벡터, 즉 $\|\mathbf{a}\| = 1$인 위치벡터를 **단위벡터**unit vector라 한다. 따라서 평면 안에서 단위벡터는 [그림 9-5]와 같이 종점이 $x^2 + y^2 = 1$인 원주 위에 놓이는 위치벡터들이다. 즉 $a_1^2 + a_2^2 = 1$을 만족하는 모든 위치벡터 $\mathbf{u} = (a_1,\ a_2)$는 단위벡터이다. 특히 평면 안의 단위벡터들 중에서 x축 방향의 단위벡터를 $\mathbf{i} = (1,\ 0)$, y축 방향의 단위벡터를 $\mathbf{j} = (0,\ 1)$로 나타내며, 이들 벡터를 **표준단위벡터**standard unit vector 또는 **기저벡터**basis vector라 한다.

또한 3차원 공간에서 단위벡터 $\mathbf{u} = (a_1,\ a_2,\ a_3)$는 $a_1^2 + a_2^2 + a_3^2 = 1$을 만족한다. 이러한 개념은 n차원 공간으로 확장할 수 있으며, n차원 공간에서 단위벡터 $\mathbf{u} = (a_1,\ a_2,\ \cdots,\ a_n)$은

$$a_1^2 + a_2^2 + \cdots + a_n^2 = 1$$

을 만족하는 위치벡터이다. 그러면 임의의 위치벡터 $\mathbf{a}$에 대하여 $\mathbf{a}$와 동일한 방향의 단위벡터 $\mathbf{u}$는 다음과 같다.

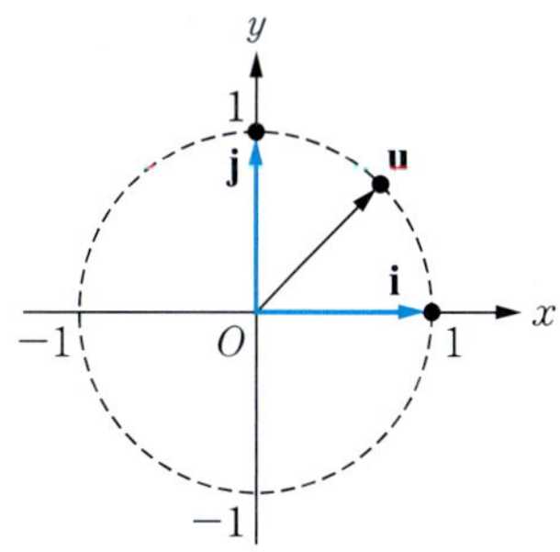

[그림 9-5] 단위벡터 u와 표준단위벡터 i, j

$$\mathbf{u} = \frac{\mathbf{a}}{\|\mathbf{a}\|}$$

이때 3차원 공간에서 x축, y축 그리고 z축 방향의 표준단위벡터는 다음과 같다.

$$\mathbf{i} = (1,\ 0,\ 0),\ \mathbf{j} = (0,\ 1,\ 0),\ \mathbf{k} = (0,\ 0,\ 1)$$

그리고 n차원 공간에서의 표준단위벡터는 다음과 같이 나타낸다.

$$\mathbf{e}_1 = (1,\ 0,\ 0,\ \cdots,\ 0),\ \mathbf{e}_2 = (0,\ 1,\ 0,\ \cdots,\ 0),\ \cdots,\ \mathbf{e}_n = (0,\ 0,\ \cdots,\ 0,\ 1)$$

일반적으로 n차원 공간에서 임의의 위치벡터 $\mathbf{a} = (a_1,\ a_2,\ \cdots,\ a_n)$은 표준단위벡터를 이용하여 다음과 같이 나타낸다.

$$\begin{aligned}\mathbf{a} &= (a_1,\ a_2,\ \cdots,\ a_n) \\ &= a_1(1,\ 0,\ 0,\ \cdots,\ 0) + a_2(0,\ 1,\ 0,\ \cdots,\ 0) + \cdots + a_n(0,\ 0,\ 0,\ \cdots,\ 1) \\ &= a_1\mathbf{e}_1 + a_2\mathbf{e}_2 + \cdots + a_n\mathbf{e}_n\end{aligned}$$

같은 방법으로 평면과 3차원 공간 안의 위치벡터를 표준단위벡터로 다음과 같다.

$$\mathbf{a} = (a_1,\ a_2) = a_1\mathbf{i} + a_2\mathbf{j}$$
$$\mathbf{a} = (a_1,\ a_2,\ a_3) = a_1\mathbf{i} + a_2\mathbf{j} + a_3\mathbf{k}$$

예제 9-3

위치벡터 $\mathbf{a}=(1, -3)$, $\mathbf{b}=(2, 7, -3)$, $\mathbf{c}=(0, 2, -1, -3)$을 표준단위벡터를 이용하여 나타내라. 그리고 각 벡터와 동일한 방향의 단위벡터를 구하라.

풀이

각 위치벡터를 표준단위벡터로 나타내면

$$\mathbf{a}=(1, -3)=1\mathbf{i}+(-3)\mathbf{j}=\mathbf{i}-3\mathbf{j}$$
$$\mathbf{b}=(2, 7, -3)=2\mathbf{i}+7\mathbf{j}+(-3)\mathbf{k}=2\mathbf{i}+7\mathbf{j}-3\mathbf{k}$$
$$\mathbf{c}=(0, 2, -1, -3)=0\mathbf{e}_1+2\mathbf{e}_2+(-1)\mathbf{e}_3+(-3)\mathbf{e}_4=2\mathbf{e}_2-\mathbf{e}_3-3\mathbf{e}_4$$

이고, 크기를 구하면

$$\|\mathbf{a}\|=\sqrt{1^2+(-3)^2}=\sqrt{10}$$
$$\|\mathbf{b}\|=\sqrt{2^2+7^2+(-3)^2}=\sqrt{62}$$
$$\|\mathbf{c}\|=\sqrt{0^2+2^2+(-1)^2+(-3)^2}=\sqrt{14}$$

이다. 따라서 각 벡터와 동일한 방향의 단위벡터는 다음과 같다.

$$\mathbf{u}_a=\frac{1}{\sqrt{10}}\mathbf{a},\ \ \mathbf{u}_b=\frac{1}{\sqrt{62}}\mathbf{b},\ \ \mathbf{u}_c=\frac{1}{\sqrt{14}}\mathbf{c}$$

9.1.2 내적

이제 두 위치벡터의 곱에 대하여 살펴보자. 벡터의 곱은 두 벡터를 곱한 결과가 스칼라인 내적과 곱의 결과가 다시 벡터가 되는 외적으로 나눌 수 있는데, 이 절에서는 내적에 대하여 살펴보자. 내적은 두 벡터가 서로 평행한지 아니면 수직인지를 결정하거나 두 벡터가 이루는 사잇각을 구하는 데 매우 유용하다. 이러한 벡터의 내적은 두 벡터가 이루는 사잇각을 이용하여 정의할 수 있으며, 각 벡터의 성분으로도 정의할 수 있다. 우선 두 벡터가 이루는 사잇각 $\theta(0 \le \theta \le \pi)$를 이용하여 정의하면, 두 벡터의 **내적**inner product은 다음과 같다.

$$\mathbf{a}\cdot\mathbf{b}=\|\mathbf{a}\|\,\|\mathbf{b}\|\cos\theta$$

이 결과는 스칼라 값이 되므로 두 벡터의 내적을 **스칼라적**scalar product 또는 점을 이용하여 표현하므로 **점적**dot product이라고 한다. 이때 두 벡터 $\mathbf{a}$와 $\mathbf{b}$의 사잇각 $\theta=\frac{\pi}{2}$이면, 즉 두 벡터가 수직으로 만나면 $\cos\theta=0$이므로 $\mathbf{a}\cdot\mathbf{b}=0$이다. 이와 같은 두 벡터는 서로 **직교**orthogonal한다고 하고, 직교하는 두 벡터를 **직교벡터**orthogonal vector라 한다. 그리고 두 벡터가 평행이고 같은 방향이면 사잇각 $\theta=0$이므로 $\cos 0=1$로부터 $\mathbf{a}\cdot\mathbf{b}=\|\mathbf{a}\|\,\|\mathbf{b}\|$이고 평행이다. 반면에,

방향이 서로 반대이면 사잇각이 $\theta = \pi$이므로 $\cos\pi = -1$로부터 $\mathbf{a}\cdot\mathbf{b} = -\|\mathbf{a}\|\|\mathbf{b}\|$이다. 그리고 이 두 경우에는 어떤 스칼라 k에 대하여 $\mathbf{a} = k\mathbf{b}$가 성립한다. 특히 θ가 예각이면 $\cos\theta > 0$이므로 $\mathbf{a}\cdot\mathbf{b} > 0$이고, θ가 둔각이면 $\cos\theta < 0$이므로 $\mathbf{a}\cdot\mathbf{b} < 0$이다. 그러므로 두 위치벡터 $\mathbf{a}$와 $\mathbf{b}$에 대한 위치관계를 정리하면 다음과 같다.

$$\begin{aligned} \mathbf{a} \perp \mathbf{b} &\Leftrightarrow \mathbf{a}\cdot\mathbf{b} = 0 \\ \mathbf{a} \,/\!/\, \mathbf{b} &\Leftrightarrow \mathbf{a} = k\mathbf{b} \\ \angle(\mathbf{a}, \mathbf{b}) : \text{예각} &\Leftrightarrow \mathbf{a}\cdot\mathbf{b} > 0 \\ \angle(\mathbf{a}, \mathbf{b}) : \text{둔각} &\Leftrightarrow \mathbf{a}\cdot\mathbf{b} < 0 \end{aligned}$$

한편, 표준단위벡터 $\mathbf{i}$, $\mathbf{j}$, $\mathbf{k}$는 $\|\mathbf{i}\| = \|\mathbf{j}\| = \|\mathbf{k}\| = 1$이고 $\cos 0 = 1$이므로

$$\mathbf{i}\cdot\mathbf{i} = \mathbf{j}\cdot\mathbf{j} = \mathbf{k}\cdot\mathbf{k} = 1$$

이다. 또한 $\cos\frac{\pi}{2} = 0$이므로 다음과 같이 된다.

$$\begin{aligned} \mathbf{i}\cdot\mathbf{j} = \mathbf{j}\cdot\mathbf{k} = \mathbf{k}\cdot\mathbf{i} = 0 \\ \mathbf{j}\cdot\mathbf{i} = \mathbf{k}\cdot\mathbf{j} = \mathbf{i}\cdot\mathbf{k} = 0 \end{aligned}$$

한편, 벡터의 성분을 이용하여 정의하면 n차원 공간 안의 두 위치벡터 $\mathbf{a} = (a_1, a_2, \cdots, a_n)$, $\mathbf{b} = (b_1, b_2, \cdots, b_n)$의 내적은 다음과 같다.

$$\mathbf{a}\cdot\mathbf{b} = a_1b_1 + a_2b_2 + \cdots + a_nb_n$$

그러면 3차원 공간 안의 두 벡터 $\mathbf{a} = (a_1, a_2, a_3)$과 $\mathbf{b} = (b_1, b_2, b_3)$에 대한 내적은

$$\mathbf{a}\cdot\mathbf{b} = \|\mathbf{a}\|\|\mathbf{b}\|\cos\theta = a_1b_1 + a_2b_2 + a_3b_3$$

가 된다. 이 관계식으로부터 두 벡터의 사잇각 θ는 다음과 같이 구할 수 있다.

$$\theta = \cos^{-1}\left(\frac{\mathbf{a}\cdot\mathbf{b}}{\|\mathbf{a}\|\|\mathbf{b}\|}\right)$$

예제 9-4

다음 두 위치벡터의 내적을 구하고, 두 벡터의 위치 관계를 설명하라. 그리고 사잇각이 예각이거나 둔각이면 그 각을 구하라.

(a) $\mathbf{a}=(2, 1, 2)$, $\mathbf{b}=(1, 1, 2)$ (b) $\mathbf{a}=(1, 2, 3)$, $\mathbf{b}=(-1, 1, -2)$

(c) $\mathbf{a}=(\pi, 1, 2)$, $\mathbf{b}=(1, -\pi, 0)$ (d) $\mathbf{a}=(2, 2, 3)$, $\mathbf{b}=\left(1, 1, \frac{3}{2}\right)$

풀이

(a) $\mathbf{a}\cdot\mathbf{b}=(2, 1, 2)\cdot(1, 1, 2)=2\cdot1+1\cdot1+2\cdot2=7>0$이므로 사잇각은 예각이다. 그리고 $\|\mathbf{a}\|=\sqrt{2^2+1^2+2^2}=3$, $\|\mathbf{b}\|=\sqrt{1^2+1^2+2^2}=\sqrt{6}$ 이므로 $\theta=\cos^{-1}\frac{7}{3\sqrt{6}}$ $\fallingdotseq 17.7°$이다.

(b) $\mathbf{a}=(1, 2, 3)\cdot(-1, 1, -2)=1\cdot(-1)+2\cdot1+3\cdot(-2)=-5<0$이므로 사잇각은 둔각이다. 그리고 $\|\mathbf{a}\|=\sqrt{1^2+2^2+3^2}=\sqrt{14}$, $\|\mathbf{b}\|=\sqrt{(-1)^2+1^2+(-2)^2}=\sqrt{6}$ 이므로 $\theta=\cos^{-1}\left(-\frac{5}{2\sqrt{21}}\right)\fallingdotseq 123.1°$이다.

(c) $\mathbf{a}=(\pi, 1, 2)\cdot(1, -\pi, 0)=\pi\cdot1+1\cdot(-\pi)+2\cdot0=0$이므로 두 벡터는 서로 직교한다.

(d) $\mathbf{a}=(2, 2, 3)=2\left(1, 1, \frac{3}{2}\right)=2\mathbf{b}$이므로 두 벡터는 서로 평행이다.

내적의 정의에 의하여 $\mathbf{a}\cdot\mathbf{a}=a_1^2+a_2^2+\cdots+a_n^2=\|\mathbf{a}\|^2$이므로 위치벡터 $\mathbf{a}=(a_1, a_2, \cdots, a_n)$의 크기는 다음과 같이 내적을 이용하여 표현할 수 있다.

$$\|\mathbf{a}\|=\sqrt{\mathbf{a}\cdot\mathbf{a}}$$

또한 내적은 다음과 같은 대수적인 성질을 갖는다.

정리 9-3 내적의 성질

임의의 벡터 a, b, c와 스칼라 k에 대하여 다음이 성립한다.

(1) $\mathbf{a}\cdot\mathbf{0}=\mathbf{0}\cdot\mathbf{a}=0$

(2) $\mathbf{a}\cdot\mathbf{b}=\mathbf{b}\cdot\mathbf{a}$ 교환법칙

(3) $\mathbf{a}\cdot(\mathbf{b}+\mathbf{c})=\mathbf{a}\cdot\mathbf{b}+\mathbf{a}\cdot\mathbf{c}$ 분배법칙

(4) $\mathbf{a}\cdot(k\mathbf{b})=(k\mathbf{a})\cdot\mathbf{b}=k(\mathbf{a}\cdot\mathbf{b})$

(5) $\mathbf{a}\cdot\mathbf{a}\ge 0$, $\mathbf{a}\cdot\mathbf{a}=0$일 필요충분조건은 $\mathbf{a}=\mathbf{0}$

한편, $-1\le\cos\theta\le 1$이므로 다음이 성립한다.

$$-1\le\cos\theta=\frac{\mathbf{a}\cdot\mathbf{b}}{\|\mathbf{a}\|\|\mathbf{b}\|}\le 1 \quad \text{또는} \quad -\|\mathbf{a}\|\|\mathbf{b}\|\le\mathbf{a}\cdot\mathbf{b}\le\|\mathbf{a}\|\|\mathbf{b}\|$$

따라서 다음 부등식이 성립하며, 이를 **코시-슈바르츠 부등식** Cauchy-Schwarz inequality 이라 한다.

$$|\mathbf{a}\cdot\mathbf{b}| \le \|\mathbf{a}\|\,\|\mathbf{b}\|$$

또한 위치벡터의 크기는 코시-슈바르츠 부등식이외에도 다음과 같은 성질을 갖는다.

정리 9-4 크기의 성질

임의의 벡터 $\mathbf{a}$, $\mathbf{b}$에 대하여 다음이 성립한다.

(1) $\|\mathbf{a}+\mathbf{b}\| \le \|\mathbf{a}\| + \|\mathbf{b}\|$ 삼각부등식

(2) $\mathbf{a}$, $\mathbf{b}$가 직교벡터이면 $\|\mathbf{a}+\mathbf{b}\|^2 = \|\mathbf{a}\|^2 + \|\mathbf{b}\|^2$ 피타고라스 정리

(3) $\|\mathbf{a}+\mathbf{b}\|^2 + \|\mathbf{a}-\mathbf{b}\|^2 = 2(\|\mathbf{a}\|^2 + \|\mathbf{b}\|^2)$ 평행사변형 항등식

내적을 이용하면 물체를 움직이기 위한 일의 양을 계산할 수 있다. [그림 9-6]과 같이 수평면에서 각 θ인 방향에서 일정한 힘 $\mathbf{F}$를 가하여 물체를 P에서 Q까지 $\|\mathbf{d}\|$만큼 움직인다면, 이때 힘 $\mathbf{F}$에 의하여 이루어진 일의 양 W는

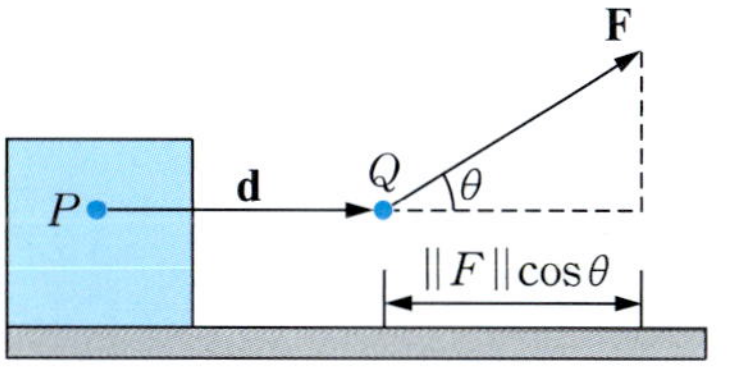

[그림 9-6] 일의 양

$$W = (\|\mathbf{F}\|\cos\theta)\|\mathbf{d}\| = \|\mathbf{F}\|\,\|\mathbf{d}\|\cos\theta = \mathbf{F}\cdot\mathbf{d}$$

이다. 즉 이 물체에 이루어진 일의 양은 힘 $\mathbf{F}$와 앞으로 움직인 유향거리 $\mathbf{d}$의 내적이다.

예제 9-5

원점으로부터 점 $(1, 1, 1)$까지 물체를 움직이기 위하여 $\mathbf{F} = 5\mathbf{k}$ (크기 $5[\mathrm{N}]$)의 힘을 가하였다. 이때 이루어진 일의 양을 구하라. 단, 거리의 단위는 $[\mathrm{m}]$이다.

풀이

힘 $\mathbf{F}$에 의하여 물체가 움직인 변위 $\mathbf{d} = \mathbf{i}+\mathbf{j}+\mathbf{k}$이므로 이 물체에 이루어진 일의 양은 다음과 같다.

$$W = (5\mathbf{k})\cdot(\mathbf{i}+\mathbf{j}+\mathbf{k}) = 5[\mathrm{N}]\cdot[\mathrm{m}] = 5\mathrm{J}[\mathrm{joule}]$$

9.1.3 외적

3차원 공간에서 회전운동에 관한 가장 기본적인 문제는 회전하는 물체의 회전축을 찾는 것과 회전축에 따른 물체의 회전 방향을 보이는 것이다. 이러한 문제는 벡터를 이용하여 공식화할

수 있다. 이를 위해 [그림 9-7]과 같이 회전하는 팽이의 회전축이 3차원 공간의 원점 O를 지나고, 이 회전운동이 영이 아닌 벡터 $\mathbf{a}$에서 $\mathbf{b}$ 방향으로 회전한다고 가정하자. 이때 회전축은 두 벡터 $\mathbf{a}$와 $\mathbf{b}$를 포함하는 평면에 수직이므로 회전축 위의 임의의 영이 아닌 벡터 $\mathbf{c}$는 $\mathbf{a}$와 $\mathbf{b}$에 수직이고 회전축의 방향을 결정한다. 이와 같이 벡터 $\mathbf{a}$가 벡터 $\mathbf{b}$의 방향으로 회전할 때, 두 벡터 $\mathbf{a}$와 $\mathbf{b}$에 수직인 회전축 위의 벡터 $\mathbf{c}$를 $\mathbf{a}$와 $\mathbf{b}$의 곱으로 정의할 수 있다.

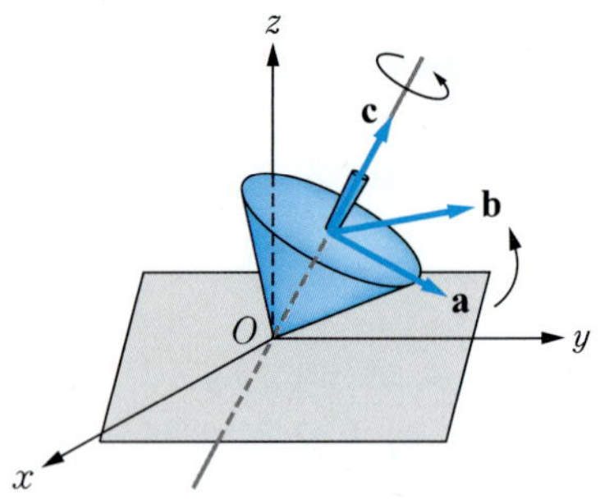

[그림 9-7] 회전체의 회전운동

[그림 9-8]과 같이 3차원 공간 안에서 사잇각이 $\theta(0 \le \theta \le \pi)$인 두 벡터 $\mathbf{a}$와 $\mathbf{b}$를 포함하는 평면을 생각해보자. 이때 이 평면에 수직인 단위벡터 $\mathbf{n}$에 대하여, 벡터 $\mathbf{a}$와 $\mathbf{b}$의 **외적** outer product을 다음과 같이 정의한다.

$$\mathbf{a} \times \mathbf{b} = (\|\mathbf{a}\|\,\|\mathbf{b}\|\sin\theta)\mathbf{n}$$

그러면 단위벡터 $\mathbf{n}$이 $\mathbf{a}$와 $\mathbf{b}$에 수직이므로 외적 $\mathbf{a} \times \mathbf{b}$도 두 벡터 $\mathbf{a}$와 $\mathbf{b}$에 수직이다.

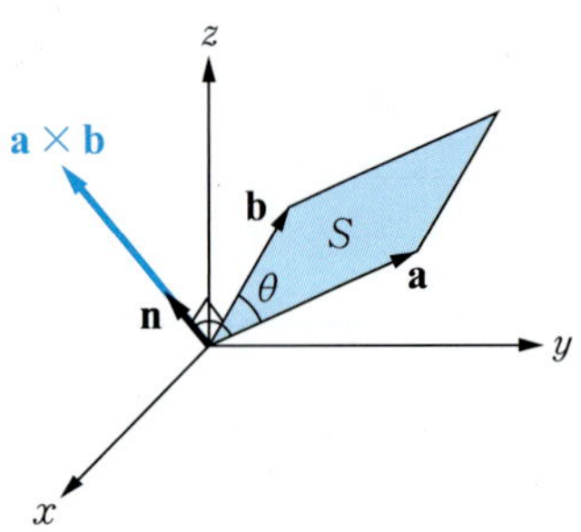

[그림 9-8] 두 벡터 a와 b의 외적 a × b

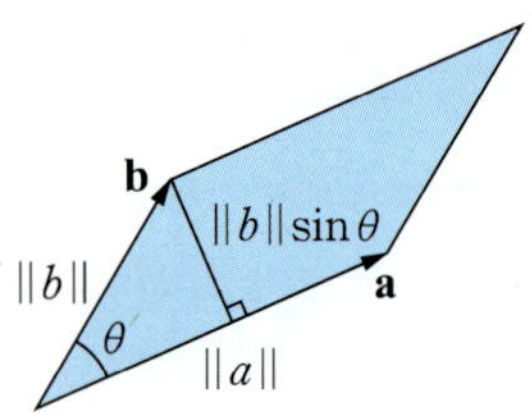

[그림 9-9] 두 벡터에 의한 평행사변형의 넓이

한편, 두 벡터 $\mathbf{a}$와 $\mathbf{b}$에 의하여 만들어지는 도형은 [그림 9-9]와 같이 이웃하는 두 변의 길이가 각각 $\|\mathbf{a}\|$, $\|\mathbf{b}\|$이고 사잇각이 θ인 평행사변형이다. 이때 넓이가 $S = \|\mathbf{a}\|\,\|\mathbf{b}\|\sin\theta$이므로 $\mathbf{a} \times \mathbf{b}$의 크기 $\|\mathbf{a} \times \mathbf{b}\|$가 이 평행사변형의 넓이이다. 다시 말해, 외적 $\mathbf{a} \times \mathbf{b}$는 $\mathbf{a}$와 $\mathbf{b}$에 수직이고 다음과 같은 크기를 갖는 벡터이다.

$$\|\mathbf{a} \times \mathbf{b}\| = \|\mathbf{a}\|\,\|\mathbf{b}\|\sin\theta$$

이와 같이 외적의 결과는 벡터이므로, 외적을 **벡터적** vector product이라고도 하며, 곱하기 기호 $(\times)$를 사용하므로 **크로스적** cross product이라고도 한다.

예제 9-6

3차원 공간 안에서 길이가 각각 2와 3인 두 벡터의 사잇각이 $\frac{\pi}{3}$이고 시점이 원점에서 만난다고 할 때, 이 두 벡터에 의한 외적의 길이를 구하라.

풀이

길이가 2인 벡터와 3인 벡터를 각각 $\mathbf{a}$와 $\mathbf{b}$라 하면 $\|\mathbf{a}\|=2$와 $\|\mathbf{b}\|=3$이고, 사잇각이 $\frac{\pi}{3}$이므로 $\sin\frac{\pi}{3}=\frac{\sqrt{3}}{2}$이다. 그러면 벡터 $\mathbf{a}$가 벡터 $\mathbf{b}$의 방향으로 회전하는 경우와 벡터 $\mathbf{b}$가 벡터 $\mathbf{a}$의 방향으로 회전하는 경우를 생각할 수 있으며, 두 경우는 방향이 서로 반대이다. 따라서 벡터 $\mathbf{a}$가 벡터 $\mathbf{b}$의 방향으로 회전하는 경우를 양의 방향이라 하면, $\mathbf{a}$와 $\mathbf{b}$에 수직인 단위벡터 $\mathbf{n}$에 대하여

$$\mathbf{a}\times\mathbf{b}=(\|\mathbf{a}\|\,\|\mathbf{b}\|\sin\theta)\mathbf{n},\quad \mathbf{b}\times\mathbf{a}=(-\|\mathbf{a}\|\,\|\mathbf{b}\|\sin\theta)\mathbf{n}$$

이다. 따라서 외적의 크기는 다음과 같이 동일하다.

$$\|\mathbf{a}\times\mathbf{b}\|=\|\mathbf{b}\times\mathbf{a}\|=\|\mathbf{a}\|\,\|\mathbf{b}\|\sin\theta=2\cdot3\cdot\frac{\sqrt{3}}{2}=3\sqrt{3}$$

두 벡터 $\mathbf{a}$와 $\mathbf{b}$가 평행이면 사잇각 θ가 0이거나 π이므로 $\sin\theta=0$이다. 따라서 $\mathbf{a}\times\mathbf{b}=\mathbf{0}$이다. 특히 표준단위벡터 $\mathbf{i}$, $\mathbf{j}$, $\mathbf{k}$에 대하여 다음이 성립한다.

$$\mathbf{i}\times\mathbf{i}=\mathbf{0},\ \mathbf{j}\times\mathbf{j}=\mathbf{0},\ \mathbf{k}\times\mathbf{k}=\mathbf{0}$$

또한 두 벡터가 직교하면 $\theta=\frac{\pi}{2}$이므로 $\sin\theta=1$이다. 따라서 $\mathbf{a}\times\mathbf{b}=(\|\mathbf{a}\|\,\|\mathbf{b}\|)\mathbf{n}$이다. 특히 $\mathbf{i}$, $\mathbf{j}$, $\mathbf{k}$는 모두 직교하고 크기가 모두 1이므로 표준단위벡터들의 외적은 다음과 같다.

$$\mathbf{i}\times\mathbf{j}=\mathbf{k},\ \mathbf{j}\times\mathbf{k}=\mathbf{i},\ \mathbf{k}\times\mathbf{i}=\mathbf{j}$$

그리고 $\mathbf{a}$와 $\mathbf{b}$ 중에 적어도 하나가 영벡터이면 $\mathbf{a}\times\mathbf{b}=\mathbf{0}$이다. 그러므로 두 벡터의 외적이 영벡터일 필요충분조건은 두 벡터가 평행하거나 어느 한 벡터가 영벡터인 것이다.

정리 9-5 외적의 성질

임의의 벡터 $\mathbf{a}$, $\mathbf{b}$, $\mathbf{c}$와 스칼라 k에 대하여 다음이 성립한다.

(1) $\mathbf{a}\times\mathbf{b}=-\mathbf{b}\times\mathbf{a}$

(2) $\mathbf{a}\times(\mathbf{b}+\mathbf{c})=\mathbf{a}\times\mathbf{b}+\mathbf{a}\times\mathbf{c}$, $(\mathbf{a}+\mathbf{b})\times\mathbf{c}=\mathbf{a}\times\mathbf{c}+\mathbf{b}\times\mathbf{c}$ 　　분배법칙

(3) $\mathbf{a}\times(k\mathbf{b})=(k\mathbf{a})\times\mathbf{b}=k(\mathbf{a}\times\mathbf{b})$

(4) $\mathbf{a} \times \mathbf{a} = 0$

(5) $\mathbf{a} \cdot (\mathbf{a} \times \mathbf{b}) = 0,\ \mathbf{b} \cdot (\mathbf{a} \times \mathbf{b}) = 0$

(6) $\mathbf{a} \times (\mathbf{b} \times \mathbf{c}) = (\mathbf{a} \cdot \mathbf{c})\mathbf{b} - (\mathbf{a} \cdot \mathbf{b})\mathbf{c}$

따라서 [정리 9-5]의 (1)로부터 외적은 교환법칙이 성립하지 않으며, 표준단위벡터에 대하여

$$\mathbf{j} \times \mathbf{i} = -\mathbf{k},\ \mathbf{k} \times \mathbf{j} = -\mathbf{i},\ \mathbf{i} \times \mathbf{k} = -\mathbf{j}$$

이다. 한편, 표준단위벡터 $\mathbf{i}$, $\mathbf{j}$, $\mathbf{k}$를 이용하여 $\mathbf{a} = (a_1,\ a_2,\ a_3)$와 $\mathbf{b} = (b_1,\ b_2,\ b_3)$의 외적을 나타내면 다음과 같다.

$$\begin{aligned}\mathbf{a} \times \mathbf{b} &= (a_1\mathbf{i} + a_2\mathbf{j} + a_3\mathbf{k})(b_1\mathbf{i} + b_2\mathbf{j} + b_3\mathbf{k}) \\ &= a_1b_1\mathbf{i} \times \mathbf{i} + a_1b_2\mathbf{i} \times \mathbf{j} + a_1b_3\mathbf{i} \times \mathbf{k} + a_2b_1\mathbf{j} \times \mathbf{i} + a_2b_2\mathbf{j} \times \mathbf{j} + a_2b_3\mathbf{j} \times \mathbf{k} \\ &\quad + a_3b_1\mathbf{k} \times \mathbf{i} + a_3b_2\mathbf{k} \times \mathbf{j} + a_3b_3\mathbf{k} \times \mathbf{k} \\ &= (a_2b_3 - a_3b_2)\mathbf{i} + (a_3b_1 - a_1b_3)\mathbf{j} + (a_1b_2 - a_2b_1)\mathbf{k}\end{aligned}$$

즉 $\mathbf{a} = (a_1,\ a_2,\ a_3)$와 $\mathbf{b} = (b_1,\ b_2,\ b_3)$의 성분을 이용하여 외적을 정의하면 다음과 같다.

$$\mathbf{a} \times \mathbf{b} = (a_2b_3 - a_3b_2,\ a_{a_3}b_1 - a_1b_3,\ a_1b_2 - a_2b_1)$$

또는 다음과 같이 표현하기도 한다.

$$\mathbf{a} \times \mathbf{b} = \left(\begin{vmatrix} a_2 & a_3 \\ b_2 & b_3 \end{vmatrix},\ \begin{vmatrix} a_3 & a_1 \\ b_3 & b_1 \end{vmatrix},\ \begin{vmatrix} a_1 & a_2 \\ b_1 & b_2 \end{vmatrix} \right)$$

$\mathbf{a}$와 $\mathbf{b}$의 외적은 [그림 9-10]과 같이 기억하면 매우 편리하다. 여기서 ⊕는 점선으로 연결된 두 수의 곱에 양의 부호를 부여하고 ⊖는 음의 부호를 부여하는 것을 나타낸다.

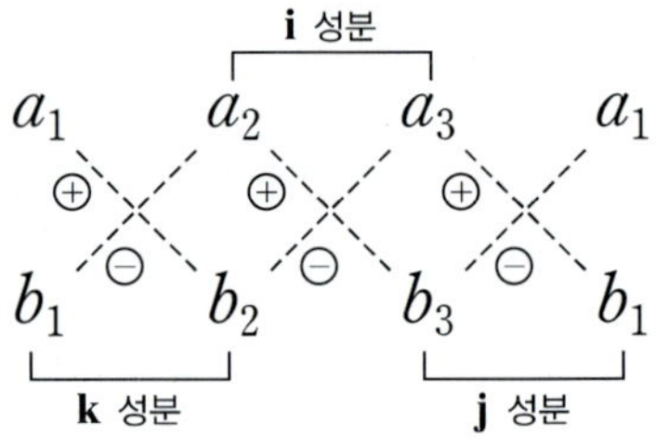

[그림 9-10] 외적의 성분

그리고 두 벡터의 외적을 3차 행렬식의 형태를 이용하여 다음과 같이 표현하기도 한다. 3차 행렬식의 값을 구하는 방법은 9.4절에서 자세히 살펴본다.

$$\mathbf{a} \times \mathbf{b} = \begin{vmatrix} \mathbf{i} & \mathbf{j} & \mathbf{k} \\ a_1 & a_2 & a_3 \\ b_1 & b_2 & b_3 \end{vmatrix}$$

예제 9-7

$\mathbf{a}=(1, -2, 2)$와 $\mathbf{b}=(-1, 0, 3)$에 대하여 다음을 구하라.

(a) 두 벡터의 외적 $\mathbf{a}\times\mathbf{b}$

(b) $\mathbf{a}\times\mathbf{b}$ 방향의 단위벡터 $\mathbf{n}$

(c) 두 벡터에 의한 삼각형의 넓이

풀이

(a) $\mathbf{a}\times\mathbf{b}=\begin{vmatrix} \mathbf{i} & \mathbf{j} & \mathbf{k} \\ 1 & -2 & 2 \\ -1 & 0 & 3 \end{vmatrix}=(-6-0)\mathbf{i}+(-2-3)\mathbf{j}+(0-2)\mathbf{k}=-6\mathbf{i}-5\mathbf{j}-2\mathbf{k}$

(b) $\|\mathbf{a}\times\mathbf{b}\|=\sqrt{(-6)^2+(-5)^2+(-2)^2}=\sqrt{65}$ 이므로 구하고자 하는 단위벡터는 다음과 같다.

$$\mathbf{n}=\frac{1}{\sqrt{65}}\mathbf{a}\times\mathbf{b}=-\frac{1}{\sqrt{65}}(6\mathbf{i}+5\mathbf{j}+2\mathbf{k})$$

(c) 두 벡터에 의한 평행사변형의 넓이가 $\|\mathbf{a}\times\mathbf{b}\|=\sqrt{65}$ 이므로 삼각형의 넓이는 $\frac{\sqrt{65}}{2}$ 이다.

예제 9-8

세 점 $P(1, 2, -1)$, $Q(2, 1, -1)$, $R(1, -2, 3)$을 포함하는 평면에 수직인 단위벡터를 구하라.

풀이

세 점 P, Q, R이 한 평면 위에 있으므로 두 위치벡터 $\mathbf{a}=\overrightarrow{PQ}$와 $\mathbf{b}=\overrightarrow{PR}$을 구하면

$$\mathbf{a}=\overrightarrow{PQ}=\overrightarrow{OQ}-\overrightarrow{OP}=(1, -1, 0)$$
$$\mathbf{b}=\overrightarrow{PR}=\overrightarrow{OR}-\overrightarrow{OP}=(0, -4, 4)$$

이다. 그리고 두 벡터의 외적 $\mathbf{a}\times\mathbf{b}$와 $\mathbf{b}\times\mathbf{a}$는 각각 $\mathbf{a}$와 $\mathbf{b}$에 수직이고 서로 반대방향의 벡터이므로 $\mathbf{a}\times\mathbf{b}$ 방향의 단위벡터 $\mathbf{n}$을 구하면 된다.

$$\mathbf{a}\times\mathbf{b}=\begin{vmatrix} \mathbf{i} & \mathbf{j} & \mathbf{k} \\ 1 & -1 & 0 \\ 0 & -4 & 4 \end{vmatrix}=(-4-0)\mathbf{i}+(0-4)\mathbf{j}+(-4-0)\mathbf{k}$$
$$=-4\mathbf{i}-4\mathbf{j}-4\mathbf{k}$$

또한 $\|\mathbf{a}\times\mathbf{b}\|=\sqrt{(-4)^2+(-4)^2+(-4)^2}=4\sqrt{3}$ 이므로 평면에 수직인 단위벡터는 다음과 같다.

$$\mathbf{n}=\frac{1}{4\sqrt{3}}(-4\mathbf{i}-4\mathbf{j}-4\mathbf{k})=-\frac{1}{\sqrt{3}}(\mathbf{i}+\mathbf{j}+\mathbf{k}),\ \mathbf{n}_1=-\mathbf{n}=\frac{1}{\sqrt{3}}(\mathbf{i}+\mathbf{j}+\mathbf{k})$$

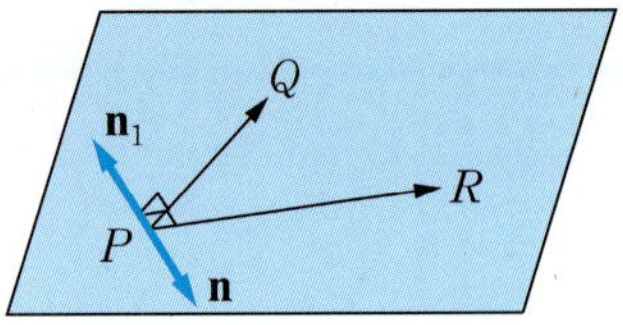

한편, 벡터 $\mathbf{a}$와 $\mathbf{b}\times\mathbf{c}$의 내적

$$\mathbf{a}\cdot(\mathbf{b}\times\mathbf{c})=\|\mathbf{a}\|\,\|\mathbf{b}\times\mathbf{c}\|\cos\theta$$

를 벡터 $\mathbf{a}$, $\mathbf{b}$, $\mathbf{c}$의 **삼중적** triple scalar product 이라 하며, 이를 성분으로 나타내면 다음과 같다.

$$\begin{aligned}\mathbf{a}\cdot(\mathbf{b}\times\mathbf{c})&=(a_1,\ a_2,\ a_3)\cdot\left(\begin{vmatrix} b_2 & b_3 \\ c_2 & c_3\end{vmatrix},\ -\begin{vmatrix} b_1 & b_3 \\ c_1 & c_3\end{vmatrix},\ \begin{vmatrix} b_1 & b_2 \\ c_1 & c_2\end{vmatrix}\right)\\ &=a_1\begin{vmatrix} b_2 & b_3 \\ c_2 & c_3\end{vmatrix}-a_2\begin{vmatrix} b_1 & b_3 \\ c_1 & c_3\end{vmatrix}+a_3\begin{vmatrix} b_1 & b_2 \\ c_1 & c_2\end{vmatrix}=\begin{vmatrix} a_1 & a_2 & a_3 \\ b_1 & b_2 & b_3 \\ c_1 & c_2 & c_3\end{vmatrix}\end{aligned}$$

즉 다음과 같이 각 벡터의 성분에 의한 3차 행렬식으로 표현할 수 있다.

$$\mathbf{a}\cdot(\mathbf{b}\times\mathbf{c})=\begin{vmatrix} a_1 & a_2 & a_3 \\ b_1 & b_2 & b_3 \\ c_1 & c_2 & c_3\end{vmatrix}$$

또한 벡터의 삼중적에 대하여 다음과 같은 성질이 성립한다.

$$\mathbf{a}\cdot(\mathbf{b}\times\mathbf{c})=\mathbf{b}\cdot(\mathbf{c}\times\mathbf{a})=\mathbf{c}\cdot(\mathbf{a}\times\mathbf{b})$$

그리고 [그림 9-11]과 같이 세 위치벡터 $\mathbf{a}$, $\mathbf{b}$, $\mathbf{c}$를 이웃하는 평행육면체를 만들면, 외적의 정의에서 살펴본 바와 같이 $\mathbf{b}$와 $\mathbf{c}$를 이웃으로 하는 평행사변형의 넓이는 $\|\mathbf{b}\times\mathbf{c}\|$이다. 또한 $\mathbf{a}$의 종점에서 밑면에 내린 수선의 길이, 즉 평행육면체의 높이는 $\|\mathbf{a}\|\cos\theta$이므로 평행육면체의 부피는 다음과 같다.

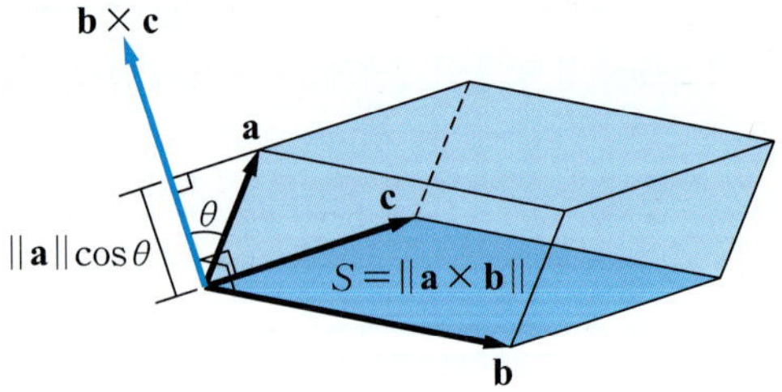

[그림 9-11] 삼중적과 평행육면체

$$V=\|\mathbf{b}\times\mathbf{c}\|\,\|\mathbf{a}\|\,|\cos\theta|=|\mathbf{a}\cdot(\mathbf{b}\times\mathbf{c})|$$

예제 9-9

3차원 공간 안에서 원점으로부터 세 점 $P(1, 2, -1)$, $Q(2, 1, -1)$, $R(1, -2, 3)$까지 잇는 세 변을 이웃하는 변으로 갖는 평행육면체의 부피를 구하라.

풀이

종점이 P, Q, R인 세 위치벡터를 각각 $\mathbf{p}$, $\mathbf{q}$, $\mathbf{r}$이라 하면, 세 벡터에 의한 삼중적은

$$\mathbf{p}\cdot(\mathbf{q}\times\mathbf{r}) = \begin{vmatrix} 1 & 2 & -1 \\ 2 & 1 & -1 \\ 1 & -2 & 3 \end{vmatrix} = -8$$

이다. 따라서 구하고자 하는 평행육면체의 부피는 $V = |\mathbf{p}\cdot(\mathbf{q}\times\mathbf{r})| = |-8| = 8$이다.

Section 9.1 연습문제

※ 다음 벡터의 크기를 구하라.

1. $\mathbf{a} = (2, 1)$
2. $\mathbf{a} = (-1, 4, 1)$
3. $\mathbf{a} = (-2, 3, -2, 1)$
4. $\mathbf{a} = (2, 2, -2)$

※ 위치벡터 $\mathbf{a} = (-4, 5, 2)$, $\mathbf{b} = (3, -1, -1)$에 대하여 다음을 구하라.

5. $\mathbf{a} + \mathbf{b}$
6. $2\mathbf{a} - \mathbf{b}$
7. $\| -\mathbf{a} + 2\mathbf{b} \|$

※ 다음 주어진 벡터와 동일한 방향의 단위벡터를 구하라.

8. $\mathbf{a} = (1, 2, -1)$
9. $\mathbf{a} = (1, -3, -2)$
10. $\mathbf{a} = (1, -2, 1)$
11. $\mathbf{a} = (3, -1, 4)$

※ 다음에 주어진 벡터의 내적과 사잇각을 구하라.

12. $\mathbf{a} = 2\mathbf{i} - \mathbf{j}$, $\mathbf{b} = -\mathbf{i} + 2\mathbf{j}$
13. $\mathbf{a} = \mathbf{i} - \frac{1}{2}\mathbf{j} + 2\mathbf{k}$, $\mathbf{b} = -\mathbf{i} - 2\mathbf{j} + \frac{1}{2}\mathbf{k}$
14. $\mathbf{a} = \mathbf{i} - 2\mathbf{j} - \mathbf{k}$, $\mathbf{b} = -2\mathbf{i} + \mathbf{j} + 2\mathbf{k}$
15. $\mathbf{a} = \frac{1}{3}\mathbf{i} + \frac{1}{3}\mathbf{j} + \frac{2}{3}\mathbf{k}$, $\mathbf{b} = 3\mathbf{i} + 6\mathbf{j} - 9\mathbf{k}$

※ 다음에 주어진 식이 수학적으로 의미가 있는지 결정하고, 그렇지 않으면 그 이유를 설명하라.

16. $\| \mathbf{a}\cdot\mathbf{b} \|$
17. $(\mathbf{a}\cdot\mathbf{b})\cdot\mathbf{c}$
18. $(\mathbf{a}\cdot\mathbf{b}) + \mathbf{c}$
19. $(\mathbf{a}\times\mathbf{b}) + \mathbf{c}$

20. 한 변의 길이가 a인 정육면체의 대각선과 각 변이 이루는 사잇각을 구하라.

※ 다음 두 벡터의 사잇각이 $\frac{\pi}{4}$가 되도록 상수 a를 구하라.

21. $\mathbf{a} = a\mathbf{i} + \mathbf{j}$, $\mathbf{b} = \mathbf{i} + a\mathbf{j}$

22. $\mathbf{a} = \mathbf{i} + a\mathbf{j} + \mathbf{k}$, $\mathbf{b} = -a\mathbf{i} - \mathbf{j} + \mathbf{k}$

※ 다음에 주어진 벡터의 외적을 구하라.

23. $\mathbf{a} = \mathbf{i} - \mathbf{j} + 2\mathbf{k}$, $\mathbf{b} = 2\mathbf{i} - 2\mathbf{k}$

24. $\mathbf{a} = 3\mathbf{i} + \mathbf{j} - 3\mathbf{k}$, $\mathbf{b} = -\mathbf{i} + 2\mathbf{j} - \mathbf{k}$

25. $\mathbf{a} = -\mathbf{i} + 2\mathbf{j} - 2\mathbf{k}$, $\mathbf{b} = \mathbf{i} + 2\mathbf{j} + 3\mathbf{k}$

26. $\mathbf{a} = -2\mathbf{j} - 2\mathbf{k}$, $\mathbf{b} = -\mathbf{i} + 3\mathbf{j}$

27. 세 벡터 $\mathbf{a} = (1, 2, 1)$, $\mathbf{b} = (2, -1, 0)$, $\mathbf{c} = (-4, 1, -2)$에 대하여 다음을 구하라.

(a) $\mathbf{a} \times \mathbf{b}$

(b) $\mathbf{b} \times \mathbf{a}$

(c) $\mathbf{a} \times (\mathbf{b} + \mathbf{c})$

(d) $\mathbf{a} \cdot (\mathbf{b} \times \mathbf{c})$

(e) $\mathbf{a} \times (\mathbf{b} \times \mathbf{c})$

(f) $(\mathbf{a} \times \mathbf{b}) \times (\mathbf{b} \times \mathbf{c})$

※ 이웃하는 세 변이 다음과 같은 평행육면체의 부피를 구하라.

28. $\mathbf{a} = (-1, -2, 1)$, $\mathbf{b} = (3, 1, 0)$, $\mathbf{c} = (5, 3, -4)$

29. $\mathbf{a} = (4, 1, 1)$, $\mathbf{b} = (3, -1, 2)$, $\mathbf{c} = (3, 0, 2)$

※ 세 꼭지점의 좌표가 다음과 같은 삼각형의 넓이를 구하라.

30. $P(1, 2, -2)$, $Q(1, 4, 2)$, $R(3, -1, 1)$

31. $P(4, 0, 3)$, $Q(0, -2, 5)$, $R(-1, 3, -1)$

※ 다음 두 벡터에 의한 평행사변형의 넓이를 구하라.

32. $\mathbf{a} = (1, 3, 2)$, $\mathbf{b} = (-2, 3, -1)$

33. $\mathbf{a} = (1, -1, 2)$, $\mathbf{b} = (5, -1, 3)$

34. 응용 손잡이가 수평에서 위쪽으로 45°만큼 기울어진 손수레에 50[N]의 힘을 가하여 수평한 길을 따라 100[m] 이동시켰다. 이때 이 힘에 의하여 이루어진 일의 양을 구하라.

35. 응용 위치벡터 $\mathbf{r}$로 주어진 점에서 단단한 물체에 작용하는 힘 $\mathbf{F}$에 의한 **토크**torque τ는 위치벡터와 힘 벡터의 외적 $\tau = \mathbf{r} \times \mathbf{F}$로 정의된다. 그림과 같이 페달의 지지대 길이가 30[cm]인 자전거 페달을 100[N]의 힘을 가진 발로 밀었다. 이때 점 A에서 토크의 크기를 구하라. 이때 $\sin 75° \fallingdotseq 0.9659$이다.

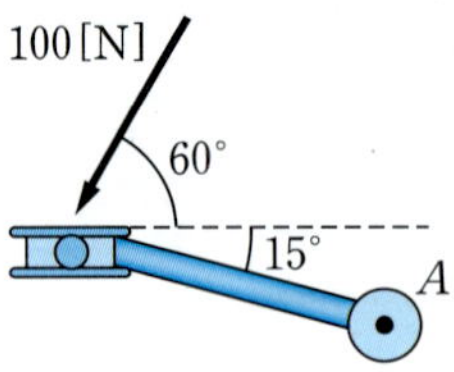

36. [정리 9-3]의 (2)와 (3)을 증명하라. 힌트 덧셈의 정의와 내적의 정의를 이용한다.

37. [정리 9-4]의 (3)을 증명하라. 힌트 크기의 제곱을 내적으로 표현한다.

38. [정리 9-5]의 (2)를 증명하라. 힌트 외적을 행렬로 표현한다.

9.2 행렬의 정의와 연산

행렬은 연립선형방정식을 간단히 표현하기 위하여 많이 사용된다. 이 절에서는 여러 가지 형태의 행렬을 정의하고, 행렬의 기본적인 연산인 합과 곱을 살펴본다.

9.2.1 행렬의 정의

nm개의 실수 또는 복소수 $a_{11}, \cdots, a_{1m}$; $a_{21}, \cdots, a_{2m}$; $\cdots$; $a_{n1}, \cdots, a_{nm}$을 다음과 같이 괄호 안에 배열한 것을 **행렬**matrix이라 한다.

$$A = \begin{pmatrix} a_{11} & \cdots & a_{1j} & \cdots & a_{1m} \\ & & \vdots & & \\ a_{i1} & \cdots & a_{ij} & \cdots & a_{im} \\ & & \vdots & & \\ a_{n1} & \cdots & a_{nj} & \cdots & a_{nm} \end{pmatrix}$$

이때 행렬 A의 가로줄에 놓이는 수의 배열을 **행**row 또는 **행벡터**row vector라 하고, 특히 다음과 같은 i번째 행을 제i행 또는 제i행벡터라 한다.

$$\mathbf{r}_i = \begin{pmatrix} a_{i1} & \cdots & a_{ij} & \cdots & a_{im} \end{pmatrix}$$

그리고 세로줄에 놓이는 수의 배열을 **열**column 또는 **열벡터**column vector라 하고, 다음과 같은 j번째 열을 제j열 또는 제j열벡터라 한다.

$$\mathbf{c}_j = \begin{pmatrix} a_{1j} \\ \vdots \\ a_{ij} \\ \vdots \\ a_{nj} \end{pmatrix}$$

또한 행렬 A와 같이 행의 개수가 n이고 열의 수가 m인 행렬을 $n \times m$ 행렬이라 하고, 다음과 같이 나타내며 'n by m 행렬'이라고 읽는다.

$$A_{n\times m}, \quad A_{nm}, \quad A=(a_{ij})_{\substack{i=1,\,2,\,\cdots,\,n\\ j=1,\,2,\,\cdots,\,m}}, \quad A=(a_{ij})$$

그러면 $n \times m$ 행렬 A는 다음과 같이 n개의 행벡터 $\mathbf{r}_i$와 m개의 열벡터 $\mathbf{c}_j$로 분할할 수 있다.

$$A=\begin{pmatrix} a_{11} & \cdots & a_{1j} & \cdots & a_{1m} \\ & & \vdots & & \\ a_{i1} & \cdots & a_{ij} & \cdots & a_{im} \\ & & \vdots & & \\ a_{n1} & \cdots & a_{nj} & \cdots & a_{nm} \end{pmatrix}=\begin{pmatrix} \mathbf{r}_1 \\ \vdots \\ \mathbf{r}_i \\ \vdots \\ \mathbf{r}_n \end{pmatrix}, \quad A=\begin{pmatrix} a_{11} & \cdots & a_{1j} & \cdots & a_{1m} \\ & & \vdots & & \\ a_{i1} & \cdots & a_{ij} & \cdots & a_{im} \\ & & \vdots & & \\ a_{n1} & \cdots & a_{nj} & \cdots & a_{nm} \end{pmatrix}=(\mathbf{c}_1 \cdots \mathbf{c}_j \cdots \mathbf{c}_m)$$

그리고 i번째 행과 j번째 열에 있는 수 a_{ij}를 행렬 A의 $(i,\ j)$ **성분** entry 또는 **원소** elementary 라 하며, 모든 성분들이 실수인 행렬을 **실행렬** real matrix, 적어도 한 성분이 복소수이면 **복소행렬** complex matrix 이라 한다. 또한 모든 성분이 0인 $n \times m$ 행렬을 **영행렬** null matrix 이라 하고, O 또는 $O_{n\times m}$으로 나타낸다. 특히 행의 개수와 열의 개수가 동일하게 n인 행렬

$$A=\begin{pmatrix} a_{11} & \cdots & a_{1n} \\ & \vdots & \\ a_{n1} & \cdots & a_{nn} \end{pmatrix}$$

을 n차 **정방행렬** square matrix 이라 한다. 이때 성분 $a_{11},\ \cdots,\ a_{nn}$을 **주대각원소** main diagonal elements 라 하고, 주대각원소를 제외한 모든 원소가 0인 행렬 D를 **대각행렬** diagonal matrix 이라 한다. 특히 모든 주대각원소가 1인 대각행렬을 n차 **단위행렬** unit matrix 이라 하고 I 또는 I_n으로 나타낸다.

$$D=\begin{pmatrix} a_{11} & 0 & 0 & \cdots & 0 \\ 0 & a_{22} & 0 & \cdots & 0 \\ & & & \vdots & \\ 0 & 0 & 0 & \cdots & a_{nn} \end{pmatrix}, \quad I_n=\begin{pmatrix} 1 & 0 & \cdots & 0 & 0 \\ 0 & 1 & \cdots & 0 & 0 \\ & & \vdots & & \\ 0 & & \cdots & 0 & 1 \end{pmatrix}$$

9.2.2 행렬의 연산

이제 행렬의 합과 곱에 대한 연산을 알아보자. 우선 행렬 A와 B가 $n \times m$ 행렬이라 하자. 이때 두 행렬의 동일한 위치의 성분이 다음과 같이 서로 같을 때, 행렬 A와 B는 **상등** equal 이라 하고 $A=B$로 나타낸다.

$$a_{ij}=b_{ij}, \quad i=1,\ 2,\ \cdots,\ n, \quad j=1,\ 2,\ \cdots,\ m$$

그리고 두 행렬의 합 $A+B$는 다음과 같이 동일한 위치의 성분끼리 더한다.

$$A+B=\left(a_{ij}+b_{ij}\right)_{n\times m}$$

따라서 두 행렬의 상등과 합을 정의하려면 반드시 두 행렬의 행의 개수와 열의 개수가 동일해야 한다. 예를 들어, 두 행렬 $A=\begin{pmatrix}1 & x\\ 3 & 4\end{pmatrix}$, $B=\begin{pmatrix}1 & 3\\ y & 5\end{pmatrix}$가 서로 같기 위한 필요충분조건은 $x=3$, $y=3$이고 세 행렬 $A=\begin{pmatrix}1 & 2\\ 3 & 4\end{pmatrix}$, $B=\begin{pmatrix}2 & 1\\ 1 & -5\end{pmatrix}$, $C=\begin{pmatrix}1 & -2 & 3\\ 4 & 5 & -1\end{pmatrix}$에 대하여

$$A+B=\begin{pmatrix}1 & 2\\ 3 & 4\end{pmatrix}+\begin{pmatrix}2 & 1\\ 1 & -5\end{pmatrix}=\begin{pmatrix}1+2 & 2+1\\ 3+1 & 4+(-5)\end{pmatrix}=\begin{pmatrix}3 & 3\\ 4 & -1\end{pmatrix}$$

이지만, A와 C는 열의 수가 서로 다르므로 $A+C$는 정의되지 않는다. 또한 행렬 A에 상수 k를 곱하는 것은 다음과 같이 행렬 A안의 모든 성분에 상수 k를 곱한 것으로 정의한다.

$$kA=\left(ka_{ij}\right)_{n\times m}$$

그리고 두 행렬의 차 $A-B$는 다음과 같이 정의된다.

$$A-B=A+(-1)B=\left(a_{ij}-b_{ij}\right)_{n\times m}$$

예제 9-10

두 행렬 $A=\begin{pmatrix}1 & 2 & 3\\ -1 & 1 & 1\\ -2 & 1 & 2\end{pmatrix}$와 $B=\begin{pmatrix}1 & -1 & 3\\ 1 & 2 & -2\\ -3 & 2 & 3\end{pmatrix}$에 대하여 다음을 구하라.

(a) $A-B$

(b) $2A$

풀이

(a) $A-B=\begin{pmatrix}1 & 2 & 3\\ -1 & 1 & 1\\ -2 & 1 & 2\end{pmatrix}-\begin{pmatrix}1 & -1 & 3\\ 1 & 2 & -2\\ -3 & 2 & 3\end{pmatrix}$

$=\begin{pmatrix}1-1 & 2-(-1) & 3-3\\ -1-1 & 1-2 & 1-(-2)\\ -2-(-3) & 1-2 & 2-3\end{pmatrix}=\begin{pmatrix}0 & 3 & 0\\ -2 & -1 & 3\\ 1 & -1 & -1\end{pmatrix}$

(b) $2A=\begin{pmatrix}2\cdot 1 & 2\cdot 2 & 2\cdot 3\\ 2\cdot(-1) & 2\cdot 1 & 2\cdot 1\\ 2\cdot(-2) & 2\cdot 1 & 2\cdot 2\end{pmatrix}=\begin{pmatrix}2 & 4 & 6\\ -2 & 2 & 2\\ -4 & 2 & 4\end{pmatrix}$

한편, 두 행렬의 합과 상수 곱에 대한 정의로부터 임의의 $n\times m$ 행렬에 대하여 다음 성질이 성립하는 것을 쉽게 확인할 수 있다.

정리 9-6 행렬의 합과 상수 곱에 대한 설질

임의의 $n \times m$ 행렬 A, B, C와 상수 α, β에 대하여 다음이 성립한다.

(1) $A+B=B+A$	덧셈에 관한 교환법칙
(2) $(A+B)+C=A+(B+C)$	덧셈에 관한 결합법칙
(3) $A+O=O+A=A$	덧셈에 관한 항등원
(4) $A+(-A)=O$	덧셈에 관한 역원
(5) $\alpha(A+B)=\alpha A+\alpha B$	
(6) $(\alpha+\beta)A=\alpha A+\beta A$	
(7) $\alpha(\beta A)=(\alpha\beta)A=\beta(\alpha A)$	
(8) $1A=A$	

이제 행렬의 곱을 정의하기 위해 두 벡터 $\mathbf{a}=(a_1,\ a_2,\ \cdots,\ a_n)$, $\mathbf{b}=(b_1,\ b_2,\ \cdots,\ b_n)$의 내적 $\mathbf{a}\cdot\mathbf{b}=a_1b_1+a_2b_2+\cdots+a_nb_n$을 생각해보자. 두 벡터의 내적은 대응하는 성분끼리의 곱을 모두 합한 것으로 정의하였다. 이와 같은 방법으로 $1\times n$ 행벡터 $\mathbf{r}=(\,a_i\ \cdots\ a_i\ \cdots\ a_n\,)$과 $n\times 1$ 열벡터

$$\mathbf{c}=\begin{pmatrix} b_1 \\ \vdots \\ b_i \\ \vdots \\ b_n \end{pmatrix}$$

의 곱을 정의하기 위해, $\mathbf{c}$의 각 성분을 행으로 배열한 행렬을 $\mathbf{c}^t$이라 하자. 그러면 $\mathbf{r}$과 $\mathbf{c}$의 곱은 다음과 같이 두 벡터 $\mathbf{r}$과 $\mathbf{c}^t$의 내적으로 정의한다.

$$\begin{aligned}\mathbf{r}\,\mathbf{c}=(\,a_1\cdots a_i\cdots a_n\,)\begin{pmatrix} b_1 \\ \vdots \\ b_i \\ \vdots \\ b_n \end{pmatrix}^t &=(\,a_1\cdots a_i\cdots a_n\,)\cdot(\,b_1\cdots b_i\cdots b_n\,)\\ &=a_1b_1+a_2b_2+\cdots+a_nb_n\end{aligned}$$

$$\mathbf{r}_i\begin{pmatrix} a_{11} & a_{12} & \cdots & a_{1k} \\ a_{21} & a_{22} & \cdots & a_{2k} \\ & & \vdots & \\ a_{i1} & a_{i2} & \cdots & a_{ik} \\ & & \vdots & \\ a_{m1} & a_{m2} & \cdots & a_{mk} \end{pmatrix}\overset{\mathbf{c}_j}{\begin{pmatrix} b_{11} & b_{12} & \cdots & b_{1j} & \cdots & b_{1n} \\ b_{21} & b_{22} & \cdots & b_{2j} & \cdots & b_{2n} \\ & & & & \vdots & \\ b_{k1} & b_{k2} & \cdots & b_{kj} & \cdots & b_{kn} \end{pmatrix}}$$

[그림 9-12] 두 행렬의 곱 $(\mathbf{r}_i\cdot\mathbf{c}_j)_{m\times n}$

따라서 $m \times k$ 행렬 A와 $k \times n$ 행렬 B의 곱 AB는 [그림 9-12]와 같이 A의 i번째 행벡터 $\mathbf{r}_i$와 B의 j번째 열벡터 $\mathbf{c}_j$의 곱 $\mathbf{r}_i \cdot \mathbf{c}_j$를 (i, j) 성분으로 가지는 $m \times n$ 행렬이다.

예제 9-11

두 행렬 $A=\begin{pmatrix} 2 & 1 \\ 3 & 2 \end{pmatrix}$, $B=\begin{pmatrix} 1 & -2 \\ 3 & 4 \end{pmatrix}$에 대하여 AB와 BA를 구하라.

풀이

$$AB=\begin{pmatrix} 2 & 1 \\ 3 & 2 \end{pmatrix}\begin{pmatrix} 1 & -2 \\ 3 & 4 \end{pmatrix}=\begin{pmatrix} 2\cdot1+1\cdot3 & 2\cdot(-2)+1\cdot4 \\ 3\cdot1+2\cdot3 & 3\cdot(-2)+2\cdot4 \end{pmatrix}=\begin{pmatrix} 5 & 0 \\ 9 & 2 \end{pmatrix}$$

$$BA=\begin{pmatrix} 1 & -2 \\ 3 & 4 \end{pmatrix}\begin{pmatrix} 2 & 1 \\ 3 & 2 \end{pmatrix}=\begin{pmatrix} 1\cdot2+(-2)\cdot3 & 1\cdot1+(-2)\cdot2 \\ 3\cdot2+4\cdot3 & 3\cdot1+4\cdot2 \end{pmatrix}=\begin{pmatrix} -4 & -3 \\ 18 & 11 \end{pmatrix}$$

[예제 9-11]은 일반적으로 행렬의 곱셈에서 교환법칙이 성립하지 않는다는 사실을 보여준다. 그러나 n차 정방행렬 A와 n차 단위행렬 I 그리고 n차 영행렬 O는 다음과 같이 교환법칙이 성립한다.

$$AI=IA=A, \quad AO=OA=O$$

예제 9-12

다음을 구하라.

(a) 두 행렬 $A=\begin{pmatrix} 1 & 3 \\ 2 & 6 \end{pmatrix}$, $B=\begin{pmatrix} -3 & 3 \\ 1 & -1 \end{pmatrix}$에 대하여 AB를 구하라.

(b) 세 행렬 $A=\begin{pmatrix} 0 & 1 \\ 0 & 2 \end{pmatrix}$, $B=\begin{pmatrix} 1 & 2 \\ 3 & 4 \end{pmatrix}$, $C=\begin{pmatrix} 2 & 5 \\ 3 & 4 \end{pmatrix}$에 대하여 AB와 AC를 구하라.

풀이

(a) $AB=\begin{pmatrix} 1 & 3 \\ 2 & 6 \end{pmatrix}\begin{pmatrix} -3 & 3 \\ 1 & -1 \end{pmatrix}=\begin{pmatrix} 1\cdot(-3)+3\cdot1 & 1\cdot3+3\cdot(-1) \\ 2\cdot(-3)+6\cdot1 & 2\cdot3+6\cdot(-1) \end{pmatrix}=\begin{pmatrix} 0 & 0 \\ 0 & 0 \end{pmatrix}$

(b) $AB=\begin{pmatrix} 0 & 1 \\ 0 & 2 \end{pmatrix}\begin{pmatrix} 1 & 2 \\ 3 & 4 \end{pmatrix}=\begin{pmatrix} 0\cdot1+1\cdot3 & 0\cdot2+1\cdot4 \\ 0\cdot1+2\cdot3 & 0\cdot2+2\cdot4 \end{pmatrix}=\begin{pmatrix} 3 & 4 \\ 6 & 8 \end{pmatrix}$

$AC=\begin{pmatrix} 0 & 1 \\ 0 & 2 \end{pmatrix}\begin{pmatrix} 2 & 5 \\ 3 & 4 \end{pmatrix}=\begin{pmatrix} 0\cdot2+1\cdot3 & 0\cdot5+1\cdot4 \\ 0\cdot2+2\cdot3 & 0\cdot5+2\cdot4 \end{pmatrix}=\begin{pmatrix} 3 & 4 \\ 6 & 8 \end{pmatrix}$

[예제 9-12(a)]는 영행렬이 아닌 두 행렬의 곱이 영행렬이 될 수 있음을 보여준다. 또한 [예제 9-12(b)]는 $B \neq C$이지만 $AB=AC$가 되어 행렬의 곱에서 소약법칙이 성립하지 않음을 보여준다. 그러나 다음 정리와 같이 행렬의 곱에서 결합법칙과 분배법칙은 성립한다.

정리 9-7 행렬의 곱에 대한 성질

합과 곱이 정의되는 행렬 A, B, C와 상수 α, β에 대하여 다음이 성립한다.

(1) $(AB)C = A(BC)$ 결합법칙

(2) $\alpha(AB) = (\alpha A)B = A(\alpha B)$

(3) $(\alpha A + \beta B)C = \alpha AC + \beta BC$ 분배법칙

(4) $A(\alpha B + \beta C) = \alpha AB + \beta AC$

예제 9-13

다음을 구하라.

(a) 다음 행렬 A, B, C에 대하여 $(AB)C$, $A(BC)$를 구하라.

$$A = \begin{pmatrix} 1 & -2 & -2 & 1 \\ 3 & 1 & 0 & -3 \end{pmatrix},\quad B = \begin{pmatrix} 1 & 1 & 0 \\ 1 & -1 & 2 \\ -1 & 1 & 1 \\ 2 & 0 & 1 \end{pmatrix},\quad C = \begin{pmatrix} 2 & 1 \\ 0 & 3 \\ -1 & 1 \end{pmatrix}$$

(b) 다음 행렬 A, B, C에 대하여 $AC - BC$를 구하라.

$$A = \begin{pmatrix} 2 & 1 & -2 \\ -1 & 2 & 3 \end{pmatrix},\quad B = \begin{pmatrix} -3 & 1 & 0 \\ 2 & 0 & 1 \end{pmatrix},\quad C = \begin{pmatrix} -4 & 1 \\ 2 & 3 \\ 3 & 2 \end{pmatrix}$$

풀이

(a) $AB = \begin{pmatrix} 1 & -2 & -2 & 1 \\ 3 & 1 & 0 & -3 \end{pmatrix}\begin{pmatrix} 1 & 1 & 0 \\ 1 & -1 & 2 \\ -1 & 1 & 1 \\ 2 & 0 & 1 \end{pmatrix} = \begin{pmatrix} 3 & 1 & -5 \\ -2 & 2 & -1 \end{pmatrix}$이므로

$$(AB)C = \begin{pmatrix} 3 & 1 & -5 \\ -2 & 2 & -1 \end{pmatrix}\begin{pmatrix} 2 & 1 \\ 0 & 3 \\ -1 & 1 \end{pmatrix} = \begin{pmatrix} 11 & 1 \\ -3 & 3 \end{pmatrix}$$

이고, $BC = \begin{pmatrix} 1 & 1 & 0 \\ 1 & -1 & 2 \\ -1 & 1 & 1 \\ 2 & 0 & 1 \end{pmatrix}\begin{pmatrix} 2 & 1 \\ 0 & 3 \\ -1 & 1 \end{pmatrix} = \begin{pmatrix} 2 & 4 \\ 0 & 0 \\ -3 & 3 \\ 3 & 3 \end{pmatrix}$이므로 다음을 얻는다.

$$A(BC) = \begin{pmatrix} 1 & -2 & -2 & 1 \\ 3 & 1 & 0 & -3 \end{pmatrix}\begin{pmatrix} 2 & 4 \\ 0 & 0 \\ -3 & 3 \\ 3 & 3 \end{pmatrix} = \begin{pmatrix} 11 & 1 \\ -3 & 3 \end{pmatrix}$$

(b) $A - B = \begin{pmatrix} 2 & 1 & -2 \\ -1 & 2 & 3 \end{pmatrix} - \begin{pmatrix} -3 & 1 & 0 \\ 2 & 0 & 1 \end{pmatrix} = \begin{pmatrix} 5 & 0 & -2 \\ -3 & 2 & 2 \end{pmatrix}$이므로 다음을 얻는다.

$$AC - BC = (A - B)C = \begin{pmatrix} 5 & 0 & -2 \\ -3 & 2 & 2 \end{pmatrix}\begin{pmatrix} -4 & 1 \\ 2 & 3 \\ 3 & 2 \end{pmatrix} = \begin{pmatrix} -26 & 1 \\ 22 & 7 \end{pmatrix}$$

9.2.3 전치행렬

행벡터 $\mathbf{r}$과 열벡터 $\mathbf{c}$의 곱을 정의하기 위해 $\mathbf{c}$의 각 성분을 행으로 배열한 행렬을 $\mathbf{c}^t$이라 하였다. 그러면 행벡터 $\mathbf{c}^t$은 열벡터 $\mathbf{c}$의 모든 성분을 행의 성분으로 바꾸었음을 알 수 있다. 이와 같이 $n\times m$ 행렬 A의 모든 행과 열을 바꾼 행렬을 A의 **전치행렬**transpose matrix이라 하고, A^t로 나타낸다.

$$A^t=\begin{pmatrix} a_{11} & \cdots & a_{i1} & \cdots & a_{n1} \\ & & \vdots & & \\ a_{1j} & \cdots & a_{ij} & \cdots & a_{nj} \\ & & \vdots & & \\ a_{1m} & \cdots & a_{im} & \cdots & a_{nm} \end{pmatrix}$$

특히 n차 정방행렬 A에 대하여

$$A^t=A$$

이면, 즉 $a_{ij}=a_{ji}$인 행렬 A를 **대칭행렬**symmetric matrix이라 한다. 그리고

$$A^t=-A$$

이면, 즉 $a_{ij}=-a_{ji}$인 행렬 A를 **교대행렬**alternative matrix이라 한다. 그러면 전치행렬에 대하여 다음 성질이 성립한다.

정리 9-8 전치행렬의 성질

합과 곱이 정의되는 행렬 A, B, C와 상수 α, β에 대하여 다음이 성립한다.

(1) $(A^t)^t=A$

(2) $(A+B)^t=A^t+B^t$

(3) $(AB)^t=B^tA^t$

(4) $(\alpha A)^t=\alpha A^t$

두 행렬의 합과 곱에 대한 전치행렬은 다음과 같이 여러 개의 합과 곱으로 확장할 수 있다.

$$(A+B+C)^t=A^t+B^t+C^t,\quad (ABC)^t=C^tB^tA^t$$

예제 9-14

두 행렬 $A=\begin{pmatrix} 1 & 2 & 3 \\ -1 & 1 & 1 \\ -2 & 1 & 2 \end{pmatrix}$와 $B=\begin{pmatrix} 1 & -1 & 3 \\ 1 & 2 & -2 \\ -3 & 2 & 3 \end{pmatrix}$에 대하여 다음을 구하라.

(a) $(A-B)^t$ (b) A^t-B^t (c) $(AB)^t$ (d) B^tA^t

풀이

(a) $(A-B)^t = \begin{pmatrix} 0 & 3 & 0 \\ -2 & -1 & 3 \\ 1 & -1 & -1 \end{pmatrix}^t = \begin{pmatrix} 0 & -2 & 1 \\ 3 & -1 & -1 \\ 0 & 3 & -1 \end{pmatrix}$

(b) $A^t - B^t = \begin{pmatrix} 1 & 2 & 3 \\ -1 & 1 & 1 \\ -2 & 1 & 2 \end{pmatrix}^t - \begin{pmatrix} 1 & -1 & 3 \\ 1 & 2 & -2 \\ -3 & 2 & 3 \end{pmatrix}^t$

$= \begin{pmatrix} 1 & -1 & -2 \\ 2 & 1 & 1 \\ 3 & 1 & 2 \end{pmatrix} - \begin{pmatrix} 1 & 1 & -3 \\ -1 & 2 & 2 \\ 3 & -2 & 3 \end{pmatrix} = \begin{pmatrix} 0 & -2 & 1 \\ 3 & -1 & -1 \\ 0 & 3 & -1 \end{pmatrix}$

(c) $AB = \begin{pmatrix} 1 & 2 & 3 \\ -1 & 1 & 1 \\ -2 & 1 & 2 \end{pmatrix}\begin{pmatrix} 1 & -1 & 3 \\ 1 & 2 & -2 \\ -3 & 2 & 3 \end{pmatrix} = \begin{pmatrix} -6 & 9 & 8 \\ -3 & 5 & 2 \\ -7 & 8 & -2 \end{pmatrix}$, $(AB)^t = \begin{pmatrix} -6 & -3 & -7 \\ 9 & 5 & 8 \\ 8 & -2 & -2 \end{pmatrix}$

(d) $A^t = \begin{pmatrix} 1 & -1 & -2 \\ 2 & 1 & 1 \\ 3 & 1 & 2 \end{pmatrix}$, $B^t = \begin{pmatrix} 1 & 1 & -3 \\ -1 & 2 & 2 \\ 3 & -2 & 3 \end{pmatrix}$이므로 B^tA^t는 다음과 같다.

$$B^tA^t = \begin{pmatrix} 1 & 1 & -3 \\ -1 & 2 & 2 \\ 3 & -2 & 3 \end{pmatrix}\begin{pmatrix} 1 & -1 & -2 \\ 2 & 1 & 1 \\ 3 & 1 & 2 \end{pmatrix} = \begin{pmatrix} -6 & -3 & -7 \\ 9 & 5 & 8 \\ 8 & -2 & -2 \end{pmatrix}$$

또한 임의의 정방행렬 A는 다음과 같이 대칭행렬과 교대행렬의 합으로 표현할 수 있다.

정리 9-9 대칭행렬과 교대행렬에 의한 분해

$$A = \frac{1}{2}(A + A^t) + \frac{1}{2}(A - A^t)$$

이때 $\frac{1}{2}(A + A^t)$는 대칭행렬이고 $\frac{1}{2}(A - A^t)$는 교대행렬이다.

예제 9-15

행렬 $A = \begin{pmatrix} 1 & 2 & 5 \\ 2 & 7 & 3 \\ 4 & 0 & -2 \end{pmatrix}$를 대칭행렬과 교대행렬의 합으로 표현하라.

풀이

A의 전치행렬이 $A^t = \begin{pmatrix} 1 & 2 & 4 \\ 2 & 7 & 0 \\ 5 & 3 & -2 \end{pmatrix}$이므로

$$A + A^t = \begin{pmatrix} 1 & 2 & 5 \\ 2 & 7 & 3 \\ 4 & 0 & -2 \end{pmatrix} + \begin{pmatrix} 1 & 2 & 4 \\ 2 & 7 & 0 \\ 5 & 3 & -2 \end{pmatrix} = \begin{pmatrix} 2 & 4 & 9 \\ 4 & 14 & 3 \\ 9 & 3 & -4 \end{pmatrix}$$

$$A-A^t=\begin{pmatrix}1&2&5\\2&7&3\\4&0&-2\end{pmatrix}-\begin{pmatrix}1&2&4\\2&7&0\\5&3&-2\end{pmatrix}=\begin{pmatrix}0&0&1\\0&0&3\\-1&-3&0\end{pmatrix}$$

이다. 그러므로 대칭행렬과 교대행렬은 각각 다음과 같다.

$$\frac{1}{2}(A+A^t)=\frac{1}{2}\begin{pmatrix}2&4&9\\4&14&3\\9&3&-4\end{pmatrix}=\begin{pmatrix}1&2&9/2\\2&7&3/2\\9/2&3/2&-2\end{pmatrix}$$

$$\frac{1}{2}(A-A^t)=\frac{1}{2}\begin{pmatrix}0&0&1\\0&0&3\\-1&-3&0\end{pmatrix}=\begin{pmatrix}0&0&1/2\\0&0&3/2\\-1/2&-3/2&0\end{pmatrix}$$

따라서 행렬 A를 대칭행렬과 교대행렬의 합으로 표현하면 다음과 같다.

$$A=\begin{pmatrix}1&2&9/2\\2&7&3/2\\9/2&3/2&-2\end{pmatrix}+\begin{pmatrix}0&0&1/2\\0&0&3/2\\-1/2&-3/2&0\end{pmatrix}$$

Section 9.2 연습문제

※ 다음 행렬이 같기 위한 상수 a, b, c, d를 구하라.

1. $\begin{pmatrix}a-b&2c+d\\c-d&a+2b\end{pmatrix}=\begin{pmatrix}1&3\\0&7\end{pmatrix}$

2. $\begin{pmatrix}a+b&2\\d&c-2d\end{pmatrix}=\begin{pmatrix}1&a-b\\3&2a+4b\end{pmatrix}$

3. 두 행렬 $A=\begin{pmatrix}1&2&4\\1&1&1\\-2&3&-1\end{pmatrix}$, $B=\begin{pmatrix}2&1&1\\-1&1&1\\4&2&3\end{pmatrix}$에 대하여 다음을 구하라.

(a) $A+2B$ (b) $A-B$ (c) A^t+B^t

(d) $A+A^t$ (e) $A-A^t$ (f) $(AB)^t$

(g) A^tB (h) BB^t

4. 행렬 $A=\begin{pmatrix}1&5&2\\3&1&9\\2&0&3\end{pmatrix}$을 대칭행렬과 교대행렬의 합으로 표현하라.

※ 다음 방정식을 풀어라.

5. $(1\ \ k\ \ 1)\begin{pmatrix}1&2&0\\1&0&1\\0&3&1\end{pmatrix}\begin{pmatrix}1\\k\\1\end{pmatrix}=0$

6. $(k\ \ 2\ \ 1)\begin{pmatrix}1&1&0\\1&0&1\\0&2&-3\end{pmatrix}\begin{pmatrix}k\\k\\1\end{pmatrix}=0$

※ 다음에 주어진 다항식과 행렬에 대하여 행렬 다항식을 구하라.

7. $f(A)=A^2-2A-3$, $A=\begin{pmatrix} -1 & 2 \\ 0 & 3 \end{pmatrix}$

8. $f(A)=A^4-A^3+2A-2$, $A=\begin{pmatrix} 1 & 0 & -1 & 1 \\ 1 & -1 & 1 & 0 \\ -1 & 1 & 0 & 1 \\ 0 & 1 & 1 & -1 \end{pmatrix}$

※ 다음에 주어진 조건을 만족하는 4×4 행렬 $A=(a_{ij})$를 구하라.

9. $a_{ij}=i+j$

10. $a_{ij}=(-1)^{i+j}$

11. $a_{ij}=\begin{cases} 1 &, |i-j|>1 \\ -1 &, |i-j|\le 1 \end{cases}$

12. $a_{ij}=\begin{cases} (-1)^{i+j} &, |i-j|>1 \\ i-j &, |i-j|\le 1 \end{cases}$

13. 임의의 실수 x, y, z에 대하여 다음을 만족하는 3×3 행렬 A를 구하라.

$$A\begin{pmatrix} x \\ y \\ z \end{pmatrix}=\begin{pmatrix} x+y \\ x-y \\ 0 \end{pmatrix}$$

14. 임의의 실수 x, y, z에 대하여 다음을 만족하는 3×3 행렬 A가 존재하지 않음을 보여라.

$$A\begin{pmatrix} x \\ y \\ z \end{pmatrix}=\begin{pmatrix} xy \\ 0 \\ 0 \end{pmatrix}$$

15. 응용 수학, 물리, 화학 교재의 가격이 각각 2만 원, 2.5만 원, 2.7만 원이라 한다. 네 출판사 A, B, C, D에서 출판된 각 교재의 구입 현황은 다음과 같다.

	수학	물리	화학
A	3	1	2
B	2	2	1
C	1	0	2
D	3	1	1

이때 다음 행렬의 곱을 구하고, 이것이 나타내는 의미가 무엇인지 설명하라.

$$\begin{pmatrix} 3 & 1 & 2 \\ 2 & 2 & 1 \\ 1 & 0 & 2 \\ 3 & 1 & 1 \end{pmatrix}\begin{pmatrix} 2.0 \\ 2.5 \\ 2.7 \end{pmatrix}$$

9.3 역행렬과 연립방정식

일반적으로 두 행렬의 곱은 교환법칙이 성립하지 않음을 살펴보았다. 이 절에서는 두 행렬의 곱에 대한 교환법칙이 성립하고, 그 결과가 항등행렬이 되기 위한 필요충분조건을 구한다. 그리고 이 성질을 이용하여 연립선형방정식의 해를 구하는 방법을 살펴본다.

9.3.1 역행렬

이미 9.2.2절에서 살펴본 바와 같이 일반적으로 n차 정방행렬 A와 B에 대하여 $AB \neq BA$이다. 그러나 n차 정방행렬 A와 단위행렬 I에 대하여

$$AB = BA = I$$

를 만족하는 행렬 B가 존재한다면, 행렬 B를 A의 **역행렬** inverse matrix 이라 하고, $B = A^{-1}$로 나타낸다. 이때 A를 **가역행렬** invertible matrix 또는 **정칙행렬** regular matrix 이라 하고, 정칙행렬 A에 대하여 항상 다음이 성립한다.

$$AA^{-1} = A^{-1}A = I$$

그리고 역행렬을 갖지 않는 정방행렬을 **특이행렬** singular matrix 이라 하며, 모든 정방행렬은 정칙행렬이거나 특이행렬로 구성된다.

예제 9-16

임의의 실수 a, b, c, d에 대하여 다음을 구하라.

(a) 행렬 $A=\begin{pmatrix} a & b \\ c & d \end{pmatrix}$가 역행렬을 갖기 위한 필요충분조건과 역행렬을 구하라.

(b) (a)를 이용하여 $A=\begin{pmatrix} 1 & 2 \\ -1 & 3 \end{pmatrix}$의 역행렬을 구하라.

풀이

(a) A의 역행렬을 $A^{-1}=\begin{pmatrix} x & y \\ z & w \end{pmatrix}$라 하면

$$AA^{-1}=\begin{pmatrix} a & b \\ c & d \end{pmatrix}\begin{pmatrix} x & y \\ z & w \end{pmatrix}=\begin{pmatrix} 1 & 0 \\ 0 & 1 \end{pmatrix}$$

이므로 행렬의 곱과 상등에 의하여 다음 연립방정식을 얻는다.

$$\begin{cases} ax+bz=1 \\ cx+dz=0 \end{cases}, \quad \begin{cases} ay+bw=0 \\ cy+dw=1 \end{cases}$$

이때 두 연립방정식이 해를 갖기 위한 필요충분조건은 $ad-bc \neq 0$이다. 이를 $|A|$라 하면 $|A|=ad-bc \neq 0$이고, 이 경우에 연립방정식의 근을 구하면 다음과 같다.

$$x=\frac{d}{ad-bc}=\frac{d}{|A|}, \quad y=\frac{-b}{ad-bc}=\frac{-b}{|A|}$$
$$z=\frac{-c}{ad-bc}=\frac{-c}{|A|}, \quad w=\frac{a}{ad-bc}=\frac{a}{|A|}$$

따라서 A의 역행렬은 다음과 같다.

$$A^{-1}=\begin{pmatrix} x & y \\ z & w \end{pmatrix}=\begin{pmatrix} \frac{d}{|A|} & \frac{-c}{|A|} \\ \frac{-b}{|A|} & \frac{a}{|A|} \end{pmatrix}=\frac{1}{|A|}\begin{pmatrix} d & -c \\ -b & a \end{pmatrix}$$

(b) $|A|=3-(-2)=5$이므로 역행렬은 $A^{-1}=\frac{1}{5}\begin{pmatrix} 3 & -2 \\ 1 & 1 \end{pmatrix}$이다.

[예제 9-16]과 같이 2차 정방행렬 $A=\begin{pmatrix} a & b \\ c & d \end{pmatrix}$가 역행렬을 갖기 위한 필요충분조건은

$$|A|=ad-bc \neq 0$$

이고, 이때 역행렬은 유일하다. 그러나 행렬 $A=\begin{pmatrix} 1 & 2 \\ 2 & 4 \end{pmatrix}$는 $|A|=1 \cdot 4-2 \cdot 2=0$이므로 역행렬을 갖지 못하는 특이행렬이다. 그러면 정칙행렬은 다음 성질을 갖는다.

정리 9-10 정칙행렬의 성질

두 행렬 A, B가 정칙행렬이면 다음이 성립한다.

(1) $(A^{-1})^{-1}=A$

(2) $(A^{t})^{-1}=(A^{-1})^{t}$

(3) AB는 정칙행렬이고 $(AB)^{-1}=B^{-1}A^{-1}$이다.

(4) 양의 정수 k에 대하여 A^{k}도 정칙행렬이고 $(A^{k})^{-1}=(A^{-1})^{k}$이다.

(5) 임의의 0이 아닌 상수 k에 대하여 kA는 정칙행렬이고 $(kA)^{-1}=\frac{1}{k}A^{-1}$이다.

(6) $AX=AY$이면 $X=Y$이다. 즉 행렬의 곱에 대하여 소약법칙이 성립한다.

역행렬을 이용하면 미지수가 n개인 연립선형방정식의 해를 쉽게 구할 수 있다. 그러나 3차 이상의 정방행렬에 대한 역행렬을 [예제 9-16]과 같은 방법으로 구하는 것은 다소 복잡하다. 따라서 정칙행렬의 역행렬을 좀 더 쉽게 구하는 방법을 살펴볼 필요가 있다. 먼저 다음과 같이 행들 사이의 연산을 나타내는 **기본 행연산자**elementary row operator를 정의한다.

❶ R_{ij} : i행과 j행을 서로 교환한다.
❷ $R_i(k)$: i행에 0이 아닌 상수 k를 곱한다.
❸ $R_{ij}(k)$: i행에 0이 아닌 상수 k를 곱하여 j행에 더한다.

행렬 A에 유한 번의 행연산자를 적용시켜 얻은 행렬 B를 A의 **등가행렬**equivalent matrix이라 하고, $A \sim B$로 나타낸다. 이제 n차 정칙행렬 A의 역행렬을 구하기 위하여 다음과 같이 A의 마지막 열에 n차 단위행렬 I를 추가한 $n \times 2n$ 행렬 $(A \mid I_n)$을 정의하자. 이와 같이 행렬 A의 마지막 열에 하나 이상의 열벡터를 추가한 행렬을 **확대행렬**augmented matrix이라 한다.

$$(A \mid I) = \left(\begin{array}{cccc|cccc} a_{11} & a_{12} & \cdots & a_{1n} & 1 & 0 & \cdots & 0 \\ a_{21} & a_{22} & \cdots & a_{2n} & 0 & 1 & \cdots & 0 \\ & & \vdots & & & & \vdots & \\ a_{n1} & a_{n2} & \cdots & a_{nn} & 0 & 0 & \cdots & 1 \end{array}\right)$$

이제 확대행렬 $(A \mid I)$에 행연산자를 적용하면 등가행렬인$(I \mid B)$를 얻는다.

$$(I \mid B) = \left(\begin{array}{cccc|cccc} 1 & 0 & \cdots & 0 & b_{11} & b_{12} & \cdots & b_{1n} \\ 0 & 1 & \cdots & 0 & b_{21} & b_{22} & \cdots & b_{2n} \\ & & \vdots & & & & \vdots & \\ 0 & 0 & \cdots & 1 & b_{n1} & b_{n2} & \cdots & b_{nn} \end{array}\right)$$

그러면 등가행렬 $(I \mid B)$의 오른쪽에 있는 $n \times n$ 행렬 B가 A의 역행렬이다. 즉 $B = A^{-1}$이다.

예제 9-17

행연산자를 이용하여 행렬 $A = \begin{pmatrix} 1 & 0 & 2 \\ 2 & 1 & 3 \\ 3 & -1 & 1 \end{pmatrix}$의 역행렬을 구하라.

풀이

A의 확대행렬 $(A \mid I) = \left(\begin{array}{ccc|ccc} 1 & 0 & 2 & 1 & 0 & 0 \\ 2 & 1 & 3 & 0 & 1 & 0 \\ 3 & -1 & 1 & 0 & 0 & 1 \end{array}\right)$에 다음과 같이 행연산자를 적용한다.

$$(A|I)=\left(\begin{array}{ccc|ccc}1&0&2&1&0&0\\2&1&3&0&1&0\\3&-1&1&0&0&1\end{array}\right)\xrightarrow[R_{13}(-3)]{R_{12}(-2)}\left(\begin{array}{ccc|ccc}1&0&2&1&0&0\\0&1&-1&-2&1&0\\0&-1&-5&-3&0&1\end{array}\right)$$

$$\xrightarrow{R_{23}(1)}\left(\begin{array}{ccc|ccc}1&0&2&1&0&0\\0&1&-1&-2&1&0\\0&0&-6&-5&1&1\end{array}\right)$$

$$\xrightarrow{R_{3}(-1/6)}\left(\begin{array}{ccc|ccc}1&0&2&1&0&0\\0&1&-1&-2&1&0\\0&0&1&5/6&-1/6&-1/6\end{array}\right)$$

$$\xrightarrow[R_{31}(-2)]{R_{32}(1)}\left(\begin{array}{ccc|ccc}1&0&0&-4/6&2/6&2/6\\0&1&0&-7/6&5/6&-1/6\\0&0&1&5/6&-1/6&-1/6\end{array}\right)$$

따라서 A의 역행렬은 다음과 같다.

$$A^{-1}=\begin{pmatrix}-4/6&2/6&2/6\\-7/6&5/6&-1/6\\5/6&-1/6&-1/6\end{pmatrix}=\frac{1}{6}\begin{pmatrix}-4&2&2\\-7&5&-1\\5&-1&-1\end{pmatrix}$$

9.3.2 연립방정식

연립선형방정식과 그 해를 구하는 방법은 선형대수의 매우 중요한 부분을 차지하고 있다. 그리고 연립방정식은 GPS(위성항법장치Global Positioning System), 네트워크 분석, 전기회로, 화학 반응식을 비롯한 다방면에서 활용된다. 여기서는 행렬을 이용하여 연립선형방정식의 해를 구하는 방법에 대하여 살펴본다. 먼저 다음과 같이 변수 $x_1, x_2, \cdots, x_n$을 갖는 연립선형방정식에 대하여 생각해보자.

$$\begin{aligned}a_{11}x_1+a_{12}x_2+\cdots+a_{1n}x_n&=b_1\\a_{21}x_1+a_{22}x_2+\cdots+a_{2n}x_n&=b_2\\&\vdots\\a_{m1}x_1+a_{m2}x_2+\cdots+a_{mn}x_n&=b_m\end{aligned}\qquad(*)$$

여기서 모든 a_{ij}와 b_i는 실수이다. 상수항이 $b_1=\cdots=b_m=0$인 연립방정식을 **제차연립방정식**homogeneous linear equation이라 하고, 제차연립방정식은 $(x_1, x_2, \cdots, x_n)=(0, 0, \cdots, 0)$인 **자명한 해**trivial solution를 항상 갖는다. 그리고 적어도 하나의 b_i가 0이 아니면 **비제차연립방정식**nonhomogeneous linear equation이라 하며, 이 연립방정식은 연립방정식의 구조에 따라 해가 오로지 하나뿐인 경우와 부정해를 갖는 경우, 그리고 해가 존재하지 않는 경우 등 다양하게 나타난다.

연립방정식의 해를 구하기 위하여 식 (＊)의 계수들로 구성된 행렬 A와 미지수들로 구성된 열벡터 $\mathbf{x}$와 상수들로 이루어진 열벡터 $\mathbf{b}$를 다음과 같이 정의하자.

$$A=\begin{pmatrix} a_{11} & a_{12} & \cdots & a_{1n} \\ a_{21} & a_{22} & \cdots & a_{2n} \\ & & \vdots & \\ a_{m1} & a_{m2} & \cdots & a_{mn} \end{pmatrix},\quad \mathbf{x}=\begin{pmatrix} x_1 \\ x_2 \\ \vdots \\ x_n \end{pmatrix},\quad \mathbf{b}=\begin{pmatrix} b_1 \\ b_2 \\ \vdots \\ b_m \end{pmatrix}$$

이때 $m\times n$ 행렬 A를 연립방정식의 **계수행렬**coefficient matrix이라 하고, 열벡터 $\mathbf{x}$와 $\mathbf{b}$를 각각 **미지수행렬**matrix of unknowns, **상수행렬**matrix of constants이라 한다. 그러면

$$A\mathbf{x}=\begin{pmatrix} a_{11} & \cdots & a_{1j} & \cdots & a_{1n} \\ & & \vdots & & \\ a_{i1} & \cdots & a_{ij} & \cdots & a_{in} \\ & & \vdots & & \\ a_{m1} & \cdots & a_{mj} & \cdots & a_{mn} \end{pmatrix}\begin{pmatrix} x_1 \\ \vdots \\ x_j \\ \vdots \\ x_n \end{pmatrix}=\begin{pmatrix} \mathbf{r}_1\mathbf{x} \\ \vdots \\ \mathbf{r}_i\mathbf{x} \\ \vdots \\ \mathbf{r}_m\mathbf{x} \end{pmatrix}=\begin{pmatrix} \sum_{j=1}^{n} a_{1j}x_j \\ \vdots \\ \sum_{j=1}^{n} a_{ij}x_j \\ \vdots \\ \sum_{j=1}^{n} a_{mj}x_j \end{pmatrix}=\begin{pmatrix} b_1 \\ \vdots \\ b_j \end{pmatrix}$$

이고, 행렬의 상등에 의하여 다음이 성립한다.

$$\sum_{j=1}^{n} a_{ij}x_j=a_{i1}x_1+a_{i2}x_2+\cdots+a_{in}x_n=b_i,\quad i=1,\ 2,\ \cdots,\ m$$

따라서 식 (＊)의 연립방정식은 다음과 같이 간단하게 표현할 수 있다.

$$A\mathbf{x}=\mathbf{b}$$

이때 미지수의 개수와 방정식의 개수가 동일하다면, 즉 $n=m$이면 n차 정방행렬인 계수행렬을 얻는다. 만일 A가 정칙행렬이면 역행렬 A^{-1}가 존재하므로 행렬로 표현된 방정식의 양변에 왼쪽에서 A^{-1}를 곱하면 다음과 같이 연립방정식의 해를 구할 수 있다.

$$A^{-1}(A\mathbf{x})=A^{-1}\mathbf{b},\ (A^{-1}A)\mathbf{x}=A^{-1}\mathbf{b},\ I\mathbf{x}=A^{-1}\mathbf{b},\ \mathbf{x}=A^{-1}\mathbf{b}$$

이때 곱셈에 관한 결합법칙과 $A^{-1}A=I$, $I\mathbf{x}=\mathbf{x}$를 이용한다. 다시 말해, 정칙행렬 A를 계수행렬로 갖는 식 (＊)는 다음과 같은 유일한 해벡터를 갖는다.

$$\mathbf{x}=A^{-1}\mathbf{b}$$

예제 9-18

연립방정식 $x+2z=1$, $2x+y+3z=-1$, $3x-y+z=2$의 해를 구하라.

풀이

계수행렬 $A=\begin{pmatrix}1 & 0 & 2\\ 2 & 1 & 3\\ 3 & -1 & 1\end{pmatrix}$에 대한 역행렬은 [예제 9-17]에서 다음과 같이 구했다.

$$A^{-1}=\frac{1}{6}\begin{pmatrix}-4 & 2 & 2\\ -7 & 5 & -1\\ 5 & -1 & -1\end{pmatrix},\quad \mathbf{b}=\begin{pmatrix}1\\ -1\\ 2\end{pmatrix}$$

그러므로 주어진 연립방정식의 해벡터는 다음과 같다.

$$\mathbf{x}=\begin{pmatrix}x\\ y\\ z\end{pmatrix}=\frac{1}{6}\begin{pmatrix}-4 & 2 & 2\\ -7 & 5 & -1\\ 5 & -1 & -1\end{pmatrix}\begin{pmatrix}1\\ -1\\ 2\end{pmatrix}=\frac{1}{6}\begin{pmatrix}-2\\ -14\\ 4\end{pmatrix}=\begin{pmatrix}-\frac{1}{3}\\ -\frac{7}{3}\\ \frac{2}{3}\end{pmatrix}$$

따라서 구하고자 하는 연립방정식의 해는 $x=-\frac{1}{3}$, $y=-\frac{7}{3}$, $z=\frac{2}{3}$이다.

가우스 소거법

계수행렬의 역행렬을 이용한 연립방정식의 해법은 미지수의 수와 방정식의 수가 같아야 하는 점과 계수행렬이 역행렬을 갖는 정칙행렬이어야 하는 단점이 있다. 따라서 미지수의 수와 방정식의 수가 다르게 주어진 연립방정식에 대한 해법을 살펴볼 필요가 있다. 이 경우에 계수행렬 A의 마지막 열에 상수행렬을 추가한 확대행렬

$$(A\,|\,\mathbf{b})=\begin{pmatrix}a_{11} & a_{12} & \cdots & a_{1n} & b_1\\ a_{21} & a_{22} & \cdots & a_{2n} & b_2\\ & & \vdots & & \vdots\\ a_{m1} & a_{m2} & \cdots & a_{mn} & b_m\end{pmatrix}$$

에 행연산자를 이용하여 기약행사다리꼴로 변경한다. 여기서 **기약행사다리꼴** reduced row echelon form 행렬이란 [그림 9-13]과 같은 형태를 말한다. 즉 각 행의 0이 아닌 첫 번째 숫자는 1이고, $a_{ij}=1$이면 $(i+1)$번째 행의 0이 아닌 첫 번째 숫자 1은 $(j+1)$번째 열 또는 그 이후에 나오는 행렬이다. 이와 같은 방법에 의하여 연립방정식의 해를 구하는 것을 **가우스 소거법** Gaussian elimination method이라 한다.

$$\begin{pmatrix}1 & \times & \times & \times & \times & \times & \times & c_1\\ 0 & 1 & \times & \times & \times & \times & \times & c_2\\ 0 & 0 & 1 & \times & \times & \times & \times & c_3\\ 0 & 0 & 0 & 0 & 1 & \times & \times & c_4\\ 0 & 0 & 0 & 0 & 0 & 1 & \times & c_5\\ 0 & 0 & 0 & 0 & 0 & 0 & 1 & c_6\end{pmatrix}$$

[그림 9-13] 기약행사다리꼴 행렬

이때 행연산자에 의한 등가행렬과 연립방정식을 푸는 과정을 비교하면 다음과 같다.

[표 9-1] 연립선형방정식과 행연산자에 의한 등가행렬 비교

<table>
<tr><th>단계</th><th>연립선형방정식</th><th>행연산자에 의한 등가행렬</th></tr>
<tr><td>방정식</td><td>$L_1:\ x+2y-z+3w=2$
$L_2:\ -x+y+3z-2w=-1$
$L_3:\ 2x+7y-z+9w=8$
$L_4:\ 3x+3y-2z+4w=-6$</td><td>$\left(\begin{array}{cccc|c} 1 & 2 & -1 & 3 & 2 \\ -1 & 1 & 3 & -2 & -1 \\ 2 & 7 & -1 & 9 & 8 \\ 3 & 3 & -2 & 4 & -6 \end{array}\right)$</td></tr>
<tr><td>(1)</td><td>$L_1+L_2,\ (-2)L_1+L_3,\ (-3)L_1+L_4$
$L_1:\ x+2y-z+3w=2$
$L_2:\ 3y+2z+w=1$
$L_3:\ 3y+z+3w=4$
$L_4:\ -3y+z-5w=-12$</td><td>$R_{12}(1),\ R_{13}(-2),\ R_{14}(-3)$
$\left(\begin{array}{cccc|c} 1 & 2 & -1 & 3 & 2 \\ 0 & 3 & 2 & 1 & 1 \\ 0 & 3 & 1 & 3 & 4 \\ 0 & -3 & 1 & -5 & -12 \end{array}\right)$</td></tr>
<tr><td>(2)</td><td>$(-1)L_2+L_3,\ L_2+L_4$
$L_1:\ x+2y-z+3w=2$
$L_2:\ 3y+2z+w=1$
$L_3:\ -z+2w=3$
$L_4:\ 3z-4w=-11$</td><td>$R_{23}(-1),\ R_{24}(1)$
$\left(\begin{array}{cccc|c} 1 & 2 & -1 & 3 & 2 \\ 0 & 3 & 2 & 1 & 1 \\ 0 & 0 & -1 & 2 & 3 \\ 0 & 0 & 3 & -4 & -11 \end{array}\right)$</td></tr>
<tr><td>(3)</td><td>$3L_3+L_4$
$L_1:\ x+2y-z+3w=2$
$L_2:\ 3y+2z+w=1$
$L_3:\ -z+2w=3$
$L_4:\ 2w=-2$</td><td>$R_{34}(3)$
$\left(\begin{array}{cccc|c} 1 & 2 & -1 & 3 & 2 \\ 0 & 3 & 2 & 1 & 1 \\ 0 & 0 & -1 & 2 & 3 \\ 0 & 0 & 0 & 2 & -2 \end{array}\right)$</td></tr>
<tr><td>(4)</td><td>$(1/2)L_4$
$L_1:\ x+2y-z+3w=2$
$L_2:\ 3y+2z+w=1$
$L_3:\ -z+2w=3$
$L_4:\ w=-1$</td><td>$R_4(1/2)$
$\left(\begin{array}{cccc|c} 1 & 2 & -1 & 3 & 2 \\ 0 & 3 & 2 & 1 & 1 \\ 0 & 0 & -1 & 2 & 3 \\ 0 & 0 & 0 & 1 & -1 \end{array}\right)$</td></tr>
<tr><td>(5)</td><td>$(-2)L_4+L_3,\ (-1)L_3$
$L_1:\ x+2y-z+3w=2$
$L_2:\ 3y+2z+w=1$
$L_3:\ z=-5$
$L_4:\ w=-1$</td><td>$R_{43}(-2),\ R_3(-1)$
$\left(\begin{array}{cccc|c} 1 & 2 & -1 & 3 & 2 \\ 0 & 3 & 2 & 1 & 1 \\ 0 & 0 & 1 & 0 & -5 \\ 0 & 0 & 0 & 1 & -1 \end{array}\right)$</td></tr>
<tr><td>(6)</td><td>$(-2)L_3+L_2,\ (-1)L_4+L_2,\ (1/3)L_2$
$L_1:\ x+2y-z+3w=2$
$L_2:\ y=4$
$L_3:\ z=-5$
$L_4:\ w=-1$</td><td>$R_{32}(-2),\ R_{42}(-1),\ R_2(1/3)$
$\left(\begin{array}{cccc|c} 1 & 2 & -1 & 3 & 2 \\ 0 & 1 & 0 & 0 & 4 \\ 0 & 0 & 1 & 0 & -5 \\ 0 & 0 & 0 & 1 & -1 \end{array}\right)$</td></tr>
<tr><td>(7)</td><td>$(-2)L_2+L_1,\ L_3+L_1,\ (-3)L_4+L_1$
$L_1:\ x=-8$
$L_2:\ y=4$
$L_3:\ z=-5$
$L_4:\ w=-1$</td><td>$R_{21}(-2),\ R_{31}(1),\ R_{41}(-3)$
$\left(\begin{array}{cccc|c} 1 & 0 & 0 & 0 & 8 \\ 0 & 1 & 0 & 0 & 4 \\ 0 & 0 & 1 & 0 & -5 \\ 0 & 0 & 0 & 1 & -1 \end{array}\right)$</td></tr>
<tr><td>결론</td><td>$x=-8,\ y=4,\ z=-5,\ w=-1$</td><td>$x=-8,\ y=4,\ z=-5,\ w=-1$</td></tr>
</table>

예제 9-19

다음 연립방정식의 해를 구하라.

(a) $3x+2y-z=3,\ x+5y=-2,\ -2x+4y+z=4$

(b) $x+2y-3z=6,\ 2x-y+4z=2,\ 4x+3y-2z=14$

(c) $2x+y-2z+3w=1,\ 3x+2y-z+2w=4,\ 3x+3y+3z-3w=5$

풀이

(a) $$(A\,|\,\mathrm{b})=\left(\begin{array}{ccc|c}3&2&-1&3\\1&5&0&-2\\-2&4&1&4\end{array}\right)\xrightarrow{R_{12}}\left(\begin{array}{ccc|c}1&5&0&-2\\3&2&-1&3\\-2&4&1&4\end{array}\right)$$

$$\xrightarrow[R_{13}(2)]{R_{12}(-3)}\left(\begin{array}{ccc|c}1&5&0&-2\\0&-13&-1&9\\0&14&1&0\end{array}\right)\xrightarrow[R_3(1/14)]{R_2(-1/13)}\left(\begin{array}{ccc|c}1&5&0&-2\\0&1&1/13&-9/13\\0&0&-1/182&9/13\end{array}\right)$$

$$\xrightarrow{R_3(-182)}\left(\begin{array}{ccc|c}1&5&0&-2\\0&1&1/13&-9/13\\0&0&1&-126\end{array}\right)\xrightarrow{R_{32}(-1/13)}\left(\begin{array}{ccc|c}1&5&0&-2\\0&1&0&9\\0&0&1&-126\end{array}\right)$$

$$\xrightarrow{R_{21}(-5)}\left(\begin{array}{ccc|c}1&0&0&-47\\0&1&0&9\\0&0&1&-126\end{array}\right)$$

따라서 주어진 연립방정식의 해는 $x=-47,\ y=9,\ z=-126$이다.

(b) $$(A\,|\,\mathrm{b})=\left(\begin{array}{ccc|c}1&2&-3&6\\2&-1&4&2\\4&3&-2&14\end{array}\right)\xrightarrow[R_{13}(-4)]{R_{12}(-2)}\left(\begin{array}{ccc|c}1&2&-3&6\\0&-5&10&-10\\0&-5&10&-10\end{array}\right)$$

$$\xrightarrow{R_{23}(-1)}\left(\begin{array}{ccc|c}1&2&-3&6\\0&-5&10&-10\\0&0&0&0\end{array}\right)\xrightarrow{R_2(-1/5)}\left(\begin{array}{ccc|c}1&2&-3&6\\0&1&-2&2\\0&0&0&0\end{array}\right)$$

$$\xrightarrow{R_{21}(-2)}\left(\begin{array}{ccc|c}1&0&1&2\\0&1&-2&2\\0&0&0&0\end{array}\right)$$

이므로, $z=t$라 하면 $x=2-t,\ y=2+2t$인 부정해를 갖는다.

(c) $$(A\,|\,\mathrm{b})=\left(\begin{array}{cccc|c}2&1&-2&3&1\\3&2&-1&2&4\\3&3&3&-3&5\end{array}\right)\xrightarrow{R_1(1/2)}\left(\begin{array}{cccc|c}1&1/2&-1&3/2&1/2\\3&2&-1&2&4\\3&3&3&-3&5\end{array}\right)$$

$$\xrightarrow[R_{13}(-3)]{R_{12}(-3)}\left(\begin{array}{cccc|c}1&1/2&-1&3/2&1/2\\0&1/2&2&-5/2&5/2\\0&3/2&6&-15/2&13/2\end{array}\right)$$

$$\xrightarrow{R_{23}(-3)}\left(\begin{array}{cccc|c}1&1/2&-1&3/2&1/2\\0&1/2&2&-5/2&11/2\\0&0&0&0&7/2\end{array}\right)$$

이 등가행렬의 제3행은 $0x+0y+0z+0w=\dfrac{7}{2}$을 의미한다. 따라서 이 방정식을 만족하는 해가 존재하지 않는다.

예제 9-20

키르히호프 전류법칙은 각 노드에서 유입되는 전류의 합은 그 점에서 유출되는 전류의 합과 같다는 것이고, 전압법칙은 회로의 총 전압상승은 총 전압강하와 같다는 것이다. 이 법칙을 이용하여 다음 전기회로의 전류 i_1, i_2, i_3을 구하라.

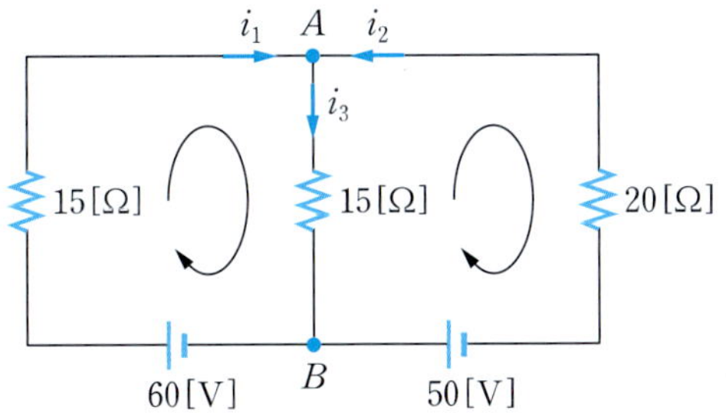

풀이

노드 A로 유입되는 전류의 총합은 i_1+i_2이고, 유출되는 전류의 합은 i_3이므로 키르히호프 전류법칙에 의하여 $i_1+i_2=i_3$이다. 그리고 노드 B에서도 유입되는 전류의 총합은 i_3이고 유출되는 전류의 합은 i_1+i_2이므로 $i_1+i_2=i_3$이 성립한다.

또한 왼쪽의 내부회로에서 전압상승은 60이고 전압강하는 $15i_1+15i_3$이므로 $15i_1+15i_3=60$이고, 오른쪽 내부회로에서 전압상승은 $50+20i_2+15i_3$, 전압강하는 0이므로 $50+20i_2+15i_3=0$이다. 또한 외부회로에서 전압상승은 $50+60+20i_2$, 전압강하는 $15i_1$이므로 $50+60+20i_2=15i_1$이다. 이와 같은 정보로부터 다음 연립방정식을 얻는다.

$$i_1+i_2=i_3,\ 15i_1+15i_3=60,\ 50+20i_2+15i_3=0,\ 50+60+20i_2=15i_1$$

이를 정리하면

$$i_1+i_2-i_3=0,\ 15i_1+15i_3=60,\ 20i_2+15i_3=-50,\ 15i_1-20i_2=110$$

이다. 이제 가우스 소거법을 이용하여 해를 구하면 다음과 같다.

$$(A\,|\,\mathbf{b})=\left(\begin{array}{ccc|c} 1 & 1 & -1 & 0 \\ 15 & 0 & 15 & 60 \\ 0 & 20 & 15 & -50 \\ 15 & -20 & 0 & 110 \end{array}\right) \xrightarrow{R_{24}(-1)} \left(\begin{array}{ccc|c} 1 & 1 & -1 & 0 \\ 15 & 0 & 15 & 60 \\ 0 & 20 & 15 & 50 \\ 0 & -20 & -15 & 50 \end{array}\right)$$

$$\xrightarrow{R_{34}(1)} \left(\begin{array}{ccc|c} 1 & 1 & -1 & 0 \\ 15 & 0 & 15 & 60 \\ 0 & 20 & 15 & -50 \\ 0 & 0 & 0 & 0 \end{array}\right) \xrightarrow[R_3(1/5)]{R_2(1/15)} \left(\begin{array}{ccc|c} 1 & 1 & -1 & 0 \\ 1 & 0 & 1 & 4 \\ 0 & 4 & 3 & -10 \\ 0 & 0 & 0 & 0 \end{array}\right)$$

$$\xrightarrow[R_3(1/4)]{R_{12}(-1)} \left(\begin{array}{ccc|c} 1 & 1 & -1 & 0 \\ 0 & -1 & 2 & 4 \\ 0 & 1 & 3/4 & -5/2 \\ 0 & 0 & 0 & 0 \end{array}\right) \xrightarrow{R_{23}(1)} \left(\begin{array}{ccc|c} 1 & 1 & -1 & 0 \\ 0 & -1 & 2 & 4 \\ 0 & 0 & 11/4 & 3/2 \\ 0 & 0 & 0 & 0 \end{array}\right)$$

$$\xrightarrow[R_3(4/11)]{R_2(-1)} \left(\begin{array}{ccc|c} 1 & 1 & -1 & 0 \\ 0 & 1 & -2 & -4 \\ 0 & 0 & 1 & 6/11 \\ 0 & 0 & 0 & 0 \end{array}\right) \xrightarrow[R_{31}(1)]{R_{32}(2)} \left(\begin{array}{ccc|c} 1 & 1 & 0 & 6/11 \\ 0 & 1 & 0 & -32/11 \\ 0 & 0 & 1 & 6/11 \\ 0 & 0 & 0 & 0 \end{array}\right)$$

$$\xrightarrow[R_{31}(1)]{R_{21}(-1)} \left(\begin{array}{ccc|c} 1 & 0 & 0 & 38/11 \\ 0 & 1 & 0 & -32/11 \\ 0 & 0 & 1 & 6/11 \\ 0 & 0 & 0 & 0 \end{array}\right)$$

따라서 $i_1 = \dfrac{38}{11}$, $i_2 = -\dfrac{32}{11}$, $i_3 = \dfrac{6}{11}$이다.

이와 같은 사실을 정리하면 다음과 같다.

정리 9-11 연립방정식의 해의 존재성

n차 정방행렬 A에 대하여 다음 (1)~(5)는 동치이다.

(1) A의 기약행사다리꼴은 I_n이다.

(2) A는 기본행렬의 곱으로 표현할 수 있다.

(3) A는 정칙행렬이다.

(4) 제차연립방정식 $A\mathbf{x} = \mathbf{0}$은 하나의 자명한 해를 갖는다.

(5) 비제차연립방정식 $A\mathbf{x} = \mathbf{b}$는 임의의 $\mathbf{b}$에 대하여 오로지 하나의 해를 갖는다.

예제 9-21

다음 연립방정식이 적어도 하나의 해를 갖기 위한 상수 a, b, c의 조건을 구하라.

$$x + y + 2z = a,\ \ x + z = b,\ \ 2x + y + 3z = c$$

풀이

다음과 같이 확대행렬에 행연산을 적용하여 기약행사다리꼴인 등가행렬을 만든다.

$$(A\,|\,\mathbf{b}) = \left(\begin{array}{ccc|c} 1 & 1 & 2 & a \\ 1 & 0 & 1 & b \\ 2 & 1 & 3 & c \end{array}\right) \xrightarrow[R_{13}(-2)]{R_{12}(-1)} \left(\begin{array}{ccc|c} 1 & 1 & 2 & a \\ 0 & -1 & -1 & b-a \\ 0 & -1 & -1 & c-2a \end{array}\right)$$

$$\xrightarrow{R_2(-1)} \left(\begin{array}{ccc|c} 1 & 1 & 2 & a \\ 0 & 1 & 1 & a-b \\ 0 & -1 & -1 & c-2a \end{array}\right) \xrightarrow{R_{23}(1)} \left(\begin{array}{ccc|c} 1 & 1 & 2 & a \\ 0 & 1 & 1 & a-b \\ 0 & 0 & 0 & c-a-b \end{array}\right)$$

따라서 이 방정식이 적어도 하나의 해를 갖으려면 마지막 등가행렬의 제3행에서 $c-a-b=0$, 즉 $c = a+b$이어야 한다.

Section 9.3 연습문제

※ 다음 행렬의 역행렬을 구하라.

1. $\begin{pmatrix} 1 & 3 \\ 2 & 7 \end{pmatrix}$

2. $\begin{pmatrix} 3 & 2 \\ 2 & 2 \end{pmatrix}$

3. $\begin{pmatrix} 2 & 1 & -3 \\ 2 & 0 & 3 \\ 1 & -1 & 2 \end{pmatrix}$

4. $\begin{pmatrix} 3 & 2 & -1 \\ 1 & 4 & 1 \\ -1 & 0 & 4 \end{pmatrix}$

5. $\begin{pmatrix} -3 & 4 & 1 & -3 \\ 1 & 2 & -1 & 2 \\ 1 & -1 & -1 & 1 \\ 2 & 0 & 0 & 1 \end{pmatrix}$

6. $\begin{pmatrix} 1 & 2 & 0 & 0 \\ 1 & 0 & 0 & 2 \\ 0 & 0 & 1 & 2 \\ 0 & 1 & 2 & 0 \end{pmatrix}$

※ 다음 행렬이 역행렬을 갖기 위한 조건과 역행렬을 구하라.

7. $\begin{pmatrix} a & 0 & 0 & 0 \\ 0 & b & 0 & 0 \\ 0 & 0 & c & 0 \\ 1 & 0 & 0 & d \end{pmatrix}$

8. $\begin{pmatrix} 0 & 0 & 0 & a \\ 0 & 0 & b & 0 \\ 0 & c & 0 & 0 \\ d & 0 & 0 & 0 \end{pmatrix}$

9. $\begin{pmatrix} a & 0 & 0 & 0 \\ 1 & a & 0 & 0 \\ 0 & 1 & a & 0 \\ 0 & 0 & 1 & a \end{pmatrix}$

10. $\begin{pmatrix} a & 1 & 0 & 0 \\ 1 & a & 1 & 0 \\ 0 & 1 & a & 1 \\ 0 & 0 & 1 & a \end{pmatrix}$

※ 다음 행렬을 기약행사다리꼴로 변형하라.

11. $\begin{pmatrix} 0 & 1 & 7 & 8 \\ 1 & 3 & 3 & 8 \\ -2 & -5 & 1 & -8 \\ -1 & 2 & 3 & -2 \end{pmatrix}$

12. $\begin{pmatrix} 1 & -1 & 3 & 2 \\ -2 & 1 & 5 & 1 \\ -3 & 2 & 2 & -1 \\ 4 & -3 & 1 & 3 \end{pmatrix}$

13. $\begin{pmatrix} 3 & 1 & 2 & -3 \\ 1 & 4 & 1 & 2 \\ 1 & -2 & 2 & 1 \\ -2 & 2 & 3 & 4 \end{pmatrix}$

14. $\begin{pmatrix} 3 & 0 & 2 & 3 & 2 \\ -3 & 2 & 2 & -1 & 2 \\ 2 & -3 & 3 & 4 & 1 \\ 1 & 2 & 3 & 4 & 1 \end{pmatrix}$

※ 다음 연립방정식이 적어도 하나의 해를 갖기 위한 상수항의 조건을 구하라.

15. $6x - 4y = b_1,\ 3x - 2y = b_2$

16. $x - 2y + 5z = b_1,\ 4x - 5y + 8z = b_2,\ 3x + 3y - 3z = b_3$

17. $x - 2y - z = b_1,\ -2x + 3y + 2z = b_2,\ -4x + 7y + 4z = b_3$

※ 다음 연립방정식의 해를 구하라.

18. $x+y+2z=8,\ -x+2y-3z=1,\ 3x-7y+4z=10$

19. $x-y+2z-w=1,\ 2x+2y-z+2w=2,\ -x+y-4z-w=3,\ 2x-3w=4$

20. $2x-3y+4z-w=1,\ 4x-y+2z-2w=3,\ x+2y-3z-3w=5$

21. $x^2+y^2+z^2=6,\ x^2-y^2+2z^2=2,\ 2x^2+y^2-z^2=3$

※ 응용 다음 전기회로의 전류 i_1, i_2, i_3을 구하라.

22.

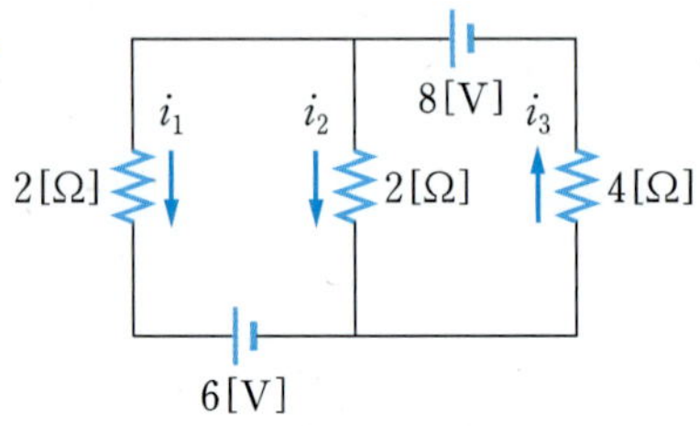

23.

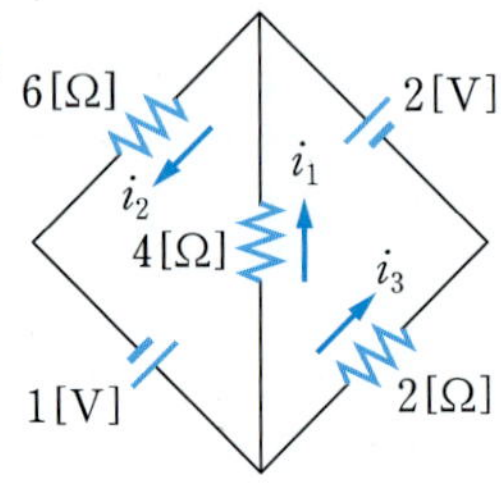

9.4 행렬식

9.3절에서 정칙행렬의 역행렬을 구하는 방법과 행렬을 이용하여 연립선형방정식의 해를 구하는 방법에 대하여 살펴보았다. 또한 2차 정방행렬 $A=\begin{pmatrix} a & b \\ c & d \end{pmatrix}$가 역행렬을 갖기 위한 필요충분조건은 $ad-bc\neq 0$이고, 이를 $|A|=ad-bc$로 나타내었다. 이때 실수 $|A|$를 2차 정방행렬 A의 행렬식이라 한다. 이 절에서는 행렬식의 정의와 성질을 살펴보고, 행렬식을 이용하여 역행렬과 연립선형방정식의 해를 구하는 방법을 알아본다.

9.4.1 행렬식의 정의와 성질

2차 정방행렬 $A=\begin{pmatrix} a & b \\ c & d \end{pmatrix}$에 대하여, 이 행렬의 각 성분으로 실수 $ad-bc$에 대응시키는 것을 2차 **행렬식** determinant 이라 하고, $\det(A)$ 또는 $|A|$로 나타낸다. 즉 2차 행렬식은 다음과 같이 정의한다.

$$\det(A)=|A|=\begin{vmatrix} a & b \\ c & d \end{vmatrix}=ad-bc$$

그리고 3차 정방행렬 $A=\begin{pmatrix} a_{11} & a_{12} & a_{13} \\ a_{21} & a_{22} & a_{23} \\ a_{31} & a_{32} & a_{33} \end{pmatrix}$의 행렬식을 3차 행렬식이라 하며, 다음과 같이 정의한다.

$$\det(A)=|A|=\begin{vmatrix} a_{11} & a_{12} & a_{13} \\ a_{21} & a_{22} & a_{23} \\ a_{31} & a_{32} & a_{33} \end{vmatrix}$$
$$=a_{11}a_{22}a_{33}+a_{21}a_{32}a_{13}+a_{31}a_{23}a_{12}-a_{13}a_{22}a_{31}-a_{12}a_{21}a_{33}-a_{11}a_{23}a_{32}$$

3차 행렬식은 매우 복잡해 보이지만, [그림 9-14]와 같이 **사루스 법칙**Sarrus's law을 이용하면 쉽게 구할 수 있다. 우선 2차 행렬식은 주대각선 위의 두 성분의 곱 $a_{11}a_{22}$에 + 부호를 부여하고, 부대각선 위의 두 성분의 곱 $a_{12}a_{21}$에 − 부호를 부여하여 더한다. 3차 행렬식의 경우도 동일하게 주대각선 방향에 있는 세 성분의 곱 $a_{11}a_{22}a_{33}$, $a_{21}a_{32}a_{13}$, $a_{31}a_{23}a_{12}$에 + 부호를 부여하고, 부대각선 방향에 있는 세 성분의 곱 $a_{13}a_{22}a_{31}$, $a_{12}a_{21}a_{33}$, $a_{11}a_{23}a_{32}$에 − 부호를 부여한 6개의 수를 모두 더한다.

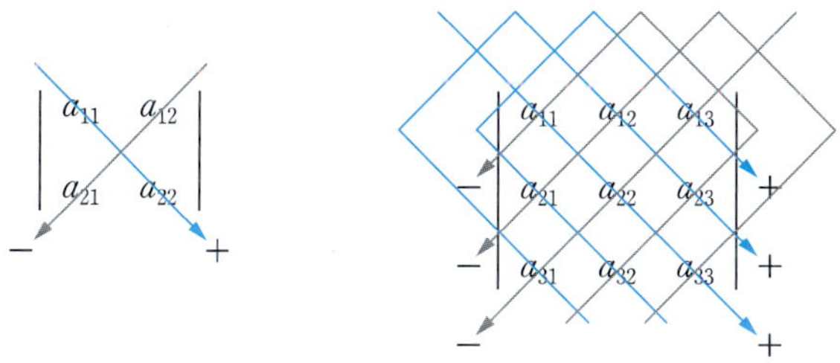

[그림 9-14] **사루스 법칙**

그러나 이 방법은 4차 이상의 행렬식에 대해서는 적용되지 않으며, 2차와 3차 행렬식에도 통용이 되는 행렬식에 대한 엄밀한 정의가 필요하다. 그러나 행렬식의 여러 가지 성질을 알고 있다면 4차 이상의 행렬식을 쉽게 구할 수 있다.

예제 9-22

사루스 법칙을 이용하여 다음 행렬의 행렬식 값을 구하라.

(a) $\begin{pmatrix} 2 & 5 \\ -1 & 2 \end{pmatrix}$ (b) $\begin{pmatrix} 1 & 2 & 2 \\ 2 & -1 & 3 \\ -1 & 2 & 1 \end{pmatrix}$

풀이

(a) $\begin{vmatrix} 2 & 5 \\ -1 & 2 \end{vmatrix}=2\cdot 2-5\cdot(-1)=9$

(b) $\begin{vmatrix} 1 & 2 & 2 \\ 2 & -1 & 3 \\ -1 & 2 & 1 \end{vmatrix} = 1\cdot(-1)\cdot 1 + 2\cdot 2\cdot 2 + (-1)\cdot 2\cdot 3$

$-(2\cdot(-1)\cdot(-1) + 2\cdot 2\cdot 1 + 1\cdot 3\cdot 2) = -11$

이제 엄밀한 행렬식의 정의를 피하고 행렬식의 성질을 나타내는 다음 정리를 살펴본다.

정리 9-12 행렬식의 성질

(1) 행렬식의 한 행(열)의 모든 성분이 0이면 $|A|=0$이다.

(2) $a_{11}\neq 0$이고 제1행(열)의 모든 원소가 0이면 행렬식 값은 제1행과 제1열을 제외한 $(n-1)\times(n-1)$행렬식 값에 a_{11}을 곱한 것과 같다.

(3) 행렬 A와 전치행렬 A^t의 행렬식은 같다. 즉 $|A|=|A^t|$이다.

(4) 행렬 A에 상수 k를 곱한 행렬 kA의 행렬식은 A의 행렬식에 k^n을 곱한 것과 같다. 즉 $|kA|=k^n|A|$이다.

(5) 행렬식에서 임의의 두 행(열)이 일치하거나 비례하면 행렬식 값은 0이다.

(6) 행렬식의 한 행(열)의 모든 원소에 상수 k를 곱하여 다른 행(또는 열)에 더해도 행렬식 값은 변하지 않는다. 따라서 행렬식의 임의의 두 행(또는 열)을 가감해도 행렬식 값은 변화가 없다.

(7) 정칙행렬 A에 대하여 $|A^{-1}|=\dfrac{1}{|A|}$이다.

(8) 두 행렬식의 곱은 각각의 행렬식의 곱과 같다. 즉 $|AB|=|A||B|$이다.

(9) 어느 한 행(열)의 모든 성분에 상수 k를 곱하면 행렬식 값도 k배이다.

(10) 임의의 두 행(열)을 교환하면 행렬식은 부호가 바뀐다.

(11) 행렬식에서 한 행(열)의 모든 원소들이 두 수의 합으로 되어 있으면 그 행(열)의 원소들이 각각의 수로 이루어진 두 행렬식의 합과 같다.

예제 9-23

행렬식의 성질을 이용하여 다음 행렬의 행렬식 값을 구하라.

$$\begin{pmatrix} 1 & 2 & 2 & 3 \\ 2 & -1 & -1 & 1 \\ 0 & -1 & 2 & 1 \\ -1 & 2 & 1 & 0 \end{pmatrix}$$

풀이

$$\begin{vmatrix} 1 & 2 & 2 & 3 \\ 2 & -1 & -1 & 1 \\ 0 & -1 & 2 & 1 \\ -1 & 2 & 1 & 0 \end{vmatrix} = \begin{vmatrix} 1 & 2 & 2 & 3 \\ 0 & -5 & -5 & -5 \\ 0 & -1 & 2 & 1 \\ 0 & 4 & 3 & 3 \end{vmatrix} \quad \begin{pmatrix} \text{1행에 } -2\text{를 곱하여 2행에 더하고,} \\ \text{1행을 4행에 더한다.} \end{pmatrix}$$

$$= \begin{vmatrix} -5 & -5 & -5 \\ -1 & 2 & 1 \\ 4 & 3 & 3 \end{vmatrix} \qquad (\text{성질 } (2))$$

$$= (-5)\begin{vmatrix} 1 & 1 & 1 \\ -1 & 2 & 1 \\ 4 & 3 & 3 \end{vmatrix} \qquad (\text{성질 } (9))$$

$$= (-5)\begin{vmatrix} 1 & 1 & 1 \\ 0 & 3 & 2 \\ 0 & -1 & -1 \end{vmatrix} \qquad \begin{pmatrix} \text{1행을 2행에 더하고,} \\ \text{1행에 } -4\text{를 곱하여 3행에 더한다.} \end{pmatrix}$$

$$= (-5)(-1)\begin{vmatrix} 1 & 1 & 1 \\ 0 & 3 & 2 \\ 0 & 1 & 1 \end{vmatrix} \qquad (\text{성질 } (9))$$

$$= 5\begin{vmatrix} 3 & 2 \\ 1 & 1 \end{vmatrix} \qquad (\text{성질 } (2))$$

$$= 5(3 \cdot 1 - 2 \cdot 1) = 5$$

한편, n차 행렬식 $|A|$에서 성분 a_{ij}가 놓인 i행과 j열을 제외한 $n-1$차 부분 행렬식

$$M_{ij} = \begin{vmatrix} a_{11} & a_{12} & \cdots & a_{1j-1} & a_{1j+1} & \cdots & a_{1n} \\ & & \vdots & & & \vdots & \\ a_{i-11} & a_{i-12} & \cdots & a_{i-1j-1} & a_{i-1j+1} & \cdots & a_{i-1n} \\ a_{i+11} & a_{i+12} & \cdots & a_{i+1j-1} & a_{i+1j+1} & \cdots & a_{i+1n} \\ & & \vdots & & & \vdots & \\ a_{n1} & a_{n2} & \cdots & a_{nj-1} & a_{nj+1} & \cdots & a_{nn} \end{vmatrix}$$

을 성분 a_{ij}의 **소행렬식**minor이라 한다. 그리고 성분 a_{ij}에 대하여

$$C_{ij} = (-1)^{i+j} M_{ij}$$

를 원소 a_{ij}에 대한 **여인수**cofactor라 한다. 예를 들어, 3차 행렬식

$$\begin{vmatrix} a_{11} & a_{12} & a_{13} \\ a_{21} & a_{22} & a_{23} \\ a_{31} & a_{32} & a_{33} \end{vmatrix}$$

에 대하여 a_{11}, a_{12}, a_{13}에 대한 소행렬식은 각각

$$\begin{vmatrix} a_{22} & a_{23} \\ a_{32} & a_{33} \end{vmatrix}, \quad \begin{vmatrix} a_{21} & a_{23} \\ a_{31} & a_{33} \end{vmatrix}, \quad \begin{vmatrix} a_{21} & a_{22} \\ a_{31} & a_{32} \end{vmatrix}$$

이고, 이들에 대한 소행렬식 값은

$$M_{11} = a_{22}a_{33} - a_{23}a_{32}, \quad M_{12} = a_{21}a_{33} - a_{31}a_{23}, \quad M_{13} = a_{21}a_{32} - a_{31}a_{22}$$

이다. 따라서 a_{11}, a_{12}, a_{13}에 대한 여인수는 각각

$$C_{11} = (-1)^{1+1} M_{11} = a_{22}a_{33} - a_{23}a_{32}$$
$$C_{12} = (-1)^{1+2} M_{12} = -\left(a_{21}a_{33} - a_{31}a_{23}\right)$$
$$C_{13} = (-1)^{1+3} M_{13} = a_{21}a_{32} - a_{31}a_{22}$$

이다. 한편, 3차 행렬식과 여인수 C_{11}, C_{12}, C_{13}를 비교하면

$$\begin{vmatrix} a_{11} & a_{12} & a_{13} \\ a_{21} & a_{22} & a_{23} \\ a_{31} & a_{32} & a_{33} \end{vmatrix} = a_{11}a_{22}a_{33} + a_{21}a_{32}a_{13} + a_{31}a_{23}a_{12} - a_{13}a_{22}a_{31} - a_{12}a_{21}a_{33} - a_{11}a_{23}a_{32}$$
$$= a_{11}C_{11} + a_{12}C_{12} + a_{13}C_{13}$$

인 것을 알 수 있다. 이와 같은 사실은 제1행의 성분들뿐만 아니라 다른 행(열)의 성분들을 이용할 수 있으며 일반적으로 n차 행렬식 $|A|$의 값을 여인수를 이용하여 다음과 같이 표현할 수 있다.

$$i\text{행} : |A| = a_{i1}C_{i1} + a_{i2}C_{i2} + \cdots + a_{in}C_{in} = \sum_{j=1}^{n} a_{ij}\,C_{ij}$$
$$j\text{열} : |A| = a_{1j}C_{1j} + a_{2j}C_{2j} + \cdots + a_{nj}C_{nj} = \sum_{i=1}^{n} a_{ij}\,C_{ij}$$

이와 같이 여인수를 이용하여 행렬식을 구하는 것을 각각 i행 또는 j열에 관한 **여인수 전개** cofactor expansion라 한다.

예제 9-24

[예제 9-23]의 행렬을 제3행에 관하여 여인수 전개하여 행렬식을 구하라.

풀이

제3행의 각 성분 0, −1, 2, 1에 대한 소행렬식을 구하면

$$M_{31} = \begin{vmatrix} 2 & 2 & 3 \\ -1 & -1 & 1 \\ 2 & 1 & 0 \end{vmatrix} = 5, \quad M_{32} = \begin{vmatrix} 1 & 2 & 3 \\ 2 & -1 & 1 \\ -1 & 1 & 0 \end{vmatrix} = 0$$
$$M_{33} = \begin{vmatrix} 1 & 2 & 3 \\ 2 & -1 & 1 \\ -1 & 2 & 0 \end{vmatrix} = 5, \quad M_{34} = \begin{vmatrix} 1 & 2 & 2 \\ 2 & -1 & -1 \\ -1 & 2 & 1 \end{vmatrix} = 5$$

이다. 따라서 각 성분에 대한 여인수는 다음과 같다.

$$C_{31} = (-1)^{3+1}M_{31} = 5, \quad C_{32} = (-1)^{3+2}M_{32} = 0$$

$$C_{33} = (-1)^{3+3}M_{33} = 5, \quad C_{34} = (-1)^{3+4}M_{34} = -5$$

그러므로 제3행의 성분에 대한 여인수 전개를 구하면 다음과 같다.

$$\begin{aligned}|A| &= a_{31}C_{31} + a_{32}C_{32} + a_{33}C_{33} + a_{34}C_{34} \\ &= 0 \cdot 5 + (-1) \cdot 0 + 2 \cdot 5 + 1 \cdot (-5) = 5\end{aligned}$$

그리고 여인수들을 성분으로 가지는 행렬

$$C = \begin{pmatrix} C_{11} & C_{12} & \cdots & C_{1n} \\ C_{21} & C_{22} & \cdots & C_{2n} \\ & & \vdots & \\ C_{n1} & C_{n2} & \cdots & C_{nn} \end{pmatrix}$$

을 **여인수 행렬**matrix of cofactor이라 한다. 여인수 행렬의 전치행렬 C^t를 **수반행렬**adjoint matrix이라 하고 $\text{adj}(A)$로 나타낸다. 그러면 임의의 정칙행렬 A에 대하여

$$A^{-1} = \frac{1}{|A|}\text{adj}(A)$$

가 성립한다. 그러므로 임의의 n차 정방행렬이 역행렬을 갖기 위한 필요충분조건이 $|A| \neq 0$임을 알 수 있다.

예제 9-25

행렬 $A = \begin{pmatrix} 1 & 7 & 2 \\ 3 & 0 & -5 \\ -1 & 1 & 2 \end{pmatrix}$에 대하여 다음을 구하라.

(a) 행렬식 $|A|$　　(b) 여인수 행렬 C　　(c) 역행렬 A^{-1}

풀이

(a) 사루스 법칙에 의하여 $|A| = \begin{vmatrix} 1 & 7 & 2 \\ 3 & 0 & -5 \\ -1 & 1 & 2 \end{vmatrix} = 4$이다.

(b) 각 성분의 소행렬식을 구하면 각각 다음과 같다.

$$M_{11} = \begin{vmatrix} 0 & -5 \\ 1 & 2 \end{vmatrix} = 5, \quad M_{12} = \begin{vmatrix} 3 & -5 \\ -1 & 2 \end{vmatrix} = 1, \quad M_{13} = \begin{vmatrix} 3 & 0 \\ -1 & 1 \end{vmatrix} = 3$$

$$M_{21}=\begin{vmatrix}7&2\\1&2\end{vmatrix}=12,\quad M_{22}=\begin{vmatrix}1&2\\-1&2\end{vmatrix}=4,\quad M_{23}=\begin{vmatrix}1&7\\-1&1\end{vmatrix}=8$$

$$M_{31}=\begin{vmatrix}7&2\\0&-5\end{vmatrix}=-35,\quad M_{32}=\begin{vmatrix}1&2\\3&-5\end{vmatrix}=-11,\quad M_{23}=\begin{vmatrix}1&7\\3&0\end{vmatrix}=-21$$

따라서 각 성분에 대한 여인수는 다음과 같다.

$$C_{11}=(-1)^{1+1}M_{11}=5,\quad C_{12}=(-1)^{1+2}M_{12}=-1,\quad C_{13}=(-1)^{1+3}M_{33}=3$$

$$C_{21}=(-1)^{2+1}M_{21}=-12,\quad C_{22}=(-1)^{2+2}M_{22}=4,\quad C_{23}=(-1)^{2+3}M_{23}=-8$$

$$C_{31}=(-1)^{3+1}M_{31}=-35,\quad C_{32}=(-1)^{3+2}M_{32}=11,\quad C_{33}=(-1)^{3+3}M_{33}=-21$$

그러므로 여인수 행렬은 $C=\begin{pmatrix}5&-1&3\\-12&4&-8\\-35&11&-21\end{pmatrix}$이다.

(c) A의 수반행렬은 $\mathrm{adj}(A)=\begin{pmatrix}5&-12&-35\\-1&4&11\\3&-8&-21\end{pmatrix}$이므로 A의 역행렬은 다음과 같다.

$$A^{-1}=\frac{1}{4}\begin{pmatrix}5&-1&3\\-12&4&-8\\-35&11&-21\end{pmatrix}^t=\frac{1}{4}\begin{pmatrix}5&-12&-35\\-1&4&11\\3&-8&-21\end{pmatrix}$$

9.4.2 크라머 규칙과 연립선형방정식

9.3절에서 계수행렬 A가 $m\times n$ 행렬이면 방정식의 수가 m개인 n원 일차연립방정식의 해를 구하기 위하여 행연산자를 사용하였다. 특히 계수행렬 A가 정칙행렬인 경우에는 행연산자뿐만 아니라 역행렬을 이용하여 구할 수도 있다. 그러나 계수행렬 A가 정칙행렬인 경우에 행렬식을 이용하면 다음 정리와 같이 좀 더 쉽게 연립방정식의 해를 구할 수 있으며, 이러한 방법에 의하여 해를 구하는 것을 **크라머 규칙**Cramer's rule이라 한다.

정리 9-13 크라머 규칙

연립방정식 $A\mathbf{x}=\mathbf{b}$가 유일한 해를 갖기 위한 필요충분조건은 $|A|\neq 0$이고, 이때 연립방정식의 해는 다음과 같다.

$$x_1=\frac{|A_1|}{|A|},\quad x_2=\frac{|A_2|}{|A|},\quad \cdots,\quad x_n=\frac{|A_n|}{|A|}$$

여기서 A_j는 A의 j번째 열을 상수행렬 $\mathbf{b}$로 대치한 행렬이다.

예제 9-26

연립방정식 $2x+3y-4z=3$, $-2x+4y+5z=1$, $6x+y+2z=2$의 해를 구하라.

풀이

계수행렬식과 상수항을 바꾼 행렬식들을 구하면 다음과 같다.

$$|A|=\begin{vmatrix} 2 & 3 & -4 \\ -2 & 4 & 5 \\ 6 & 1 & 2 \end{vmatrix}=212, \quad |A_1|=\begin{vmatrix} 3 & 3 & -4 \\ 1 & 4 & 5 \\ 2 & 1 & 2 \end{vmatrix}=61$$

$$|A_2|=\begin{vmatrix} 2 & 3 & -4 \\ -2 & 1 & 5 \\ 6 & 2 & 2 \end{vmatrix}=126, \quad |A_3|=\begin{vmatrix} 2 & 3 & 3 \\ -2 & 4 & 1 \\ 6 & 1 & 2 \end{vmatrix}=-34$$

따라서 구하고자 하는 해는 다음과 같다.

$$x_1=\frac{|A_1|}{|A|}=\frac{61}{212}, \quad x_2=\frac{|A_2|}{|A|}=\frac{63}{106}, \quad x_3=\frac{|A_3|}{|A|}=-\frac{17}{106}$$

Section 9.4 연습문제

※ 다음 행렬식을 구하라.

1. $\begin{vmatrix} 3 & 2 \\ 4 & -1 \end{vmatrix}$

2. $\begin{vmatrix} 3 & 0 & 1 \\ 2 & 1 & 0 \\ 1 & 2 & 1 \end{vmatrix}$

3. $\begin{vmatrix} 1 & 2 & 4 & 1 \\ 2 & 4 & 1 & 2 \\ 4 & 1 & 2 & 3 \\ 1 & 2 & 3 & 1 \end{vmatrix}$

4. $\begin{vmatrix} a+b & a-b \\ a-b & a+b \end{vmatrix}$

5. $\begin{vmatrix} a & b & c \\ b & c & a \\ c & a & b \end{vmatrix}$

6. $\begin{vmatrix} a & 0 & c & 0 \\ 0 & a & 0 & c \\ b & 0 & d & 0 \\ 0 & b & 0 & d \end{vmatrix}$

7. $\begin{vmatrix} 1 & a & c \\ 1 & b & a \\ 1 & c & b \end{vmatrix}$

8. $\begin{vmatrix} 1 & 1 & 1 \\ a & b & c \\ a^2 & b^2 & c^2 \end{vmatrix}$

9. $\begin{vmatrix} b^2+c^2 & ab & ca \\ ab & c^2+a^2 & ca \\ ca & bc & a^2+b^2 \end{vmatrix}$

10. $\begin{vmatrix} 1 & a & a^2 \\ 1 & a & a^2 \\ 1 & a & a^2 \end{vmatrix}$

11. $\begin{vmatrix} a & 1 & 1 & 1 \\ 1 & a & 1 & 1 \\ 1 & 1 & a & 1 \\ 1 & 1 & 1 & a \end{vmatrix}$

12. $\begin{vmatrix} \sin\theta & \cos\theta & 0 \\ -\cos\theta & \sin\theta & 0 \\ \sin\theta-\cos\theta & \sin\theta+\cos\theta & 1 \end{vmatrix}$

※ 다음 방정식의 실근을 구하라.

13. $\begin{vmatrix} \lambda-2 & 2 \\ 4 & \lambda+4 \end{vmatrix}=0$

14. $\begin{vmatrix} \lambda-1 & -1 & 1 \\ 1 & \lambda & 0 \\ -1 & 0 & \lambda-2 \end{vmatrix}=0$

15. $\begin{vmatrix} x-1 & 1 \\ 2 & x \end{vmatrix}=\begin{vmatrix} x & 0 & 1 \\ 1 & x & 0 \\ 1 & 0 & x \end{vmatrix}$

16. $\begin{vmatrix} 2x & x \\ -4 & x+2 \end{vmatrix}=\begin{vmatrix} 2 & -1 & 0 \\ 0 & -x & -6 \\ -1 & 3 & 1-x \end{vmatrix}$

17. 임의의 상수 a_1, a_2, b_1, b_2에 대하여 방정식 $\begin{vmatrix} x & y & 1 \\ a_1 & b_1 & 1 \\ a_2 & b_2 & 1 \end{vmatrix}=0$이 나타내는 식은 무엇을 의미하는지 설명하라. 단, $a_1 \neq a_2$이다.

※ $A=\begin{pmatrix} a_1 & b_1 & c_1 \\ a_2 & b_2 & c_2 \\ a_3 & b_3 & c_3 \end{pmatrix}$이라 할 때, [정리 9-12]를 이용하여 다음 식이 성립함을 보여라.

18. $\begin{vmatrix} a_1 & b_1 & a_1+b_1+c_1 \\ a_2 & b_2 & a_2+b_2+c_2 \\ a_3 & b_3 & a_3+b_3+c_3 \end{vmatrix}=|A|$

19. $\begin{vmatrix} a_1+b_1 & a_1-b_1 & c_1 \\ a_2+b_2 & a_2-b_2 & c_2 \\ a_3+b_3 & a_3-b_3 & c_3 \end{vmatrix}=-2|A|$

20. $\begin{vmatrix} a_1+tb_1 & a_2+tb_2 & a_3+tb_3 \\ ta_1+b_1 & ta_2+b_2 & ta_3+b_3 \\ c_1 & c_2 & c_3 \end{vmatrix}=(1-t)^2|A|$

21. $\begin{vmatrix} a_1 & ta_1+b_1 & ra_1+sb_1+c_1 \\ a_2 & ta_2+b_2 & ra_2+sb_2+c_2 \\ a_3 & ta_3+b_3 & ra_3+sb_3+c_3 \end{vmatrix}=|A|$

22. 행렬식 $\begin{vmatrix} 2 & 1 & 0 & 3 \\ -1 & -2 & 1 & 0 \\ 1 & 0 & 0 & 1 \\ 3 & 2 & 1 & 1 \end{vmatrix}$에 대하여 3행과 3열에 대한 여인수 전개를 구하라.

23. 3차 행렬 A에 대하여 $|A|=4$일 때, 다음 행렬식을 구하라.

(a) $|2A|$ (b) $|A^{-1}|$

(c) $|2A^t|$ (d) $|(2A)^{-2}|$

24. 임의의 α, β, γ에 대하여 다음 행렬의 역행렬이 존재하지 않음을 행렬식을 이용하여 보여라.

$$\begin{pmatrix} \sin^2\alpha & \sin^2\beta & \sin^2\gamma \\ \cos^2\alpha & \cos^2\beta & \cos^2\gamma \\ 1 & 1 & 1 \end{pmatrix}$$

25. 행렬식을 이용하여 $A = \begin{pmatrix} 2 & 1 & 0 & 1 \\ 1 & 2 & 1 & 0 \\ 1 & 0 & 2 & 0 \\ 1 & 0 & 0 & 2 \end{pmatrix}$의 역행렬을 구하라.

※ 크라머 규칙을 이용하여 다음 연립방정식의 해를 구하라.

26. $x_1 - 2x_3 = 6$

$-2x_1 + 4x_2 + 3x_3 = 8$

$-x_1 + 2x_2 - 2x_3 = 4$

27. $x_1 - 4x_2 + 2x_3 - x_4 = 10$

$2x_1 + x_2 - x_3 + 3x_4 = 5$

$-x_1 - 3x_2 - 2x_3 + x_4 = 8$

$x_1 + 2x_2 + 2x_3 + 3x_4 = 20$

※ 응용 다음 전기회로의 전류를 구하라.

28.

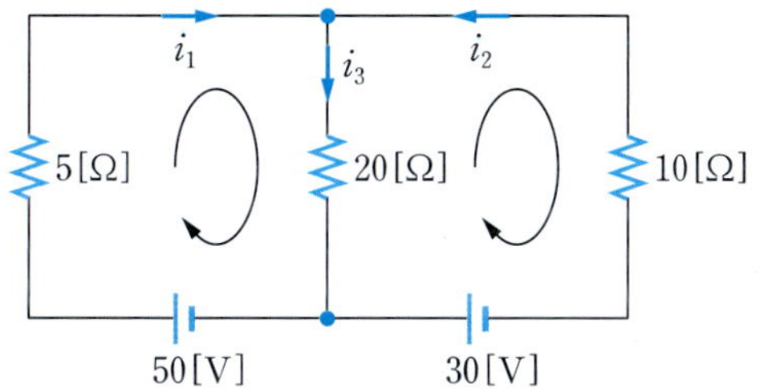

29.

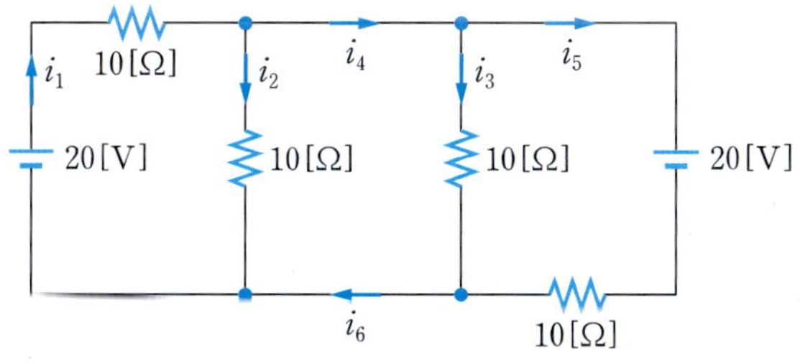

역행렬 : 전기회로 (관련 과목 : 전자공학)

9.3.1절에서 여러 가지 방법으로 연립선형방정식의 해를 구했는데, 계수행렬 A의 역행렬을 구하여 해벡터 $\mathbf{x}=A^{-1}\mathbf{b}$를 구하는 방법과 확대행렬에 행연산자를 이용하여 기약행사다리꼴로 변경하여 구하는 방법을 살펴보았다. 그리고 기약행사다리꼴을 이용하여 [예제 9-20]에서 전기회로의 전류를 구하였다. 여기서는 역행렬을 이용하여 다음 전기회로의 전류를 구해보자.

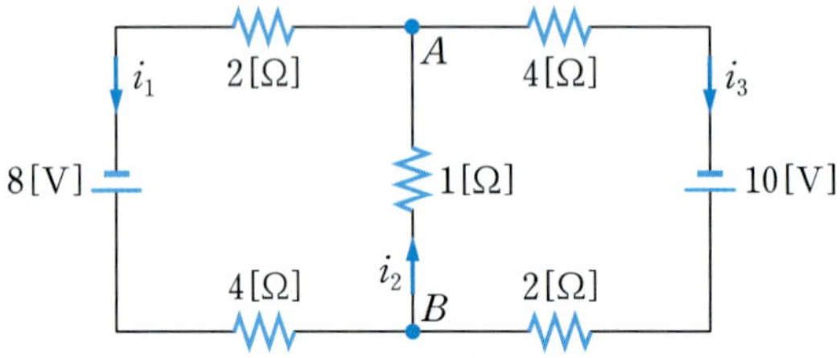

[그림 9-15] **전기회로**

키르히호프의 전류법칙에 의하여 두 노드 A와 B에서 들어오는 전류의 합은 나가는 전류의 합과 같아야 한다. 따라서 노드 A와 B에서 $i_2=i_1+i_3$가 성립한다. 그리고 전압법칙에 의하여 각 루프에서 전압강하의 합은 기전력과 같아야 한다. 그러므로 왼쪽과 오른쪽 루프에서 각각 다음 방정식이 성립한다.

$$6i_1+i_2=8, \quad 6i_3+i_2=10$$

따라서 세 전류 i_1, i_2, i_3에 대하여 다음 연립선형방정식을 얻는다.

$$i_1-i_2+i_3=0, \quad 6i_1+i_2=8, \quad i_2+6i_3=10$$

계수행렬은 $A=\begin{pmatrix}1&-1&1\\6&1&0\\0&1&6\end{pmatrix}$이고, 상수행렬은 $\mathbf{b}=\begin{pmatrix}0\\8\\10\end{pmatrix}$이다. 이때 계수행렬의 역행렬은 다음과 같다.

$$(A\,|\,I)=\left(\begin{array}{ccc|ccc}1&-1&1&1&0&0\\6&1&0&0&1&0\\0&1&6&0&0&1\end{array}\right)\sim\left(\begin{array}{ccc|ccc}1&-1&1&1&0&0\\0&7&-6&-6&1&0\\0&1&6&0&0&1\end{array}\right)\sim\left(\begin{array}{ccc|ccc}1&-1&1&1&0&0\\0&1&6&0&0&1\\0&7&-6&-6&1&0\end{array}\right)$$

$$\sim\left(\begin{array}{ccc|ccc}1&-1&1&1&0&0\\0&1&6&0&0&1\\0&7&-6&-6&1&0\end{array}\right)\sim\left(\begin{array}{ccc|ccc}1&-1&1&1&0&0\\0&1&6&0&0&1\\0&0&-48&-6&1&-7\end{array}\right)$$

$$\sim\left(\begin{array}{ccc|ccc}1&-1&1&1&0&0\\0&1&6&0&0&1\\0&0&1&6/48&-1/48&7/48\end{array}\right)\sim\left(\begin{array}{ccc|ccc}1&-1&1&1&0&0\\0&1&0&-36/48&6/48&6/48\\0&0&1&6/48&-1/48&7/48\end{array}\right)$$

$$\sim\left(\begin{array}{ccc|ccc}1&0&1&12/48&6/48&6/48\\0&1&0&-36/48&6/48&6/48\\0&0&1&6/48&-1/48&7/48\end{array}\right)\sim\left(\begin{array}{ccc|ccc}1&0&0&6/48&7/48&-1/48\\0&1&0&-36/48&6/48&6/48\\0&0&1&6/48&-1/48&7/48\end{array}\right)$$

즉 계수행렬의 역행렬은 다음과 같다.

$$A^{-1}=\frac{1}{48}\begin{pmatrix}6&7&-1\\-36&6&6\\6&-1&7\end{pmatrix}$$

따라서 전기회로에 흐르는 각 전류는 다음과 같다.

$$\mathbf{i}=\begin{pmatrix}i_1\\i_2\\i_3\end{pmatrix}=A^{-1}\mathbf{b}=\frac{1}{48}\begin{pmatrix}6&7&-1\\-36&6&6\\6&-1&7\end{pmatrix}\begin{pmatrix}0\\8\\10\end{pmatrix}$$

$$=\frac{1}{48}\begin{pmatrix}6\cdot0+7\cdot8-1\cdot10\\-36\cdot0+6\cdot8+6\cdot10\\6\cdot0-1\cdot8+7\cdot10\end{pmatrix}=\frac{1}{48}\begin{pmatrix}46\\108\\62\end{pmatrix}=\frac{1}{24}\begin{pmatrix}23\\54\\31\end{pmatrix}$$

크라머 규칙 : 로봇 팔 (관련 과목 : 제어공학)

크라머 규칙에 의하여 이원 일차연립방정식 $A\mathbf{x}=\mathbf{b}$가 유일한 해를 갖기 위한 필요충분조건은 $|A|\neq0$이고, 이때 연립방정식의 해는 다음과 같다. 여기서 A_x와 A_y는 각각 x와 y의 계수를 상수행렬 b로 대치한 행렬이다.

$$x=\frac{|A_1|}{|A|},\quad y=\frac{|A_2|}{|A|}$$

[그림 9-16(a)]와 같이 두 팔의 길이가 각각 l_1과 l_2이고 각 부분은 독립적으로 회전할 수 있는 로봇 팔이 작업대에 고정되어 있다고 하자. 이때 로봇 팔의 두 부분이 [그림 9-16(b)]와 같이 각각 회전한다할 때, 회전각과 로봇 팔의 길이 그리고 팔의 위치에 대한 관계를 살펴보자.

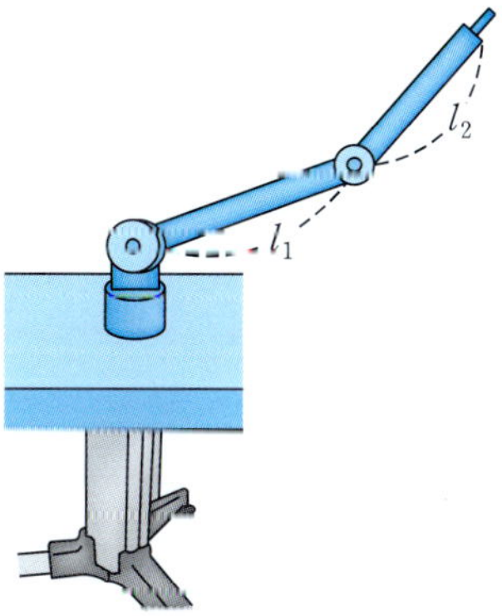

(a) 로봇 팔

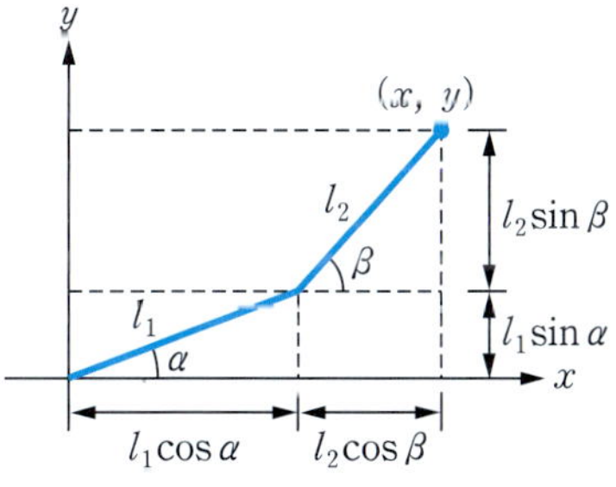

(b) 로봇 팔의 좌표

[그림 9-16] 로봇 팔과 팔의 좌표

[그림 9-16(b)]와 같이 길이 l_1, l_2인 팔이 각각 x축과 이루는 사이각을 각각 α, β라 하고, 팔 길이의 끝을 점 (x, y)라 하면, 팔 끝의 위치와 팔 길이 사이에 다음 관계가 성립한다.

$$x = l_1\cos\alpha + l_2\cos\beta, \quad y = l_1\sin\alpha + l_2\sin\beta$$

이 식은 행렬을 이용하여 다음과 같이 간단히 표현할 수 있다.

$$\mathbf{x} = A\mathbf{l}, \quad A = \begin{pmatrix} \cos\alpha & \cos\beta \\ \sin\alpha & \sin\beta \end{pmatrix}, \quad \mathbf{l} = \begin{pmatrix} l_1 \\ l_2 \end{pmatrix}, \quad \mathbf{x} = \begin{pmatrix} x \\ y \end{pmatrix}$$

이제 크라머 규칙을 이용하여 팔의 길이를 좌표 x와 y에 대하여 표현하자. 이를 위해서는 계수행렬의 행렬식은 0이 아니어야 한다. 따라서 다음이 성립해야 한다.

$$|A| = \begin{vmatrix} \cos\alpha & \cos\beta \\ \sin\alpha & \sin\beta \end{vmatrix} = \cos\alpha\sin\beta - \sin\alpha\cos\beta = \sin(\beta - \alpha) \neq 0$$

즉 $\beta - \alpha \neq n\pi$, n은 정수이다. 한편

$$|A_1| = \begin{vmatrix} x & \cos\beta \\ y & \sin\beta \end{vmatrix} = x\sin\beta - y\cos\beta$$

$$|A_2| = \begin{vmatrix} \cos\alpha & x \\ \sin\alpha & y \end{vmatrix} = y\cos\alpha - x\sin\alpha$$

이므로 l_1과 l_2는 각각 다음과 같다.

$$l_1 = \frac{|A_1|}{|A|} = \frac{\sin\alpha}{\sin(\beta - \alpha)}x - \frac{\cos\beta}{\sin(\beta - \alpha)}y$$

$$l_2 = \frac{|A_2|}{|A|} = -\frac{\sin\alpha}{\sin(\beta - \alpha)}x + \frac{\cos\alpha}{\sin(\beta - \alpha)}y$$

그리고 고정점으로부터 로봇 팔의 끝까지 거리를 r이라 하면, $r = \sqrt{x^2 + y^2}$ 이고

$$x^2 = (l_1\cos\alpha + l_2\cos\beta)^2 = l_1^2\cos^2\alpha + l_2^2\cos^2\beta + 2l_1l_2\cos\alpha\cos\beta$$

$$y^2 = (l_1\sin\alpha + l_2\sin\beta)^2 = l_2^2\sin^2\alpha + l_2^2\cos^2\beta + 2l_1l_2\sin\alpha\sin\beta$$

$$x^2 + y^2 = l_1^2 + l_2^2 + 2l_1l_2(\cos\alpha\cos\beta + \sin\alpha\sin\beta) = l_1^2 + l_2^2 + 2l_1l_2\cos(\beta - \alpha)$$

이므로 $\alpha = \beta$일 때 고정점에서 팔의 끝점까지 거리가 가장 길고 $\beta = \alpha + \pi$일 때 가장 짧다.

Chapter

10

미분방정식의 기초

Fundamental of Differential Equations

1계 미분방정식 _10.1

2계 미분방정식 _10.2

미분방정식의 응용 _10.3

라플라스 변환 _10.4

전공 맛보기

학습목표

- 1계 미분방정식을 유형별로 이해하고, 각 유형에 따른 미분방정식을 풀 수 있다.
- 제차 2계 미분방정식을 풀 수 있다.
- 비제차 2계 미분방정식을 풀 수 있다.
- 1계 미분방정식과 2계 미분방정식의 응용을 이해하고, 응용 문제를 풀 수 있다.
- 라플라스 변환을 이해하고, 라플라스 변환을 구할 수 있다.
- 절별 연습문제를 통해 학습 내용을 제대로 이해했는지 확인할 수 있다.

도함수 또는 독립변수와 종속변수의 미분이 포함된 방정식을 미분방정식이라 한다. 특히 미분방정식 안에 일변수함수의 도함수가 포함되면 상미분방정식이라 하고, 이변수 이상의 함수에 대한 편도함수가 포함되면 편미분방정식이라 한다. 이와 같은 미분방정식은 물리계의 열전도 방정식을 비롯하여 전기회로 및 역학 등에 다양하게 응용된다. 또한 라플라스 변환을 이용하면 복잡한 미분방정식을 쉽게 해결할 수 있다. 이 장에서는 상미분방정식의 다양한 해법과 간단한 라플라스 변환을 소개한다.

10.1 1계 미분방정식

3.2.3절에서 함수 $y=e^x$을 미분하면 $y'=e^x$임을 살펴보았다. 그러면 y와 그 도함수 y'이 모두 e^x이므로 $y=y'$인 것을 알 수 있다. 이와 같이 방정식 안에 도함수 또는 독립변수와 종속변수의 미분이 포함된 방정식을 **미분방정식** differential equation이라 한다. 함수 $y=e^x$은 미분방정식 $y=y'$을 만족할 뿐만 아니라, 임의의 상수 C에 대하여 $y=Ce^x$의 도함수도 역시 $y'=Ce^x$이므로 함수 $y=Ce^x$는 $y=y'$을 만족한다. 이때 주어진 미분방정식을 만족하는 함수 $y=f(x)$ 또는 $f(x,\ y)=C$를 미분방정식의 **해** solution라 하고, 해를 구하는 것을 미분방정식을 푼다고 한다. 그러면 임의의 상수 C에 의하여 미분방정식 $y=y'$을 만족하는 해곡선은 [그림 10-1]과 같이 무수히 많다.

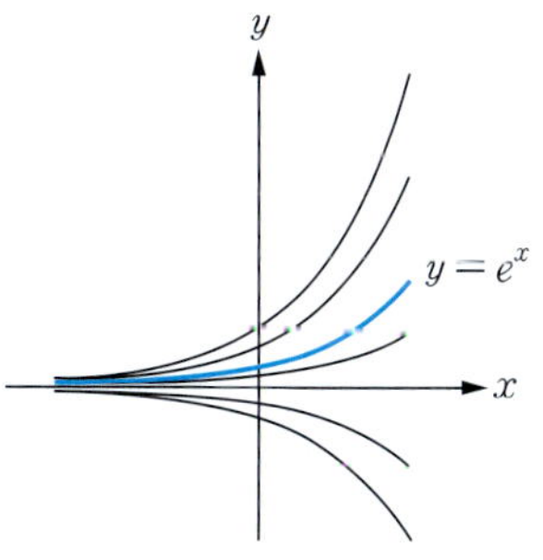

[그림 10-1] 미분방정식 $y=y'$의 해곡선

$y=Ce^x$과 같이 임의의 상수 C를 포함하는 해를 미분방정식의 **일반해** general solution라 한다. 특히 조건 $x=0$일 때 $y=1$이 주어졌다면, $C=1$이므로 이 조건을 만족하는 해는 $y=e^x$ 하나뿐이다. 이와 같이 미분방정식이 어떤 특정한 조건 $y_0=y(x_0)$를 만족하는 해를 **특수해** particular solution, 주어진 조건 $y_0=y(x_0)$를 **초기조건** initial condition이라 한다. 이때 미분방정식 $y'=y$와 같이 독립변수가 하나뿐인 미분방정식을 **상미분방정식** ordinary differential equation이라 한다.

10.1.1 변수분리형

어느 지역에 생존하는 곤충의 증가율에 대한 수학적 모형은 개체군의 증가율이 이 곤충의 개체 수에 비례한다는 가정으로부터 시작한다. 따라서 어느 시각 t에서 곤충의 개체 수를 P라 하면, 곤충의 증가율은 미분방정식 $\frac{dP}{dt}=kP$인 수학적 모형을 사용한다. 즉 t에 관한 함수 P에 대하여 이 모형을 $\frac{dP}{P}=k\,dt$와 같은 미분방정식으로 표현할 수 있다. 그러면 이 방정식의 좌변은 변수 P에 관한 식만 나타나고, 우변은 변수 t에 관한 식으로만 나타난다. 이와 같이 독립변수 x와 종속변수 y 사이에

$$\frac{dy}{dx} = f(x)g(y) \quad \text{또는} \quad g(y)\,dy = f(x)\,dx$$

형태가 성립하는 미분방정식을 **변수분리형** separable type 이라 한다. 이러한 변수분리형 미분방정식은 양변을 적분하여 다음과 같은 일반해를 얻는다.

$$\int g(y)\,dy = \int f(x)\,dx + C$$

예제 10-1

다음 미분방정식을 구하라.

(a) $x\,dx - y^2\,dy = 0$ (b) $y' = x^2 y$, $y(0) = 2$

풀이

(a) 주어진 미분방정식은 $y^2\,dy = x\,dx$로 변형할 수 있으므로 변수분리형이다. 따라서 양변을 적분하여 다음과 같은 일반해를 얻는다.

$$y^2\,dy = x\,dx, \quad \int y^2\,dy = \int x\,dx$$

$$\frac{1}{3}y^3 = \frac{1}{2}x^2 + C_1, \quad 2y^3 = 3x^2 + C, \quad C = 6C_1$$

(b) 우선 $y' = x^2 y$의 일반해를 구하기 위하여 다음과 같이 변형한다.

$$\frac{dy}{dx} = x^2 y, \quad \frac{1}{y}\,dy = x^2\,dx$$

그러면 변수분리형이므로 양변을 적분하여 다음과 같은 일반해를 얻는다.

$$\int \frac{1}{y}\,dy = \int x^2\,dx, \quad \ln y = \frac{1}{3}x^3 + C_1, \quad y = Ce^{x^3/3}, \quad C = e^{C_1}$$

초기조건 $x = 0$이면 $y = 2$이므로 $C = 2$이다. 따라서 주어진 조건을 만족하는 해는 $y = 2e^{x^3/3}$이다.

10.1.2 동차형

양의 정수 n에 대하여 편미분가능한 함수 $f(x,\ y)$가 다음을 만족할 때, 이 함수를 n차 **동차함수** homogeneous function라 한다.

$$f(tx,\ ty) = t^n f(x,\ y)$$

예를 들어, 함수 $f(x,\ y) = x^2 + y^2$은

$$f(tx,\ ty) = (tx)^2 + (ty)^2 = t^2(x^2 + y^2) = t^2 f(x,\ y)$$

를 만족하므로 이 함수는 2차 동차함수이다. 그러나 $f(x,\ y) = x^2 + y$는 동차함수가 아니다. 이때 차수가 같은 두 동차함수 $M(x,\ y)$와 $N(x,\ y)$에 대하여

$$M(x,\ y)dx + N(x,\ y)dy = 0$$

형태의 미분방정식을 **동차형** homogeneous type이라 한다. 이러한 동차형 미분방정식은 다음과 같이 변형할 수 있다.

$$\frac{dy}{dx} = f\left(\frac{y}{x}\right)$$

따라서 $v = \dfrac{y}{x}$로 치환하고 $\dfrac{dy}{dx} = v + x\dfrac{dv}{dx}$를 이용하여 다음과 같이 변형한다.

$$\frac{dy}{dx} = f\left(\frac{y}{x}\right),\ dy = f(v)dx,\ v\,dx + x\,dv = f(v)dx$$

그러면 다음과 같이 변수분리형 미분방정식을 얻는다.

$$\frac{1}{f(v) - v}dv = \frac{1}{x}dx$$

그리고 $v = \dfrac{y}{x}$를 이 미분방정식의 해에 대입하면 주어진 미분방정식의 해를 얻을 수 있다.

예제 10-2

미분방정식 $x^2y' = y^2 - 2x^2$을 구하라.

풀이

주어진 미분방정식을 $y' = \left(\dfrac{y}{x}\right)^2 - 2$로 변형하고 $v = \dfrac{y}{x}$라 한다. 그러면 $\dfrac{dy}{dx} = v + x\dfrac{dv}{dx}$이므로 다음과 같은 변수분리형 미분방정식으로 변형할 수 있다.

$$\frac{1}{v^2 - v - 2}dv = \frac{1}{x}dx, \quad \int \frac{1}{v^2 - v - 2}dv = \int \frac{1}{x}dx$$

$$\frac{1}{3}\int \frac{1}{v-2} - \frac{1}{v+1}dv = \ln|x| + C_1, \quad \frac{1}{3}\ln\left|\frac{v-2}{v+1}\right| = \ln|x| + C_1$$

$$\ln\left|\frac{v-2}{v+1}\right| = \ln e^{C_1}|x|^3, \quad \frac{(y/x)-2}{(y/x)+1} = Cx^3, \quad C = e^{C_1}$$

따라서 마지막 식을 정리하면 다음과 같은 일반해를 얻는다.

$$\frac{y-2x}{y+x} = Cx^3, \quad y - 2x = Cx^3(y+x), \quad y = \frac{2x + Cx^4}{1 - Cx^3}$$

10.1.3 완전미분형

어떤 영역 D에서 연속인 두 함수 $M(x, y)$와 $N(x, y)$가 연속인 1계 편도함수를 갖고, 다음과 같은 조건을 만족한다면 미분방정식 $M(x, y)dx + N(x, y)dy = 0$을 **완전미분형** type of exact differential이라 한다.

$$\frac{\partial M(x, y)}{\partial y} = \frac{\partial N(x, y)}{\partial x}$$

완전미분형 미분방정식의 일반해는 $M(x, y)$와 $N(x, y)$의 정의역 안의 적당한 x_0와 y_0에 대하여 다음과 같은 방법으로 구할 수 있다.

$$f(x, y) = \int_{x_0}^{x} M(t, y)\,dt + \int_{y_0}^{y} N(x_0, t)\,dt = C$$

특히 초기조건 $y(x_0) = y_0$를 만족하는 특수해는 다음과 같다.

$$f(x, y) = \int_{x_0}^{x} M(t, y)\,dt + \int_{y_0}^{y} N(x_0, t)\,dt = 0$$

예제 10-3

다음 미분방정식을 구하라.

(a) $(x+\sin y)\,dx+(x\cos y-2y)\,dy=0$ (b) $y'=\dfrac{2+ye^{xy}}{2y-xe^{xy}}$, $y(0)=1$

풀이

(a) $M(x,\ y)=x+\sin y$, $N(x,\ y)=x\cos y-2y$라 하면

$$\frac{\partial M}{\partial y}=\frac{\partial N}{\partial x}=\cos y$$

이므로 주어진 미분방정식은 완전미분형이다. 또한 $x=0$과 $y=0$에서 두 함수 M과 N이 존재하므로 주어진 미분방정식의 일반해는 다음과 같다.

$$\int_0^x (t+\sin y)\,dt+\int_0^y [x\cos y-2t]_{x=0}\,dt=C_1$$

$$\frac{1}{2}x^2+x\sin y-y^2=C_1,\ \ x^2-2y^2+2x\sin y=C$$

(b) 주어진 미분방정식을 $(2+ye^{xy})\,dx-(2y-xe^{xy})\,dy=0$으로 변경하고, $M(x,\ y)=2+ye^{xy}$, $N(x,\ y)=-(2y-xe^{xy})$라 하면 $\dfrac{\partial M}{\partial y}=\dfrac{\partial N}{\partial x}=(1+xy)e^{xy}$이나. 따라서 이 미분방정식은 완전미분형이다. 이때 초기조건이 $y(0)=1$이므로 구하고자 하는 특수해는 다음과 같다.

$$\int_0^x (2+ye^{ty})\,dt-\int_1^y [2t-xe^{xt}]_{x=0}\,dt=0$$

$$(2x+e^{xy}-1)-(y^2-1)=0,\ \ 2x+e^{xy}-y^2=0$$

10.1.4 적분인자형

미분방정식 $M(x,\ y)dx+N(x,\ y)dy=0$은 완전미분형이 아니지만, 이 미분방정식의 양변에 적당한 함수 $\lambda(x,\ y)$를 곱하면 완전미분형으로 변형되는 경우가 있다. 이와 같은 미분방정식을 **적분인자형** type of integrating factor이라 하고, 함수 $\lambda(x,\ y)$를 **적분인자** integrating factor라 한다. 따라서 완전미분형이 아닌 미분방정식 $M(x,\ y)dx+N(x,\ y)dy=0$의 양변에 적분인자 $\lambda(x,\ y)$를 곱한 다음 미분방정식은 완전미분형이다. 따라서 완전미분형 미분방정식의 해법에 따라 일반해를 구할 수 있다.

$$\lambda(x,\ y)M(x,\ y)dx+\lambda(x,\ y)N(x,\ y)dy=0$$

예제 10-4

미분방정식 $-y\,dx + x\,dy = 0$이 완전미분형은 아니지만 $\lambda(x, y) = \dfrac{1}{x^2}$을 양변에 곱하면 완전미분형임을 보이고, 일반해를 구하라.

풀이

주어진 미분방정식에서 $M(x, y) = -y$, $N(x, y) = x$라 하면

$$\frac{\partial M(x, y)}{\partial y} = -1 \neq \frac{\partial N(x, y)}{\partial x} = 1$$

이므로 주어진 미분방정식은 완전미분형이 아니다. 한편, $\lambda(x, y) = \dfrac{1}{x^2}$을 양변에 곱하면 주어진 미분방정식은 다음과 같이 변형된다.

$$-\frac{y}{x^2}dx + \frac{1}{x}dy = 0$$

이 미분방정식에서 $M(x, y) = -\dfrac{y}{x^2}$, $N(x, y) = \dfrac{1}{x}$이라 하면

$$\frac{\partial M(x, y)}{\partial y} = \frac{\partial N(x, y)}{\partial x} = -\frac{1}{x^2}$$

이므로 변형된 미분방정식은 완전미분형이다. 한편, 마지막 두 함수 M과 N은 $x=1$과 $y=0$에서 정의되므로 주어진 미분방정식의 일반해는 다음과 같다.

$$-\int_1^x \frac{y}{t^2}\,dt + \int_0^y \left[\frac{1}{x}\right]_{x=1} dt = C, \quad -y\left(-\frac{1}{t}\Big|_1^x\right) + y = \frac{y}{x} = C$$

따라서 구하고자 하는 일반해는 $\dfrac{y}{x} = C$ 또는 $y = Cx$이다.

그러므로 적분인자형 미분방정식의 일반해를 구하려면 적분인자 $\lambda(x, y)$를 구해야만 한다. 적분인자 $\lambda(x, y)$는 미분방정식 $M(x, y)dx + N(x, y)dy = 0$의 두 함수 $M(x, y)$와 $N(x, y)$의 구조에 의하여 결정된다. 이제 M과 N의 구조에 따른 적분인자를 구하는 방법과 일반해를 구하는 방법을 살펴보자.

■ 전미분 공식을 이용하는 방법

우선 [정리 7-10]에서 살펴본 다음과 같은 전미분 공식을 이용한다.

- $d(xy) = y\,dx + x\,dy$
- $d(x^2 \pm y^2) = 2x\,dx \pm 2y\,dy$
- $d\left(\dfrac{y}{x}\right) = \dfrac{x\,dy - y\,dx}{x^2}$, $d\left(\dfrac{x}{y}\right) = \dfrac{y\,dx - x\,dy}{y^2}$
- $d\left(\tan^{-1}\dfrac{y}{x}\right) = \dfrac{x\,dy - y\,dx}{x^2 + y^2}$
- $d\left(\ln\dfrac{x-y}{x+y}\right) = \dfrac{2x\,dy - 2y\,dx}{x^2 - y^2}$
- $d\left(\ln\dfrac{y}{x}\right) = \dfrac{x\,dy - y\,dx}{xy}$
- $d\left(\dfrac{x+y}{x-y}\right) = \dfrac{2x\,dy - 2y\,dx}{(x-y)^2}$, $d\left(\dfrac{x-y}{x+y}\right) = \dfrac{2y\,dx - 2x\,dy}{(x+y)^2}$

예제 10-5

미분방정식 $x\,dy - y\,dx = y(x^2+y^2)\,dy$의 일반해를 구하라.

풀이

주어진 미분방정식의 우변에 있는 인자 x^2+y^2으로 양변을 나누면

$$\frac{x\,dy - y\,dx}{x^2+y^2} = y\,dy$$

이다. 그러면 전미분 공식 (4)에 의하여

$$d\left(\tan^{-1}\frac{y}{x}\right) = y\,dy$$

이고, $u = \tan^{-1}\dfrac{y}{x}$라 하면 $du = y\,dy$이므로 변수분리형이다. 따라서 변수분리형 해법에 의하여 일반해를 구하면 다음과 같다.

$$\int du = \int y\,dy,\quad u = \frac{1}{2}y^2 + C_1,\quad 2u = y^2 + C,\quad 2\tan^{-1}\frac{y}{x} = y^2 + C$$

■ 적분인자를 구하는 방법

보조함수 $\mu(x, y) = (N_x - M_y)/N$이 x만의 함수인 경우에 적분인자는 다음과 같다.

$$\lambda(x, y) = \exp\left[-\int \mu(x, y)\,dx\right]$$

예제 10-6

미분방정식 $(-x^2+2y^2-x)\,dx+2xy\,dy=0$의 일반해를 구하라.

풀이

주어진 미분방정식은 완전미분형이 아니다. 그러나 $M(x,\ y)=-x^2+2y^2-x$, $N(x,\ y)=2xy$라 하면

$$\mu(x,\ y)=\frac{N_x(x,\ y)-M_y(x,\ y)}{N(x,\ y)}=\frac{2y-4y}{2xy}=-\frac{1}{x}$$

이므로 적분인자는 다음과 같다.

$$\lambda(x,\ y)=\exp\left[\int\frac{1}{x}\,dx\right]=e^{\ln x}=x$$

따라서 주어진 미분방정식의 양변에 $\lambda(x,\ y)=x$를 곱하면 완전미분형이 된다.

$$(-x^3+2xy^2-x^2)\,dx+2x^2y\,dy=0$$

또한 $M(x,\ y)=-x^3+2xy^2-x^2$와 $N(x,\ y)=2x^2y$은 $x=0$, $y=0$에서 정의되므로 완전미분형 미분방정식의 해법에 따라 다음과 같다.

$$\int_0^x(-t^3+2ty^2-t^2)\,dt+\int_0^y\left[2x^2t\right]_{x=0}dt=-\frac{x^4}{4}+x^2y^2-\frac{x^3}{3}=C_1$$

따라서 마지막 식을 정리하면 주어진 미분방정식의 일반해는 $3x^4-12x^2y^2+4x^3=C$이다.

10.1.5 선형미분방정식

이제 다음과 같은 1계 선형미분방정식의 해법에 대해 살펴보자.

$$y'+f(x)y=r(x)$$

이 선형미분방정식을 $[f(x)y-r(x)]\,dx+dy=0$과 같이 변형하여 $M(x,\ y)=f(x)y-r(x)$, $N(x,\ y)=1$이라 하면

$$\mu(x,\ y)=\frac{N_x(x,\ y)-M_y(x,\ y)}{N(x,\ y)}=-f(x)$$

이다. 따라서 $\mu(x,\ y)$가 x만의 함수이므로 적분인자는 다음과 같다.

$$\lambda(x,\ y)=e^{-\int[-f(x)]dx}=e^{\int f(x)dx}$$

이제 주어진 미분방정식에 $\lambda(x,\ y)$를 곱하면 다음과 같은 완전미분형 미분방정식을 얻는다.

$$y'\,e^{\int f(x)dx}+y f(x)\,e^{\int f(x)dx}=r(x)\,e^{\int f(x)dx} \qquad (*)$$

특히 두 함수의 곱의 미분법과 합성함수의 미분법을 이용하면

$$\frac{d}{dx}\left(y\,e^{\int f(x)dx}\right)=y'\,e^{\int f(x)dx}+y f(x)\,e^{\int f(x)dx}$$

이므로 다음과 같은 관계식을 얻는다.

$$\frac{d}{dx}\int r(x)\,e^{\int f(x)dx}\,dx=r(x)\,e^{\int f(x)dx}$$

또한 위식의 우변은 [정리 4-5]의 미분적분학의 기본정리 (1)을 이용하면 다음과 같다.

$$\frac{d}{dx}\left(y\,e^{\int f(x)dx}\right)=\frac{d}{dx}\int r(x)\,e^{\int f(x)dx}\,dx$$

그러므로 식 $(*)$는 다음과 같이 변수분리형 미분방정식이다.

$$d\left(y\,e^{\int f(x)dx}\right)=d\left(\int r(x)\,e^{\int f(x)dx}\,dx\right)$$

이제 이 식의 양변을 적분하면 처음에 주어진 1계 선형미분방정식 $y'+f(x)y=r(x)$의 일반해는 다음과 같다.

$$y=e^{-\int f(x)dx}\left(\int r(x)e^{\int f(x)dx}\,dx+C\right)$$

예제 10-7

미분방정식 $xy'+y=x\sin x$, $y\left(\frac{\pi}{2}\right)=1$의 해를 구하라.

풀이

양변을 x로 나누어 주어진 미분방정식을 $y'+\frac{1}{x}y=\sin x$로 변형하면 1계 선형미분방정식이다. 따라서 $f(x)=\frac{1}{x}$, $r(x)=\sin x$라 하면

$$\int f(x)dx = \int \frac{1}{x}dx = \ln x$$

이므로 주어진 미분방정식의 일반해는 다음과 같다.

$$y = e^{-\ln x}\left(\int \sin x\, e^{\ln x}\, dx + C\right) = \frac{1}{x}\left(\int x\sin x\, dx + C\right) = \frac{1}{x}(\sin x - x\cos x + C)$$

한편, 이 일반해가 초기조건 $y\left(\frac{\pi}{2}\right) = 1$을 만족하므로

$$\frac{2}{\pi}\left(\sin\frac{\pi}{2} - \frac{\pi}{2}\cos\frac{\pi}{2} + C\right) = 1$$

로부터 $C = \frac{\pi}{2} - 1$이다. 따라서 초기조건을 만족하는 해는 다음과 같다.

$$y = \frac{1}{x}\left(\sin x - x\cos x + \frac{\pi}{2} - 1\right) \quad \text{또는} \quad xy = \sin x - x\cos x + \frac{\pi}{2} - 1$$

Section 10.1 연습문제

※ 다음 미분방정식의 일반해를 구하라.

1. $y' = 1 + y^2$

2. $y^4 dx + dy = 0$

3. $\frac{dy}{dx} - 2y + 3 = 0$

4. $(y+1)dx + \frac{1}{x-1}dy = 0$

5. $\frac{dy}{dx} = \frac{\sqrt{y} - y}{x}$

6. $xy\frac{dy}{dx} = x^2 + 2$

7. $2x^3 y' = y^3 + 2x^2 y$

8. $(3x^2 y - y^3) - (3xy^2 - x^3)y' = 0$

9. $x^2 y' = xy - y^2$

10. $y' = \frac{y+x}{x}$

11. $\frac{2xy+1}{y}dx + \frac{y-x}{y^2}dy = 0$

12. $2x\sin y\, dx + (x^2\cos y - 1)dy = 0$

13. $\frac{1}{x^3 y^2}dx + \left(\frac{1}{x^2 y^3} + 2y\right)dy = 0$

14. $(x + \sin y)dx + (x\cos y - 2y)dy = 0$

15. $y\cos x\, dx + 2\sin x\, dy = 0$

16. $2dx + \sec x\cos y\, dy = 0$

※ 다음 미분방정식의 초깃값 문제를 풀어라.

17. $dx + x\,dy = 0,\ y(1) = 1$

18. $-x\,dy + y\,dx = 0,\ y(2) = 3$

19. $y' = y - y^2,\ y(0) = 1$

20. $y^2 dx - x\,dy = -dx,\ y(e) = 1$

21. $x^3 y + (x^4 + y^4)y' = 0,\ y(0) = 1$

22. $y' = \dfrac{2y^4 + x^4}{xy^3},\ y(1) = 1$

23. $x\dfrac{dy}{dx} + y = 2\sqrt{xy},\ y(1) = 2$

24. $x\dfrac{dy}{dx} - y + \sqrt{y^2 - x^2} = 0,\ y(0) = 1$

25. $y' = \dfrac{-3x^2 y}{x^3 + 2y^4},\ y(0) = 0$

26. $y' = \dfrac{2 + ye^{xy}}{2y - xe^{xy}},\ y(0) = 0$

27. $2xy\,dx + 3dy = 0,\ y(3) = 1$

28. $2x\,dx + \sec x \cos y\,dy = 0,\ y(0) = 0$

29. $(\cos x \sin x - xy^2)dx + y(1 - x^2)dy = 0,\ y(0) = 2$

30. $\sinh x \cos y\,dx - \cosh x \sin y\,dy = 0,\ y(0) = 0$

※ 다음 선형미분방정식의 해를 구하라.

31. $(x^2 - 4)y' + xy = x$

32. $(1 + x^2)y' = xy + 1$

33. $x^2 y' + xy = x^3 \sin x$

34. $xy' - 2y = x^3 e^{3x}$

35. $(x - 2)y' + y = 3x(x - 2),\ y(3) = 4$

36. $y' + y\tan x = \sin 2x,\ y(0) = 1$

37. **응용** 키르히호프의 법칙에 의하여 오른쪽 그림의 RL 전기회로는 미분방정식 $L\dfrac{di}{dt} + Ri = e(t)$가 성립한다. 이 전기회로에서 초기전류는 0[A], 저항은 12[Ω]이고 인덕턴스는 3[H], 전압 30[V]일 때, 다음을 구하라.

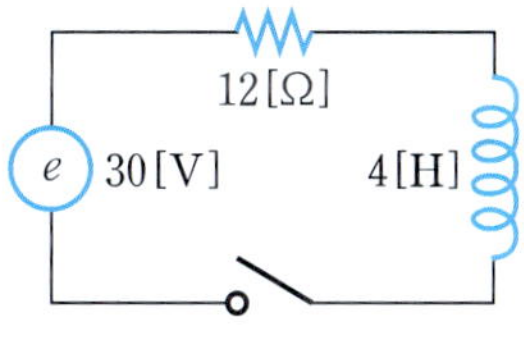

(a) 전류 $i(t)$

(b) $\lim_{t\to\infty} i(t)$

38. **응용** 키르히호프의 법칙에 의하여 오른쪽 그림의 RC 전기회로는 미분방정식 $R\dfrac{dq}{dt} + \dfrac{1}{C}q = e(t)$가 성립한다. 이 전기회로에서 초기전류는 0[A], 초기전하는 0[C], 저항은 10[Ω]이고 캐패시턴스는 0.05[F], 전압 120[V]일 때, 다음을 구하라. 이때 $i(t) = \dfrac{dq}{dt}$이다.

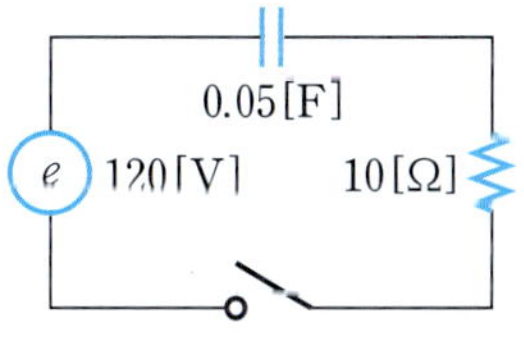

(a) 전하 $q(t)$

(b) 전류 $i(t)$

10.2 2계 미분방정식

일반적으로 2계 선형미분방정식은 다음과 같이 표현된다.

$$y'' + a(x)y' + b(x)y = r(x)$$

이와 같은 미분방정식은 전자공학을 비롯한 대다수 공학이나 자연과학 등에서 쉽게 접할 수 있다. 예를 들어, RLC 회로의 전하에 관한 다음 미분방정식은 2계 선형미분방정식이다.

$$L\frac{d^2Q}{dt^2} + R\frac{dQ}{dt} + \frac{1}{C}Q = E$$

이 절에서는 이와 같은 2계 선형미분방정식의 해법에 대하여 살펴본다. 어떤 구간에서 연속함수 $a_0(x)$, $a_1(x)$, $a_2(x)$와 $r(x)$에 대하여 미분방정식

$$a_0(x)y'' + a_1(x)y' + a_2(x)y = r(x)$$

를 변수계수 2계 **선형미분방정식** linear differential equation 이라 하고, 계수들이 모두 상수이면 상수계수 2계 선형미분방정식이라 한다. 이때 $r(x) = 0$인 미분방정식을 **제차 선형미분방정식** homogeneous linear differential equation 이라 하고, $r(x) \neq 0$인 미분방정식을 **비제차 선형미분방정식** non-homogeneous linear differential equation 이라 한다. 특히 비제차 선형미분방정식에서 우변의 $r(x)$를 **비제차항** non-homogeneous term 이라 한다. 우선 제차 선형미분방정식의 해를 구하는 방법에 대하여 살펴보자.

10.2.1 상수계수 제차 선형미분방정식

상수계수 제차 선형미분방정식의 일반해를 구하기 위하여 상수 a, b, c를 계수로 가지는 다음과 같은 2계 선형미분방정식을 살펴보자.

$$ay'' + by' + cy = 0$$

이 미분방정식의 일반해를 구하기 위하여 3.2절에서 소개한 도함수 기호 중의 하나인 Dy를 생각한다. 그러면 $D = \frac{d}{dx}$와 같은 의미이고, 연산 기호 D를 **미분연산자** differential operator 라고 한다. 이 미분연산자를 이용하면 임의의 상수 C_1과 C_2에 대하여

$$D(C_1 y_1 + C_2 y_2) = \frac{d}{dx}(C_1 y_1 + C_2 y_2) = C_1\frac{dy_1}{dx} + C_2\frac{dy_2}{dx} = C_1 D y_1 + C_2 D y_2$$

가 성립한다. 또한 미분연산자 D에 대하여

$$y' = \frac{dy}{dx} = Dy, \quad y'' = \frac{d}{dx}\left(\frac{dy}{dx}\right) = D(Dy) = D^2 y$$

로 나타낼 수 있다. 그러므로 D를 이용한 2계 선형미분방정식은 다음과 같다.

$$ay'' + by' + cy = (aD^2 y + bDy + cy) = (aD^2 + bD + c)y = 0$$

이때 마지막 식의 좌변의 괄호 부분은 미분연산자 D에 관한 다항식으로 생각할 수 있으며,

$$F(D) = aD^2 + bD + c$$

를 **연산자 다항식** operator polynomial 이라 한다. 이때 D에 관한 이차방정식 $F(D) = 0$의 해에 따라 주어진 미분방정식의 일반해가 결정되며, 다음과 같은 이차방정식을 2계 선형미분방정식의 **특성방정식** charateristic equation 이라 하고, 특성방정식의 해를 **특성근** characteristic root 이라 한다.

$$F(D) = aD^2 + bD + c = 0$$

특성방정식의 근은 서로 다른 두 실근, 중복인 실근(중근), 켤레복소수인 허근을 갖는 세 가지 경우가 있다. 그리고 이 세 가지 경우에 따라 2계 선형미분방정식의 일반해도 [표 10-1]과 같이 구분된다.

[표 10-1] 특성방정식의 근에 따른 2계 선형미분방정식의 일반해

근	근의 성질	판별식	일반해
α, β	서로 다른 두 실근	$b^2 - 4ac > 0$	$y = C_1 e^{\alpha x} + C_2 e^{\beta x}$
α	중복인 실근(중근)	$b^2 - 4ac = 0$	$y = (C_1 + C_2 x)e^{\alpha x}$
$\alpha = p + iq$ $\beta = p - iq$	켤레복소수인 허근	$b^2 - 4ac < 0$	$y = e^{px}(C_1 \sin qx + C_2 \cos qx)$

예제 10-8

다음 미분방정식의 일반해를 구하라.

(a) $y'' + 2y' - 3y = 0$ (b) $y'' + 2y' + y = 0$ (c) $y'' + 2y' + 2y = 0$

풀이

(a) 특성방정식은 $D^2 + 2D - 3 = 0$이므로 $D^2 + 2D - 3 = (D+3)(D-1) = 0$으로부터 서로 다른 특성근 $D = -3,\ 1$을 얻는다. 따라서 주어진 방정식의 일반해는 다음과 같다.

$$y = C_1 e^{-3x} + C_2 e^x$$

(b) 특성방정식은 $D^2 + 2D + 1 = 0$이므로 $D^2 + 2D + 1 = (D+1)^2 = 0$으로부터 중근인 특성근 $D = -1$을 얻는다. 따라서 주어진 방정식의 일반해는 다음과 같다.

$$y = (C_1 + C_2 x)e^{-x}$$

(c) 특성방정식은 $D^2 + 2D + 2 = 0$이므로 근의 공식에 의하여 특성근을 구하면 $D = -1 \pm i$이다. 따라서 $p = -1$, $q = 1$이고, 주어진 방정식의 일반해는 다음과 같다.

$$y = e^{-x}(C_1 \sin x + C_2 \cos x)$$

10.2.2 상수계수 비제차 선형미분방정식

다음과 같은 상수계수 비제차 2계 선형미분방정식의 일반해를 구해보자.

$$ay'' + by' + cy = r(x), \quad a \neq 0$$

이와 같은 비제차 선형미분방정식의 일반해를 구하려면, 우선 미분방정식

$$ay'' + by' + cy = 0, \quad a \neq 0$$

의 일반해를 먼저 구해야만 한다. 이때 이 미분방정식을 비제차 선형미분방정식의 **여방정식** complementary equation이라 한다. 그러면 [표 10-1]에서 소개한 방법에 따라 여방정식의 일반해 $y_h = C_1 y_1 + C_2 y_2$를 구할 수 있으며, 이 일반해를 **여함수** complementary function라고 한다. 그리고 비제차 선형미분방정식을 만족하는 특수해 y_p를 별도로 구해야만 한다. 그러면 비제차 선형미분방정식의 일반해는 다음과 같이 구할 수 있다.

정리 10-1 비제차 선형미분방정식의 일반해

$a \neq 0$에 대하여 비제차 선형미분방정식 $ay'' + by' + cy = r(x)$의 특수해를 y_p라 하고, 여함수를 $y_h = C_1 y_1 + C_2 y_2$라 하자. 그러면 이 미분방정식의 일반해는 다음과 같다.

$$y = y_h + y_p = C_1 y_1 + C_2 y_2 + y_p$$

예제 10-9

미분방정식 $y'' - 2y' + y = x^3 + x$에 대하여 다음을 보여라.

(a) $y_p = x^3 + 6x^2 + 19x + 26$은 이 미분방정식의 해이다.

(b) $y_h = C_1 e^x + C_2 x e^x$은 이 미분방정식의 여함수이다.

(c) 이 미분방정식의 일반해는 다음과 같다.

$$y = y_h + y_p = (C_1 + C_2 x) e^x + x^3 + 6x^2 + 19x + 26$$

풀이

(a) $y_p = x^3 + 6x^2 + 19x + 26$이므로

$$y_p' = 3x^2 + 12x + 19, \quad y_p'' = 6x + 12$$

이다. 따라서 y_p와 도함수들을 미분방정식에 대입하면

$$y_p'' - 2y_p' + y_p = (6x + 12) - 2(3x^2 + 12x + 19) + (x^3 + 6x^2 + 19x + 26) = x^3 + x$$

이므로 $y_p = x^3 + 6x^2 + 19x + 26$은 주어진 미분방정식의 해이다.

(b) 여방정식은 $y'' - 2y' + y = (D^2 - 2D + 1)y = 0$이므로 특성방정식

$$D^2 - 2D + 1 = (D - 1)^2 = 0$$

으로부터 중근인 $D = 1$을 얻는다. 따라서 여방정식의 일반해인 여함수는 다음과 같다.

$$y_h = C_1 e^x + C_2 x e^x$$

(c) $y = (C_1 + C_2 x) e^x + x^3 + 6x^2 + 19x + 26$이라 하면

$$y' = (C_1 + C_2 + C_2 x) e^x + 3x^2 + 12x + 19$$
$$y'' = (C_1 + 2C_2 + C_2 x) e^x + 6x + 12$$

이다. 따라서

$$\begin{aligned} y'' - 2y' + y &= \left[(C_1 + 2C_2 + C_2 x) e^x + 6x + 12\right] \\ &\quad - 2\left[(C_1 + C_2 + C_2 x) e^x + 3x^2 + 12x + 19\right] \\ &\quad + (C_1 + C_2 x) e^x + x^3 + 6x^2 + 19x + 26 \\ &= x^3 + x \end{aligned}$$

이고, 이 해는 임의의 두 상수 C_1과 C_2를 가지고 있으므로 주어진 미분방정식의 일반해이다.

이 예제와 같이 비제차 선형미분방정식의 일반해는 다음과 같은 순서에 따라 구할 수 있다.

❶ [표 10-1]에 따라 여함수 y_h를 구한다.

❷ 비제차 선형미분방정식을 만족하는 특수해 y_p를 구한다.

❸ 비제차 신형미분방정식의 일반해 $y = y_h + y_p$를 구한다.

이제 비제차 선형미분방정식의 특수해를 구하는 방법을 살펴보자. 특수해를 구하는 방법은 다양하지만, 여기서는 미정계수법에 의하여 특수해를 구하는 방법을 살펴본다. 이 방법은 비제차항 $r(x)$가 상수, 다항식, 자연지수함수 또는 사인함수와 코사인함수인 경우에 적용된다. 그러면 $r(x)$의 유형에 따라 특수해 y_p를 각각 [표 10-2]와 같이 지정하고, 미정계수를 구한다. 여기서 n은 양의 정수, a와 b는 임의의 상수이다.

[표 10-2] **비제차항에 따른 특수해의 형태**

비제차항 $r(x)$	특수해 y_p의 형태
k(상수)	$y_p = A$
x^n	$y_p = A_0 x^n + A_1 x^{n-1} + \cdots + A_{n-1} x + A_n$
e^{ax}	$y_p = Ae^{ax}$
$x^n e^{ax}$	$y_p = (A_0 x^n + A_1 x^{n-1} + \cdots + A_{n-1} x + A_n) e^{ax}$
$\sin ax$, $\cos ax$	$y_p = A\sin ax + B\cos ax$
$x^n \sin ax$, $x^n \cos ax$	$y_p = (A_0 x^n + A_1 x^{n-1} + \cdots + A_{n-1} x + A_n) \sin ax$ $+ (B_0 x^n + B_1 x^{n-1} + \cdots + B_{n-1} x + B_n) \cos ax$
$x^n e^{ax} \sin bx$, $x^n e^{ax} \cos bx$	$y_p = (A_0 x^n + A_1 x^{n-1} + \cdots + A_{n-1} x + A_n) e^{ax} \sin bx$ $+ (B_0 x^n + B_1 x^{n-1} + \cdots + B_{n-1} x + B_n) e^{ax} \cos bx$

예제 10-10

다음 미분방정식의 특수해 y_p와 일반해를 구하라.

(a) $y'' + 9y = 2\sin x + \cos x$ (b) $y'' + 2y' - y = 7x^2 e^{3x}$

풀이

(a) $r(x) = 2\sin x + \cos x$이므로 특수해를 $y_p = a\cos x + b\sin x$라 하면

$$y_p' = -a\sin x + b\cos x, \quad y_p'' = -a\cos x - b\sin x$$

이므로 다음을 얻는다.

$$y_p'' + 9y_p = -(a\cos x + b\sin x) + 9(a\cos x + b\sin x)$$
$$= 8a\cos x + 8b\sin x = 2\sin x + \cos x$$

$$8a = 1,\ 8b = 2 \ \Rightarrow\ a = \frac{1}{8},\ b = \frac{1}{4}$$

그러므로 특수해는 $y_p = \frac{1}{8}\cos x + \frac{1}{4}\sin x$이다. 여함수를 구하기 위하여 $y'' + 9y = 0$이라 하면 특성방정식 $D^2 + 9 = 0$으로부터 $D = \pm 3i$이므로 여방정식의 해는 $y_h = C_1\cos 3x + C_2\sin 3x$이다. 따라서 구하고자 하는 일반해는 다음과 같다.

$$y = C_1\cos 3x + C_2\sin 3x + \frac{1}{8}\cos x + \frac{1}{4}\sin x$$

(b) $r(x) = 7x^2e^{3x}$이므로 특수해를 $y_p = (ax^2 + bx + c)e^{3x}$이라 하면

$$y_p' = [b + 3c + (2a + 3b)x + 3ax^2]e^{3x}$$
$$y_p'' = [2a + 6b + 9c + (12a + 9b)x + 9ax^2]e^{3x}$$

이므로 다음을 얻는다.

$$y_p'' + 2y_p' - y_p = 2e^{3x}[7ax^2 + (8a + 7b)x + (a + 4b + 7c)] = 7x^2e^{3x}$$
$$14a = 7,\ 8a + 7b = 0,\ a + 4b + 7c = 0 \ \Rightarrow\ a = \frac{1}{2},\ b = -\frac{4}{7},\ c = \frac{25}{98}$$

따라서 특수해는 $y_p = \left(\frac{1}{2}x^2 - \frac{4}{7}x + \frac{25}{98}\right)e^{3x}$이다.

또한 여함수를 구하기 위하여 $y'' + 2y' - y = 0$이라 하면 특성방정식 $D^2 + 2D - 1 = 0$으로부터 $D = -1 \pm \sqrt{2}$이므로 여방정식의 해는 $y_h = C_1e^{(-1-\sqrt{2})x} + C_2e^{(-1+\sqrt{2})x}$이다. 따라서 구하고자 하는 일반해는 다음과 같다.

$$y = C_1e^{(-1-\sqrt{2})x} + C_2e^{(-1+\sqrt{2})x} + \left(\frac{1}{2}x^2 - \frac{4}{7}x + \frac{25}{98}\right)e^{3x}$$

한편, 비제차항이 [표 10-2]에 제시된 함수들의 합인 경우, 즉 $r(x) = r_1(x) + r_2(x)$인 경우에 특수해는 $r_1(x)$, $r_2(x)$에 대한 특수해의 합으로 정한다. 특히 비제차항 $r(x)$에 e^{kx} 형태가 포함되고 e^{kx}의 지수 k가 여방정식의 특성근이 되는 경우에, 그 중복도에 따라 e^{kx}에 대응하는 특수해는 다음과 같이 분류된다.

[표 10-3] 비제차항 e^{kx}과 특성근에 따른 특수해

지수 k와 특성근 k_1, k_2의 관계	대응하는 특수해
$k_1 \neq k$, $k_2 \neq k$	$y_p = Ae^{kx}$
$k_1 = k$, $k_2 \neq k$	$y_p = Axe^{kx}$
$k_1 = k_2 = k$	$y_p = Ax^2e^{kx}$

이때 비제차항이 $r(x) = x^n e^{kx}$이면 중복도 $\alpha = 0,\ 1,\ 2$에 따라 특수해는 다음과 같다.

$$y_p = Ax^{n+\alpha}e^{kx}$$

예제 10-11

미분방정식 $y'' - 9y = 6e^{3x}$의 일반해를 구하라.

풀이

여방정식에 대한 특성방정식 $D^2 - 9 = (D-3)(D+3) = 0$으로부터 특성근은 $D = \pm 3$이다. 따라서 여함수 $y_h = C_1 e^{-3x} + C_2 e^{3x}$을 얻는다. 한편, 비제차항의 지수에 있는 3과 특성근 하나가 같으므로 특수해는 $y_p = axe^{3x}$이다. 그러므로 $y_p'' = 3a(2+3x)e^{3x}$이고, 주어진 미분방정식에 대입하여 미정계수 a를 구한다.

$$y_p'' - 9y_p = 3a(2+3x)e^{3x} - 9axe^{3x} = 6ae^{3x} = 6e^{3x},\quad 6a = 6 \quad \Rightarrow \quad a = 1$$

따라서 특수해는 $y_p = xe^{3x}$이고, 주어진 미분방정식의 일반해는 다음과 같다.

$$y = C_1 e^{-3x} + C_2 e^{3x} + xe^{3x} = C_1 e^{-3x} + (C_2 + x)e^{3x}$$

Section 10.2 연습문제

※ 다음 미분방정식의 일반해를 구하라.

1. $y'' - 3y' + 2y = 0$

2. $y'' - y' - 30y = 0$

3. $y'' + 10y' + 21y = 0$

4. $y'' + 3y = 0$

5. $y'' - 2y' + y = 0$

6. $y'' + 4y' + (4 + \pi^2)y = 0$

7. $y'' + 6y' + 9y = 0$

8. $y'' + 2y' - 2y = 0$

9. $y'' + 2y' + 2y = 0$

10. $y'' - 3y' + 3y = 0$

11. $y'' + 2y' + 3y = 0$

12. $y'' - 2y' + 4y = 0$

13. $y'' - 4y' + 13y = 0$

14. $y'' - 2y' - y = 0$

※ 다음 비제차 미분방정식의 일반해를 구하라.

15. $y'' - y' - 2y = 2x - 1$

16. $y'' + 4y' - 2y = x^2 - 2x + 4$

17. $y'' - 3y' + 2y = 5e^{3x}$

18. $y'' - 3y' + 4y = 2e^{-2x}$

19. $y'' + 2y' + y = xe^{3x}$

20. $y'' + 2y' + y = 2e^{-x} + e^{x}$

21. $y'' + 2y' + y = e^{-x} + e^{x}$

22. $y'' + 25y = 6\sin x$

23. $y'' - y' + y = 2\sin 3x$

24. $y'' - 2y' - 3y = 10\cos 2x + 15\sin 2x$

25. $y'' - 4y' + 3y = x\cos x$

26. $y'' + y' + 2y = \cos x + (2x - 3)\sin x$

27. $y'' + 2y' + 2y = 2e^{x}\cos x$

28. $y'' - 2y' + 2y = e^{x}\sin 2x$

29. 응용 다음과 같은 **오일러의 공식** Euler's formula이 성립함을 보이고자 한다.

$$e^{(p+iq)x} = e^{px}(\cos qx + i\sin qx)$$

(a) 테일러 급수의 전개식을 이용하여 $e^{iqx} = \sum_{n=0}^{\infty} \frac{(iqx)^n}{n!}$ 이 성립함을 확인하라.

(b) (a)에서 주어진 식을 다음과 같이 변형할 수 있음을 보여라.

$$e^{iqx} = \sum_{n=0}^{\infty} \frac{(-1)^n (qx)^{2n}}{(2n)!} + i\sum_{n=0}^{\infty} \frac{(-1)^n (qx)^{2n+1}}{(2n+1)!}$$

(c) (b)로부터 오일러의 공식 $e^{(p+iq)x} = e^{px}(\cos qx + i\sin qx)$가 성립함을 보여라.

10.3 미분방정식의 응용

미분방정식은 자연과학과 공학을 비롯하여 사회과학 등에 폭넓게 응용된다. 이 절에서는 역학과 전기회로, 인구증가 등에 적용된 1계, 2계 미분방정식의 간단한 응용 몇 가지를 살펴본다.

10.3.1 1계 미분방정식의 응용

1계 미분방정식은 만유인력의 법칙을 비롯하여 RL 회로와 RC 전기회로, 어느 특정 지역에 거주하는 인구 또는 미생물의 증식모형 등에 많이 응용된다.

물리학에서의 응용

뉴턴의 만유인력의 법칙에 따를 때, 질량 m인 물체를 지구표면으로부터 수직상방으로 던지면 이 물체에 대한 중력은 다음과 같다.

$$F = \frac{mgR^2}{(x+R)^2}$$

여기서 $x = x(t)$는 시각 t에서 지구 표면으로부터 떨어져 있는 물체의 거리이고, R은 지구의 반지름 그리고 g는 중력가속도이다. 또한 뉴턴의 제2운동법칙에 의하여 다음이 성립한다.

$$F = ma = m\frac{dv}{dt}, \quad m\frac{dv}{dt} = -\frac{mgR^2}{(x+R)^2}$$

이제 로켓이 발사대에서 초속 v_0를 가지고 수직상방으로 발사되어 지구 표면으로부터 최고 높이 h에 도달하였다고 하자. 그러면 연쇄법칙에 의하여 다음이 성립한다.

$$m\frac{dv}{dt} = m\frac{dv}{dx}\frac{dx}{dt} = mv\frac{dv}{dx} = -\frac{mgR^2}{(x+R)^2}$$

따라서 다음과 같은 거리 x에 대한 속도함수 $v(x)$의 미분방정식을 얻으며, 이 미분방정식은 변수분리형이다.

$$v\frac{dv}{dx} = -\frac{gR^2}{(x+R)^2} \quad \text{또는} \quad v\,dv = -\frac{gR^2}{(x+R)^2}dx$$

이제 변수분리형의 해법에 의하여 초속 v_0인 이 미분방정식의 일반해를 구하면

$$\frac{1}{2}v^2 = \frac{gR^2}{x+R} + C$$

이다. 또한 $x = 0$이면 $v(0) = v_0$이므로

$$\frac{1}{2}{v_0}^2 = \frac{gR^2}{0+R} + C, \quad C = \frac{1}{2}{v_0}^2 - gR$$

이다. 따라서 초기조건을 만족하는 속도함수 v에 대하여 다음을 얻는다.

$$\frac{1}{2}v^2 - \frac{1}{2}{v_0}^2 = \frac{gR^2}{x+R} - gR$$

한편, 이 로켓이 최고 높이 $x=h$에 도달하는 순간의 속도는 0이 되므로

$$-\frac{1}{2}{v_0}^2 = \frac{gR^2}{h+R} - gR, \quad \frac{1}{2}{v_0}^2 = gR - \frac{gR^2}{h+R} = \frac{gRh}{R+h}$$

를 정리하면, 로켓의 초속 v_0와 최고 높이 h 사이에 다음 관계식을 얻을 수 있다.

$$v_0 = \sqrt{\frac{2gRh}{R+h}}$$

이때 초속 v_0에 대하여 극한을 지구로부터의 **이탈속도** escape velocity 라 하며, 이탈속도는 다음과 같다.

$$v_e = \lim_{h\to\infty} v_0 = \lim_{h\to\infty}\sqrt{\frac{2gRh}{R+h}} = \sqrt{2gR}$$

예제 10-12

지구의 반지름을 $R=6{,}370\,[\mathrm{km}]$, 중력가속도를 $g=9.8\,[\mathrm{m/s^2}]$이라 할 때, 로켓의 이탈속도를 구하라.

풀이

중력가속도 $g=9.8\,[\mathrm{m/s^2}]$를 초당 $[\mathrm{km}]$ 단위로 바꾸면 $g=0.0098\,[\mathrm{km/s^2}]$이므로 로켓의 이탈속도는 다음과 같다.

$$v_e = \sqrt{2\cdot(0.0098)\cdot 6370} \approx 11.174\,[\mathrm{km/s}]$$

전자공학에서의 응용

[그림 10-2]와 같이 간단한 RL 회로와 RC 회로를 생각해보자. [그림 10-2(a)]의 RL 회로는 시각 t에서 전압 $e(t)$와 전류 $i(t)$를 생산하는 기전력을 포함하고 있으며, 저항 R과 인덕터 L로 구성된다. 그러면 옴의 법칙에 따라 저항에 의하여 전압 Ri가 떨어지고 인덕터에 의하여 강하된 전압은 $L\dfrac{di}{dt}$이다.

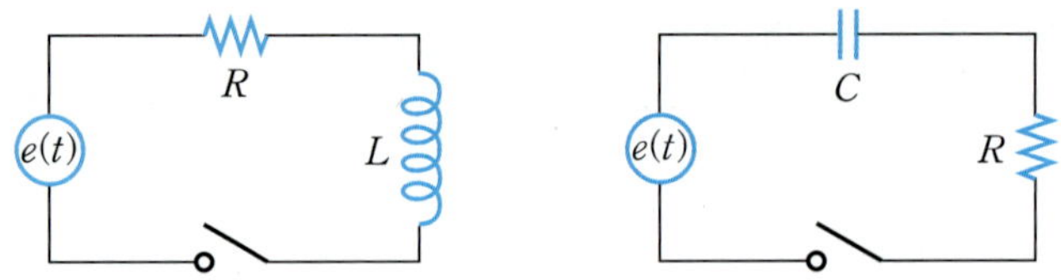

(a) RL 전기회로 (b) RC 전기회로

[그림 10-2] ***RL* 전기회로와 *RC* 전기회로**

따라서 키르히호프의 법칙에 의하여 강하된 전압의 합은 공급된 전압 $e(t)$와 같으므로, 다음과 같은 미분방정식을 얻는다.

$$L\frac{di}{dt}+Ri=e(t)$$

또한 [그림 10-2(b)]의 RC 회로는 저항 R과 축전기 C로 구성되며, 축전기의 전하를 q라 할 때 축전기에 의한 강하전압은 $\frac{q}{C}$이고 저항에 의한 강하전압이 Ri이다. 그러면 역시 키르히호프의 법칙에 의하여 $Ri+\frac{q}{C}=e(t)$가 성립한다. 한편, $i(t)=\frac{dq}{dt}$이므로 축전기의 전하 q에 대하여 다음 선형미분방정식을 얻는다.

$$R\frac{dq}{dt}+\frac{1}{C}q=e(t)$$

예제 10-13

[그림 10-2(a)]의 RL 회로에 대하여 다음을 구하라.

(a) $i(t)=\frac{1}{L}e^{-Rt/L}\int e(t)e^{Rt/L}dt+Ce^{-Rt/L}$임을 보여라.

(b) 저항 $10[\Omega]$, 인덕턴스 $4[\text{H}]$이고, 전압이 일정하게 $100[\text{V}]$일 때, 전류 $i(t)$를 구하라.

(c) (b)에 대하여 $i(t)$의 극한을 구하라.

(d) $i(0)=0$일 때, $i(t)$를 구하라.

풀이

(a) $L\frac{di}{dt}+Ri=e(t)$이므로 양변을 L로 나누면, 다음 선형미분방정식을 얻는다.

$$\frac{di}{dt}+\frac{R}{L}i=\frac{e(t)}{L}$$

따라서 $f(t)=\frac{R}{L}$, $r(t)=\frac{e(t)}{L}$라 하면

$$\int f(t)\,dt = \int \frac{R}{L}dt = \frac{R}{L}t$$

이므로 주어진 미분방정식의 일반해는 다음과 같다.

$$i(t) = e^{-Rt/L}\left(\int \frac{e(t)}{L}e^{Rt/L}dt + C\right) = \frac{1}{L}e^{-Rt/L}\int e(t)e^{Rt/L}dt + Ce^{-Rt/L}$$

(b) $R=10$, $L=4$, $e(t)=100$이므로 전류는 다음과 같다.

$$i(t) = \frac{1}{4}e^{-2.5t}\int 100e^{2.5t}dt + Ce^{-2.5t} = 10 + Ce^{-2.5t}$$

(c) $\lim_{t\to\infty} i(t) = \lim_{t\to\infty}(10 + Ce^{-2.5t}) = 10$

(d) $i(0)=0$이므로 $10 + C\cdot 1 = 0$이다. 따라서 $C=-10$이다. 그러므로 초기조건을 만족하는 전류는 $i(t) = 10(1-e^{-2.5t})$이다.

예제 10-14

[그림 10-2(b)]의 RC 회로에 대하여 다음을 구하라.

(a) $q(t) = \frac{1}{R}e^{-t/RC}\int e(t)e^{t/RC}dt + Ce^{-t/RC}$임을 보여라.

(b) 저항 $5[\Omega]$, 캐패시턴스 $0.05[\mathrm{F}]$이고, 전압이 일정하게 $100[\mathrm{V}]$일 때, $q(t)$를 구하라.

(c) (b)에 대하여 $i(t)$를 구하라.

(d) (b)에 대하여 $q(t)$의 극한을 구하라.

(e) $q(0)=0$일 때, $q(t)$를 구하라.

풀이

(a) $R\frac{dq}{dt} + \frac{1}{C}q = e(t)$이므로 양변을 R로 나누면, 다음 선형미분방정식을 얻는다.

$$\frac{dq}{dt} + \frac{1}{RC}q = \frac{e(t)}{R}$$

따라서 $f(t) = \frac{1}{RC}$, $r(t) = \frac{e(t)}{R}$라 하면

$$\int f(t)\,dt = \int \frac{1}{RC}dt = \frac{1}{RC}t$$

이므로 주어진 미분방정식의 일반해는 다음과 같다.

$$q(t) = e^{-t/RC}\left(\int \frac{e(t)}{R}e^{t/RC}dt + C\right) = \frac{1}{R}e^{-t/RC}\int e(t)e^{t/RC}dt + Ce^{-t/RC}$$

(b) $R=5$, $C=0.05$, $e(t)=100$이므로 $q(t)$는 다음과 같다.

$$q(t)=\frac{1}{5}e^{-4t}\int 100e^{4t}\,dt+Ce^{-4t}=5+Ce^{-4t}$$

(c) $i(t)=\dfrac{dq}{dt}$이므로 (b)에서 얻은 $q(t)$를 미분하면, 구하고자 하는 전류는 다음과 같다.

$$i(t)=\frac{d}{dt}\left(5+Ce^{-4t}\right)=-4Ce^{-4t}$$

(d) (b)로부터 $q(t)=5+Ce^{-4t}$이므로 $\lim_{t\to\infty}q(t)=\lim_{t\to\infty}\left(5+Ce^{-4t}\right)=5$이다.

(e) $q(0)=0$이므로 $5+C\cdot 1=0$이고, 따라서 $C=-5$이다. 그러므로 초기조건을 만족하는 전하는 $q(t)=5\left(1-e^{-4t}\right)$이다.

사회과학 또는 생물학에서의 응용

영국 경제학자 맬더스T. Malthus가 그의 저서 '인구론'에서 제시한 인구증가에 대한 수학적 모형은 어떤 시점에서 한 국가의 인구증가율은 그 당시 그 국가의 전체 인구에 비례한다는 가정에서 출발하였다. 즉 어느 시점 t에서 그 국가의 전체 인구를 $P(t)$라 하면, 10.1.1절에서 언급한 바와 같이 다음과 같은 미분방정식으로부터 출발한다.

$$\frac{dP}{dt}=kP,\ k\text{는 비례상수}$$

따라서 주어진 시점 $t=0$에서 전체 인구를 $P(0)=P_0$라 할 때, 변수분리형의 해법에 의하여 미래의 어느 시점 t에서의 전체 인구는 다음과 같이 된다.

$$P(t)=P_0e^{kt}$$

즉 한 국가의 인구수는 지수적으로 증가한다. 그러나 인간이 생존하기 위한 환경의 저항으로 인하여 인구수는 포화상태인 어느 특정한 값 이상으로는 증가하지 못하고 감소하게 된다. 이와 같이 한 생태계에서 개체군의 증식이 시간이 경과함에 따라 무한히 증가하는 것이 아니라 **환경수용력**carrying capacity이라 하는 증가할 수 있는 최댓값 M을 넘을 수 없다. 그러면 맬더스의 인구증가 모형은 다음과 같이 수정되며, 이 미분방정식을 **로지스틱 미분방정식**logistic differential equation이라 한다.

$$\frac{dP}{dt}=kP\left(1-\frac{P}{M}\right)$$

이때 초기 인구수 $P(0)$이 0과 M 사이에 있으면, 로지스틱 미분방정식의 우변이 양수이다. 따라서 $\frac{dP}{dt} > 0$이고, 인구수는 증가한다. 그러나 인구수가 환경수용력을 초과하면, 즉 $P > M$이면 미분방정식의 우변이 음수이므로 $\frac{dP}{dt} < 0$이고, 따라서 인구수는 감소한다. 특히 인구수가 환경수용력에 가까워지면, 즉 $P \to M$이면 $\frac{dP}{dt} \to 0$이고, 이는 인구수가 고르게 됨을 의미한다. 이제 $P(0) = P_0$일 때, 로지스틱 미분방정식의 일반해를 구하면 다음과 같다.

$$\frac{dP}{dt} = kP\left(1 - \frac{P}{M}\right), \quad \frac{dP}{P(1-(P/M))} = k\,dt$$

$$\int \frac{dP}{P(1-(P/M))} = \int k\,dt, \quad \ln|P| - \ln|M-P| = kt + C_1$$

$$\ln\left|\frac{P}{M-P}\right| = kt + C_1, \quad P = \frac{M}{1+Ce^{-kt}}, \quad C = e^{-C_1}$$

따라서 $P(0) = P_0$를 만족하므로 상수 C를 구하면

$$P_0 = \frac{M}{1+C}, \quad C = \frac{M-P_0}{P_0}$$

이고, $P(0) = P_0$를 만족하는 로지스틱 미분방정식의 해는 다음과 같다.

$$P(t) = \frac{M}{1+Ce^{-kt}}, \quad C = \frac{M-P_0}{P_0}$$

한편, 이 방정식에서 $t \to \infty$를 취하면 다음이 성립한다.

$$\lim_{t\to\infty} P(t) = \lim_{t\to\infty} \frac{M}{1+Ce^{-kt}} = M$$

이때 이 극한을 만족하는 해 $P = M$을 이 미분방정식의 **평형해** equilibrium solution라 한다.

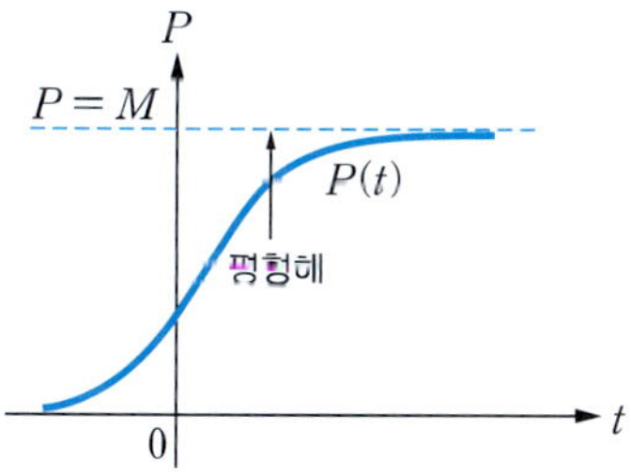

[그림 10-3] 시각 t에서 인구수 $P(t)$의 그래프

예제 10-15

"통계청에서는 우리나라 인구를 2010년 6월 4,941만 명에서 20년 후인 2030년에는 5,216만 명이 될 것으로 전망했다(2012년 6월 20일자 부산일보)." 이 자료를 바탕으로 다음을 구하라.

(a) 언제쯤 우리나라 국민이 5,000만 명이 될 것인지 추정하라.

(b) 우리나라 인구수가 2010년 대비 1.2배가 되는 해를 추정하라.

(c) 환경수용력을 6,000만 명이라 할 때, $P(50)$을 구하라.

(d) (c)에서 우리나라 국민이 5,900만 명이 되는 해를 추정하라.

풀이

(a) 최초 시점인 2010년 6월의 인구를 P_0라 하면, $P_0 = 4941$만 명이므로 t년 후의 인구에 대한 미분방정식을 구하면 다음과 같다.

$$\frac{dP}{dt} = kP \quad \text{또는} \quad \frac{dP}{P} = k\,dt$$

따라서 2010년 6월부터 t년 후의 인구는

$$P(t) = P_0 e^{kt} = 4941\,e^{kt}$$

이다. 20년 후의 인구가 5,216만 명이므로 상수 k를 구하면 다음과 같다.

$$P(20) = 4941\,e^{20k} = 5216,\quad e^{20k} = \frac{5216}{4941} = 1.056$$

$$20k = \ln 1.056 = 0.0545,\quad k = \frac{0.0545}{20} = 0.0027$$

그러므로 $P(t) = 4941\,e^{(0.0027)t}$이고, 5,000만 명이 되는 때를 t_1이라 하면

$$P(t_1) = 4941\,e^{(0.0027)t_1} = 5000,\quad e^{(0.0027)t_1} = \frac{5000}{4941} = 1.012$$

$$(0.0027)t_1 = \ln(1.012) = 0.012,\quad t_1 = \frac{0.012}{0.0027} = 4.4(\text{년})$$

이다. 따라서 2014년 9월쯤에 5,000만 명에 도달한다.

(b) 2010년도를 기준으로 인구가 1.2배로 늘어나는 때를 t라 하면 다음이 성립한다.

$$1.2P_0 = P_0\,e^{(0.0027)t},\quad e^{(0.0027)t} = 1.2,\quad (0.0027)t = \ln(1.2) = 0.1823,\quad t = \frac{0.1823}{0.0027} = 67.52$$

따라서 2010년 대비 총인구가 1.2배가 되기까지 약 67년 6개월이 걸린다.

(c) $M = 6{,}000,\ k = 0.0027,\ P_0 = 4941$이므로

$$P(t) = \frac{6000}{1 + (0.214)\,e^{-(0.0027)t}},\quad C = \frac{6000 - 4941}{4941} = 0.214$$

이다. 따라서 구하고자 하는 값은 다음과 같다.

$$P(50) = \frac{6000}{1+(0.214)e^{-(0.0027)50}} \approx 5684.63(\text{만 명})$$

(d) 5,900만 명이 되는 해를 t라 하면 다음이 성립한다.

$$P(t) = 5900 = \frac{6000}{1+(0.214)e^{-(0.0027)t}}, \quad (0.214)e^{-(0.0027)t} = 0.017$$

$$e^{-(0.0027)t} = \frac{0.017}{0.214} = 0.079, \quad -(0.0027)t = \ln(0.079) = -2.5383$$

그러면 $t = \frac{2.5383}{0.0027} = 940.1$이므로 따라서 약 940년 걸린다.

10.3.2 2계 선형미분방정식의 응용

2계 선형미분방정식은 용수철의 운동과 RLC 진기회로를 비롯하여 매우 다양한 형태의 공학적 문제를 해결하는 도구로 사용된다. 여기서는 용수철의 운동과 RLC 전기회로에 대한 간단한 응용을 살펴본다.

용수철의 운동

[그림 10-4]와 같이 용수철의 한쪽 끝이 천장에 수직으로 매달려 있고 나머지 한쪽 끝에 질량 m인 물체를 매달거나, [그림 10-5]와 같이 매끄러운 수평면 위의 벽면에 용수철이 매달려 있고 이 용수철의 나머지 한쪽 끝에 질량 m인 물체를 매달았다고 하자.

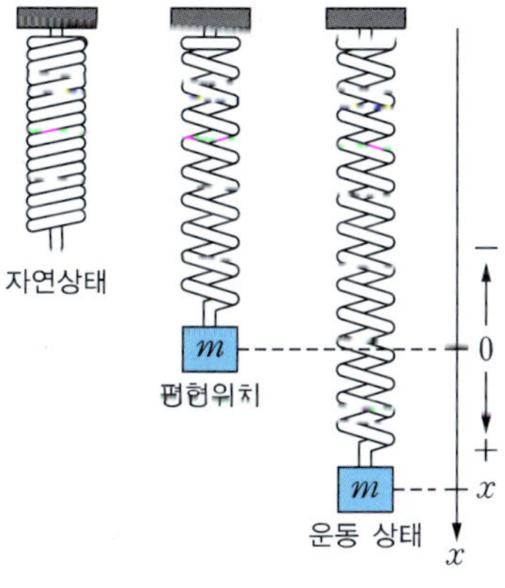

[그림 10-4] 용수철의 수직운동

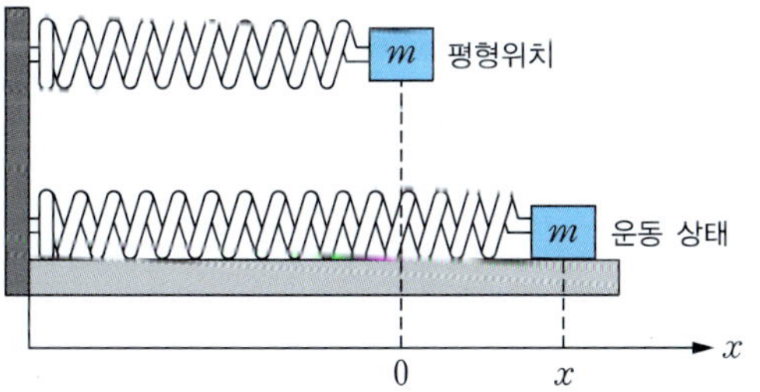

[그림 10-5] 용수철의 수평운동

이때 물체가 정지해 있는 위치를 **평형위치** equilibrium position라 하며, 평형을 이루고 있는 계에서 외부로부터 힘이 작용하여 평행상태가 깨어졌을 때 다시 평형상태로 되돌아가려는 방향으로 작용하는 힘을 **복원력** restoring force이라 한다. 그러면 후크의 법칙에 의하여 용수철이 평형위치에서 x만큼 늘어났다면, 복원력은 다음과 같이 x에 비례한다.

$$\text{복원력} = -kx$$

여기서 물체를 잡아당긴 방향, 즉 수직운동의 경우에는 평형위치에서 아랫방향, 수평운동에서 오른쪽 방향이 양의 방향이고 물체가 평형위치로 되돌아가려고 하므로 복원되는 방향은 음의 방향이다. 그리고 k는 양수인 용수철 상수로 양의 상수이다. 그러면 외부의 저항력을 무시하면 뉴턴의 제2운동법칙에 의하여 복원력은 질량과 가속도의 곱과 같다. 따라서 다음 등식이 성립한다.

$$m\frac{d^2x}{dt^2} = -kx \quad \text{또는} \quad m\frac{d^2x}{dt^2} + kx = 0$$

이 식은 2계 선형미분방정식이고, 따라서 특성방정식 $mD^2 + k = 0$으로부터 $D = \pm i\sqrt{k/m}$ 이므로 다음 일반해를 얻는다.

$$x(t) = C_1\cos\sqrt{\frac{k}{m}}\,t + C_2\sin\sqrt{\frac{k}{m}}\,t$$

또는 2.3.3절에서 살펴본 삼각비의 합성을 이용하여 다음과 같이 간단히 표현할 수 있다.

$$x(t) = A\cos(\omega t + \alpha)$$

여기서 $A = \sqrt{C_1^2 + C_2^2}$, $\omega = \sqrt{k/m}$, $\cos\alpha = \frac{C_1}{A}$, $\sin\alpha = -\frac{C_2}{A}$이다. 이때 A는 진폭, ω는 진동수 그리고 α는 위상각을 나타내며, 이와 같은 운동을 **단순조화운동** simple harmonic motion이라 한다.

예제 10-16

용수철에 질량이 500[g]인 물체를 매달았더니 길이가 10[cm]이었다. 이 용수철에 10[N]의 힘을 주어 50[cm]로 늘렸다고 하자. 초기 속도를 0이라 할 때, 시각 t에서 물체의 위치를 구하라.

풀이

용수철의 질량은 0.5[kg]이고 최초 길이는 0.1[m]이다. 그리고 10[N]의 힘을 가하여 용수철을 0.5[m]로 늘렸으므로 후크의 법칙에 의하여

$$k \cdot (0.5 - 0.1) = 0.4k = 10$$

이므로 용수철 상수는 $k = 25$이다. 그러므로 이 물체의 운동방정식은

$$(0.5)\frac{d^2x}{dt^2} + 25x = 0$$

이고, 이 방정식의 일반해는

$$x(t) = C_1 \cos\sqrt{\frac{25}{0.5}}\,t + C_2 \sin\sqrt{\frac{25}{0.5}}\,t = C_1 \cos 5\sqrt{2}\,t + C_2 \sin 5\sqrt{2}\,t$$

이다. 한편, $t = 0$에서 물체의 최초 길이가 0.1[m]이므로 $x(0) = 0.1$이고 초기 속도가 0이므로 $x'(0) = 0$이다. 따라서

$$x(0) = C_1 \cos 0 + C_2 \sin 0 = C_1 = 0.1$$
$$x'(0) = -5\sqrt{2}\,C_1 \sin 0 + 5\sqrt{2}\,C_2 \cos 0 = 5\sqrt{2}\,C_2 = 0$$

으로부터 $C_1 = 0.1$, $C_2 = 0$이고, 구하고자 하는 물체의 위치는 다음과 같다.

$$x(t) = \frac{1}{10}\cos 5\sqrt{2}\,t$$

감쇠운동

단순조화운동은 외부의 저항력을 무시한다는 전제 조건으로부터 시작하였다. 그러나 앞의 [그림 10-5]와 같이 용수철이 수평운동을 하는 경우에 마찰력이 생긴다거나 용수철이 수직운동을 하더라도 매달려 있는 물체가 용액이 담겨있는 용기 속에서 움직인다면 이 물체의 운동에 대한 저항력이 발생한다. 이와 같은 저항력을 감쇠력이라 하며, 감쇠력은 물체의 반대방향으로 물체의 속도에 비례한다고 가정한다. 따라서 감쇠력은 다음과 같다.

$$\text{감쇠력} = -\alpha\frac{dx}{dt}$$

이때 α는 **감쇠상수**damping constant라 하는 양수이다. 그러면 뉴턴의 제2운동법칙에 의하여 다음 등식이 성립하며, 이와 같은 운동을 **자유감쇠운동**free damped motion이라 한다.

$$m\frac{d^2x}{dt^2} = -kx - \alpha\frac{dx}{dt}$$
$$m\frac{d^2x}{dt^2} + \alpha\frac{dx}{dt} + kx = 0$$

그러면 특성방정식 $mD^2 + \alpha D + k = 0$으로부터 다음 특성근을 얻는다.

$$D = \frac{-\alpha \pm \sqrt{\alpha^2 - 4mk}}{2m}$$

그러므로 $\alpha^2 - 4mk$의 값에 따라 [표 10-4]와 같이 세 가지 유형의 일반해(운동방정식)를 얻는다.

[표 10-4] $\alpha^2 - 4mk$의 값에 따른 일반해와 운동 상태

$\alpha^2 - 4mk$의 값	일반해(운동방정식)	운동 상태
$\alpha^2 - 4mk > 0$	$x(t) = C_1 e^{D_1 t} + C_2 e^{D_2 t}$	과감쇠운동
$\alpha^2 - 4mk = 0$	$x(t) = (C_1 + C_2 t) e^{Dt}$	임계감쇠운동
$\alpha^2 - 4mk < 0$	$x(t) = (C_1 \cos \omega t + C_2 \sin \omega t) e^{-(\alpha/2m)t}$ $\omega = \frac{\sqrt{\alpha^2 - 4mk}}{2m}$	부족감쇠운동

과감쇠운동은 $t \to \infty$임에 따라 $x(t) \to 0$이며, $x(t)$에 대한 그래프는 [그림 10-6]과 같다.

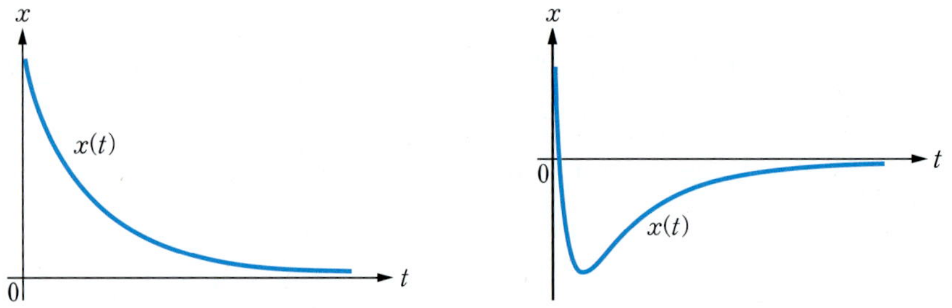

[그림 10-6] 용수철의 과감쇠운동

또한 임계감쇠운동은 과감쇠운동과 비슷하지만 물체가 많아야 한 번 평형위치를 지난다는 특성을 갖고 있으며, $x(t)$에 대한 전형적인 그래프는 [그림 10-7]과 같다.

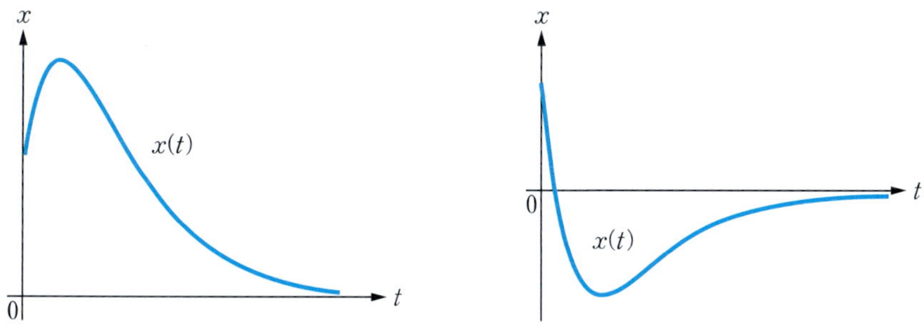

[그림 10-7] **용수철의 임계감쇠운동**

부족감쇠운동은 [그림 10-7]과 같이 진동을 하며, $t\to\infty$ 임에 따라 $x(t)\to 0$이다.

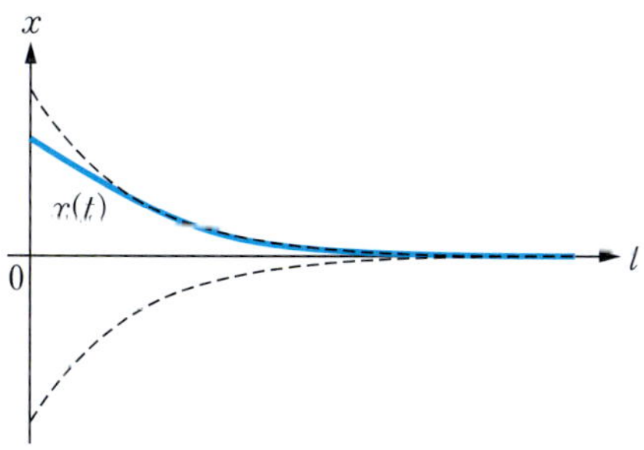

[그림 10-8] **용수철의 부족감쇠운동**

예제 10-17

벽면에 한쪽 끝이 고정된 용수철의 다른 한쪽에 질량 $m=1$인 물체가 달려있고, 수평방향으로 운동을 한다. 이때 용수철 상수는 $k=2$이고, $x(0)=1$, $v(0)=0$이다. 감쇠상수가 $\alpha=1$일 때, 운동함수 $x(t)$를 구하라.

풀이

$\alpha=1$이므로 감쇠운동방정식은 다음과 같다.

$$\frac{d^2x}{dt^2}+\frac{dx}{dt}+2x=0$$

그러면 특성방정식 $D^2+D+2=0$으로부터 특성근은 $D=\dfrac{-1\pm\sqrt{7}\,i}{2}$이므로 다음을 얻는다.

$$x(t)=e^{-t/2}\left(C_1\cos\frac{\sqrt{7}}{2}t+C_2\sin\frac{\sqrt{7}}{2}t\right)$$

$$v(t)=\frac{dx}{dt}=\frac{1}{2}e^{-t/2}\left[(-C_1+\sqrt{7}\,C_2)\cos\frac{\sqrt{7}}{2}t-(\sqrt{7}\,C_1+C_2)\sin\frac{\sqrt{7}}{2}t\right]$$

한편, 초기조건 $x(0)=1$, $v(0)=0$이므로 다음 관계식을 얻는다.

$$x(0) = C_1 \cos 0 + C_2 \sin 0 = 1$$
$$v(0) = (-C_1 + \sqrt{7}\, C_2)\cos 0 - (\sqrt{7}\, C_1 + C_2)\sin 0 = 0$$

따라서 $C_1 = 1$, $C_2 = \dfrac{1}{\sqrt{7}}$ 이고, 구하고자 하는 해는 다음과 같다.

$$x(t) = e^{-t/2}\left(\cos\frac{\sqrt{7}}{2}t + \frac{\sqrt{7}}{7}\sin\frac{\sqrt{7}}{2}t\right)$$

한편, 외부로부터 외부압력 $f(t)$가 주어지는 경우, 뉴턴의 제2운동법칙에 의하여 다음과 같은 비제차 선형미분방정식이 성립한다.

$$m\frac{d^2x}{dt^2} + \alpha\frac{dx}{dt} + kx = f(t)$$

RLC 전기회로

[그림 10-9]와 같은 *RLC* 회로에 흐르는 전류를 $i(t)$라 하면, 저항에 걸리는 전압 Ri와 인덕터에 걸리는 전압 $L\dfrac{di}{dt}$ 그리고 축전기에 걸리는 전압 $\dfrac{q}{C}$이다. 그러면 키르히호프의 전압법칙에 의하여 이들 전압의 합은 전체 전압 $e(t)$와 같으므로 다음 미분방정식을 얻는다.

$$L\frac{di}{dt} + Ri + \frac{q}{C} = e(t)$$

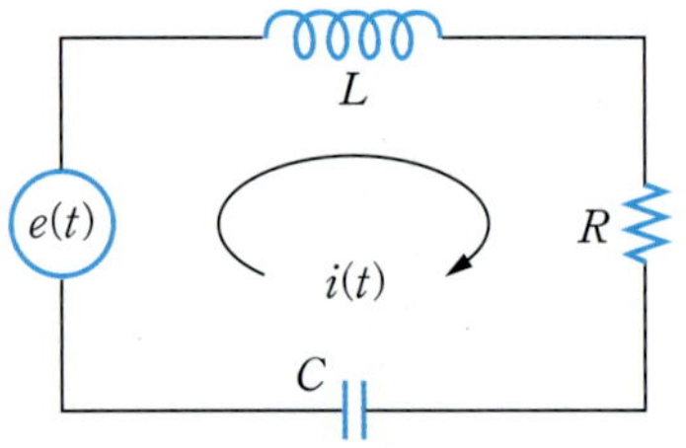

[그림 10-9] *RLC* 전기회로

10.3.1절에서 설명한 바와 같이 $i(t) = \dfrac{dq}{dt}$ 이므로 다음 2계 상미분방정식을 얻을 수 있다.

$$L\frac{d^2q}{dt^2} + R\frac{dq}{dt} + \frac{q}{C} = e(t)$$

그러면 용수철의 운동과 같이 특성방정식 $LD^2 + RD + \frac{1}{C} = 0$으로부터

$$D = \frac{-R \pm \sqrt{R^2 - (4L/C)}}{2L}$$

이므로 $R^2 - (4L/C)$의 값에 따라 다음과 같이 세 가지 유형의 일반해(회로방정식)를 얻는다.

[표 10-5] **$R^2 - (4L/C)$의 값에 따른 일반해와 회로 상태**

$R^2-(4L/C)$의 값	일반해(회로방정식)	회로 상태
$R^2-(4L/C)>0$	$q(t)=C_1e^{D_1t}+C_2e^{D_2t}$	과도감쇠회로
$R^2-(4L/C)=0$	$q(t)=(C_1+C_2t)e^{Dt}$	임계감쇠회로
$R^2-(4L/C)<0$	$q(t)=(C_1\cos\omega t+C_2\sin\omega t)e^{-(R/2L)t}$, $\omega=\frac{\sqrt{R^2-(4L/C)}}{2L}$	과소감쇠회로

그러면 어떤 경우이든 일반해는 $e^{-(R/2L)t}$항을 포함하므로 $t \to \infty$이면 $q(t) \to 0$이다. 특히 과소감쇠회로에서 $q(0) = q_0$이면 축전기 전하는 $t \to \infty$ 임에 따라 진동한다. 특히 전류 $i(t)$에 대하여 다음이 성립한다.

$$L\frac{d^2i}{dt^2} + R\frac{di}{dt} + \frac{i}{C} = E'(t)$$

예제 10-18

RLC 전기회로에서 $R=10[\Omega]$, $L=1[\text{H}]$, $C=4\times10^{-3}[\text{F}]$ 그리고 초기조건 $q(0)=3$, $i(0)=0$이다. 기전력이 $e(t)=0$일 때, 축전기의 전하 $q(t)$를 구하라.

풀이

$R=10[\Omega]$, $L=1[\text{H}]$, $C=4\times10^{-3}[\text{F}]$, $e(t)=0$이므로 다음 미분방정식을 얻는다.

$$\frac{d^2q}{dt^2} + 10\frac{dq}{dt} + 250q = 0$$

따라서 특성방정식 $D^2 + 10D + 250 = 0$으로부터 특성근은 $D = -5 \pm 15i$이고, 일반해는

$$q(t) = e^{-5t}(C_1\cos 15t + C_2\sin 15t)$$

이다. 이때 초기조건이 $q(0)=3$, $i(0)=0$이고

$$i(t)=\frac{dq}{dt}=-5e^{-5t}\left[(C_1-3C_2)\cos 15t+(3C_1+C_2)\sin 15t\right]$$

이므로 다음 관계식을 얻는다.

$$q(0)=e^0(C_1\cos 0+C_2\sin 0)=C_1=3$$
$$i(0)=-5e^0\left[(C_1-3C_2)\cos 0+(3C_1+C_2)\sin 0\right]=-5(C_1-3C_2)=0$$

따라서 $C_1=3$, $C_2=1$이고, 구하고자 하는 축전기의 전하 $q(t)$는 다음과 같다.

$$q(t)=e^{-5t}(3\cos 15t+\sin 15t)$$

Section 10.3 연습문제

1. 심리학자들은 사람들이 어떤 기술을 학습하는 성취 수준을 시간 t의 함수 $P(t)$로 나타낸다. 이때 $\frac{dP}{dt}$는 성취도가 향상되는 비율이고, 이 비율은 학습자가 능력을 최대로 발휘할 때의 성취수준 M에 대하여 다음 미분방정식으로 표현된다.

$$\frac{dP}{dt}=k(M-P),\ k\text{는 양의 상수}$$

(a) $P(0)=0$일 때, 이 미분방정식의 해을 구하라.

(b) $\lim_{t\to\infty}P(t)$를 구하라.

2. 2차 화학반응은 물질 A와 물질 B의 분자가 합성하여 새로운 물질 C를 생성하는 작용을 의미하며 $A+B\to C$로 나타낸다. 이제 a와 b를 각각 물질 A, B의 초기농도라 하고, $c(t)$를 시각 t에서 물질 C의 농도라 하자. 그러면 $a-c(t)$와 $b-c(t)$는 시각 t에서의 물질 A, B의 농도이고, 반응율은 $\frac{dc}{dt}=k(a-c)(b-c)$이다. 이때 k는 비례상수이다.

(a) 일반해 $c(t)$를 구하라.

(b) $c(0)=0$일 때, $c(t)$를 구하라.

3. 탱크 안에 200[lb]의 소금이 용해된 400[gal]의 소금물이 들어 있다. 여기에 1/4[lb/gal]의 소금이 녹아있는 소금물이 5[gal/min]의 속도로 탱크 안에 유입되어 기존의 소금물과 혼합되어 4[gal/min]의 속도로 탱크에서 배출된다.

(a) t시간 후에 탱크 안에 남아있는 소금의 양을 구하라.

(b) 시간이 무한히 지남에 따라 탱크 안에 녹아 있는 소금의 양이 어떻게 변하는지 조사하라.

4. 처음 N_0 마리의 박테리아가 1시간 후에 $\dfrac{5N_0}{2}$로 증가했다. 만일 t시간 후의 박테리아의 증가율이 그 시각에서의 박테리아의 수에 비례한다면, 이 박테리아의 수가 4배로 되는데 걸리는 시간을 구하라. 단, $\ln\dfrac{5}{2} = 0.9163$, $\ln 2 = 0.6931$이다.

5. 어떤 국가에서 국민의 증가 상태를 조사한 40년 전에 비하여 인구가 1.5배 늘었다고 한다. 앞으로 몇 년 후에 이 국가의 인구가 두 배로 늘어나는지 구하라.

6. 다음은 벨기에의 수학자이면서 생물학자인 베르헐스트[P.F.Verhulst]에 의한 인구증가율 $\dfrac{dP}{dt}$에 대한 수학적 모델이다.

$$\frac{dP}{dt} = P(a - bP)$$

여기서 P는 t연도의 인구이고 a와 bP는 각각 평균출생률과 평균사망률을 나타낸다.

(a) 이 방정식의 일반해를 구하라.

(b) $P(0) = P_0$, $P_0 \neq \dfrac{a}{b}$를 만족하는 해를 구하라.

(c) $\lim\limits_{t \to \infty} P(t)$를 구하라.

7. 다음 로지스틱 방정식의 변형된 식에 대하여 물음에 답하라.

$$\frac{dP}{dt} = P(a - b\ln P), \quad a\text{와 } b\text{는 양의 상수}$$

(a) 이 방정식의 일반해를 구하라. 이 방정식의 해곡선을 **검펄츠곡선**[Gompertz curve]이라 한다.

(b) $P(0) = P_0$일 때, 해 $P(t)$를 구하라.

(c) (b)의 조건에서 $\lim\limits_{t \to \infty} P(t)$를 구하라.

8. [그림 10-2(a)]의 RL 전기회로에서 $R = 100[\Omega]$, $L = 2[\mathrm{H}]$, $e(t) = 120\sin 60t[\mathrm{V}]$이고, 초기전류는 $1[\mathrm{A}]$일 때 다음을 구하라.

(a) 전류 $i(t)$

(b) $t = \dfrac{\pi}{90}$일 때의 전류

9. [그림 10-2(b)]의 RC 전기회로에서 $R = 100[\Omega]$, $C = 0.05[\mathrm{F}]$, $e(t) = 120\sin 60t[\mathrm{V}]$이고, $q(0) = 0[\mathrm{C}]$일 때 다음을 구하라.

(a) 전하 $q(t)$

(b) 전류 $i(t)$

10. 진자방정식 $\dfrac{d^2\theta}{dt^2}+\dfrac{g}{L}\sin\theta=0$은 충분히 작은 θ에 대하여 $\sin\theta \fallingdotseq \theta$이다. 따라서 $\dfrac{d^2\theta}{dt^2}+\dfrac{g}{L}\theta=0$으로 나타낼 수 있다. 이 미분방정식을 풀어서 충분히 작은 θ에 대한 진자운동의 해를 구하고, 이 운동이 주기 $T=2\pi\sqrt{L/g}$ 임을 보여라.

11. [그림 10-9]의 RLC 회로에서 $R=200$, $L=100$, $q(0)=0$, $i(0)=0$이다. 다음 상황에 대하여 시각 t에서의 전하 $q(t)$와 전류 $i(t)$를 구하라.

(a) $C=0.005$, $e(t)=100\cos 2t$

(b) $C=0.002$, $e(t)=100\sin 10t+100\cos 10t$

12. [그림 10-9]의 RLC 회로에서 $L=0.2$, $R=10$, $C=0.002$ 그리고 $e(t)=0$일 때, 초기조건 $q(0)=q_0$, $i(0)=0$을 만족하는 축전기의 전하 $q(t)$를 구하라.

13. 다음 물음에 답하라.

(a) 고정된 지지대에 연직으로 매달린 용수철이 있다. 하단에 무게가 16[lb]인 물체를 매달고 평형위치에서 2[in]만큼 아래 방향으로 잡아당기고 놓았다. 이때 이 물체의 운동은 어떻게 되겠는가? 단, 용수철 상수 $k=48$[lb/ft]이고, 공기저항은 무시한다.

(b) 이 물체에 $v/64$[lb]의 저항을 줄 때, 이 운동의 방정식을 구하라.
단, v의 단위는 [ft/sec]이다.

(c) 이 물체에 $64v$[lb]의 저항을 준다면 이 운동은 어떻게 되겠는가?

(d) (b)에서 용수철의 지점이 $s(t)=\cos 4t$[ft]의 운동을 한다면 어떻게 되겠는가?

10.4 라플라스 변환

지금까지 비제차항 $r(x)$가 상수이거나 연속함수인 경우에 대하여 2계 상미분방정식의 해법을 살펴보았다. 그러나 전자공학이나 기계공학에서 $r(x)$가 불연속이거나 부분적으로 연속인 함수 또는 매우 짧은 시간 구간에서 작동하는 계를 해석하는 미분방정식을 자주 접하게 된다. 이와 같은 미분방정식을 해결하는 방법으로 라플라스 변환을 생각할 수 있으며, 이 절에서는 간단한 라플라스 변환에 대하여 살펴본다.

10.4.1 라플라스 변환과 역변환

라플라스 변환을 정의하기 앞서 4.3절에서 학습한 이상적분을 다시 한 번 상기하기 바란다. 이제 함수 $f(t)$가 $t \geq 0$에서 정의된다고 하자. 그러나 이 함수가 $t \geq 0$에서 반드시 연속일 필요는 없다. 이때 새로운 변수 s에 대하여 다음 이상적분이 수렴한다고 하자.

$$F(s) = \int_0^{\infty} e^{-st} f(t)\, dt$$

그러면 함수 $F(s)$를 $f(t)$의 **라플라스 변환** Laplace transform이라 하고, 다음과 같이 나타낸다.

$$F(s) = L[f(t)] = \int_0^{\infty} e^{-st} f(t)\, dt$$

또한 변수 s에 관한 어떤 $F(s)$에 대하여 위의 관계를 만족하는 함수 $f(t)$가 $t \geq 0$에서 존재한다고 하자. 이때 $f(t)$를 $F(s)$의 **라플라스 역변환** inverse Laplace transform이라 하고, 다음과 같이 나타낸다.

$$f(t) = L^{-1}[F(s)]$$

예제 10-19

함수 $f(t) = e^{at}$의 라플라스 변환을 구하라.

풀이

$L(e^{at}) = \int_0^{\infty} e^{at} e^{-st}\, dt = \lim_{b \to \infty} \int_0^{b} e^{-(s-a)t}\, dt$이고, 피적분함수의 부정적분은

$$\int e^{-(s-a)t}dt = -\frac{1}{s-a}e^{-(s-a)t}$$

이다. 따라서 로피탈의 정리를 이용하면 $s > a$인 경우에 이 이상적분은 수렴하고, 그 결과는 다음과 같다.

$$\begin{aligned} L(e^{at}) &= -\lim_{b\to\infty}\frac{1}{s-a}e^{-(s-a)t}\Big|_0^b \\ &= \frac{1}{s-a} - \lim_{b\to\infty}\frac{1}{s-a}e^{-(s-a)b} = \frac{1}{s-a}, \quad s > a \end{aligned}$$

라플라스 변환의 정의를 이용하여 몇 가지 기본함수들의 라플라스 변환을 구하면 [표 10-6]과 같다.

[표 10-6] 기본함수의 라플라스 변환

기본함수 $f(t)$	라플라스 변환 $L[f(t)]$	기본함수 $f(t)$	라플라스 변환 $L[f(t)]$
1	$\frac{1}{s}$	$\cos\omega t$	$\frac{s}{s^2+\omega^2}$
t	$\frac{1}{s^2}$	$\sin\omega t$	$\frac{\omega}{s^2+\omega^2}$
t^n (n은 자연수)	$\frac{n!}{s^{n+1}}$	$\cosh\omega t$	$\frac{s}{s^2-\omega^2}$
t^α (α는 실수)	$\frac{\Gamma(\alpha+1)}{s^{\alpha+1}}$	$\sinh\omega t$	$\frac{\omega}{s^2-\omega^2}$
e^{at}	$\frac{1}{s-a}$, $s > a$	$t^n e^{at}$	$\frac{n!}{(s-a)^{n+1}}$

여기서 $\Gamma(\alpha+1)$는 4.3절의 [연습문제 20]에서 소개한 감마함수이다.

10.4.2 라플라스 변환의 성질

$t \geq 0$에서 정의되는 두 함수 $f(t)$와 $g(t)$의 라플라스 변환을 각각 $F(s)$와 $G(s)$라 하면, 임의의 상수 α, β에 대하여 다음이 성립한다.

$$\begin{aligned} L[\alpha f(t) + \beta g(t)] &= \alpha L[f(t)] + \beta L[g(t)] \\ &= \alpha F(s) + \beta G(s) \end{aligned}$$

이와 같은 성질을 라플라스 변환의 선형적 성질이라 하며, 다음과 같이 역변환도 선형적 성질을 갖는다.

$$\begin{aligned} L^{-1}[\alpha F(s)+\beta G(s)] &= \alpha f(t)+\beta g(t) \\ &= \alpha L^{-1}[F(s)]+\beta L^{-1}[G(s)] \end{aligned}$$

예제 10-20

[표 10-6]을 이용하여 다음 함수의 라플라스 변환을 구하라.

(a) $f(t)=t^3-e^{2t}$ (b) $f(t)=\cos 2t+\sin 2t$

풀이

(a) [표 10-6]으로부터

$$L(t^3)=\frac{3!}{s^4}=\frac{6}{s^4},\quad L(e^{2t})=\frac{1}{s-2}$$

이므로 주어진 함수의 라플라스 변환은 다음과 같다.

$$L(t^3-e^{2t})=L(t^3)-L(e^{2t})=\frac{6}{s^4}-\frac{1}{s-2}$$

(b) [표 10-6]으로부터

$$L(\cos 2t)=\frac{s}{s^2+2^2}=\frac{s}{s^2+4},\quad L(\sin 2t)=\frac{2}{s^2+2^2}=\frac{2}{s^2+4}$$

이므로 주어진 함수의 라플라스 변환은 다음과 같다.

$$L(\cos 2t+\sin 2t)=\frac{s}{s^2+2^2}+\frac{2}{s^2+4}=\frac{s+2}{s^2+4}$$

예제 10-21

[표 10-6]을 이용하여 $F(s)=\dfrac{1}{s^2-4}$의 라플라스 역변환을 구하라.

풀이

주어진 함수를 부분분수로 분해하면

$$F(s)=\frac{1}{s^2-4}=\frac{1}{4}\frac{1}{s-2}-\frac{1}{4}\frac{1}{s+2}$$

이다. 따라서 [표 10-6]을 이용하면, 구하고자 하는 역변환은 다음과 같다.

$$\begin{aligned} L^{-1}\left(\frac{1}{s^2-4}\right) &= \frac{1}{4}L^{-1}\left(\frac{1}{s-2}\right) - \frac{1}{4}L^{-1}\left(\frac{1}{s+2}\right) \\ &= \frac{1}{4}L^{-1}\left(\frac{1}{s-2}\right) - \frac{1}{4}L^{-1}\left(\frac{1}{s-(-2)}\right) \\ &= \frac{1}{4}e^{2t} - \frac{1}{4}e^{-2t} = \frac{1}{4}\left(e^{2t} - e^{-2t}\right) \end{aligned}$$

라플라스 변환을 쉽게 구하기 위한 여러 가지 성질들이 있으나, 여기서는 도함수의 라플라스 변환만 살펴본다.

정리 10-2 도함수의 라플라스 변환

$t \geq 0$에서 $f(t)$가 두 번 미분가능하고 $f(t)$, $f'(t)$, $f''(t)$의 라플라스 변환이 존재하면 다음이 성립한다.

(1) $L[f'(t)] = sL[f(t)] - f(0)$

(2) $L[f''(t)] = s^2L[f(t)] - sf(0) - f'(0)$

예제 10-22

도함수의 라플라스 변환을 이용하여 $L[\sin\omega t]$를 구하고, 그 결과를 [표 10-6]과 비교하라.

풀이

$f(t) = \sin\omega t$라 하면 $f'(t) = \omega\cos\omega t$, $f''(t) = -\omega^2\sin\omega t$이므로 $f(0) = 0$, $f'(0) = \omega$이다. 따라서 [정리 10-2]로부터 다음이 성립한다.

$$\begin{aligned} L[-\omega^2\sin\omega t] &= s^2L[\sin\omega t] - s\cdot 0 - \omega \\ -\omega^2L[\sin\omega t] &= s^2L[\sin\omega t] - \omega \\ (s^2+\omega^2)L[\sin\omega t] &= \omega \\ L[\sin\omega t] &= \frac{\omega}{s^2+\omega^2} \end{aligned}$$

따라서 [표 10-6]의 결과와 동일하다.

10.3.1절과 10.3.2절에서 살펴본 바 있는 외부에서 작용한 힘 $f(t)$를 갖는 용수철계에 대하여

$$F(s)=L[f(t)],\ X(s)=L[x(t)],\ x(0)=x_0,\ v(0)=x'(0)=v_0$$

이라 하면, [정리 10-2]에 의하여

$$L[x']=s\,L[x(t)]-x(0)=s\,X(s)-x_0$$
$$L[x'']=s^2L[x(t)]-s\,x(0)-x'(0)=s^2X(s)-s\,x_0-v_0$$

이다. 따라서 미분방정식

$$m\frac{d^2x}{dt^2}+\alpha\frac{dx}{dt}+kx=f(t)$$

의 양변에 라플라스 변환을 취하면

$$L[mx''+\alpha x'+kx]=L[f(t)]=F(s)$$

이므로 다음과 같은 용수철계에 대한 라플라스 변환식을 얻는다.

$$m\frac{d^2x}{dt^2}+\alpha\frac{dx}{dt}+kx=f(t)\ \Leftrightarrow\ X(s)=\frac{F(s)+mx_0s+(\alpha x_0+mv_0)}{ms^2+\alpha s+k}$$

동일한 방법으로 RL, RC, RLC 전기회로에 대한 미분방정식에서

$$E(s)=L[e(t)],\ I(s)=L[i(t)],\ Q(s)=L[q(t)],\ i(0)=i_0,\ q(0)=q_0$$

이라 하면, 각 전기회로에 대한 다음과 같은 라플라스 변환식을 얻는다.

$$L\frac{di}{dt}+Ri=e(t)\ \Leftrightarrow\ I(s)=\frac{E(s)+i_0}{s}$$

$$R\frac{dq}{dt}+\frac{1}{C}q=e(t)\ \Leftrightarrow\ Q(s)=\frac{E(s)+q_0}{s}$$

$$L\frac{d^2q}{dt^2}+R\frac{dq}{dt}+\frac{q}{C}=e(t)\ \Leftrightarrow\ Q(s)=\frac{E(s)+Lq_0s+(Li_0+Rq_0)}{Ls^2+Rs+C^{-1}}$$

10.4.3 특수함수의 라플라스 변환

단위계단함수의 라플라스 변환

단위계단함수는 전기회로 등에서 스위치를 'on' 또는 'off'의 상태로 놓는 경우를 수학적으로 서술하거나 어떤 함수 $f(t)$를 t축을 따라 a만큼 오른쪽으로 평행이동할 때 자주 사용한다. [그림 10-10]과 같이 $t<a$에서 0이고 $t \geq a$에서 1인 함수 $u_a(t)$를 **단위계단함수** unit step function 라 한다.

$$u_a(t)=\begin{cases}0, & t<a \\ 1, & t \geq a\end{cases}$$

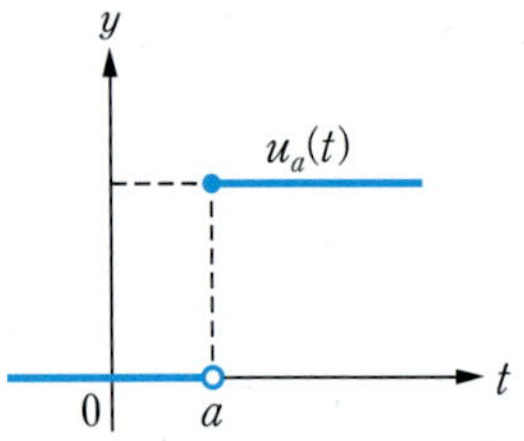

[그림 10-10] 단위계단함수

따라서 $t<0$에서 0이고 $t \geq 0$에서 1인 함수 $u_0(t)$이고, 이 함수를 t축을 따라 오른쪽으로 a만큼 평행이동하면 $u_a(t)$와 같다. 따라서 두 단위계단함수 $u_a(t)$와 $u_0(t)$ 사이에 다음이 성립한다.

$$u_a(t)=u_0(t-a)$$

또한 $t \geq 0$에서 정의되는 함수 $f(t)$를 t축을 따라 a만큼 오른쪽으로 평행이동하면 함수 $f(t-a)$이고 $t \geq a$이다. 그러면 $t<a$에서 0이고 $t \geq a$에서 $f(t-a)$가 되는 함수를 다음과 같이 단위계단함수를 이용하여 정의할 수 있다.

$$u_a(t)f(t-a)=\begin{cases}0 & , t<a \\ f(t-a), & t \geq a\end{cases}$$

예를 들어, $t>0$에서 $f(t)=e^{-t}$을 오른쪽으로 a만큼 평행이동시킨 함수는

$$u_a(t)f(t-a)=\begin{cases}0 & , t<a \\ e^{-(t-a)}, & t \geq a\end{cases}$$

로 나타난다.

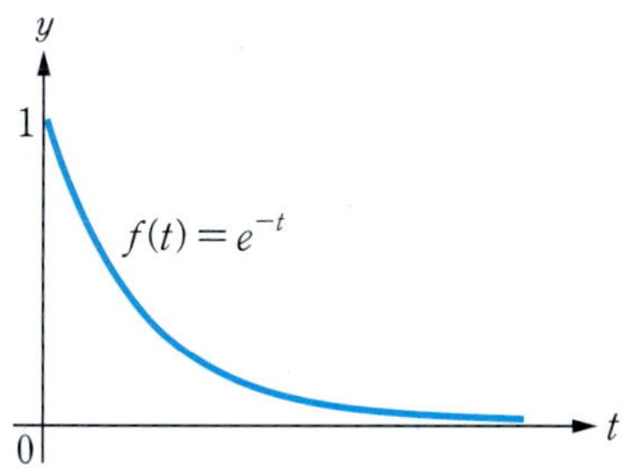

(a) $f(t)=e^{-t}$의 그래프

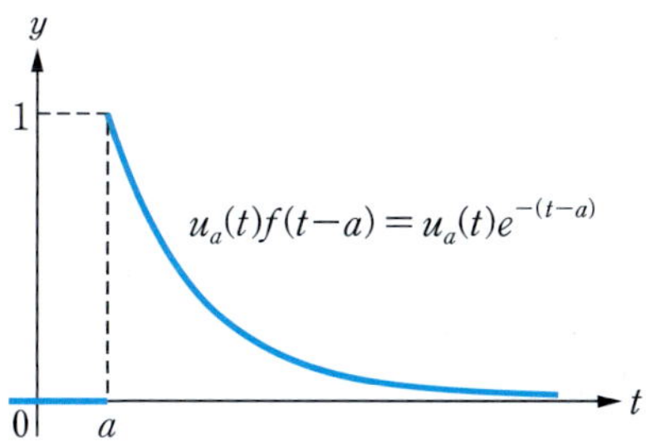

(a) $u_a(t)f(t-a)=u_a(t)e^{-(t-a)}$의 그래프

[그림 10-11] $f(t)$와 $u_a(t)f(t-a)$의 비교

단위계단함수 $u_a(t)$의 라플라스 변환을 구하면 다음과 같다.

$$\begin{aligned}
L[u_a(t)] &= \int_0^{\infty} e^{-st}u_a(t)\,dt \\
&= \int_0^{a} e^{-st}u_a(t)\,dt + \int_a^{\infty} e^{-st}u_a(t)\,dt \\
&= \int_0^{a} e^{-st}\cdot 0\,dt + \lim_{b\to\infty}\int_a^{b} e^{-st}\cdot 1\,dt \\
&= \lim_{b\to\infty}\left(-\frac{e^{-st}}{s}\right)\Bigg|_a^b = \frac{e^{-as}}{s} - \lim_{b\to\infty}\frac{e^{-sb}}{s} \\
&= \frac{e^{-as}}{s},\quad s>0
\end{aligned}$$

따라서 $u_a(t)$의 라플라스 변환과 역변환은 다음과 같다.

$$L[u_a(t)] = \frac{e^{-as}}{s},\quad L^{-1}\left[\frac{e^{-as}}{s}\right] = u_a(t)$$

예제 10-23

다음과 같은 그래프를 갖는 함수의 라플라스 변환을 구하라.

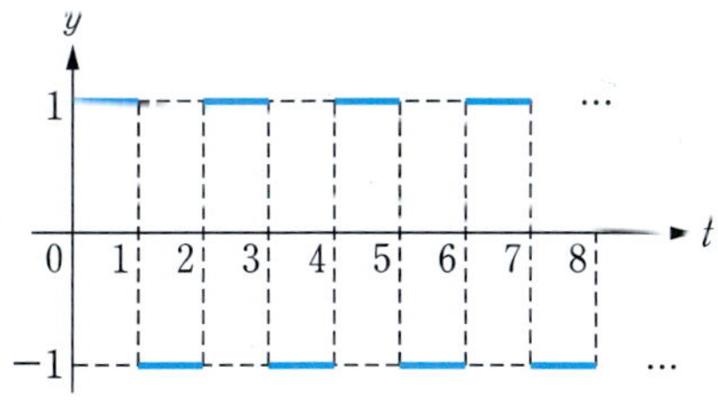

풀이

주어진 그래프를 갖는 함수 $f(t)$를 단위계단함수로 나타내기 위하여 각 절점에서의 단위계단함수 값을 생각한다.

t의 범위 \ 단위계단함수	$u_0(t)$	$-2u_1(t)$	$2u_2(t)$	$-2u_3(t)$	$2u_4(t)$	$\cdots$	합
$0 \le t < 1$	1	0	0	0	0	$\cdots$	1
$1 \le t < 2$	1	-2	0	0	0	$\cdots$	-1
$2 \le t < 3$	1	-2	2	0	0	$\cdots$	1
$3 \le t < 4$	1	-2	2	-2	0	$\cdots$	-1
$4 \le t < 5$	1	-2	2	-2	2	$\cdots$	1
$\vdots$	$\vdots$	$\vdots$	$\vdots$	$\vdots$	$\vdots$	$\vdots$	$\vdots$

그러므로 단위계단함수를 이용하면 주어진 그래프는

$$f(t) = u_0(t) - 2u_1(t) + 2u_2(t) - 2u_3(t) + 2u_4(t) - \cdots$$

이다. 따라서 이 함수 $f(t)$의 라플라스 변환은 다음과 같다.

$$\begin{aligned}
L[f(t)] &= L[u_0(t) - 2u_1(t) + 2u_2(t) - 2u_3(t) + 2u_4(t) - \cdots] \\
&= L[u_0(t)] - 2L[u_1(t)] + 2L[u_2(t)] - 2L[u_3(t)] + 2L[u_4(t)] - \cdots \\
&= \left(\frac{1}{s} - \frac{2e^{-s}}{s} + \frac{2e^{-2s}}{s} - \frac{2e^{-3}}{s} + \frac{2e^{-4s}}{s} \mp \cdots\right) \\
&= \frac{1}{s}\left[2(1 - e^{-s} + e^{-2s} - e^{-3s} + e^{-4s} \mp \cdots) - 1\right] \\
&= \frac{1}{s}\left(\frac{2}{1+e^{-s}} - 1\right) = \frac{1}{s}\,\frac{1-e^{-s}}{1+e^{-s}} = \frac{1}{s}\tanh\left(\frac{s}{2}\right)
\end{aligned}$$

이제 $f(t)$를 t축을 따라 a만큼 오른쪽으로 평행이동한 함수 $f(t-a)u_a(t)$의 라플라스 변환을 구해보자.

$$\begin{aligned}
L[f(t-a)u_a(t)] &= \int_0^\infty e^{-st} f(t-a)u_a(t)\,dt \\
&= \int_0^a e^{-st} f(t-a)u_a(t)\,dt + \int_a^\infty e^{-st} f(t-a)u_a(t)\,dt \\
&= \int_0^a e^{-st} \cdot 0\,dt + \int_a^\infty e^{-st} f(t-a)\,dt \quad (x = t - a\text{라 하면})
\end{aligned}$$

$$= \int_0^\infty e^{-s(x+a)} f(x)\,dx = e^{-as}\int_0^\infty e^{-st} f(x)\,dx$$

$$= e^{-as} L[f(t)] = e^{-as} F(s)$$

이다. 따라서 함수 $u_a(t)f(t-a)$의 라플라스 변환과 그 역변환은 다음과 같다.

$$L[f(t-a)u_a(t)] = e^{-as} L[f(t)]$$
$$L^{-1}[e^{-as}F(s)] = f(t-a)u_a(t)$$

예제 10-24

$t \geq 0$에서 정의되는 함수 $f(t) = e^{-t}$을 오른쪽으로 2만큼 평행이동시킨 함수의 라플라스 변환을 구하라.

풀이

단위계단함수를 이용하여 오른쪽으로 2만큼 평행이동시킨 함수는 다음과 같다.

$$u_2(t)f(t-a) = \begin{cases} 0 & , t < 2 \\ e^{-(t-2)}, & t \geq 2 \end{cases}$$

[표 10-7]로부터 $L[e^{-t}] = \dfrac{1}{s+1}$이므로 구하고자 하는 라플라스 변환은 다음과 같다.

$$L[f(t-2)u_2(t)] = e^{-2s} L[f(t)] = \frac{e^{-2s}}{s+1}$$

디락의 델타함수의 라플라스 변환

전기회로에서 매우 짧은 순간에 큰 양의 전기를 발생하는 힘을 다룬다든지 또는 순간적인 외부의 힘에 의하여 기계가 작동하는 경우에 가끔 부딪힌다. 이때 짧은 시간에 작용하는 힘을 수학적으로 나타내기 위하여 다음과 같은 함수를 이용한다.

$$\delta_\varepsilon(t-a) = \begin{cases} \dfrac{1}{2\varepsilon}, & a-\varepsilon < t < a+\varepsilon \\ 0 & , \text{다른 곳에서} \end{cases}$$

이 함수 $\delta_\varepsilon(t-a)$은 [그림 10-12]에서 보는 바와 같이 ε이 작을수록 함숫값 $\dfrac{1}{2\varepsilon}$은 점점

더 커지고, 이 함수와 t축에 의한 사각형의 넓이는 1이다. 따라서 다음 적분이 성립하며, 이 함수를 **단위충격함수** unit impulse function 라 한다.

$$\int_{-\infty}^{\infty} \delta_\varepsilon(t-a)\,dt = 1$$

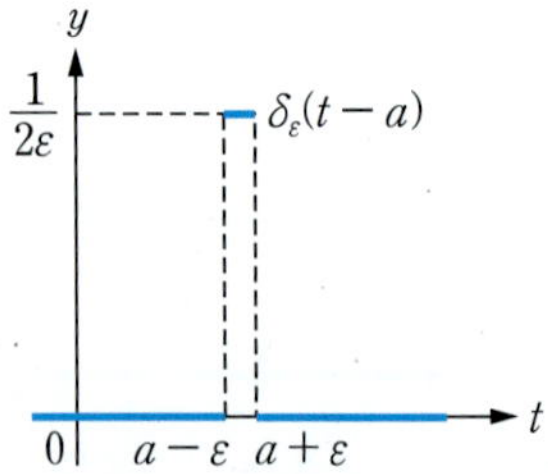

[그림 10-12] **단위충격함수**

한편, 순간적인 힘이 작용하는 경우를 나타내기 위하여 $\delta(t-a) = \lim\limits_{\varepsilon \to 0} \delta_\varepsilon(t-a)$이라 하면, 극한으로 정의되는 함수 $\delta(t-a)$는 다음의 두 성질을 갖는다.

❶ $\delta(t-a) = \begin{cases} \infty\ , & t = a \\ 0\ , & t \neq a \end{cases}$

❷ $\displaystyle\int_{-\infty}^{\infty} \delta(t-a)\,dt = 1$

이 극한함수 $\delta(t-a)$를 **디랙의 δ-함수** Dirac's delta function 라 하며, 이제 δ-함수의 라플라스 변환을 알아본다. 우선 단위충격함수는 단위계단함수를 이용하여 다음과 같이 표현할 수 있다.

$$\delta_\varepsilon(t-a) = \frac{1}{2\varepsilon}\left[u_{a-\varepsilon}(t) - u_{a+\varepsilon}(t)\right]$$

한편, 이 함수의 라플라스 변환은

$$\begin{aligned} L\left[\delta_\varepsilon(t-a)\right] &= \frac{1}{2}\varepsilon L\left[u_{a-\varepsilon}(t) - u_{a+\varepsilon}(t)\right] \\ &= \frac{1}{2\varepsilon}\left(L\left[u_{a-\varepsilon}(t)\right] - L\left[u_{a+\varepsilon}(t)\right]\right) \\ &= \frac{1}{2\varepsilon}\left(\frac{e^{-(a-\varepsilon)s}}{s} - \frac{e^{-(a+\varepsilon)s}}{s}\right) \\ &= \frac{e^{-as}}{2s}\,\frac{e^{\varepsilon s} - e^{-\varepsilon s}}{\varepsilon} \end{aligned}$$

이다. 한편, δ-함수의 라플라스 변환은

$$L\left[\delta(t-a)\right] = L\left[\lim_{\varepsilon\to 0}\delta_\varepsilon(t-a)\right] = \lim_{\varepsilon\to 0} L\left[\delta_\varepsilon(t-a)\right]$$

$$= \frac{e^{-as}}{2s}\lim_{\varepsilon\to 0}\frac{e^{\varepsilon s}-e^{-\varepsilon s}}{\varepsilon}$$

이고, 로피탈의 정리를 이용하면 다음과 같다.

$$L\left[\delta(t-a)\right] = \frac{e^{-as}}{2s}$$

이다. 특히 $a=0$이면 $L\left[\delta(t)\right]=1$이 된다.

Section 10.4 연습문제

※ 라플라스 변환의 정의를 이용하여 다음 함수의 라플라스 변환을 구하라.

1. $f(t) = 2t^2 + t + 3$

2. $f(t) = e^{t-2}$

3. $f(t) = \sin 2t$

4. $f(t) = \sin t + \cos t$

5. $f(t) = e^{2t}\sin t$

6. $f(t) = \begin{cases} 1, & 0 \le t < \pi \\ -1, & \pi \le t < 2\pi \\ \sin t, & t \ge 2\pi \end{cases}$

7. $f(t) = t^3 e^{2t/3}$

8. $f(t) = (t-2)^3 u_2(t)$

※ [표 10-7] 또는 단위계단함수의 라플라스 변환 공식을 이용하여 다음 라플라스 역변환을 구하라.

9. $L^{-1}\left[\dfrac{1}{(s-2)(s-1)(s+1)(s+2)}\right]$

10. $L^{-1}\left[0 + \dfrac{1}{s^2(s+2)}\right]$

11. $L^{-1}\left[s - \dfrac{1}{(s^2+1)(s^2+4)}\right]$

12. $L^{-1}\left[\dfrac{(s-2)e^{-s}+1}{s(s-2)}\right]$

전공 맛보기

1계 미분방정식 : 화학반응식 (관련 과목 : 화학공학)

10.1.1절에서 변수분리형 미분방정식의 해법을 살펴보았다. 즉 두 변수 x와 y에 대한 함수 $f(x)$와 $g(y)$에 대하여 주어진 미분방정식이 $g(y)\,dy = f(x)\,dx$와 같이 분리되는 경우, 이 미분방정식의 일반해는 다음과 같다.

$$\int g(y)\,dy = \int f(x)\,dx + C$$

이러한 변수분리형 미분방정식을 화학반응식에 적용하는 문제를 살펴보자.

두 물질 A와 B가 한 분자씩 혼합되어 또 다른 물질 C 한 분자를 생성한다고 하자. 예를 들어, 수소 두 분자와 산소 한 분자가 혼합되면 물 한 분자를 생성한다. 즉 $2H_2 + O_2 \to 2H_2O$이다. 이때 물질 A, B 그리고 C의 1리터당 분자수인 농도를 각각 a, b, c라 하자. 그러면 두 물질 A, B가 반응하는 동안에 생성물의 농도는 변화가 생기므로 세 물질의 농도는 시간 t의 함수이다. 질량작용의 법칙에 의하여 물질의 반응률은 반응물질 A와 B의 농도의 곱에 비례한다. 즉 다음 변수분리형 미분방정식이 성립한다.

$$\frac{dc}{dt} = ka(t)\,b(t),\ k\text{는 비례상수}$$

이제 두 반응물질 A, B의 초기 농도를 각각 $\alpha = a(t_0)$, $\beta = b(t_0)$라 하자. 이때 농도의 단위는 $[\mathrm{mole}/l]$이다. 그러면 위 미분방정식은 다음과 같다.

$$\frac{dc}{dt} = k(\alpha - c)(\beta - c)$$

생성물 C의 초기 농도가 0이고 $\alpha \neq \beta$인 경우에 위 미분방정식을 풀면 다음과 같다.

$$\frac{dc}{dt} = k(\alpha - c)(\beta - c),\quad \frac{dc}{(\alpha - c)(\beta - c)} = k\,dt$$

$$\int \frac{dc}{(\alpha - c)(\beta - c)} = \frac{1}{\beta - \alpha}\int\left(\frac{1}{\alpha - c} - \frac{1}{\beta - c}\right)dc = \int k\,dt$$

$$\frac{1}{\beta - \alpha}(-\ln|\alpha - c| + \ln|\beta - c|) = \frac{1}{\beta - \alpha}\ln\left|\frac{\beta - c}{\alpha - c}\right| = kt + K$$

$$\ln\left|\frac{\beta - c}{\alpha - c}\right| = (\beta - \alpha)(kt + K)$$

이때 $\alpha - c$와 $\beta - c$는 각각A, B의 농도이므로 양수이다. 따라서 $(\beta - c)/(\alpha - c) > 0$이다. 그리고 $c(t_0) = 0$이므로 마지막 식으로부터 $K = [\ln(\beta/\alpha)]/(\beta - \alpha)$이므로 생성물 C의 농도 $c(t)$는 다음과 같다.

$$c(t) = \frac{\beta\left(e^{(\beta-\alpha)kt}-1\right)}{\beta e^{(\beta-\alpha)kt}/(\alpha-1)} = \frac{\alpha\beta\left(e^{(\beta-\alpha)kt}-1\right)}{\beta e^{(\beta-\alpha)kt}-\alpha}\,[\mathrm{mole}/l]$$

한편, $\alpha=\beta$이면 다음이 성립한다.

$$\frac{dc}{dt}=k(\alpha-c)^2,\quad \frac{dc}{(\alpha-c)^2}=kdt,\quad \int\frac{1}{(\alpha-c)^2}dc=\int kdt,\quad \frac{1}{\alpha-c}=kt+K$$

그리고 $c(t_0)=0$이므로 $K=1/\alpha$이고, 따라서 생성물 C의 농도 $c(t)$는 다음과 같이 된다.

$$c(t)=\frac{\alpha^2 kt}{\alpha kt+1}\,[\mathrm{mole}/l]$$

찾아보기 Index

기호, 숫자

60분법 66
p-급수 309

가

가역행렬 451
가우스 소거법 456
가우스 함수 30
각속도 284
감마함수 227
감소 상태 152
감소수열 297
감소함수 29
감쇠상수 505
같다 425
거듭제곱 53
거듭제곱급수 320
검펄츠곡선 511
결합확률밀도함수 413
계수 320
계수행렬 455
고계 도함수 140
고정점 34
공간벡터 425
공간좌표계 351
공비 302
공역 15
교대급수 판정법 315
교대급수 315
교대조화급수 315
교대행렬 447
구데르만의 각 151
구면좌표 416
구분구적법 184
구심가속도 284
그래프 17, 352
극 253
극값 153
극댓값 153, 374
극방정식 257
극솟값 153, 374
극좌표계 253
극한 105, 289, 358
극한비교판정법 311
근판정법 313
급수 301
기본 행연산자 453
기선 65
기약행사다리꼴 456
기저벡터 429
기함수 40
길이 425

나~다

나머지 항 333
나사선 268
내적 430
노옴 425
다변수함수 352
다항함수 32
단사함수 25
단순조화운동 504
단위계단함수 518
단위벡터 429
단위충격함수 522
단위행렬 442
단조감소수열 297
단조감소함수 29
단조수열 297
단조증가수열 297
단조증가함수 29
닫힌 사각형 387
대각행렬 442
대수적 함수 32
대칭 39
대칭행렬 447
덧셈정리 71
데카르트의 잎사귀 150
도플러 효과 382
도함수 130
독립변수 15
동경 65
동차함수 479
동차형 479
등가행렬 453
등고면 354
등고선 353
등비수열 295
디락의 δ-함수 522

라

라디안 66
라플라스 변환 513
라플라스 역변환 513
램프함수 46
로그 60
로그법칙 61
로그함수 62
로렌츠 수축 126
로지스틱 곡선 58
로지스틱 미분방정식 500
로지스틱 함수 58
로피탈의 정리 166
롤의 정리 162
리사주 곡선 151

마

매개변수 방정식 138
매개변수 138
매클로린 급수 330
매클로린 다항식 332
무리함수 32
무한급수 301
무한대 109
무한등비급수 302
미분 168
미분가능 128
미분계수 128
미분공식 169
미분방정식 477
미분법 131
미분연산자 488
미분한다 131
미분적분학의 기본정리 190
미지수행렬 455
밑 53

바

반각공식 72
발산 109, 220, 289, 302
발산판정법 304
방향 425
배각공식 72

법선 148
벡터 425
벡터적 434
변곡점 155
변수분리형 478
변환 409
복소행렬 442
복원력 504
부분적분법 199
부분합열 302
부정적분 177
부정형 166
불연속 120
비교판정법 310
비제차 선형미분방정식 488
비제차연립방정식 454
비제차항 488
비판정법 312

사

사루스 법칙 463
사상 15
사인 68
사인급수 343
사인법칙 83
사인함수 77
삼각급수 337
삼각비 67
삼각치환법 216
삼각함수 77
삼변수함수 351
삼중적 438
상 15
상등 18, 442
상미분방정식 477
상수함수 24
상수행렬 455
상용로그함수 62
선형미분방정식 488
선형화 331
성망형 278
성분 426, 442
소행렬식 465
수렴 105, 220, 289, 302, 358
수렴구간 320
수렴반지름 323
수렴중심 323
수반행렬 467
수열 287
수직점근선 109
수평점근선 109
순간변화율 128
스칼라 425
스칼라적 430
시점 425
시초선 65
시컨트 68
시컨트함수 79
실행렬 442
심장형 260
쌍곡선사인함수 92
쌍곡선시컨트함수 93
쌍곡선코사인함수 92
쌍곡선코시컨트함수 93
쌍곡선코탄젠트함수 93
쌍곡선탄젠트함수 93

아

아래로 볼록 155
아래로 오목 155
아래로 유계 297
안장점 375
압축정리 112
야코비안 410
양의 각 65
양항급수 306
여방정식 490
여인수 전개 466
여인수 행렬 407
여인수 465
여함수 490
역사인함수 84
역시컨트함수 89
역쌍곡선사인함수 95
역쌍곡코선사인함수 95
역코사인함수 85
역코시컨트함수 88
역코탄젠트함수 88
역탄젠트함수 87
역함수 27
역행렬 451
연산자 다항식 489
연속 120, 360
연속함수 121, 361
연쇄법칙 134
열 441
열린 원판 357
열벡터 441
영벡터 427
영행렬 442
오일러의 공식 495
오일러의 수 309
완전미분형 480
외적 434
우극한 107
우측미분계수 130
우측연속 121
우함수 40
원기둥좌표 414
원시함수 177
원점 17
위로 볼록 155
위로 오목 155
위로 유계 297
위로의 함수 25
위치벡터 425
유계수열 297
유리함수 32
음벡터 427
음의 각 65
음함수 32
이변수함수 351
이상적분 220
이중적분 388
이탈속도 497
이항급수 336
일대일 대응함수 26
일대일함수 25
일반각 66
일반항 287
일반해 477
임계점 154

자

자명한 해 454

자연로그 66
자연로그함수 62
자연지수함수 57
자유감쇠운동 505
제차 선형미분방정식 488
제차연립방정식 454
적분가능 184, 388
적분기호 177
적분변수 177
적분상수 177
적분상한 185
적분의 평균값 정리 188
적분인자 481
적분인자형 481
적분판정법 307
적분하한 185
전단사함수 26
전미분 377
전사함수 25
전치행렬 447
절대비판정법 317
절대수렴 판정법 316
절대수렴 315
점적 430
접평면 364
정방행렬 442
정상점 375
정의역 15, 352
정적분 184
정칙행렬 451
제곱근 53
조건부수렴 315
조화급수 309
종속변수 15
종점 425
좌극한 107
좌측미분계수 130
좌측연속 121
좌표축 17
주기 43
주기함수 43
주대각원소 442
주치 84
중간값 정리 123
증가 상태 152
증가수열 297
증가함수 29
증감 판정법 152
증분 127
지수 53
지수법칙 54
지수분포 222
지수함수 56
직교 430
직교벡터 430
직교좌표계 17
진수 60
진폭 81

차~카

초기조건 477
초월함수 32
초항 302
최대 · 최소정리 123
최대정수함수 30
추적선 99
치역 15, 352
치환적분법 195
코사인 제2법칙 83
코사인 68
코사인급수 343
코사인함수 78
코시분포 222
코시-쉬바르츠 부등식 432
코시의 평균값 정리 166
코시컨트 68
코시컨트함수 79
코탄젠트 68
코탄젠트함수 79
쿨롱의 법칙 172
크기 425
크라머 규칙 468
크로스적 434
클래로 정리 367

타

탄두함수 47
탄젠트 68
탄젠트함수 78
테일러 급수 329
테일러 다항식 332
테일러 부등식 334
테일러 정리 333
특성근 489
특성방정식 489
특수해 477
특이행렬 451

파

편각 65
편도함수 365
편미분가능 363
편미분계수 363
평균값 188
평균값 정리 163
평균변화율 127
평형위치 504
평형해 501
표준단위벡터 429
푸리에 계수 339
푸리에 급수 339
푸리에 변환 101
푸비니 정리 389, 392, 400
피적분함수 177
피크전압 248

하

함수 15
함숫값 15
합성함수 20
항 287
항등함수 24
해 477
행 441
행렬 441
행렬식 462
행벡터 441
헤비사이드 함수 46
호도법 66
확대행렬 453
확률밀도함수 222
환경수용력 500